U0427998

DK GUIDE TO

DK自然发现大百科

修订版

本书各部分的作者、译者、审校者如下：
太空奇景：彼得·邦德著，薛白译，李元审；
狂野地球：特雷弗·戴著，高琼译，戴旭审；
海洋探秘：弗朗西斯·迪普著，刘秋娟译，谭征审；
气象奇观：麦克尔·艾勒比著，罗娜译；林之光审；
恐龙迷踪：大卫·兰伯特著，傅晶晶译；张锋审；
美丽的鸟：本·摩根著，薛白译，郭耕审；
哺乳动物：大卫·兰伯特著，赵欣欣译，郭耕审；
人体奇航：理查德·沃克尔著，罗娜译，田永峰审。

版权贸易合同登记号 图字：01-2006-7357

图书在版编目（CIP）数据
DK自然发现大百科／（英）彼得·邦德（Peter Bond）等著；薛白等译. —修订本.
北京：电子工业出版社，2019.6
ISBN 978-7-121-33940-0

Ⅰ.①D… Ⅱ.①彼… ②薛… Ⅲ.①自然科学－青少年读物 Ⅳ.①N49

中国版本图书馆CIP数据核字（2018）第062019号

审图号：GS（2018）5329号
此书中第17、74、114～115、117、130～131、182、196～197、214、216、221、242～243、494页地图系原文插图。

策划编辑：苏 琪
责任编辑：杨 鸲 苏 琪
印　　刷：惠州市金宣发智能包装科技有限公司
装　　订：惠州市金宣发智能包装科技有限公司
出版发行：电子工业出版社
　　　　　北京市海淀区万寿路173信箱 邮编：100036
开　　本：889×1194 1/16 印张：32 字数：926.1千字
版　　次：2011年6月第1版
　　　　　2019年6月第2版
印　　次：2023年4月第4次印刷
定　　价：198.00元

凡所购买电子工业出版社图书有缺损问题，请向购买书店调换。若书店售缺，请与本社发行部联系，联系及邮购电话：(010) 88254888。
质量投诉请发邮件至 zlts@phei.com.cn，盗版侵权举报请发邮件至 dbqq@phei.com.cn。
本书咨询联系方式：(010) 88254161 转 1837，suq@phei.com.cn。

A WORLD OF IDEAS
SEE ALL THERE IS TO KNOW
www.dk.com

DK GUIDE TO

行销全球的经典科普图书，具有视觉冲击力的国际获奖百科

DK自然发现大百科

修订版

[英] 彼得·邦德/等著　薛白/等译　林之光/等审

電子工業出版社
Publishing House of Electronics Industry
北京·BEIJING

目 录

太空奇景

狂野地球

海洋探秘

气象奇观

恐龙迷踪

美丽的鸟

哺乳动物

人体奇航

太空奇景

在本章中，太阳系的一切天体都展现在了你的眼前，让你感觉就像在近处观看它们一样。

观星者

人类对星空的迷恋从数千年前就开始了，不过直到望远镜发明出来以后，天文学家才开始探寻宇宙的真相。我们生存的星球其实只不过是飘浮在苍茫太空中的一粒微尘。我们抬头看到的那些星星让人感觉太空十分拥挤。但实际上，它们之间的距离极其遥远，也极其分散。从整体来说，太空是浩瀚无边的，它广袤到我们不能想象的程度。即使是离我们最近的星球，想以喷气式飞机的速度抵达，也要走上几百万年。太空是如此巨大空旷，以至于天文学家们要用光年来度量。一光年指一束光走上一年时间所经过的距离——10万亿千米（6.2万亿英里）。多亏现代望远镜的功劳，天文学家们才得以观测到百亿光年之外的星球和星系。

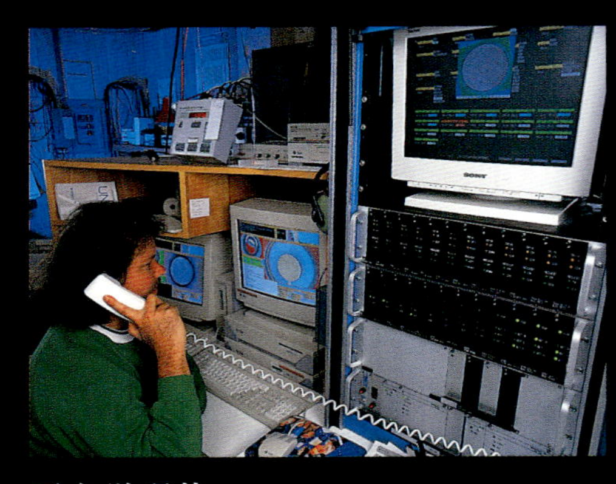

天文学现状

现在，职业天文工作者们坐在计算机前所花的时间比盯着望远镜看个不停的时间要多得多。在现代天文台里，所有从天文望远镜采集来的数据都会先输入计算机。随后计算机会生成图像，并突出标亮其特殊的细节部分。这些数码图像可以直接从互联网上下载，这样全世界的天文学家都可以看到这些信息。

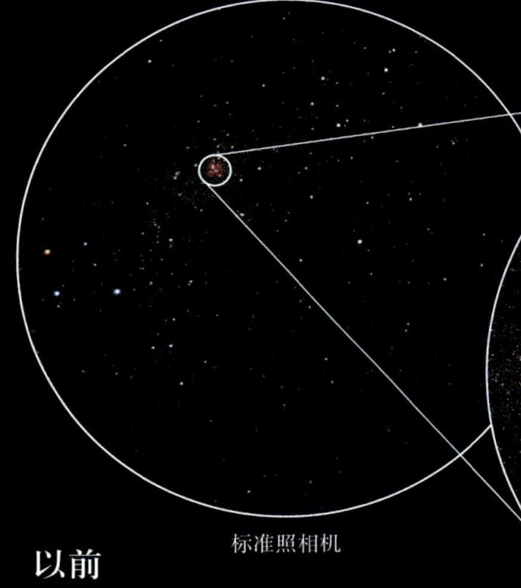

标准照相机

英国施密特望远镜

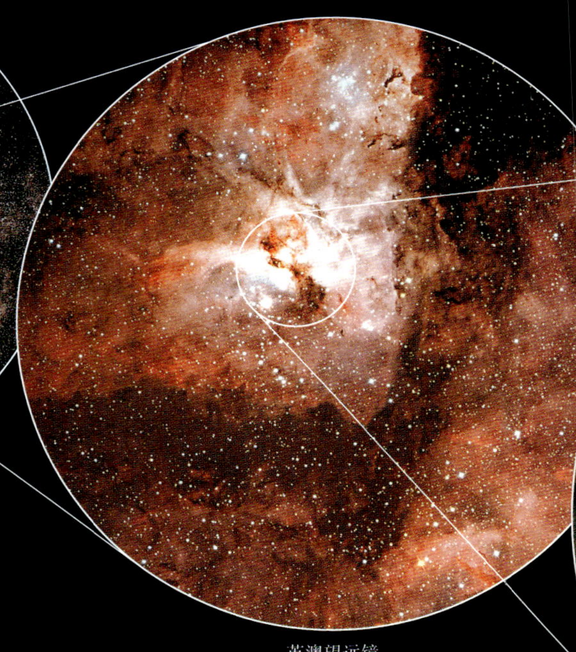

英澳望远镜

以前

天体和星系看上去之所以十分微小，是因为它们太过遥远。船底座星云实际上是一团庞大的尘雾，但从地球上看它就像一个小红斑，在南半球一侧肉眼可见。通过强力望远镜，天文学家们可以变焦观测，定位船底座星云，仔细研究其内部细节。在其中心内部深处是一颗爆发中的恒星，名叫船底座η。船底座星云发出的光线要经过8 000年才能到达地球，所以这些图片显示的星云实际上是其8 000年前的样子。

普通望远镜

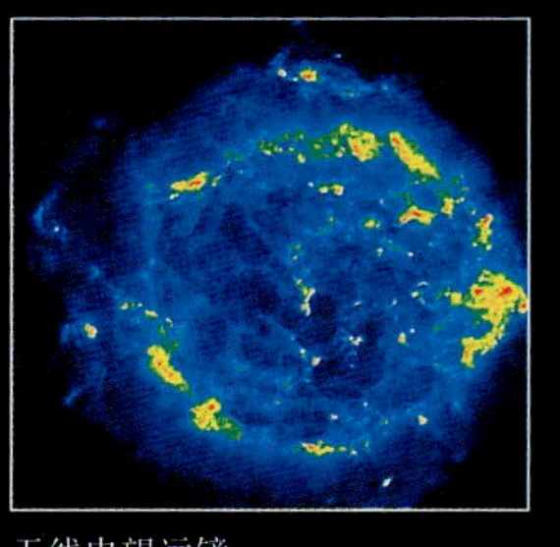

无线电望远镜

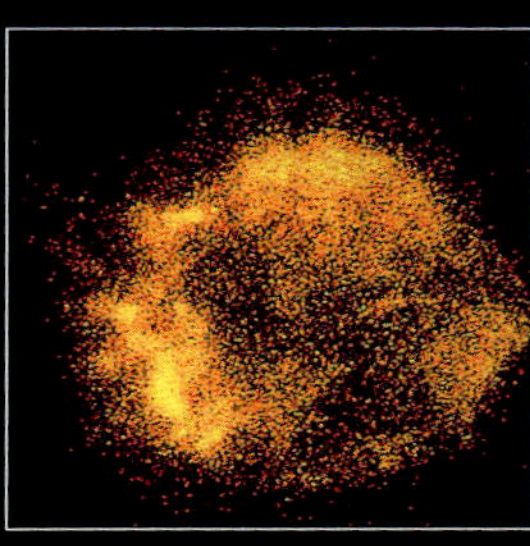

X射线望远镜

无形中的有形

就像超人一样，天文学家们也用X光的视觉方式去观察事物。左侧这3张照片展示的是在1 660年爆炸的一颗星星的灭亡景象。普通望远镜拍下的只是天空中的一片空白，但无线电和X射线望远镜显示出了数十亿千米外，爆炸残骸所形成的云雾。超高温的气态物质以6 000千米（3 700英里）/秒的速度在太空中扩散开来。

哈勃望远镜

地球大气层会折射来自恒星的光线，使得它们很难被观测清楚。哈勃空间望远镜则解决了这个问题，因为它飘浮在距离地面595千米（370英里）的太空之中，完全处在大气层之外。哈勃空间望远镜有一辆轿车那么大，沿着地球轨道以28 000千米/时（17 500英里/时）的速度飞行。它能观测到数十亿光年外的星系——当然，看到的都是它们数十亿年前的样子。

协同工作

有时，几台望远镜会联合起来拍摄一个比较模糊的物体，以得到更加清晰的图像。美国新墨西哥州的超大天线阵列是由27个巨大的天线盘面组成的，用来探测无线电波。一台计算机把所有测得的数据联合处理为一张单独的图像。这些内凹的天线盘面把无线电波反射到一个中心探测器上。光控探测望远镜也以这种方式工作，不过它们的盘面表面是镜面，用来反射光线。

天上的双胞胎

夏威夷的凯克双子望远镜是世界上最大的光测望远镜。它们坐落在一座已经熄灭的火山顶端，远离城市的灯光。在这里，清新而稀薄的空气对于观测暗淡星系来说非常理想。凯克望远镜内部的反射镜由几个可分离的部件组成，位置可以变换。这就使得天文学家可以通过改变反射镜的形状来获得最佳的视野。

英澳望远镜

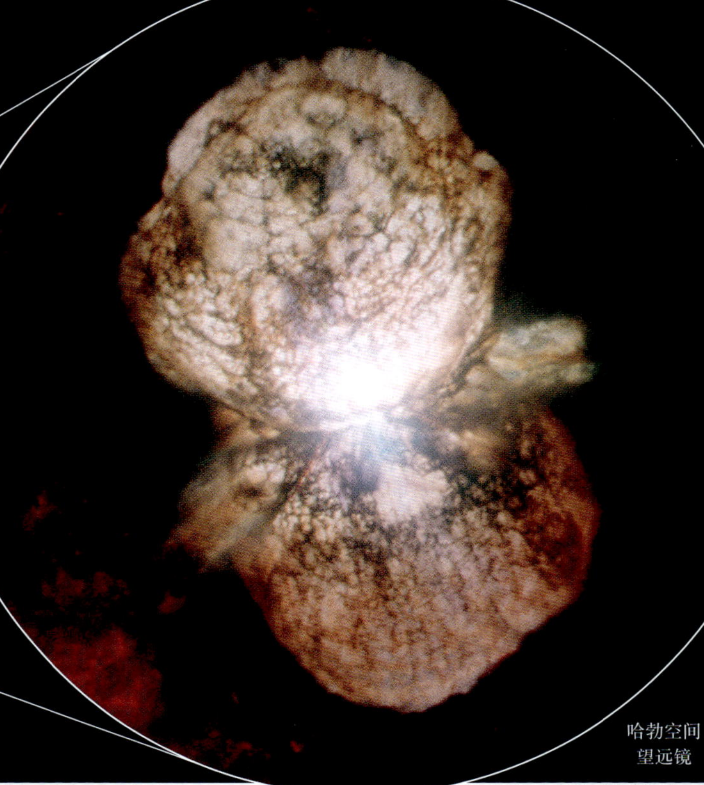

哈勃空间望远镜

太阳系

太阳系是我们人类所在的星系。太阳——我们的恒星——处在这个星系的中心，它占了整个太阳系物质总量的99.9%。太阳产生的万有引力把所有其他的星体都维系在它周围，包括九大行星①以及它们的173颗卫星。行星们围绕太阳运行的轨迹叫作轨道，在运行时它们还会像陀螺般转动。4颗在内侧的行星多是由岩石和金属组成的球体；而外侧的几颗行星则是由气态或液态物质形成的巨大星球（除了最外面的覆盖着冰层的冥王星）。冥王星到太阳的距离有60亿千米（40亿英里）。太阳系周围最近的恒星是这个距离的7 000倍远。

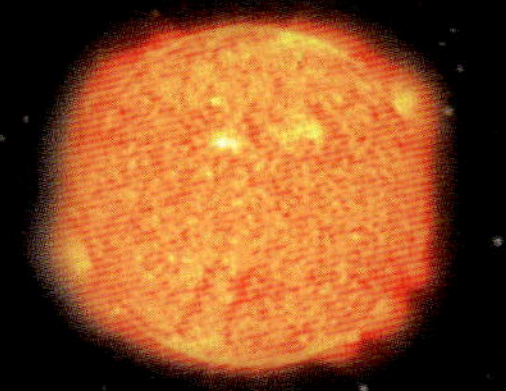

太阳

太阳是一个由发光气体形成的巨大的球体，其体积比地球大一百多万倍。它的能量来自内部的核反应，温度可达到1 500万摄氏度（2 700万华氏度）。

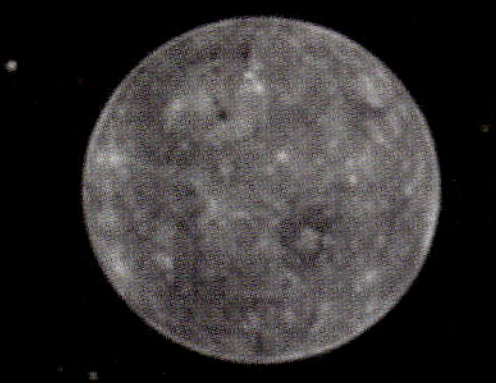

水星

这个小而多坑的行星是最接近太阳的。在白天，它的表面温度十分灼热，可达到430摄氏度(806华氏度)，而到了夜晚则骤降到−170摄氏度（−274华氏度）。水星上的一"年"——沿轨道围绕太阳运行一周的时间——只有地球上的88天。

金星

金星是地球丑陋的姐妹。它的大小和结构与地球相似，但是空气却是有毒的，表面温度也太过灼热，不适宜生物生存。金星的自转是非常缓慢的，所以它的"天"要长过"年"。

地球

这颗我们作为家园的行星是目前宇宙中已知有生命存在的唯一星球。水形成的海洋覆盖了三分之二的岩石表面，水蒸气形成的白云也在大气层中盘旋移动。地球只有一颗卫星——月球。

火星

人们曾认为火星上存在生命。和地球一样，火星上也有山川、峡谷和冰雪覆盖着的两极，还有大气层。然而，它的表面大部分却是荒芜的沙漠。火星的直径是地球的一半。它有2颗卫星。

①根据2006年8月24日国际天文学联合大会的决议，冥王星被降格为太阳系的"矮行星"，不再视为行星。所以，现在太阳系应包括八大行星。

冥王星的轨道

绝大部分行星有着环状的轨道，但冥王星的轨道却是蛋形并且倾斜的。大多数时候它是离太阳最远的行星，但在248年的公转周期中，有20年它在轨道上有时会比海王星更接近太阳。

海王星

金星

地球

土星

彗星

彗星

在冥王星轨道的前方是一团由巨大雪球组成的云雾，名为彗星。有些彗星偶尔会飞近太阳，然后离开，如此循环。

木星

太阳系最大的行星。木星的质量比其他所有行星加在一起还要大。它是一个由气体和液体组成的巨大球体，表面覆盖着环带的云层。木星有67颗卫星，其中4颗比冥王星还大。

土星

如果你把九大行星全放进一个超大号的水桶里的话，只有土星会浮在水面上。它的体积和木星差不多，但质量却要小许多。它外侧的光环是由数百万颗耀眼的大冰块组成的。土星也有62颗覆盖着冰面的卫星。

天王星

由于其平凡的蓝色表面，天王星看起来就像一个台球。它的直径是地球的4倍，与太阳的距离则远了20倍。天王星有27颗卫星。发现天王星的人曾想要将其命名为“乔治星”。

海王星

海王星上的风速是整个太阳系中最快的，狂风以2 000千米（1 240英里）/时的速度刮过星球表面。风暴在黑暗中肆虐。海王星和天王星十分相似，不过只有14颗卫星。

冥王星

神秘的冥王星实在太小，而且距离我们太远，无法观测清楚。它得到的阳光十分有限，所以表面空气都被冻结成冰。冥王星上的一年等于我们地球上的248年——如果这里有人降生，那么他连一岁都活不到。冥王星有5颗卫星。

太阳

我们的太阳就是一颗典型的恒星。和其他恒星一样，它是一个由炽热燃烧的氢气组成的巨大球体。它的能量来源于中心核的深度燃烧，那里的温度能剧增到1 500万摄氏度（2 700万华氏度）。一小点儿这样的热度就可以点燃周围100千米（62英里）以内的所有物质。太阳的核很像一个持续爆炸的核弹——但更加巨大、更加强烈。每秒钟，它都会把400万吨的氢气转化为纯粹的光和热。中心核周围的气体吸收着能量，并在沸腾的星球表面流动，而光和热则通过表面散发到宇宙当中。

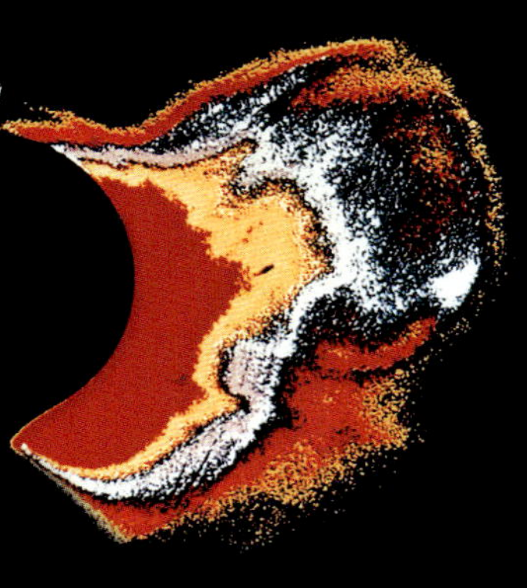

太阳黑子

太阳表面随时会有黑斑出现，这些斑点叫作太阳黑子。它们之所以黑暗，是因为比周围的气体温度低了上千度。通过观测太阳黑子的移动，天文学家计算出了太阳赤道的自转速度要远快于其两极的速度。

日冕

太阳周围环绕着一层微弱的大气，名叫日冕，它在太空中延伸至上百万千米远。太阳的表面比日冕要明亮几百万倍，然而日冕的温度却要高上数百万度。没有人知道为什么。气体会从日冕的空洞中逃逸，流入太空中，速度可达到300万千米（200万英里）/时。

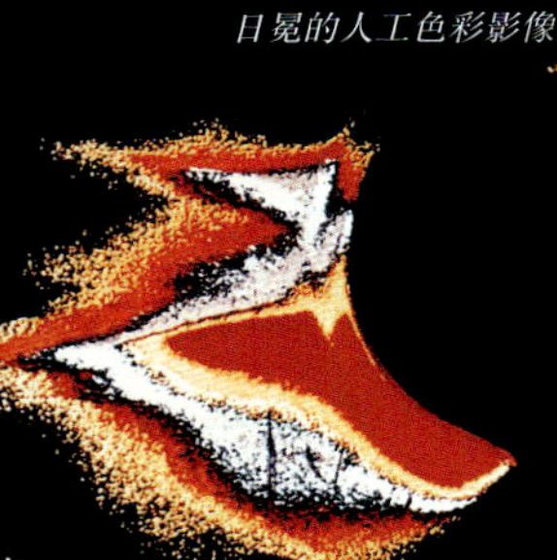

日冕的人工色彩影像

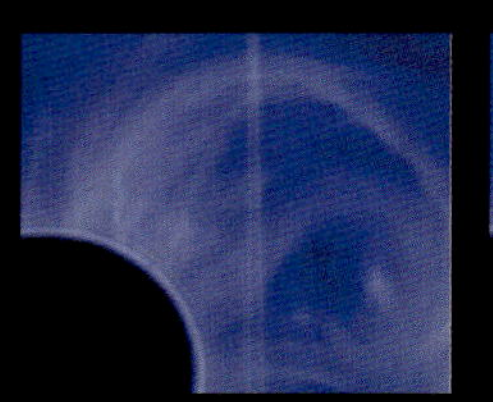

太阳风暴

科学家们以这个名字称呼太阳等离子体中的超热气体。等离子体的巨大沸腾有时会在风暴中跃出日冕的表面。上面的这些照片就展示了大概持续数分钟的风暴爆发。偶尔情况下，太阳风暴产生的冲击波会直接朝地球冲来。我们的大气层保护着我们免于遭受最恶劣的影响，但即使是这样，太阳风暴也会毁坏卫星，或是使电力线路超负荷，导致停电。

火焰之拱

等离子体形成的巨大拱形会在太阳表面跃出几百万千米之高，并且会悬停在太空中长达数月之久。最长的拱形比地球到月亮的距离还长。这些拱形被称为日冕，随着太阳磁场而变化。有时它们会突然脱离太阳，向太空中散发数十亿吨等离子物质。

突然爆发的高热气体（等离子体）逃脱了太阳的强大引力。

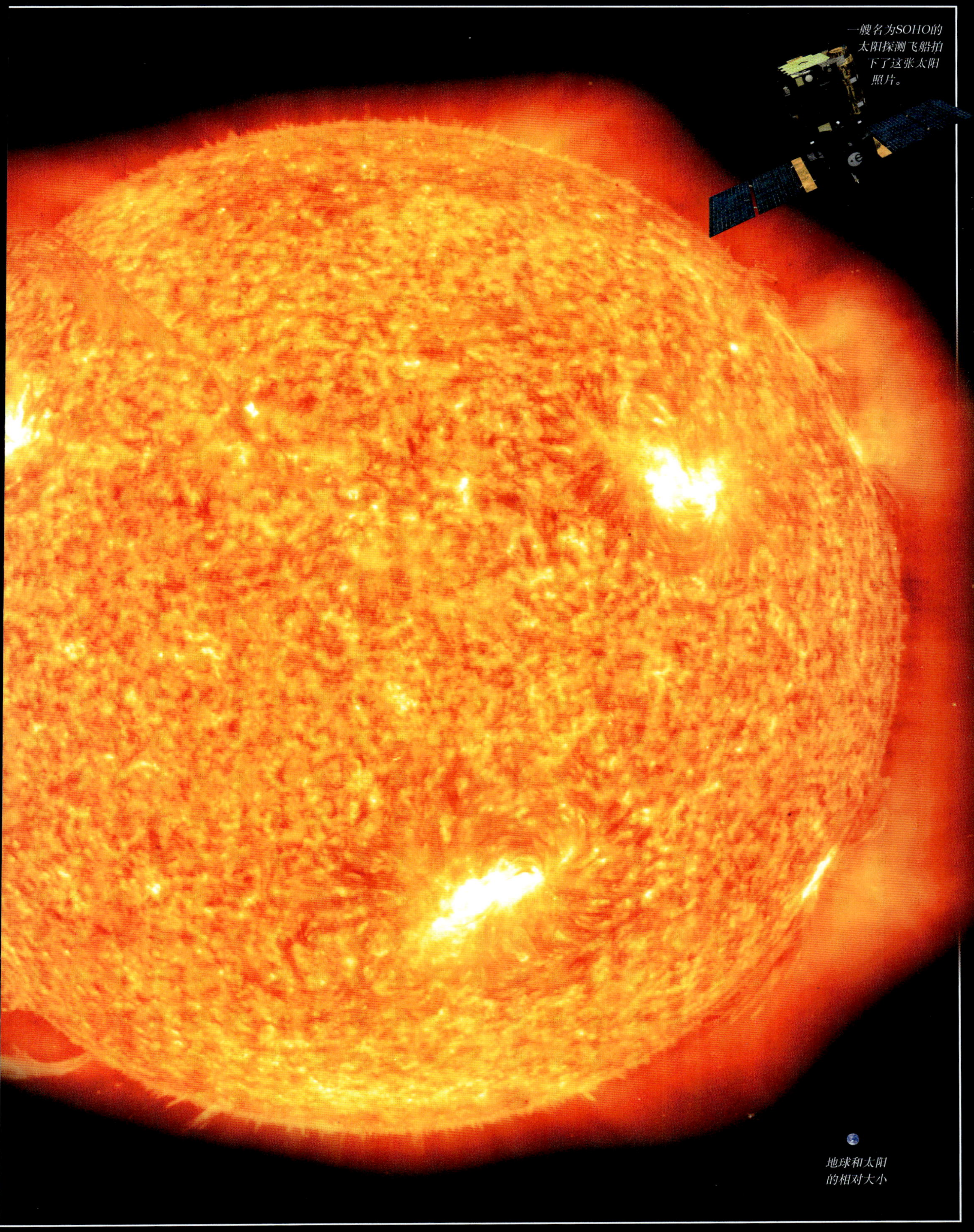

一艘名为SOHO的太阳探测飞船拍下了这张太阳照片。

地球和太阳的相对大小

食

日全食是非常壮观的景象。在几分钟之内，白昼变成黑夜。天空变暗，恒星与行星尽现，路灯亮起，鸟儿们也停止了歌唱——这是自然界最壮丽而生动的事件之一。食的发生是因为来自太阳或者月球的光线在短时间内被挡住。月食发生得较为频繁。食也会发生在其他的行星上，比如，当木星的卫星运行到其行星的阴影中时。这些景象只能被望远镜观测到。当观测日食时，一定要特别记住，千万不要在对眼睛没有完善的保护措施下，直接看向太阳。

太阳的光线射向月球和地球（不是正确比例）。　*月球在太阳和地球间移动。*　*月球阴影中心的变化导致了日全食的发生。*

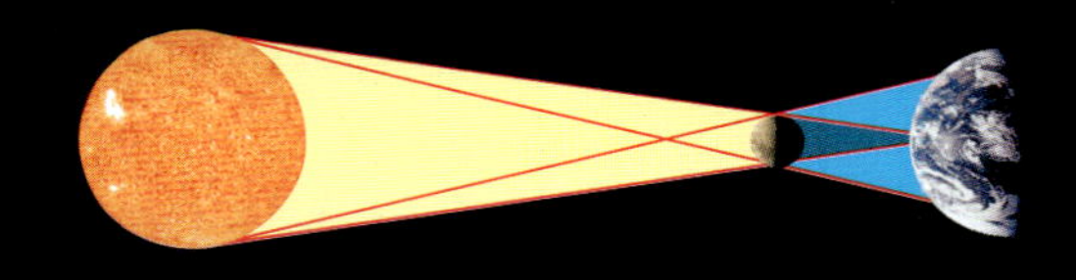

日食

在日食中，月球会运行到太阳的前方。几分钟之内，明亮的日光消失不见，月球的阴影快速在地球表面弥漫开来。处于这片狭窄阴影中的地球上的人们都可以看到日全食，在其外部地区的人则只能看到日偏食。

全食

日食进行到月球完全遮挡住太阳的阶段（下图）时，就叫作“全食”。最长能持续8分钟。在全食的过程中，太阳稀薄的外大气层——日冕，看起来像珍珠彩带般环绕在黑暗中心的周围。

日食的步骤

从一开始挡上以后，月球要花上大概一个小时的时间，才能完全把太阳遮挡住。

钻石环

在全食之前的那一瞬间，最后一丝阳光在月球的山谷上闪耀。当这种景象发生时，一块亮斑会出现在月球的边缘，产生出一种极美的效果，名为钻石环效应。这情景只会持续几秒钟。下面的图片也显示出了气体的日珥（红色）跃出太阳的表面。

在月球的阴影中

每年至少会有两次日食发生，但大部分都是日偏食——月亮只遮住了部分太阳。日全食每隔18个月会在地球上的某处发生，但它们经常发生在远洋海域，或是人迹罕至的极地。虽然在日食中，月亮的阴影在地球上空会移动数千千米，但其轨迹在地球上却经常小于100千米（62英里）宽。日全食大概每隔330年才会再次在同一地点发生。

黑暗的另一面

在月食中，地球的影子可能要花上4小时才会完全经过月球表面。月全食可能会持续1小时以上。部分阳光会被地球大气层折射弯曲，然后抵达月球表面，使月亮看起来是红色的。有时一年会发生3次月食，而某些年份里却一次都没有。地球上处于夜晚的的那一侧，任何地方都能看到月食。

阳光射向地球（不是正确比例）。

地球的一侧在日光之下。在夜晚的那部分则处于阴影中。

当月球运行到地球的阴影中时，月食就发生了。

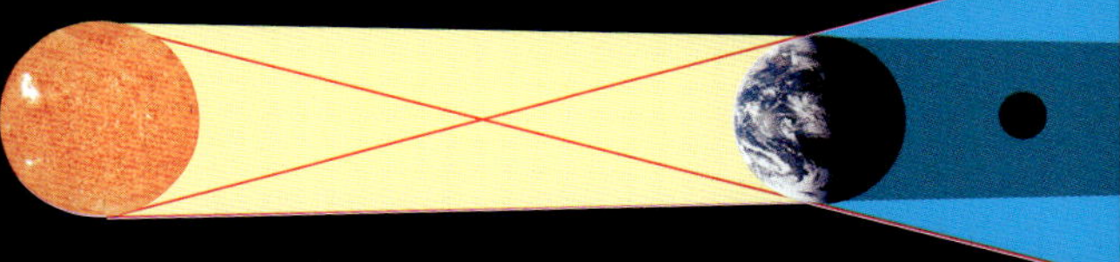

月食

有些时候月球会正好运行到地球的阴影中。这种情况只发生在满月的时候。月食并不是在每次满月时都发生，这是因为月球公转的轨道是倾斜的，所以经常错过地球的阴影。

在月食中，月亮会逐渐变暗，经常呈现出暗红色。

水星

作为最接近太阳的行星，水星在白天灼热难当，而到夜间则冰冷严寒。如果在水星的日间那一侧着陆，太阳看起来会是从地球上看到的两倍半大，但天空看起来却是黑色的，因为水星上没有任何空气。而地球这个行星看起来像是一个大大的淡蓝色发光的“星”。太阳的引力使得水星沿着一个椭圆形的轨道围绕其公转，但这个行星的自转却异常缓慢。水星的表面有着其惨烈的历史所留下的证据：数不清的小行星和彗星曾撞击过这个星球，导致其表面坑痕累累，甚至还有陨石坑中套着坑，坑内还有坑。

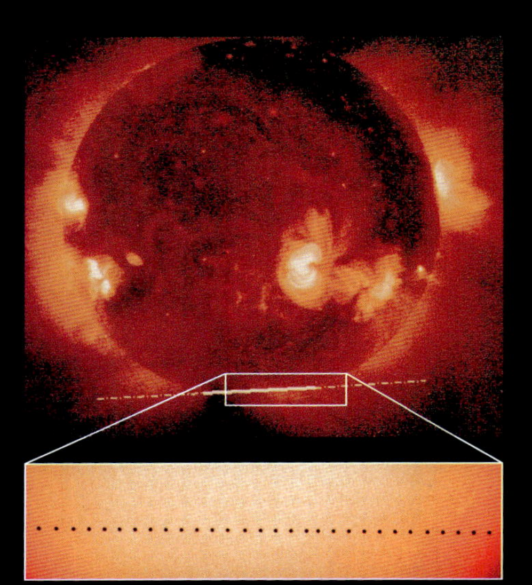

捕捉闪光

在天空中，水星总是十分接近太阳。这使得它很难被肉眼直接观测到，因为太阳的光辉会将其掩盖。天文学家通过强力望远镜，可以更清晰地看到水星。上图是由一台X射线望远镜拍摄到的，它会探测到X射线，而不是普通光线。在图中可以看出水星就像一个小黑点般，经过太阳那巨大表面的上空。

与地球对比的大小

水星上最大的陨石坑大到有1 300千米（800英里）宽。在这张图片的左侧，能看到这巨大坑痕的一部分。另一半陨石坑则藏在阴影中。

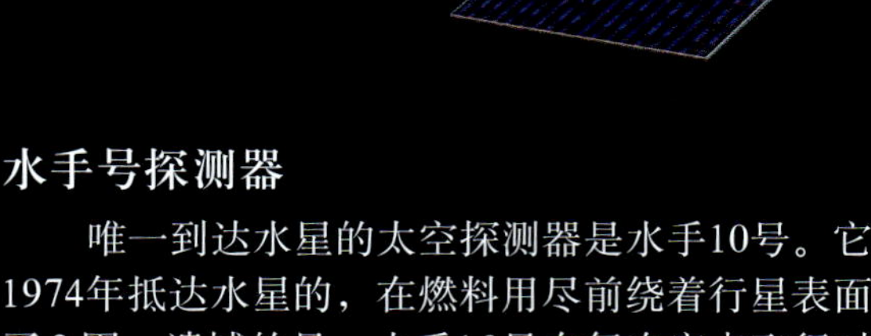

水手号探测器

唯一到达水星的太空探测器是水手10号。它是在1974年抵达水星的，在燃料用尽前绕着行星表面飞行了3圈。遗憾的是，水手10号在每次定点飞行时观测到的都是同一侧表面，所以水星大部分地区的样貌依旧是一个谜。

生日行星

水星围绕太阳的公转周期仅仅只有地球上的88天，这使得它的一年是整个太阳系中最短暂的。而其中的一天（从太阳升起到再次升起）却是这个时间的两倍。所以如果你出生在水星上，你每天都会增加两岁的年龄。漫长的一天，再加上水星椭圆的轨道，形成了另一个奇特的效应。在水星的部分地区，你可以看到太阳在黎明时升起，运行到地平线以下，随后又再次升起。

热斑

因为非常接近太阳，水星比地球接受的热量要多许多。这张热辐射图像显示出了水星的表面温度。最热的部分（红色）是日间处在赤道的地区。这里的温度可达到430摄氏度的超高温——比烤箱中的温度都要高上许多。而在夜间温度会骤降到−170摄氏度，因为水星上没有能保持热量的空气。

水星上的绝大部分地貌是以著名的艺术大师们命名的，比如莫扎特陨石坑位于贝多芬地区。

看上去像月球

靠近看的话，水星看起来很像我们的月亮——没有空气，陨石坑遍布表面。在一些地区，高峻而陡峭的悬崖在星球表面延伸至数百千米，如下图所示。这些悬崖是由于行星早期的冷却收缩而形成的，使得星球表面皱痕累累。水星内部是一个巨大的铁球，占到了整个星球质量的80%。这个庞大的铁核使其成为密度最高的行星之一。

水星上有些陨石坑的中心有着小山般的突起，这是因地面被小行星撞击后“反弹”而形成的。

金星

天文学家有时会把金星称为我们太阳系中最接近地狱的地方。酸云覆盖着星球表面，温度高得能把铅熔化，空气密度大到可以在瞬间压死一个人。金星的自转方向与地球相反，所以在金星上，太阳自西方升起，从东方落下。这颗行星旋转得异常缓慢，要花上243个地球日才能自转一周。这使得它上面的一“天”比一“年”（225个地球日）还要长。

深的环形谷地是由地壳撕裂而形成的。

蓝色的地区是被大量熔岩流覆盖的辽阔平原。

这张照片是由1979年进入金星轨道的先驱者号探测器拍摄的。

密云浓雾

金星上的云层太厚，阳光不能直接照射到星球表面。云层反射的光线使得金星成为继月亮后在夜空中第二明亮的星体。云层是由浓缩的含硫酸性物质组成的。即使宇航员能够在强大的压力下幸存并抵达金星表面，他们也将很快死于酸液的灼烧。狂风呼啸，吹动云层绕行金星表面，每4天运动一周，在云层的顶端会形成巨大的黑色旋涡。

熔岩地貌

科学家们根据雷达探测得到的数据在计算机上推算得出了这张全景图。中心的山峰是玛阿特山，它是金星上最高的火山。它使得周围形成了一片由固态熔岩构成的死寂沙漠。像绝大多数金星上的地貌一样，玛阿特山是以一位女性的名字命名的——她是埃及真理与正义之神。现在没有人知道这座火山是否还在活动。

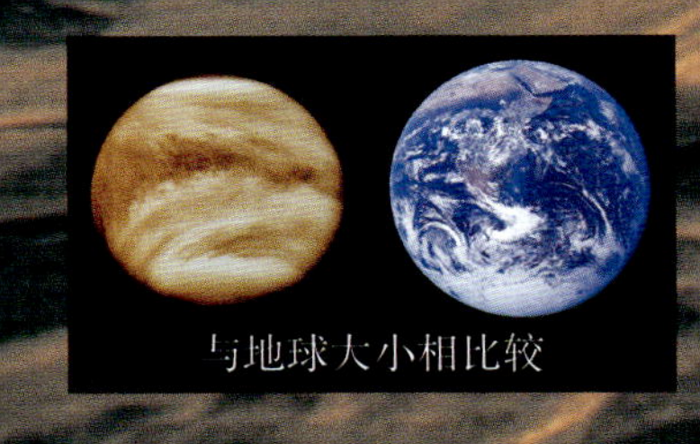

与地球大小相比较

巨大的玛阿特山坐落在高地的中央。

云层下方

这张放大的彩色雷达照片显示了云层退去以后金星的表面。固态的熔岩覆盖了85%的星球表面。蓝色区域是当熔岩喷发时，在地面上流动而形成的巨大的低矮平原。如果金星上有水存在的话，这里就会变成海洋。白色的高地相当于地球上的陆地，混杂着山峰、丘陵、火山等，被深深的山谷分割开来。

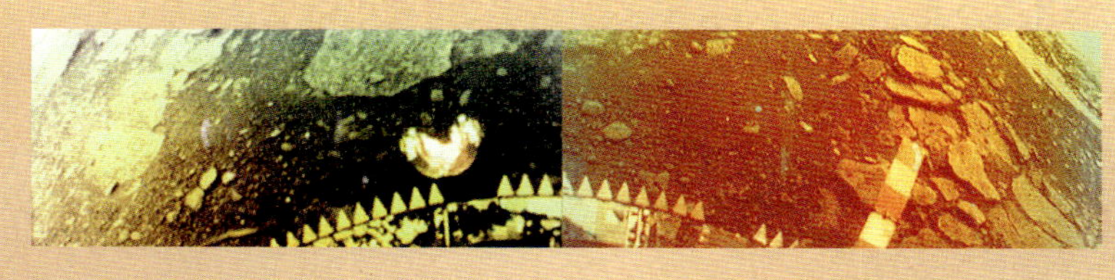

在金星上着陆

1982年3月，一艘名叫金星13号的苏联探测器在金星上降落，并拍下了其表面的照片。这张图片展示了一片混杂着碎石的橙色沙漠——或许还有古代熔岩流的残留物。光线强度很像地球上多云时的白天。这张照片上的内容还包括一个打开的照相机镜头盖（左侧）、一张彩色图表，还有金属起落架。在金星那致命的大气毁掉它之前，这架飞行器仅幸存了127分钟。

薄饼圆顶

金星上有着各种各样的火山结构，比如这些交叠在一起的石质圆顶。它们每一个都有25千米（16英里）宽、750米（2 500英尺）高。它们被称作薄饼圆顶，是由厚重而黏稠的熔岩在喷发之前就固化而形成的小火山。当熔岩冷却，这些圆顶皱缩，其上部就会裂开。

玛阿特山大约有8千米（5英里）高。

金星的表面温度可达到482摄氏度（900华氏度）。

地球

地球——自太阳数起的第3颗“石头”——在许多方面都有着独特之处。它是科学家们已知的唯一存在生命的星球——这多亏了它海洋中的水分和大气中的氧。它不像水星那样灼热，也不同于海王星那般寒冷，离太阳的距离非常合适。从体积上来看，地球由于其中心的大铁核而显得十分沉重。其内部液态铁的旋转搅动形成了一股强大的磁场，保护地球免于遭受来自太阳粒子流的侵害。地球大气层也是一道可以隔开由太阳放射出的危险辐射的绝佳屏障。

地球的大气层

地球表面70%都被水所覆盖。这样可以保持温度适中，而且可以向大气中释放水蒸气。水蒸气与其他气体形成的混合物包围着地球表面，形成了大气层。其形成的白云持续不停地移动，被风吹到这颗行星的各处。

永不停歇的地球

地球并不是一个实心的球体，它由许多层不同的地层组成。最外面是一层薄薄的实心岩石壳——地壳。在其上形成了陆地和海底。从地核中心散发出的热量向上推动地壳的部分区域移动，这些区域又叫板块。当这种情况发生时，地球上的许多环境地貌会发生改变，或是被重新创造出来。

这张图片显示了当水排尽以后地球板块的样貌。

从太空中可以看到，陆地会显出暗绿色或棕色，而海洋则显出蓝色。中东的大部分地区没有云层覆盖，北非的沙漠和阿拉伯半岛清晰可见。

水之星球

地球上的水有多种不同的形态。它有液态形式（在雨中、湖中、河流中和海洋中），也有气态形式（肉眼无法看到的水蒸气），还有固态形式（比如冰）。水的存在不仅为地球上生命的诞生提供了可能，同时也塑造着陆地。这张图片显示了恒河进入孟加拉湾时形成的网状水道。平坦的陆地被沉积了上千年的河流沉积物所塑造。

从航天飞机上看到的恒河三角洲

绵绵山脉

巍峨的山脉一般于两块板块碰撞时形成，其中一块会因挤压而被迫上升形成高山。从太空飞船上看去，喜马拉雅山上的珠穆朗玛峰是海平面以上最高的山峰。然而，在夏威夷某个火山岛上的冒纳罗亚山，才是世界上最高的山峰，这是从它在海底的根部到其最高点的距离测量得出的。

珠穆朗玛峰坐落在中国和尼泊尔的边界。

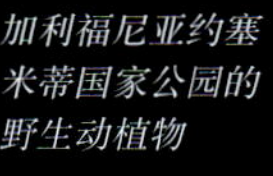

加利福尼亚约塞米蒂国家公园的野生动植物

地震与火山爆发

地球板块的边缘部分可能会非常危险，不适宜居住。大部分地震都发生在板块之间互相碰撞或是滑动的地区。在某些城市，例如美国旧金山，大规模地震的力量比一颗原子弹还要大。火山爆发时，熔化的岩石跃出地面，喷发而出的岩浆与火山灰散布大片地区。这张图是俄罗斯的克留切夫斯克火山正在喷出灰烬形成棕色云雾。

一座正在喷发的火山（拍摄于航天飞机上）。

丰富的物种

地球上几乎任何地方都存在着生命——从最高的山峰到最深的地下洞穴。没人知道地球上究竟有多少种生命形态，但总数肯定能达到几百万种。最原始的生命形式大概出现在38亿年前的海洋中。动物则直到6亿年前才进化出来，而现代人类则仅仅出现在百万年前。

这张地球的图片是由阿波罗17号飞船在飞往月球的途中拍摄的。

月球

我们在太空中最近的邻居——月球——已经围绕地球转动了45亿年。有一种理论认为，月球的诞生是由于一块火星大小的物体撞向年轻的地球，在太空中溅起了一团巨大的物质云。这些物质最后聚合在一起，形成了月球。因为月球比地球小许多，所以它的引力也非常小，不能“抓住”任何气体或水分。没有大气层保护其表面，所有的物体都会直接撞到月球上面，造成深度撞击。月球上黑暗的部分被称为阴影部，又叫“月海”，是由于陨石撞击到其表面，力度之大使得岩浆飞到外层，并凝固在坑坑洼洼的地面上而形成的。

地球升起

阿波罗 8 号上的宇航员是第一个看到地球升起的人类，这发生在1968年12月他们环绕月球飞行的时候。他们描述到，相比于月球那灰色而荒芜的表面，地球就像太空中的一座绿洲，在这里海洋清晰可见。

月相

月球本身不会发光。我们能看到它是因为月球就像一面巨大的镜子，反射来自太阳的光线。当月球围绕地球公转时，它看起来像在不断变换形状，这是因为我们看到其被阳光照射的那一面的面积不同。这些不同的形状被称作月相。月球从满月开始变化，到下一次满月所经历的周期为29.5天。

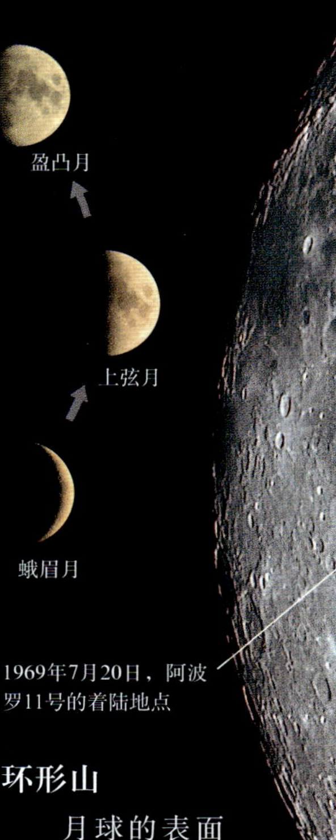

环形山

月球的表面覆盖着各种大小的环形山，从小坑洞到直径200千米（124英里）的巨大盆地应有尽有。这些环形山周围的高墙是由碰撞时溅起的残骸形成的。许多坑中还有中央山峰，这是在碰撞后地壳回弹而造成的。一些新形成的环形山中还有“放射状”的喷出物，带着闪耀的条纹。

地球

在这张图表中，地球与月球的大小，以及它们之间的距离，是完全按比例标出的。

地球到月球的距离为384 400千米（239 000英里）。

来自月球的资源

如同其含有的金属矿，例如钛、铁、镁等，月球也包含着一种珍贵气体——氦 3，这种气体也许某天可以用来解决地球上的能源短缺问题。这张人工色彩放大图来自伽利略号探测器，显示了蓝色的静海中有一种富含钛金属的土壤。大部分月球上的高地呈橙色／红色，这表明其含有的钛和铁元素很少。

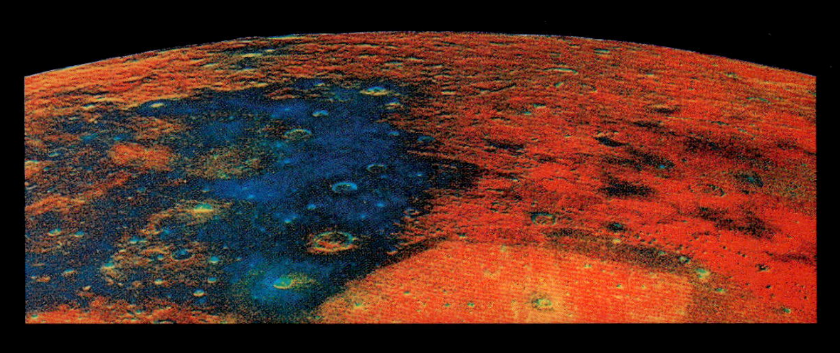

位于远端的这个新近陨石坑（被命名为乔达诺·布鲁诺），被放射状的射线环绕着，这些射线距其中心可达400千米（248英里）。

危海

在月海之间形成的高地

这张月球的照片由阿波罗11号所拍摄，展示出了大部分我们可以从地球上看到的月面。右侧的图是月球背面的景象。

月球勘探者

1998年，月球勘探者号进入了环绕月球的轨道。它在月球两极附近地区可能发现了大量的冰层沉积——它们可能来自撞击月球的彗星。这些冰层依然冻结着，这是由于两极地区的深层环形山总是隐藏在寒冷的阴影面中。

罗蒙诺索夫环形山

弗莱明环形山

塞弗特环形山

危海

巴斯德环形山

齐奥尔科夫斯基环形山

月背

由于月球的自转周期正好和它围绕地球旋转一周的时间相同，所以我们总是能看到其相同的一面。月球的背面一直是一个谜，直到1959年苏联的月神 3 号太空探测器飞到月球的背面，传回了第一张照片。它看起来与月球的正面很不相同——有着更多的环形山，但暗色的月海却很少。这是因为这一侧的地壳更加厚实，能经受住更剧烈的撞击。许多环形山是以科学家的名字命名的，比如弗莱明。

月球

以每小时38 916千米（24 182英里）以上的速度飞行，阿波罗11号花了4天抵达月球。

在离月球62 550千米（38 870英里）处，飞行器会摆脱地球的引力，被拉向月球。

人类登月

在1961年，约翰·F·肯尼迪总统宣布美国将在10年之内实现人类在月球上的登陆。1969年7月20日，这个承诺兑现了。5亿人在电视机前惊讶地看到，宇航员尼尔·阿姆斯特朗成为第一个在月球上踩下脚印的人。在1969年到1972年之间，阿波罗11号——以及后面同系列的5艘飞船——一共运送了12个人抵达月球。在飞行途中近乎致命的戏剧性的爆炸，导致阿波罗13号成为唯一一艘放弃任务的飞船。在登陆舱外部总共80个小时的时间里，宇航员们采集岩石标本，拍照，进行各种实验，来进一步探索月球表面及其内部的各种奥秘。

因为没有风和雨水的冲刷，宇航员们在月球的尘土上留下的脚印会一直保持数百万年。

登月舱

“雄鹰着陆了！”这是在登月舱第一次着陆时宇航员的报告。除了把宇航员们载到月球上，登月舱还是宇航员们在那里的家。经过3天在月球上的生活，雄鹰号把巴兹·奥尔德林和尼尔·阿姆斯特朗载回轨道上的控制舱。在返回的旅程中，登月舱的起落架会在打火进入控制舱舱门时脱离。

在月球上跳跃

在重力很小的环境中生活是一种非常奇特的体验。在地球上，一名穿好太空服的宇航员体重可达135千克（300磅）——而在月球上，他只有23千克（50磅）。这张照片里，约翰·杨在做了几次毫不费力跳离地面的动作后，向星条旗敬礼致意。因为没有风，这面旗子是粘在一根棍子上的，以便使其完全展开。在旗子后面还能看到登月舱和月球车。

阿波罗16号的宇航员坐着月球车探测月球表面的高地。

越野四轮车

在最后的3次航行中，宇航员都携带着一辆月球漫游车，又叫月球车。这辆电池供能的小车在旅程中可以折叠，便于保管，在离开登月舱后，则可以让宇航员探查26千米（16英里）以上的距离。月球车有着实心而坚固的轮胎，用来应付根本不存在路面的地形，其最大速度可达到每小时18千米（11英里）左右。在其后部是工具箱和用来携带标本的袋子。

这个盘状天线把电视图像传播回地球。

电视照相机

月球车用棒状的手柄来代替方向盘控制方向。

登月计划

科学家们希望阿波罗计划可以解开更多有关月球的谜团。这张阿波罗17号在1972年登陆月球的照片里，队伍中的科学家们分析了一块从山侧滚下的巨大岩石。许多工具被架起，用来测量来自地下的震动，或者叫作月震，通过这个来研究月球的内部构造。在这6次航行任务中，宇航员总共带回了388千克（855磅）的岩石和土样来进行分析。回到地球以后，专家们会用这些资料描绘出月球的历史。

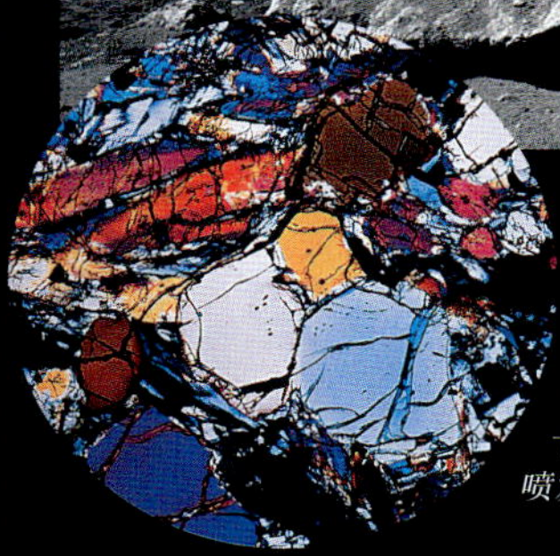

通过显微镜观测，月球矿石中含有的矿物质清晰可见。这些矿物质里有许多是在几十亿年前的一次熔岩喷发时形成的。

这张照片展示了巴兹·奥尔德林穿上阿波罗号增压服的样子。护目镜上反射出的人影是正在拍照片的尼尔·阿姆斯特朗。

在太空中生存

任何时候，只要飞行员离开太空船的安全地带，他们就必须穿上宇航服，来保护自身不受辐射，同时维持呼吸。登月的飞行员还要穿上一套由网状管道组成的内衣，里面有循环流动的冷水用以保持正常的体温；外部还有一个尿液收集装置，其末梢的小洞开在右腿一个副袋后部。在有人帮助的情况下，穿上全套宇航服要花费45分钟的时间。

头盔外部有一层金涂层的护目镜，用来反射光和热量。

背包控制箱

笔型电筒袋

这个背包（正确的叫法应该是便携式生命维持系统）为宇航员提供氧气、水、通信，以及电能。

墨镜袋

月球表面是寂静无声的，这是因为其上没有任何空气来传播声音。即使站在一起，宇航员们也要通过头盔中的无线电来相互交谈。

尿液转换连接器

连接着各个口袋的管子，用来提供空气、冷却用水和通信。

火星

这颗我们在太阳系中的近邻行星已经让天文学家们着迷了数百年。从某些角度来说，它与地球十分相似。它上面的一“天”是25小时，有火山、峡谷，还有随着季节变化胀开或收缩的极地冰盖。数十亿年前，火星上也有能够支持生命存在的大气层。干燥而环绕的山谷上被蚀刻过的表面，表明曾经有河流流过那里。然而，随着时间的推移，它的大气层逐渐消散在太空中，整个星球也变得寒冷。现在的火星则是一个冰冻的沙漠。

这张图片中心那巨大的峡谷几乎等于从纽约到洛杉矶的距离。

这些暗色的环状物是大型的火山。内部的坑洞在太空中清晰可见。

火星上空朦胧的白色云雾是由冻结的二氧化碳和水冰形成的。

红色星球

在晴朗的夜空，可以很容易看到明亮的火星在闪耀，如同一颗红色的“星”。这种颜色让古罗马的人们联想到在战争中喷洒出的鲜血，所以他们以自己信仰的战神玛尔斯之名为这颗行星命名。实际上，火星的这种颜色来自氧化铁——铁锈——包含在覆盖星球表面的岩石与土壤中。之前，曾有天文学家误以为火星的暗面覆盖着植被，因为它们会随季节的变化而改变形状。但事实上，这些地区只有裸露的岩石和被风吹散的沙土。

橙红色天空

火星上的空气比地球上稀薄100倍，而空气中包含着的灰尘使得其天空呈现橙红色。肆虐的风暴有时会抽打起巨大的尘雾云，遮住星球表面。风暴中心的风速可达每小时400千米（249英里）。火星上空气的主要成分是二氧化碳及其他一些有毒气体，所以地球的来访者们必须穿上宇航服才能呼吸。

与地球相比的大小

火卫二

火卫一

火星的卫星

火星有两个小卫星，分别叫火卫一和火卫二。它们很可能是被火星引力俘获的小行星。火卫一从两个最远端量起也只有28千米（17英里）宽。它上面的引力如此微弱，以至于如果有宇航员在火卫一上，他的体重会是地球上的一千分之一，而且几乎很难在上面站定。火卫二则有14千米（9英里）宽——是太阳系中最小的卫星。

霜冻的极地

火星也许在很久很久以前曾经十分温暖，但现在上面却冰冷死寂，平均温度在−63摄氏度（−81.4华氏度）左右。这张照片显示出了由冻结的二氧化碳形成的冰盖——“干冰”，在火星的夏季时覆盖在其南极表面。这块冰盖大概有400千米（249英里）宽。在冬季冰盖的范围还会扩大，这是因为空气会不断冻结进去。火星的北极则被干冰和水冰覆盖。

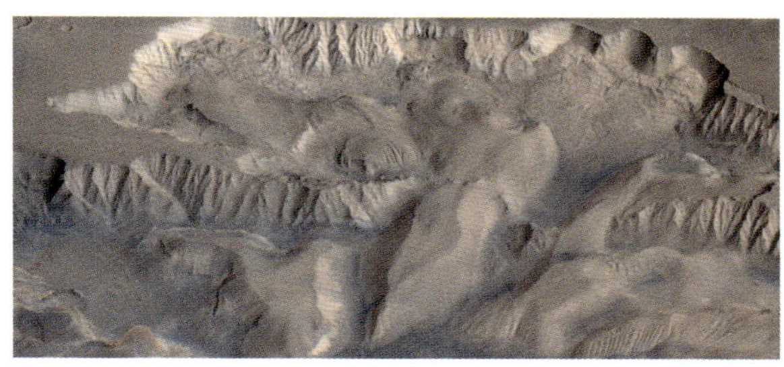

巨大峡谷

火星表面那黑色的斜面是一座巨大的峡谷，有地球上大峡谷的4倍深、10倍长。上图显示的只是其中的一小部分。环绕着谷底的塔状悬崖高达6千米（4英里）以上。在某些地区，悬崖会崩塌成为巨大的山崩碎石。这条峡谷被称为火星水手号峡谷。它的诞生是由于行星板块不断缓慢移动，在数百万年前撕裂火星表面所致。

奥林匹斯山

火星中科学家们已知的最大火山是奥林匹斯山。它比整个英格兰还要宽，是珠穆朗玛峰的3倍高。奥林匹斯山在过去的200万年间可能爆发过。尽管体积如此庞大，但一旦活动起来，其景象很可能并不像我们想象的那样可怕。渗出的岩浆数十亿年沉积下来，逐渐形成了一座打破最高纪录的火山。

奥林匹斯山的边缘是一处高达4千米（2.4英里）的陡峭悬崖。

探索火星

天文学家长久以来就梦想着可以把人送上火星，但实在太过遥远，只有机器人探测器可以在那里着陆。首次登陆火星表面的活动发生在1976年，两架海盗登陆者成功降落在火星上。1997年，探路者探测器在一个巨大的安全气囊中壮观地着陆了。正是由于这些任务，科学家们对这颗“红色星球”的了解要比其他地外行星多得多。但仍然还有一个谜：火星上是否存在生命呢？

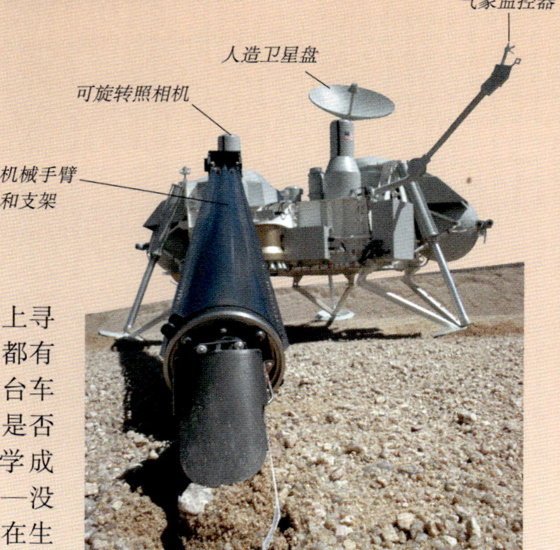

海盗登陆者在地球上测试时的照片

寻找生命

两架海盗登陆者在火星上寻找生命的迹象。每架登陆者都有用来挖掘土壤的机械臂。一台车载实验室装备会分析土壤中是否含有生命体产生的有机化学成分。结果却是令人失望的——没有一台登陆者找到火星上存在生命的任何证据。

火星全景

探路者号探测器用一台全景照相机拍下了下面这张照片。如果你能站在火星上，环顾四周整一圈的话，看到的就是这样的景象：目力所及之处，岩石与红土覆盖着所有物质。科学家们认为该地区的这些岩石是在几百万年前一次大洪水后沉积下来的。

登陆火星

火星表面的大气稀薄，因此很难借助降落伞实现软着陆。为了吸收庞大的冲击力，小型“探路者号”(Pathfinder)探测车被装在了硕大的充气袋里。“好奇号”(Curiosity)探测车更大、更重，则使用了“空中吊车”来帮助登陆：探测车由下降进入盘旋阶段之后，固定在绳索末端的探测车将在吊车的控制下缓慢降落到火星表面。

探索“坚忍”（Endurance）环形山的机会

两辆探测车

2004年1月，两辆完全相同的探测车——“勇气号”(Spirit)和“机遇号”(Opportunity)，于两个方向登陆火星。勇气号绕古谢夫陨石坑(Gusev crater)前进，在2010年3月22日失去信号前共行进了7.7千米（4.7英里）。机遇号的降落地点是一处平原，在火星表面行进了42千米（26英里），而且目前仍可以运行。两辆探测车均用于寻找火星曾存在水的证据，因为水是生命的源泉。

火星车家族

自1997年旅居者号火星车（图像底部）在橙色表面游弋以来，已有4辆美国火星车降落在火星上。旅居者号的大小与微波炉差不多，重达10.6千克（23磅）。孪生火星车——勇气号和机遇号（图中左侧）大小与一张大型的办公桌相当，每个重170千克（374磅）。这3辆火星车均由太阳能电池板供电。好奇号（图中右侧）和小汽车一样大，有一个核动力单元。

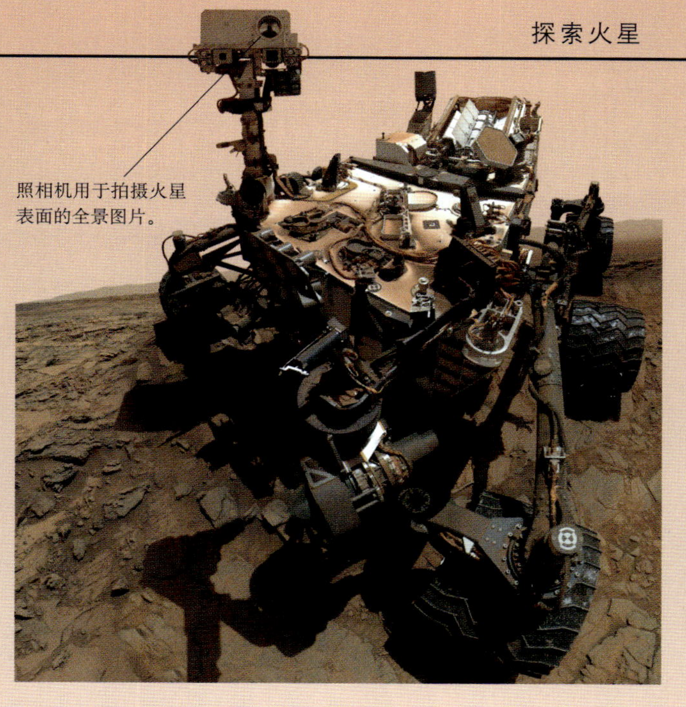

照相机用于拍摄火星表面的全景图片。

“好奇号”探测车

“好奇号”探测车是目前为止所有已发射火星探测车中最先进、最大的一辆。好奇号重达899千克（1982磅），于2012年8月6日登陆火星表面，携带了13件科学仪器，其中多件安装在一只机械臂上。与其他探测车不同，好奇号使用核能作为动力，因此无需依赖太阳光照来发电。并且，好奇号配备了岩石钻头和自动实验室，可以用来分析土壤和岩石样本。

这些小山很可能是由几百万年前的洪流塑造出来的。

质地较软的表层岩石由风经过数百万年的侵蚀作用形成。

夏普山

“好奇号”探测车正在探索盖尔陨石坑（Gale crater），这里此前可能是一个湖。陨石坑的中央山峰为夏普山（Mount Sharp）。目前还没有发现火星存在生命的证据，但大量的证据证实数十亿年前的火星要温暖得多，而且湿润得多，有可能适合生命生存并进化（或许现在也有生命深藏地下）。

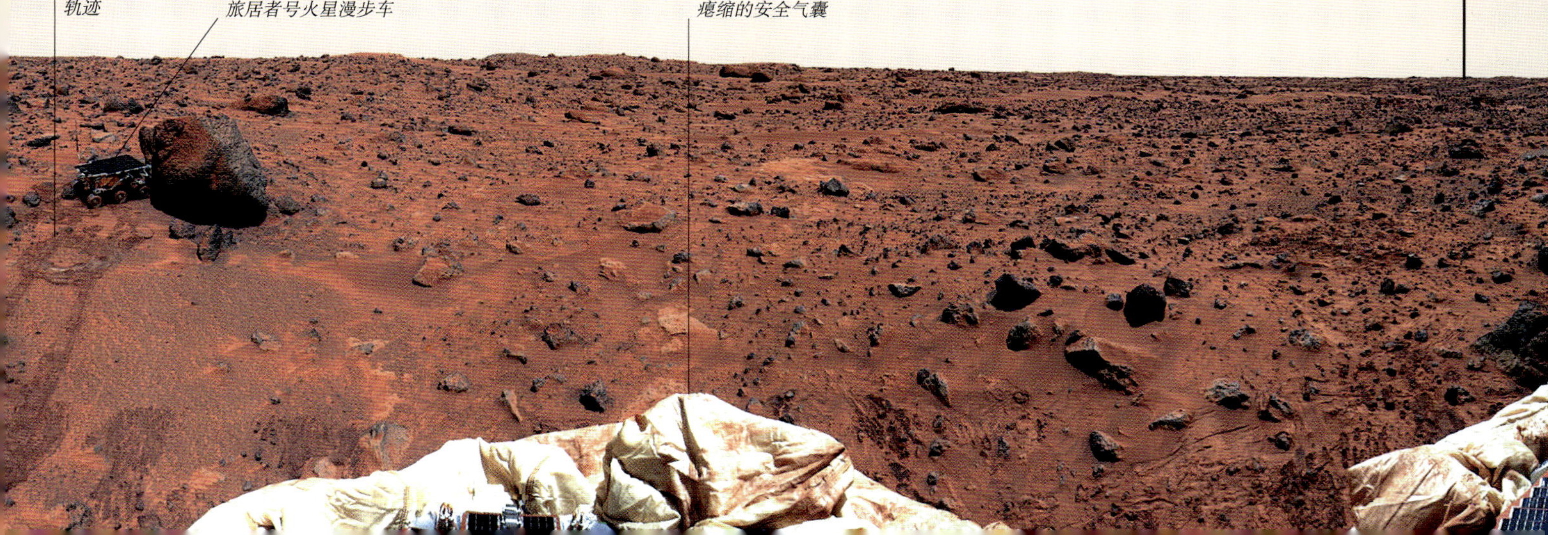

漫步车的轨迹

旅居者号火星漫步车

瘪缩的安全气囊

木星

木星是太阳系中当之无愧的最大行星——它的内部可以装下1 300多个地球。科学家们称木星为“巨型气体行星”是因为它绝大部分的组成物质是氢气。木星高速的自转使其表面的氢气被甩到空中成为始终盘旋着的云带——这颗行星完全自转一周只需要10个小时。在云层之下并没有固态的地面，气体全都并入一个由液态氢组成的巨大而灼热的海洋中。在更深处，氢元素的形态则类似液态金属。科学家们认为这颗行星的核体是由比太阳表面还灼热6倍的熔化的岩石构成的。

自杀式探测器

1995年12月，伽利略号探测器在木星上空降下了一个小型探测器。这架探测器以时速170 000千米（106 000英里）的速度撞向云层表面。在两分钟之内，降落伞打开，它的速度减慢下来。接下来的一个小时里，它分析了云层中的化学物质，并将数据通过无线电信号传回轨道上的伽利略号探测器。当探测器进一步下沉时，灼热的大气将其熔化并压毁。

在大红斑中旋转的风暴速度达到每小时400千米（250英里）。

大红斑

木星上最著名的景观要数大红斑了，它其实是一股至少300年没有停息的巨大龙卷风。它的直径有25 000千米（16 000英里），比地球的2倍还要大。肆虐的狂风形成了飓风，在云层上产生了波纹。大红斑以逆时针的方向转动，大概12天转动一周。它的颜色大概来源于少量含磷的化学成分。

与地球相比，木星卫星的大小

木卫四

木卫三

哈勃空间望远镜拍下的木星照片上显示出了一条微弱的光环（下图）。光环上的亮点是一颗名叫木卫十六的小型卫星。

烟尘光环

旅行者一号探测器在木星的赤道附近发现了一条十分微弱的光环。这条光环延伸至太空中数千千米，但其本身宽度却小于1千米。它是由微型尘埃颗粒构成的，看起来很像黑烟。科学家们认为这些尘埃可能是陨石撞击木星卫星留下的残骸。

这两架旅行者号探测器在1979年飞过木星。它们为这颗行星及其卫星拍摄了33 000多张照片。

发光的极地

如果在夜晚站到木星云层的顶端，你可以看到奇妙的发光景象。闪电在云间划过10 000次以上，其力量比地球上任何时候的闪电都要大，闪耀的极光也在两极跃动。这些极光是由木星的卫星之一——木卫一上火山喷发出的带电颗粒形成的。这些颗粒被木星的强烈磁场吸引到两极地区。

木星上的极光，由哈勃空间望远镜的紫外线摄像机拍摄，看起来很像极地附近的椭圆光源。

木星的卫星

木星那巨大的引力使得它有力量维系住67颗卫星。有些卫星的体积甚至大过一般行星，但科学家们仍称它们为卫星，是因为它们绕着木星公转而不是太阳。如果在晴朗的夜间用双筒望远镜看木星，就可以清楚地看到最大的4颗卫星，它们的名字分别是木卫三、木卫四、木卫一和木卫二（按体积大小排列）。比起行星的大小，木星的另外12颗卫星则更像是小行星。它们的形状很像石头，体积小，表面遍布陨石坑的创痕。这些小卫星中最大的一颗是木卫五，从最远端量起直径也只有270千米（168英里）。

卫星之王

木卫三是太阳系中最大的卫星，它的体积甚至比冥王星和水星还要大。它是由岩石和冰块混合组成的星球，表面上白色的陨石坑是由于陨石撞入冰面内部而形成的。木卫三上黑色地区的地貌既古老又坑坑洼洼，几十亿年来未曾改变过。颜色较白的区域地形平坦，很可能是被流冰覆盖填满。

疤面星球

木卫四是太阳系中经受打击最多的星球。在几十亿年前，数千颗陨石撞击这颗卫星的表面，使之到处留下了陨石坑。从此以后，它的外形几乎没有任何改变。这张图片中靠近顶部的明亮地区是瓦哈拉盆地——最大的陨石坑。留下这道疤痕的陨石一定极其巨大，因为撞击时产生的冲击波延伸至3 000千米（1 900英里）远。

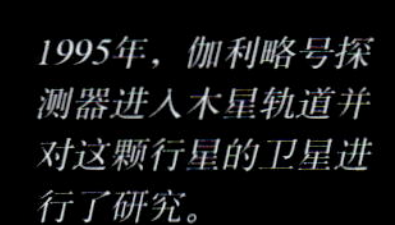

1995年，伽利略号探测器进入木星轨道并对这颗行星的卫星进行了研究。

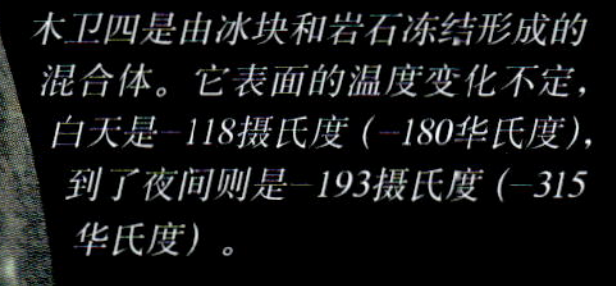

木卫四是由冰块和岩石冻结形成的混合体。它表面的温度变化不定，白天是–118摄氏度（–180华氏度），到了夜间则是–193摄氏度（–315华氏度）。

硫磺那多彩的颜色使得木卫一看起来很像一张巨大的比萨饼。

里外倒置的木卫一

最神秘的木星卫星就是木卫一了。它上面如此多的火山持续不断地将星球的表面里外翻动。火山喷发出的硫磺岩浆和气体涌泉在太空中蔓延至数百千米远。随后这些岩浆和气体会固化到木卫一那冻结的表面，形成黄色和橙色的巨大斑点。木卫一上面之所以有如此多的火山，是因为它正处在被木星和木卫二两个方向的引力拉扯中。正因为木卫一被如此不停地压缩拉伸，其内部的温度变得极其高。

这座火山向太空中喷射出300千米（186英里）高的物质。

冰地

卫星木卫二的表面完全被巨大而冻结的海洋覆盖。当阳光照射到它的冰面上，木卫二则呈现出一片炫目的白色。它的表面几乎没有陨石坑，所以冰面肯定在以某种形式到处运动，覆盖了绝大部分陨石坑的痕迹。木卫二的某些地区看起来很像北冰洋上漂浮的冰盖。这种相似性让天文学家认为，在木卫二冻结的地壳下，可能会有泥浆或水构成的海洋存在。或许，在那片隐藏起来的海洋中，还有着陌生的生命形式。

这张艺术家的概念图显示了木卫二上的冰层地貌。

土星

与地球相比的大小

土星因其巨大而壮观的光环而闻名于世。但其实它还保持着其他几项纪录。它的自转速度如此之快，以至于赤道地区凸出，使它成为最扁平的行星。它的卫星个数也是很多的。迄今为止天文学家一共命名了62颗，但实际上还有不少。土星的光环是由一颗被彗星撞碎的冰卫星的残骸构成的。它也是密度最低的星球。如果可以把所有的行星放进一个水桶里的话，土星是唯一能漂浮在水面上的。

极光

土星的强磁场形成了一层看不见的磁场膜包裹着整个星球。通常，这个膜如同护盾一样保护着土星远离太阳风——从太阳内部冲出的带电粒子流，时速可达300万千米（200万英里）。然而，还是有一部分太阳风中的粒子会被吸入土星的磁场。当它们撞击到上层大气时，产生的环状光芒就叫作极光。

土星使其卫星显得很小。在这里你能看到土卫三（上面）和土卫四（右下）就像白色的斑点。土星上的黑点则是土卫四的影子。

近距离观察

土星的光环由数百万发光的冰块组成，其大小从沙粒到一座房子的体积应有尽有。这光环如此巨大而又如此明亮，以至于用一架小型望远镜就可以在地球上观测到。没有人知道土星的光环是怎样形成的。它们可能是一颗卫星被彗星撞击以后的残骸，也可能仍然有一颗卫星正被土星的引力拉扯得分崩离析。这张人工放大色彩图像显示出光环实际上分成数百个小环带，其中的间隙被土星卫星的引力打扫得干干净净。

土星就像一个由液体和气体组成的旋转着的大水滴。它是继木星后的第二大行星。

在泰坦上降落

2005年1月14日，欧洲惠更斯号探测器穿过覆盖在泰坦（土卫六）上的橙色浓密云雾，降落到这颗土星最大的卫星表面。泰坦是太阳系中唯一有着真正大气层的卫星。它上面弥漫的云层太过厚实，所以其底下到底有什么还是个谜。科学家们认为泰坦上的空气与几十亿年前地球上的空气成分很接近，所以在这个特殊的卫星上有可能找出生命起源的线索。遗憾的是，我们已知泰坦那封冻的表面温度太过寒冷，无法让生物生存。

探测器降落在泰坦表面的艺术家概念图

迷你卫星

除了泰坦外，土星其他的卫星都十分小巧。土卫二只有500千米（310英里）宽——一个法国就可以将其装下。它的表面覆盖着冰层，但其内部却是温暖的，还有可能包含着液态水分。其表面的凹洞是由液态水涌到星球表面后冻结形成的。土卫二可能有“冰火山”，在爆发时会喷出积雪。

土星的光环有100 000千米（62 000英里）宽，但只有不到1千米（0.6英里）厚。如果烤一个相同厚度的薄饼的话，那么它的直径会有500米（1 600英尺）。

海绵状的土卫七

土卫七的轨道距土星约150万千米（93万英里）。这颗形状奇怪的卫星直径仅270千米（168英里）。较低的密度表明它主要由水冰组成，内部空间异常多孔。这也许就能解释它奇怪的海绵状外观。它在轨道上翻滚，自转毫无规律。

天王星

许多天文学家都以柔和而平凡来形容这颗行星。即使在1986年旅行者2号飞越天王星时，除了一些稀薄的云雾外，其表面看不到任何东西。虽然其成分绝大部分是由热水与其他化学物质组成的浓汤状物体，但天文学家还是把天王星划分为“巨型气体行星”。气体形成的浓密的云层覆盖在内部液体的表面。天王星是在1781年由一位名叫威廉·赫歇尔的德国人发现的。他住在英国，是一位音乐老师，同时也是一位业余天文爱好者。赫歇尔曾想将其命名为“乔治星”以对英国国王乔治三世表达敬意，但后来这颗行星的名字还是变成了“天王星（乌拉诺斯）”——一位希腊天神的名字。

与地球相比的大小

翻天覆地

天王星十分倾斜，以致它在围绕太阳公转时，自身来回摇晃，而不是垂直地进行公转。它的卫星和光环都绕其旋转，就像一个巨型观光车。天王星的两极轮流朝向太阳，造成了一些奇怪的季节现象。每个极点都会有21年持续的阳光照射和另外21年的持续黑暗。在数十亿年前某次规模巨大的碰撞中，天王星很可能被撞歪到现在的这个位置。

发狂的米兰达

天王星的27颗卫星中最奇特的无疑是米兰达卫星。这一奇特的天体有着如此混乱不堪的表面，以至于科学家认为它有可能是被一场冲击撞裂开来，后来又因引力结合在一起而形成的。米兰达卫星的核体部分有些出现在星球表面，而部分表面看起来却已经被掩埋起来。米兰达是威廉·莎士比亚的戏剧《暴风雨》中的一个角色名字。

米兰达卫星上黑暗的凹槽实际上是悬崖峭壁。有些峭壁的高度是珠穆朗玛峰的两倍。

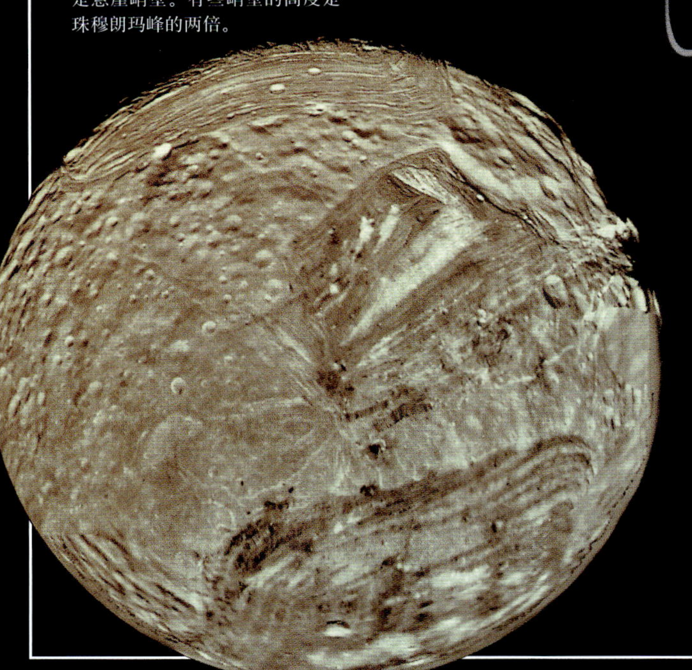

天王星光环

1977年之前，没有人知道天王星也有光环，直到天文学家捕捉到了天王星经过某颗恒星前发出的神秘闪光。这闪光的形成是因为天王星的光环挡住了恒星发出的光芒。9年后，旅行者号经过时，近距离观察了天王星的光环，并制成了这张显示光环系统中某一切面的人工彩色放大图像（右图）。在图中，光环呈现出白色或暗白色，但实际上它们如木炭般漆黑。

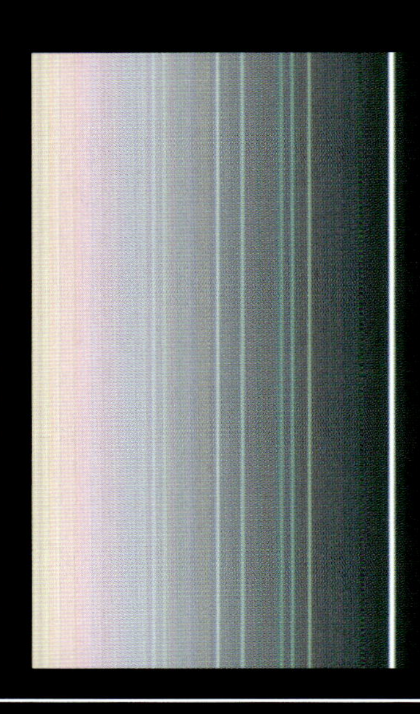

旅行者号探测器花了8年半的时间才到达天王星。随后它利用天王星的引力为自己飞向海王星的旅程助了一臂之力。

最后一眼

旅行者2号在离开天王星时，在100万千米（62万英里）以外的位置为这颗行星拍下了一张新月般的照片。在大气中含有的甲烷气体使蓝色光散射开来，给这颗星球涂上了这种颜色。天王星到太阳的距离是地球的19倍，所以它极为寒冷——云层顶端的温度是–210摄氏度（–346华氏度）。

海王星

在太阳系的外层有着海王星，这是一个严寒而黑暗的世界。海王星距离我们是如此遥远，以至于以协和式飞机的速度，也要200多年才能抵达那里。天文学家对于这颗星球几乎一无所知，直到1989年旅行者2号抵达那里才改变这一局面。当旅行者号把照片传回地球时，天文学家们震惊了。虽然外观看起来安静而温和，但海王星上却有着全太阳系最暴虐的天气：大小和地球差不多的风暴呼啸着，比飓风的速度还要快上10倍的寒风吹过星球表面。

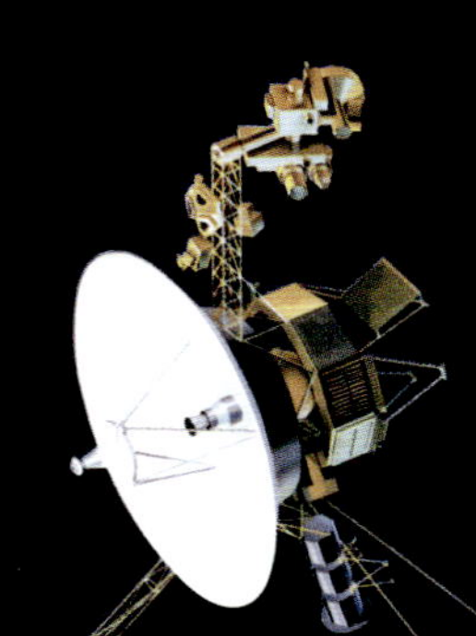

旅行者2号现在已经离开了海王星，逐渐飞出太阳系。

与地球相比的大小

巨大气囊

海王星是由液体和气体组成的巨大球体，内部深处则是高热的岩石状核体。星球表面绝大部分是由水分及其他化学物质混合而成的巨大海洋。海洋的顶端则逐渐淡出到海王星的“空气”——氢和氦的混合气体中。蓝色的表面来自少量的甲烷气体。海王星的上层大气也包含了由复杂的有机化学物质形成的薄雾，如上图中红色部分所示。

这块暗色的区域是一场比地球还要大的风暴。在旅行者号拍完这张照片以后，这场风暴就消失了。

改变之风

海王星的外表不停地在变化着。巨大的风暴来来回回，带着肆虐的狂风在星球表面滑行移动。海王星上的风速可达每小时2 000千米（1 240英里）——这是整个太阳系中最快的速度。它们将冻结的甲烷云层吹成长长的白色条纹。如上图所示，这种云在下方50千米（31英里）处的蓝色云层覆盖物表面投下一层阴影。

海王星云层顶端的温度是寒冷至极的−220摄氏度（−428华氏度），但这个行星的核体温度则高达大约7000摄氏度（12630华氏度），比太阳表面的温度还要高。

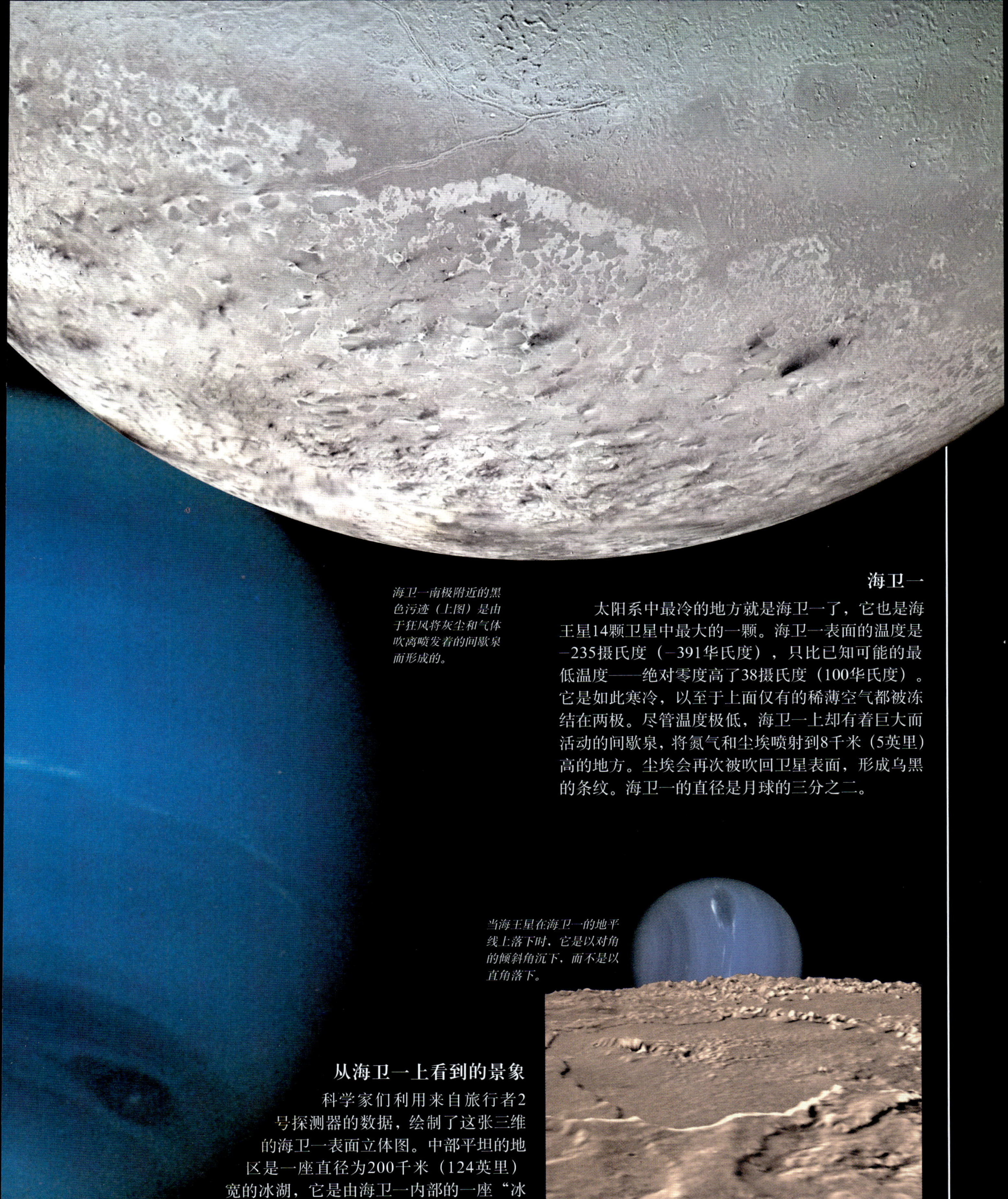

海卫一南极附近的黑色污迹（上图）是由于狂风将灰尘和气体吹离喷发着的间歇泉而形成的。

海卫一

太阳系中最冷的地方就是海卫一了，它也是海王星14颗卫星中最大的一颗。海卫一表面的温度是–235摄氏度（–391华氏度），只比已知可能的最低温度——绝对零度高了38摄氏度（100华氏度）。它是如此寒冷，以至于上面仅有的稀薄空气都被冻结在两极。尽管温度极低，海卫一上却有着巨大而活动的间歇泉，将氮气和尘埃喷射到8千米（5英里）高的地方。尘埃会再次被吹回卫星表面，形成乌黑的条纹。海卫一的直径是月球的三分之二。

当海王星在海卫一的地平线上落下时，它是以对角的倾斜角沉下，而不是以直角落下。

从海卫一上看到的景象

科学家们利用来自旅行者2号探测器的数据，绘制了这张三维的海卫一表面立体图。中部平坦的地区是一座直径为200千米（124英里）宽的冰湖，它是由海卫一内部的一座“冰火山”喷出，随后冻结在地面上形成的——海卫一上的水就好比地球上的熔岩。

冥王星和冥卫一

与地球相比的大小

冥王星的体积比月球还要小，而距离更是比地球到月球间的12000倍还要远，所以它几乎没法被观测到。从地球上观测它的表面，就好像试图从65千米（40英里）以外读出一张邮戳上面的字一样。即使这样，天文学家也对冥王星和它的卫星——冥卫一（卡戎）获得一些重大的发现。比如说，它们形成了“双星系统”——并非是冥卫一绕着冥王星公转，而是它们互相绕着对方旋转。冥王星绕太阳公转一周要花上248个地球年。从它1930年被发现起，冥王星至今还没有完成一半公转。

冥王星

冥王星的直径为2 370千米（1 473英里），比月亮小。但它是已知海王星外侧体积最大的太阳系天体。冥王星的表面遍布甲烷冰、一氧化碳冰和水冰覆盖的区域。它有一层非常薄的大气，活动表面的陨击坑相对较少，山脉高达3 500千米（11 500英尺）。其他特征还包括山脊、平原和疑似冰火山。

微光世界

如果有飞行员到达冥王星，他们要一直带着照明装置，因为这颗星球永远是黑暗的，即使在一天中的正午时分。太阳太过遥远，冥王星只能得到非常微弱的热量——这颗行星的表面温度大约为–230摄氏度（–382华氏度）。冬天，冥王星上稀薄的空气都会被冻结在地面上。从太阳升起到另一次日出，冥王星上的一“天”会持续153个小时。

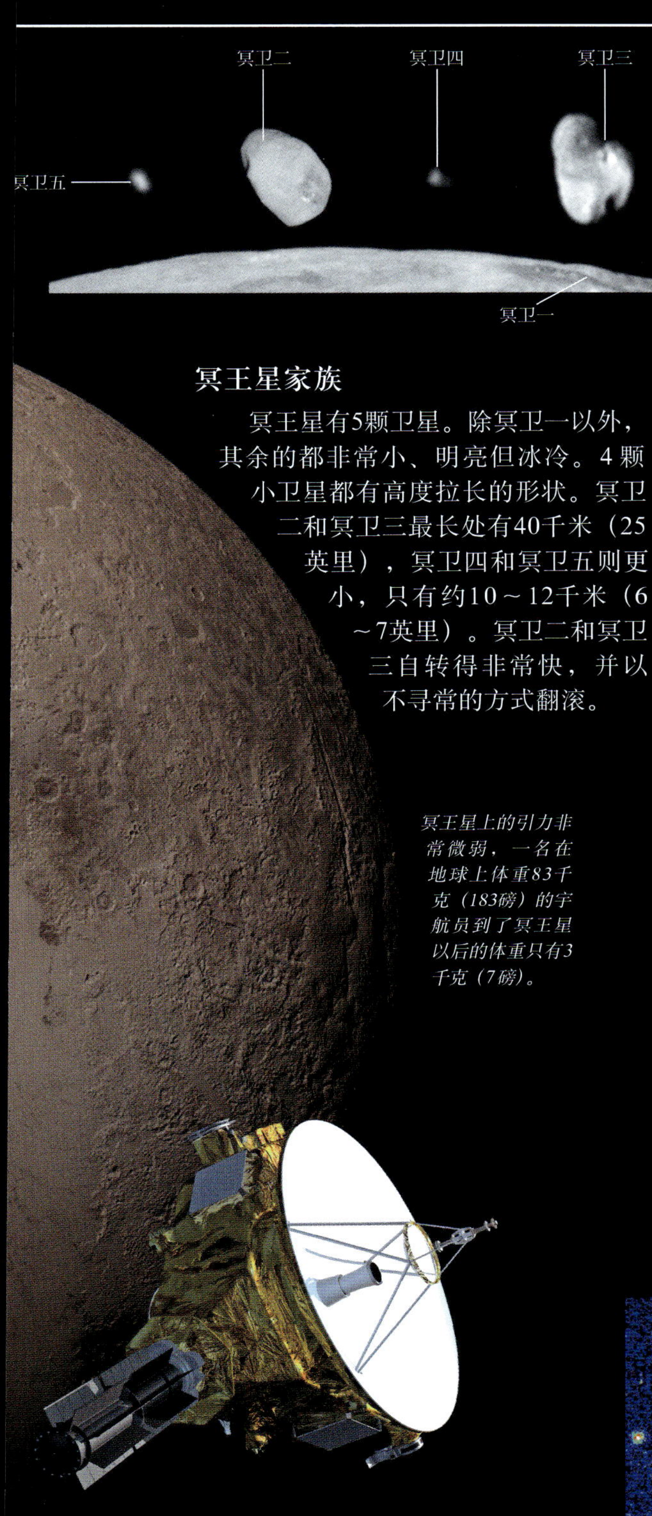

冥王星家族

冥王星有5颗卫星。除冥卫一以外，其余的都非常小、明亮但冰冷。4颗小卫星都有高度拉长的形状。冥卫二和冥卫三最长处有40千米（25英里），冥卫四和冥卫五则更小，只有约10～12千米（6～7英里）。冥卫二和冥卫三自转得非常快，并以不寻常的方式翻滚。

冥王星上的引力非常微弱，一名在地球上体重83千克（183磅）的宇航员到了冥王星以后的体重只有3千克（7磅）。

冥卫一有着冥王星一半以上的直径，是太阳系中与其行星相对体积最大的卫星。

冥卫一——卡戎

冥卫一的大小是冥王星的一半。它被山脉、峡谷和滑坡所覆盖，还有光滑的冰雪平原。大峡谷绵延1 600多千米（1 000英里），是地球上的科罗拉多大峡谷4倍长、2倍深，大部分表面被水冰覆盖。北极周围的红褐色区域可能是冥王星逸出的气体，被冥卫一的引力所俘虏。冥卫一非常寒冷，极地温度有时会下降到–258摄氏度（–432华氏度）。

新视野号

2006年1月，核动力飞船新视野号离开了地球。它是有史以来最快的航天器，仅用9小时就越过了月球轨道。2007年，它在靠近木星时速度再次提高。在历经了9年跋涉之后终于达到冥王星。它以50 372千米/时（31 300英里/时）的速度飞驰，在距离仅12 400千米（7 750英里）的地方掠过冥王星。新视野号重达半吨，带有7台科学仪器。

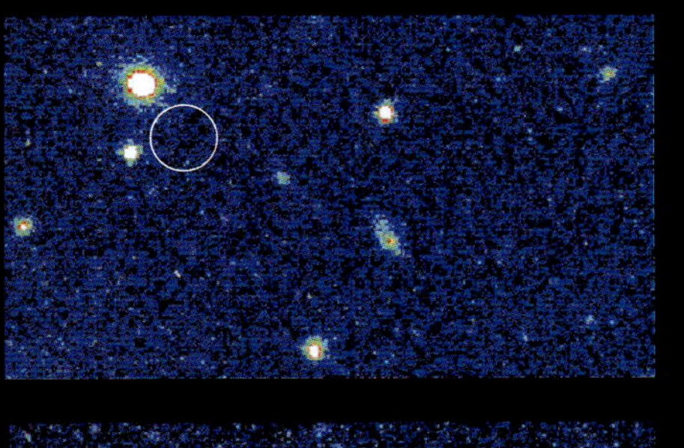

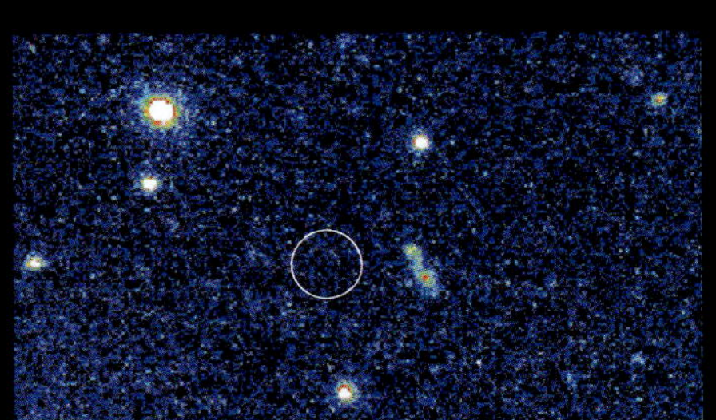

海王星以外

在海王星轨道以外的太空中，天文学家已经发现了数以千计的冰体。这个距离太阳45～75亿千米（28～46亿英里）的区域称为柯伊伯带（Kuiper Belt）。左图显示其中一个冰体正在远离远方的恒星。柯伊伯带大多数天体的直径只有数百千米，但少数天体的大小与冥王星相当。如果过于靠近太阳，这些天体可能变成彗星。2019年1月，“新视野号”（New Horizons）将成为第一艘近距离探索柯伊伯带的太空探测器。

彗星与小行星

细心的天文观察者们都知道，有些时候新的天体会在熟悉的星空背景下诞生。这些新来者是来自太空的碎片，从小块尘埃到直径几百千米的大块岩石应有尽有。其中最壮观的要数彗星了——它们是拖着长达几百万千米的闪耀长尾的冰球。最大型的太空残骸碎片则是被称为小行星的巨大岩石。绝大部分小行星都停留在火星与木星的轨道之间一个叫作小行星带的地区。然而，有些时候，迷途的小行星或者彗星存在着潜在的悲惨结局——以与一颗行星碰撞而告终。

彗星都有两条彗尾——一条黄色或白色的由尘埃组成，另一条蓝色的则由气体形成。

彗星

彗星有着椭圆形的轨道，这使它们会朝太阳飞扑过来，随即又呼啸而去。当一颗彗星接近太阳时，它的表面会开始蒸发，释放出尘埃和气体。太阳的能量使气体和尘埃发光发热，形成两条巨大的尾巴。无论彗星以何种角度飞行，其彗尾总是指向远离太阳的方向。当大型彗星飞近地球时，景象十分壮观。1997年，上百万人看到了闪耀的海尔－波普彗星。它会在44世纪时再度经过地球。

这3个相连的陨石坑因其形态被称为“雪人”陨石坑。

雷亚希尔维亚环形山位于灶神星南极。

哈雷彗星

最著名的彗星要数哈雷彗星了，它每76年会飞经地球一次。它在1066年造访地球时，被法国一幅叫贝叶挂毯的艺术品记录了下来。1986年，一艘叫作乔托号的小型探测器飞入了哈雷彗星内部，拍下了它的彗核照片——一块长度大概为16千米（10英里）的冰块。气体与尘埃从彗核中喷射出去，气流环绕着彗核，形成了一团巨大的白色云雾，学名叫作彗发。

灶神星

灶神星是小行星带中除矮行星谷神星之外的第二大天体。灶神星上有两个巨大的环形山：雷亚希尔维亚（Rheasilvia），宽500千米（310英里），中心位于南极附近；另一个叫维那尼亚(Veneneia)，宽400千米（250英里）。雷亚希尔维亚是太阳系中最大的环形山之一，它叠加在较古老的维那尼亚环形山之上，覆盖了灶神星南半球的大部分。雷亚希尔维亚环形山的中央峰高达22千米（13.6英里），略高于火星的奥林匹斯山，是太阳系中最高的山峰。

流星

因为太空尘埃降落的缘故，地球每一天都会增加606吨的质量。这些尘埃颗粒，或者说陨星，会以极其可怕的速度撞入大气层。在进入大气时它们会开始燃烧，经常产生奇异的光线划过天空，被叫作流星。只要在晴朗的夜空，就可以看到流星。不过最好的观测时机则是每年一度的流星雨。

陨石

落向地面的大块太空碎片就叫作陨石。迄今为止，还没有人类因为陨石而丧生，但在1911年，埃及曾有只狗被砸死。美国亚利桑那州的巴林杰陨石坑，是由50 000年前一块重达11 000吨的铁块撞向地球而形成的。几乎还没有比这个陨石更大的物体造访过地球。许多科学家都认为，恐龙的灭绝是由6 500万年前一颗直径为10千米（6英里）的彗星撞击中美洲而造成的。

美国亚利桑那州的巴林杰陨石坑，直径长达1.2千米（0.8英里）。

登陆彗星

欧洲的罗塞塔号探测器在2014年8月成为了第一艘进入彗星轨道的航天器。2014年11月12日，一艘名为“菲莱”的着陆器从罗塞塔轨道器上分离出来，成为第一艘登上彗星的航天器。它发现彗核像一只鸭子，头和身体被细长的脖子分开。当彗核接近太阳时，气体和尘埃流喷射到太空中。

恒星的诞生

恒星其实是由其内部核体的核反应而点燃的一团巨大的发光氢气球。宇宙中的恒星不断地形成，也不断地衰亡。它们诞生于学名叫作星云的巨大气体云中。星云中的气体比地球上的空气稀薄25 000兆倍。即使如此，它也有着足够使星云部分皱缩成颗粒的微弱引力。当这些颗粒越来越小时，它们也变得越来越热。最终，它们达到了足够的温度和密度，其内部开始产生核反应，逐渐变成恒星。新星爆发时产生的光和热使得星云闪烁着华丽的色彩。

恒星从星云中诞生

三裂星云下面的部分显出的红光是由于内部新星燃烧的气体使其发光。蓝色部分则是由附近其他恒星点燃的巨大星尘云。

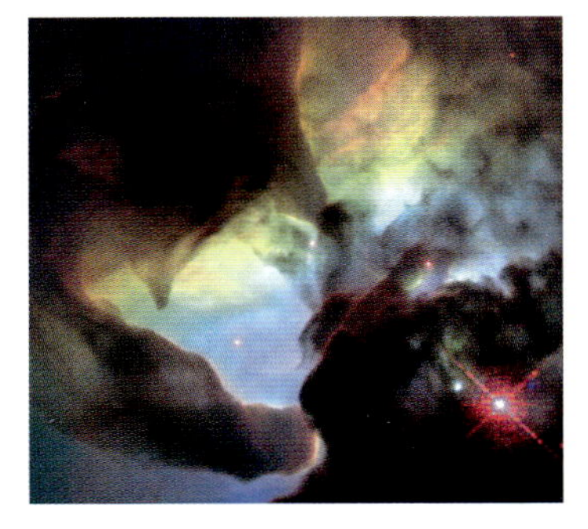

礁湖星云距我们有5 000光年远，所以我们看到的它实际上是在金字塔还没有建造以前的样子。这张特写照片显示的是一颗新星（红色）。它产生的辐射热能把周围的星云吹成奇怪的形状。

并不是所有的星云都是多彩的。马头星云（图的中部右侧）是一团浓密的气体，相对突出于其身后的红色星云。它的状态处在即将形成恒星的边缘。“马头”其实是这张图中右下方充斥着的一团无边黑云的顶部。

恒星育婴室

这3根由氢气组成的巨大柱子就是恒星育婴室。在最高的柱子中那些微小的手指状物体上，氢气正在相互吸引，转变为恒星。整个太阳系可以很容易地被塞进其中一颗手指状物体里。这些气体柱位于天鹰座星云的中心区域，距离我们有7 000光年。附近恒星发出的热量正在慢慢地炙烤着柱子的表面，产生出可怕的气体流。最终，新的恒星会从它们的气体茧中显露出来，开始在空中闪耀。

七姐妹

绝大部分新星都是成群结队一起诞生的。在几十亿年以后，这些恒星才有可能各自飘远，开始单独存在，就像我们的太阳。昴星团就是由仅仅诞生5000万年、散发着白光的巨大恒星群组成的。它们是如此的年轻，恐龙在地球上漫步的时候它们尚未出生。昴星团也被称作七姐妹星团，这是因为其中的7颗恒星可以用肉眼直接看到。尽管名字如此，但实际上这个星团中有500颗以上的恒星。围绕着它们的蓝色巨雾是一团尘埃云。

这些气体柱最高约10亿千米（6万亿英里），新的恒星就在其中形成，但被厚密的气体遮挡住。

恒星的衰亡

沙漏星云是由一颗濒死恒星向太空中散发出的巨大云雾而形成的。图中眼睛状的白点是那颗恒星已经崩塌的核体。

在闪耀了数百万年，甚至数十亿年以后，恒星中的能源会耗尽，随后走向衰亡。越大的恒星寿命越短暂，衰亡的过程也越激烈。当恒星年老以后，它们会变红，并且扩张到很大的体积，也就形成了红超巨星。最终，它们会自毁于一场比数百万个太阳一起还要明亮的爆炸中。小一些的恒星则会在年老时扩张成为红巨星，但它们这种形态维持的时间更长，随后安静地衰亡。它们的残存物是这个宇宙中最美丽的物体之一。最终，恒星衰亡以后的残骸会循环回归到诞生的新星中。

这颗红超巨星——心宿二是天空中可以看到的最明亮的恒星之一。

老年巨星

心宿二（天蝎座α星）是一颗红超巨星——即将走向生命尽头的巨大恒星。它的体积涨大到直径10亿千米（6亿英里）宽，是太阳直径的700倍。如果太阳也涨到这个大小，那么它将吞没截止到火星的所有行星，包括地球。当心宿二的能源耗尽以后，它将在一场超新星的爆发中毁灭自己。

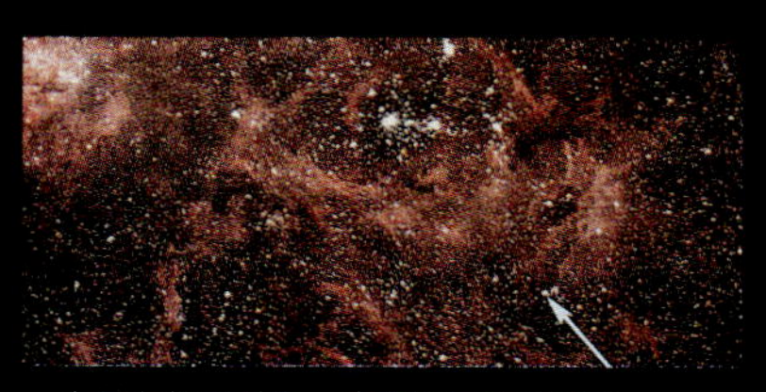

一个远方的星系中，这颗恒星即将衰亡。

它爆发成为了一颗明亮的超新星。

这颗濒死的船底座η星以超过每小时200万千米的速度向外喷射着气体和尘埃。

超新星爆发

当一颗红超巨星能量耗尽时，它的核体会转化为铁质。由于没有能量可以维持形状，核体会在几秒钟内崩溃于自身的引力。这场坍缩会形成一股冲击波，将恒星外层的物质掀向太空形成爆炸，这叫超新星爆发。超新星爆发的亮度甚至可以盖过一个星系的全部恒星。它们极为少见，而且只持续几个月。在最大型的超新星爆发中，毁坏的核体会碾碎自己，然后转变成黑洞。

船底座η星是唯一一颗已知可以向外放射自然激光的恒星。

死亡的剧痛

巨大的船底座η星可能是科学家们已知最神秘的恒星了。爆炸将其撕裂成为两个部分，喷射出的气体和尘埃形成了比太阳系还要庞大的碎片云。大约150年前，一次特殊而剧烈的喷发使得船底座η星成为了天空中第二明亮的恒星。但到了今天，仅用肉眼已经无法看见。船底座η星很可能会自毁于一次超新星爆发，但没人知道那会在什么时候——有可能是明天，也有可能是几百万年以后。

恒星幽灵

这些诡异的形状是衰亡的恒星所遗留下的残骸形成的发光云雾，天文学家称其为行星状星云。行星状星云的中心全部是由最原始恒星坍缩后的核体组成的，这是一颗正在逐渐冷却萎缩的微小恒星，学名叫作白矮星。白矮星上的物质密度十分大，一汤勺体积的物质可达到半吨重。它们散发出的光线使得周围的气体和尘埃同时发光。我们的太阳在大概50亿年以后也会变成行星状星云。在那之前，它会先转变为红巨星，并且吞没地球。

这个星云是当一颗濒死的红巨星将其外层物质喷射成两扇巨大的翅膀时形成的。

爱斯基摩星云的外观是一个膨胀的气泡。它周围是由彗星状天体组成的物质盘。它们的尾流正在远离中央垂死的恒星。

1 000年以前，猫眼星云（右图）是一颗红巨星。恒星外层的物质已经形成了气体壳，被中心的白矮星点亮。

银河系

我们的太阳属于一个巨大的恒星旋涡，叫作银河系。巨大的恒星家族被称为星系，和其他所有星系一样，银河系的体积浩瀚无边，难以想象。它包括了2 000亿颗恒星。以一秒钟一颗的速度，全部数清它们也要花上6 000多年。然而，银河系中绝大部分地区是空旷的空间。如果将每颗恒星用沙粒依照比例大小做成模型，那么离太阳最近的一颗恒星也要放在6千米（4英里）远的地方。而整个模型的宽度则会延伸至地球到月球距离的三分之一处。一架航天飞机如果要跨越整个银河系的话，要花上数百万年的时间。

星系的中心

这张来自哈勃空间望远镜的照片显示了银河系的中心挤满了各种恒星。根据其年龄和体积，这些恒星呈现出各种不同的颜色。灼热的新星通常是蓝色的，而巨大的老年恒星一般是红色的。天文学家认为在我们这个星系的正中心，存在着一个巨大的黑洞。

宇宙旋涡

和宇宙中其他任何物质一样，银河系也在自转。这种自转使恒星分散开来形成一个巨大的旋涡。如果我们能从外部看向银河系的话，它的样子会与上图的星系十分相像。我们的太阳系坐落在其中一个旋臂的中部，围绕着星系中心进行周期为2.2亿年的公转。整个银河系是平的，所以我们在地球上看到的是它侧面的样子——一条由恒星组成的彩带横贯天空。

恒星球体

银河系中最古老的恒星都聚集在一起，形成了一个名叫球状星团的巨大球体。上图的星团是半人马座球状星团，一个由数百万恒星组成的球体。它包含的恒星都与银河系自身一样古老。球状星团绕着星系中心旋转，就如同人造卫星环绕着地球一样。

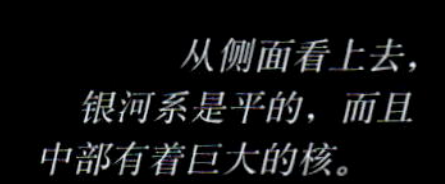

从侧面看上去，银河系是平的，而且中部有着巨大的核。

在非常黑暗的夜里，可以看到银河系的主盘部分就像一条模糊发光的彩带横跨天际。所有肉眼可以看到的恒星都属于银河系。

太空尘埃

比我们的太阳系大数千倍的尘埃气体云混杂在银河系的恒星之间。许多云雾中都嵌入了如同宝石般闪耀的恒星，使得尘埃和气体也一起发光，呈现出星系中最多彩的景象。左图便是恒星心宿二（黄色，左下部）附近五彩缤纷的星云景象，它们是我们太阳系的近邻。

银河系的邻居

能用肉眼看到的最远的天体并不是一颗恒星，而是一个星系——仙女星系。仙女星系是距离银河系最近的邻星系。它发出的光要经过200万年才能到达地球，所以我们现在看到的其实是人类还没有存在于地球上时它的样子。它是一个螺旋星系，但它看起来如此扁平是因为我们从某个角度观察的缘故。这张图中另外两个明亮的天体是更小一些的“矮星系”。

星系

宇宙中几乎所有的物质都浓缩在各个星系中。星系是由数目巨大的恒星靠引力相互吸引而形成的。最大的星系包括数以万亿颗的恒星，最小的只有几百万颗。但即使是小星系的体积也是极为庞大的，一束光要经过几千年的时间才能横穿它。尽管包含着如此多的物质，星系的绝大部分还是空旷的宇宙，两颗恒星间有着无比遥远的距离。我们的太阳和所有其他可以用肉眼看到的恒星，都属于同一个星系——银河系。除此以外，在天文学家目力所不能及的遥远地方，还存在着数十亿的星系。

椭圆星系

绝大多数星系都是卵形的（椭圆形）。这些星系由数目庞大的古老红色恒星所组成，这些恒星都是在同一时间诞生的。椭圆星系中并不含有能够生成新星的气体成分。M87椭圆星系（左图）是已知最大的星系，它包含了3兆多颗恒星——是银河系的15倍。隐藏在其中央的则是一个巨大的黑洞。

不规则星系

不能看出形状的星系都称为不规则星系。它们通常都很小，含有许多年轻的恒星和新星诞生时形成的明亮气体云。大麦哲伦云就是一个典型的例子：距离我们有170 000光年远，是最近的星系之一，用肉眼就可以看到它，在空中如同一块苍白的污迹。它只有100亿颗恒星——银河系比它多20多倍。大麦哲伦云被银河系的引力所束缚，正以每60亿年一周期的速度绕其公转。最终，银河系的引力会将其吸引进来，两个星系合二为一。

星系经常包含着色彩缤纷的气体云，例如这个粉色的蜘蛛星云（图中下方偏左位置）。

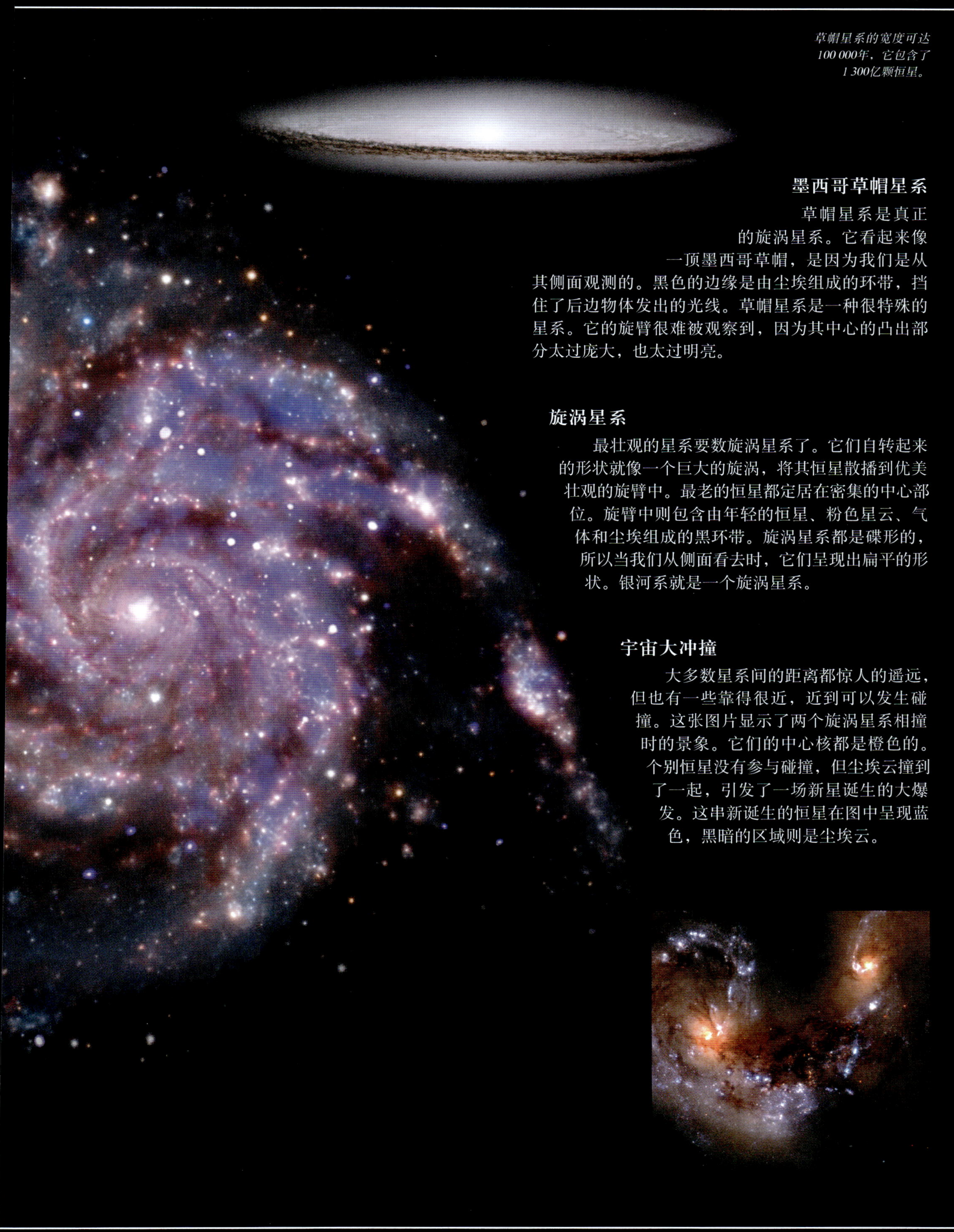

草帽星系的宽度可达100 000年，它包含了1 300亿颗恒星。

墨西哥草帽星系

草帽星系是真正的旋涡星系。它看起来像一顶墨西哥草帽，是因为我们是从其侧面观测的。黑色的边缘是由尘埃组成的环带，挡住了后边物体发出的光线。草帽星系是一种很特殊的星系。它的旋臂很难被观察到，因为其中心的凸出部分太过庞大，也太过明亮。

旋涡星系

最壮观的星系要数旋涡星系了。它们自转起来的形状就像一个巨大的旋涡，将其恒星散播到优美壮观的旋臂中。最老的恒星都定居在密集的中心部位。旋臂中则包含由年轻的恒星、粉色星云、气体和尘埃组成的黑环带。旋涡星系都是碟形的，所以当我们从侧面看去时，它们呈现出扁平的形状。银河系就是一个旋涡星系。

宇宙大冲撞

大多数星系间的距离都惊人的遥远，但也有一些靠得很近，近到可以发生碰撞。这张图片显示了两个旋涡星系相撞时的景象。它们的中心核都是橙色的。个别恒星没有参与碰撞，但尘埃云撞到了一起，引发了一场新星诞生的大爆发。这串新诞生的恒星在图中呈现蓝色，黑暗的区域则是尘埃云。

宇宙

宇宙是一切事物——行星、恒星、星系、太空，甚至还包括时间。没有人知道宇宙到底有多大——它的体积可能是无限的。天文学家发现宇宙中所有的星系都在互相远离，所以整个宇宙是在扩张之中。不过它不会“吞并”任何东西，因为宇宙之外没有太空存在，而且宇宙也没有边缘。宇宙的形状是一个谜。它应该是曲合的，也就是说，如果你沿着直线走足够长的距离的话，有可能最后会回到出发点。从某些方面来讲，宇宙太过奇妙，甚至超出了我们的理解。

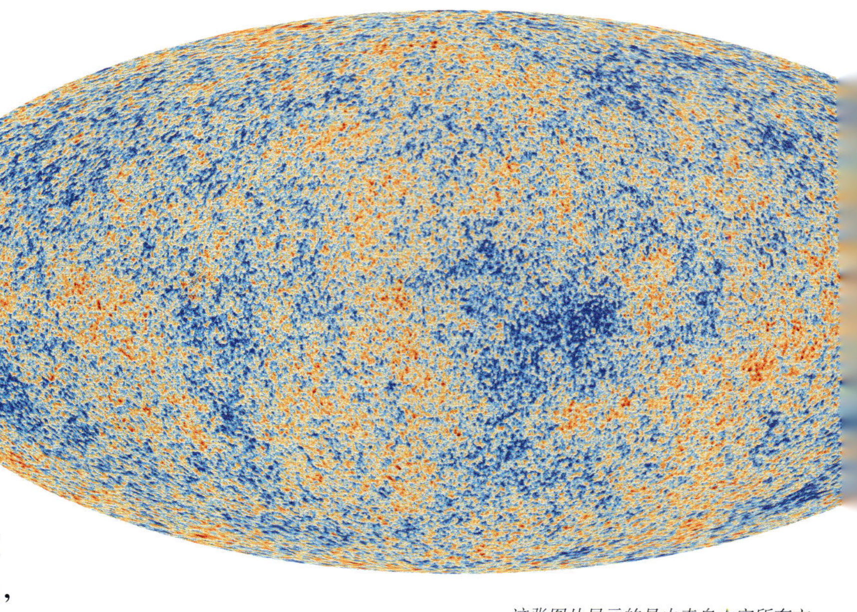

这张图片显示的是由来自太空所有方向的无线电波形成的波纹图。科学家们认为这就是大爆炸的残留景象。

大爆炸

在大概138亿年前，宇宙从一片虚无中爆发出来。科学家们给这个激烈的开始命名为大爆炸。没有人知道是什么原因导致的。时间也是从大爆炸那一刻才开始诞生的，所以类似“之前还有什么”之类的问题是没有意义的。在那一刹那，宇宙从比一颗原子还要小许多的物质爆发成为20000光年宽的庞然大物。它现在还在扩张着，也许会永远这样扩张下去。

我们的宇宙地址

地球上的距离与宇宙那巨大的比例尺相比显得十分渺小。想象一下你正搭乘一艘航天飞机，进行一次穿越宇宙之旅。在起飞以后的几秒中，你周围的邻居都会从你眼前缩小不见。

家乡

几分钟后，你的家乡看起来就像微缩模型。你已经不能分辨出单独的房屋，但还可以认出飞机场的跑道，或是附近村庄里拼接起来的农田。

行星地球

发射以后的40个小时内，地球和月球的全景会呈现在你的眼前。缭绕的白云覆盖着地球，使得棕色的地面很难被看清楚。现在已经看不到任何明显的人类生命迹象了。

太阳系

在27年以后，你会抵达太阳系的边缘。沿途你可能会经过火星、木星、土星、天王星和海王星。太阳——我们这个星系的恒星，会一直清晰可见。

哈勃太空望远镜通过对天空中一个微小斑点聚焦而拍下了这张照片。几乎每个小点或者白斑都是一个完整的星系。最远的有120亿光年远，所以当看着它们时，我们也回溯了120亿年的时间。从每个角度看起来，宇宙都像这个样子。

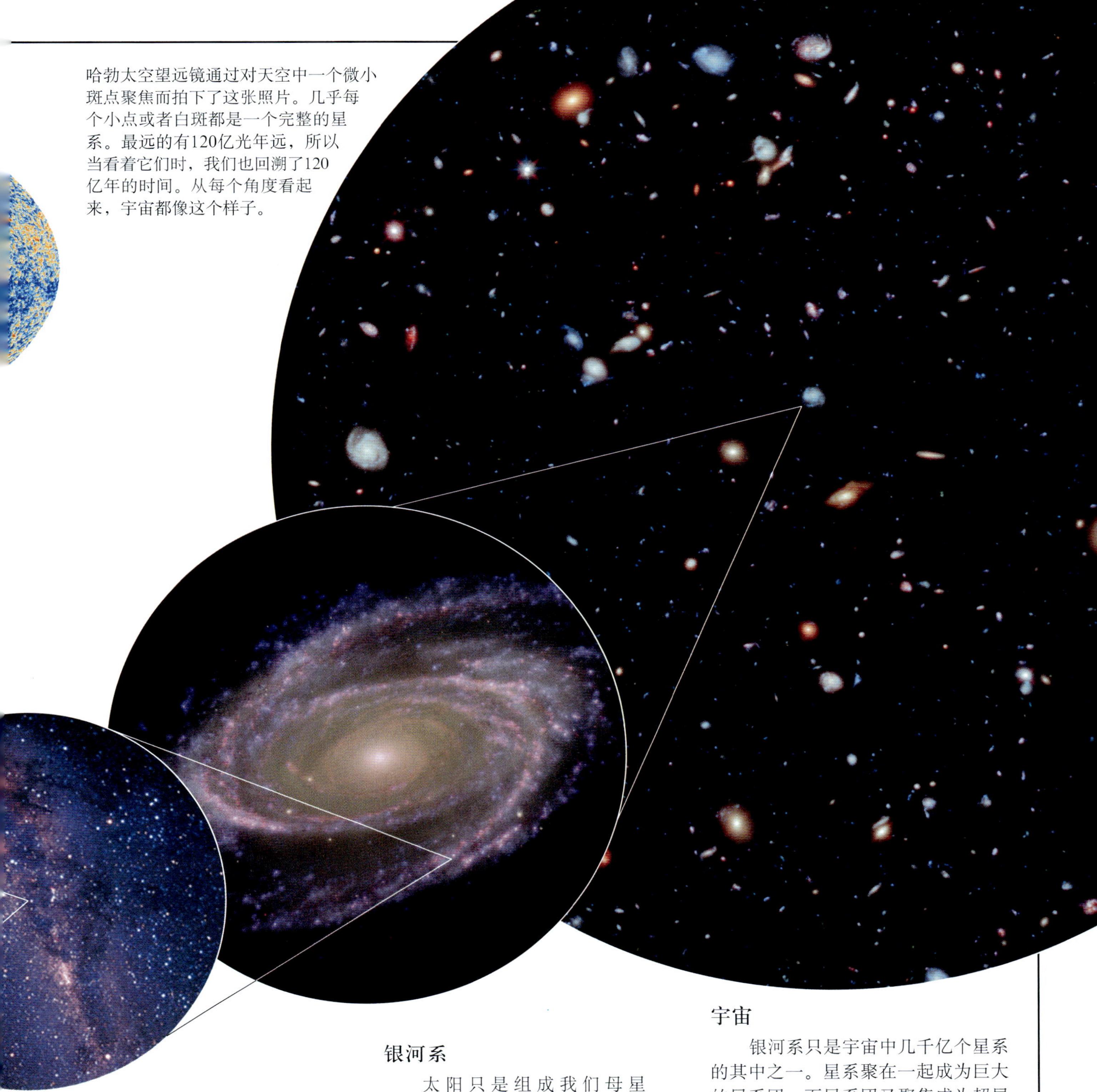

恒星

到达离太阳最近的恒星大概需要500年的时间。这个时候，太阳已经渐渐地缩成一个小白点，就如同周围的其他恒星。再往更远处前进，你应该会经过五颜六色的星云，新星就在那里诞生。新星会散发出强烈的蓝白色热光。

银河系

太阳只是组成我们母星系——银河系的2000亿颗恒星中的一颗。当你逐渐离开银河系时，它那巨大的旋涡形状就变得清晰了。继续旅行几十亿年的话，飞船就可以到达银河系的邻星系——仙女星系。从仙女星系看去，银河系只是一块白斑，而太阳早已消失不见。

宇宙

银河系只是宇宙中几千亿个星系的其中之一。星系聚在一起成为巨大的星系团，而星系团又聚集成为超星系团。在超星系团之间则是无边的旷野。你搭乘的航天飞机永远也抵达不了更远的星系，是因为这些星系自身移动的速度比你的行进速度还要快上许多。要想赶上它们，必须有时间机器才可以。

火箭

航天器需要火箭产生的巨大动力才能发射进入太空。火箭在工作时会燃烧能源，排出气体产生强大的推动力，从而达到航天器所需要的高度和速度。达到这种效果最有效的途径是把火箭分成几级（一般是3级），一层一层依次堆叠在一起。第一级火箭搭载着航天器到达高空大气层。一旦燃料耗尽，已经空了的一级就会落回地球。更轻一些的第二级会在脱落前把航天器带向更高的速度。最后一级则把航天器推入轨道，或是太空中更远的地方。

东方1号

1961年4月12日，苏联宇航员尤里·加加林创造了历史，成为了第一个到达太空的人类。将他所在的太空舱运送到轨道上的东方1号火箭，其实是一种改良版的军用导弹。它的设计方案被当作机密保留了很多年。在成功地绕地球轨道运行一圈以后（108分钟），加加林从6 100米（20 000英尺）的高空降落在俄罗斯的一块原野中。

联盟号

现今，俄罗斯宇航员搭乘联盟号火箭飞向宇宙——这是改进的加加林东方1号的现代版本。联盟号的底部有着4个锥形的推进器，用来增加上升的穿透力。工作小组所在的太空舱处于图中白色区域的下方，一个紧急情况中使用的小型火箭在其顶部，当发射出现问题时可以把宇航员从火箭上推出。联盟号主要用于从地球往太空站上运送补给和工作人员。

土星5号运载火箭能够将重40吨的阿波罗宇宙飞船直接推送至月球。

登月火箭

阿波罗号发射升空产生的火焰照亮了夜空。为了摆脱地球的引力吸引并抵达月球，土星5号火箭要达到每小时40 000千米（24 855英里）的速度——也被称为地球逃逸速度。这是世界上力量最大的火箭，每秒钟要消耗掉13吨的燃料，其高度与32层楼高的建筑相似。它的最后一次使用是在1973年。

到达月球和火星

美国正在建造巨型火箭，以便将来再次载人登陆月球和火星。配备两个额外固体燃料推进器的“太空发射系统”（space launch system）将成为载质量最大的火箭，能够将130吨的设备送入轨道。

阿丽亚娜号

欧洲的阿丽亚娜系列运载火箭用于搭载通信卫星或是太空探测器进入轨道。这种货物被称为有效载荷。这个系列的最新型是阿丽亚娜5号。它的主体部分被两个巨大的火箭推进器所包绕，每个都带有用于在海面降落时降低速度的降落伞。除了有效载荷外，其他所有的部分都会落回地球，并在大气层中燃烧殆尽。图上这艘火箭在南美的法属圭亚那地区发射。

未来的火箭

许多新的发射器正在研制当中。

其中，大多数是为了将小型人造卫星送入轨道，或者将付费乘客带到太空边缘。太空船2号就是一个例子。它附着在飞机上离开地面，在15 000米（49 200英尺）的高度发射，然后点燃火箭发动机。它可以搭载6名乘客及2名飞行员，飞行高度可达11万米（36万英尺），然后再滑翔返回地球并借助跑道着陆。

航天飞机

航天飞机是工程学历史上值得记载的一笔。它是唯一可以飞入太空而后安然返回地球的航天器。航天飞机上可回收的部分叫作轨道舱。当轨道舱绑上橙色的燃料罐和两个火箭推进器以后，整个航天飞机的质量达到2 000吨。要用地面上最大型的运输工具才能把它们运送到美国佛罗里达州的卡纳维拉尔角的发射架前。平均一次航天计划会持续大概10天。在这段时间里，轨道舱会沿地球轨道飞行160多圈。

离地升空

在航天飞机飞离发射塔时，火箭推进器会迸发出一条火焰的轨迹。就如同巨大的焰火一样，航天飞机一旦被点燃，便无法停下来，直到燃料耗尽。3个主引擎使用的是巨型橙色燃料舱中的液态燃料。在其8分多钟的飞行中，它们会消耗掉700吨燃料，并产生出足以点燃整个纽约的能量。

技术人员和工作组会通过一条高耸的走道，从发射塔走向飞船。

进入轨道

航天飞机只需要花仅仅8分半钟就能抵达太空。当它加速奔向轨道时，其自身的重力会是平时的 3 倍。一旦推进器和燃料舱分离，轨道舱自身的发动机会将其带入轨道。当轨道舱到达海拔320千米（200英里）以上时，它的速度高达每小时28000千米（17500英里）。

主燃料舱

火箭推进器

轨道舱

燃烧殆尽

航天飞机上体积最大的部分是主燃料舱，它的高度可达15层楼高。在航天飞机到达轨道之前，已经空了的燃料舱就会脱落，并且在返回大气层时燃烧殆尽。在发射升空以后很短时间内，固体推进器也会同样分离。它们会打开降落伞落入海中，并在下一次飞行任务中再度被使用。

挑战者号的灾难

1986年1月28日，7位宇航员在第25次航天任务开始时遇难。挑战者号在发射升空73秒以后爆炸。其中一个固态火箭推进器中排出的热气烧穿了主燃料舱，并点燃了燃料。这艘航天飞机的残骸落入了海中。

任务监控

从航天飞机离开卡纳维拉尔角的那一刻起，坐落在得克萨斯州休斯敦市的任务控制中心就开始负责监控。在执行任务期间，控制中心会一天24小时不停运转。飞行控制员们三班倒地工作，每组大概20名飞行控制员在仔细研究自己计算机屏幕上有关航天飞机的各项信息。一张大型的世界地图显示着航天飞机的具体位置，同时旁边的电视屏幕对飞船内进行着实况电视转播。

位于轨道舱上的有效载荷货舱门打开的样子

航天飞机的剖面图

绝大多数轨道舱的体积取决于它搭载的有效载荷货舱。5辆轿车可以头尾相接地排在这一区域。8名以上的工作组成员都挤在轨道舱前部的生活舱与工作舱中。前部分成两个空间：顶端是飞行甲板，是指挥和飞行员控制轨道舱的地方；飞行甲板后面是中舱，工作组成员在这里吃饭、睡觉、洗漱并进行锻炼。

太空停车场

人造卫星、各种实验器材，甚至实验室，都被搭载到航天飞机的有效载荷中。在某些任务中，有效载荷还包括一个特殊的舱体。一个由管道连接的生活舱会被安置在轨道舱前。在这张照片中，两名宇航员正在对哈勃空间望远镜进行常规检查，他们站在一个固定在有效载荷货舱上的移动臂末梢。

在宇航员们工作的时候，下方的佛罗里达海岸线清晰可见。

滑翔到地面

当轨道舱返回地球时，它就成为世界上最大的滑翔机。当其进入大气层时，空气的摩擦力使它减速，特殊的陶瓷涂层让其免于受到外部灼热温度的侵蚀。在返回时，5台计算机控制着轨道舱，随后指挥官会接管并操纵其降落。一旦它错过跑道的话，是不可能掉转头重新尝试的。当轨道舱在加利福尼亚州降落时，它会被一艘特别制造的喷气式飞机带回佛罗里达州。

在以每小时320千米（200英里）的速度接触到跑道以后，降落伞会打开，为轨道舱减速。

生活在太空

生活在太空中，失重是最奇特的事情。在地球上不可能做出的动作到了这里忽然变得很容易。宇航员可以毫不费力地在空中翻上几个跟头，也可以用头顶起巨大的人造卫星。但零重力也会让生活变得困难。当工作组的一位成员需要刮胡须时，他必须在碎屑开始到处飘散前用真空吸尘器将它们打扫干净。为了能停在一个地方，宇航员必须把自己固定在立足处。他们同时也要改变吃喝拉撒的方式。最初，许多成员会患上宇航病，但经过几天以后，他们的身体就逐渐适应了。

睡在墙上

在太空中没有上下之分，所以宇航员们可以睡在墙上，也可以躺在天花板上。一部分人使用床铺，还有的人则绑在墙上的睡袋中（右图）以避免飘浮起来。在太空中没有通常的白天或黑夜，所以宇航员睡觉时要戴着眼罩。

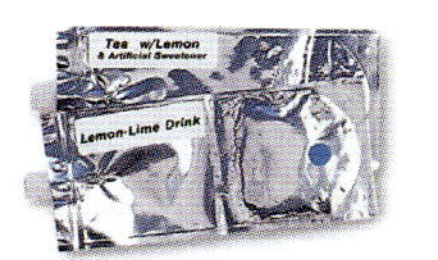

饮料

水果和坚果

谷类

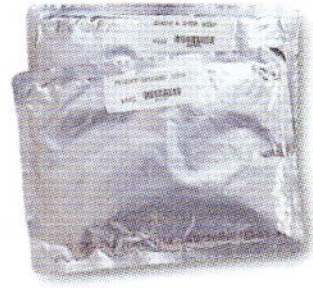

甜点和牛肉汤

准备开饭

太空工作组每天吃3顿饭。有70种以上的冷热食物和几种饮料可供他们选择。每个人的食物都用不同颜色的圆点做好了标记。许多食物，比如香肠，和超市中能找到的那种差不多。其他则需要同热水混合才能食用。小吃和甜点也可以找到。所有的菜单都是在出发前就已经定好的。

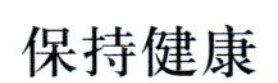

保持健康

没有重力的拉扯，肌肉和骨骼会变得松弛。宇航员们通过每天锻炼来避免这种情况发生。他们会在踏板机上散步，使用划船机，或是蹬一辆固定的自行车（上图）。绝大多数人在太空停留期间都“长高”了约5厘米（2英寸），这是由于在零重力的环境下他们的脊椎都会伸长。

当饮料从容器中跑出来后，它们会以巨大的球体形态飘浮在空中。

饮料吸管

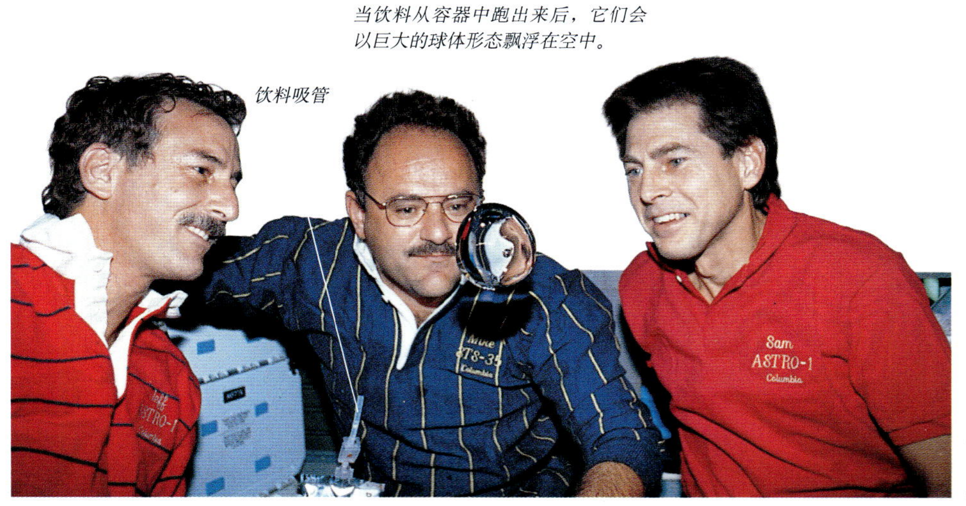

在航天飞机内部，宇航员们都穿着普通的衣服。

自由飘浮

用餐时间航天飞机的中舱会十分拥挤。固定在一个地方不动是个难题，但大家很高兴在不同的地方用餐。为了防止食物飘出来，放食物的盒子和罐头是固定在餐桌上的。液态物质并不能待在杯子里不动，所以饮料都放在有吸管的塑料袋中。

在太空工作

航天员在空间站外工作，安装新的设备，或者更换闲置或失灵的旧部件。他们常常将脚连接到机械手臂的末端来进行移动。机械手臂则由空间站内的另一位机组成员操作。

太空行走

在太空飞行器外的旅行叫作太空行走。在太空行走时，宇航员必须穿上全套的宇航服，以保护自身不会被宇宙的真空环境因素所伤害。没有宇航服的话，宇航员身上的血液会沸腾，在几秒钟之内就会死去。宇航服就像是微型的航天器，有着自身的能量、氧气和冷却系统。航天飞机的宇航员还可以带上特殊的背包装置，使他们可以自由地飞来飞去。

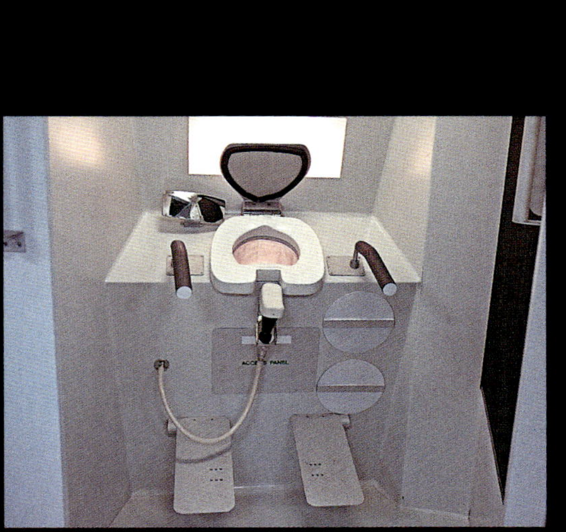

抽水马桶

太空中的厕所很像真空吸尘器，流动的空气把排泄物吸入一个容器中。在和平号空间站，液体排泄物被回收循环到饮用水中。在早期时，工作人员要在外衣之下穿上尿不湿或废物袋。

空间站

生活在空间站里的宇航员们可以在太空中度过几个月甚至几年。空间站内的气候被精心控制着，陈腐的空气和脏水持续不断地被循环利用。巨大的太阳能电池板提供着无穷的动力。在太空中生活时间最长的纪录由一位名叫瓦列里·普利亚科夫的俄罗斯博士保持着，他在和平号空间站上生活了438天。正是由于瓦列里·普利亚科夫和其他空间站上经验丰富的宇航员们，科学家们现在才能了解零重力对于人类身体的影响方式。当宇航员们被派遣去探索其他行星时，这方面的知识就极其重要了。

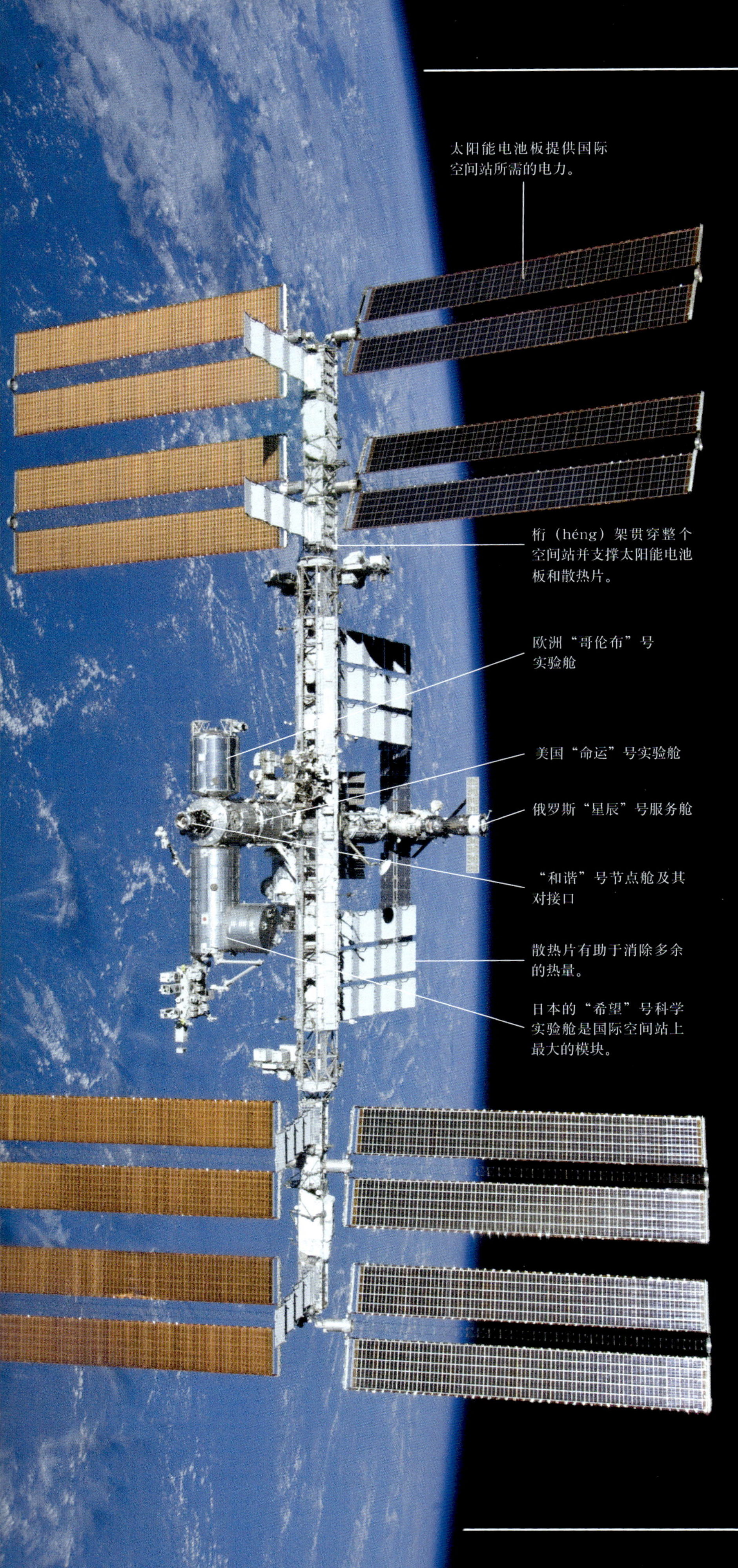

太空实验室

美国的太空实验室，正是图中这个位于亚马孙雨林上空的航天器。它是由阿波罗计划遗留下来的装置建成的——其生活区在一艘土星火箭的顶部。在1973年到1974年间，有9名宇航员住在太空实验室中，他们在这里进行了数百项实验。随后，这个空间站被丢弃，并在1979年坠入大气层烧毁。

国际空间站

国际空间站（ISS）是迄今为止最大的绕地装置。国际空间站的组装始于1998年11月20日。自2000年11月以来，它从未空闲，已有来自15个国家的200多人造访。国际空间站比有6间卧室的房子还要大。它的长度和宽度与足球场相同，还有翼展73米（240英尺）的太阳能板阵列。国际空间站几乎是俄罗斯“和平”号空间站的4倍大，是美国天空实验室的5倍。

东西相会

1995年，航天飞机访问和平号显示了俄罗斯和美国之间伟大的友谊。为了降低灾难性碰撞的风险，飞船在对接时必须减速到每小时0.1千米（每小时0.06英里）。航天飞机的宇航员们通过管道飘入和平号与俄罗斯宇航员相聚。飞船在每次访问时都会为和平号成员带来新鲜的补给和实验。

亚特兰蒂斯号航天飞机在1995年与和平号对接。

国际空间站内

国际空间站由大约12个圆柱形模块组成。它们像巨大的乐高积木一样相互连接。舱内可容纳多达6人，一般一次住6个月。主餐厅位于“星辰”号服务舱。舱内还包含不同的锻炼器材。几乎每个模块内都装满了科学设备。大型管道将氧气从一个舱室传送到另一个舱室。

联盟号摆渡飞船

自2011年美国航天飞机退役以来，所有航天员都必须搭乘俄罗斯联盟号飞船往返空间站。联盟号内可以挤进3个人，乘坐一个小密封舱返回地球。当国际空间站出现火灾之类的严重问题时，联盟号也可作为紧急逃生载具。

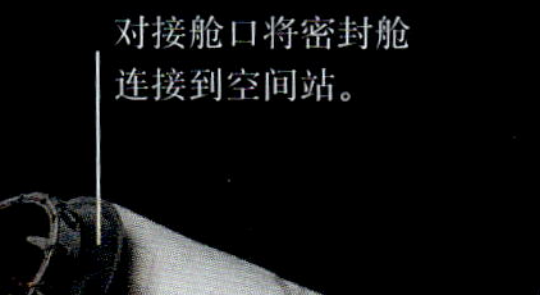

对接舱口将密封舱连接到空间站。

太阳能电池使用阳光为机载系统提供能量。

增压密封舱

主干部分可容纳14立方米（490立方英尺）的载荷。

商业货物和乘客

美国公司已经开发出新的“天鹅座”和“龙”货运飞船。它们可以运载数吨食物、水和设备到国际空间站。它们会在空间站停留几个月，然后装满废弃物在大气中烧毁。新的商业载具也在开发之中，用以运送前往空间站的美国航天员。

人造卫星

人造卫星有可能是在一颗行星轨道上的任何物体。比如，我们的月球就是一颗天然的卫星。地球有着大概500颗人造卫星——带有许多自主任务的机器，从观察天气到转播电视图像，应有尽有。人造卫星是由火箭或者航天飞机搭载升空的，随后它们会被放在正确的高度，停在轨道上。它们通常是由大型的太阳能电池板捕捉强烈的阳光，用来提供能量。绝大部分人造卫星的轨道是与地球自转速度同步的，所以它们可以永远固定在某个特殊点上。

空中间谍

最先进的人造卫星都被用作间谍卫星。这张图就是一颗由航天飞机带回的美国间谍卫星。这颗卫星可以通过探测导弹排出的热量，对导弹袭击提前预警。

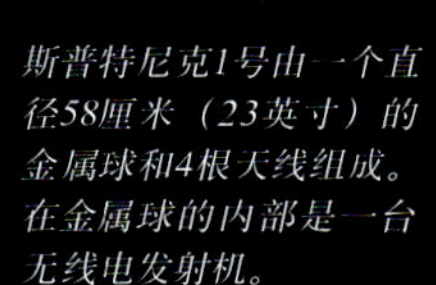

斯普特尼克1号由一个直径58厘米（23英寸）的金属球和4根天线组成。在金属球的内部是一台无线电发射机。

斯普特尼克1号

1957年10月，苏联将第一颗人造卫星发射进入太空的消息震惊了世界。斯普特尼克1号每96分钟环绕地球一周，同时播放着“哔哔哔”声的信号。整个世界的人们都在夜空中寻找着它的踪迹。92天以后，它落入了大气层并燃烧销毁。随后，苏联又发射了斯普特尼克2号，上面搭载着一只名叫莱卡的狗，它在飞行过程中死去。

气象观测

欧洲的鼓形气象卫星群位于同一轨道上的固定位置，在赤道上方36 000千米（22 370英里）处。这些气象卫星每分钟旋转100次，拍摄各种照片，包括云层、天气系统以及欧洲和非洲的风暴。

以人造卫星为生

当你在和世界另一端的人打电话时，一个由通信卫星（商业卫星）组成的网络会把你的声音以光速传向太空。通信卫星同时也会进行实况电视转播。一台通信卫星可同时传输40万通电话和几个电视频道。

通信卫星比小汽车大3倍。它们一直悬停于地球上方的同一位置。

绘制地图

有些卫星专门用于拍摄地形照片。这些照片有着各种用途。它们可以被用作地图的绘制、找寻珍贵矿藏、监控农作物的收成，或是研究自然灾害的影响，例如洪水和森林大火。右侧的卫星照片显示了美国北部的旧金山海湾。旧金山市坐落在海湾的最北端。金门大桥在城市的北部地区。著名的恶魔岛就在城市的东北部。

26天环绕地球

SPOT人造卫星（上图）在绕地球轨道运行时，从地球的一极飞向另一极，拍下自身正下方的所有景象。因为地球的自转，SPOT在每次绕轨道运行时经过的地方都不相同。所以，在每个历时26天的周期内，SPOT拍下了地球的完整表面。SPOT上的望远镜并不像间谍卫星上的那样精良，它只能从高空看到埃及的金字塔。

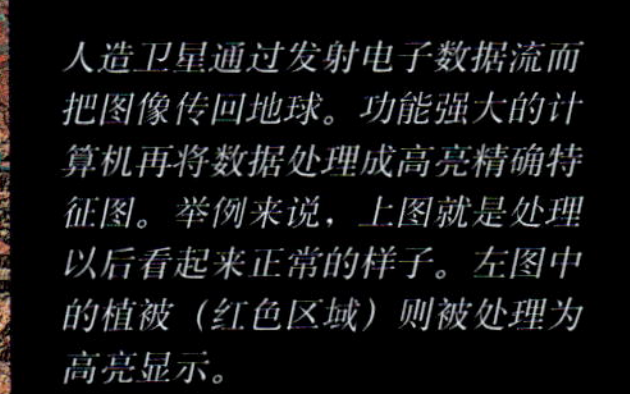

人造卫星通过发射电子数据流而把图像传回地球。功能强大的计算机再将数据处理成高亮精确特征图。举例来说，上图就是处理以后看起来正常的样子。左图中的植被（红色区域）则被处理为高亮显示。

谁在外面

迄今为止，宇宙中已知唯一存在生命的地方就是我们的地球。然而，我们的星系包含着数十亿无法看到的行星，而宇宙中又存在着数十亿的星系。许多天文学家认为，不可能只有地球是唯一存在生命的行星。即使在太阳系内部其他地方，生命的存在也有着微小的可能性，比如说木星的卫星木卫二冰盖的下方。是否能发现智慧生命形式则是另一个问题。即使有不同于我们的地外文明存在，它们也很可能太过遥远，无法访问到。

窃听地外信息

假设真的存在地外文明，也许他们也会使用无线电波来进行通信，或者转播电视和广播节目。如果这样的话，我们就可以对其进行窃听了。致力于SETI（地外智能生命探索）的天文学家用强力的射电望远镜来扫描天空，寻找外太空的信号。除了一些错误的信号，SETI的天文学家至今还没有发现任何有用信息。与此同时，我们人类自己的广播和电视信号不停地发射到太空中，也许在某一天会被接收。

火星微生物

1996年，美国国家航空航天局一项特殊的发现震惊了世界。他们在来自火星的一颗陨石上发现了看起来像微型生命形式残骸的物体。这个蠕虫状的结构体比一根头发还要细100倍。然而，在经过更近距离的观察后，许多科学家认为这些“化石”其实是岩石上的图案。

阿雷西博射电望远镜

如果有地外文明发现先驱者号或者旅行者号的话，他们就会获得这些来自地球的信息。但是，他们真的可以理解这些信息吗？

地球上的声音

旅行者号探测器携带有一张记录着地球上各种声音的老式唱片，从贝多芬的音乐到56种不同语言的问候应有尽有。一百多张照片也被编码刻进唱片中。每台探测器上还装有一个可以播放这张唱片的装置。

寻找地外世界

在我们的星系中，有数十亿颗的行星上可能存在着生命。但是现代的望远镜并没有足够的能力观测到它们。为了搜寻太阳系外的新世界，天文学家们希望能够制造出新型的望远镜。这些望远镜会在地球的轨道上开展观测工作，就像现在的哈勃望远镜那样。

未来太空望远镜的设计

镀金唱片

当你在读这本书的时候，4台太空探测器已经飞出太阳系进入了宇宙深处。每一艘飞船都携带着带给任何可能发现它们的地外文明的信息。两架先驱者号探测器都带有一张金属盘，上面雕刻着一个男人和一个女人的画像，还标出了地球在太阳系中的位置。两架旅行者号则带着镀过金的唱片，使其免受太空尘埃的腐蚀。

数字1～10的二进制编码

这些符号象征着地球上形成生命的重要化学物质。

DNA的双螺旋结构

一个人类的图形

地球在太阳系中的位置

发射这条信息的阿雷西博望远镜

阿雷西博的信息

1974年，科学家们用阿雷西博射电望远镜（下图）将一条无线电波信息传入太空，希望有外星智慧生物可以探测到它。这条信息可以用简单的图形（左图）翻译出来，它的内容是有关地球上的生命。信息是朝着一个名叫M13的由50万颗恒星组成的星团发射的。然而遗憾的是，M13星团是如此遥远，即使真的有生命存在，我们也要经过至少48 000年才能收到回音。

M13星团

阿雷西博

阿雷西博是世界上第二大的碟形天线望远镜①。它的直径达305米（1 000英尺），坐落在波多黎各群山中一个天然的凹地里。曲面的碟形天线将无线电波反射到架在高空的检波器/载波器中。检波器可以转动，使得望远镜能对准不同的方向进行观测。

①至2018年底，世界最大的球面射电望远镜是中国的500米口径球面射电望远镜。

狂野地球

来一场星际之旅，看看我们生存的世界是如何在宇宙大爆炸中诞生的吧。卫星和航天飞机拍摄的照片会给你带来非同寻常的视觉体验。破坏性的大海啸、狂野的暴风雪、酷热的干旱……在这里，你将近距离体验那惊人的自然威力。

宇宙大爆炸

为了解我们所处的星球是如何形成的，我们必须首先放眼宇宙。数百亿年前的一次大爆炸使众多星球受到撞击、震动，并形成了我们今天所在的地球表层。这种运动不断持续并愈演愈烈。地表下方，巨大的热能导致熔岩涌流，穿透大片地壳，继而引发地震，最后熔岩从火山口喷发出来。地球内部深处存在着极高的压力和温度，它们通过放射性衰变和化学变化持续产生热能。虽然太阳拥有强大能量，但倘若太阳没把能量转化为光和热，地球上的生命将不复存在。但是，地球诞生一说确实起源于众所周知的宇宙大爆炸——是宇宙大爆炸创造了地球。

“无”中生“有”

现今大多数科学家都赞同，我们所知的宇宙万物皆来源于宇宙大爆炸——时间、空间和宇宙间的所有物质。大约130亿年前，伴随着一次出乎意料的大爆炸，宇宙骤然出现。火球极其致密，产生的能量自发生成物质。物质生成的瞬间，宇宙变得无限炽热和致密。然后宇宙膨胀再冷却，生成星系、恒星及相应的行星。大约46亿年前形成了我们的太阳系。

独一无二的地球

在太阳系的众多行星中，地球堪称独一无二。由太空望去，那舒卷的云朵和蔚蓝的海洋表明地球上含有充足的液态水。地球引力强大，足够保存大气，防止大气逸散。我们知道，水和大气是保证生物进化的两个至关重要的条件。此外，由于地球距离太阳位置适中，气候也适于生命存活。

恒星制造者

蔚为大观的猎户座星云内部，太空尘埃如云雾般翻腾，恒星由此诞生。数十亿年前，浩瀚的太阳星云以同样的方式形成我们今日的太阳。日月更替，当太阳星云开始坍缩，物质汇集于星云中央，透过核聚变产生能量，变得愈发致密和炽热。巨大的核爆炸形成太阳的雏形，婴儿期的太阳首次于太阳系内投射出第一缕阳光。

太阳系

太阳系形成时，早期的太阳很可能位于圆盘状星云的中心。星云内部布满液体和气体，混合着尘埃和碎冰一起翻腾。在重力牵引下，尘埃粒子凝聚形成岩石。那些靠近太阳且富含金属的岩石聚集到一块，形成内行星。而在温度略低的外部区域，冰块结合岩石及较轻的气体形成外行星。

地球以外存在生命吗？

在宇宙范围内，能允许复杂生物形成并繁衍的先决条件，除了地球，别处可能都不具备。然而简单微生物在最为恶劣的环境中依然能够存活。因而在其他行星或卫星上面可能存在简单微生物。1996年在南极洲发现的一块火星陨石上，含有类似于细菌化石的物质（见右图）。一些科学家认为火星上可能曾经生存过简单微生物。

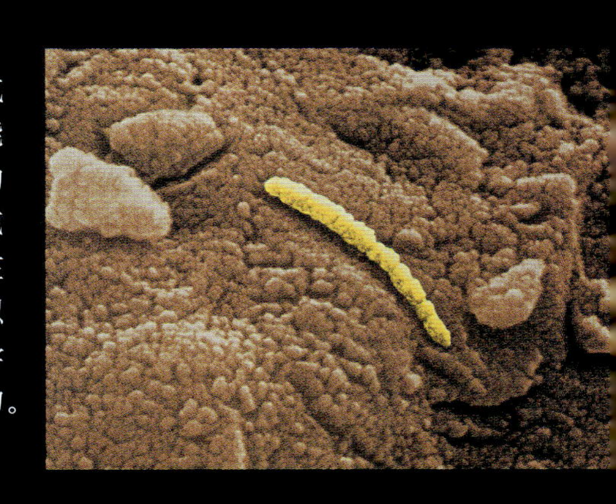

狂暴的过去

早期的地球环境炙热，上面遍布火红的熔岩，如同地狱一般。坍塌的太阳系星云迸发出的太空碎片向四面八方飞溅，使得陨星和彗星不断撞击年轻的行星表层。这些猛烈的撞击使地球温度不断升高。大约46亿年前，地球刚形成不久，就受到火星大小的物体猛击。这次撞击释放出的巨大热能足以熔化行星。撞击产生的碎片飞溅入太空，而后汇聚形成月球。然而地球却没有持续炙热下去，它逐渐冷却为一颗拥有固体表层、海洋及大气层的行星。事实上，地球上现存物种中，有机生物的比重超过四分之三。地球如今已步入中年，大约还能有50亿年时间，沐浴在太阳所给予的生命之光中。

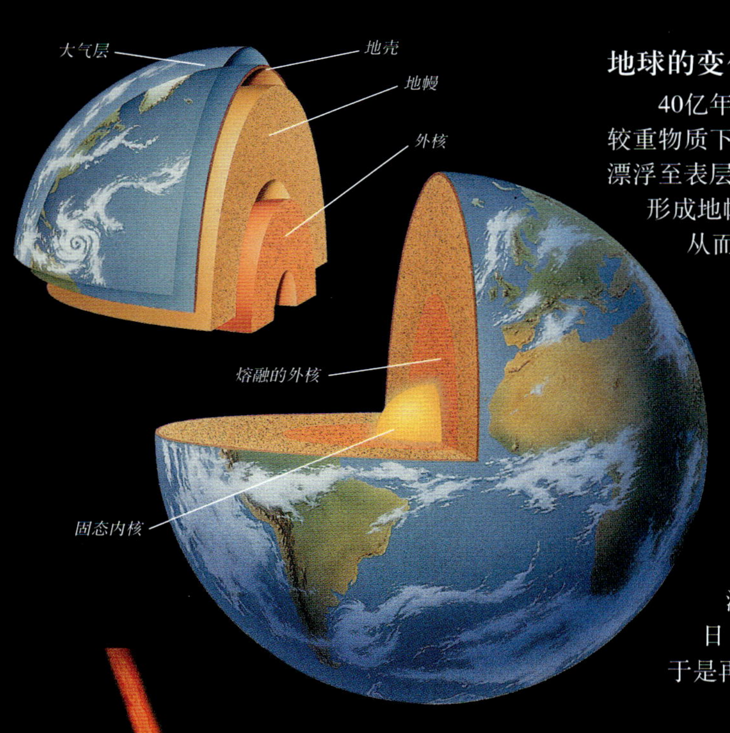

地球的变化

40亿年以前，地球上的熔岩开始分层。富含铁的较重物质下沉进入极其炽热的地核。硅和较轻的金属漂浮至表层形成地壳。介于地核和地壳之间的熔岩则形成地幔。在地球表层，花岗岩类岩石不断增厚，从而形成第一块大陆。

再现残败的过去

这是一位艺术家对地球最初蛮荒景观的描绘。太空碎片和熔岩流毁灭着脆弱的地壳。陨星坠落地面，撞击出巨大的陨石坑，并陷入炎热的内部，喷发出巨大的熔岩流。原本薄薄的地球表层逐渐变厚。日复一日，冷却了的地壳厚片陷入下方的熔岩地幔，于是再次被熔化。

恐龙杀手

1亿年前，恐龙统治着地球，至6 500万年前又突然灭绝。据推测，很可能是某大型陨星或彗星与地球相撞导致了恐龙的终结。这次撞击导致地球接连数月被笼罩在尘埃中，不见阳光。在寒冷的黑暗中，地球上众多植物和动物濒临死亡，其中包括恐龙。一些类似浣熊的小型冬眠哺乳动物则存活下来。

海洋

最初的海水可能来自于同地球相撞的彗星。彗星（见左图）是一个由冰块和岩石构成的巨大雪球。此外，海水还有可能来自于溢出地表的熔岩（岩浆）所释放的蒸汽。蒸汽在大气中凝结成云，再以雨水的形式降落到地球上。这跟如今的火山蒸汽类似。

太阳

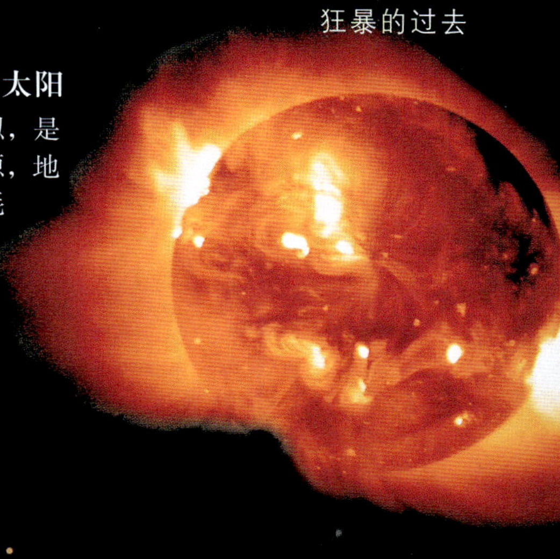

太阳同银河系中的其他亿万颗恒星类似，是一个中等大小的恒星。若没有太阳提供热源，地球将无法居住。据科学家们估计，太阳在耗尽其燃料氢之前，还有50亿年的寿命。当寿终正寝时，太阳将膨胀成一个大于自身100倍的巨型球体，这个“红色巨人”将毁灭地球。

大气

地球早期的大气中富含火山气体，例如二氧化碳。现今，地球大气只含有少量的二氧化碳，主要含有氧气。早期生命的形成导致了上述变化的形成——微生物将氧气作为废物排出。这些块状物（见左图）由被称为藻青菌的微生物生成，它们能够吸收阳光从而制造养分，酷似早期的造氧生物。

冰河期

尽管地球起源与火关系密切，但在历史进程中，地球很大部分曾被冰川覆盖。当气温转凉，冰川会由南北两极向赤道区域延伸；当气温变暖，冰川又退回南北两极。这种情况的出现可能是由于地轴的缓慢摆动，改变了地球与太阳之间的距离。现今的冰川（见左图）能向我们展示出冰河时期整个地球的模样。

漂移的大陆

我们脚踩的地面并非我们所认定的那般平稳牢固。事实上，组成地球大部分陆地表层的大陆始终处于运动状态，由于地球内部深层对其施力而来回移动。这种运动被称为大陆漂移。之所以形成大陆漂移，是因为行星内部炽热且活动剧烈，地核产生的巨大热能向地表传送，影响着低温的岩石表层，这促使组成大陆的地壳板块（又称构造板块）发生移动。大陆漂移的速度达到每年一厘米（接近半英寸）。其中一些板块被挤压到一起，一些板块被分裂拉开，还有一些则彼此擦身而过。这些情况的发生都会创造或改变地貌特征。剧烈的地震和火山爆发则是板块运动不息的生动写照。

构造板块

每个构造板块都包括两层，较低一层是坚固的岩石，较高一层称为地壳。板块在半液态状的熔融地幔上漂浮。地壳偏薄之处地势较低，地表被海洋覆盖；地壳厚积之处地势较高。由于地壳板块承载着大陆进行移动，海洋形态也随之发生变化。

全球拼图游戏

构成地表的诸多板块组合在一起，形似一场拼图游戏。这张地图（见上图）显示出了地球各板块的分界和各板块漂流的方向。板块移动致使各板块缓慢改变其形态，沿着发生板块碰撞的蓝色地带形成高耸的山脉。火山带星罗棋布于红色地带，该地带内一个板块沉陷（隐没）于另一板块下方，导致熔岩喷出地表。

证据

1915年，德国科学家阿尔弗雷德 · 魏格纳声明，现今的各块大陆都是由曾经的一块完整大陆分离而成的。当时这个说法备受人们的讥讽。然而魏格纳是正确的。他指出，尽管远古植物的化石，例如舌羊齿蕨类植物（见右图）被发现于距离甚远的几个大陆，但它们最初可能来自于同一个大陆。如今，地质学者赞成魏格纳的观点，认为大陆确实因漂移而分离。

板块碰撞

南美洲安第斯山脉全长8 900千米（5 530英里），沿南美洲的太平洋海岸延伸。大约1.7亿年前，当纳斯卡板块碰撞到（并俯冲插入）南美板块时，安第斯山脉开始形成。山麓（见上图）清晰可见大陆壳发生的褶皱和弯曲。安第斯山脉的造山运动在大约600万年前有所减缓。

大陆壳

一个板块俯冲到另一板块之下形成海沟。

板块分离处形成扩展边界。

两个板块滑动处形成转换断层。

俯冲板块

地幔喷发岩浆

碰撞的大陆壳山脉隆起处形成汇聚边界。

俯冲板块诱发火山

板块边界

上方图示表明板块分离的分界处所发生的变化。在扩展边界，板块慢慢分离，熔岩（岩浆）上升，填塞了裂缝。板块间彼此摩擦滑动，边界地带分布转换断层，形成地震。在汇聚边界，板块受到挤压，经过一系列的褶皱和隆起过程形成山脉。

爪哇西部

这是印度尼西亚的喀拉喀托火山，于1927年首次喷发。印澳板块滑行俯冲至欧亚板块下方形成分界，分界地带分布有一长列火山，喀拉喀托火山便是其中之一。俯冲板块受力下沉，进入地幔而被熔化。岩浆挤压至地表形成火山。

扩张洋脊

大西洋中脊是一个由北极向南部海洋延伸的扩张板块边界。它大部分位于海洋下方，少部分位于冰岛的辛格维勒（见左图），横穿陆地。左方北美板块与右方欧亚板块的分界清晰可见。板块分离处地壳出现坍塌，形成边缘陡峭的大裂谷。该区域火山活动频繁。1963年，辛格维勒南部130千米（80英里）处发生巨大的水下火山喷发。岩浆由宽阔洋脊的裂缝处喷涌而出，冷却后形成新的岛屿——叙尔特塞。

火山

伴着一阵雷鸣般的爆炸声，大地颤动，天昏地暗。一座火山正在爆发，向空中喷射出火红炽热的巨砾，喷涌出一团团的火山灰和毒性烟雾。火山位于地壳的开口或裂缝处，从而使熔岩能够由炽热内部蹿升并溢出地表。一座活火山能持续爆发，随着时间的推移，可能形成坡度平缓的宽广山脉。其他火山在绝大多数时间内可能处于休眠（睡眠）状态。休眠火山相隔很久才爆发一次，但爆炸的剧烈程度足以摧毁其自身的火山锥和周围广袤的地区。地球上许多山脉先前曾是火山，不过现在变成了死火山。如今，陆地上有1 000多座活火山，还有更多的活火山存在于海底。

爆发的火山内部

地壳下方的岩石并非我们所熟知的固态物质，而是一种叫作岩浆的极其炽热、熔融的液体。岩浆通过地壳内部的裂隙上升，停歇在岩浆房——火山下的空穴中。随着越来越多的岩浆进入，岩浆房的压力不断增强，直至炸开被堵塞的火山口。火山口的管状通道作用类似枪管，能喷射出熔岩、火山灰和蒸汽。

火山锥历经数千年，由层层熔岩和火山灰堆积而成。

岩浆汇集在岩浆房中，于阻塞的火山口处累积压力。

所有的形态和规模

一座火山的形态取决于其熔岩的黏稠度和该火山爆发的频率和规模。钟状火山通过自身生成的层层熔岩和火山灰来堆积形成火山锥。裂隙式火山则相当平坦，从地面的巨大裂缝处缓慢流淌出熔岩。环形火山，比如美国俄勒冈州的火口湖（见左图），则位于众多火山口间，早前大规模的爆炸使得最初的山体塌陷，从而形成火口湖。

热点

多数火山形成于地球板块碰撞或分离处。但有些火山，例如夏威夷岛，却形成于板块中间，因为它们由地幔内的某个“热点”创造形成。该热点烧穿地壳并形成火山。当漂移的板块承载火山远离热点时，该火山停止喷发，继而形成一座新的火山。岛屿链随着板块移动而拉长。

夏威夷由世界最高的火山锥形成。它是一座年轻的岛屿，在最近的百万年间浮出海面。

瓦胡岛形成于300万年前至200万年前之间。瓦胡岛和夏威夷的诞生都依赖同一个热点。

"睡美人"

日本富士山的斜坡富有美感，比周围平原高出3500米（12000英尺）。其火山锥弧度完美，由层层熔岩和火山灰堆积而成，成为日本著名的标志。一些人坚信，常年积雪的山顶居住着神。富士山最后一次喷发是在1707年，此后便一直处于休眠状态。

火山气体

冰岛科学家头戴防毒面具来检测喷气孔（微小的火山口）处逃逸的毒性气体，在这些地点进行有规律的抽样调查。气体的增多，或气体混合物成分发生改变，都能作为火山喷发的前兆。

火山奇观

数千年来，借助火山活动而被不断加热的地下水沿着著名的土耳其帕穆克卡莱高原的边缘汩汩流淌。水中盐类结晶形成迷人的自然奇观，有"冰冻"瀑布、钟乳石和盆地。自古以来人们就争相前来浸泡温泉。

火山爆发

火山顶部突然爆裂时，其引爆力来源于二氧化碳气体。强大的地下压力迫使气体以可溶解的形式聚集在岩浆内。在火山口冲破阻塞的瞬间，压力得以释放，于是气体迅速转变为不断膨胀的气泡——类似于你摇晃一瓶泡沫翻涌的饮料然后突然开启瓶口产生的瞬间爆发。这些气泡推动岩浆在爆炸时刻穿过火山口，猛烈地喷涌出火山岩和火山灰。尽管科学家对火山爆发的预测越来越准确，但他们却无法预测爆发的形式。一座火山爆发可能只形成温和的熔岩流，也可能是一次灾难性的大爆炸，甚至还可能在爆发中途改变方式。

惊心动魄的场面

意大利濒临西西里的一座小岛上有座斯特龙博利火山，活动极为频繁。在它925米（3 040英尺）高的火山口处，不断冒泡的岩浆池频繁形成小型喷发。人们前往观赏炽热的黄色火山弹（称为火山碎屑物）不断向上空喷射。在1999年，一群游客攀登到山顶附近，遇上难得一见的剧烈爆发，不幸被爆裂出的大块炽热火山碎屑物灼伤和震伤。

圣海伦火山大爆发

1980年5月18日，星期日，清晨，位于美国华盛顿州境内的圣海伦火山在沉寂了123年之后首次爆发。火山内部不断上升的压力使其一侧膨胀凸起，导致80亿吨岩石崩塌。爆炸形成19千米（12英里）高的混杂气体和火山灰的蘑菇云。

冰封于历史长河

公元79年，意大利庞培古城的人们聚集在一起，观赏维苏威火山爆发。突然间，混杂着炽热火山灰和气体的云团剧烈翻滚（被称为火山碎屑流），沿山脉冲刷而下，奔向人们。许多人在被火山灰埋葬之前就死于窒息。他们残留在火山灰中的尸体形成石膏铸件，呈现为可怕的石膏人像。

夜晚的赤红天空

火山喷发出的火山灰在风力作用下弥散于世界各地。火山灰阻滞并分散太阳光线，形成血红色的日落情景，并冷却地球。菲律宾皮纳图博火山逸散出的火山灰在1991年间持续冷却地球表面。

火山碎屑流

圣海伦火山首次爆发后短暂的时间内，火山碎屑流沿火山北部斜坡以160千米/时（100英里/时）的速度倾泻。它夷平树林并将树木切割成火柴棒大小的碎片。即便在爆炸区域边缘，树干依然被烤焦、折断，树枝脱落，呈现出一派劫后余生的恐怖景象。

烈焰激流

流动的熔岩闪着炽热红光，嘶嘶地喷出并噼啪作响，让你误以为它似乎富有生命。熔岩是指喷出地表的岩浆。热点火山，譬如夏威夷的基拉韦厄火山，产生气泡翻滚、熔岩流窜的烈焰激流。火山表面冷却成一厚壳，当更多火红炽热的熔岩渗入地下时，外壳破裂。由于这种熔岩流动速度很少比人们的行走速度快，所以极少伤害人们。然而，熔岩能够流淌到很远的距离，且几乎不可能停止。一些喷发的火山，例如美国华盛顿州的圣海伦火山，形成一条十分浓厚、黏稠的熔岩，看上去像是火山灰。这种熔岩以蜗牛般的速度流动，但其深度却能达到几百米。

阻止熔岩流

意大利埃特纳火山（见右图）喷出的熔岩向萨夫兰纳镇流动。尽管流速很慢，熔岩仍具有极大破坏力，燃烧并埋葬一切流经物体。人们使用混凝土屏障、沟壑甚至炸药来转移熔岩流向，使其远离家园。

熔岩入海

夏威夷游客（见左图）正在观看炽热的熔岩遇海水升腾而产生的发出剧烈红光的蒸汽。水面以下，流淌的熔岩被冷却形成枕头形状。持续的爆发意味着岛屿不断向海洋扩张。

火山学家

火山学家穿上特殊的热反射服装，便可采集炽热的熔岩标本——如果他动作迅捷的话。火山的习性难以预测。1991年，夫妻队成员莫里斯·克拉夫特和卡蒂娅·克拉夫特葬身于日本云仙火山突然喷涌出的火山灰中。火山学家冒着危险对火山喷发加以预测，此举拯救了众多生命。

加拉帕戈斯群岛

太平洋上加拉帕戈斯群岛依旧在扩张。它们由地幔内部某处热点喷发的熔岩形成。加拉帕戈斯火山喷出的熔岩流经广袤的区域，在冷却后形成崎岖地表。雨水渗入裂缝，土壤缓慢成型，这使得群岛崎岖不平且相对贫瘠。

火山岩带来福音

火山喷发并非总是伴随灾难。火山附近的土地，如同墨西哥这块绿色平原一样，也能够经受火山灰偶尔的洗礼而变得肥沃，因为火山灰给土壤增添了养分。但过量的火山灰或熔岩对于农民而言则是一场浩劫。浓稠的熔岩流需要数月时间才能冷却，还需要10年风化时间，然后植物才能得以生长。

山峦的形成

地球上壮观的山脉都分布在高耸陡峭的岩石圈，这些岩石圈通过构造板块的漂移运动而被抬升。其中一些是数次喷发后形成的火山山峰，孤单高耸；另外一些则是地壳爆破、裂开而形成的硕大块状岩石，直冲云霄。然而多数山峰屹立在两块构造板块发生碰撞引发地壳出现褶皱折叠的地方。众多世界大山脉，譬如亚洲的喜马拉雅山脉以及欧洲的阿尔卑斯山脉，就是这样形成的，且靠近板块边界处绵延不断。在地球46亿年的漫长岁月里，山脉无数次地被缔造继而又被摧毁。一旦它们平地拔起，各种侵蚀就开始上演，风、水和冰雪不断磨蚀它们。高耸陡峭的山峦仍旧经常性地隆起。一旦它们不再上升，各种侵蚀将磨平它们，直到最后只残存平缓的小山丘。

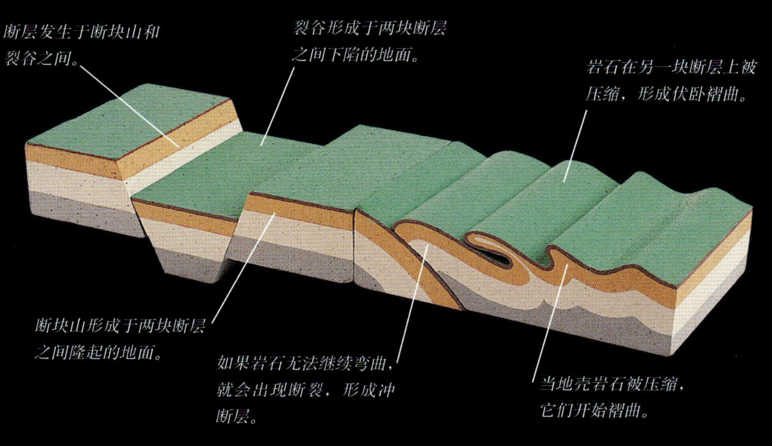

推压和分裂

山峰主要有 3 种形成方式。褶皱山形成于板块碰撞导致地壳变皱褶曲的地方。另一些则依靠火山爆发形成。在别处，地壳可能爆裂而形成裂缝，我们称其为断层。断层边缘的陆地或上升或下降，于是产生断块山、裂谷或悬崖。山峦形成过程包括延展和压缩。这个模型（见左图）展示出山脉中可见的褶曲和断裂类型。

年轻且高耸

亚洲境内的喜马拉雅山脉主峰——珠穆朗玛峰被视为地球最高点。在2005年精确测量出它的海拔高度为8 844米（29 016英尺）。很可能在5亿年前，当印度板块与亚洲板块发生碰撞时，珠穆朗玛峰仍在升高。从地质学角度看，喜马拉雅山脉依然相当年轻。风化和侵蚀雕塑出喜马拉雅山脉如今的动人身姿，但迄今还未明显地削减它的高度。

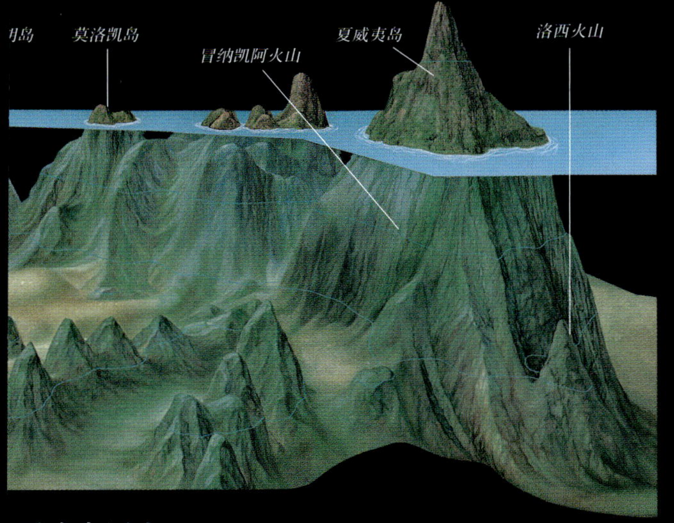

夏威夷巨人

海床上方高耸着壮观的海中山峦。一些是最终将会浮出海面的火山。从海床开始测量，世界最高山峰实际应属冒纳凯阿火山。它高达10 203米（33 474英尺），最高峰位于夏威夷岛上。它的邻居洛西火山，依旧淹没在水下。

高地侵蚀

构成大不列颠的两块陆地曾被古代的巨神海分隔。英格兰和威尔士位于一块陆地上，苏格兰位于另一块陆地上。大约4.2亿年前，两块陆地碰撞产生的推力，使得苏格兰高地缓缓形成。曾与喜马拉雅山脉同样高度的苏格兰高地受到侵蚀，只剩下坚硬的花岗石岩层露出地表，例如寇依峡谷（见上图）。

“之”字形褶皱

一般将岩石形成的平坦岩层称为地层。不管岩石看上去如何坚固，它们因为地壳运动而经受挤压时，会延展、弯曲和褶皱。放大规模来看，这些变形显现在山脉边沿。细微观察，地层褶皱有时呈“之”字形，比如英格兰康沃尔郡的这些页岩地层，它们在2.5亿年前产生褶曲。

克里斯·鲍宁顿在51岁的时候，登上了珠穆朗玛峰的顶端。他曾几次率队攀登珠穆朗玛峰最险恶的路线。

极端环境

世界最高的地方对人们生命极为不利。登山者得冒着可能被岩滑或雪崩伤害的危险，还可能要忍受高空病、雪盲和霜害。科学技术，例如卫星电话和呼吸设备，帮助改善了登山者的人身安全。

地震

从地球上的温和颤动到恐怖的剧烈运动，地震着实震撼着世界。地震是由构造板块突然运动所造成的地下震动。多数板块边界都擦身而过，但有些却拥挤在一起。推动板块运动的力量增强，直到产生的压力致使岩石扭曲变形。在破裂瞬间，各板块剧烈震动，越过彼此，然后岩石像弹簧一般猛然恢复到原始形态。这样就以地震波形式释放储存的能量，地震波则引发一场地震。大部分地震影响不大，但也有一些能夷平整个城市。

加利福尼亚断层

尽管任何地方都可能发生震动，但地震带的震动发生得更加频繁。构造板块的滑动边缘，被称为断层线，就近分布着地震带。这张图片显示的就是加利福尼亚著名的圣安地列斯断层。它全长1 207千米（750英里），沿途穿越旧金山和洛杉矶，并经常性地引发震动。

土耳其地震

在1999年8月，土耳其西部沿海的阿达帕扎勒遭受了一场毁灭性的地震。地震造成一些城市贫民搭建的房屋坍塌，死亡人数超过3 000人。存活者行走在昔日家园的屋顶。这场灾难表明，在地震带建造建筑物时，其安全性尤其重要。

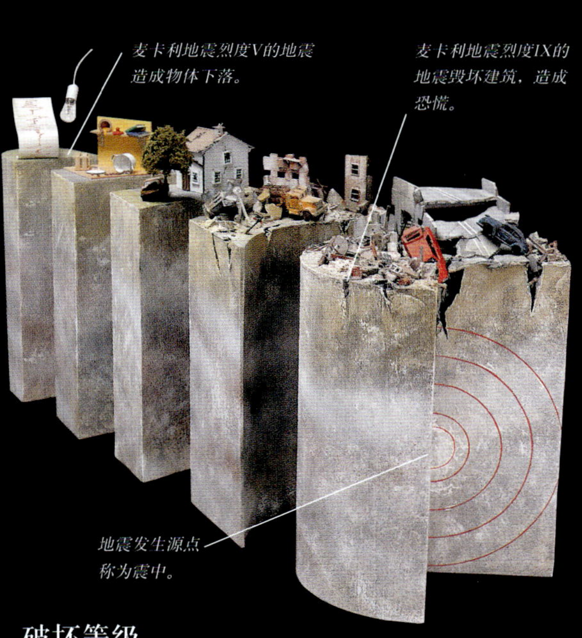

破坏等级

这个模型以麦卡利地震烈度表为测量标准，显示了地震破坏的影响。一个摇摆的灯泡量度标准为Ⅲ；造成全部毁坏的量度标准为Ⅻ。著名的里氏震级能够告知一场地震的强度。可以通过一种叫作地震仪的机器读取指数，地震仪用来测量震动力度。曾经记录过的最强震动测定为8.9级，发生在1960年的智利。

愤怒的地狱

地震侵袭后的一个主要危险是烈火。地震毁坏电器和煤气管道后会引发火灾。在日本神户（见右图），消防队水已用尽，火势迅速蔓延，穿过城市木建筑。旧金山被1906年和1991年的地震摧毁过。在这两场灾难中，大火造成了巨大损失。

教导学生蹲在课桌下。

摇动的国家

在日本，学校、家庭和工作场所都会有常规安全演习。因为日本位于3块构造板块的边界交汇处，每年都会遭受数百场地震，每天都有各种强度的地震记录在案。

数秒之内，部分城市就已埋葬在大量瓦砾之下。

灾难使得众多城市居民无家可归。

冲击波

地震无法阻止，但有时可以预测。科学家们使用地震仪来探测地下的一些震动，这些震动被称为预震。这是地震发生前不久深层岩石破裂而产生的微小震动。1975年，科学家在中国辽宁省海城市探测到清晰预震。地震来袭前疏散人群，结果仅少数人丧生。动物也可能对地震敏感，它们的行为能预示即将来袭的地震。1995年的日本神户在被地震夷平之前几个小时，动物园中的海狮开始跃出水面，行为怪异。主要地震震动之后常紧跟着一些较弱的震动，称为余震。余震的产生是因为断层两侧的岩石都固定在新的位置上。余震会又一次造成损害，可能会威胁救援者的生命。

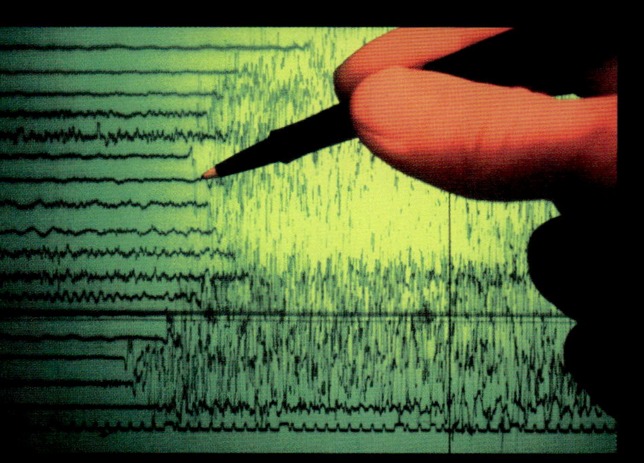

冲击波显示

一位科学家指着由现代地震仪记录的地震冲击波说，冲击波越强，“之”字形运动在地震仪上显示得越宽泛。通过显示器上冲击波的不同水平线标记出一场冲击波的不同频率（震动）。地震仪能够记录上千米以外的地震波。

冲击考验

美国旧金山的环美大楼被设计建造用来抵挡地震。它由橡胶片和铁皮组成，墙壁由钢筋混凝土搭建，这样能够吸收震动并抵挡侧向震动。

巨大冲击波

1906年4月18日，圣安地列斯断层沿线的巨大冲击波摧毁了近三分之二的旧金山。这场浩劫表明钢铁结构的建筑，例如市政厅高塔（见上图），相比较砖造建筑物，更能经受震动而屹立不倒，更为安全。如今，旧金山有着一套世界最为严格的建筑规范。

日本冲击波

当地震侵袭神户时，冲击波使地面起伏晃动，就像海水波动。地球似乎被液化一般在柔软运动，城市肆意升高然后坍塌。即便地震之前采取了强固措施也于事无补。这般毁坏由面波造成，面波沿着地平面传播。科学家将面波分为两类：勒夫波——左右摇摆，瑞利波——像海水一样上下振动。

寻人探测器

地震中建筑物倒塌时，人们被活埋。救援者需要争分夺秒地找寻存活者。灵敏仪器，例如这个寻人探测器，可用来接听声音。它能分辨地下噪声和人们活动的声音，甚至能探测到人的心跳声。

危险的工作

1985年的墨西哥地震使许多高楼倒塌。这只受过特训的狗被用来嗅找瓦砾下的存活者。余震可能会使毁坏的建筑更不稳定，让救援者面临极大危险。但特训狗能轻踏残骸，找到被困的存活者。

地动仪

中国古代数学家和星象家张衡在公元130年发明了这种青铜地震仪。冲击波使得内部钟摆摇晃，从龙嘴吐出一个小球。接到小球的蟾蜍位置则表明震源方向。

海啸

海啸是火山爆发和水下地震引发的巨浪。起初它们就是广阔海面上的小波浪，经常默默地穿行于轮船底下。尽管海啸形成初期是很微小的，但它们速度惊人，在深水中的穿行速度超过700千米/时（435英里/时），类似于喷气式飞机的速度。当它们到达浅水域时，开始减速并跃升至惊人的高度——有时能升到60米（200英尺）高。海啸来临前，岸边的水常会被汲干，只剩下鱼在地面上挣扎，残骸尽显。前来观看此奇异景观的人们常被忽然从海面跃升的波浪卷走。

绝非普通波浪

海啸并不属于由风卷起的普通波浪。风引起的波浪急剧、狭窄且慢速流动，当其穿过水面时清晰可见。海啸在爆发前则一直是隐秘的。它们疾驰过上千米的海面时，行踪不定，难以被探测。当它们抵达海岸时，有时会被误认为是潮波（由潮涌形成），但它们其实与潮汐无关。

海啸的诞生

地震活动导致海床急速地上升或下沉，周围的海膨胀凸起，散布开一些连续的水波状波浪。这就形成一系列连续的海啸。通常在宽广的海域，水波面积较宽，长度可达到200千米（124英里）以上，但可能不足0.5米（20英寸）高。

黑色星期五海啸

1964年3月27日是星期五，美国阿拉斯加附近海底发生了一场剧烈地震，形成一股向太平洋西北沿岸推进的海啸。阿拉斯加人对海啸司空见惯，但俄勒冈州和加利福尼亚州的居民却鲜少见过海啸。当加利福尼亚新月城民防主任接收到海啸警报时，他不得不征询意见来查清海啸究竟为何物。稍后，新月城被海啸袭击，造成16人死亡，城市遭受轻微损毁。1883年，印度尼西亚的喀拉喀托火山喷发形成海啸，造成3.6万人死亡。

夏威夷希洛市

这张图片展示的是1946年海啸侵袭夏威夷希洛市造成的一些毁坏。水波从阿拉斯加沿岸开始，历时5小时、穿行了3 000千米（1 865英里）后抵达希洛海岸。海啸上岸后集中强力侵袭马蹄形的希洛海岸，导致159人死亡。如今，位于夏威夷的太平洋海啸警报中心，会为经常性出现大规模海啸的城镇发出预警。

日本海啸

海啸“Tsunami”是一个日语词汇，意即海浪。神奈川这张著名的油画所画的是日本本州岛富士山附近的海啸。由于日本位于环太平洋火山带圈内——周围区域被火山和地震包围，所以日本特别容易出现海啸。

延伸的海洋

大约2亿年前，人类还未在地球上出现，今日的各大陆是联结成一块的连续的大陆，地质学家称其为泛古陆。随着时间的推移，陆地板块开始缓慢地分离、漂移，有些情况下会发生碰撞。最初一块完整的海洋，称为泛古洋，被分割成今天我们所看见的五大洋。大陆继续移动，海洋也在改变形态。计算机模拟预测在未来的2.5亿年间，诸大陆将再次聚合成一块巨大的连续大陆。同时，太平洋逐步缩减，红海中将出现一块新的大洋。新的海床位于大洋中脊，在那里有时会形成火山，火山被冲压出地面形成火山岛。

枕状熔岩

熔岩沿着大洋中脊穿过裂缝喷出。当熔岩接触到冰冷的海水时，便在周围形成类似玻璃的外壳。这个脆弱表层会裂开，使得继续熔化的熔岩从内部渗出。持续渗透和分裂形成的圆形看上去像堆起的枕头，枕状熔岩便因此得名。枕状熔岩由玄武岩构成——这是地表最为常见的岩石种类。

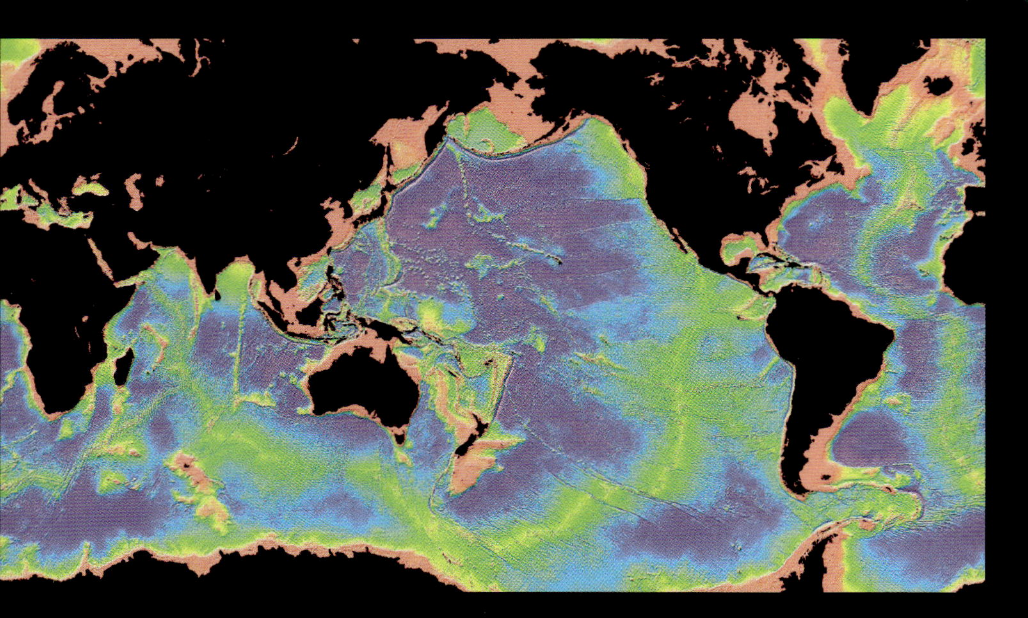

大洋中脊系统

这张电脑制作的图片通过回声和卫星数据编译而成，展现了海床的轮廓。图中黄色区域说明大洋中脊系统从世界大洋中心开始蜿蜒。大洋中脊系统全长约65 000千米（40 000英里），就连安第斯山脉、落基山脉和喜马拉雅山脉联合起来都没它长。在它沿线两侧，地球构造板块发生分离。洋脊内部的岩浆上升来填补缝隙，于是形成新的海床。

红海

红海北部尽头的景观图展示出了左边的苏伊士湾和右边的亚喀巴湾，中间是西奈沙漠。红海形成于大约2亿年前，那时海水冲入非洲和阿拉伯岛之间的裂谷。该裂谷以每年2.5厘米（1英寸）的速度扩张。在往后的1亿年时间里，红海可能会扩展到今天大西洋的面积大小。

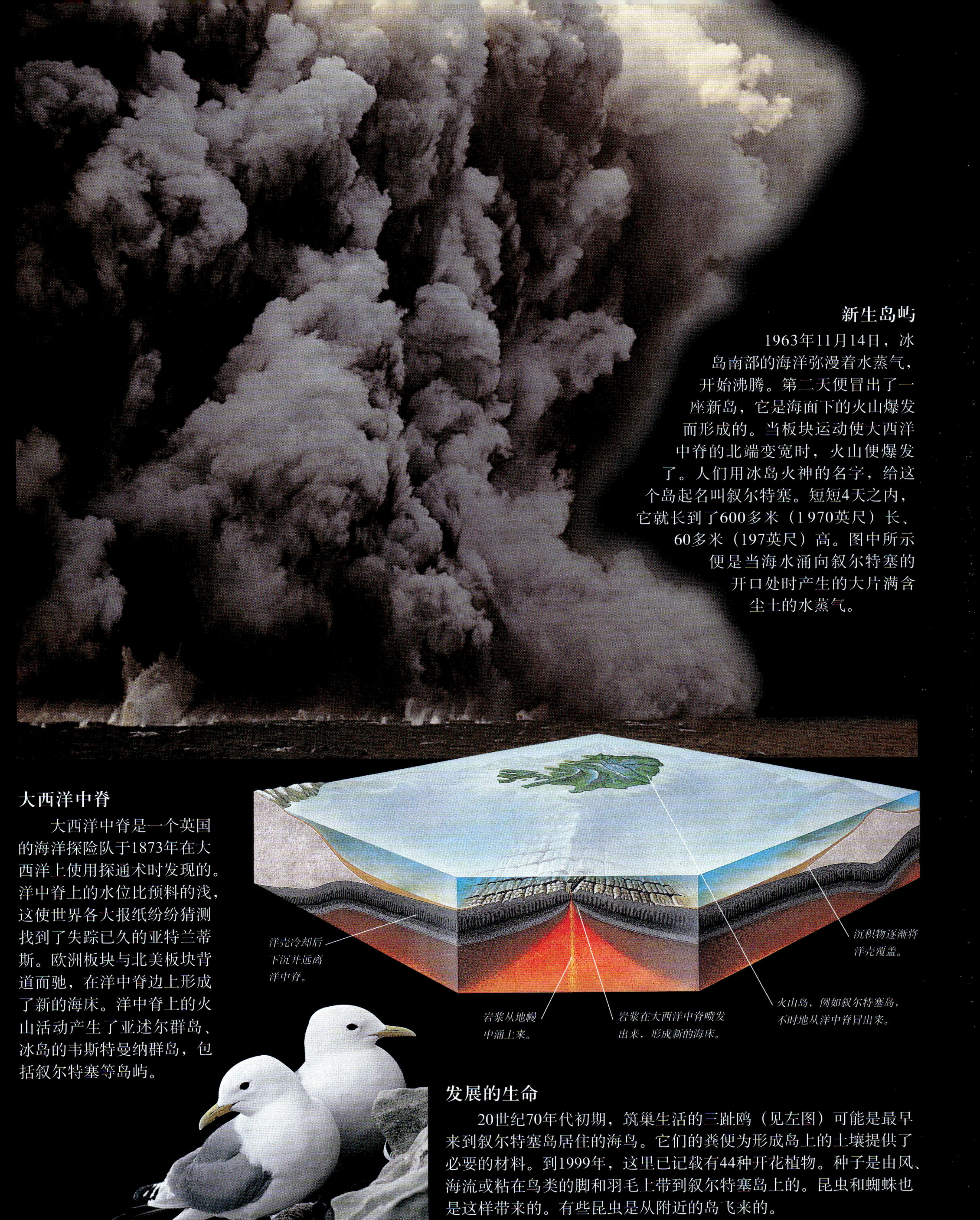

新生岛屿

1963年11月14日，冰岛南部的海洋弥漫着水蒸气，开始沸腾。第二天便冒出了一座新岛，它是海面下的火山爆发而形成的。当板块运动使大西洋中脊的北端变宽时，火山便爆发了。人们用冰岛火神的名字，给这个岛起名叫叙尔特塞。短短4天之内，它就长到了600多米（1970英尺）长、60多米（197英尺）高。图中所示便是当海水涌向叙尔特塞的开口处时产生的大片满含尘土的水蒸气。

大西洋中脊

大西洋中脊是一个英国的海洋探险队于1873年在大西洋上使用探通术时发现的。洋中脊上的水位比预料的浅，这使世界各大报纸纷纷猜测找到了失踪已久的亚特兰蒂斯。欧洲板块与北美板块背道而驰，在洋中脊边上形成了新的海床。洋中脊上的火山活动产生了亚述尔群岛、冰岛的韦斯特曼纳群岛，包括叙尔特塞等岛屿。

发展的生命

20世纪70年代初期，筑巢生活的三趾鸥（见左图）可能是最早来到叙尔特塞岛居住的海鸟。它们的粪便为形成岛上的土壤提供了必要的材料。到1999年，这里已记载有44种开花植物。种子是由风、海流或粘在鸟类的脚和羽毛上带到叙尔特塞岛上的。昆虫和蜘蛛也是这样带来的。有些昆虫是从附近的岛飞来的。

海底地貌

即使今天，海洋的深度依然是个谜。太阳光只能透射到水下几百米深处。再往下便是由深海平原、山脉和海沟组成的陌生世界，这里居住的生物人类很少见过。直到20世纪，为海底绘图的唯一途径是用一个秤砣和一根绳子来探测它的深度。声呐，一种利用声波来探测水深的方法的发明，使我们对海底的认识发生了革命性的变化。现在，科学家们知道海底隐藏的火山比大陆上已发现的多得多。地球上最大的山脉是在漆黑的海底，而不是陆地上。但是深水的压强使人们很难到达那里。

格洛里亚号声呐装置

这台名叫格洛里亚的鱼雷状声呐装置从一艘科学考察船上下水。它被一艘轮船拖曳在后面，可以朝海底发射声波，然后再反射回来。人们对返回的信号进行分析，画出三维图。这有助于科学家们识别出海床的危险，决定海底电缆的线路，确定开采矿物和石油的位置。

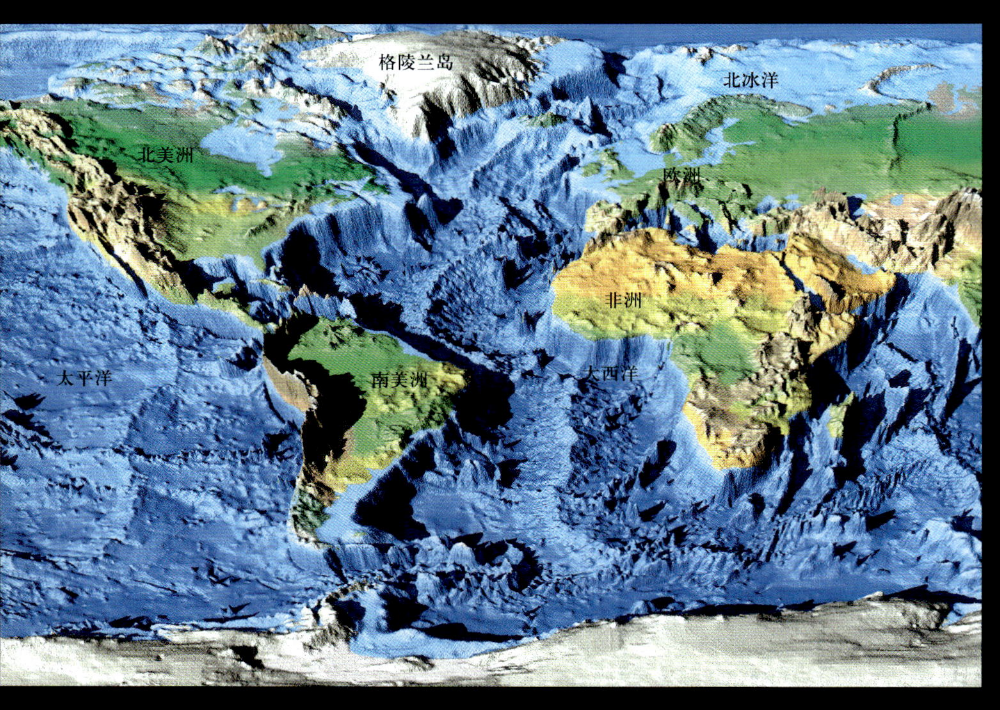

山脉和海沟

这幅图显示了海底崎岖的地形。陡峭的山峰形成的长长的山脊，蜿蜒在世界的海底，有的离海底2千米（1.2英里）以上。在其他地方，海洋盆地延伸至海面下几乎1.1万米（3.6万英尺）的深海沟中，那是地球上最深的地方。

洋底

海洋盆地是厚密的地壳沉降形成的注满海水的凹陷。洋底便是海洋盆地的底部。大陆坡标志着海洋与大陆之间真正的地质界限。在大陆坡的巨大的裂缝（或称为海洋峡谷）中，分布着通向盆地的沉积扇区。水下的雪崩（称为混浊流）偶尔会沿着峡谷以很高的速度和力量冲下来，甚至将水下的电缆折断。

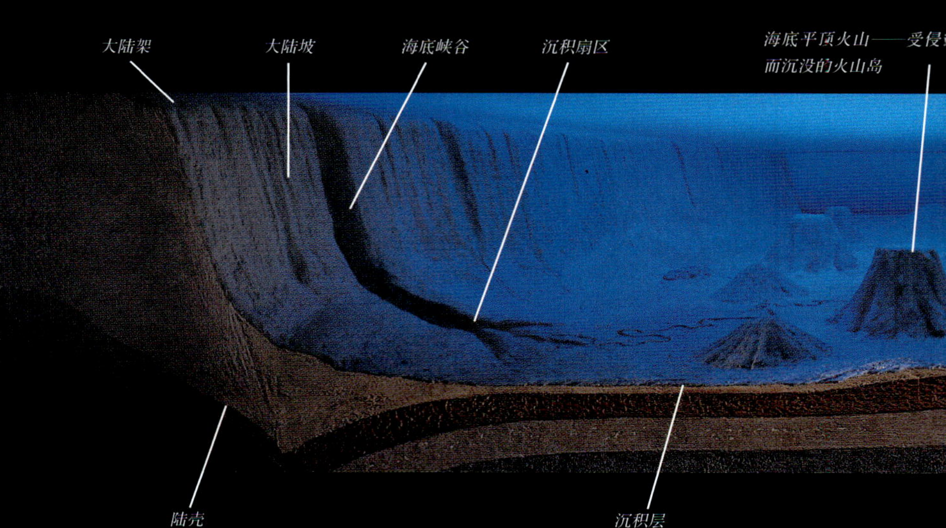

海底黑烟囱

在深邃的海底，靠近延伸的洋脊处，大片由于火山喷发形成的热水从奇异的结构中喷出。它们是火山热泉，或称“黑烟囱”。从烟囱中喷出的富含硫的水，温度高达400摄氏度（752华氏度）。但是由于海水巨大的压力它并不沸腾。矿床成堆地在火山口周围积累，形成怪异的像烟囱一样的烟道。

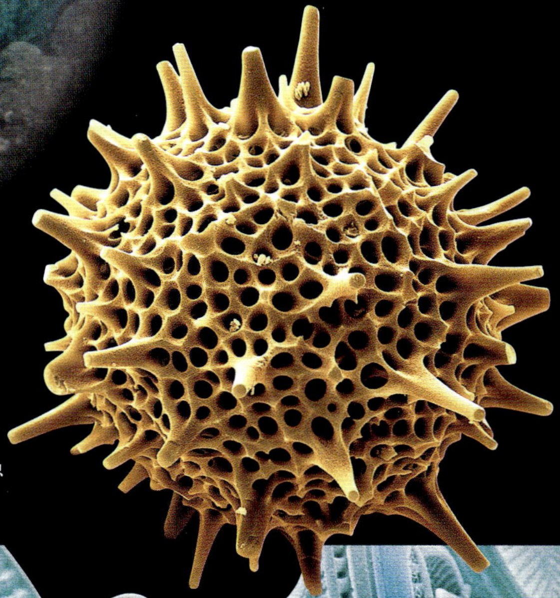

放射虫

巨型管虫

1997年，在水下2200米（7200英尺）深处，科学家们惊讶地发现了一个巨型管虫的世界。它们簇居在火山热泉口的周围。这种管虫没有嘴和肛门，以居住在它们体内的细菌为生。细菌分解火山热泉中的化学物质来为它们自己和管虫提供食物。这一惊人的发现证明，并不是所有生物都要依赖太阳能。

硅藻

深海平原——海底宽阔而平坦的地方

延伸的洋中脊，两块地壳板块分裂之处

深陷入海底的海沟

岩浆从液态地幔处喷发出来

洋底壳

坚硬的上层地幔

软泥

这些歪歪扭扭的圆片是硅藻的硅石遗骸。硅藻是浮游在海面的单细胞藻类，能像陆地上的植物一样进行光合作用（吸收太阳光合成食物）。这个多刺的球是放射虫——以硅藻为生的单细胞动物。硅藻和放射虫死后沉入海底形成一层软泥，有的地方能厚达500米（1 640英尺）。那些已适应深海黑暗生活的奇异生物则以居住在软泥内的微小有机生物为食。

风化和侵蚀

1969年宇航员登上月球时留下的脚印今天仍在。因为在月球上没有大气，没有侵蚀。留在地球尘土中的脚印几天甚至几小时之内就被盖住或是一扫而空。这是因为侵蚀在不停地雕琢着我们的地表。即使是坚硬的岩石也不会永恒不变，一旦裸露在外就会受到风化腐蚀。由于物理的、化学的以及生物过程的作用，即使最坚固的花岗岩也最终被分解成柔软的黏土。侵蚀是岩石以沉积物的形式被磨损和搬运的过程。这个过程有时很快，有时缓慢，根据岩石的种类而变化。

斑彩螺的墓穴

这些是斑彩螺的化石遗体。斑彩螺是一种与鱿鱼和墨鱼有密切关系的海洋生物。大约6 500万年前，它们在海底的沉淀物中窒息而亡。它们的外壳以及周围的沉淀物都最终变成了岩石。风化和侵蚀作用将这些埋藏在古老的墓穴中的化石暴露出来。

怪石林

在美国犹他州的哥布林山谷，有许多奇怪的石柱，人们称之为怪石林（见右图）。这些石柱是因风力、水蚀和温度的变化而形成的。夜晚温度急骤下降，岩石表面裂成碎片；白天，风挟带着沙子将其雕刻出怪异的形状。耐磨的岩石部分形成凸出的头和腹部，而易受侵蚀的部分则形成腰部和脖子。

酸雨

这座石灰石的雕像被酸雨腐蚀成这样，是因为雨水天然的弱酸性受污染而加强。汽车尾气和工厂的废气中含有硫和氮的氧化物，它们与空气和雨水反应生成硫酸和硝酸。这些酸随着雨水降落，将石灰石溶解，毁坏树木和湖泊中的生物。

海水侵蚀

这座天然雕琢成的拱形砂岩坐落在澳大利亚的维多利亚西部。它充分显示了风、海浪和海流能穿透坚硬岩石的巨大力量。海浪磨损着海岸上的岩石，水花用力地拍打着它，卷起石头向它掷去，把空气强行压入石缝中使岩石破裂。这座拱形砂岩一旦崩塌，将会留下高高的壮观的石柱，人们称之为海蚀柱。

尼亚加拉大瀑布

瀑布形成于河流从源地流向海洋时地势发生急剧变化之处。流水侵蚀着瀑布边缘和底部潭中所有质软的岩石。而坚硬的岩石则保留下来形成出露层，还可能出现险峻的急流。尼亚加拉大瀑布位于美加边界处，河水从坚硬的石灰岩上流过，石灰岩下是较软的砂岩。瀑布以每年1米（3英尺3英寸）的速度侵蚀着这些岩石。迄今为止，岩石已在瀑布的作用下被削减了11千米（7英里）。

植物侵袭

植物能钻入岩石的缝隙中加快其风化的速度。随着图中的这棵树慢慢长大，它的根变粗，伸入到更深的岩石中，使缝隙渐渐变宽，从而将岩石进一步分裂。动物在石缝中挖洞，也使这一过程加快。苔藓会产生植物酸将岩石的表面溶解。

大峡谷

美国亚利桑那州雄伟壮丽的大峡谷是科罗拉多河经过2000万年冲蚀成的。河水侵入20亿年之久的岩石底下。风、霜、雨水和湍急的河流形成了峡谷的两岸。各层岩石受侵蚀后的结果也不同：坚硬的砂岩形成峭壁；较软的页岩形成斜坡。这就塑造出了大峡谷丰富多彩的形状和结构。

岩洞和洞穴

对很多人来说，滴水的漆黑岩洞里藏着未知的威胁。但地下的空间也是一个很安全的容身之所。几千年来，人们在这里安居。熔岩、冰和水浪的作用可以形成岩洞，但是多数壮观的岩洞都是雨水侵蚀石灰岩而成的。宽阔的岩洞里到处都是奇异的岩层。水吸收空气或土壤中的二氧化碳而带有弱酸性，能将石灰岩溶解。石灰岩多孔渗水，而且比花岗岩等坚硬的岩石更容易被腐蚀。这个过程却是非常缓慢的。流水要形成一个深仅3米（10英尺）的岩洞，需要花上10万年的时间。但是随着岩洞变大，侵蚀速度也加快，直至最终形成一个地道和洞穴组成的系统。

中国的喀斯特地貌

中国西南地区的桂林诸山是一种叫作喀斯特的石灰岩地貌的典型例子。大雨，高湿度，以及丰富的植被，产生了充足的酸性地表水。酸对石灰岩的侵蚀过程叫作碳酸化。这一过程雕刻出了奇特的地貌。这些多孔的小山上没有流水，因为所有的水都渗入了岩石中，形成蜂窝一样的岩洞和洞穴。

渐渐消失的溪流

在溪水通过缝隙渗入地下的地方，水会将岩石侵蚀成巨大的柱状物，称为溶沟。在英格兰约克郡的大裂谷洞中，一股溪流沿着宽阔的洞穴顶上的一条溶沟降落110米（361英尺）。这条连续的瀑布以及底下的岩洞都是英国最大的。大裂谷也是一个宽达60千米（37英里）以上的岩洞体系的一部分。

洞穴的形成

滴水形成了美国内华达州的这些美丽缤纷的岩洞结构。渗过石灰岩的水将碳酸钙及铁矿等各种颜色的矿物溶解，形成长长的冰柱状的沉积物，垂挂在洞顶上，称为钟乳石。水从钟乳石上滴落时，某些碳酸盐也落到地面累积成蜡烛状的小尖塔，称为石笋。一棵石笋需要几千年才能长到2.5厘米（1英寸）。

洞穴蝙蝠

这种濒危的幽灵般的蝙蝠栖居在澳大利亚的山洞入口处，它们夜晚才出来觅食昆虫和小动物，这种蝙蝠像其他大多数洞居动物一样，依靠感觉而不是视线来确定食物的位置。它们发出尖锐的叫声，并像雷达一样通过回声定位，对周围环境形成一幅“声象图”。

崩塌

在喀斯特地貌上建房居住，有时会给人们带来灾难。石灰岩可能形成在地面以下仅仅几米的地方，岩层顶部就很容易受到大雨侵袭而崩塌。1981年美国佛罗里达州一个叫冬季公园的地方，一所房子和6辆车忽然陷入一个不为人知的岩洞。洞宽达200米（656英尺），深约50米（164英尺）。

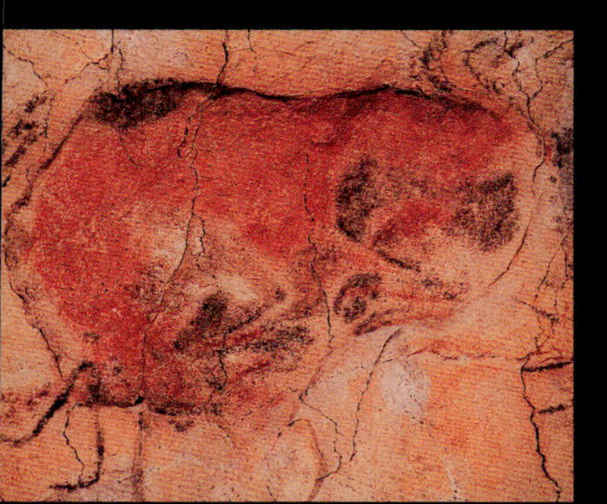

岩洞之家

这幅图上画的是一匹屈身蹲伏着的野马。它的头抱在两只前蹄中间。这幅画至少有15 000年之久了，是一名捕猎者进入阿尔塔米拉岩洞时发现的。洞的墙壁和顶部有几十幅栩栩如生的动物图画。这只是其中之一。这些图画描绘了洞居者们的捕猎生活。

冰极

地球上最不适于人类居住的是两极。极地冰盖覆盖着北极地区和南极地区，使它们常年布满冰雪。但是这两个地区有一个很重要的区别：北极地区是被大陆包围的冰冻的海洋，而南极地区则是被地球南部的海洋环绕的大陆。两者与太阳的距离都比世界上其他地方远。由于地球的转动有一定的角度，随着两极跟太阳的距离缩短和拉长，两极地区的冬天完全处在黑暗之中，而夏天又是连续的白昼。虽然极地的温度很低，很多野生生物却还是适应了这种严寒。海豹和鲸在冰冷的水中繁衍生长。它们有厚厚的脂肪作保护。在北极地区，熊是很常见的动物，而在南极，主要是鸟类。

北美驯鹿群

这种北美驯鹿（也称雨鹿），在夏天向北迁徙去觅食北极苔原冰层融化后露出地表的草皮、灌木，以及苔藓。与其他鹿种不同的是，迁徙的时候驯鹿会结伴同行，而且无论雌雄都有鹿角。

北冰洋

北冰洋一半以上都终年覆盖着至少厚达3米（10英尺）的冰层。到了夏天，一部分冰融化分裂成浮冰，如图所示。几个世纪以来，探险家们一直认为北极冰层下面是广阔的大陆。1958年，人们乘核潜艇潜入冰层底下，证明了这一观点是不正确的。

北极熊

北极熊是漫步在北极的浮冰上的最大的肉食动物，它们最喜欢以海豹为食。北极熊很适应在北极的生活。层层的脂肪可以保持它们的体温，中空的毛发为它们在水中提供浮力。北极熊的脚掌和部分带蹼的脚底可使它们牢牢抓住冰块而不会滑倒。它们还能在冰冷的海水中游好几个小时。

冰山，死亡之约

冰山是从大冰原或冰川上分裂或崩解的大块的漂浮的冰块。冰山的大部分隐藏在海面以下。图中的这片冰山，顶部很平坦，刚刚从南极冰架上脱离开来。海浪还没来得及将它侵蚀成尖塔的样子。南极的冰山很庞大，最大的冰山在海面上占据的面积甚至比比利时还大。

南极企鹅

这些跟妈妈们待在一起的幼小的帝企鹅才几个月大。秋天的时候，南极的成年企鹅们会聚在一起成双配对。雌企鹅生下一个蛋并将它交给雄企鹅。在南极整个的冬天，温度骤降至-50摄氏度（-58华氏度）时雄企鹅把脚蜷缩在一层温暖的皮肤下，再将蛋放在脚上孵化。当蛋快要孵出来的时候，雌企鹅就回来接过养育的重任。

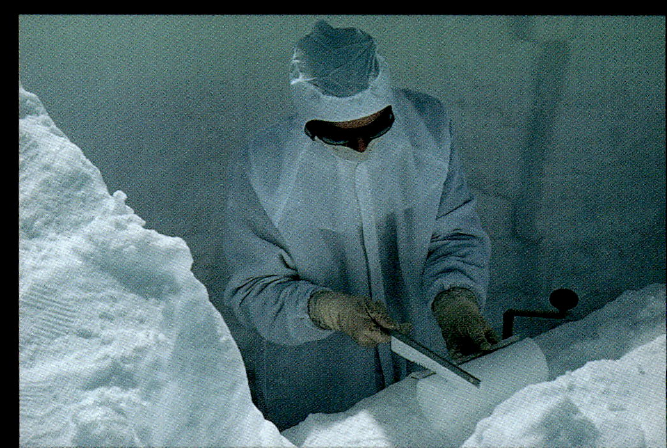

研究南极

这位科学家正在切割一块从南极冰盖上钻取下来的冰核。冰核是时间的样品——其中含有几千年前留存的空气。通过对它的分析，人们可以知道地球的大气曾经是怎样的，科学家们可以了解，在过去，自然产生的温室气体是怎样引起全球气候变暖的。这些信息也许能帮助我们预测未来会发生的事情。

冰川

地球的南极和北极，以及高山地区的地貌主要是浩瀚的冰川。冰川是由雪和冰积聚而成的庞大的冰河。它们缓慢地移动并且很容易发生弯曲，但是绝对的质量和体积使它们具有巨大的力量。当冰川缓缓向前移动时，它们驱使着沙砾和巨石一起前移，刮擦、压碎底下的岩石，刻划出宽阔的山谷，在山腰上啃噬出巨大的凹陷，有时甚至无情地将整个山丘推走。在冰河时代末期，北部的冰川和大冰原延伸覆盖了欧洲和北美的很多地区。但在过去的一万年里，由于融化的速度比由雪形成冰的速度快，很多冰川缩小了。

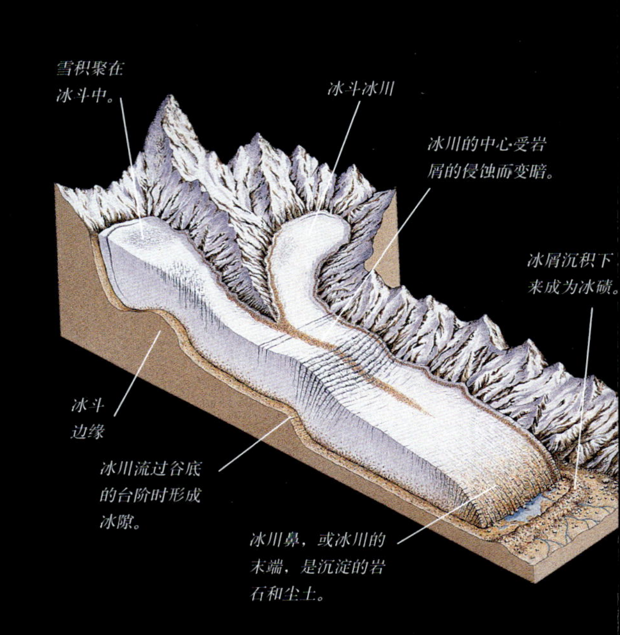

冰川的形成

上图表示的是一条阿尔卑斯山谷冰川，它是当冰雪聚集在高纬度的盆地——冰斗时形成的。随着降雪增加，冰川中的冰增厚变密，渐渐地，它就开始在自身质量的驱使下流动，挤压山谷的两边，携带着岩石一起前行。当它到达低层地面时，冰川开始融化，将岩屑沉淀下来。

弗兰兹-约瑟夫冰河

这条位于新西兰的南阿尔卑斯山的冰河大概是世界上流速最快的。在夏天，它经常能达到每天7米（23英尺）的速度。在冰河脆弱的表面，巨大的裂缝和冰隙清晰可见。这些都是冰河越过一个凸起或是在弯曲处发生偏折时形成的。冰隙是变幻莫测的。它常达几米之深，行人一不小心就可能被其吞噬。

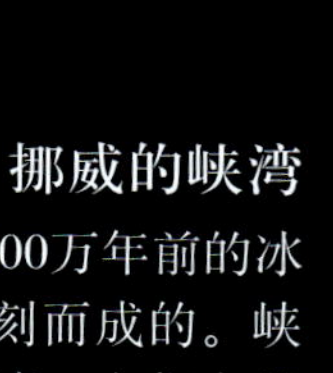

挪威的峡湾

这座挪威峡湾大约是在200万年前的冰河时代末期由于冰川运动雕刻而成的。峡湾是冰川凿出的狭长深海海湾。它们大部分形成于V形河谷中，经冰川侵蚀成U形。有的峡湾深达1 000米（3 280英尺）。峡湾口有时比较浅，冰川漂浮在海中，侵蚀力减弱。冰融化后海面上升将峡湾淹没。

冰川的痕迹

无论经过哪里，冰川都会随处留下作为证据的痕迹。我们知道今天温带的许多地貌都是冰川的杰作。暴露在外的岩石被运动的冰川打磨得平坦。在爱尔兰的许多高地，深深的凹槽，人们称之为条痕（见右图），就是被已消失许久的冰川挟带的岩石刻进两岸的峡谷中的。

冰川的滑动

吉尔基冰川，位于美国阿拉斯加州，3 座冰川在此相汇。从山谷两边刮擦下来的岩石使冰川的边缘变暗，显示出移动的痕迹。冰川在中部运动速度最快，越往外层，由于受到山谷两岸的摩擦力阻碍，其速度也越慢。夏天由于冰川的底部融化，运动速度加快，滑动也变得更加容易。

哈伯德冰川

1986年，阿拉斯加巨大的哈伯德冰川忽然加速。它的正常速度是每天5厘米（2英寸），但有一个月它的速度竟达到每天45米（148英尺），将亚库塔特海湾中的罗素峡湾隔开了。海豹、海狮和海豚都被困在冰川后的一个咸水湖中。随着冰川逐渐融化，冰水融入湖中，湖水变咸。直到冰川消退这些动物才逃脱。

雪崩

听到了如雷声一样的咆哮，你被腾空掀翻，气喘吁吁，满嘴都是雪花，这个时候，你便是遇上了雪崩——大量的积雪沿着山坡席卷而下。它常常是由于埋藏的雪层解冻融化，上层的雪滑动而引起的。由于巨大的噪声或地面震动引起雪层的颤动，从而引发积雪崩塌。这种因物体滑动而带来危险的灾难不仅仅只有雪崩。山崩是大雨、激烈的地震或者火山喷发引起的不稳定的岩石和泥土的滑移。每年的山崩和雪崩都会造成几千人丧生。

直升机营救

雪崩造成的破坏

这是1999年2月雪崩袭击奥地利的格尔塔镇和瓦尔祖镇后留下的灾难场景。由于暴风雪和疾风引起的雪崩，把车辆一扫而空，将房屋撕得四分五裂，致使38人死亡。这场严重的灾难是由于自1689年以来，这个地区就没发生过毁灭性的雪崩，所以当地官员没有在格尔塔镇周围安装好防护设备。虽然有直升机将人们救离灾区，但是被埋在雪下的人只有不到三分之一获救。

雪崩的屏障

人们可以采取各种各样的措施来阻止雪崩或者减小雪崩所带来的影响。在山区，例如欧洲的阿尔卑斯山，人们种植树木，建立雪崩屏障（见右图）。这可以阻止危险雪崩的发生或使其改变方向。专家们甚至在危险的雪崩发生之前利用炸药引爆来控制那些危害。

行进中的雪崩

在一场雪崩中，大部分的雪块移动速度可达95千米/时（60英里/时）。雪块向前猛冲，将树连根拔起，把车辆掀翻，把房屋推倒，人们被碾压或掩埋。雪像混凝土一样淹没人们，使其窒息或是冻死。近代历史上最严重的雪崩于1970年发生在安第斯山脉。一场地震引起秘鲁的瓦斯卡兰山发生雪崩和山崩，造成2万人死亡。

泥石流

泥石流是带泥浆的山崩。泥土夹杂着暴雨的雨水或冰雪融水，形成一股洪流，比起一般的山崩，其流动速度要快得多，其流动距离也远得多。1999年12月，倾盆大雨席卷着泥沙、树木和巨石，如滚滚潮水穿过委内瑞拉的加拉加斯附近的沿海城镇（见上图）。5天内，1.5万人在泥石流中窒息而死或是被活活砸死，还有约10万人无家可归。

叵测的未来

全球变暖似乎使气候更加极端化，不可预知的风暴和冰雪融化引发危险的雪崩和山崩。随着人们的流动性增大，他们对这些灾难带来的影响的感受也越来越深刻。山间公路容易发生山崩，去覆雪地区游玩的人数增加，而这种地方也是最容易发生雪崩的。

沙漠

地球上最荒凉的地方是沙漠。我们这个星球约15%的陆地表面覆盖着真正的沙漠，而且这个比率在逐渐增大。有些沙漠长年干燥炙热，其他的处在干旱而又严寒的冬天。北极和南极的冰地也是沙漠。沙漠的共同点是缺乏水。沙漠是年均降水量少于25厘米（10英寸）的地区，有的也许好几年都根本没有降水。沙漠上空的空气非常干燥或寒冷，或者两者皆具，因此任何地表的水汽都会蒸发或冷凝。即使在炎热的沙漠里，夜晚也会很冷。洁净的天空几乎不吸收热量，早晨地面上可能会有露珠——这是生活在沙漠中的动植物重要的水分来源。

无雨地带

在智利的阿塔卡马沙漠，终年没有降水。1971年，阿塔卡马沙漠部分地区下了400年来的第一场雨。吹往陆地的风遇到南美洲附近的冷洋流而温度下降，水分都在海岸上转变成了雾，只有很少一部分能抵达沙漠。这使阿塔卡马沙漠成为地球上最干旱的地区之一。

多刺的巨型植物

美国西南部的树形仙人掌能绝妙地适应沙漠生活。这种植物需要200年才能长到15米（49英尺）高。它的根可伸展达18米（59英尺）去寻找水分，然后将其储存在厚厚的栓皮覆盖的茎中。仙人掌没有叶子，而是长着尖尖的刺，这既减少了水分的蒸发，又可以防止动物的啃噬。

沙丘的海洋

人们一想起沙漠，就会想到沙丘——风吹动散沙形成的一座座小山。事实上世界上只有20%的沙漠是沙质的。大多数都是布满岩石的荒野。在沙质的沙漠里，比如，非洲西南部的纳米布沙漠，风吹出巨大的沙堆和沙丘，有的高达500米（1 640英尺）。沙粒沿着沙丘平坦的一面向上移动，在沙丘陡峭的那面翻滚下来，沙丘就这样一点一点地向前移动，仿佛茫茫沙海中一个缓缓前进的波浪。

风蚀奇观

在美国亚利桑那州的纪念碑山谷中的这些平顶的岩层被称为孤丘。它们是在外层较软的页岩被暴雨和洪水冲刷掉后由剩下的坚硬的砂岩组成的。风、极端化的温度，以及洪水塑造出沙漠的地貌。尘土飞扬，刮过岩石，雕刻出奇异的形状，黄昏骤临的寒冷使岩石爆裂开。罕见的暴雨和洪水则凿出深深的峡谷和沟渠。

荒地

荒地是贫瘠干旱的多山地区。其地形不适于人类生存，甚至很难在上面行走。法国的探险家们称之为“难以跨越的荒凉之地”，荒地之名由此而来。这种地区外观很像沙漠，但比真正的沙漠降水量大。荒地通常是人为造成的。不当的耕种使地表失去固定土壤的植物。山洪爆发将松散的土壤冲走，把肥沃的土地变成干燥的荒原。这个过程被人们称为沙漠化。加拿大阿尔伯塔的这些荒地是自然形成的，山洪爆发时在柔软的黏土和岩石上开凿出一条条的排水沟。

蓄水

尽管有些地方沙漠在扩大，有些地方的沙漠却在逐渐消失。比如这里，以色列的死海地区，农民用管道供水浇灌西瓜。植物受塑料薄膜保护，减少水分的蒸发。人们对植株进行滴灌，把贫瘠的土地开发成生机勃勃的耕地。

旱灾

炎热干旱的天气在某些方面来说是福，在其他方面却是致命的灾祸。持续地缺水会引起旱灾。如果没有水，生命将最终枯竭。在发达国家，缺水也许只是导致人们需要使用橡胶软管来灌溉，但在发展中国家，干旱每年都会导致成千上万的人死亡。没有干净的水或动植物为食，人类也会死去。不合理的耕种，比如砍伐树木，种植不能固定土壤的作物，致使土壤不能蕴涵水分，加上气候的变化，人口过剩，都使干旱成为了全球灾难性的问题。

沙尘暴

就如这里，澳大利亚的内陆，质轻而焦热的沙土被风卷起，形成使人头晕目眩的沙尘暴（见左图）。20世纪30年代的美国中西部，由于多年的放牧和小麦种植，致使土壤变得纤细、脆弱。在一次长时间的持续干旱之后，耕地变成了尘土地，尘土被风吹走，形成巨大的黄云。到1937年，已经有50万人离开了这个地区。

饥荒

20世纪60年代到80年代的20年间，非洲撒哈拉沙漠南部几乎滴水未降。农作物歉收，到1985年，已有成千上万的埃塞俄比亚人死于饥饿和缺乏饮用水；内战的爆发给国家的经济带来严重破坏，使情况更加恶化。四海一家演唱会（Live Aid）——全球的助贫慈善音乐会，集资为埃塞俄比亚人民寄去了食物、衣服、遮盖物和医疗用品。

蔓延的沙漠

由于循环的气团造成非常干旱的气候，沙漠中水分稀少，例如非洲西南部的纳米布沙漠。在这个沙漠的边缘地区，空气循环轻微的改变会在某一年带来潮湿的空气和雨水，但下一年就一点儿也没有了。过度放牧和气候的变化使这个地区更加干旱，造成了大片贫瘠裂开的泥土和枯木。

厄尔尼诺

厄尔尼诺是发生在秘鲁沿岸海面上的一种季节性暖流（图中红色区域）的名字。厄尔尼诺海流每5～7年发生一次。太平洋上的风向会暂时地发生改变。有些年份，强烈的风向变化驱使暖流向东流向南美洲，致使空气更加潮湿，引发猛烈的暴风雨。同时，太平洋西岸的国家因为没有温暖的洋流到达，空气变得非常干燥。如这张计算机图像中所示，1997—1998年的厄尔尼诺是历史上最强大的。它给澳大利亚、印度和南亚地区带来了干旱。

遗失的文明

美国新墨西哥州的查科峡谷几乎就是一个沙漠。但是1000年前，这里却生活着一个繁荣旺盛的美洲土著民族——阿那萨西族。几百年间，他们一直砍伐树木以供建筑和柴火之用。一场干旱突然降临，而残留的植物不能将水分蓄存在土壤里，于是农作物和其他植物都死了。阿那萨西族人也离开了，今天只有他们文明的遗迹残留在一片废墟之中。

肺鱼

每年夏天，非洲部分地区的河流干涸枯竭，成了焦裂的泥土。到了秋天的雨季，河流又会恢复生机。肺鱼在河床上挖一个洞，再将自己蜷缩在这个黏黏的洞里度过整个干旱期。它们整个夏天都不需要其他的食物和水，除了很少的一点儿空气。

森林火灾

漫长炎热的夏天，干燥的草丛，一个雷击，这些便是引发一场森林火灾的所有条件。高温甚至会导致干燥植物里的天然油脂迸发出火焰。大约一半的森林火灾都是像这样自然发生的。其余的则是人为故意或意外引发的。火灾一旦发生，就有它自己的生命期。火苗从一棵树蹿到另一棵树，燃烧着的余烬飞到空中又燃起了新的火，近地面大气所吸收的热量升高，扇动着火焰。赤热之地的温度可达500摄氏度（932华氏度）以上。几分钟之内，生灵涂炭，地貌扭曲。

森林消防员

地面的消防队员用软管向林区大火浇水，或是喷洒泡沫使火苗因缺乏氧气和燃料而熄灭。其他方法包括通过控制燃烧或是挖一条防火道以清除火势前面的植物。尽管现在技术先进，要控制一场大火还是既需要耗费大量资金，又非常危险，而且常常需要几百个消防队员的努力。

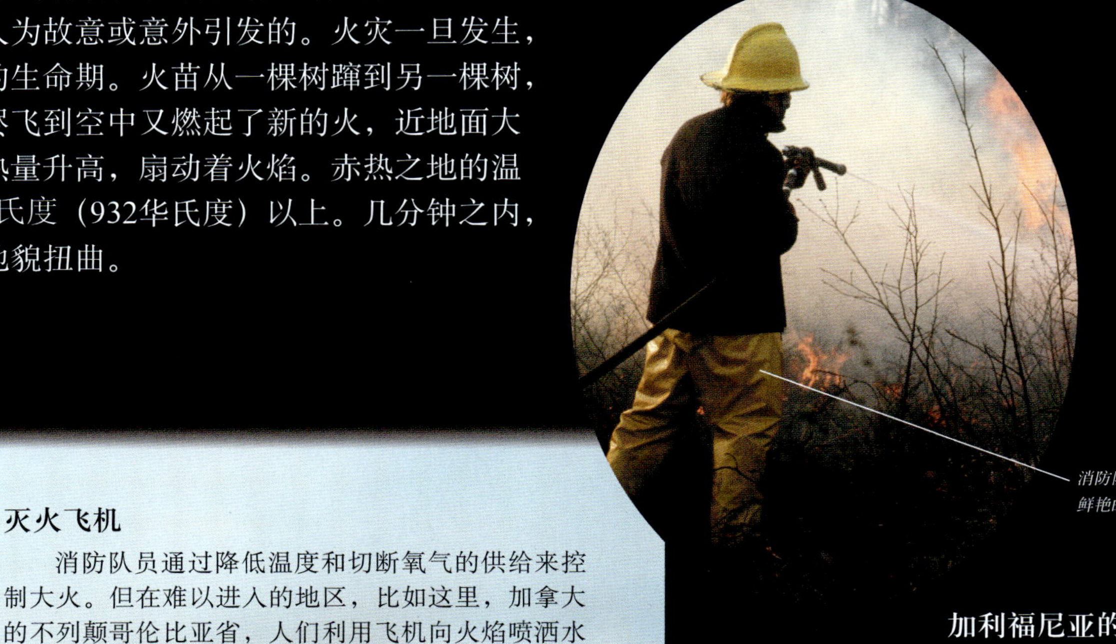

消防队员穿着颜色鲜艳的防火服装。

灭火飞机

消防队员通过降低温度和切断氧气的供给来控制大火。但在难以进入的地区，比如这里，加拿大的不列颠哥伦比亚省，人们利用飞机向火焰喷洒水和特殊的化学药品，这会降低大火的温度。飞机还能向大火前方的植物泼洒这些东西，使其不易着火。

加利福尼亚的林区大火

1993年末，狂怒的野火席卷了美国加利福尼亚南部，迫使2.5万人离开了家乡。在经过了6年的干旱之后，干燥的木材很容易着火。在风速达80千米/时（50英里/时）的大风扇动下，大火迅速蔓延。约1.5万名消防队员最终将洛杉矶郊区的火焰扑灭了。

印度尼西亚大火灾

1997年，印度尼西亚的农民放火想烧出一块空地，但火势渐渐失控了。卫星图像中的黄色区域所示的便是笼罩着这个国家的烟层。烟层到达城市，就变成了厚厚的烟雾，引起了一片混乱。人们呼吸困难，一架喷气式飞机由于可见度太低而在苏门答腊岛坠毁，机上人员全部丧生。

电光石火

在南美和南亚的热带地区，农民砍伐大片的雨林并将其烧尽，开垦出空地来种植庄稼和饲养牲畜。焚烧是空出林地的一种快捷方法。但是，新开发出的土地仅仅能保持几年的肥沃。没有茂密的树木覆盖和固定土壤的树根，土地的养分很快会流失或是被大雨冲走。

再生

自然的火灾也并不全是坏消息。大火可以杀死害虫，清空林地，把养分还原到泥土中去。北美的黑松（见上图）只有经过大火才能释放出自己的种子。它们的小树苗充分吸收并利用灰烬中富含的养分，而且没有其他的树木与其竞争。

气候变化

20世纪90年代是北半球历史上最温暖的10年。大多数科学家都认为地球气候的急剧变暖是人类造成的。太阳的一部分热量以红外线辐射的方式从地球表面反射到大气中去。某些气体，例如二氧化碳，会吸收红外线而将热量截留在大气层内。这是自然发生的，人们称之为温室效应。但是由于人们燃烧矿物燃料为家庭、工厂和车辆提供能源，产生了过多的二氧化碳，使温室效应加剧，从而全球变暖。其他的污染性气体使保护我们不受紫外线伤害的大气臭氧层变薄。

臭氧洞

臭氧层可以保护地球上的生物免受太阳紫外线辐射伤害。这张关于2000年时的地球的电脑图像中，深蓝色的区域（见右图）表明南极的上空有一个巨大的臭氧洞。可用于冰箱和气溶胶喷涂剂中，被称之为氟里昂（氯氟烃类化合物）的气体，进入大气中，破坏了臭氧层。现在许多国家都已禁止使用氟里昂，臭氧层空洞也许在逐渐缩小。

来自欧洲高寒草甸区的阿波罗蝴蝶濒临绝种。

适者生存

当气候发生急剧变化，不能抵抗或适应新环境的动植物只能离开或是面临灭绝。阿波罗蝴蝶已适应了在凉爽的山区生活，如果全球变暖使它的栖息地太热，它将无处可去。

炎热而窒息的天气

在晴朗的天气里，许多大城市都笼罩着让人窒息的黄色烟雾（见左图）。这种烟雾是当汽车尾气与太阳光发生反应时产生的一层含有一氧化碳和其他有害气体的浓雾。政府经常召开会议以商讨如何减少温室气体的排放，以阻止全球暖化。

冰缝

从20世纪90年代中期起，南极洲的拉森陆缘冰架上（见右图），逐渐出现巨大的裂隙，大块的冰也开始漂走。这也许是因为南极的冰开始融化的缘故。在亚南极地区，随着海面上的冰逐渐减少，有些企鹅群也渐渐减少，因为它们得游到更远的地方去寻找鱼类为食。

全球变暖

如果二氧化碳和其他温室气体继续不加控制而大量地释放到大气中，地球温度将会急剧地上升。这张电脑预测图（见上图）显示的是与1950年相比，到2010年世界温度将会增加多少。红色区域的温度预计会升高4～5摄氏度（7.2～9华氏度）；黄色显示的是中等程度的升温；白色表示没有变化。气候将变得越来越不可预知和极端化——有的地区大雨倾盆，有的地方却干旱连年。

含有藻类的原色珊瑚虫

没有藻类的白化珊瑚虫

印度洋受损珊瑚虫特写

海水过热

1998年，印度洋的海水仅仅比正常温度上升了1～2摄氏度（1.8～3.6华氏度），整片的珊瑚礁都白化死亡了。构建成礁的珊瑚虫是一种动物，其中还含有供其食用的微小藻类。当海水变得太热时，珊瑚虫会释放体内的海藻，然后死去。这种升温现象是由于强烈的厄尔尼诺海流而引起的，而厄尔尼诺，或许又是由于全球变暖而不断增强的。

极端恶劣的天气

地球上的海洋和大气混乱的涡流运动能源都来自于太阳。热带地区吸收的热量比两极多，这种热量的不平衡引起气团的流动。热带的暖气流流向南极和北极，而回来的是冷气流。海洋相当于一个巨大的热量储存器。洋流和气团之间发生复杂多变的反应。海洋中的热量转移到大气中，导致恶劣的天气。飓风摧毁了海边的居住区；龙卷风将车辆卷起抛到半空中；闪电将树木劈成两半，使沙土熔化。极端化的天气也许是很常见的现象，年年发生；也许是很罕见的事情，这取决于你的居住地。但是，随着全球暖化推动着气象这台机器的运转，极端化的天气也许会越来越常见——无论你住在哪里。

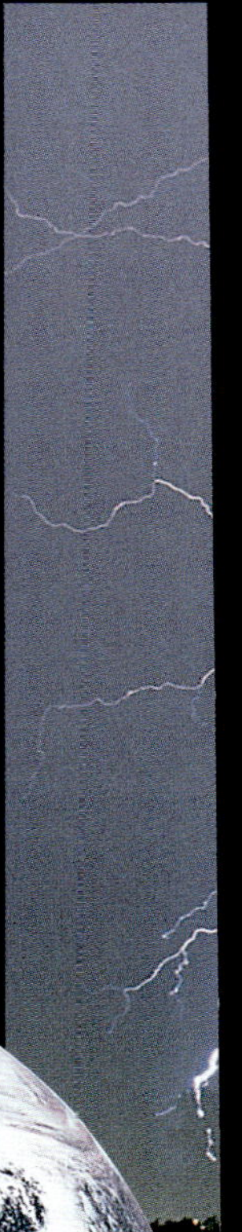

气象机器

太阳的热量使水分从海洋和陆地蒸发，使潮湿的空气上升。当暖空气升至大气较冷的上层时，其中的水分凝结形成云。它们随风飘移直到蒸发或是以雨、雪和冰雹的形式降落下来。地球的转动使风绕着低气压区环旋，使空气上升。如这张卫星图（右图）所示，这种风在北半球是逆时针旋转的。

飓风的困扰

1998年9月，飓风“乔治”袭击了美国佛罗里达州的沿海地区，风速高达145千米/时（90英里/时）。据统计，约有600人丧生。飓风来势凶猛，使形成于温暖的热带海洋上空的风暴发生旋转，高速的风将树连根拔起，把房屋摧毁，把船只抛向岸边。随之而来的海浪漫延到沿海地区，倾盆大雨将内陆淹没。飓风发生在大西洋上，而同样的天气现象发生在太平洋上被称为台风，发生在印度洋称为旋风。它们常常给美国东南部的加勒比海地区，以及孟加拉湾沿岸的亚洲国家造成破坏和洪灾。

闪电

几乎没有哪种天气现象像闪电一般让人触目惊心。闪电是由风暴产生的巨大的电火花。当云中的冰和水上升下降，它们互相摩擦产生静电。云层的不同部分带上高压电荷，最终放电在云层间产生电火花或是直接射向地面。叉状闪电（见左图）击中地面时，能把土壤瞬间加热到1 800摄氏度（3 272华氏度）。人若被闪电击中要么被烧死，要么心力衰竭而死，但有的人却活下来了。美国弗吉尼亚州的公园护林人罗伊·苏利文就因7次在不同的地点被击中而闻名于世。

恐怖的龙卷风

龙卷风是产生在巨大的雷暴云之间的狭窄的盘旋上升气流。范围最广的龙卷风风速可达到400千米/时（250英里/时）以上。龙卷风的力量之大令人生畏，它将人和建筑扫荡一空，使列车脱轨，成群的牲畜从田地里被卷起。美国中部的州每年都要经受几十场龙卷风的洗礼。1925年，一连串的龙卷风猖獗地爆发于密苏里州、伊利诺伊州和印第安纳州，造成689人死亡。2000年2月，一组不合季节的龙卷风扫过美国的佐治亚洲，致使100人受伤，18人死亡。

大冰冻

一次不寻常的气团撞击引发了加拿大1998年1月的冰暴。大气中的一层暖空气拦截了下层的冷空气，形成了高空气温逆增现象。雨水降下来结成冰，为大地盖上了一层厚厚的冰。沉重的冰把树木和高压电线塔压垮。仅在魁北克一个省，就有300万人失去了电力供给，1.7万人背井离乡，30人被冻死或是受伤而死。

冰雹

冰雹形成在高纬度雷雨云的上升气流中，小水滴冷却并冻结在一起，然后从空中落下来，从而形成冰雹。有时大的冰雹能以每小时140千米（90英里/时）的速度落到地面，但很少砸死人。可是它们却给建筑物、车辆和庄稼带来破坏。美国每年的农业收成有约2%毁于冰雹。历史上最大的冰雹于1970年9月落在美国的堪萨斯州。它重766克（27盎司），是图中这一块的两倍多。

洪水

圣经中记载的大洪水或许是困扰人类最早也是最大的洪水。但关于洪水的神话却存在于250多种文化中。洪水不仅带来毁坏，也带来复兴。除了疾病，洪水是自然界中最严重的灾难，而且随着气候的变化，发生得越来越频繁。洪水带来最高的死亡人数，给世界财富造成最严重的损失。洪水消退后留下的泥浆充塞房屋，像混凝土一样将其糊住。但是洪水也有它的好处，覆盖在地表的泥浆能为土壤带来养分。伟大的文明就是在世界主要河流的肥沃的泛滥平原上建立起来的。

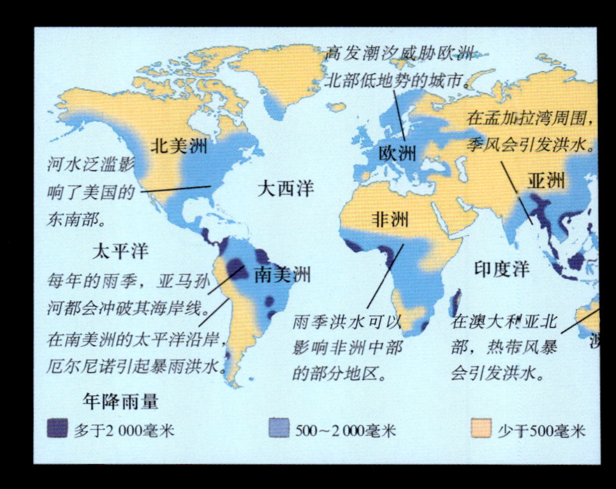

水下肯尼亚

1997—1998年强烈的厄尔尼诺给许多地方带来了暴风、倾盆大雨和洪水，包括美国佛罗里达、加利福尼亚，以及巴西和肯尼亚。肯尼亚大平原的部分地区（见右图），降水是10～12月间正常的平均降雨量的5倍多，致使洪水好几周后才退去。之后，被污染的饮用水传染的疾病，例如痢疾，开始迅速增多。

密西西比河大洪水

位于美国中西部的密西西比河是世界上最大的河流之一。1993年，这个地区骤降大雨，在有的地方，由于前几年的降雨，地下水水位还很高，这就造成大规模的溢流。从未在这样的大水中经受过考验的洪水防护措施失效了。密西西比河和密苏里河淹没陆地8万多平方千米（3.1万平方英里），48人死亡，经济损失达150亿美元。

洪水之灾

世界上的一些地区所受洪水之害比其他地区要多。热带地区饱受季风雨和热带暴风雨的强烈打击。如果雨水过多或者冰雪融化，内陆山谷和泛滥平原就会很危险。地势低洼的沿海地区易受风暴潮、罕见的高潮和海啸的影响。河口地区遭两面夹击，受害最大——既会被来自陆地的水淹没，又会被来自海洋的水淹没。

动物的栖身地

在柬埔寨，牛群聚集在一小块土地上躲避湄公河汹涌的洪水（见左图）。柬埔寨的气候湿润，湄公河的漫滩广阔，所以每过1～3年就会发生一次危险的水灾。肆虐的洪水毁坏民居和商业设施，引起食物短缺，增加疾病爆发的危险，从而摧毁整个社会。

洪水灾难

这里，孟加拉国无数家庭的人们正在从他们被洪水淹没的家园中奋力抢救财产。孟加拉横跨在亚洲境内最大的两条河——恒河和雅鲁藏布江（布拉马普特拉河）之间的三角洲上。在1998年，狂暴的季候雨降落时，溢出的河水淹没了这个国家，使3 000万人无家可归。

闸门

泰晤士河闸门的钢片桥墩就像面戴头盔的战士排立在伦敦的泰晤士河上。这座闸门建成于1982年，提高的闸门可以保护城市不受洪水的侵袭。高潮，伴随着强风，会产生涌潮向上游流去，对首都伦敦构成威胁，而闸门就可以阻止这样的浪潮。海平面的上升使得人们需要在2030年完成对闸门的加固工作。

下沉中的世界

如果地球持续变暖，更多极地冰会融化，海平面将会上升。这对许多生活在地势低洼的沿海地区的人们来说是一场大灾难。海面上升早已不是什么新奇的事。陆地和海洋总是有升有降。在冰河时代，雨水冻结在陆地上而不流入海洋，因此海平面很低。但是像现在，我们生活在温暖的年代（间冰期），冰逐渐融化，海面上升。自从1.8万年前最后的一次冰川大融化以来，海面上升了120米（394英尺），这确实让人难以置信。在未来的100年里，由于温室效应的加剧，地表温度也许会上升3摄氏度（5.4华氏度），引起海平面至少上升0.5米（1.6英尺），足以影响上百万人的生活。

消失的亚特兰蒂斯

大约公元前370年，古希腊哲学家柏拉图描绘了一个叫作亚特兰蒂斯的文明之地，它由于众神发怒而沉于海底。事实上，这个传说也许是建立在地中海的古克里特文明之上的。它大约在公元前1450年被火山和地震所毁。

沉陷中的威尼斯

坐落在意大利威尼斯的圣马可广场（见左图）涨潮的时候，游客们穿着橡胶靴子沿着临时搭建的人行道小心翼翼地行走。这座城市最吸引人的是它的运河，船只代替车辆在其中穿行。威尼斯建成于中世纪，建在钉入沼泽地面的木桩上。它现在每10年就会下沉1厘米（0.4英寸），它的建筑每年都会被水淹几次。

濒危的热带

上升的海面对热带的小岛构成了威胁。很多小岛比海面仅高1～2米（3～6.5英尺）。如果全球暖化的趋势继续下去，它们很可能再过几个世纪就会消失在波浪底下。这个损失是灾难性的。地势低洼的岛国，例如印度洋中的马尔代夫，人口众多，港口稀疏，还有许多奇异的野生动植物。在美国的佛罗里达群岛（见右图）上，许多小岛屿既有历史意义又有丰富的野生动植物，它们一旦消失，将会危及当地的旅游业。

修建海堤

随着海面上升，地势低洼的发达国家，像荷兰，开始花巨资修建海岸堤防。1953年，一次高潮，伴随着风暴潮淹没了荷兰的海岸，致使1 800人死亡，毁坏了43 000所房子。同样的大潮引发了英国和平时期最大的自然灾害，夺走了300人的生命。

抵抗压力

1992年，在巴西的地球峰会上，环保组织迫使世界各国领导签署了《联合国气候变化公约》。但减少温室气体排放的进程依旧缓慢。美国等发达国家仍在排放数量占世界大部分的温室气体。尽管如此，发达国家受气候变化和海面上升的影响却比热带地区的贫困国家小。孟加拉国的大面积地区离海面不到2米（6.5英尺），几百万人正在遭受着旋风和浪潮带来的洪水侵害。

佛罗里达的要害

美国佛罗里达的海岸线正受到海水侵蚀、海面上升和风暴潮的侵袭。图中所示便是海面上升7.5米（25英尺）后的情景。佛罗里达州广阔的区域都将被海水覆没，包括迈阿密。这种事情在几百年之内还不会发生，但是海面只要上升1米（3英尺），佛罗里达的许多海滩就会被淹没，野生动植物濒临危险。

残酷的海洋

飓风和海啸是海上最大的灾难。但是海洋也有其他许多危及人类生命的情绪变化。在大多数的海滩上，潮水每天涨落两次，有时比预期的高。海水的涨落，可能在海上产生引起涡流的强劲海流。由暴风雨推动的高大而凶猛的巨浪将吞没舰船。风浪强有力地击打着海岸，侵蚀着海岸线。因为急速旋转的海上龙卷风，危险也会从天而降。海雾使船只发生碰撞。

极潮之间

太阳和月亮的引力吸引地球，使海水每天随着地球的自转产生两次隆起。在这两次隆起的中间有一次高潮和一次低潮。每个月有两次最大的潮，称为朔望潮。这个时候，高潮和低潮之间的差别就会很大。人可能会被上涨的潮水困住或是卷入海潮中。

海雾

海雾形成在冷暖洋流交汇之处。当海面温暖湿润的空气遇冷，便会凝结成微小的水滴，形成海雾。在加拿大纽芬兰岸外的大浅滩发生了这种现象。那里寒冷的拉布拉多洋流与来自墨西哥湾温暖的湾流相遇。许多的海船由于可见度太低而在此相撞。

海上龙卷风

海上龙卷风是发生在海上的龙卷风。它卷起一股水柱直冲云霄，但大多只是弥漫的水蒸气。海上龙卷风主要的危害是水柱落下来时水的质量——好几吨，可轻易地将船只淹没。

涡流

涡流是旋转的水流沿着水口消失的恶梦般的景象。最大的涡流形成于强大的潮流边缘上。距挪威海岸不远的萨尔斯特门涡流是最危险的涡流之一。科学家将仪器投入到萨尔斯特门涡流中，亲眼看见它被吸了进去，沉到海底，又被喷了出来！

诡浪

在辽阔的大海上，风暴浪可以聚集形成可怕的水墙，人们称之为诡浪。在非洲东南海岸，南大洋风暴浪与迎面而来的厄加勒斯暖流相遇，形成了诡浪。海浪速度减慢，变得陡峭而危险。这样的风浪高达几十米，吞没了很多船只。

波浪的袭击

当被风驱使的海浪到达海滨时，它们有着强大的力量。浅海中1米（3英尺）的海浪可以轻易将你推倒。一连串高达10米（33英尺）的汹涌的风暴浪可以在一夜之间将峭壁削去1米（3英尺）。海水永无止境地侵蚀和雕塑着海岸裸露的部分，将沉淀物残留在浅水区形成海滩。

地下宝藏

在地球表面下，埋藏着丰富的矿藏。它们受地质作用而不断地重新分布、筛选和分类。人们发现这些矿藏有很多用途，可以筑路、做燃料、制作装饰用的珠宝。但是它们只有大量地分布在可到达的地方才有开采的价值。比如，海洋中大约有100万吨金矿，但却因分布过于稀疏而不值得开采。金矿是地球上许多矿藏中最为珍贵的一种。随着地下的储量渐渐枯竭，许多矿物都将最终耗尽，除非它们能得以回收。

古代的植物能源

在大约2800～3450万年前，像现在的树一样大的原始陆地植物繁荣生长在辽阔的沼泽地上。它们尚未腐烂的遗体被埋于地底，在热量和压力的作用下逐渐转变成煤，形成了我们今天开采的许多煤层。煤一经燃烧就会将这些古代植物所吸收的太阳能释放出来。

黑金

煤是一种很有用的燃料，从中世纪起人们就开始开采。刚开始的时候，很多煤矿都是露天的，人们可以很容易地将裸露的煤从地表挖出。而现在，大多数煤都是从地底下几百米的煤层里挖掘出来的，甚至在某些地方，比如智利的南部（见上图），人们甚至从海中掘取煤。

从浮游生物到燃料

石油和天然气都来自于死后沉积在海底的浮游生物。在几百万年以前，这些沉积物一层层地积累，热量和压力逐渐将浮游生物的遗体转变成石油。如果这个过程继续下去，石油将变成天然气。许多分布在陆地上的石油和天然气正渐渐枯竭，所以探矿者们把注意力转移到海底的矿床上，例如北海（见左图）。

砾石坑

我们从地底挖出沉积的砂砾来建城筑路，种植粮食。例如，沙子和石灰石可用于造混凝土，碳酸钾用来制肥料。许多的泥沙沉积形成被掩埋的海滩和河道，它们被抬升或受侵蚀而露出地表。

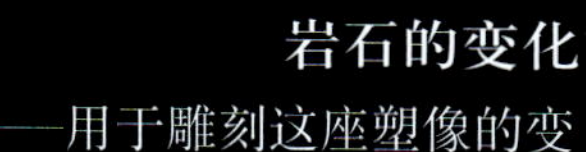

岩石的变化

大理石——用于雕刻这座塑像的变质岩，是冷却的岩浆和沉积岩在热量和压力的作用下形成的。岩石的创造和变化都发生在岩石循环内。岩体被腐蚀、埋没、挤压、受热而变成岩浆岩，岩浆岩经过一系列固结成岩作用后形成沉积岩，沉积岩再形成变质岩。岩石再熔化到地中才完成了岩石循环。

未切割的钻石

"光之山"钻石

未切割的黄玉

打磨过的黄玉

矿物污染

自然存在的某些金属因为稀少却有用而非常珍贵。铜、锡、钨、铅、铝等都以化合物的形式存在于富含金属的矿石中。其他的像金、银、铂等则以单质形式自然地存在。金属的开采会带来污染。美国犹他州这个巨大的铜矿场泄漏的金属导致当地的地下水不再适于饮用（见下图）。

粗糙和光滑

宝石是昂贵的晶体。有些宝石，像黄玉，形成于岩浆岩内。钻石是被压缩在变质岩内的碳单质。大多数的宝石，像蓝宝石、猫眼石和红宝石都是在岩石的变质和火成过程中形成的。很多宝石刚从地底开采出来时看上去既粗糙又貌不惊人，但是一经专业的宝石琢磨师加工就会熠熠生辉。

全球生态系统

在陆地上，气候和土壤影响着植物的种类和生存的地点。同样，当地的植物又决定哪种动物繁荣昌盛。这样，就建立起了一个个生物群落——全球性的生态系统。从两极到赤道，大概有10个生物群落，它们随着气候从极地冰雪覆盖区到热带炎热的沙漠的变化而变化。人类的活动也能使生物群落发生变化。比如，温带草原自然地形成于气候温和却缺少雨水以供养茂盛的树木的地区。但是在欧洲和北美，人们几千年的伐木和畜牧使森林变成了草原。还有的地方把草原开垦成大片的耕地来种植谷物。

热带雨林

茂盛的热带雨林生长在常年阳光强烈、雨水充足、气候温暖的地区。从地面到树梢，各种各样的动植物群落分层生活在这里。雨林拥有陆地上生物种类最多的群落，物种至少有200万种。

热带草原

热带草原是降水高度季节化的热带地区。典型的热带草原是散布着小树和灌木丛的草地。从长颈鹿和羚羊到狮子和大象，东非的热带草原以其中壮观的大型哺乳动物而著名。约1.2万年前，北美的大片草原上生长着大型猫科动物、大象以及大地懒。这些动物都因被捕杀而灭绝了，草地也被开垦为农业用地。

北方针叶林

北方针叶林，或称泰加林，生长在北半球的寒温带地区。这里缺少降水、寒季漫长，生长着很多针叶树——云杉、松树和冷杉，以及阔叶常绿植物而不是落叶树（季节性落叶的树木）。有些北方针叶林仍然是人们获取制造家具和包装箱的软木材，以及造纸的制浆木材的主要来源。北方针叶林被认为是像热带雨林一样重要的“地球的肺”。它们能将大气中的二氧化碳转化成氧气。

苔原

苔原是指冬季漫长而寒冷（至少有半年温度在-10摄氏度以下），树木无法生长的北极地区。短暂无冰的夏季使这里长起草丛、苔藓、地衣和低矮的灌木丛。夏天，驯鹿（雨鹿）啃食着这里的草地，迁徙的鸟类来此筑巢，啄食植物和大群的苍蝇、蚊子。

温带森林

落叶阔叶林是温带地区的典型植被。这里气候湿润，但是冬天天气寒冷，大部分树木都停止生长，树叶凋落。山毛榉（见右图）、橡树、山胡桃树和枫树等占据着这片林地，桦树、榛树和小无花果树则靠近肥沃的土壤生长。温带森林是鹿和狐狸等动物的家。

灌木林地

这种长满灌木的地貌发现于地中海气候区。那里冬季凉爽潮湿，夏季炎热干旱。这种地貌在北美称为沙巴拉，在澳大利亚称为油桉丛，在南非称作高山硬叶灌木林，在智利称为灌木林。这里树木矮小，主要是多刺的灌木和芬芳的香草。芳香油在盛夏有时会自发地喷出火焰，引发大火。

小行星撞击地球

对人类生存构成的最大的威胁来自于太空。我们所生存的银河系这一角落充满了大块的岩石和冰骸——小行星和彗星——自从太阳系诞生以来便残留在此。在夜晚，你能看见它们在太空急速飞行，穿过地球的大气层，产生一闪而过的流星。政府越来越关注大块急速飞行的物体，也许某一天它们会与地球发生碰撞。人们经常用巨大的望远镜来观测它们。如果太空中一块巨大的石头即将与地球发生碰撞，人们可以采取措施来使它偏转，将它击碎，或是毁掉，比如在它附近引爆核弹头。我们应该依靠科学技术来拯救自己。

通古斯大爆炸事件

太空岩石不撞到地球也会引发灾难事件。1908年，西伯利亚无人居住的通古斯地区，在离地面6000米（4英里）处的大气层中发生爆炸。这是由于一颗小行星的爆裂而引起的。爆炸产生的冲击波将远在30千米（18英里）外的树木击倒。

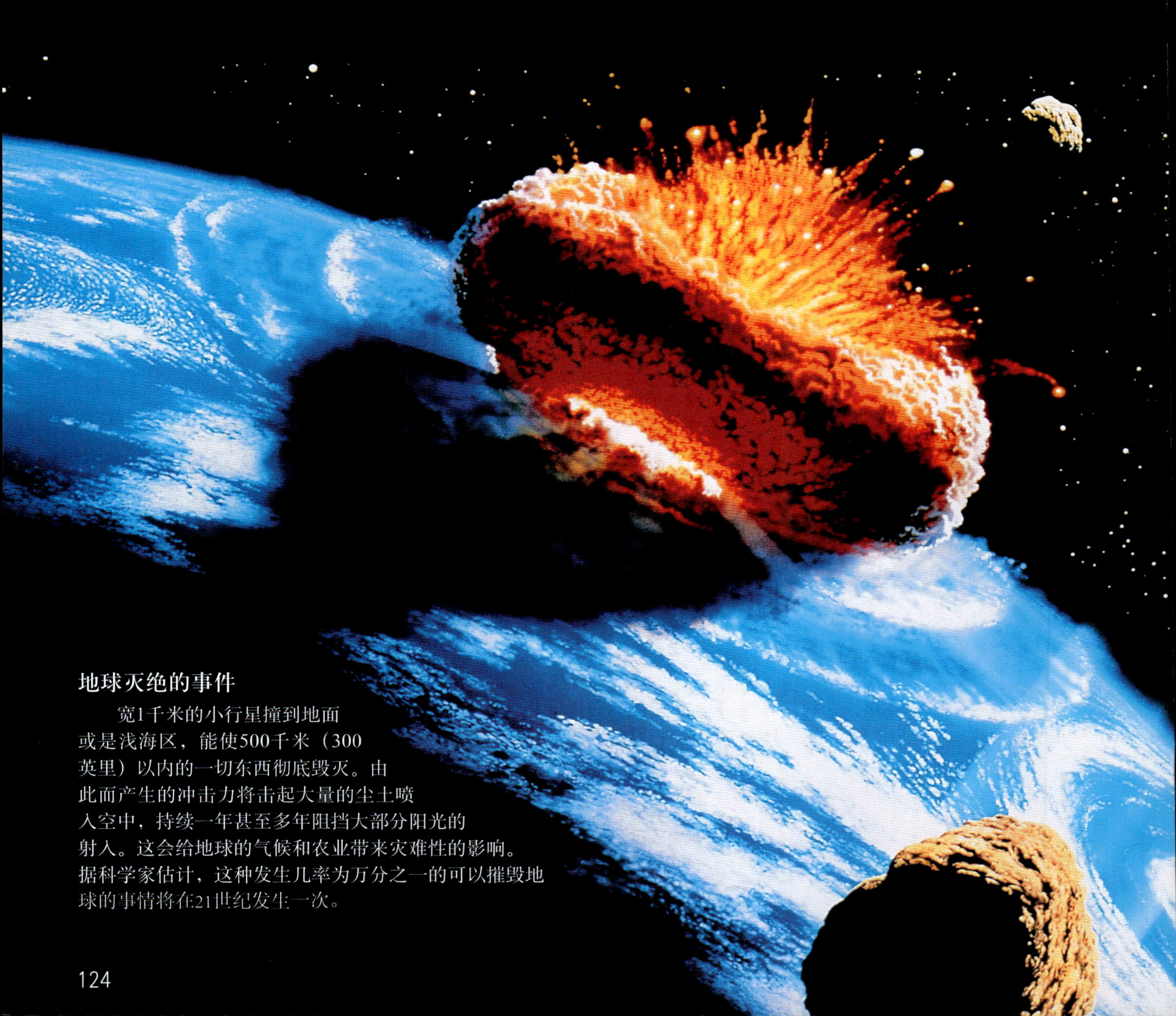

地球灭绝的事件

宽1千米的小行星撞到地面或是浅海区，能使500千米（300英里）以内的一切东西彻底毁灭。由此而产生的冲击力将击起大量的尘土喷入空中，持续一年甚至多年阻挡大部分阳光的射入。这会给地球的气候和农业带来灾难性的影响。据科学家估计，这种发生几率为万分之一的可以摧毁地球的事情将在21世纪发生一次。

巨大的危险

大概5万年前，一块宽约60米（197英尺）的陨星坠落在美国亚利桑那州东北部，以4万千米/时（2.5万英里/时）的速度击中地面。在巨大的冲击力下，固体的陨星在让人炫目的一瞬间蒸发了，击出一个宽达1 265米（4 150英尺）的大坑（见上图）。这起爆炸使周围10千米（6.2英里）以内的任何生命化为乌有。

月球——冲击记录

冲击形成的碗状凹陷在地球上很难找到，风吹雨打和各种侵蚀作用使它们渐渐消失了。但是月球上的地质作用不活跃又没有大气层，因此保留了所有的伤痕。它表面年代久远的环形山（见上图）表明在太阳系早期历史中的碰撞和冲击要比今天大得多，频繁得多。

木星的会合点

1993年3月，木星强大的引力场将苏梅克-列维九号彗星分成了21块。1994年7月，这些碎片与木星相撞，溅起的冲击波有地球那么宽。木星的引力就像“太阳系的吸尘器”，如果没有它将许多的物体吸走，这些物体将会击中地球。

大海啸

大约在6500万年前，一个10千米（6.2英里）宽的物体撞击了墨西哥湾边缘的尤卡坦半岛。或许就是这次毁灭性的事件使恐龙灭绝。这次撞击产生的巨大的冲击力还引发了大海啸。被掩埋的大面积的沉积物表明高达1000米（0.62英里）的波浪冲击了美国南部和加勒比海诸岛的海岸。

严峻的未来

未来等待我们的将会是什么？是隐现在地平线上的自然灾难？还是人类的行为所带来的毁灭？在下个世纪，大的地质性灾难将给几百万人带来影响。这些可能性包括：美国黄石公园的一场火山大爆发；加那利群岛的山崩引发大西洋上的大海啸；使日本东京瘫痪的大地震。但是在不久的将来最严重的还是全球变暖所引起的灾难——海面上升、洪水和极端化的天气。自然灾难发生的时候，人们要花费很多的金钱来为未来筹划、减少对环境的破坏，但仍然会有不可预测的事情发生……

变暖抑或变冷？

具有讽刺意味的是，全球变暖也许会使地球变冷。如果两极的冰块继续融化，淡水将聚集在极地的海面。这可能会改变洋流运动的方式，阻止墨西哥湾暖流等洋流给欧洲西北部带去温和的气候，从而使之变得更加寒冷。

干枯的地球

随着地球温度升高，有些地方，像美国加利福尼亚的部分地区（见上图）便会变得更加炎热干燥，使生命更难以生存。沙漠边缘大面积的放牧使植被减少，储存水分的土壤也减少，从而加速土地的沙漠化进程。这将破坏动植物的生活环境，导致许多动植物的灭亡，改变自然的生态平衡，带来不可预知的后果。

地下水

人们对下两个世纪最准的预测是地球将会变暖。上升的气温使两极的冰川融化，海水漫延使海面在未来的200年内上升约1米（3.3英尺），将地势低洼的热带岛屿和国家淹没。逐渐转暖的气候很可能会使天气更加恶劣，意味着更多的风暴和洪水，比如肯尼亚的这种场面（见右图）。

采伐森林

自从1945年以来，世界40%以上的热带雨林已经被破坏，每年还有更多的雨林被砍伐。这里（见左图）是人们正在砍伐亚马孙雨林的一区。树木被砍除之后，脆弱的表层土壤常被雨水冲走使树木不能再生长。森林在吸收大气中的二氧化碳和补充氧气上起着至关重要的作用，但是这一功能却因我们砍伐树木的速度比种植的速度快而受到威胁。

过度捕捞

今天的技术使捕鱼者能捕到整个的鱼群。到20世纪90年代时，世界17个主要渔场中的13个渔场中的鱼已经被捕到了极限或是捕杀过度了。90年代初期，加拿大禁止了对大西洋东北部鳕鱼的捕杀，因为捕捞已使鱼群数量大大地减少。2001年，北海也禁止了对鳕鱼的捕杀。过度捕鱼和过度狩猎已严重地毁坏了自然生态，很多都再也无法恢复。

葡萄球菌细菌

与细菌作战

致病细菌，例如引发肺炎和败血症的葡萄球菌（见左图）开始对用于控制它们的抗体产生抵抗作用。除非医疗技术比病菌发展的速度快，否则我们又将回到没有抗体的时代，像肺结核这样普通的疾病就能使几百万人丧生。

盖亚假说

根据英国科学家詹姆斯·洛夫洛克的盖亚假说，地球以及地球上的生命都仿佛是一个单一生命体，能够对其环境进行自我调节。这就意味着地球可以自然地改变其环境来维持最适于生命生存的条件。尽管人类通过污染和侵蚀地球资源使其不再适于大多数生物生存，地球自身也能找到一条生存的途径，如果有需要的话，甚至会促使人类灭亡。

海洋探秘

聚焦海洋世界，水上水下的奇观异景尽显在你的眼前。观察海岸线、珊瑚礁，与海洋王国中那令人眼花缭乱的神秘海洋生物相遇，包括巨型海蜘蛛和专门吃椰子的螃蟹。

同一个海洋

从当今太空拍摄的地球照片上，可以清楚地看到陆地和海洋的形状与位置。假如有几百万年前从太空拍摄的照片，把它们做个比较，就可以看出地球上的大陆已经分分合合好几次了。大约2.5亿年前，我们脚下的陆地属于一块叫作“泛古陆”的完整的陆地，海洋也是一个叫作“泛古洋”的完整的海洋。随着泛古陆的分裂，海洋也分裂了。但是分裂后的不同的海洋仍然连在一起，像同一个海洋一样运转着。如果某片海域里发生了变化，必然使其他海域也随之发生变化。

冬季的英国伦敦塔

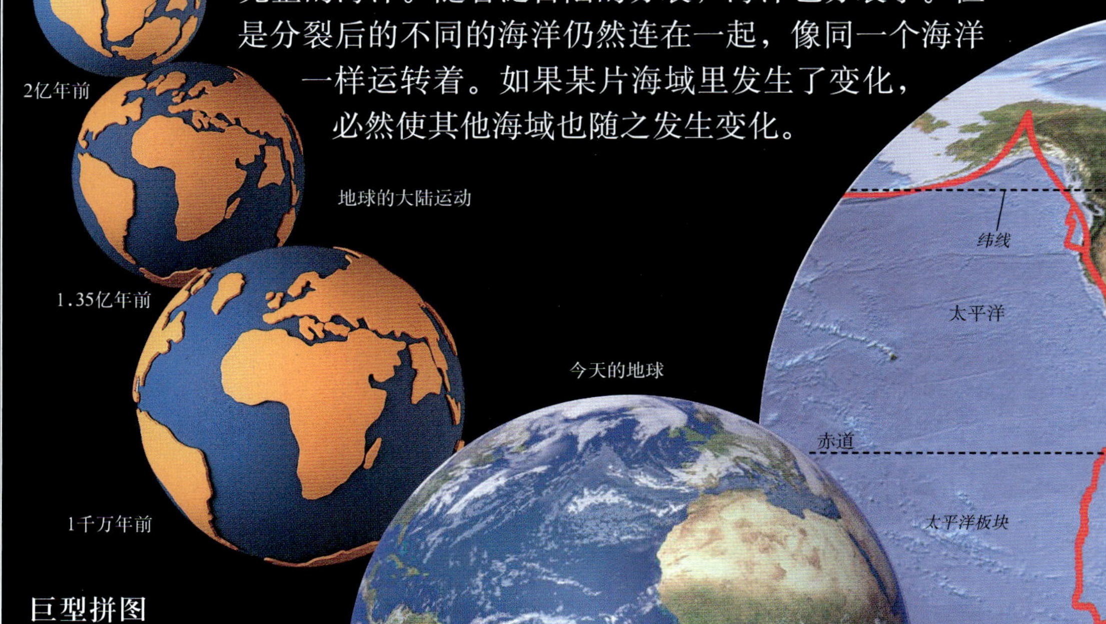

地球的大陆运动

巨型拼图

让我们把地球的各个大陆想象成一幅巨型拼图里的各个拼板，如果你能移动它们，这些拼板就可以相当精确地组合在一起。非洲北部的凸出部分恰好能填上北美洲与南美洲之间的空隙，这证明3个大陆曾经一度是连为一体的。我们在不同大陆上还发现了相同的化石，它们的存在也为这个理论提供了证据。

地球的气候随着大陆的移动和海洋的形成而变化不定。科学家们现在担心全球变暖会影响到海洋和洋流，从而导致气候类型发生变化。

波斯湾（地图右上方所示）是在三四百万年前形成的，这在地质年表上属于最近的一个时期。由于周边陆地的运动，岩石产生褶皱和沉陷，结果就形成了一个浅浅的内湾——波斯湾。

图上显示的是澳大利亚东北部大堡礁的珊瑚上一群正在嬉戏的雀鲷。

俄罗斯莫斯科高尔基公园的冬季景色

现在的气候

海洋的洋流对陆地上的气候和天气影响很大。伦敦和莫斯科与赤道的距离是相同的，也就是说，它们处于同一“纬度”（见标有纬度的地图），两个城市本应有相同的气候。但是由于一股名叫“墨西哥湾暖流”的洋流将温暖的海水从加勒比海带到了英国，伦敦的冬季就比较温暖。莫斯科位于内陆，远离海洋，冬季里它的气温低至-10摄氏度，一片冰天雪地。

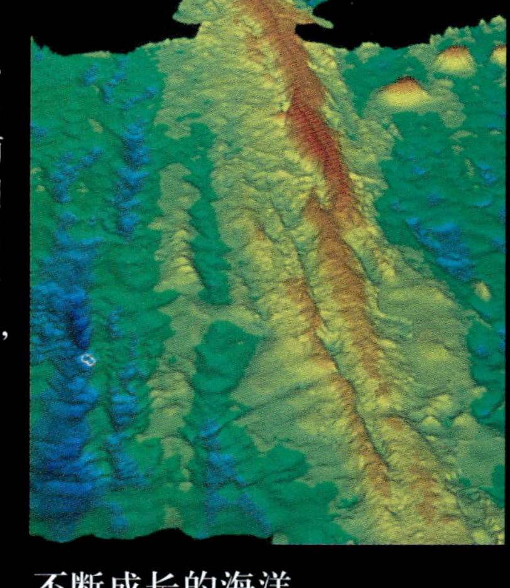

不断成长的海洋

这张声呐图显示的是东太平洋隆起，它是纵跨整个太平洋的洋中脊的一部分。它所标出的那条线，正是两个地壳板块分离的地方，也是两个板块中间形成新洋壳的地方。太平洋的这一部分正在慢慢扩大。暗蓝色显示的是最深的海域，而红色显示的是最浅的海域。

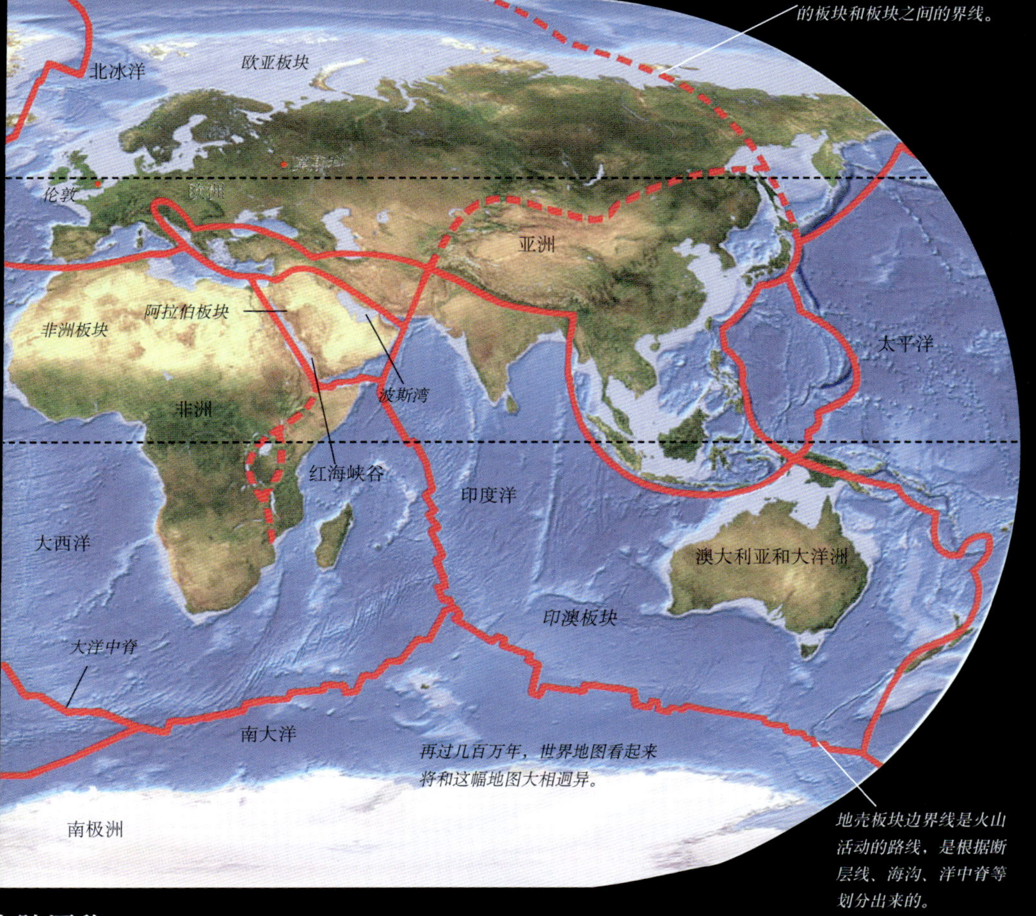

虚线代表科学家们还不太确定的板块和板块之间的界线。

再过几百万年，世界地图看起来将和这幅地图大相迥异。

地壳板块边界线是火山活动的路线，是根据断层线、海沟、洋中脊等划分出来的。

大陆漂移

地球上的大陆现在仍然在不停地移动着、变化着，只是速度非常缓慢。这个运动过程被称为“大陆漂移”。地球有着牢固的外层“皮肤”，叫作“岩石圈”，它像蛋壳一样裂成了12块大大小小的“地壳板块”。在地球深处由于火山力量的作用，这些板块浮在更深的液态地层上，不断地滑行着。板块在滑行时带着大陆一起运动，好像一个规模巨大的“骑马打仗”游戏。

红海峡谷

红海是在5千万年前当非洲板块开始漂离阿拉伯板块时形成的。两个板块的分离产生了一道极深的峡谷，最后它变成了红海。红海仍以每年2厘米的速度在不断变宽。1.5亿年后，它会变得比大西洋还宽。

苍茫碧海

海洋世界无限辽阔，是个三维空间。有许多海洋动物和植物生活在海底，但是也有许多动植物终身漂流、游荡在海面和中层水域间。它们拥有特殊的适应能力，可以毫不费力地漂浮在它们选中的水域里。大多数海洋动物是生活在一定深度范围内的，但也有一些会根据昼夜差别更改所在水深。与此相反，有极少数非常特别的昆虫完全生活在海洋空气中。对它们中的大多数来说，要永远待在稀薄的空气中，是要花费极大精力的。

各种海洋环境

1．海滨及近海区域：0～200米

开放水域

1. 强光层，或称光合作用海水层（包括海面）：0～200米

海洋生物：浮游生物，水母，飞鱼，浅滩鱼类（如鲱鱼），游速很快的掠食鱼类（如金枪鱼、剑鱼、大青鲨等）以及海豚

2．大陆坡：200～2000米

2. 弱光层，或称中深海水层：200～2 000米

海洋生物：浮游生物，大眼睛的小银鱼（如灯笼鱼）、乌贼、对虾等

3．深海：海床、火山口及海沟

3. 深海层，或称深海水层带、深渊带（包括深海海沟）：2 000～10 000米

海洋生物：大嘴巴、大食量的小鱼，如宽咽鱼、宽吻鱼、鮟鱇鱼和鼠尾鳕

海洋环境

生活在水中与生活在陆地上是完全不同的感觉。水的密度比空气大，会产生浮力。蓝鲸是地球上最大的动物，它的身体长度可以达到30米。这种体形的动物是无法在陆地上生存的，因为移动起来太笨重了。声音在水中比在空气中传播得更快，因此可以帮助海洋生物之间进行交流。比如说鲸类可以隔着很远的距离呼叫彼此。

棘皮动物

科学家们认为生命最初是从海洋里开始的，到了后来才传播到了陆地上。海中所发现的多数生物种类在陆地上或淡水中都有典型代表。比如说，人们在海中、陆上、淡水中都可以发现蜗牛。但是有一大群棘皮动物，只有在海中才能看到。海星、海胆、海参等都是棘皮动物。

抹香鲸

海底压力

空气压力的计算通常以大气压力为单位。1个大气压等于每平方厘米上1千克的力。在海中，深度每增加10米，水压就会增加1个大气压。抹香鲸可以轻松潜至1 000米的深处，在那里水深的压力是海水表面压力的100倍，这种巨大的压力使鲸的胸和肺变了形。人类是无法在这里生存的，但是鲸类就没有问题。在水下时，鲸类靠贮存在身体组织内的氧气生存；当它们浮到水面上时，会张开肺部呼吸，以贮存氧气。深海鱼等动物体内没有任何容纳空气的空间，因此压力再怎么增加，也对它们没有影响。

红与蓝

光是由红、橙、黄、绿、青、蓝、紫7种颜色组成的。在海中，红色物体会呈现出暗蓝色，比如说这只蓑鲉（如左上方的图），潜水员的血液也是这样。这是因为光线中的红色部分只能照到海中很浅的深度。水下摄像机或手电筒等产生的人造光可以还物体以真实颜色（如左下方的图）。

洋流、波浪或潜水员搅起泥沙，降低了能见度。

雾一般的海水

在陆地上，如果是晴天，人们可以看到好几里以外的山景。但是即便是在最清澈的热带海洋中，潜水员最远也只能看到50米内的物体。这种能见度在陆地上就算是大雾天气了！浮游生物和翻起的泥沙会大大降低海中的能见度。

海洋运动

风吹海面，掀起波浪。持久的强风可以吹拂到很远的海面，生成巨浪。海浪接近陆地时，受到海床摩擦力的影响，速度减慢，而波浪顶部继续向前冲，它盘旋成漩涡，又跌落下来砸成细碎的浪花。洋流像水下的风一样流动着，使海水在海中沿着巨大的圆形循环路线不停地运动。有些洋流是温暖的，有些是寒冷的，这对我们的天气产生了巨大的影响。

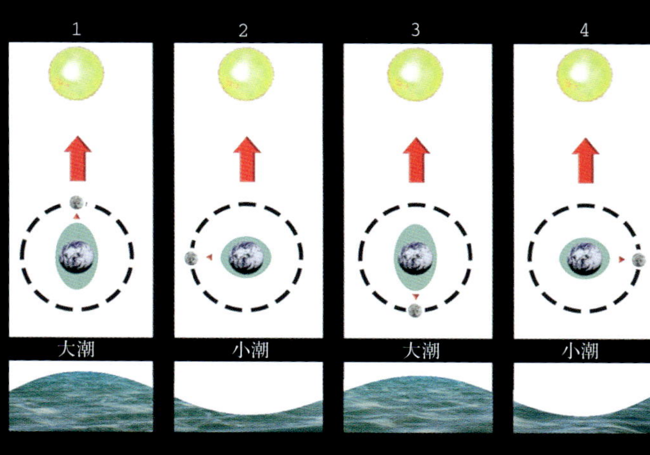

月亮的影响

海潮是由太阳和月亮的引力造成的。月亮离地球较近，所以引力更大。月亮环绕着地球运行，当太阳、月亮和地球运行到了同一条线上时（如上图中的1与3所示），它们的引力共同作用，就造成了非常高的潮水——大潮。当太阳与月亮形成直角时（如上图中的2与4所示），它们的引力比较弱，因此形成的海潮比较小，即小潮。

芬迪湾涨潮时

芬迪湾退潮时

搁浅

海潮在不同的海岸边表现各不相同。在某些地方，例如说地中海，最高水位与最低水位之间的差距（即潮差）只有1米，潮水并不会涌到岸上太远的地方。与此相反，芬迪湾的潮差为14米，一退潮就会有一片很宽阔的海床裸露出来，每天两次。每次退潮船只都会搁浅在岸边（如上图所示）。

海上冲浪

面对滚滚涌上夏威夷海岸的巨浪，虽然多数人会心惊胆战，但是冲浪者们会利用这股力量去体验那难得的、乘风破浪的乐趣。少数专业的冲浪高手可以完美地计算时间、保持平衡，凭借这些技巧，他们在面对世界上最危险、最具挑战性的海浪“钢牙”时，仍然可以跃过浪头自如地滑行。当“钢牙”扑到夏威夷毛伊岛上近海的暗礁时，浪头可以高达18米。而大多数海浪的高度都不到3.7米。

漩涡

两股强大的洋流相遇并发生碰撞时，会产生如上图所示的漩涡。这种现象通常是在海水流经岛屿或大陆之间的狭窄通道时产生的。当海水流过挪威西北海岸边的萨特海峡时，水声震天，水流翻卷打转，产生许许多多个大小漩涡。漩涡的咆哮声远在几千米之外都能听得见。

在如此巨浪上面冲浪是极度刺激的，但也非常危险。海浪破碎时所产生的向下的巨大力量和质量足以连人带冲浪板都击成碎片。

洋流中的食物

洋流可以上上下下地流动。向上的洋流将海底深处维持生命所需的营养盐带到了海面上。这些营养盐为小的漂浮植物和动物（浮游生物）提供了食物，它们迅速繁殖，然后又作为小鱼的食物被吃掉。秘鲁岸边强大的向上洋流中所携带的浮游生物哺育了大群的银色凤尾鱼。百万条这样的小鱼又被大鱼、鸟儿或渔夫捕捉到。全世界捕到的所有鱼类中有四分之一是从这里被带到世界各地的。

这张照片是在1960年夏威夷的希洛海湾发生海啸时拍到的。

海啸

对于生活在海边的2.7万多日本人来说，1896年6月26日是他们的世界末日。超过30.5米的巨浪吞噬了他们的村庄和家园。像大多数的海啸或海潮一样，这次的海啸也是由海底地震引发的。海床强烈地震动，使海浪以辐射状快速向外移动。海浪一波压过一波，到达浅水区时，就形成了规模庞大的毁灭性的海啸。海啸的英文词为tsunami，读音为“茨那米”，这本来是个日文词，意思是“海边的波浪”。

创造海岸

在全世界各海岸旁边，一场永无止境的“战争”在陆地与海洋接壤处一直进行着。每一波缓缓打在海滩上的浪涛都在磨损着海滩，这种破坏是由冲到海边的沙子、石头和碎屑造成的。柔软的砂岩和白垩悬崖很快会被腐蚀，而坚硬的花岗岩悬崖经过几百年都几乎没有变化。在海浪比较微弱的隐蔽海岸处，大海可能反而会增加陆地的面积，而不是减少。洋流和海浪带来深海里的沉积物，将它冲到寂静的岸边，沙滩、泥滩和三角洲就这样形成了。

十二使徒

澳大利亚维多利亚州的坎贝尔港国家公园以其秀美风光闻名于世。这里有12块被称为“十二使徒”的岩柱，它们像哨兵一样屹立海边，守护着崎岖的海岸线。所有石头曾经都属于同一块岬角，岬角在海水的作用下是拱形的。海浪长年累月的冲刷破坏了拱形，最后海边只留下这些栩栩如生的岩柱。

没人要的住宅

这所建在英国诺福克海边的房子过去离悬崖边有很长一段距离。多年以来，海浪侵蚀了松软的海岸线，害得一些古老的村庄现在离海边只有几千米远。人们已经在席帕岭（Sea Palling）地区建起了石质的防波堤，以阻挡海水进一步侵蚀陆地。

阻挡海浪

上图中是美国地区建起的防波堤，像这样的防波堤可以保护海边城镇避开滔天大浪的冲击。但是如果海浪类型和海水流向因此产生变化，也会在海岸下方产生侵蚀问题。

动物侵蚀

由软质岩构成的悬崖和海岸会受到海笋等贝类的侵蚀。这些动物体形还小的时候就钻进石头里，并在渐渐成长的过程中，不断扩充它们的巢穴。

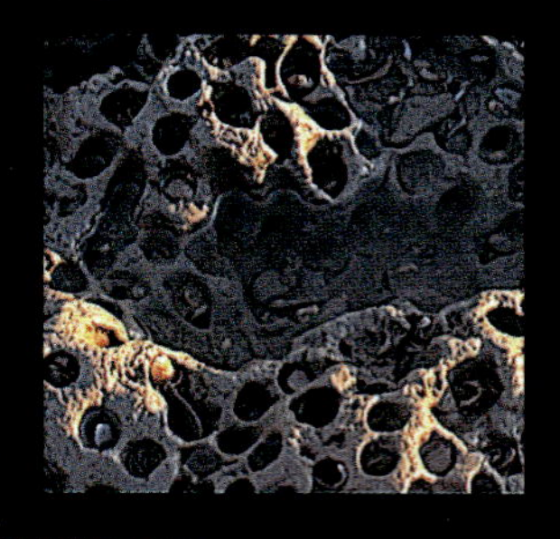

这些岩柱最终必将坍塌破碎，因为它们的底部被海浪日夜侵袭，正慢慢被磨损。与此同时，其他的岬角正形成新的岩柱。

图上这个海湾是个咸水泻湖，它被切斯尔海滩切成两半。在宁静低浅的湖水下，隐藏着一些珍稀而迷人的海洋生物。

建筑石料

沿着英格兰多塞特地区的切斯尔海滩走下来，真是累死人！这个鹅卵石海堤横亘在波特兰岛和大陆之间，全长29千米，是由海水自己修筑起来的。强劲的海浪把鹅卵石冲到海边，又把它们抛到了岸上。

洞穴和海沟

完全暴露在海浪威力下的海岸总是遍布洞穴，它们是在海浪以及海浪所携带的碎屑的冲刷下雕蚀出来的。夏威夷地区这个壮观的通气孔，是由于海浪把空气和水冲进了石头平台内的一个小洞穴中才形成的。洞穴内积聚的爆发力冲破洞穴顶部，形成了排气口，于是空气与海水的混合物就被高高地轰上了天空。

一个潜水员打着手电筒，向蓝色海水下面张望。

蓝洞

在地中海地区马耳他的戈佐岛上，潜水员们可以潜入海边一个美丽的池塘中，然后从水下一个巨大的拱道游出水面。这个“蓝洞”是由澎湃汹涌的海水在化石上开凿出来的，它的形成历时几个世纪之久。巴哈马群岛上的一些蓝洞甚至远远延伸到了内陆。

沙滩

要野餐、玩游戏或建沙堡的话，海边沙滩是理想的场地。它也为野生动植物提供了优良的居住环境。与石头海岸比起来，沙滩看起来也许有点死气沉沉。海草啊、帽贝啊，还有其他的定居动物是无法在这片不断移动的沙滩表面生存的。而动物们是生活在沙滩下面的，这样暴风雨啊、鸟啊、肉食动物啊，全都侵害不到它们。当潮水退去时，海洋与陆地之间的分界线也随之向后退却，于是生活在沙滩上和海里的动物都可能暴露出来。各种贝壳、卵鞘、骨头和其他碎屑就成了鸟儿、螃蟹，甚至狐狸的猎食目标。

斑海豹

天生的游泳健将

海豹幼崽通常出生在退潮后的沙洲或者沙滩上。它们刚出生几分钟就会游泳，当潮水袭来时，小海豹不会有被淹死的危险。小海豹在出生之前就已经脱去了第一身白色外皮，因此通常它们不会因其毛皮成为猎杀的目标。

人潮

城镇附近的沙滩，特别是那些气候温暖地区的沙滩，吸引着成千上万的度假者。上图中这处位于夏威夷的拥挤沙滩相当典型。当大量人群一起踩踏沙丘时，可能会使固定沙丘的植被变松，甚至死亡。因此大风一起，整个沙丘可能会消失得无影无踪。

隐蔽物种

如果在退潮时看沙滩，你很难想象得到有什么生物会生存在如此荒凉的沙漠中。但实际上，潮湿的沙子里藏着各种各样的虫子、贝类、螃蟹、海星、海胆等，种类多得十分惊人。当潮水重回沙滩时，这些动物就会钻出沙地觅食。

孔雀虫从它修筑的泥管里伸出扇状的漂亮触角。哪怕察觉到丁点儿的危险迹象，它都会立即缩回管子里去。

沙蚕是深受许多涉水鸟喜爱的食物，所以每当退潮时，沙蚕都会钻进沙中，免得自己被鸟吃掉。但是沙蚕本身也是优秀的猎人，它们可以找到自己的猎物。钓鱼的人把它们从沙子里挖出来做钓饵，但是，一定得小心！被它们强有力的黑嘴巴咬到的话，可是很疼的！

沙子里的生物

沙子由细小的颗粒组成，沙粒与沙粒之间是很难分开的。不过不管你信不信，有一群被称为“小型底栖动物”的生物就生活在沙粒之间充满海水的空隙中。最常见的小虫子包括上图所示的模式长唇虾和被称为桡足动物的虾状浮游生物。

黄条蟾蜍

黄条蟾蜍在西欧相当常见，但是在英国却很稀少，在那儿它们只生存在沙丘和荒地中。在这些地方它可以轻轻松松地挖个洞穴，然后把卵产在沙丘背面温暖的淡水洼中。

有防沙作用的海草用它们强壮的根和蔓把沙丘固定在一起。移动的沙子促使这些海草向上生长，并发出侧芽。

下图显示的是一只雄性幽灵蟹在阿曼（阿拉伯半岛东南部沿海地区）的海滩上所筑的沙堡。沙堡（见下图）是它的领地标识物。

沙地幽灵

如果你在暮色降临时沿着热带沙丘漫步，可别以为你是孤单一人！幽灵蟹会迈开长腿，匆匆忙忙地在你面前跑过，它神出鬼没，可以在任何方位出现！它们的颜色简直可以完全融入到沙滩的背景色中，以至于它们一旦停下来，就跟就地蒸发了一样，它们的名字就是这么得来的。这种螃蟹以潮汐带来的碎屑为食。

岩石海岸

当潮水从岩石海岸上退去时，原本隐藏在水下的岩石、悬崖、沟壑、池塘都露了出来。英国、北美等温带地区的岩石海岸是成百上千种生物的家园。海水退潮后会留下大片滑溜溜的褐色海草，纠结成堆；蛇和螃蟹会潜入潮湿的石缝中；而藤壶、贻贝和帽贝则停止进食，全都缩回自己的壳里，紧闭起大门，好把维持它们生命的海水关在里面。

潮间带

哪片岩石海岸上生活着哪些动植物，要看它位于地球上哪个位置。上图中这片位于英国北威尔士地区巴德塞岛上的海岸，海藻长势繁茂。当潮水退去后，现出一部分平常看不到的海岸，于是一片海藻森林跃入眼帘。而在热带地区的海岸上，植物可能就会非常稀少。因为一旦潮水退尽，这些植物暴露在火辣辣的阳光下，很快就会死掉。

下图中的海鳚可以把皮肤颜色变成和周围环境相同的颜色。

岸边也可以是安全的

隐蔽的岩石海岸是许多小鱼的家园，它们藏在海草中间，或者池塘里面。尽管如此，要找出它们是相当不容易的。只要它们乖乖待着一动不动，那些肉食动物，例如这只目光锐利的黑冠夜鹭，就别想找到它们。

在英国北威尔士地区巴德塞岛的温带岩石海岸的潮带上，生长着绿色和褐色的海藻。褐色海藻分泌出糊糊的物质，也就是所谓的黏液，它可以在低潮时护海藻抵抗风吹日晒。

黑冠夜鹭

涨潮时，帽贝可以四处移动，它吃海藻，并在石头上留下漂亮的"牙痕"（如图所示）。

小吸盘

在崎岖不平、海浪汹涌的海岸边，海草是无法好好生长的，但岩石上却布满了藤壶、帽贝和贻贝。帽贝可以紧紧地贴在岩石上，要移走它们几乎是不可能办到的。玉黍螺在它坚硬外壳的保护下，顺着海浪被冲进岩石缝隙中。而海星用它的上千个管足，像吸盘一样牢牢地吸附在岩石上。

玉黍螺

潟湖

在海滩上，潟湖就像微缩版的绿洲，低潮时，漂亮的鱼儿、海龟和其他的软体动物都可以在这里生存。但是要在潟湖里生活下去，却是相当艰难的。在炎热的夏季，小池塘里水温升高，随着水的蒸发，池塘里的水会变得很咸。遇到下雨时，池塘的水会被雨水稀释，又会变得淡到不适合海洋生物生存。到了冬天，小池塘又会冻起来。位于海岸高处的池塘构成了最艰难的生存环境。

潟湖里的海星（美国）

在美国地区海岸上的潟湖里，这些赭色的海星相当常见。它们的颜色从橘色到淡绿色，不尽相同。

尽职的父亲

吸盘圆鳍鱼会在冬季晚期游到北欧的海岸边。雌鱼小心谨慎地在岩石上产下鱼卵，却是雄鱼留下来小心看护它的孩子们。雄鱼肚子上有个强有力的吸盘，当汹涌巨浪冲上海岸时，吸盘可以使它们稳稳地守在鱼卵旁边。

雄性吸盘圆鳍鱼身上的粉色和橘色在繁殖期会变得格外鲜亮。

在海边

当潮水从长满红树林的海岸边退去后，一个几乎完全陌生的世界呈现在我们面前。人类和动物们面对的并不是一个地上铺满落叶的森林，而是一大片下垂的支柱根，密密麻麻难分难解；还有气根，它们不是朝着土壤向下生长，而是向着空中生长的。支柱根可以支撑树木，而气根负责排出盐分，帮助树木在咸水中呼吸，咸水对陆地植物来说通常都是致命的。热带地区的泥岸周围基本都生长着红树林。

红树林里的蛇

图中是英国利物浦湾的海滨泥地，它们为涉水鸟提供了丰富的虫类和贝类大餐。

鸟类的食品库

许多北欧国家的海岸边都有许多河口。河口处海水与淡水交汇的地方，由于河水留下了许多沉积物，因此沉淀了大量淤泥。低潮时这些泥地就成了大群鸟类的摄食场所。英国的河口具有特别的重要性，因为它们正处于朝南飞往地中海和非洲过冬的野鸭、大雁和涉水鸟的迁徙路线上。

食蟹猴

猎场

红树林如同天然食品库，装满了鸟、虫、鱼、蟹，对于那些能觅路进入树林的动物而言，它是个天然的猎场。在红树林与热带雨林交会的地方，像食蟹猴这样的猴子是随处可见的。果蝠栖息在稠密的枝叶中，而河口鳄则会顺着弯弯曲曲的红树林水道，深入到森林内部。

水下托儿所

这片红树林位于美国滨海地带，水下根系盘根错节，密密麻麻，为小鱼们提供了安全的家园。许多小鱼，包括幼年鲨鱼、梭鱼等，都把这里当作了“托儿所”。等它们成长到能够保护自己时，才会鼓足勇气，游到开阔水域。

补血草

艾塞克斯弄蝶

大海边防

在北欧等寒冷地区的海边，是没有红树林的。隐蔽的泥岸边通常布满了盐沼。盐沼里生长着补血草一类的耐盐植物，还生活着许多野生动物。盐沼和红树林都形成了重要的大海边防，有效地阻止了海水侵蚀海岸和洪水的淹没。它们不断向内陆延伸，由此可以适应正在升高的海平面。

河口三角洲

这张伏尔加河口三角洲的鸟瞰图显示了在大河入海处，陆地是怎么形成的。河流带来泥沙，泥沙沉积在海床上，形成了堤坝。随着堤坝慢慢升高，植物在泥洲上扎根生芽，将陆地固定起来，因此形成了河道交错的三角洲。干燥的三角洲上的居民总是面临着洪水的严重威胁。

会爬树的鱼

如果鱼儿上陆地，已经够让人吃惊了，但是如果看到鱼儿上树，就真的会让人下巴也掉下来！弹涂鱼可以在涨潮时爬到红树树枝上去，以避开掠食性鱼类的攻击。它们的双鳍非常强壮，使用起来就跟人的双臂一样。这些鱼肚子上还有一个吸盘，可以使它们紧紧地吸在树上。

在离开水时，弹涂鱼会在双腮中贮存富含泡泡的空气与水的混合物，这样它们在陆地上仍然可以呼吸。遇到低潮，它们就跃下树来，到泥滩里觅食。

珊瑚礁

大堡礁是世界上最长的珊瑚礁之一。它环绕澳大利亚东北海岸，绵延2000千米。如此宏伟的景观在太空中也能看得见，但它竟然是由不足1厘米长的珊瑚虫建造起来的，真是不可思议！每个珊瑚里都住着成千上万只这样的珊瑚虫，它们结合成了一个群体。

环状珊瑚礁的形成

环状珊瑚礁起初是生长在远海地带火山岛周围的裙礁。

地理及气候变化使火山沉没、消失了，只留下一圈珊瑚礁。

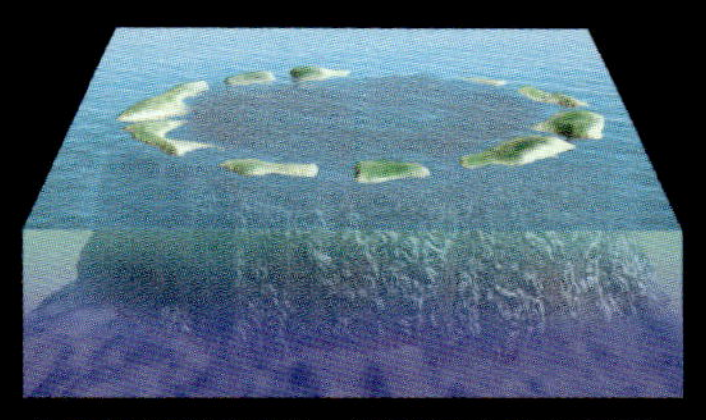

沙子和碎石堆积起来，在珊瑚礁上形成了岛屿。大的岛屿就成了动植物新的家园。

珊瑚礁的形成

珊瑚礁只有在浅水中才能生长，那里有坚硬的海床，它们能互相连接在一起。这正是为什么大多数珊瑚礁都生长在大陆边缘（即堡礁）或岛屿边缘（即裙礁）的原因。下图中的这个裙礁位于太平洋上的密克罗尼西亚，在周围的岛屿中相当典型。

自然界的掠食动物

冠棘海星会吃掉活着的珊瑚虫。当大群冠棘海星入侵时，整个珊瑚虫群都会被吃掉。海星待在珊瑚顶上，把胃从嘴里伸出，消化掉软珊瑚虫。

冷水珊瑚

在白色的冷水珊瑚之间生长着色彩艳丽的软珊瑚和海绵。

冷水珊瑚

在挪威和西苏格兰冰冷、幽暗的海水深处，也存在着珊瑚礁！这些珊瑚礁由单一种类的硬珊瑚虫组成。这种珊瑚虫生长速度缓慢，因为它的体内不含有能为其成长提供特别养分的共生藻类。

炸弹

在马来西亚、印度尼西亚和菲律宾，缺乏责任感的渔民把土制炸弹丢到珊瑚礁上，好捕捞被震晕或杀死的鱼儿。不幸的是，炸弹也炸碎了珊瑚礁，而这些珊瑚礁要经过许多年才会重新长成。有时渔民自己也会受伤。珊瑚礁消失后，其他的渔民要想捕鱼就很困难了。

珊瑚景观

这张照片显示的是环绕着印度尼西亚科莫多岛的美丽的珊瑚景观。这个地区海水清澈、阳光充足，因此珊瑚长势很好。虽然珊瑚虫是动物，但是要建造起它们巨大的家园，也需要充足的阳光。这是因为珊瑚虫的体内携带有一种叫作“共生藻”的单细胞藻类。这种微小的植物需要用阳光中的能量制造出自己的食物，并把部分营养传给珊瑚虫。

珊瑚礁生活

对于潜水员来说，造访海底珊瑚礁是非常奇妙的体验。健康的珊瑚礁生机勃勃，色彩艳丽，与陆地上的热带雨林有异曲同工之妙。即使是印度洋中的一个小型珊瑚礁，可能也会拥有几百种不同的珊瑚虫、鱼类、海星、海胆以及其他生物。全世界生活在海边的数百万人都依赖珊瑚礁为其提供着鱼类、药品和其他物资。不但如此，珊瑚礁对我们所有人都很重要。珊瑚虫消耗二氧化碳，以长成骨骼，这就有助于防止全球变暖。

在哥斯达黎加科科斯岛的珊瑚礁周围，白鳍礁鲨正在猎捕刺尾鱼。

紫色的管海绵

加勒比海中美丽的紫色管海绵。海绵有多种形状和色彩，在大多数珊瑚礁地区都很常见。

皇帝神仙鱼

红海珊瑚礁

上面主图片上所显示的珊瑚礁风光在红海地区十分普通。珊瑚有多种形态和尺寸，它们一个挨一个地挤在一起，互相争夺着空间。每个珊瑚都是从一个小小的珊瑚虫成长起来的，它顺水漂来，在这片珊瑚礁上安了家。图中成群结队的小小的粉红色花鲈正从水中猎食浮游生物，而皇帝神仙鱼正在找海绵吃。

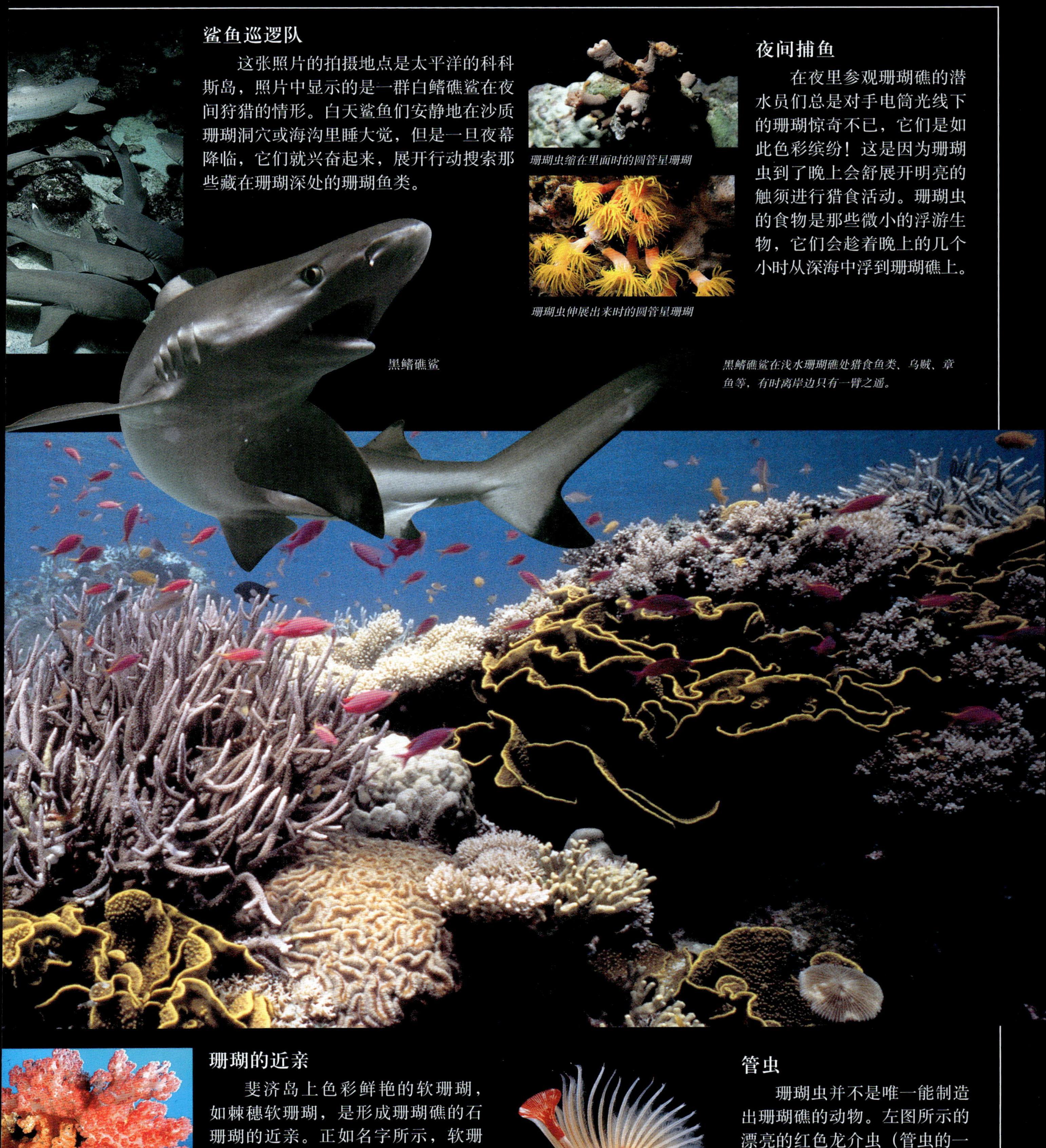

鲨鱼巡逻队

这张照片的拍摄地点是太平洋的科科斯岛，照片中显示的是一群白鳍礁鲨在夜间狩猎的情形。白天鲨鱼们安静地在沙质珊瑚洞穴或海沟里睡大觉，但是一旦夜幕降临，它们就兴奋起来，展开行动搜索那些藏在珊瑚深处的珊瑚鱼类。

珊瑚虫缩在里面时的圆管星珊瑚

珊瑚虫伸展出来时的圆管星珊瑚

夜间捕鱼

在夜里参观珊瑚礁的潜水员们总是对手电筒光线下的珊瑚惊奇不已，它们是如此色彩缤纷！这是因为珊瑚虫到了晚上会舒展开明亮的触须进行猎食活动。珊瑚虫的食物是那些微小的浮游生物，它们会趁着晚上的几个小时从深海中浮到珊瑚礁上。

黑鳍礁鲨

黑鳍礁鲨在浅水珊瑚礁处猎食鱼类、乌贼、章鱼等，有时离岸边只有一臂之遥。

珊瑚的近亲

斐济岛上色彩鲜艳的软珊瑚，如棘穗软珊瑚，是形成珊瑚礁的石珊瑚的近亲。正如名字所示，软珊瑚没有硬的骨骼，一离水就会塌成湿漉漉的一堆。它们不像真正的珊瑚一样需要阳光，所以可以在珊瑚礁最深、最暗的地方生存。

龙介虫

管虫

珊瑚虫并不是唯一能制造出珊瑚礁的动物。左图所示的漂亮的红色龙介虫（管虫的一种）生活在欧洲沿海。这些虫子在苏格兰一些隐蔽的海湾中自由自在地生长着，它们白垩质的硬管会形成微型珊瑚礁。

森林与草地

在离许多熙熙攘攘的欧美都市不远的地方，生长着茂密、安静的森林。但是这些森林并不在陆地上，而是位于海中。它们是由巨大的海草形成的。这种海草就是海藻。大型加利福尼亚海藻可以长到将近60米长。这些巨大的植物为各种鱼类提供了住所，而这些鱼又成为海豹、海狮和海豚的猎物。海藻森林只生长在寒冷且光照充足的海域，在热带是见不到它们的。就像树木会落叶一样，欧洲海藻每年也会落叶。

斑海豹（见右图）在海藻森林中栖息嬉戏，在这里不会受到在开阔水域逛荡的食肉鲨的攻击。

海底草场

在陆地上，可以看到牛儿们安静地吃草，这对人们来说是已经司空见惯的情景。但是令人惊奇的是，在水下也可能会看到相似的情景！生长在浅水区沙质海床上的海草看起来和普通的草极为相似，它们的覆盖面辽阔无垠，仅次于红树林和珊瑚礁。澳大利亚北部和东南亚的海底草场是海牛最喜欢出没的地区。而黑雁则非常喜欢光顾欧洲的海底草场。

安全港湾

柠檬鲨出生以后，它们的妈妈并不去看护它们。如果它们生在开阔海域，会很容易受到掠食性动物的攻击，于是鲨鱼妈妈们选择把孩子们生在一些安全的场所，比如说浅潟湖中的海底草场上。

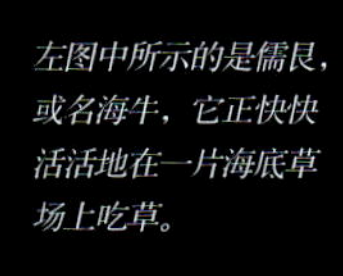

左图中所示的是儒艮，或名海牛，它正快快活活地在一片海底草场上吃草。

海马

如果你往海草丛中仔细观察，就会发现有许多小动物居住在这里。海马以草地上的小虾米为生，种群十分繁茂。

阳光透过加利福尼亚海岸边的大型海藻投下来。是气泡（海藻枝干上充满空气的小囊）帮助海藻向上漂浮在水中的。

海獭

加利福尼亚大型海藻是许许多多欢乐海獭的家园。这些迷人的生物是以海藻为食的有害动物的致命天敌。下图中的这只海獭潜到了海底，成功地捉住了一只海胆，并用石头砸开了它，正忙着咀嚼海胆美味的内脏。如果没有这些海獭，海胆吃起海藻来就没个限制了，会导致海藻森林被大面积破坏。

大型海藻每天可以长高0.6米。这种生长速度几乎可以与世界上生长速度最快的植物——巨竹相媲美。

大型海藻

人类

长得像植物的动物

海葵、海绵、海鞘都是典型的长相和行为酷似植物的海洋动物。它们并不主动捕食，而是待在固定地点守株待兔，因为洋流会把微小的浮游生物送到它们的家门口来。海藻森林的底层有许多这一类的动物。

软珊瑚（例如图中这些掌形冠软珊瑚）在固定地点集体群居。左图中成百上千只水螅型珊瑚虫正露出头部捕食经过的浮游生物。

色彩缤纷的海葵是生活在海藻森林底层的动物大家庭中的一员。它们那刺一般的触须可以捕捉小鱼小虾。

动物家园

海藻为许多小动物提供了家园，这些小动物依靠海藻为生。单在一株海藻上，就生活着几百种各不相同的物种。上图显示了一群漂亮的蓝线帽贝正在一株海藻的茎干上大吃大嚼，这株海藻到最后可能会被它们咬断。

透光层

海洋中的透光层里生机勃勃。数量惊人的微型动植物和浮游生物漂浮在水流之中。这群漂浮的食物源几乎是海洋中所有生物赖以为生的根本。成群的银鱼以浮游生物为生，而它们身后又追逐着饥饿的鲨鱼、旗鱼和其他掠食性动物。大型水母和其他的浮游生物会随着海风的吹拂在海洋表面漂流。

潜水的鸟

海雀一生中大部分时间都是在海上度过的，它们在海洋表面捕食、栖息、睡觉。只有到了繁殖期它们才会上岸，这时陡峭的悬崖上就会挤满唧唧喳喳的海雀。它们捕食西鲱、玉筋鱼、鲱鱼等，在捕猎时，它们一头潜入水中，然后振翅游上水面。海雀轻轻松松就可以游到20米深的水中，有些甚至能潜到200米深。

无牙奇迹

鲸鲨是海中最大的鱼类，它可以长到至少14米长，就像一辆巴士一样！如果它像其他鲨鱼一样也有牙齿的话，可以一口吃掉一个人。幸运的是，鲸鲨的大嘴巴只是用来吸入大量海水的，海水中含有小虾和浮游生物，鲸鲨赖此为生。

马尾藻中的马尾藻娃娃鱼

漂浮森林

百慕大群岛附近有片马尾藻海，多年以来，这里的海面一直宁静而温暖。在这样的条件下，长成了一片特殊的漂浮植物森林，那是一大片纠结缠绕的海草，由充满空气的小囊托着浮在海面上。海螺、海胆、帽贝等以海草为生，而海蛇则以鱼虾为生。

大群的六带鲹，这种鱼也被称为甘仔鱼。

安全的鱼群

生活在透光层的鱼类靠组成大群队伍来保护自己不受掠食性鱼类和海鸟的侵袭。一旦遇到攻击，鱼群中的所有鱼儿一起移动，可以把它们的天敌搞得晕头转向。它们的背部是暗色的，肚子是银色的，因此无论是从上看，还是从下看，都能起到伪装作用。

海洋浪子

革背龟是地地道道的海洋浪子。安在这些温和的巨龟身上的卫星跟踪仪显示它们觅食时通常长途跋涉游出几千千米。它们可以长到将近2米长，重达650千克。革背龟的食谱主要由水母组成。

紫螺用黏液裹住空气泡，为自己建造起一个漂浮的“筏子”。

自由漂流

大多数海螺都生活在海底，而紫螺却完全漂浮在海面上。它以蓝水母、帆水母等其他海上漂浮者为食。

神秘的中层水域

让我们想象一下，如果你轻飘飘地漂浮在黑暗、寒冷的水中，没有一个人可以告诉你该往哪边走，那会是什么样的情形。许多动物终生游荡、漂浮在中层水域，这里光线微弱，甚至完全没有光线。那么这些动物是怎么觅食、求偶的呢？有些鱼类和甲壳类动物眼睛极大，可以充分利用这个水域中微弱的光线。其他动物眼睛虽小，但却拥有一流的嗅觉和对震动极其敏感的触须。

生物荧光

生物荧光是由活着的动物或植物发出的美丽的蓝光。在深邃的中层水域，有许多鱼类、乌贼、水母和甲壳类动物都能发出奇异的光芒，这种光芒可以帮它们导航、捕猎、发信号、发出恐吓，甚至可以把它们伪装起来。当一种叫作荧光素的化学物质和氧气混和起来时，就产生了生物荧光。

鮟鱇鱼使用这种钓鱼竿似的会发光的诱饵来诱惑猎物。它的长相十分凶恶，但像大多数深海鱼一样，身体只有几十厘米长。

闪光鱼

这种鱼每只眼下面都有个特殊的小囊，里面存着发光菌。这种细菌本是一直发光的，但是闪光鱼可以通过震动皮肤控制光线明灭。

墨色光线

在幽暗的中层水域生活着许多种乌贼，它们可能会成为掠食性鱼类的口中食。当然，前提是这些鱼能捉住它们。多数乌贼都只有十几厘米长，但是它们能发出几百道生物荧光，因此通体发亮。有些甚至能喷出会发光的墨水“烟幕”。

这只叫作发光鱿的小乌贼安静地等待着经过的猎物自投罗网，撞进它的触须中。

恐怖的搭车客

在中层水域没有可以攀附或安家落户的固体。这种小虾似的动物会为自己偷来一个漂浮的家园。这种灵巧的生物紧紧抓住海鞘或水母，把猎物的内脏吃个精光，然后把余下的透明的表皮当作它和它的后代的避风港。

为什么是红色的？

这种叫作玻璃虾的红色小虾生活在幽深的水域中，这里只看得见生物荧光。红光穿不透这么深的海水，红色的物体在这儿看起来都是黑色的。因此这种生活在中层水域的小虾几乎是肉眼不可见的。但是有一种黑色的小鱼会用红色生物光找出这种小虾，然后捉住并吃掉它们。

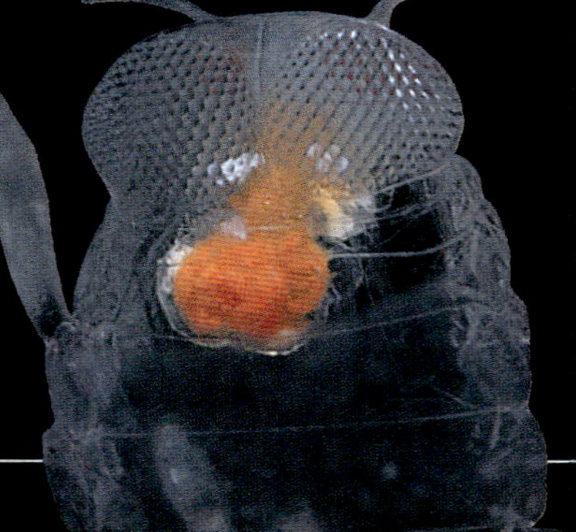

蛾出入于漂浮的“桶子”里，可以安全地觅食。

巨鲨

1976年，一艘科学考察船的海锚上缠上了一只长4.5米的大鲨鱼，船上的美国科学家们面对这个庞然大物惊呆了。这个新发现的物种很快就被命名为“巨口鲨”。这种鲨鱼有一只能发光的巨大嘴巴，可以引来小虾和浮游生物，这些自己撞上门的家伙就成了鲨鱼的食物。这样的大型鱼类在食物贫乏的中层水域是极少见的。

深海平原

150年前，生物学家们还深信在1 000米深以下的海水中不可能有海洋生物生存，原因是这里的压力太大，海水又极度冰冷。但是后来深海潜水艇“的里雅斯特”号和“海沟”号潜到了深海底部，在那里发现了动物。大部分的深海海底都是细沙铺就的广袤平原，平原上布满了由埋在沙子里的虫子和其他小动物弄出来的坑凹和沙墩。这里还有极少量较大的动物，如海星等，因为食物稀少，掠食类动物的数量也极稀少。

会举手的鱼

三刺鲀用它们的长尾巴尖和前鳍支撑起身体，“站”在泥地上。它生有敏感的触须，可以帮它侦察并捕捉到经过身边的小鱼小虾。

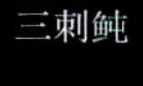

三刺鲀

水下真空吸尘器

不管你信不信，图中这只奇形怪状的生物——海参，其实是大家熟悉的海星的近亲。海参在世界各地深海的泥地中都很常见。它们有一手“打扫”地面的好功夫，能吸入泥与食物的混合物，因此在深海里生活得还不错。那些消化不了的泥土在通过它的内脏后，会变成粪便排出体外。

深海海参

图中的海笔是“软”海笔类深海生物的代表。

钝鼻六鳃鲨

午夜加餐

辽阔的非洲大平原上生长着许多羚羊，它们是猎豹等敏捷的陆上肉食动物的猎物。与此相似，在深海平原上也出没着少量大型肉食动物。在这个地方，要捕捉猎物是要耗费大量精力的，而食物又是如此紧缺。所以钝鼻六鳃鲨（如上图）选择在晚上浮到海面去捕杀猎物，因为这时食物更丰富，到了白天它就潜入深海去吃剩下的腐肉。

深海宝库

深海平原上没有太多食物的一个原因是：大多数食物在往下掉的过程中，都被中层海域的动物先行一步吃掉了。但在极少数的情况下，有些非常大的食物，比如说一条死鲸，可能会沉到深海海底上。鼠尾鳕、盲鳗、深海鲨鱼等以腐肉为生的鱼类是深海里的“兀鹫”，它们一闻到腐肉的味道，就会立即冲过去赴这场盛宴。

鼠尾鳕得名于它身上又长又细的尾巴。它们捉到什么吃什么——根本无所谓食物是活的还是死的。

美丽的深海动物

人们对绒球海葵等美丽的深海动物的认识，主要来自潜艇拍摄的照片。要想用笨拙的潜艇捉住标本，是很困难的。而且多数标本在浮上海面的过程中由于气温和水压的变化，都会分解掉。

绒球海葵

悬空的海笔

海参和海蟹爬过深海平原泥泞的地面，寻找吃的东西。与此同时，像图中所示的软海笔这样酷似植物的动物正忙着过滤海水，以捕捉漂浮在水中的食物。这些海笔生着长长的柔软的茎秆，这些茎秆使它们能稳稳当当地立在软泥中，不然它们的嘴巴和触须就会被软泥封起来了。

隐蔽的风景

要想看到地球上最美丽的高山、沙漠、城市、森林等景观，最好的办法就是选择一个风和日丽的日子，飞到它们的上空去欣赏。在大海上，人们只看得见苍茫辽阔的海面，但是如果把水全部抽走，就会呈现出比珠穆朗玛峰更高的山峰，比大峡谷深好多倍的海沟，无数个比撒哈拉大沙漠更辽阔的、平坦的淤泥平原，你可以翱翔在它们的上空尽情欣赏。

海底

自从20世纪20年代人类发明了声呐和回声测深设备以来，勾勒出海底地形图（如下图所示）已成为可能。这些装置可以用声音测量出海底的深度和类型。但是有少数地区仍然无法在地图上详细地描述出来，人们仍然可能发现未知的水下山脉和死火山。

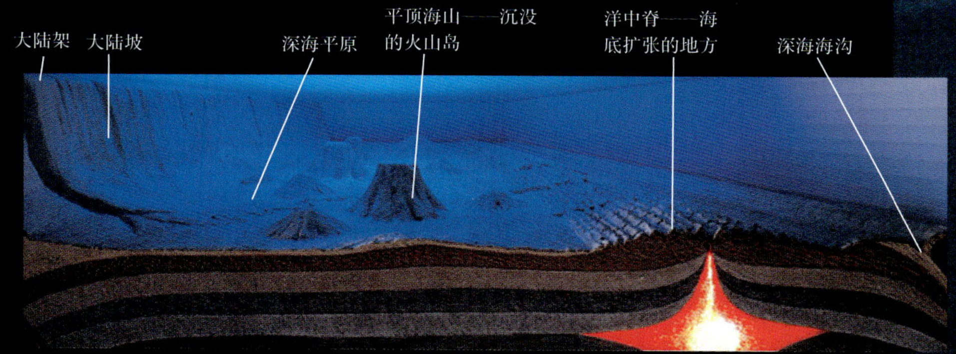

当你从岸边步入海中时，通常并不会直接进入深水中。陆地周围都存在着浅的平台，也就是大陆架。大陆架上聚集着许多生物。实际上，世界上大多数鱼类都来自这个地区。

录像者正在拍摄夏威夷岛周围浅水区的水下火山岩浆流。

洋中脊

世界上多数海洋中横亘着连绵不绝的水下山脉——洋中脊。世界大洋底的洋中脊首尾相接，连绵6万余千米，高4 000余米，宽1 000～15 000余米，沸腾的熔岩从地球内涌出，形成新的洋壳，同时，洋壳板块产生扩张移动。

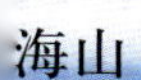

海山

海洋中密密麻麻散落着几千座海山。海山被淹没在水中，而死火山离海底只有几千米高。那些一度离海面很近，顶部平坦的海山被称为平顶海山。海洋中的大多数岛屿都是古老火山的顶端。它们浸在深水中的部分非常陡峭。这张照片显示了位于太平洋斐济地区的一处陡峭的水下悬崖。

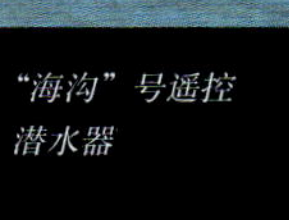

“海沟”号遥控潜水器

海沟中的战争

海洋中最深的部分要属深海海沟。世界上最深的海沟是菲律宾附近的马里亚纳大海沟。1960年1月23日，唐·沃尔什和雅克·皮卡尔乘着“的里雅斯特”号深海潜水艇潜到了1.09万米的地方，到达了海底的最深处。从那以后，就只有日本的无人遥控潜水器“海沟”号到达过那里。

水下绿洲

在20世纪70年代，科学家们发现了热液喷口，这令他们十分惊奇。这些喷口会喷发出被称为“黑烟”的充满矿物的超高温热水，这种现象是因火山活动引起的。细菌依靠这些矿物滋生繁衍，由此为许多生活在喷口附近的奇异动物提供了食物。喷口周围的其他动物则互相残杀，以彼此为食。因此这里的整个生物群不依靠植物和光照带来的能量也能存活。

右边这张被命名为萨拉森头（Saraccn's Ilcad）的“黑烟囱”照片是“阿尔文”号潜艇上的科学家们在水深为3 100米的大西洋中脊处拍摄到的。

深海巨蛤和东方扁虾生活在墨西哥马萨特兰附近海洋中的热液喷口周围，这里的水深达2 600米。

岛屿的形成

全世界的海洋中存在着许许多多个岛屿，但是绝大多数都存在于火山活动频繁的地区。有些岛屿的形成花了几百万年的时间，那是因为部分大陆慢慢地沉到了水下，只留下山峰顶部还露在海面上。与此相反，火山岛只需一夜之间就可以形成，消失的速度也同样快。据文字记录，印度尼西亚的喀拉喀托火山岛在1883年被火山喷发给炸毁了，但是实际上这座岛屿后来又慢慢地重建了起来。

火神

1963年11月15日，冰岛南部海岸外突然冒出了个叙尔特塞岛，形成的原因是离冰岛很近的大西洋中脊的海底火山爆发。几天之内，新诞生的岛屿就增长到了60米高、500米长。

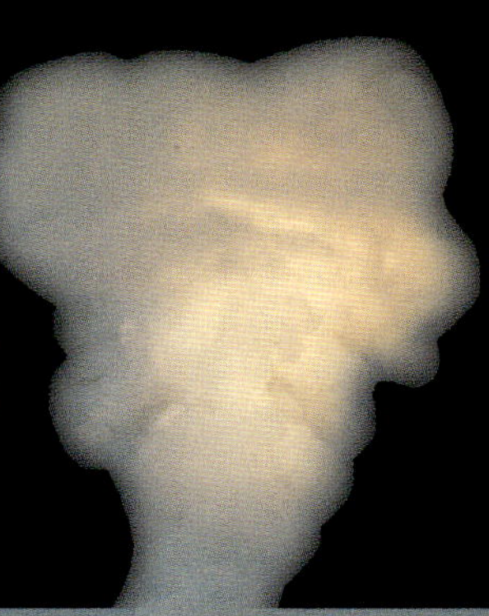

叙尔特塞岛是以古老的挪威神话中的火神的名字来命名的。岛屿形成时，海水冲刷着滚烫的熔岩，大量水蒸气和灰尘直冲云霄。

椰子在海水中待4个月也不会坏，过了这个时间就开始腐烂了。

漂来的生命

海洋之中新诞生的岛屿虽然一开始是不毛之地，但这种状态不会持续太长时间。飞虫和鸟类会首批到达岛上。顺水漂来的圆木则带来了螃蟹、蜗牛，甚至蜥蜴。来自热带树木的海豆可以漂流几千千米远到达欧洲，虽然长途跋涉历经辛苦，它们却仍然能够在这里生根发芽！

变幻不定的海岸

1964年，一场大地震袭击了阿拉斯加的太平洋海岸。建筑倒塌，山体滑坡，道路被破坏，巨浪冲垮了海岸。有一部分海岸被抬高，而另一部分则下沉了两三米。曾经远离海洋危害的村庄现在每次涨潮都会遭洪灾，而别的村庄却发现他们的船搁浅在了新生的海岸上。

以前埋在海中的陆地因为地震被抬了起来，形成了一片广阔平坦的海岸。

费尔南迪纳岛是加拉帕戈斯群岛中最新形成的岛屿，岛上的火山叫康伯利火山，整个地区数它最活跃。费尔南迪纳岛上的火山通常每隔几年爆发一次。

火与水

火山岛形成以后，形状和大小都可能会发生变化。左边的照片显示的是1995年加拉帕戈斯群岛中的费尔南迪纳岛火山爆发时，熔岩注入海中的情景。火山一旦冷却下来，新生的陆地就变成了包括人类在内的许多生物的家园。下图是日本火山岛三宅岛的图片，这里居住着3 800人。

图中这座名叫“大和”的火山雄踞三宅岛之上，高820米。这张3D图片是用美国航天飞机所拍摄的资料制成的。

安全岛

在辽阔的大海上，岛屿就像沙漠中的绿洲，供生物繁衍生息。岛屿形成后，浮游植物、海草、飞虫、鸟类、海洋动物的幼虫都会被洋流带到岛上来，然后定居在这里。少数生物会漂流到远离珊瑚礁、陆地或其他海岛的孤岛上去。

现在已经灭绝的渡渡鸟的模型

加拉帕戈斯群岛上的仙人掌地雀

古老与新兴的物种

在人类到达之前，毛里求斯岛上并没有掠食动物，不会飞的渡渡鸟无忧无虑地生活在这里。但是人类到达之后，它们遭到捕杀，很快就灭绝了。偏僻的加拉帕戈斯群岛形成之后，暴风雨把成群的鸟雀吹到了这里。这些鸟儿在各自的岛上进化，以适应当地环境，所以现在各个岛屿上都有自己独特的物种。

科莫多龙可以长到2～3米长。

大蜥蜴

小的岛屿可能会是许多大型动物的家园。在印度尼西亚的一些小岛上，你可能会遇到世界上最重的蜥蜴——科莫多龙。这些凶残的肉食动物的体重可能会超过70千克，它们的奔跑速度快到可以捕杀鹿与野猪，但是它们通常会采取埋伏策略来狩猎。

这些仿佛坦克开过的痕迹是由爬过沙滩的母海龟留下的。

海龟巢穴

下图中的绿海龟正在菲律宾的一处沙滩上挖巢。偏僻的海岛为它们提供了安全的筑巢点，这里很少出现会吃掉它们的蛋和幼龟的掠食动物。不幸的是，许多海龟筑巢的海滩现在变成了旅游胜地。海龟们通常需要游几千千米，才能到达传统的筑巢地点，这些地方通常是它们出生的岛屿。

海龟蛋

海鸟都市

许多海鸟到了繁殖期会结成密集的群体。春天到来时，成千上万只塘鹅会聚到苏格兰周围的岩石孤岛上进行繁殖。圣基尔达岛上的鸟群中有超过5万对的处于繁殖期的配偶。当它们盘旋在空中或者潜入海中捕捉鲱鱼以哺育幼鸟时，形成了一场极其壮观的空中表演。

椰子小偷

塞舌尔是世界上最奇特的螃蟹——椰子蟹的家园之一。这种长达20厘米的巨蟹生着强有力的蟹钳，可以剪断人的手指头。椰子蟹用蟹钳来爬椰子树，也可以用它切开没熟的椰子。

冻海

南极洲周围的南大洋里生物种群极其繁多，大大出乎意料之外。在冬天，浮冰会覆盖大半个海面，空气温度也降到了–30～–20摄氏度之间。但到了夏天冰雪消融，大群的海鸟、海豹、鲸、鱼类、乌贼等都会到冰冷的海水中猎食。海绵、海葵、海蟹、海星等动物即使是冬天也能在海底蓬勃生长。呼啸的寒风侵袭不到冰盖以下，海水温度会一直保持在–2～0摄氏度。

南极洲的浮冰把太阳光线反射回太空，因此有助于防止全球变暖。

出门捕食的巨型南极蜘蛛

巨型蜘蛛

生活在南极海底冰冷海水中的动物们生长速度非常缓慢，但是多数物种都很长寿，长得也比它们温水海域的亲戚们大多了。巨型南极蜘蛛（如上图）有人的手掌大小，但是生活在英国海域等海洋中的海蜘蛛只有1厘米长。

冰鱼的血液没有血红细胞，体色是灰白色的。它的血液黏稠度很低，所以在寒冷的环境中仍然能够轻松地进行血液循环。

防冻

到了冬天，南极洲周围的海水温度通常都降到普通鱼类血液的冰点以下。而冰鱼却能在这种条件下生活，这是因为它们的血液中含有一种糖蛋白。这种物质的冰点比水的冰点低，所以冰鱼就算是困在冰穴里，它的血液也不会冻结。汽车发动机散热器里防冻剂的工作原理与此相同。

阿德利企鹅在南极的浮冰上度过整个冬天。这只企鹅想要跳入水中，却在犹豫，它害怕水下可能有斑海豹在虎视眈眈。

帝企鹅

帝企鹅的体形比其他任何海鸟都大。它们生活在环绕着南极洲的浮冰上，过着集体群居生活。帝企鹅庞大的身躯可以帮助它们挺过冬季可怕的寒风和低至-30摄氏度的气温。捕鱼时它们至少能潜至水下200米深处，并停留大约20分钟再浮出水面。

冰之坟墓

冬季浮冰下密密麻麻地布满了小孔。小孔里面长满了微型海藻，给浮冰染上了一层奇异的绿色。到了春天浮冰融化，海藻脱困而出，开始繁衍。这些海藻会被很小的磷虾吃掉，磷虾繁殖速度很快，它是冰冷海水中海鸟、海豹、鲸和鱼类的丰富食物。

海星聚集在海豹的呼吸孔下面，以海豹的粪便(固体排泄物)为食。

把热量封起来

斑海豹是种十分凶残的掠食动物。它在水下的移动既快又灵敏，机动性甚至胜过企鹅。海豹在捕食猎物时会消耗大量能量，但是它生有一层超厚的脂肪，把能量封在体内，保持体温。年幼的斑海豹以磷虾为生。这种小虾也是蓝鲸的主要食物。

磷虾虽然只有5厘米长，但当它们成群结队出发时，总共有数百米长，质量有几百吨。

磷虾

正在海底吃东西的南极海胆

海洋迁徙

在1969—1970年，西德尼·金德斯花了74天时间划船横渡大西洋，历经6 114千米的漫长旅程。10年后，雷诺夫·菲因斯爵士徒步跋涉2 170千米到达了南极（1970—1982年），这些都是可写成史诗的历险，但是许多海洋动物每年所进行的迁徙比这些历险的距离长多了。比如说鲑鱼，它们的方向把握十分精确，可以从格陵兰的摄食场游回欧洲地区其出生的那条河，它们可以辨认出故乡河流的气味。海鸟、鱼类和鲸类都能感知地球磁场，它们利用地球磁场为自己导航。鸟类也可以利用太阳和星辰来辨识方向。通过长途迁徙，动物们可以在一个地方摄食，然后到另一个更安全的地点进行繁殖。

灰鲸一度被捕杀得几乎要灭绝，但是今天它们的数量得到了恢复，还有一批又一批的游客乘船到海上观赏它们。

鲸路

灰鲸每年都会从阿拉斯加食物丰足（但却十分寒冷）的摄食场，游到墨西哥西北部半岛安全而温暖的海边潟湖。经过长达9 650千米令人不可思议的长途旅行后，它们在这里产下幼鲸。幼鲸在游回北方的途中有时会遭遇虎鲸的袭击。

不可思议的旅程

欧洲鳗鱼在产卵期要横穿大西洋，一直游到百慕大的马尾藻海。产卵后的鳗鱼精疲力尽，全部都会死掉。这些卵孵化成柳叶状的幼鳗，然后又顺着洋流一路漂流回到欧洲。

欧洲鳗鱼在踏上长长的征程进行繁殖之前，都会在淡水中先生活20年左右。

北极燕鸥的迁徙总是横跨整个海洋，这样在长途旅行中它可以以小鱼为生。

从北极到南极

北极燕鸥每年的旅程长达35 000千米。它们夏天在北极圈附近栖息，一旦冬天来临，就会飞到非洲、澳大利亚和南极洲，这些地方此时正处于夏季。

有磁性的鼻子

大青鲨沿着北大西洋做循环迁徙。它们按顺时针方向随着洋流到达欧洲、非洲，然后又回到加勒比海。它们体内的“指南针”可以侦测到地球磁场的变化，使用“指南针”，大青鲨可以找到正确方向。

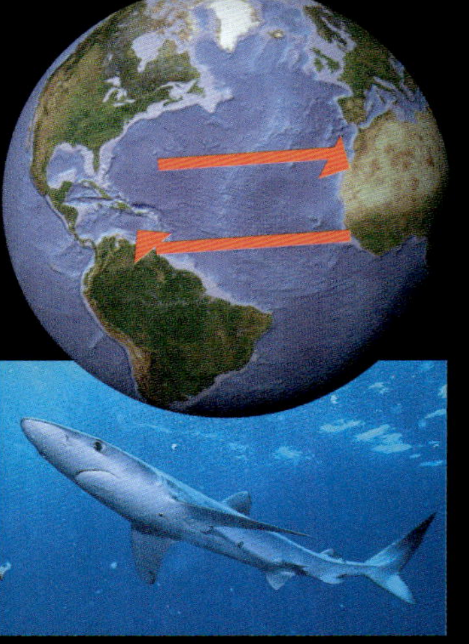

大青鲨曾经是很常见的动物，但是现在由于人类滥捕滥杀，大青鲨已濒临灭绝。

海龟之旅

海龟平时在海中懒洋洋地漫步，一到产卵季节，它就会回到自己出生的沙滩上。大西洋丽龟会全体返回到遥远的墨西哥湾的沙滩上。它们的数量曾经成千上万，但是现在却只有少量存活在世间了。

这些大西洋丽龟爬到哥斯达黎加的海滩上去产卵。

龙虾队伍

热带龙虾多半时间都藏在石缝里，只露出长长的触须。所以当潜水员们看到大队龙虾目标坚定地向前行军时，都非常惊讶。龙虾每年都会到靠近海岸的特定地区产卵，产过卵后再游回来。

完美的平衡

无论是陆地或海洋中的生物都依靠植物生存。没有了植物，动物根本无法存活。植物可以在阳光的作用下制造出自己的食物，将水和二氧化碳转化为糖和淀粉，这种过程被称为光合作用。动物会吃掉植物，呼出二氧化碳，制造出肥料，为植物提供营养。海洋中的阳光只够让海藻和海草在海洋边缘的浅水区生存。海洋中还生存着亿万吨浮游植物，这些只有显微镜才能看得见的微小植物漂浮在接近海面的海水中。

超越食物链

姥鲨只有在寒冷的海域才能发现。它可以长到10米长，是海洋中第二大鱼类(鲸鲨是最大的)。虽然这种鱼体形庞大，却以浮游植物为生，而多数鲨鱼都是食物链顶端的掠食动物。姥鲨张开的大嘴每小时能过滤好多升海水。

鲨鱼是最强的海中掠食动物。大白鲨等大型捕食物种吃海豚、海豹，也吃鱼。宽吻海豚（瓶鼻海豚）吃大量生活在海底附近的鱼类，例如鳕鱼。

海洋中的食物链

多数大型动物不会直接吃浮游植物。吃浮游植物的是小型浮游动物，这些动物转身又会被小鱼吃掉，小鱼又被大鱼吃掉，以此类推。这个系统叫作食物链。但是大多数动物会吃许多种生物，它们由此也成为一种更为复杂的系统的一部分，这个系统被称为“食物网”。

鲱鱼和西鲱是“浮游动物杀手”，专吃大型浮游动物。鲱鱼和西鲱会被鳕鱼等大鱼吃掉。鳕鱼也吃其他海洋生物，构成了宽广的食物网的一部分。

浮游动物包括一生都生活在浮游生物中的桡足动物，还包括螃蟹等生活在海底的动物的幼虫。

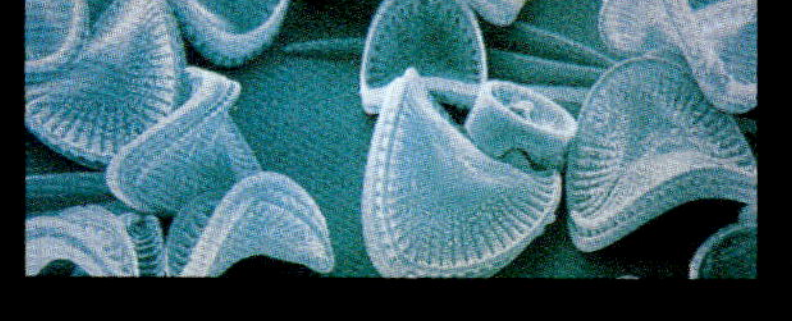

左边是硅藻的扫描电子显微镜照片，硅藻是一种最常见的浮游植物。

平衡

巨型管虫生活在深海火山口周围，它长得有人那么高。这种虫子没有嘴巴也没有内脏，所以不能吃东西。但是它们可以从热液中吸取化学物质。生活在管虫体内的细菌能用这些化学物质为自己、也为管虫制造出食物，这是一个完美而平衡的系统。

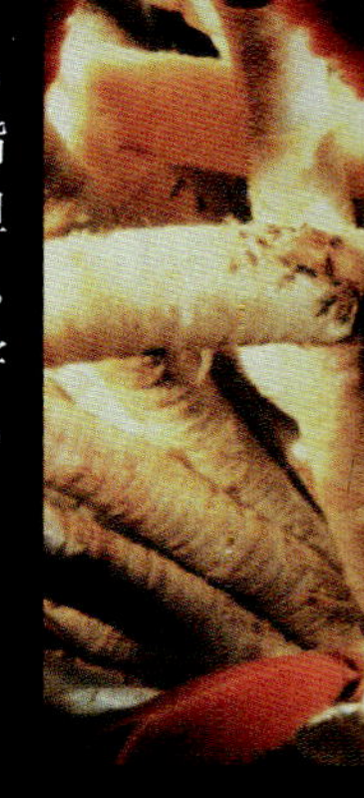

管虫从又硬又白的管子伸出它明亮、红色的腮。

蝠鲼

热带的双吻前口蝠鲼身躯庞大、触角形状怪异，经常跃出水面，能把人吓个半死，所以它们过去得了个可怕的称号——“魔鬼鱼”。人们曾经把它们列为和鲨鱼一样危险的动物，但是当人们开始戴水肺潜水后，潜水员们很快就发现这些优雅的动物温驯得可以被人抚摸。和姥鲨、鲸鲨一样，这些海中巨人只吃浮游生物，它们使用“触角”把充满浮游生物的海水导进嘴巴里。

失衡

加利福尼亚以其美丽的大型水下海藻森林而闻名。不幸的是，海胆军团正在破坏一些森林，它们会吃掉遇到的所有植物。羊头鲷和海獭都吃海胆，但人们过去对羊头鲷和海獭捕杀过度，打破了脆弱的食物链。没了它们，海胆就一统天下了！

伙伴与食客

如何在海中找到个安全的家园，是许多幼鱼、虾、小螃蟹等没有自卫能力、一口就能被敌人吞掉的小动物面临的最大问题。有一个天才的解决方案是找个伙伴一起生活，让那个伙伴当自己的保镖。在珊瑚礁上生活的小动物的最佳选择是巨型海葵，因为海葵拥有刺人的长触手。小丑鱼就和海葵生活在一起，它身上有一层黏液，可以避免自己被海葵刺到。为了报答海葵，这些小鱼担起了管家的职责，它们会为海葵里里外外地清除碎屑。

一条大石斑鱼正让一个辛勤工作的濑鱼清洁工为自己清除牙缝里的食物残渣。

辛勤工作的清洁工

就像野兔和刺猬身上会有跳蚤一样，许多生活在珊瑚礁上的鱼类也会患有小虾似的皮肤寄生虫。寄生虫太过烦人时，鱼儿们就需要洗一个澡来清理清理了。某些特定的小鱼小虾会去吃掉这些寄生虫，一并也吃掉死皮和鳞屑。

公子小丑鱼是小丑鱼的一个种类，它总是紧挨着自己选中的海葵，晚上就睡在海葵里面。

安全庇护所

水母可以说拥有所有动物中最强大的触须，大些的水母可以杀死鱼类并把它们吃掉。因此多数掠食动物都会离它们远远的。一些小鱼就利用这点隐藏自己。在水母所漂浮的开阔水域里，几乎没有其他的庇护所，这些小鱼在水母触须间轻松来去，可以安全地避开外面的危险。

狮鬃水母

小爪仔鱼藏在一个巨型浮游水母的触须中。

公子小丑鱼和大海葵在一起。

搭便车

有些动物既免费搭宿主的便车，又分享宿主的食物。这种颇有点单方面的关系出现在鮣鱼身上。鮣鱼是一种粘在鲨鱼、海龟、鲸等动物身上的小鱼，自己会游泳，常常更换伙伴。而海葵会一直附在寄生蟹所藏身的螺壳上面，直到这些螃蟹找到一个更大的贝壳“搬家”。

栖息在寄生蟹贝壳上的海葵。

附着在灰鲸身上的藤壶和海虱。藤壶总是定居在鲸类厚厚的皮肤上。

两只俗称“吸盘鱼”的鮣鱼正在搭一只红海龟的便车。

致命的食物

色彩艳丽的海蛞蝓是黄蛞蝓的亲戚，它们能吃掉海葵和海参身上刺人的触须。这些动物不会把触须消化掉，而是把它们存放在背部柔软的地方。它们就这样使用偷来的刺防卫鱼类的袭击。这只彩虹海蛞蝓（见下图）吃掉了一只大型管海葵的所有触须。

生存

陆地上的哺乳动物和鸟类加起来大约一共有1.4万种，而海洋中的鱼类数量差不多也有这么多。每个物种都面临着既要找到食物，又要避免自己成为食物的问题。为了生存，许多物种善于伪装，而其他的则拥有可用于防卫或攻击的武器，有时两种用途都得派上。所以鱼类世界里出现了一些长相奇形怪状、生活方式十分怪异的鱼。

睡鹦鹉

鹦鹉鱼鱼如其名，身上颜色五彩缤纷，牙
连成了一个鹦鹉嘴巴似的硬喙。它们白天忙着
珊瑚（珊瑚是它们的食物）。到了晚上，精疲
尽的鹦鹉鱼就钻进石缝里睡觉。许多鹦鹉鱼身
都糊有一层黏液，这种黏液可以防止肉食鱼类
出它们的踪迹。

原地不动

花园鳗一旦遇到危险，就会缩回到它们的洞穴中。这种奇特的鱼成群结队地生活在珊瑚礁附近的沙地中。它们动作优雅地左右摇摆，从居住的洞穴里直起身子，捕食经过的浮游生物。它们对振动及戴水肺的潜水者呼出的气泡的声音非常敏感，因此要想在水下拍到它们的照片是很困难的。

斑点花园鳗生活在红海和印度洋温暖的海水中。

自我防卫

刺鲀出外捕猎螃蟹和海螺时，会把身上的刺全折叠在身体上，看起来完全无害，就像豪猪通常做的那样。如果它遇到攻击，就会立即吸入大量海水，让自己膨胀成球状。刺尾鱼则使用尾巴上的两只尖刺进行自卫。

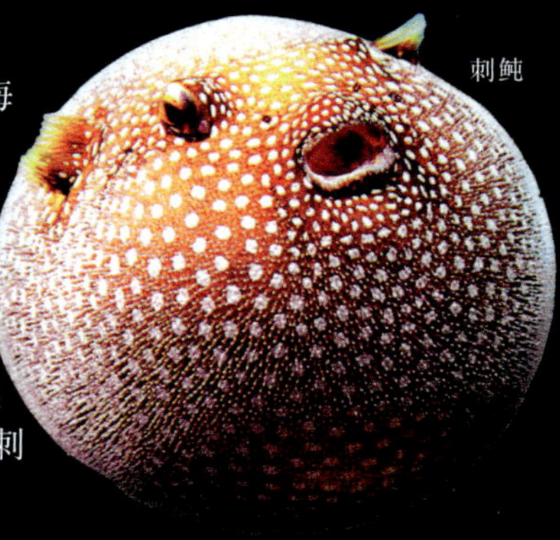

刺鲀

很少有掠食动物敢攻击完全膨胀起来的刺鲀。

叶海龙

叶海龙是海马的近亲，生活在海藻中，它们身上长长的缨缨可以为这种怪异的生物提供伪装。

锤头鲨

锤头

鲨鱼除了拥有一流的嗅觉，也有极好的视力。锤头鲨的眼睛生在锤头似的扁平的头部两端。锤头鲨的头一直动来动去，这样它就可以看清所有方向的东西，它的头也起到了船舵的功用。

这只鳚鱼假装成清洁鱼，装出一副准备为大鱼清理烦人的寄生虫的样子，但是它却飞快地冲过去狠狠咬下大鱼的一块肉，让大鱼大吃一惊。

假清洁鱼

电击战术

电鳐有种不同寻常的能力，它能电击碰到它的潜水员、渔民或肉食鱼以示警告！电流是由电鳐“翅膀”上特别的器官产生的。电鳐使用这种能力电晕或杀死别的鱼，把它们当作自己的食物。它会安静地伏在海底，等待鱼儿游到它的攻击范围之内。

石纹电鳐

杀手

当我们提到危险的海洋生物时，多数人都会把鲨鱼称为恶棍。但实际上相反，鲨鱼都应该得到尊重，因为它们中的绝大多数很少袭击人类。大多数能伤人甚至能杀人的海洋生物很小，看起来一点儿都不危险。例如水母、海蛇、某些鱼类、海贝、章鱼等都长着有毒的牙齿或刺。一些动物使用毒液捕捉猎物，但是只有当我们不小心踩到它们或者捡起它们时，它们才会叮人或咬人。这些动物只是在自卫而已。

海蛇

海蛇多数生活在印度洋和太平洋温暖的热带海水中。潜水者经常在珊瑚礁上看到巨环海蛇（见右图）。它们使用特别扁的尾巴灵活地游来游去，捕捉藏在石缝或沙坑里的小鱼。海蛇咬起人来就跟眼镜蛇一样致命，但是多数海蛇都是害羞、温驯的，除非被惹火，否则它们并不攻击人类。海蛇致人死亡的多数案例都是海蛇被渔网缠住才咬了渔民的。

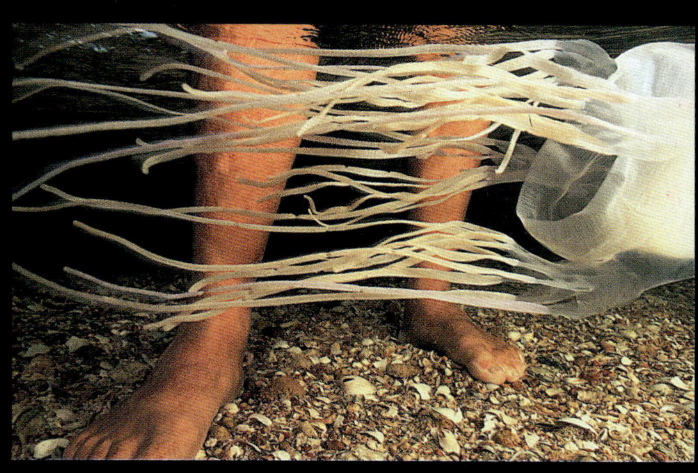

致命的箱子

每年到了特定时间，澳大利亚北部海岸的许多海滩都会封闭起来，不对游泳者开放。这些地区是箱水母（又称黄蜂水母）的出没场所，它们是世界上最毒的动物。这种漂亮的生物蜇起人来特别疼，在几分钟之内就可以致人死亡。箱水母那致命的触须从箱形头顶的各个角落里成簇垂下来，挨过它们蜇的幸存者会留下明显的伤疤，提醒着他们曾与死神擦肩而过。

受到蓝环章鱼伤害的主要是澳大利亚度假者，他们在海滩上的海贝中或石头下面发现了这种小章鱼，然后就倒了霉。

蓑鲉或名狮子鱼，蜇起人来特别疼，但是并不致命。

石头鱼生活在热带浅海中，是世界上毒性最强的鱼类。

蓝环杀手

与那些触手伸出来能抱住一辆公共汽车的巨型章鱼相比，小蓝环章鱼的尺寸连人类的一只手掌都比不上，它们看起来没有一点危害。但是事实恰恰与此相反。虽然它蜇起人来一点儿都不疼，却能在几分钟内杀死一个人。受害者先是被麻痹，接着就停止了呼吸。

石中剑

蓑鲉和石头鱼不会受到掠食动物的侵袭，因为它们的鱼鳍内生着有毒的尖刺。蓑鲉外表艳丽，颜色红白相间，很容易被发现，它的颜色在警示我们要离它远远的。与此相反，石头鱼则是伪装高手。踩到石头鱼的话，你就死定了，因为它身上剑一般的尖刺蜇起人来是致命的。

收集贝壳

芋螺漂亮的外表掩盖了它们致命的本质。这些热带贝壳在珊瑚礁和岸边活动，寻找着鱼类或其他猎物。它们投出长喙顶端的小“鱼叉”进行攻击，一剂毒液就可以要人命。不是所有的芋螺都有毒，但是有些能杀人，所以永远不要碰这些贝壳。

线纹芋螺那有毒的小“鱼叉”

赤潮

下图中海面上的红色条纹不是因为石油或污染物，而是由无数个名叫腰鞭毛虫的微型单细胞生物造成的。污水注入海中导致了海水富营养化，使腰鞭毛虫类有毒生物迅速繁殖，出现了赤潮。腰鞭毛虫是种繁殖速度飞快的浮游生物。有些种类是有毒的，如果人类吃了在这个地区摄食的贝类，就会得重病。

腰鞭毛虫有多种复杂的形状，不是所有的腰鞭毛虫都有毒。

潜到水下

现在的水肺潜水装置既轻便又好用，样式还多姿多彩。如能接受正确训练，就连12岁的小孩也能学会安全潜水——把空气装在圆柱形容器内，背在背上。水肺潜水者的正常水深限制是50米。如使用特殊器材的话，科学家、探险家和摄影师都可以突破50米限度，到海洋下面自由遨游，但海中最深的部分人类还不能潜下去。

水下摄影

拍摄专业水下影片所需的器材体积很大，而且很昂贵，但是也有许多相对而言较便宜的水下摄像机可供普通潜水者使用。游客们甚至可以购买一次性水下摄像机。如果让1893年进行首次水下摄影的路易·布唐看到这些新器材，他一定会惊呆的。

这名潜水员正在用Betacam SP摄像机拍摄水下影片。

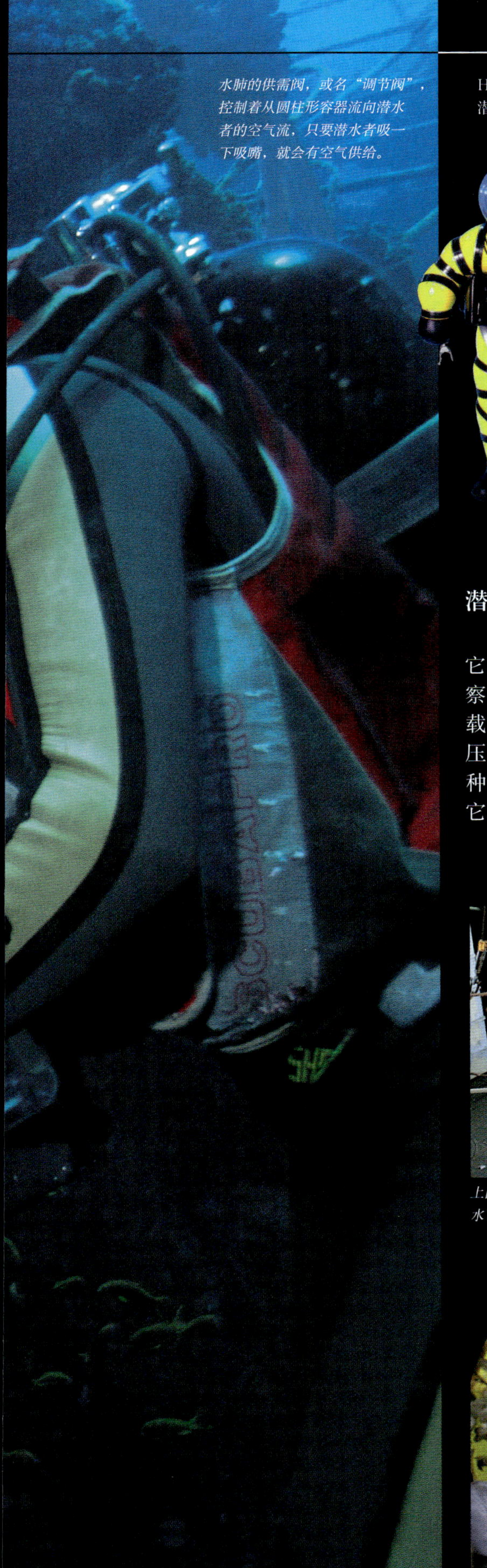

水肺的供需阀，或名“调节阀”，控制着从圆柱形容器流向潜水者的空气流，只要潜水者吸一下吸嘴，就会有空气供给。

HS1200 潜水服

HS2000 潜水服

这些潜水服上的液压钳可以当手用。

穿着HS2000潜水服的潜水员可以潜到500米深处，在水下能待6～8小时。

潜水服

想象一下乘着量身定做的潜水艇在海底漫步是怎样的情景吧！穿着潜水服就跟乘坐量身定做的潜水艇一样。这种坚硬的衣服里面的气压和海面上的气压相同。这就意味着潜水员不会被海底深处巨大的压力挤碎。

潜水器

潜水器就像微型潜艇一样。它主要供科学家们潜到深海做考察，但是现在有一些潜水器也搭载游客。乘坐潜水器的人们受抗压舱的保护。该船体内填充了一种叫复合泡沫塑料的很轻的物质，它可以帮助潜水器浮起来。

RSL潜水器有个由厚厚的丙烯酸塑料制成的透明观景窗。乘客们透过它可以看到美丽的水下景观，但是这种潜水器只能潜到大约244米的深度。

上图中的“索罗”号遥控潜水器用于北海油田的管道检测和其他水下工作。

遥控潜水器

遥控潜水器是用于考察、摄影、测量、收集水下标本等用途的无人潜水器。它通过一根长长的线缆与母船连接在一起。摄像机将图像传给母船上的操作员，操作员可以如身临其境般地操作潜水器。科学家们可以通过互联网，使用卫星链路跟踪它的即时动作。

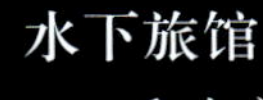

水下旅馆

和太空旅行一样，水下度假现在也成为一种可能。加勒比海、美国佛罗里达州都出现了旅游观光潜艇，游客们可以住在一个名叫“朱利斯海底旅馆”的旅馆里。不间断的水下生活纪录为69天19分钟。

海洋考古

海水会使金属生锈、木头腐烂、玻璃分解，但是它也可以将船只残骸和人工制品埋在流沙或泥下，把它们好好地保存若干世纪。对于历史学家和考古学家来说，这样的“时间胶囊”是储存大量信息的宝藏。而其他人搜寻船只残骸则是为了找到珍宝——钱币、金子、贵重瓷器，甚至美酒！一般人很少能得手，但是在1985年，一个名叫梅尔 · 费希尔的美国人在美国佛罗里达海岸以外发现了一艘西班牙沉船，这艘船是在1622年沉没的，上面载着40吨金子、银子和翡翠。

1944年珍珠港事件中处于炮火攻击中的“山鬼山丸”号

所罗门群岛新乔治亚地区的日本军舰残骸

“玛丽 · 罗斯”

1982年10月11日，英王亨利八世的旗舰“玛丽 · 罗斯”号在沉没437年后，第一次重见天日。它的船体被打捞出了海面，现在正静静地躺在英国朴次茅斯市皇家海军基地的一个博物馆里。在打捞这艘沉船之前，潜水者和考古学家们花了10年的工夫，对船只进行了详细的测量、记录和挖掘。他们找到了几千件物品，包括从鞋子、梳子到弓箭等。

右边的图片显示的是博物馆里喷涂了防腐化学药品的“玛丽 · 罗斯”号。

“玛丽 · 罗斯”号模型

“玛丽 · 罗斯号”上的白镴水壶

从旧到新

第二次世界大战期间沉没了许多船只和飞机。对于许多勇敢的军人而言，这是个悲剧结局，但是对于沉船而言，这是新生命的开始。船只沉没没多久，植物和动物就迅速在上图所示的日本战舰上安了家。在热带地区，不出几个月，一只生锈的废船就可以变成生机勃勃的人造珊瑚礁。

葬身大海

沿着英国多塞特地区莱姆里吉斯的海岸边漫步，就好像走过数百万年的历史。这里的悬崖和海岸布满了古代动物的化石，比如说下图中显示的鹦鹉螺化石。鹦鹉螺死后，先是被埋在海洋底部的泥沙中，后来经过复杂的化学过程，变成了化石。

宝藏猎人

每只沉船都是有主人的。古代沉船通常归国家政府所有。大多数国家对发现沉船的人能拥有多少“宝藏”都有规定。打捞公司通常和沉船船主或政府订有协议。

这个鹦鹉螺化石大约有2亿年历史。

18世纪的西班牙金币

布满海洋生物的罗马广口瓶

这艘美国战斗机格鲁曼F6F–3“地狱猫”的残骸吸引了各种各样的珊瑚礁鱼，潜水员和海洋历史学家对它非常感兴趣。

来自海洋的收获

世界各地的人都会从海洋中获得他们需要的东西，许多生活在贫穷的海边的人们完全靠捕鱼来取得食物和生活物资。在东南亚，有许多生活在海边的居民依靠水产业，也就是海中“耕作”来维持生活。海带、巨蛤、牡蛎、虎虾、遮目鱼等都是渔民们的“庄稼”。马来西亚的海上吉普赛人——巴乔人一生都在海上度过，一直生活在他们的船上。通常他们到岸上只是为了埋藏逝者。

生活方式

在欧美等发达地区，有成千上万的人把捕鱼当成了一种生活方式。上图照片是一艘欧洲双桅捕虾船正在收集猎物。许多家庭数个世纪以来一直以捕鱼为生，但是过度捕捞已经使海洋中的鱼类存量急剧减少。在一些地区，全体渔民已经停止捕鱼。将来陆上养鱼场和室内孵卵处可能会成为鳕鱼等常见鱼类的主要生长地。

贻贝　玉黍螺　鸟蛤

好好洗干净后，手工拾取的贝类就成了美味的免费食物。

活的，活的！

在欧洲海岸上，人们很容易就可以捡到许多鸟蛤、贻贝和玉黍螺。对于世界存量而言，手工拾贝不会带来什么大问题。但是对于使用了商业机器，比如说鸟蛤捕捞船的地区而言，这些贝类很快就变得相当稀有了。

海洋药物

世界各地的珊瑚礁上都生长着许多色彩缤纷的海绵。有些海绵能制造出强效化学品，以防止其他生物侵袭。科学家们发现其中一些化学品可以用来治疗疟疾和癌症等病症。每当发现一种有用的海绵化学品，科学家们都会努力在实验室里把它们复制出来，以避免过多采集野生海绵。

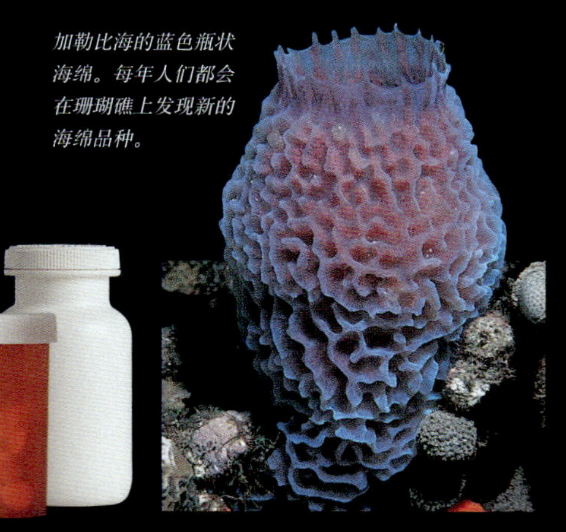

加勒比海的蓝色瓶状海绵。每年人们都会在珊瑚礁上发现新的海绵品种。

海带绳

世界上热带地区的许多发展中国家都会种植海带，为家庭创造收入。海带可以用作食物、肥料或其他产品的配料。人们把小株海带系到绳子上，在海中立桩标出界线（如右图），而且通常都会把塑料瓶系在绳子上做浮子。海带长得足够大时，会被收到陆地上晒干。

一串珍珠贝

珍珠是海中最贵重的天然产品之一。牡蛎的壳内进入刺激性物质时，它会用一种叫作珍珠母的闪亮、光滑的珍贵物质把它包裹起来。南太平洋的珍珠养殖户把牡蛎挂在绳子上，他们把小片碎贝壳放进它们体内，好让它们产珍珠。

一个潜水员正在检查他的珍珠是否健康，绳子是否有磨损或毁坏。

有许多种牡蛎和贻贝能产珍珠，但是这些珍珠并不总像上图中的那么完美。

养殖的鲑鱼

鲑鱼养殖

在北欧地区，人们可以在大多数超市里买到鲑鱼。多数鲑鱼并不是野生的，而是来自苏格兰和挪威的养鱼场。这些鱼是在海中悬浮的围栏网箱中长大的。如左边的照片，人们正在给鲑鱼喂小颗粒鱼食。

影响海洋

人们曾经认为海洋是如此辽阔，什么东西都影响不了它。然而，这话现在已经不是事实了。现代科技的快速进步，以及人口高速膨胀和对海洋管理的欠缺，使海洋产生了一些严重的问题。过度捕捞就是最严重的问题之一，其他较严重的问题有流入海中的污水、泄漏的石油和抛弃的垃圾，以及对珊瑚礁的破坏等。只有各个国家和政府一起努力，才能解决这些问题，保护自然生态平衡。

一只驼背鲸在潜入深水前抬起了巨大的尾鳍。

抹香鲸的鲸脂可以用作润滑剂，也可以制成蜡烛。

磷虾问题

多数国家都已禁止商业捕鲸，南极洲周围的南大洋大部分地区现在是鲸类保护区。但是日本和挪威仍然可以合法捕鲸。磷虾这种小虾是许多鲸的食物，现在南大洋地区的磷虾遭到捕捞，给所剩数目不多的鲸类造成了新的威胁。

过度捕捞

鳕鱼曾经是北大西洋地区最丰富的鱼类。它十分常见，以致于北大西洋地区的居民都以它为生。但是现在由于应用了现代捕鱼手段，人们跟踪鱼群，用拖网一下子就能捞起数量可观的鱼，因此鳕鱼数量骤减。现在一些地区已经禁止或限制捕捞鳕鱼，期望着鳕鱼数量能有所增长。

虽然鳕鱼能活至少二三十年，但事实上现在的北海地区已经没有年龄超过4岁的鳕鱼了。

北极地区的进步

荒凉的北冰洋也许是开发程度最少的海洋，主要原因是人们很难在这里开展工作。在20世纪七八十年代，每年有数千头幼年格陵兰海豹因为其白色皮毛遭到捕杀，但是现在这种事件已经没有了。因纽特人捕猎海象和海豹，只是取衣食所需的极少的数量。

印度尼西亚海边的这座小木屋处于一堵用珊瑚石建起的墙壁的保护之下。

采挖珊瑚

印度洋上有许多小的岛国，如马尔代夫。这里的度假胜地深受游客的喜欢，人们可以在这里参观珊瑚礁和美丽的海滩。许多接待游客的旅馆和防波堤都是用珊瑚礁上采来的珊瑚石建起的，因此珊瑚礁遭到了破坏。

人们可以根据鲸的尾鳍辨识出各种鲸类。

石油泄漏

在全世界各个海洋中都会发生石油泄漏。石油泄漏主要原因是油轮搁浅。如果石油流到岸上，特别是附近有大群海鸟或海豹的地方，会对环境造成重大损害。非法清洗油轮和频繁的石油泄漏也会对海洋生物造成危害。在海上可以用清洁剂处理石油泄漏，但是许多生活在岸上的动物对这些化学药品非常敏感。

夏威夷瓦胡岛珍珠港的一艘油轮发生了石油泄漏

在1996年英国威尔士地区“海皇后”号发生的石油泄漏灾难中，这只海雀被糊了一身的油。即使是得到了清洗，多数被石油污染的海鸟也会死亡。

遥测

了解海洋的状况是海洋学家的工作。以前要想测量海水温度、洋流、海浪和海水清澈度，得花上数周的时间。但是今天，卫星可以通过测量电磁辐射获取这些信息，然后把这些资料传到计算机里进行解读，得到温度、颜色、浪高和洋流速度等信息。

欧洲遥感卫星1号（ERS-1）

海洋测量

ERS-1卫星环绕地球运行，采集着海岸线、海洋和极冰的数据信息。现在全球的科学家都用它来研究气候的变化。卫星感应器探测的不是拍照所需的可见光，而是可以穿透云层的微波。

欧洲遥感卫星1号（ERS-1）是在1991年7月17号由阿丽亚娜4号火箭发射到轨道上去的。

暖流

海洋表面的温度都是由专门探测红外辐射的卫星感应器测量出来的。右图图像来自美国国家海洋大气局11号卫星（NOAA-11），显示的是墨西哥湾暖流。墨西哥暖流是一股携带巨大热能的暖流，发源于墨西哥，由南向北经美国佛罗里达地区，流到英国。没有这股湾流，英国会和格陵兰岛一样寒冷。图中的红色和黄色代表温水，蓝色和灰色代表冷水。

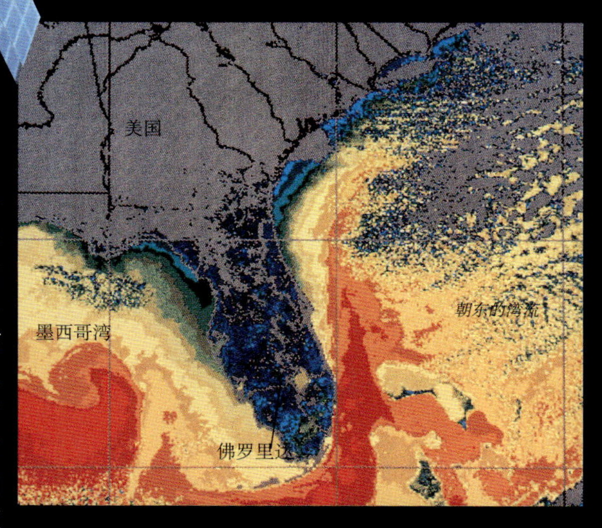

日本金枪鱼

金枪鱼的灾难

现代化的渔船充分利用了卫星、计算机和声呐等技术，以协助发现和捕捞鱼群。声呐可以把声波发射到水中，如果遇到鱼群，声波便会反射回来。人们测量出声波返回所需的时间，利用这些数据精确地定位有捕捞价值的鱼群位置。有时候为了找出珍贵的金枪鱼群，人们还会用到轻型飞机。令人难过的是，这些现代化的手段太高效了，以至于蓝鳍金枪鱼等很多种群变得非常稀有。

人们用钓线捉住鲨鱼，然后用一张“吊床”把它安全地拖上船。

沙洲呈现浅蓝色，深水海峡或泻湖呈现深蓝色。

沙子日积月累，再加上漂过珊瑚礁的其他沉积物，最终形成了沙岛。风吹来的植物的种子为这些年轻的岛屿带来了植被。

鸟瞰图

人们利用太空照片观测海岸线和珊瑚礁，并监测石油泄漏所造成的影响。飞机上拍的照片，可以让人进行近距离的观察，而卫星则可以覆盖更大的区域。这张图片拍的就是盖尔环礁，它是太平洋中的一个环形珊瑚礁（即环礁）。在一段时间内进行密集的持续监测，就可以记录下沙洲以及生长在沙洲上的植被的变化。

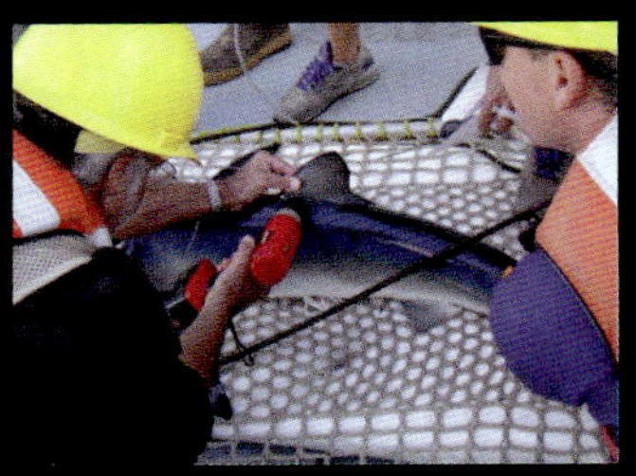

人们利用特殊工具，把标签迅速贴在了鲨鱼的背鳍上。

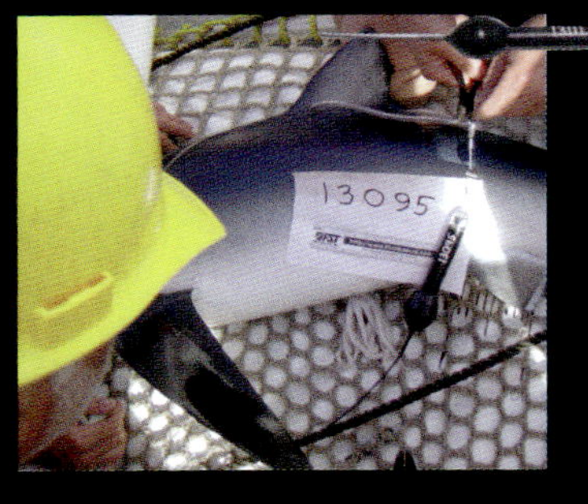

这是一种用于跟踪鲨鱼和其他大型海洋动物的标签。

卫星跟踪标签被贴好后，人们记录下标签的号码，然后小心地把鲨鱼放回海中。

卫星跟踪

卫星跟踪标签可以被用来跟踪大型动物的行动轨迹，如鲨鱼、鲸和海龟等。这些标签记录了这些动物的位置，等它们浮上水面时，标签会把这些信息传到卫星上去。通过跟踪蓝鲸和蓝鳍金枪鱼等濒危物种的行踪，科学家可以制定出针对这些动物的保护计划。

液体世界

当工程师尼古拉斯·奥托在1876年发明了第一台四冲程燃气内燃机时，他可能从来没有想到有一天他的发明会改变我们的气候和海洋。汽车所用的引擎正是基于他的设计制造出来的，现在每天有数不清的汽车在喷出含有二氧化碳的汽车废气。二氧化碳气体把太阳的热能困在里面，这正是全球变暖的原因之一。一些科学家预言全球变暖会导致海平面上升，第一个原因是极冰会融化掉，第二个原因是温暖的海水要比冷水占用更多空间。

正在融化的冰

没人能肯定全球变暖是否正影响着北极和南极的冰盖。但是已经出现了一些让人不安的迹象——阿拉斯加的哈伯德冰川（见左图）正在变小，南极洲的气温正在抬升。

厄尔尼诺现象

每隔几年，太平洋上海风类型与水流的变化都会造成一种被称为“厄尔尼诺”的现象。一股由南向北的强劲寒流——秘鲁寒流（又称洪堡寒流）的海水温度异常升高，使南美洲西海岸秘鲁附近海域水温升高，造成了大雨和飓风，凤尾鱼等鱼类的食物来源也被切断。

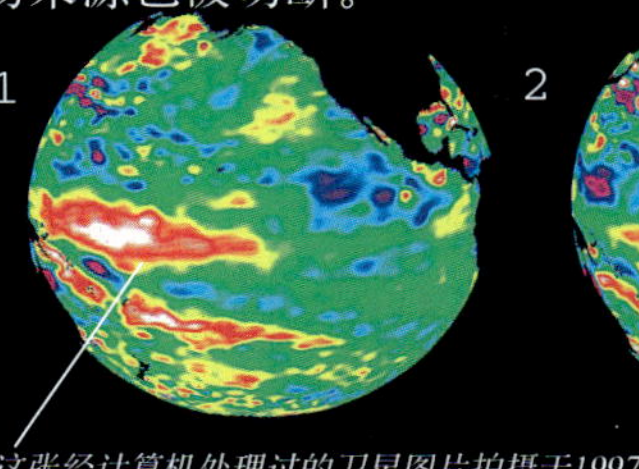

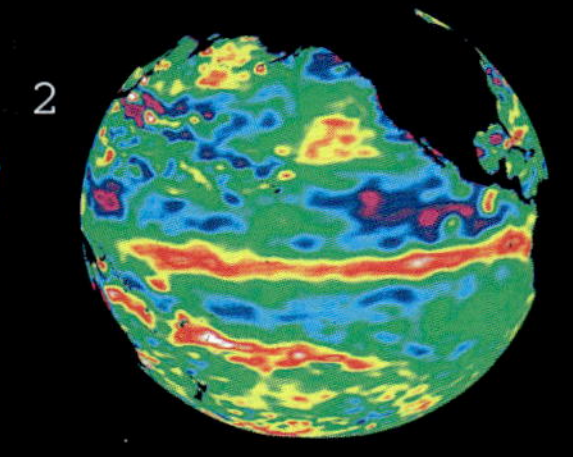

这张经计算机处理过的卫星图片拍摄于1997年4月25日，图上显示有一个地区的海水异常温暖。这就是厄尔尼诺的起始之处。全球变暖可能加剧了厄尔尼诺现象的发生。

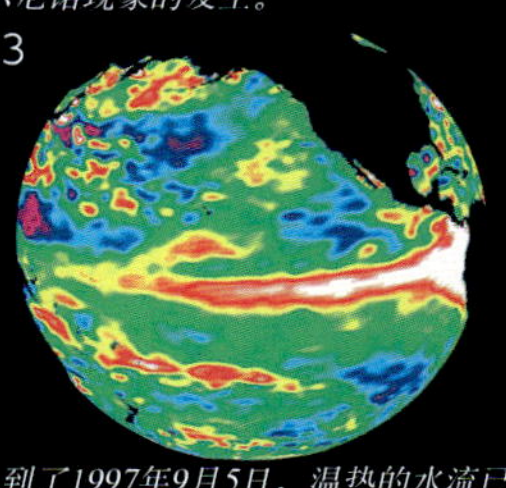

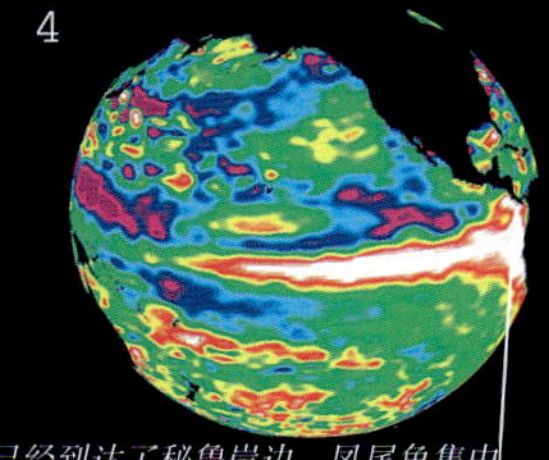

到了1997年9月5日，温热的水流已经到达了秘鲁岸边，凤尾鱼集中在这里，因此受到了影响。没有了凤尾鱼，许多鸟类死掉，渔民面临着非常艰苦的境况。

世界并非如此安静

知名潜水家雅克·库斯特奥给他的关于海洋的新书起名为“安静的世界”。令人伤感的是大海已经不再是安静的地方了。石油开采、商业船运、科学试验、海军演习等所产生的噪声也许已经惊扰到了鲸和海豚。这可能是这些动物有时会在岸上搁浅的原因之一。

瓶鼻海豚

风能等“可替换”能源，或名“可更新”能源，不会产生二氧化碳和其他废物。但是因为效率和价格影响，它们还无法完全替代石油。

清洁能源

以石油、煤及其他“矿物燃料”为能源的发电厂会向大气释放大量的二氧化碳，从而加剧全球变暖。这就是为什么要发展出一种“清洁”的方式来生产电能，如利用风能、太阳能、潮汐能等。左图是美国加利福尼亚的利弗莫尔风力发电厂。

潮汐发电

这是建在法国朗斯河上的潮汐发电站。潮汐通过水闸门时产生动能，带动涡轮发电机，产生电能。然后人们在潮落时关闭水闸门。水流经24个涡轮机，产生大约2.4亿瓦电力。

挡潮闸只有遇到大潮才能工作。这座水坝的潮高是13.5米。这个挡潮闸有750米长，它制造了一个面积达22平方千米的人工湖。

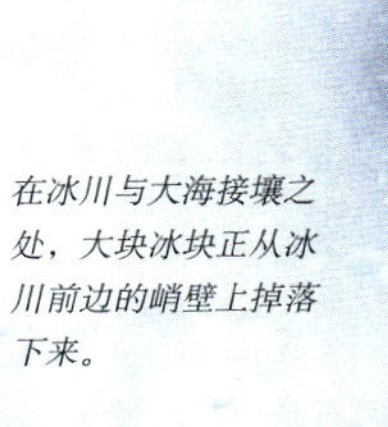

在冰川与大海接壤之处，大块冰块正从冰川前边的峭壁上掉落下来。

变化

我们周围的世界和海洋无疑正面临着许多问题。我们经常能在新闻上听到全球变暖、过度捕捞、大范围海上石油泄漏等新闻。政府需要采取措施解决这些问题，但是我们个人也应该采取些行动。比如说，如果游客拒绝购买鲨鱼颌骨、海龟壳等纪念品，渔民就会停止捕杀这些动物了。在一些比较受欢迎的潜水景点，活着的鲨鱼比死了的更值钱，因为来潜水的游客肯花钱观看它们。

大西洋丽龟，曾经一度为数众多，但是今天却是所有海龟物种中处境最危险的一种了。洋流经常把它们的小海龟从美国冲到欧洲去。

海洋"外侨"

轮船在海上航行的时候，有时船身或者货物中会携带一些动植物"偷渡者"。"日本草"（马尾藻）就是这样从日本到达英国的，现在英国的南海岸长满了马尾藻，要想除掉它们，比登天还难啊。

捕捞对海鹦的影响

苏格兰以北的设得兰群岛是成千上万只海鹦的家园，它们把巢安在峭壁上面的洞穴里。但是在20世纪80年代，海鹦的数量却急剧下降。原来渔民过度捕捞鳗鲡，从而导致海鹦没有足够的食物喂养雏鸟。

大西洋角海鹦

海鹦需要大量鳗鲡来喂养雏鸟。最近实行的捕捞控制使鳗鲡数量增多了。

布伦特·斯帕

布伦特·斯帕是一个重达3 900吨的北海石油钻井平台。这个平台报废后，它的所有者计划把它沉入海底。公众对于此举可能导致的污染问题发出了强烈的抗议，最后人们不顾成本，在岸上拆卸了平台。普通百姓取得了胜利。

海龟逃逸装置

虾进龟出

在海洋中发现的6种海龟中，大西洋丽龟是最珍稀的物种。在墨西哥湾，不少大西洋丽龟被捕虾船所撒的拖网捕获，因为它们无法浮到水面呼吸，很多海龟被淹死了。幸好科学家们发明了一种带有“逃生门”的网（见上图），既可以使大西洋丽龟顺利逃脱，又不减少虾的捕捞。

肯氏丽龟

在中美洲伯利兹地区的一个海洋保护区内，一名潜水员正与鱼儿一起嬉戏。

海洋保护区

全世界有许多海洋公园和海洋保护区，这些地方禁止或限制捕捞和采集海洋生物。海洋保护区为鱼类和其他海洋生物提供了一个安全的避难所。在这张图片（见上图）中，这些鱼非常驯服，但是可以受到如此保护的海域实在少得可怜。

白色污染

海滩垃圾成了一个很严重的问题。它们来自轮船、渔船、游客和下水道等。塑料的降解需要很长时间，所以对野生动植物危害特别大，甚至是致命的。虽然很多海域都禁止轮船倾倒白色垃圾，但是问题依然存在。志愿者有时会组织起来到海滩上去清理这些垃圾。

气象奇观

地球上最具杀伤力的自然力量是什么？跟随我们进行一次全球之旅，沿途一起去发现和体验不同的气候类型和自然的力量吧！无论是低温雾气还是阳光美景，是多变的云朵还是晶莹的雪花，是肆虐的狂风还是呼啸的洪水，都是大自然赋予我们的气象奇观。

运动不息的行星

人们的生活和天气息息相关，这种依赖关系体现在方方面面，可谓数不胜数。农民依靠雨水浇灌庄稼，水手利用海风扬起风帆，度假者则尽享阳光的恩泽。然而，地球上的天气却是最难以预料的。我们星球的大气始终处于不稳定的状态，由于太阳能量所引起的大气和水汽的不停运动，酝酿着大气风暴。有时候这种大气运动能的突然释放，会引起无法预料的灾难，比方说龙卷风能把汽车卷入空中乱舞，5级飓风能把城市变成废墟。不过气象学家们已经有能力更准确地预测出大多数灾难性天气可能袭击的下一个目标。尽管如此，天气仍然是现今作用于我们地球的最具杀伤力的自然力。

蓝色星球

地球表面3/4的区域都是水。水受热蒸发，空气中于是充满了看不见的水汽。当温度降低时，水汽冷却形成云，最终以雨水或雪花的形式返回地面。如果没有水在大气中的这种循环运动，陆地上则不可能有生命存在。不过，水一方面孕育了生命，另一方面，它也是引起从飓风到冰雹等诸多致命天气的元凶。

天气变化的原动力

地球接受阳光热量的不均匀会引起地球天气的变化。热带地区比两极吸收了更多的热量，而这种受热的不平衡使地球大气中的空气和云层不停地运动。太阳本身也有“天气变化”，比如：强烈的太阳风暴突然从太阳表面喷发，太空中充斥着带电粒子流。当这些带电粒子流同地球高层大气的带电粒子碰撞时就会产生绚丽的极光。

多灾的地球

最具灾难性的天气通常是伴随着风暴云的吹袭来临的。即使是规模很小的风暴，其中只要有一道闪电击中目标，就可能造成人员伤亡；而规模稍大的风暴更是可以随意地运用它的各种武器。例如超级单体云（积雨云）会把冰雹砸向地面，并引起龙卷风——能把位于其路径上的任何物体都吸入空中的强烈旋风。如果龙卷风恰巧经过水面，便会导致海龙卷，就像发生在美国佛罗里达州外海的那次海龙卷一样。但是，最具杀伤力的气象灾难绝对是飓风无疑，它每年都会致使数百人死亡。

水能载舟亦能覆舟

没有雨，地球上的人们都会挨饿。雨水对于农作物的种植至关重要，尤其是水稻——这种世界上一半人口赖以生存的农作物。水稻必须在灌水的水田地里生长，所以只有那些降水丰沛的地区才能种植水稻。例如：季风雨丰沛的印度和尼泊尔，只能在湿润的夏季种植水稻；而处于赤道附近的地区，一年四季都可以种植水稻。但是如果大雨经常发生，雨水过多过频的话，也会引发洪水。与其他灾难性天气相比，洪水能带来更多灾难，它会摧毁更多房屋，让更多人死亡。

雨季时，印度加尔各答地区的洪水

水田是人们特意放水淹没土地以便种植水稻的田地。人们把种子种在湿泥中，到了水稻成熟时节，人们便放掉水田中的水，收割稻谷。

中国的水稻田

干裂的土地

即使是处于湿润地区的国家，也有可能出现连续很长时间都不下雨的情形，这就会导致干旱。它和雨水过多一样，都是致命的灾害。当干旱发生时，曾经肥沃的土壤变成了沙土，并在令人窒息的沙尘暴中被风吹走，土地的养分也被剥夺了；在另一些地区，土地被烘烤得异常坚硬，因为收缩而产生裂缝。如果一场严重的干旱引起大范围的饥荒的话，可能会导致几百万人死亡。

在冰冻地带生活

地球是个有极端气候的星球。沙漠地区处于烈日的烘烤下，而两极地区却在冰层覆盖下颤抖。严寒天气有其自身的各种灾害，比方说雪崩、冰雪暴和致命的乍冷天气。不过它也能产生奇妙又美丽的云层，以及神奇的“冰虹”——冰晶造成的彩虹。

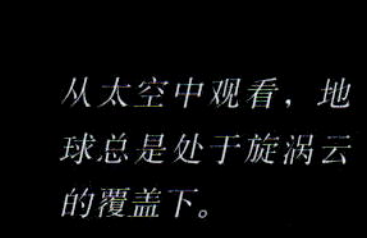

从太空中观看，地球总是处于旋涡云的覆盖下。

大气

从太空看地球，你会发现地球被一层淡蓝色的雾霾所覆盖，这层雾霾就是大气。大气是空气和水汽在地球引力的作用下覆盖于地球表面而形成的保护层，它为地球上的生命提供了生存的可能。令人惊奇的是，大气非常薄。如果你能驾车从地面笔直向上穿越大气，不到10分钟就可以穿过最低层，即对流层(所有的天气现象都发生在对流层)；几个小时就可以到达太空。因为地球引力的作用，对流层是大气中密度最大的一层，包含了80%的空气和几乎全部的水汽。在太阳热量和地球自转的共同影响下，对流层中的云和空气，总是处于不停地运动和旋转状态。在地球大气高层，当地球大气越来越稀薄，逐渐进入近似真空的太空中时，大气就逐渐消失了。

大气分层

科学家根据温度分布的不同把大气区分为明显的不同层次。当你向上穿越对流层时，温度会随着高度的增加而降低。但是当你穿越第二层即平流层时，温度又会升高。两层之间的边界叫作对流层顶，此处的空气极其寒冷干燥，在它之上几乎没有水汽，因此也就没有天气的变化。

云层之上

云层通常是在对流层形成的。只有最强大的风暴云可以穿越对流层达到平流层的高度。飞机多在对流层的上半部或者平流层的下半部飞行，所以飞机要想到达巡航高度常常必须穿越厚厚的云层。当其从云层中跃出，在云层上空飞行时往往会给乘客带来惊奇的视觉感受。

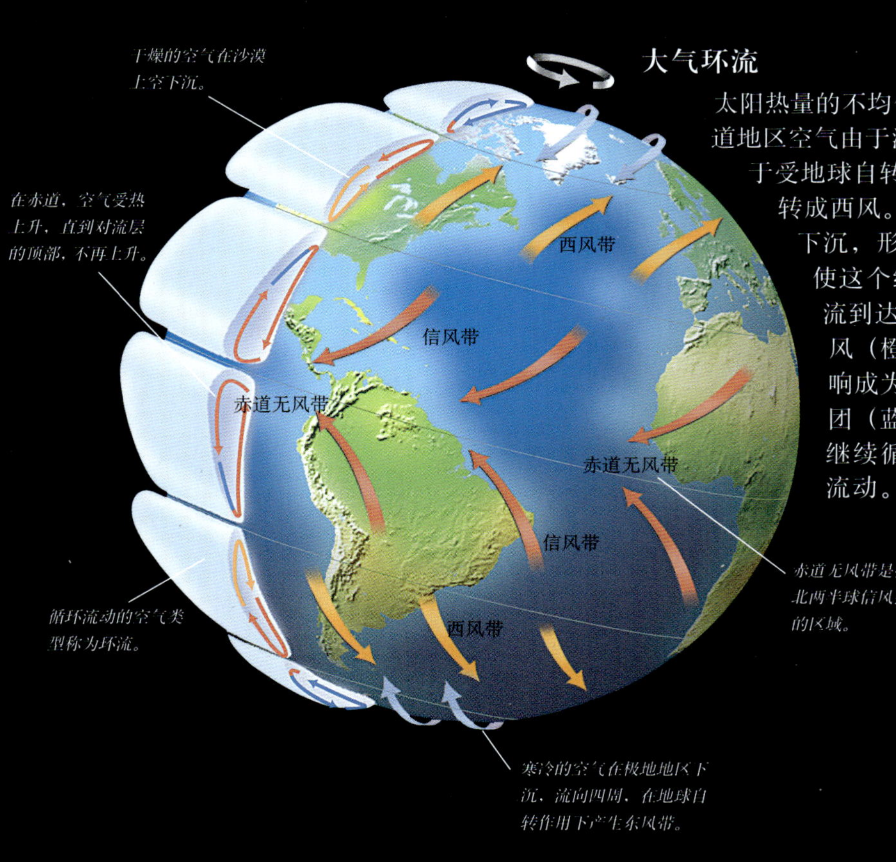

大气环流

太阳热量的不均匀分布和地球自转共同造成了全球大气环流。赤道地区空气由于温度高而上升，到对流层顶部后向南北分流。由于受地球自转影响，在纬度大约30°的地方，其风向已逐渐转成西风。这就阻碍了后来的气流，因此空气发生堆积并下沉，形成副热带高气压带。高压带长久无雨的结果，使这个纬度带上凡大陆都成了沙漠。高压中下沉的气流到达地面附近时分为两支，返回赤道的那支称为信风（橙色箭头），指向极地的那支，由于地球自转影响成为西风带（黄色箭头），直到它遇到极地的冷气团（蓝色箭头），暖气团再次被抬升，并在对流层中继续循环流动。

横越大西洋

信风非常稳定，探险家曾经借助信风到达了美洲。1492年，伟大的意大利探险家克里斯托弗·哥伦布正是借助信风完成了他第一次穿越大西洋的旅行，并且在西风带的帮助下得以返回。

急流

第二次世界大战中，飞行员在飞越北太平洋时发现，他们在向东的航线上飞行得比较快，但在向西的航线上却要慢很多。科学家经研究发现，这是因为他们遇上了一股自西向东的强风，这股强风被称为急流。 每个半球都有两支急流，位于对流层的顶部。即使在今天，在从美国到欧洲的航程中，飞行员也会利用急流来缩短数小时航行时间。

埃及尼罗河上空和急流有关的云

天气的引擎

地球上的天气变化都是由于太阳热量在地球上的分布不均匀造成的：赤道地区接受到的阳光热量远远多于两极，因而赤道炎热而两极低温。自然界会自动平衡这种温差，即通过大气环流和洋流系统把热量从赤道输向两极，然后重返赤道加热，如此循环往复。但是由于地球自转作用和水汽蒸发凝结过程的参与，实际的大气环流（见前页左上图）和洋流系统（见下一对页中图）是较复杂的。而地球上各地天气变化都是大气环流和洋流造成的，所以说太阳热量在地面上分布的不均匀，是地球大气环流即天气变化的引擎。

在空中飘浮

当空气受热膨胀，密度变得比周围同高度上的空气密度小时，就产生了浮力，会向上升去。在热气球下方燃烧火焰，使气球内空气密度变小，气球就能上升，直到热气球浮力和热气球质量相等为止。人们利用热气球曾进行过许多气象观测。

寒冷的天气里，你会发现呼出气体中的水汽凝结，形成水滴（白雾）。雾和云也是凝结原理形成的。

热气球底部的燃烧器给球体内部的空气加热，空气受热变轻，使得气球升空。

水的可见与不可见

水受热蒸发后，会变成不可见的水汽，与空气混合在一起。温度不同，空气中包含水汽的最大含量也不同。暖空气能包含较多的水汽，而冷空气中则较少。当暖空气变冷时，它所包含的超额水汽会转化为液体状态，这一过程称为凝结。汽车窗户上的水汽以及寒冷天气呼出的白雾都是凝结作用的结果。同样，凝结也是寒冷夜晚形成雾、暖空气上升形成云的原因。

高气压

虽然空气极其轻，但并不是毫无质量。如果我们上空的气流是下沉的，那么地面上因为空气越堆越多，气压就会逐渐升高，成为高气压。但气压升高后，气流会像湿的泥团或面团一样，自动向外扩散，扩散流失的空气由高气压顶部周围的空气流进补充，这样就形成完整的高气压。高气压区因为都是下沉气流，云层消散，因此它控制下的天气总是晴朗的。

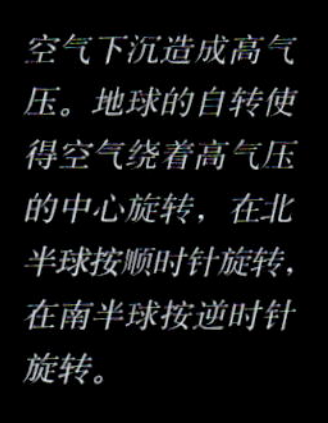
空气下沉造成高气压。地球的自转使得空气绕着高气压的中心旋转，在北半球按顺时针旋转，在南半球按逆时针旋转。

低气压

当地面的暖空气上升，便会在其下方形成气压较低的区域。低气压通常意味着天气不好。因为上升的空气冷却，其中的水汽便会凝结，形成云，随之可能产生雨、雪或风暴天气。与此同时，在近地面，四周的空气会涌向中心填补上升的暖空气的位置，由此便形成了风。

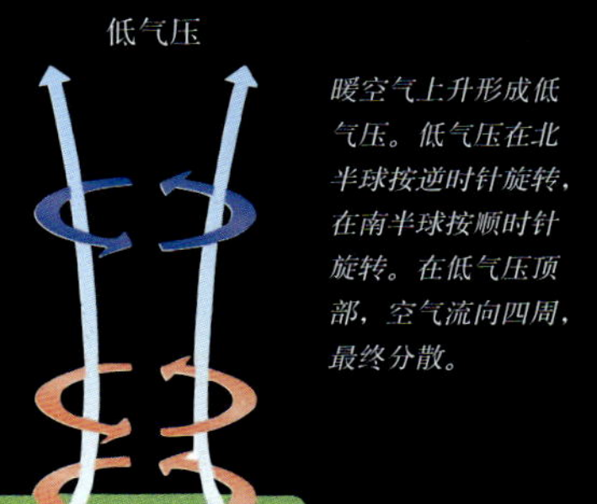

暖空气上升形成低气压。低气压在北半球按逆时针旋转，在南半球按顺时针旋转。在低气压顶部，空气流向四周，最终分散。

低压天气

旋转着的低气压中有一个冷锋和一个暖锋。通常冷锋移动速度比暖锋快，因此能够赶上它，把暖空气抬升离开地面。在这种情况下，称这个气旋锢囚了，这个锋叫锢囚锋。

锋面

来自两极的冷空气与来自热带地区的暖空气相遇时，两股气流并不是混合在一起，而是在彼此之间出现一个界限，这被称为锋面。由于冷空气比较重，所以它会流向暖空气的下方，并迫使暖空气抬升形成云层。如果锋面一方的空气移动得比较快，就会沿锋面形成一个坡，由此产生一个气压较低的区域——气旋。空气围着气旋中心旋转，出现旋涡状云层，这个现象可以在卫星云图上清楚地看到。

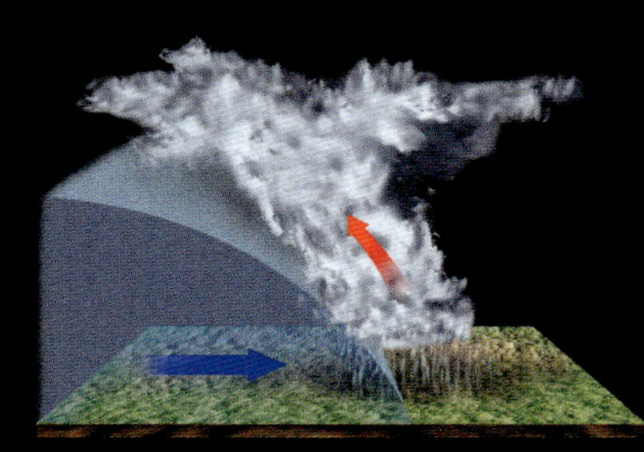
冷锋

冷锋后随之而来的是冷空气。冷锋的坡度比暖锋的坡度更为陡峭，使得暖空气快速地上升。这种情况下通常会出现高耸的塔状云层、阵雨和雷雨。

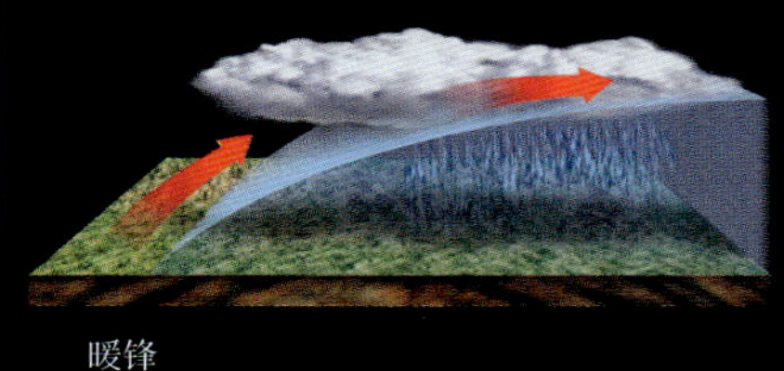
暖锋

暖锋后随之而来的是暖空气。暖锋的坡度比较缓，因此空气缓慢地上升、产生大片的云层、连续性降雨或毛毛雨。

气候和季节

如果你去旅行，路线是从北极到赤道，你会发现世界上有不同的天气类型。在北极，冬季里你根本看不见太阳，而其他季节里太阳总是低低的，天气又干又冷。当你向南前进，太阳越来越高，天气也变得暖和起来。在赤道，正午时分太阳直射头顶，天气炎热潮湿。暖空气从海洋中吸收了大量的水汽，因此这里经常下雨。除了地域差别，天气也会因一年中时节的不同而发生变化。靠近两极的地区，会有温暖季节和寒冷季节的区分。而在赤道附近，虽然终年炎热，但可能会有旱季和雨季之分。

在极地的夏天，虽然一天中太阳照射的时间达到十几个小时，但由于太阳光是斜射的，就像从远处射来的闪光信号灯一样，光线很弱，所以天气总是很冷。

表层洋流在图中用蓝色（寒流）和红色（暖流）表示。除了表层洋流之外，在大洋深处还有一股称作潜流的寒流。大西洋潜流完成从格陵兰岛到澳大利亚的一次循环大概需要1 000年的时间。

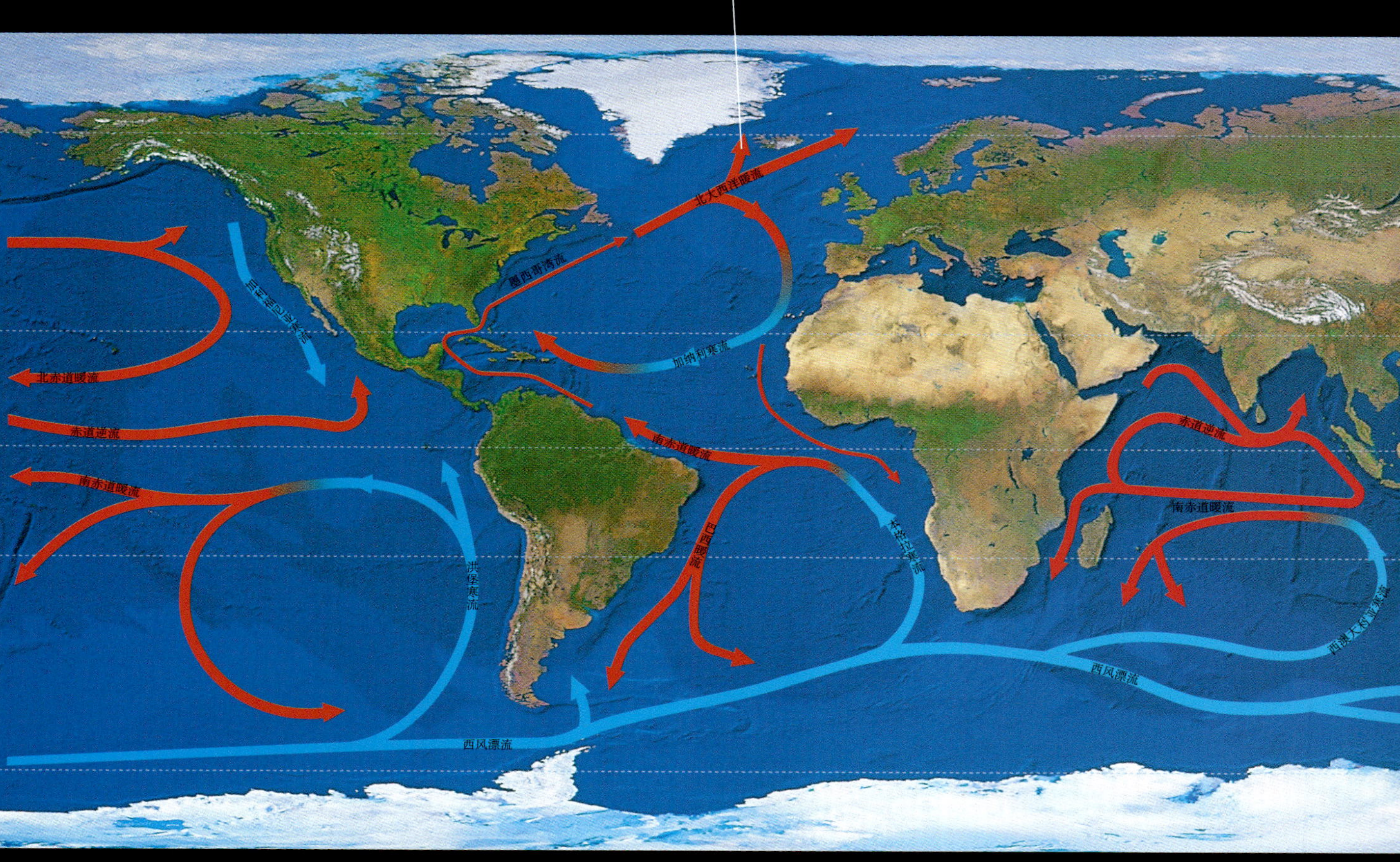

天气和海洋

海洋对天气有着非常大的影响。海洋作为热量的储藏库，在赤道附近吸收太阳的热量，再通过由风驱使的洋流将热量传向两极。例如，墨西哥湾流将加勒比海的温暖海水带到了西欧，这使得英国的冬天非常温和。墨西哥湾流带来的暖湿空气增加了降雨，所以英国的夏天经常乌云密布。每个大洋的洋流都会形成一个巨大的环形，并且寒流总是沿陆地的西岸流动，暖流沿陆地的东岸流动。

气候

一个地区在一年中经历的不同的天气类型被称为气候。两极有最冷的气候；沙漠有最干旱的气候；赤道附近有最湿润的气候，那里终年温暖多雨，热带雨林繁茂生长；欧洲和北美是温带气候，能明显地区分出温暖季节和寒冷季节。判断一个国家的气候不仅仅要看它离赤道有多远，还要看它离大海有多近。中亚地区之所以气候非常干燥是因为它离海洋很远。

温带气候的天气比较温和，并且有炎热季节和寒冷季节的区别，例如欧洲。

赤道气候终年炎热，雨水充沛，例如亚马孙地区的热带雨林气候。

当降雨非常稀少时，就会出现沙漠。沙漠的温度可能会很高，比方说撒哈拉沙漠，也可能很低，比如戈壁沙漠。

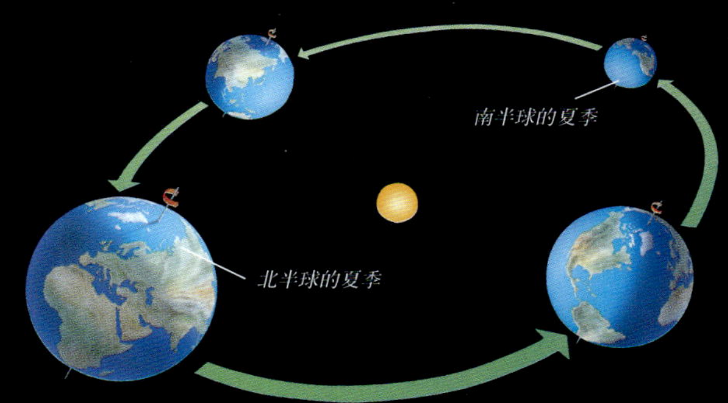

四季的产生

地球在绕太阳公转的同时，也绕倾斜的地轴自转。正因为这样，地球的一极先朝向太阳，然后是另一极。这种变化产生了季节。北半球在六月时得到的太阳热量最多，此时欧洲、亚洲和北美都处于夏季。而南半球在十二月时是夏季。赤道地区一年四季都得到强烈的阳光，所以终年炎热。

轻雾、雾和露

你有没有想象过在云中漫步会是种怎样的感觉？其实你早已经在云中行走过了，只是还没有意识到。因为事实上，雾和轻雾就是在近地面的云。在晴朗的夜晚，当地面迅速变冷后，地面上有时会形成一层高及腰部的厚厚浓雾。在这种浓雾中行走的经历非常奇特——双脚隐藏在扰动的雾气中，但头顶的夜空却非常晴朗。当天气变冷，空气中的水汽凝结成细小的水滴时，便会形成轻雾、雾、云和露。

蜘蛛网上的露珠

清晨的露珠

如果头天晚上夜空晴朗，气温迅速降低，第二日的早晨，植物叶面或者室外其他表面常常会被数以百万计的闪闪发亮的小水滴或露珠所覆盖。露珠是由贴地空气中的水汽在温度较低的物体表面凝结而成的。当其他条件不变，水汽单纯因温度降低而凝结成水滴时的温度被称作“露点”。

视线受限

最常见的一种雾是辐射雾。在晴朗的夜晚，如果陆地上空没有云层吸收地面向太空辐射(散失)的热量，并部分返还地面(称为逆辐射)，地面就会迅速冷却。贴地面的空气也会因为地面温度的降低而变冷。如果此时的空气比较湿润并且温度达到了露点，空气中的水汽便会凝结成小水滴，形成雾。

清晨的雾

清晨时分，长满树木的山谷经常会笼罩在轻雾的面纱中，这是因为山谷坡上高处更冷的空气流下来，使树木蒸发的水汽发生凝结，形成了低云。轻雾是由极小的水滴组成的，它并不像雾那样浓密，所以不会对能见度产生严重的影响。当太阳升起，照暖大地后，轻雾会慢慢地蒸发，还大地一片晴朗的天空。

雾盖

一旦太阳升起，空气变得暖和后，雾气很快就会消失。有时候，太阳光线会直接穿透雾气，照射大地。这样地面的热量会首先使底部的雾气蒸发、消失，只留下一层薄雾在贴近地面的低空，这被称为“雾层云”。

法国阿尔卑斯山的雾层云

大桥入云

世界最有名的雾景观赏点之一位于横跨美国加州旧金山海湾的金门大桥。几乎整个八月，每天的大部分时间里，金门大桥都被雾气所覆盖。雾气是由加利福尼亚寒流引起的，该寒流是一条自北冰洋向南流经太平洋美国西海岸的洋流。当加利福尼亚寒流带来的冷空气与当地海湾上空的暖空气相遇时，暖空气中包含的水汽凝结出来，形成浓密的海雾，久久难以散去。

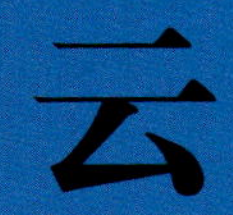

云

天空中如果没有了云，人们还如何能去美妙畅想呢？当你看到如同棉花般的云朵从天空中飘过时，你可能会想象如果乘坐热气球或者降落伞在其中飞翔或降落会是怎样一种美妙的感觉。事实上，云和雾很相像，内部都是灰白、潮湿的。尽管云有各式各样的形态、无穷无尽的形状，但所有的云都是由相同的成分——水滴和冰晶组成的。水滴和冰晶都非常小，因此可以像灰尘一样飘浮在空中。大多数云中水滴的直径还不到1毫米的百分之一。只有当水滴或冰晶个儿长到足够重时，它们才可能以雨或雪的形式落到地面。

白天，空气吸收来自地面的热量，膨胀变轻，然后上升（对流）。冷却时，其中水汽凝结形成云。

当前进气流遇到山峰，会被迫抬升。上升的空气冷却、凝结而形成云。

冷气团和暖气团相遇，较轻的暖空气被迫在密度较大的冷空气背上抬升。当暖空气温度降低时便凝结成云。

云是怎样形成的

当暖空气上升，并随后冷却达到凝结温度时，便形成了云。一般暖空气因为以下3种情况而被抬升：热力对流；遇到障碍物，例如隆起的地面；或者遇到可以强迫轻而暖的空气上升的冷气团（冷锋）。

云的种类

尽管每天天空中云彩的形状都不同，但它们都可归于3种云族、10种云属中的一种。早在1803年，英国气象学家卢克·郝沃德就首次把云分为：形如束、细如发丝般的卷云，团块状堆积的积云，层状片状的层云，低空色灰的雨云。当然这4类中每一类都有更具体的类型划分。

有些积云可以迅速发展到10千米高度。

卷云，高于5 000米

高空稳定的风将云吹成一缕缕的，人们形象地称之为“马尾云”。

卷积云 高于5 000米

高空中的波纹状云层是由细小的冰晶组成的。有时候，这种云会形成特别的鳞状图案，人们称之为“鱼鳞状的天空”。

高积云 2 000～5 000米

这种云常在中空出现，呈层状或有脊状结构的滚轴状。云层分隔明显，从间隔处能清楚地看到蓝天。

积雨云 600～20 000米

云体庞大，云底较低，能向上迅速发展到很高的高度，特别是在热带地区。云层下方天空显得很黑，会出现较强的阵雨和雷雨。

积云 600～1 200米

边缘好似有绒毛般的大块云朵，底部平整，顶部像花椰菜。积云常常出现在夏季，零零散散地散布在空中，带来晴朗的天气，不过有时候它们也能聚集在一起形成较大的云体。

层积云 600～1 800米

层积云处于较低的空中，颜色呈灰色或白色，轮廓不清晰，呈块状、滚轴状或其他形状。它们能聚集成稠密云层，降下小雨。

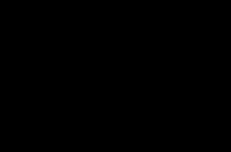

奇特的云

你曾经看到过飞碟吗?或者发现过云层中的奇异现象吗?或许，夜空中曾经出现过彩色闪光使你十分惊奇，有些变化着的图像又把你吓着了。不论是在古典文学作品还是具有轰动效应的小报，许多人都记载了天空中那些奇妙无比的景色。通常，这些都是自然界在不寻常的情况下形成的云，比方说当空气被迫翻越高大的山脉时，便会在背风坡出现这些奇形怪状的云。有时候这些奇特的现象仅仅是诸如飞机或空间飞行器等人造物体所留下的云迹。

匪夷所思

许多报道中所称的不明飞行物最终都被证明是透镜状的云朵。随着空气沿着山坡被抬升，再下降，气流会出现一连串的波形。水汽会在各个波的波峰处凝结，形成光滑的圆形云朵。这些云朵会在原地静止不动，维持几个小时。

彩绘的天空

当阳光或月光穿越云层中的细小水滴或冰晶时，光线被弯曲折射出各种不同的颜色，这就形成了虹彩。色彩的范围取决于水滴的大小以及阳光或月光在云层上方的角度。在右图所示的这种情况下，太阳刚好处在靠近云层上方的地方，没有在照片中显示出来。

凝结尾迹

在高空飞行的飞机会形成一条尾迹云，这被称为凝结尾迹。由于导弹和飞机的尾气中含有水汽，当导弹和飞机穿越大气时，这些水汽会凝华成冰晶，因此在其后方就出现了一条凝结尾迹云。风会逐渐吹散凝结尾迹云，它们保留的时间很短。

南极洲奇云

当气流越过高大的山脉，比方说如下图中所示的跨南极的山脉，气流会随着山势的高低不平而起伏。这种垂直运动会影响整个大气低层，使气流发生弯曲，形成各种奇形怪状的云层，就像图中的这种——一只巨大的人耳朵。

夜光云

夜光云看起来有着如同海浪似的波形。在夏季高纬度地区的夜空，当太阳刚落到地平线以下时，人们偶尔可以观察到这种现象。夜光云通常出现在距地面80千米的高空，人们认为它主要是由冰晶组成的。

风与大风

空气总是处于运动中，不断地下沉、上升、从高气压区域流向低气压区域。一般情况下我们感受到的空气运动是轻风或微风，但当气流移动得很快时就会成为大风。最强的风发生在海上，但有时它也会在陆地上施展其强大的破坏力。在1999年的圣诞至新年这段时间里，大风席卷了法国，将树木连根拔起，把它们摧残得像火柴棍似的撒布一地。巴黎市道路两旁成千上万的树木都被拦腰截断，凌乱地散落在路面上。无数房屋的屋顶被掀翻，路灯的支架也被扭曲得不成样子，破碎的玻璃散落得到处都是。在法国和比利时，有120多人因为这场灾难失去了宝贵的生命。

蒲氏风级

海洋上既无树木又无山峰去减缓风速，因此大风很容易掀起巨浪，把船舶撞得东倒西歪，甚至掀翻摧毁掉。1805年，英国水手弗朗西斯·蒲福根据风对海浪和陆地物体的作用力大小，制定了一种测量风力强度的标准。1939年，经当时国际气象组织推荐，蒲氏风级已成为全世界使用的风级标准。风力为0级时，海面波平如镜；风力达到8级时，海面出现长峰大浪，飞沫沿着浪顶顺风向被吹成明显的白色条纹；风力达到12级时即为飓风，此时整个海洋汹涌澎湃，白色泡沫到处飞溅。

热带风暴

在热带地区，太阳的辐射热量无疑给本来就不稳定的大气系统火上浇油，使之极易形成强烈的风暴。暖湿的空气从海面升起，它形成的高耸的风暴云要比温带地区的大得多。风暴带来强烈的大风，吹折了树木，引发巨浪冲上海滩。在强风暴雨的袭击下，原本舒适宜人的热带海滩在几分钟之内就能被糟踏得一塌糊涂。

风成偏形树

在野外，风可能常年从一个方向吹来，生长在那儿的树木看起来像是已被风吹得倒向了一边。之所以会发生这种情况，是因为风把向风面的树芽吹干了，树木的向风面死亡，而另一侧的树木却受到保护，得以继续生长。

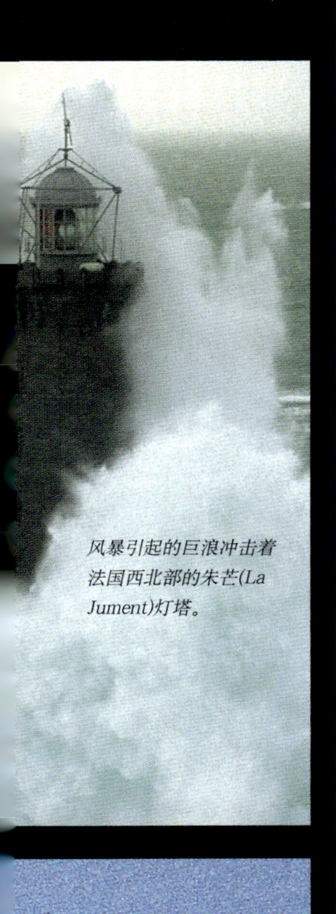
风暴引起的巨浪冲击着法国西北部的朱芒(La Jument)灯塔。

棕榈树适应了强风得以生存。

风沙最终会蚀断此处，巨石上部便会倒塌。

风沙雕塑

风的巨大威力在沙漠中表现得特别明显。在沙漠中，被风驱使的沙子可以侵蚀掉一切事物，即使是磐石，也会被风沙雕成各种形状神奇的雕像。由于风沙侵蚀在靠近地面处最强，塔状的磐石便可能被雕蚀成了一个绝妙的风沙石雕：巨大的上部和基座间，由一根细窄石条相连接。在岩层呈水平叠置的地区，坚硬的上层可以保护它下面较软的石层。这种作用效果最终会形成平顶山——一种只有周边被侵蚀的奇特的平顶山脉。

雨

我们的大陆被水环绕着。地球面积的70%区域都是海洋，大气总是在不断地运动和再循环着这些海水。每天都有300多亿吨的雨水降落在地面上，如果你试着以每秒1升的速度喝这些水，大概要用1千万年才能喝完。如此大体积的水并不是均匀地降到陆地上的。大部分雨水落在了赤道地区，那里几乎天天都下雨，拥有世界上最繁茂的热带雨林。相反，沙漠地区对雨却万分饥渴。世界上最干旱的地方是智利阿塔卡马沙漠的阿里卡城，那里每年的降雨量极少，平均只有0.1毫米。

云中的水汽凝结成小水滴和冰晶，这些水滴和冰晶继续生长或合并长大，长到足够大时便会降落。

强降雨

体积较大的积雨云会带来强大的暴雨，降雨量足以使一个很大的城市的积水达到齐膝深度。印度洋中留尼汪岛的赛路斯地方曾经发生过24小时降水1 870毫米和72小时降水3 240毫米的特大暴雨，创造了强降雨的世界纪录。

雨滴的大小

水滴的大小很不相同。最小的是轻雾中的水滴，它们小到甚至可以悬浮在空气中。轻雾滴与形成云的云滴大小相似。在由纯水滴组成的云中，云滴通过合并作用逐渐长大，长到足够大时便会降落。毛毛雨的雨滴是能降落的雨滴中最轻、最小的雨滴，大概3 000个云滴结合在一起才能组成一个毛毛雨滴。而要组成一个最大的水滴——雨滴，则需要200万个云滴。

天降青蛙

英语里形容倾盆大雨有一个成语：“It is raining cats and dogs”，直译过来就是“天上掉下猫和狗”。有趣的是，真有些动物会在下雨时从天而降，比方说鱼和青蛙。因为这些小东西能够被强大的龙卷风从池塘或湖泊中吸上来，在空中经过一段距离后，才随着雨水降落到地面上。

生命力

在世界上的很多地方，几乎一年中的全部雨量都集中在一个季节里降下。在东非，每年夏天瓢泼大雨倾泻而下，落在广阔的草原上。但是在一年中其他时间里，干燥的天气使得植物变黄，草地消失。焦干的土地开始皲裂，树木也好像已经枯死了。成群的斑马和牛羚为了寻找水源向西迁徙。然而，当雨季再次来临时，青草复苏，种子发芽，动物也会陆续返回。

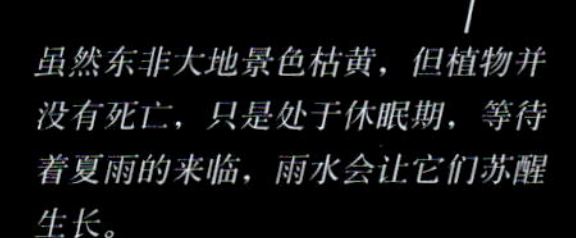

虽然东非大地景色枯黄，但植物并没有死亡，只是处于休眠期，等待着夏雨的来临，雨水会让它们苏醒生长。

当雨水再次到来时，种子发芽，青草复苏，树木重新长出叶子。这些植物必须在雨季结束、大地变干前结出新的种子。

积雨云

高耸的积雨云往往预兆着一场大雷雨的到来，它的底部呈灰色，上部是波涛汹涌的云顶，形状十分壮观。积雨云是地球上体积最大的积云，云中空气垂直运动十分强烈，一般会带来大风、暴雨、闪电和雷鸣，甚至龙卷风。积雨云的雨强虽然可以很大，但持续时间一般不长。其降雨区随积雨云前进而前进，雨区边缘十分清晰，俗语有“雷雨隔牛背”之说。

天空的乳房

上图中这些奇妙无比的云朵，被称为“乳房状的云朵”。它们是由积雨云顶的砧状云下方的下沉气流产生的。一旦发现这种云出现，比较明智的做法是去找一个躲避的地方，因为强风暴雨马上就会来到，还可能有龙卷风来袭的危险。

积雨云的诞生

积雨云是随着暖湿的空气上升、变冷，水汽凝结成水滴而形成的。凝结释放热量，这使得空气上升得更高，云顶也会变得更高。积雨云在到达对流层顶之前会不停生长，而在对流层顶，空气的温度趋于稳定，云一般也就不能再向上发展了。积雨云一般都会下阵雨，甚至也会下雪，但都是阵性的。

这种砧状云通常是指示风暴前进方向的有用标志，铁砧尾部伸展的方向指示了高空风的风向。

热带最多积雨云

积雨云在炎热湿润的热带地区最为常见，比方说在左图中这个地方——扎伊尔的上空。积雨云体积大，升降运动激烈，空气在其中以每小时50千米（甚至更快）的速度上升下降，进行着对流运动。强大的上升气流可以造成高达11千米或更高的云层，这个高度足以延伸到平流层，以致从太空中都可以清晰看到。云层的顶部是由冰晶组成的，在大风的吹动下形成宛如大铁砧的形状。

保持警惕

人们在距离320千米之外的地方就可以看见积雨云，尤其是在低平的平原地区，比方说美国的亚利桑那州。积雨云极其危险，因此飞行员们总是尽可能地躲开它。如果真的不幸进入了积雨云，强烈的上下气流可以把飞机抛掷得忽上忽下，使飞行员无法控制飞机而失事。

闪电

当风暴即将来临时，天空变得昏暗，猫狗上蹿下跳、表现异常。紧接着，暴风雨到来，带来无比奇妙又令人害怕的闪电、震耳欲聋的雷声以及瓢泼大雨。夏天雷雨一次释放的能量足以抵得上12 000吨炸药爆发的威力，而其中大部分的能量都是以闪电的形式释放的。闪电可以把闪电通道内的空气加温到30 000摄氏度，这是太阳表面温度的5倍。在美国，每年有约100人死于雷击，有约10000起火灾是由闪电引发的。当你读这段文章时，在全世界大概发生了2 000次雷雨，在全世界平均每秒钟就有约100次闪电，每天则多达800万次。

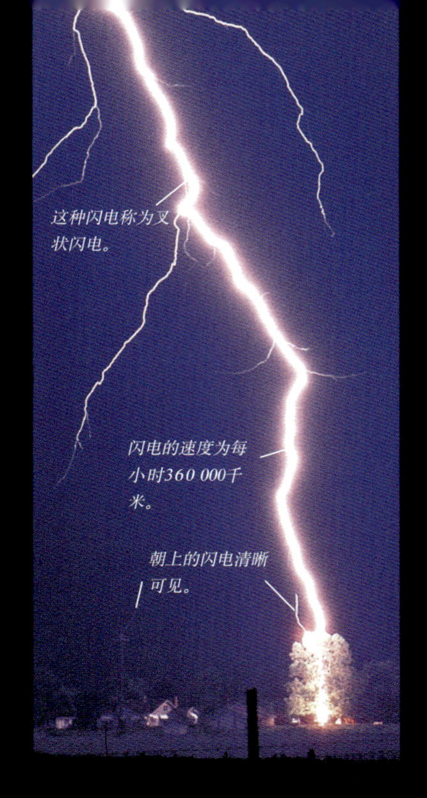

这种闪电称为叉状闪电。

闪电的速度为每小时360 000千米。

朝上的闪电清晰可见。

强大的电流

这是一张令人称奇的照片，它拍摄到了闪电击中树木的情景，并捕捉到了一个极其罕见的画面——两股朝上的闪电，这种情况只发生在闪电下击区中。当云层中向下的电荷与来自地面的向上的电荷接触时便会发生云地间的闪电。这一刹那的碰撞激发出巨大无比的电流，急速地加热闪电通道中的空气，发生爆炸，便产生了轰隆隆的雷声。

闪电的产生

在积雨云的内部，强烈的空气气流摩擦冰晶，冰晶间也彼此碰撞摩擦，这样就产生了静电。积雨云的底部带负电荷，而地面和云层的顶部带正电荷，正负电荷不断积聚，直至彼此间开始放电。放电最初是在云层的不同部分之间，接着是从云层到地面，这些在我们看来就是闪电。

这些闪电石是美国亚利桑那州的居民在看到闪电击中地面后，挖掘出来的。

闪电石的形成

闪电击中地面，释放出巨大的能量，它能在不足百万分之一秒的时间内使地面的温度迅速升高到1 800摄氏度。当闪电遇到干燥的沙土地时，热量将土壤烤成闪电路径的形状，这些奇怪的形成物被称为闪电石。

球状闪电

球状闪电是种尚无法解释的神秘现象。雷暴天气时，大小介于高尔夫球和沙滩球之间的球状光体，会突然从空中无法预料的地方冒出来。它发着微弱的淡黄色光，只能持续几秒钟。在近地面的空中，它四处游走，毫无方向地到处乱撞。

闪电传播的速度要比雷声快得多，所以人们可以根据看到闪电和听到雷声的时间间隔来计算风暴还有多远。3秒的间隔说明风暴在1 000米之外。

云际闪电

除了云地闪电外，在带正负电荷的云层内部、云层之间以及云层与大气之间也会出现闪电。图中的闪电出现在美国亚利桑那州的夜空，人们可以很清晰地看到这是发生在云际之间的闪电。每道闪电大概只持续1/5秒，但可以长达5 000米。如果闪电被云层挡住了，它会将云层映照得闪闪发光，这种闪电称为片状闪电。

龙卷风

从《绿野仙踪》到《辛普森一家》，龙卷风无论在神话还是小说中都扮演了重要角色。不过，龙卷风令人惧怕的威力并不是传说，它的确是大气产生的最强烈的能量聚积。龙卷风可以吞噬一座房屋并把它撕成碎片，可以把火车车厢从铁轨上拔起。虽然龙卷风因经常横扫北美大陆而广为人知，但事实上它在世界各地都时有发生，极为平常，只是大多数没有被人看到而已。

漏斗从超级单体云的底部向下延伸，给人一种不祥的感觉。

一旦与地面接触，漏斗即成龙卷风，开始吞噬其路径上的一切地面物体。

龙卷风的生成

龙卷风的形成有多种说法，但是还没有一种能得到大家的公认。人们共同的认识是，龙卷风发生在发展特别旺盛的积雨云里，这种云里气流运动特别强烈。由于不清楚龙卷风形成的真实原因，因而目前还无法预报龙卷风的发生，不过现代多普勒雷达技术已能识别积雨云中龙卷风特殊结构的风场并进行追踪观测，发出可能出现龙卷风的警报。但是龙卷风究竟能不能落地造成巨大破坏仍很难预报。

面条型龙卷风

这种龙卷风底部的直径大概不到100米，而其他龙卷风的直径可能会有1 500米。龙卷风管子可以弯弯曲曲，但必定总是与积雨云本体相连。上图中的这种龙卷风比大多数龙卷风弯曲的部分都长，它即将离开地面，并消失。

龙卷风的破坏力

龙卷风的破坏力，取决于龙卷的直径和风速。上图的这个龙卷风可能产生风速高达每小时400千米的极具破坏力的强风。

陆龙卷

龙卷风，可以理解为“旋转物”，它就像旋转的巨大真空吸尘器，可以将其接触的任何物体都吸上天，包括牲畜、人，甚至汽车。龙卷风会把门窗从房屋上吸走、吞没，威力强大的龙卷风甚至能将房屋破坏成碎片，并将残骸投向四面八方，如同致命的炮弹碎片。龙卷风漏斗在刚开始形成时是白色或浅灰色的，但是随着泥土和碎片被卷入旋涡中，它的颜色很快就变成黑色，跟照片中显示的这个一样。

水龙卷

在水面形成的龙卷风称为水龙卷。水龙卷尽管看起来如同一股被倒吸的水柱，但实际上它主要是气体。不过即使这样，水龙卷仍能激起巨量的水雾浪花。这个发生在西班牙海岸附近的水龙卷将若干吨海水向码头倾泻时，造成6人死亡。

追踪龙卷风

1974年4月，当龙卷风发着警报似的叫嚣，袭击位于美国俄亥俄州的一所高中时，该校某个班级的学生躲到了底楼的楼道里。几秒钟后，龙卷风过去，噪声消失，学生们战战兢兢地从楼道里出来，查看灾难情况。这所学校楼房的整个顶层都不见了，校车仿佛被从空中扔下来似的，支离破碎地躺在广场上。学生们刚经历了一场残酷严峻的考验，能活下来真是运气。龙卷风灾难的惨痛教训说明：我们必须对龙卷风及其不规则路径有更多的了解，以使科学家能在灾难来临前向潜在的受害者发出警报。

南达科他州
内布拉斯加州
堪萨斯州
俄克拉何马州
得克萨斯州

- 每年3~4 次
- 每年2~3次
- 每年2~3次
- 每年少于1次

每130平方千米的范围内发生龙卷风的数量

龙卷风走廊

在美国，龙卷风出现的频率远远高于世界的其他地方。如果你生活在内布拉斯加、堪萨斯、俄克拉何马、得克萨斯或南达科他地区的话，你会发现自己正生活在“龙卷风走廊”上，在那里每当春天和初夏时节龙卷风会经常来袭。

追踪的成果——龙卷风追踪者可以近距离地观察他的猎物。

安装在追逐者卡车上的多普勒雷达

追风者

有些科学家为了近距离接触龙卷风，承受了难以想象的危险。他们的研究有助于天气预报人员提前向处于危险区的人们发出预警。追逐龙卷风是一种很刺激也很容易让人上瘾的活动。爱好者可能不仅会被卷入龙卷风中，还可能被大颗冰雹袭击，为了追求近距离观察龙卷风带来的刺激感，这些都是必须承受的风险。

近距离遭遇

龙卷风很难直接观测研究，因为它会摧毁观测天气的仪器，但是多普勒雷达可以使科学家看到风暴云的内部情况，观察旋涡的发展。不过令人难以置信的是，居然有人可以亲眼看到龙卷风的内部，并得以生存下来讲述其所见所闻。1928年，堪萨斯州的农民威尔·凯勒，在龙卷管子上升、离开地面，并经过他的头顶时，迅速跑进自家地窖，还向上观察了管子内部。他说他看到管子里经常有闪电在闪烁，并且在管子边缘不断有微小龙卷生成和消失。

龙卷风的“杰作”

威力强大的龙卷风袭击城市之后，会遗留下令人震惊的残垣断壁。但龙卷风破坏的只是在它短暂不可测的寿命中所接触的地面之物。当一座房屋被龙卷风摧毁时，很有可能它隔壁的房屋却仍然站立不倒，仅是受到了飞来碎片的击打。有时候，一个很大的龙卷风会引起好几个小的龙卷风。它可以将房屋的一半破坏成碎片并抛洒到空中，却将另一半的房屋完好地保留着。在宽广的空地上，这些小龙卷风有时候会将干燥的土壤吸入空中，在地面留下一个个的洞穴，这些洞穴被称为吸出性疤伤，以前曾被误认为是巨人的脚印。还有一种理论认为，这种小龙卷也是造成神秘的麦田怪圈的原因，而之前麦田怪圈一直被认为是外星人的杰作。

龙卷风的声音和气味

随着龙卷风的逼近，风的声音越来越大，能大到如同喷气式飞机起飞时发出的震耳欲聋的声音，紧接着是碎片以强力撞击建筑物的声音。木头和金属的碎片如同弹片似的在空中乱飞。有的时候也会出现奇特的效果，比方说：刀被风刮嵌到树干上；房屋被拔起脱离了房基，在空中旋转90°后，又重新底朝下落下。除了巨大的声响之外，龙卷风还有一股很强的如同腐烂食物的硫磺臭味，有时候也会有令人窒息的辛辣味道，这是由龙卷风里的闪电产生的。

飓风（台风）

房门紧紧关闭，窗户严严封实，所有的人都躲在室内。海上一位记者用电话向陆地报告：“前进中的船舶如同玩具一般，来回颠簸……”之后声音突然断掉，一片死寂。这是1999年11月19日飓风莱恩横穿圣马丁岛时的情形。当时海浪冲上沙滩，洪水淹没了宾馆，冲毁了道路；飓风撕裂了房顶。但飓风莱恩在有5个等级的飓风分类中仅仅被评为4级（幸运的是，5级的飓风极少见）。所有飓风都威力巨大，令人害怕。飓风是我们地球所能产生的危害最大、最恶劣、毁坏力最强的风暴类型。

飓风是什么

1996年9月横扫佛罗里达州的飓风法兰是一个典型的飓风，它最早是热带海洋上的一个小型风暴，由于海面上上升的暖湿空气给它提供能量，加上地球自转的影响，在西行过程中它逐渐发展成为巨大的涡旋云系。飓风最危险的部分在靠近中心处，中心处的风力大得可以粉碎房屋。但是飓风带来的最大危害还是洪水，它是由于暴雨和冲上岸的高潮巨浪而发生的。

两个飓风

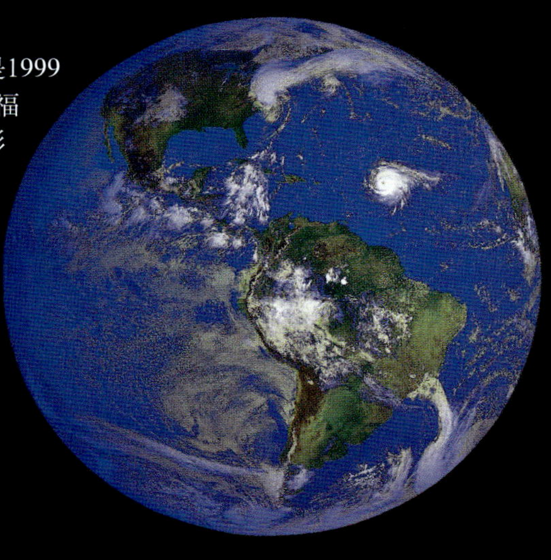

这张卫星照片显示的是1999年9月份的两个飓风：飓风福劳德开始在纽约消失，新形成的飓风哥特已经在大西洋积聚力量。飓风又称为台风或热带气旋，通常于夏秋时节在暖湿的热带海洋地区形成。全世界每年约有40个飓风。大部分的飓风在盛行风的影响下会离开赤道地区，向西移动。

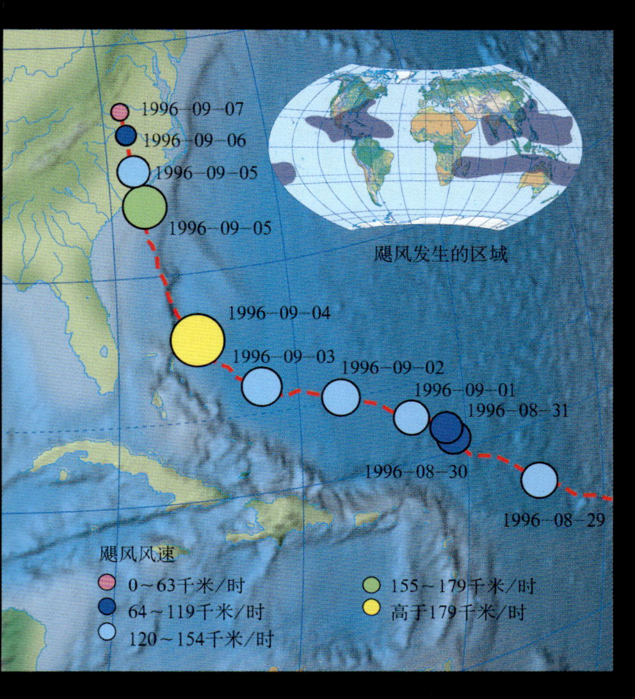

追踪飓风法兰

利用气象卫星，科学家可以追踪飓风的路径，预测飓风可能在何处登陆。飓风法兰最初在靠近非洲海岸的海面形成并向西移动进入加勒比海域，当它接近佛罗里达州时威力增强。然后它转向北上，最终在北卡罗来纳州登陆。一旦飓风登陆，它就不再有海洋上的热量供应，很快强度也就减弱了。

飓风中风速最大的地方是在飓风眼壁云墙之中。被飓风眼壁云墙围绕的这个云洞，称为飓风眼（台风眼）。眼壁云墙中风狂雨暴，最大风速可达240千米/时。但是当飓风眼正好通过你的上空时，天空却是晴朗的，风也很小。

飓风登陆

那是一个星期六的早上，美国佛罗里达州的居民听到预报说一个风暴正从加勒比海的海面上向本地移动。起初他们并不是很担心，因为风暴不是很强烈并且也不是径直朝向自己。但是到夜间时，风暴已经改变了方向，并且发展得更猛烈了。1992年8月24日星期日，早上刚过5点，飓风安德鲁袭击了佛罗里达州，这个飓风是20世纪登陆美国的第二个5级飓风。4个小时后飓风离开该州，造成的经济损失多达250亿美元。

风暴潮

事实上大部分在飓风中丧生的人都是被海洋杀死的。强风驱赶海浪，再加上飓风低气压帮助提高海平面，浪高曾达到过6米高。如此高大的海水墙入侵内陆，海洋学和气象学称之为“风暴潮”。它可以横扫内陆几千米，冲走船舶、树木和房屋。

由于飓风眼低气压的缘故，会帮助飓风下的海平面上升。

风暴潮可以深入内陆几千米。

离开了水的船舶

飓风安德鲁使得大量船舶脱离船锚，相互碰撞，成为一堆废铁。然后风暴潮又载着它们深入内陆，堆在地面上。仅仅几分钟，就有大约1 500只船舶被毁坏了。

大规模疏散

电视和广播中都在播送着飓风安德鲁即将来临的紧急警报，要大家赶紧撤离到安全地带。100多万居民跳上汽车，向北逃离。那些没有来得及逃离的居民纷纷在公共庇护所或自家的地窖里躲避。在那儿，人们贮存了足够两个星期用的食物和饮用水。如果人们觉得风暴过后，自己的家园很可能会成为一片废墟，就会采取这种预防措施。

噩梦之后

飓风安德鲁经过迈阿密郊区时，飓风眼壁云墙中的强风造成了一个宽40千米的死亡区。当飓风肆虐，粉碎窗户，吹跑屋顶时，万分惊恐的居民们蜷缩在地窖中、楼梯井中，或者桌子底下。移动房屋被毫不留情地摧毁，只剩下一堆堆扭曲的碎片。飓风安德鲁摧毁了25 000多座房屋，另有100 000多座房屋遭到破坏，成为美国历史上造成经济损失最大的自然灾害。由于预警及时，准备工作充分，只有65人在灾难中丧生。飓风过后，大约25 000人离开了佛罗里达州另建家园。

越洋飓风

飓风在离开了热带水域后，很快就会消失。但是1987年10月，最不可思议的事情发生了，那个季节最后一次飓风佛若德横跨大西洋，于午夜在英国登陆。尽管佛若德只是1级飓风，但同样给英国以沉重的打击，它吹倒了1 900万株树木，造成了15亿英镑的经济损失。到次日凌晨，共有19人在这次灾难中丧生。

洪水

与其他自然现象相比，洪水会使更多的人死亡，造成更大的财产损失。突发性洪水因为发生得比较突然并且猛烈，最令人害怕。呼啸的洪水如同水墙般从河床中直冲而下，冲垮堤岸，冲走了沿途的树木和房屋，甚至能使体积很大的巨石从山上滚下来。不过危害最大的洪灾却是那种漫天遍地的洪水，放眼望去，目光所及之处全是水，原来干爽的地面成为巨大的湖泊，数以千计的人被困待援。

久雨引发大洪水

密西西比河曾多次决堤，但最严重的一次发生在1993年。1993年夏天，在经过了长达几个月的降雨后，密西西比河和密苏里河冲垮了洪水防御设施，灌满了80 000平方千米的低洼区域，使50人丧生，70 000人无家可归，造成的经济损失估计有120亿美元。

1993年密西西比河洪水的卫星照片，红色区域表示洪水泛滥区。

密西西比河洪水淹没了成千上万的房屋，许多人必须在房屋屋顶或者树木的顶端等待救援船来营救他们。

飓风引发的洪水

1998年10月飓风米奇席卷了洪都拉斯。5天的时间里，降雨多达896毫米，且大部分降雨集中在41小时内。降雨引起的洪水和泥石流致使11 000人丧生——这是美洲200年以来因为飓风造成的最高死亡纪录。有些人被泥土活埋，有的人被冲到大海里淹死。道路、桥梁都被毁坏了，救援物资无法送到，污水污染了饮用水，加速了疾病的传播。

季风雨季的降水使印度高亚的这条小河变成有瀑布注入的湍急河流。

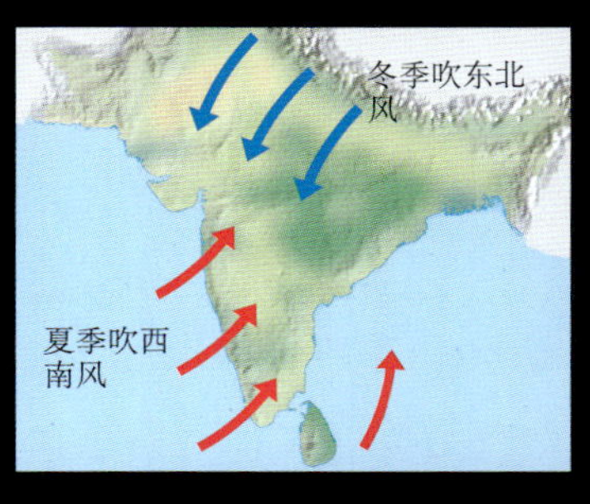

季风雨引发洪灾

在印度，夏季是季风雨季。印度洋（西南）季风带来的高耸的云层，给该地区带来大量的降雨，有时候接连几周都不停止。雨水可以使土地的干涸得以缓解，但也可能引发灾难性大洪水。在1997年，大约有950名印度人死于雨季的洪水，超过250 000人从孟加拉国离家出逃。

泥流

当洪水从山谷中冲下时，它携带了大量的泥土，变成了泥土的激流。如果泥水流进建筑物中，泥土不再随着洪水流动，而是在屋内堆积起来，足以达到屋顶那么高。泥土随后会变干，如同混凝土般坚固。尽管泥流会引起巨大的灾难，但也能给土地带来养分，有益于生命的繁荣。

严寒

1998年袭击加拿大的冰雪暴是有记录以来最严重的一次。持续5天的冻雨给输电线裹上了一层厚厚的冰，有600多个输电线铁塔倒塌，300多万居民的生活处于无电状态。政府不得不动员了超过10 000名士兵来减轻混乱，维持秩序。冻雨并不是极寒冷天气里的唯一危害。在北美地区，突然的降温可以使温度骤然下降到零下50摄氏度。大风使骤冷天气变本加厉，危害更大。它引起的风寒，可以在几分钟之内将裸露的肢体冷冻。

雾凇

当雾气或者云层中极冷的小水滴在与固体物体相撞时，立即冷冻，便会形成雾凇。雾凇聚积在物体的向风面，形成白色固体外壳。如果任其发展堆积，就像左边这张美国华盛顿山上气象站的照片中所显示的那样，它会垒得很重，并能造成严重的破坏。

冻雨（雨凇）

天上下的冻雨给大地的一切物体都包上了一层清澈透明的冰，即雨凇。冻雨是由过冷却的大雨滴组成的，这种雨滴的温度低于0摄氏度，但仍是液体状态。冻雨滴在处于零下温度的物体表面扩散，结成冰。这种冰的质量很大，可以压断树枝，倾倒输电线路。

亮晶晶的世界

有时候，我们早上出门，会被野外亮晶晶的世界所惊呆。所有树木都镶上了晶亮的霜冰，这就是雾凇，雾凇和白霜是不同的，虽然它们都是水汽的结晶。霜主要结在植物叶子和地面物体上，是贴近地面的水汽直接在地面上凝华成的。而雾凇可以遍布整株树木，不管树木有多高。这是因为雾凇是气流中未冻结的零下水滴在迎风物体上撞冻而成的。

窗玻璃上的窗花

这种羽毛状的图案是窗花，冬天时经常出现在窗户玻璃内侧。冬天里室外十分寒冷，而室内又十分温暖，空气中有较多水汽，水汽直接在严寒的窗玻璃上凝华成了霜。由于水汽凝华总是沿着霜花的尖端生长，因此形成了美丽的羽毛状。

"冰刀冰剑"

在严寒的晴日，如果用水管在树上喷洒自来水，就会形成上面照片上的图景。由于水在喷出来时是液态的，但在经过空气时已开始冷却，因此当喷洒到温度在零下的树枝上时，就会边往下淌边结冰，形成冰刀冰剑。这种过程很像雨凇的形成，只不过是人造的雨凇罢了。

"冰冻的瀑布"

在寒冷的冬天，甚至连瀑布看上去也像冻结了一样。美国和加拿大边境的尼亚加拉瀑布，由于飞溅的水珠快速地互相冻结在一起，冰开始从瀑布下两侧生长。同时，从瀑布上游流下来的大冰块在瀑布下堆积起来，最后在瀑布下形成一座横跨河流的冰桥。在20世纪早期之前，人们可以站到冰桥上来观看这一壮丽的瀑布景象。但是在1912年，冰桥突然断裂，造成3人死亡，从那以后，人们不再被允许到冰桥上观景。

雪

冬天漫天的雪花可以使自然界变成一个梦幻般的国度，但雪也可以给人类带来致命的伤害。1999年2月23日的下午，一堆重约170 000吨的雪从奥地利的一个山坡上倾泻而下，直冲山脚，不到1分钟，巨大的雪崩冲进噶尔图村庄，摧毁了其路径上的一切。雪夹杂着碎石组成的10米深的激流，瞬时吞没了30多条人命。雪有时也可以制造极地的“乳白天空”，那是一种让人只能看见天地一片白的气象景观。它使能见度降低到若干厘米，令人不辨方向，这不论是对飞机的飞行员，还是野外工作人员，都是十分危险的。

雪花的形状各式各样，令人惊奇，但它们都是六边形的。世间没有两片完全相同的雪花。

雪花

云层中的小雪花慢慢长大，长到足够大时，它们穿过云底降落在地面上。雪花很轻，所以在空中是慢慢飘落的。最大的雪花是在1887年1月份在美国蒙大拿州被发现的，宽约38厘米，厚约20厘米。但实际上这已是许多雪花粘成的雪团了。在热带之外的地区，雨水在最初时都是雪，但在降落到地面之前大都融化了。

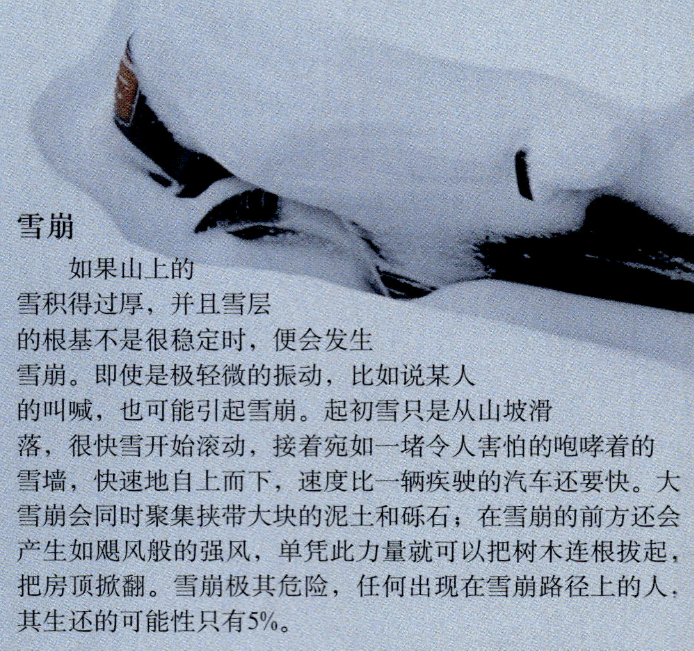

雪崩

如果山上的雪积得过厚，并且雪层的根基不是很稳定时，便会发生雪崩。即使是极轻微的振动，比如说某人的叫喊，也可能引起雪崩。起初雪只是从山坡滑落，很快雪开始滚动，接着宛如一堵令人害怕的咆哮着的雪墙，快速地自上而下，速度比一辆疾驶的汽车还要快。大雪崩会同时聚集挟带大块的泥土和砾石；在雪崩的前方还会产生如飓风般的强风，单凭此力量就可以把树木连根拔起，把房顶掀翻。雪崩极其危险，任何出现在雪崩路径上的人，其生还的可能性只有5%。

暴风雪

暴风雪来临时，强风会把从天上降下的和从地面刮起的雪花卷得满天都是。每年冬天，强劲的暴风雪都会袭击北美地区。最严重的一次发生在1888年，当时纽约市堆积的雪有9米深，共有400人死亡。另外在1996年1月，暴雪使这个城市堆积了6米的风吹雪。有些人滑雪穿过时代广场去上班。

纽约时代广场的暴风雪

滑雪疯狂爱好者

对于那些冬季运动的爱好者来说，没有什么比沿着山坡从新鲜的粉雪（干雪）上疾速滑下更令人高兴、令人兴奋的了。有的滑雪者甚至还乘坐直升飞机去寻找新降的粉雪。他们说，在这种雪上滑行就如同是在空气垫上漂浮。滑板滑雪者犁开雪面激起的粉雪，在他们身后形成了一道波状的巨大云条。这种雪很软，落在它上面就像是落在地毯上。

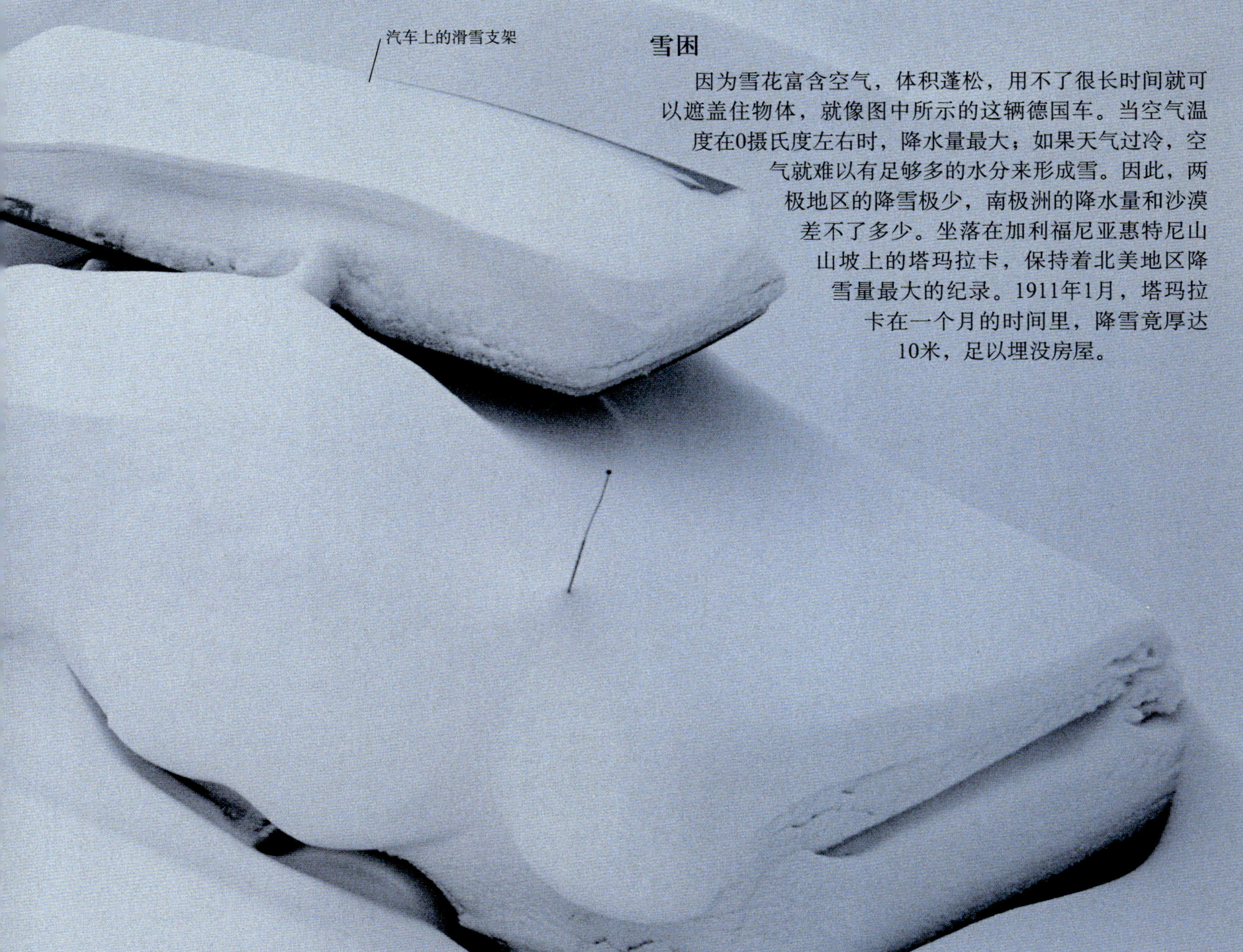

雪困

因为雪花富含空气，体积蓬松，用不了很长时间就可以遮盖住物体，就像图中所示的这辆德国车。当空气温度在0摄氏度左右时，降水量最大；如果天气过冷，空气就难以有足够多的水分来形成雪。因此，两极地区的降雪极少，南极洲的降水量和沙漠差不了多少。坐落在加利福尼亚惠特尼山山坡上的塔玛拉卡，保持着北美地区降雪量最大的纪录。1911年1月，塔玛拉卡在一个月的时间里，降雪竟厚达10米，足以埋没房屋。

冰雹

想象一下，在一个炎热的夏季傍晚，你站在美国内布拉斯加州的一块玉米地中央。抬头望向天空，你发现一团体积较大、形状不规则的云层遮蔽了太阳，在玉米田上投下一片阴影。突然之间，你觉得头顶上有什么东西打得你很痛，很快，冰块在你的四周落下，威力极大地砸落到农作物上；冰块非常密集，你甚至很难看清楚前方的物体。当时风速每小时160千米，冰雹可以和高尔夫球那么大，大得足以毁坏庄稼，打伤甚至砸死行人。其实，这些都是真实发生过的，在1970年9月3日，一场强烈的冰雹袭击了美国堪萨斯州的科菲维尔地区，给农作物和人们的财产造成了巨大的损失。

平原上的大雹

冰雹通常会在巨大的积雨云中形成。这种云的上部温度通常在0摄氏度以下，空气对流非常强烈。冰雹在世界各地都发生过，但在美国中部的平原地区最为常见，也最为强烈。这张照片是在内华达州的沙漠里拍摄的。照片上积雨云下的雹雨清晰可见。

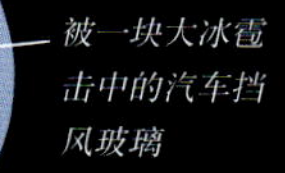
被一块大冰雹击中的汽车挡风玻璃

冰雹破坏

体积较大的冰雹会在道路上造成灾难，它会砸碎汽车的挡风玻璃，砸扁汽车的顶部，严重伤害在户外的行人。左边的这张照片展示的是美国得克萨斯州沙马若科地区发生的强烈冰雹灾害的情形。照片是从一辆冒着巨大危险追逐龙卷风的汽车里拍摄的，带来这场强烈冰雹的积雨云同时也引发了龙卷风。

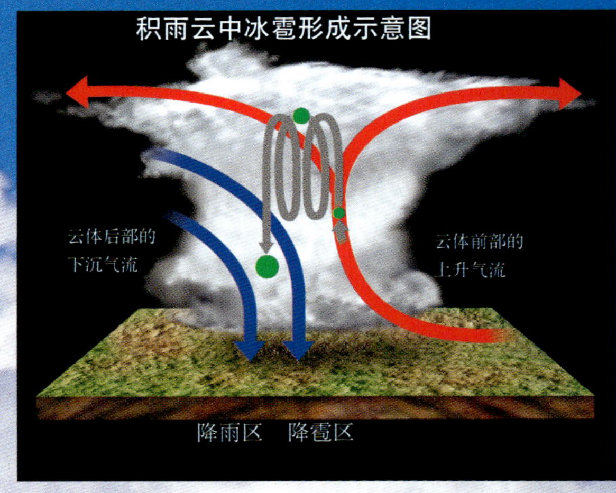

冰雹是如何形成的

冰雹形成在积雨云中间偏上那个部位，即云体前部的上升气流区和后部的下沉气流区交界的位置。这里气流上升下降经常变化，冰雹才得以上上下下逐渐长大。当冰雹过重时，就会降落到地面上。冰雹过后，进入积雨云后部雨区，这就是积雨云过境时常常先降冰雹后降雨的原因。

透明冰层

一颗大冰雹的截面

大冰雹形状一般不规则。

实际大小

冰雹的夹心结构

体积较小的冰雹在云中不停地运动，在它上升到云层顶部的过程中，冰雹穿上了一层霜衣；而在跌落到暖湿空气的过程中，它又被清澈的冰层所包裹。这种运动不停地重复，于是冰雹被一层层地包裹起来，体积也越来越大。云层中的对流运动越强烈，冰雹上下次数越多，冰雹的体积就会变得越大。

最大的冰雹

只有在极少情况下，冰雹才可以达到如上图所示这般巨大的体积。图中的冰雹是世上已证实过的最大的冰雹，重约0.77千克，是1970年9月3日在美国科菲维尔发现的。据说1986年4月14日有一颗更大的、重达1.02千克的冰雹落在孟加拉国，在当时那场冰雹袭击中，共有92人丧生。但是有报道的最严重的冰雹发生在1888年4月30日的印度。当时如葡萄柚大小的冰雹导致246人死亡，其中一些人甚至完全被冰雹覆盖了。

炎热和干旱

屋外阳光明媚，天空晴朗，在这样的天气里，躲在屋里似乎有点遗憾。我们通常认为暖热的天气值得好好享受，但是如果高温天气突然出现或者持续的时间比平时都长，产生的后果则是灾难性的。热浪能够毁坏庄稼、干涸水库、烤化路面，还能为火灾的迅速蔓延创造绝好的环境。炎热的天气也可能致人死亡。人的身体会产生汗液，借助汗水的蒸发，能降低皮肤的温度，从而抵御外界的炎热。但是如果天气太炎热或者空气太湿润，使得汗液无法蒸发，这种自动降温的机能所承受的负担就超过了它的极限，就会引起中暑，而中暑可以迅速地引发眩晕，让人突然病倒，昏迷，甚至死亡。

热死人的夏天

热浪中很多人躺在沙滩上，任由太阳暴晒。而另一些人躲在阴凉处或者在室内打开空调，后者虽花费一些电，却能保护健康。在城市中，如果白天的气温超过35摄氏度，特别是当夜晚来临后，温度仍然保持很高时，城市居民的死亡率便直线上升。最先受害的通常是幼儿和老人，但任何年龄段的人都可能发生中暑。1996年7月，极其强烈的热浪袭击了美国，致使约1 000人死亡。

蜃景制造者

酷热天气能够玩弄一种叫蜃景（海市蜃楼）的光线变化把戏。图中的这辆卡车看上去好像正在浅浅的水洼中行驶，但实际上这只是幻觉。靠近地面的空气比高处的空气温度要高很多，光线通过两层空气间的界面时发生折射，产生了一种看上去像是水一般的闪闪发光的影像。

植物固沙

持续的炎热干旱天气会使沙漠向过渡地区扩展，将农场和城镇逐渐埋在巨大的沙丘底下。一些改造计划（例如左图中尼日尔的这个改造计划），通过在沙丘上栽种谷物，可以阻挡沙丘的前时。植物的根部有助于固沙，保持沙土稳定，而植物的叶子可以减缓风速，防止沙子和土壤被吹走。

坦桑尼亚，鲇鱼在即将干涸的河床上。

在泥土中生存

在许多地处热带的国家，每年都会有一个旱季，自然界的一切生物都必须采取措施来适应由此带来的严酷变化。尤其是生活在河流中的生物，更有巧妙的生存方法。一些鲇鱼可以吞吸空气，帮助它们从浅的泥水洼穿过，达到永久性的水域。而肺鱼和其他的鲇鱼拥有更为惊奇的生存对策：当它们生活的河流快要干涸时，它们躲到河泥底下，只留下一个小小的气洞，通过它来呼吸换气。随后，当泥土被晒得很坚硬时，鱼儿的心脏跳动会变慢。它们一直隐藏在河床底下，直到雨季再次来临，雨水可以使它们重获自由。

这两只非洲斑羚在干旱中死亡，很可能是因为饥饿而死的。

干旱

如果炎热的天气延续的时间过长，使土地得不到生命赖以生存的雨水，便会引发干旱。干旱能持续几个月甚至几年，带来灾难性的后果。起初是植物纷纷死亡，庄稼不再生长，接着动物也开始挨饿。当食物用尽时，人类也开始出现饥荒状况。非洲的萨哈尔地区（撒哈拉沙漠以南的地区）曾遭受过一场从20世纪60年代一直持续到80年代的严重干旱，有超过10万居民和400万头牛死于这场干旱所引起的饥荒。

森林大火

刚开始时，是闻到一股浓烟味并听到远处的叫喊声，接着，突然有一棵树的树顶冒出火苗，并随即蔓延开来。一旦树木的顶部开始着火，就意味着一场森林大火急速蔓延了，它会带来白炽化的火海、浓密的烟云以及令人窒息的烟雾。燃烧着的枝叶被气流带到森林的上空，随意地落下，点燃了大火还没有烧到的树木。空气迅速地流进因热气流上升而形成的空缺，引起大风和风暴性大火，这就简直成了火上浇油。要想扑灭这种大火，几乎是不可能的。只要具备炎热干燥的天气、干燥的植被和闪电击中这些条件，森林大火就会自然发生，当然偶尔也有人为引起的情况——或者是因为偶然所致或者是故意所为。人们通常有意识地点燃牧场和灌木丛，以确保新种的植物在灰烬中更好地生长。

狂野的森林大火

每年澳大利亚会遭受多达15 000起的灌木丛火灾。由树木、灌木和草丛构成的灌木森林在澳大利亚炎热干燥的气候影响下变得如同火绒一般极易燃烧，即使极小的火花都可以引发火灾。近些年中最严重的一次灾难发生在1983年2月16日，当时许多地方都同时发生了火灾。在强风的驱使下，被称为“灰烬星期三”的大火以令人害怕的速度燃遍森林和灌木丛，速度之快，如同人们快速跑步一般。空气简直太热了，以致许多树木在大火来临前，已经自行燃烧。这场大火共造成72人死亡，8 500人无家可归。

在灰烬中重生

灰烬中有很多营养成分，例如澳大利亚灌木丛中的山龙眼这样的植物，会在大火之后很快出现。有些植物实际上靠着大火来排挤走它们的竞争者。澳大利亚的一种瓶刷树和北美的屋梁松、黑松如果没有大火，就不会释放它们的种子，因为这些种子要在大火的灰烬中发芽。有些树很易燃烧，然后很快又会从根部或者种子中重新抽条发芽生长。红杉的外皮厚厚的如同海绵，因为有它们的保护，红杉不会燃烧。

大范围的危害

1997年印度尼西亚灾难性的大火是由厄尔尼诺现象引起的。厄尔尼诺是一种定期发生的自然现象，它可以使太平洋地区的天气和风的类型发生变化。当时印度尼西亚正深受干旱之苦，农场主和种植园主按照习俗进行季节性的焚烧干枯作物时，火苗失去控制。大火一直持续到1998年，整个东南亚都笼罩在烟幕之下，学校和办公楼不得不关闭。1997年9月26日，一架飞机因不小心飞入烟幕中，不幸坠毁，机上的234人丧生。最终，雨季的强降雨将这场肆虐多时的大火扑灭。

加利福尼亚大火

森林大火对郊区的居民来说是一个极为可怕的威胁。1993年下半年，一场森林大火使得美国南加利福尼亚的广大地区变成焦土，有3人在大火中丧生，25 000人被迫离开家园。在时速达113千米的狂风驱动下，大火烧毁了已经与干旱抗争了6年的树木和灌木。当火势在洛杉矶的郊区得到控制之前，许多房屋已经被毁掉了。

沙尘暴

沙尘暴即将来临的第一个信号是：干燥的大风满街乱舞，将沙土卷向空中，迷住了行人的眼睛。紧接着，高高的沙尘云像高墙一样席卷而来。当沙尘云墙吞没城镇时，太阳也被其遮蔽，城里的一切都被一层可怕的黄色所笼罩。人们用围巾掩口鼻入室，却发现室内也是如此。尽管可以关上门窗，但是微小的尘埃却无孔不入，到处都是，落到食物、饮料里，落入人们的眼睛、耳朵、嘴巴里，甚至进入两页书之间。而在屋外，令人窒息的沙尘使能见度降到几米，人们几乎无法辨别方向。

沙盆

20世纪30年代北美中西部和西南部地区遭受了严重的干旱天气，数千平方千米的农场变成了干枯的沙漠盆地，这被称为沙盆。曾经肥沃的土地变成了沙土，它们在强风的作用下被吹离了地面，漫天飞舞。沙尘空气令人感到窒息，甚至呛死了飞行中的鸭子和大雁。沙尘落在了远在海岸线480千米之外的船舶上，就连总统在白宫的书桌都不能幸免，桌上不断地落下灰尘，似乎怎么擦都擦不干净。这块巨大的沙尘云有5千米高，覆盖了从加拿大到美国得克萨斯州、从蒙大拿州到俄亥俄州的广大区域。

在太空中看沙尘暴

下图是一张在航天飞机上拍摄的照片，展示了撒哈拉沙漠中一次沙尘暴天气。沙尘云墙位于冷空气前锋上，在照片的中部，它因沙尘而被染成了可见的土黄色。照片中的暖空气原本也是看不见的，但当它被迫在倾斜的冷气团背上向西抬升时，因降温水汽凝结而变成可见的白色的云。暖气流携带的细沙尘在高空东风的吹送下，可以越过大西洋到达美洲。

尘卷风

尘卷风是由沙和尘组成的、旋转上升的沙尘气柱，高度可达几十米至几百米，可以摧毁不牢固的房屋建筑。尘卷风形成在地面温度高于周围温度的区域里，高温度地面空气迅速上升，周围的空气便立即流进来补充，于是带着地面沙尘旋转上升。

沙尘云形成及前进示意图

形成白色云层

暖气流

冷空气锋面

沙尘云墙

冷空气大风

冷气团
（向右侧前进）

地 面

撒哈拉地区的沙尘暴景象

沙尘暴是如何形成的

沙尘暴一般发生于冷空气团的前锋，即冷锋的最前端。冷空气因为气温低、密度大，因此前进时风速一般很大。它不仅带来了源地的沙尘，而且也刮起了当地地面的沙尘，从而形成一座可以高达数百米的沙尘云墙奔腾前进。上面大图显示的就是从地面上正面观看的沙尘云墙，而前页左下图则是从高空向下看的，那张图片左侧的白云就是本图中暖气流在倾斜的冷气团背上被迫抬升时发生凝结造成的。

哈马丹“医生”

哈马丹风源自撒哈拉沙漠，发生在冬季。它一直吹向南方，到达西非的大西洋赤道附近沿海地区。它在沙漠地区时，是沙尘暴天气，但通过千余千米旅行，到达大西洋赤道沿海地区时，沙尘已经沉降，它的干燥和凉爽能使当地居民的暑热病不治而愈，因此得名“医生”。

阳光美景

天空如同一个巨大的舞台，表演着各种壮观的阳光美景，这个舞台的光源是太阳——它用明亮的白光照耀着我们的地球。实际上，阳光是由不同颜色的光线组成的。当阳光照射到大气时，因为空气、灰尘、水滴或者冰晶的缘故，各种颜色的光线会向不同方向散射，有时候就会产生奇迹般的效果。或许最令人称奇的阳光美景就是彩虹了，当阳光照射在雨滴上时，会出现一个巨大的彩色光弧。彩虹并不是真实存在的实物，而是阳光变的戏法。

彩虹下方的天空要比上方的天空明亮些，因为下方的雨滴反射了更多的阳光。

如何看到彩虹

欣赏彩虹的最佳时机是在早上或者傍晚，太阳挂在地平线上不太高的地方，而在不远的地方还在下着雨。如果你背对着太阳，面向下雨的方向，你很有可能会有一个观赏彩虹的绝佳机会。在阳光明媚的天气里，你还可以用自家花园的喷泉制造彩虹：背对着太阳，眼望向喷出的水雾。如果你足够幸运，你还可以在飞机上看到一个不是弧形而是圆环形的彩虹（见下个对页右上图）。

彩虹为何多彩

我们之所以会看到彩虹，是因为阳光在穿过雨滴时，发生了折射和反射，分成了7种不同的色彩。首先，当阳光进入雨滴时会发生折射。不同颜色的光折射程度是不同的，这就使不同颜色的光分离开来。然后，折射后的七色光线在雨滴中进入到雨滴后壁时会发生反射。最后，七色光线离开雨滴时再经过一次折射，这样七色光谱才进入到我们的眼中。红色总是在彩虹的最上方，紧接着是橙色、黄色、绿色、青色、蓝色和紫色。

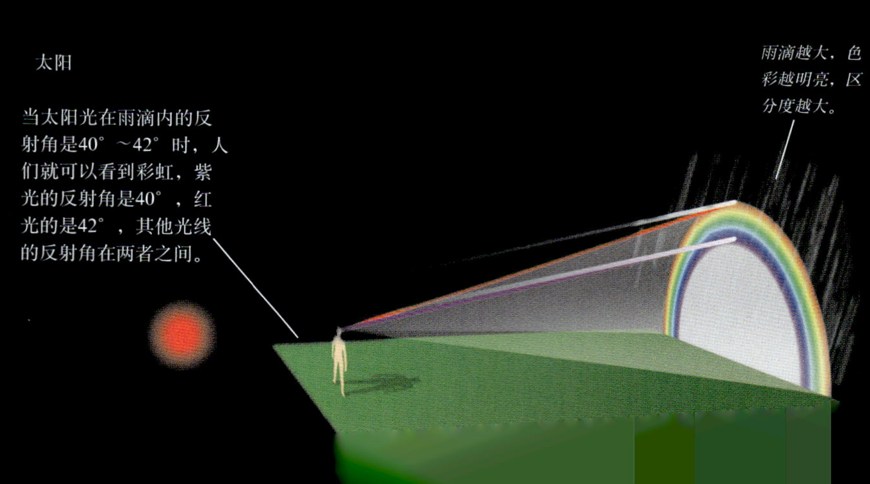

当太阳光在雨滴内的反射角是40°～42°时，人们就可以看到彩虹，紫光的反射角是40°，红光的是42°，其他光线的反射角在两者之间。

雨滴越大，色彩越明亮，区分度越大。

有的时候，在彩虹的旁边会有第二道光线稍微弱一点儿的副虹出现。它总是比彩虹稍高一点儿，颜色排列的顺序跟彩虹的相反，红色排在了底部。第二道彩虹是因为光线在雨滴内发生了两次反射引起的。由于二次反射中光线损失更多一些，所以第二道彩虹便不会像第一道那样明亮。

冰虹

在冰雪覆盖的极地地区，云层是由极其微小的冰晶组成的，有时候你能看见明亮的白色冰虹横跨在地平线上。当阳光在冰晶内发生折射时，就出现了冰虹。冰晶个儿太小了，使得阳光中的各色光线不可能发生分离，因而看到的便是白色的虹。

雾虹

有雾的天气里，如果你背对着太阳站着，并且太阳的高度正好较低，你就有可能看见雾虹。雾是由细小的雾滴组成的，这些雾滴也能像雨滴一样使光线方向弯曲发生折射而形成虹。但是，像冰虹一样，雾虹也不是彩色的而是白色的。这是因为雾滴过小，小到不能使阳光中的七色光线分离开来。

日华

日华是由太阳周围一圈圈模糊的彩色光环组成的。要发生日华，太阳必须得被一层薄薄的云层遮住。因为这样阳光在进入你的视线之前，会首先通过云层中的云滴。就像雨滴使光线折射形成彩虹一样，云滴能令光线发生衍射，于是便产生了日华。

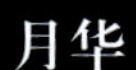

月华

有时候在夜晚，唯一能让人感觉到空中有云存在的标记，便是在月亮周围有一个大大的明亮的碟状环晕，这种碟状环晕被称为月华。当照射到月球上的日光反射回来，穿过薄薄云层中的细小水滴时，发生衍射，便产生了月华。

太阳奇观

太阳和天空能够制造的不可思议的大气光象远不止彩虹和冰虹两种。那些绚丽多姿或者有些可怕的现象——无论是映亮整个天空的绿色帘幕，还是带着闪光环的幻影，只要你在恰当的时刻身处适当的位置，你就可以看到。这意味着你得去阿拉斯加，站在高山的顶端，或者乘坐航天飞机去旅行。但是如果你有幸看到这些令人眼花缭乱的情形中的任何一种，都会让你终生难忘。不过千万不要眨眼睛，因为它们中的一些持续的时间很短，没有几秒钟。

极光

极光（又分南极光和北极光）宛如巨大的绿色光幕，也常有粉色和蓝色的。它们在南极和北极的上空轻柔地飘着，可以如同月光一般明亮。极光是由太阳风引起的。太阳风暴爆发时，看不见的带电粒子流以每秒400千米的速度穿过太空，当这些粒子距离地球6.4万千米时，它们被地球的强大磁场所吸引。磁场带着这些带电粒子流绕着地球运动，其中一部分流向南北磁极。在两极的高空，这些粒子流冲入大气，与高层大气中的电离分子相撞，分子在吸收了太阳粒子的能量后，立即将能量以光的形式释放出来。氧分子发出绿色的光，氮分子释放粉色和蓝色的光。

太空看极光

观看极光的最好方法是乘坐航天飞机到太空观看。从太空看，极光在高空中形成了奇妙无比的跳动的光幕，仿佛从地球向太空发散。但实际上是相反的，是太阳风带电粒子流高速向下，指向南北地磁极。

曙暮辉

当多云的天气开始或者结束时，经常会有太阳光线从云层的后面散射出来，而阳光柱之间的阴影，是由于地平线附近的云层遮挡了阳光的缘故。气象学中称它为曙暮辉。但它和天气变化一般没有关系。

布鲁肯幽灵（峨眉宝光）

如果你正处于太阳和云层之间的某一恰当位置，你或许会看到自己的身影投射到了云层上，而且还有一个彩色光环围绕。这种极为罕见的情景在飞机和高山顶上较为常见，人们称之为布鲁肯幽灵，因为这种大气奇异光象在德国布鲁肯山最为常见。上图这个彩色光圈实际上是华，主要是由阳光在云滴（小水滴）中经过折射、反射和衍射所造成的，只不过因为光环出现在与太阳相反的方向，因此被称为“对日华”。

绿闪

在日出或日没时，每当太阳在天边只露出它的上缘，我们有时会看到太阳是绿色的。由于这种现象时间很短，最多只有一两秒钟左右，但光强却不弱，因此称为绿闪。产生绿闪的原因是阳光经过大气时会被折射（在地平线上时达到最大），但因为各色光线折射的差异不大，因此太阳的上缘在将沉落时才会出现这种单色光。按理说我们首先看到的应该是波长最短（也就是折射程度最大）的紫光，然后是蓝色光。但由于它们被大气分子强烈散射掉，因此我们看到的才是绿光，或绿色和黄色混合成的淡青色光。

日柱

有时候，一道垂直的阳光可能会出现在太阳的上方，偶尔是在太阳的下方。这是因为细小的冰晶在空气中缓缓下降，阳光从它们的底部被反射了回来。清晨或者黄昏时分是欣赏日柱的最好时间。日柱有红色、蓝色和白色等多种颜色。

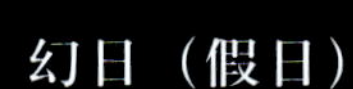

幻日（假日）

幻日是出现在太阳旁边的闪亮光斑，又称假日。这一奇怪的现象是由下落的板状冰晶折射和反射阳光形成的，它产生了“有第二个太阳”的幻觉。有的时候，太阳两边各有一个幻日，它们可能会通过一道拱形的光连接起来。幻日通常是有颜色的，靠近太阳的一边是红色，相反的一边是白色。夜晚也会出现相似的情形，称为“幻月”。

厄尔尼诺

往常每年1月份时，秘鲁都非常干旱，但1998年却不同往常。强风时不时地袭击海岸，甚至给那些长年都没有降雨的地方也带来了倾盆大雨。洪水迫使22 000人远离家园，泥石流吞噬了村庄，活埋300人。不过，秘鲁还不是唯一遭受不同寻常天气影响的国家。在几千千米以北的美国佛罗里达州和加利福尼亚州，风暴肆虐，引发洪水、山体滑坡和龙卷风。而同一时期，澳大利亚和巴布亚新几内亚地区在本该是雨季的时候却遭受着干旱的折磨。所有这些不寻常天气的起因就是厄尔尼诺——一种使全球气候陷入混乱的海温异常。

圣婴

每隔2～7年，赤道太平洋上的盛行偏东风都会暂时地减弱，使得赤道中东部太平洋海区升温而西部海区降温。这样一来当地的气候就乱套了。赤道太平洋以东的智利、秘鲁等干旱地区发生了大雨和涝灾，而澳大利亚、印尼、菲律宾等多雨地区却发生干旱和森林火灾。这种异常也波及全世界，使全世界气候都乱了套。厄尔尼诺在西班牙语里是幼儿的意思，指的是幼儿时期的耶稣，因为反常的天气通常是从圣诞节时开始的。

卫星照片显示的是1997年12月的厄尔尼诺海温异常。

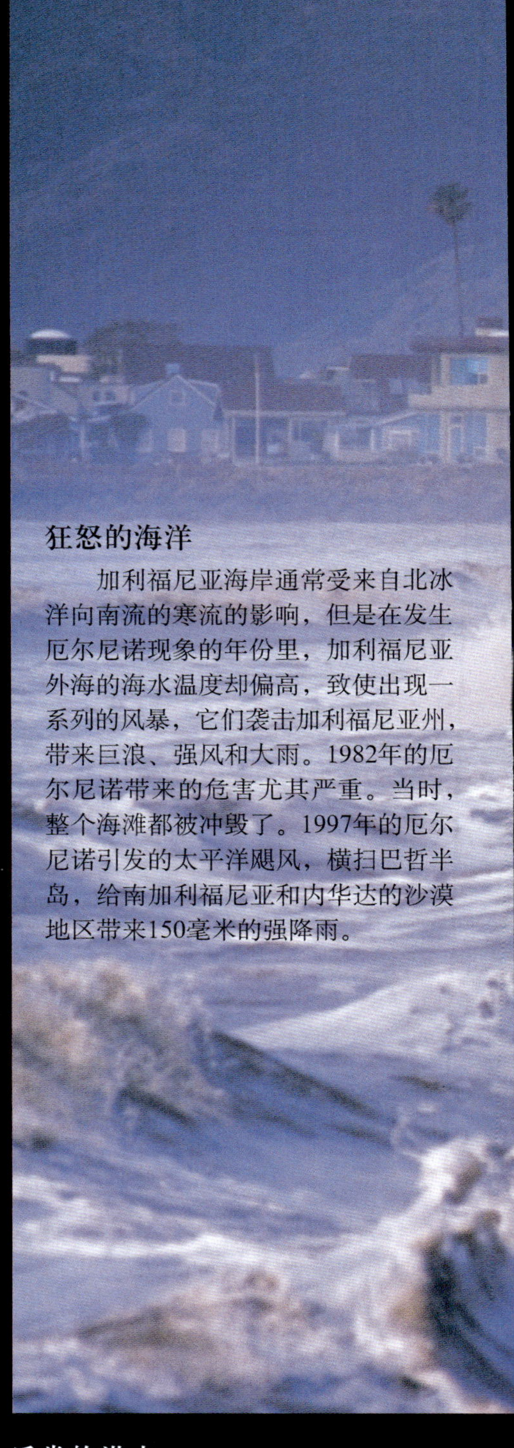

狂怒的海洋

加利福尼亚海岸通常受来自北冰洋向南流的寒流的影响，但是在发生厄尔尼诺现象的年份里，加利福尼亚外海的海水温度却偏高，致使出现一系列的风暴，它们袭击加利福尼亚州，带来巨浪、强风和大雨。1982年的厄尔尼诺带来的危害尤其严重。当时，整个海滩都被冲毁了。1997年的厄尔尼诺引发的太平洋飓风，横扫巴哲半岛，给南加利福尼亚和内华达的沙漠地区带来150毫米的强降雨。

反常的洪水

1997年，肆虐的大雨使利贝里河河水高涨，冲跨了堤坝。足有房檐顶那么高的洪水，淹没了巴西的爱欧德拉德城。城中的大部分居民都被迫离开家园。发生在1997—1998年的厄尔尼诺也给美国的华盛顿州、爱达荷州、内华达州、俄勒冈州和加利福尼亚州带来了洪水，至少125 000人无家可归。这是整个20世纪发生的大约30次厄尔尼诺现象中造成危害最大的一次，也是历史上造成经济损失最多的一次，经济损失估计有200亿美元。

泥石流

当大雨持续的时间较长时，雨水渗入地面，土壤会变得很松软，如同淤泥。在没有树木的陡峭山坡，大量被水浸透的泥土由于重力的影响，携带着其路径上的一切杂物开始向山下滑流，冲毁道路，冲走房屋。泥石流可以在数秒钟内冲走几千吨的沙土，其强大的力量足以摧毁挡在其路上的一切。1997～1998年的厄尔尼诺在南美引起的泥石流是最为严重的一次，它毁坏了有关地区的所有森林，树木全都不见了踪影。

火山与天气

1815年，随着一声在几百千米之外都能听到的巨响，印度尼西亚的坦博拉火山喷发了。这次火山喷发是有记录以来最严重的一次。整个火山顶部的1/3都被毁了，喷到空中的粉石、灰尘和灰烬有145立方千米，产生了巨大的灰尘云，部分灰烬甚至升到了平流层。如此规模的火山爆发对全球的天气都会产生深远的影响。火山爆发除了会引发灾难性的海啸和山体滑坡外，还会将大量的灰尘喷到大气的高层，使整个世界变得昏暗，减弱了地球生物赖以生存的阳光。坦博拉火山喷发后的1816年被人们称为“没有夏天的一年”。当年，美国和加拿大部分地区在夏天出现霜冻和降雪。而在西欧，难耐的寒冷使农作物歉收，出现了饥荒。

圣海伦斯火山

1980年春天，美国圣海伦斯火山的北侧在火山深处压力的作用下开始膨胀，这是一种不祥的兆头。3月18日，不可避免的灾难发生了。先是山的北坡崩塌，喷射出一股温度极高的气流，石头、灰烬等从山的内部斜喷向四周，导致大约1 000万株树木被毁，天空中萦绕着庞大的灰烬云。紧接着火山垂直喷发，整个山顶被毁，不见踪影，喷出的气体和灰尘有19千米高。在高空风的吹送下，圣海伦火山喷出的灰烬环绕在整个地球上空，引起一系列后果：灰蒙蒙的天空，奇特的红色落日，以及全球范围内的短期温度降低。

圣海伦斯火山的爆发使得山体降低了400米。大约有0.5立方千米的灰烬被喷射到大气中。

皮纳图博火山

1991年，菲律宾的皮纳图博火山发生喷发，一股滚烫的熔岩流烧毁了半径几千米内的土地。火山灰烬片形成的云层有40千米高，遮住了整个天空。很大的区域都被灰烬覆盖，地上的一切都变成了灰色的。雨水使灰烬成了污泥，引起的泥石流毁坏了几千户人家的房屋。皮纳图博火山的爆发是20世纪最严重的火山爆发，共有约800人丧生。

菲律宾

皮纳图博火山云的卫星图片

全球变冷

皮纳图博火山除了喷出大量的熔岩流和火山灰外，还将大量火山尘埃和气体喷进了平流层。在高空中，这些微小火山尘埃经高空风分布到了全世界，它们把大量阳光热量反射回了宇宙空间，因此会使全球平均气温降低。皮纳图博火山的喷发，使全球的气温比平时约低了0.5摄氏度。

火山日落

火山爆发可以产生很奇异的日落景象。阳光中只有红色和橙色的光线可以穿过充满细小火山灰粒子的大气，而另外5种颜色都会被散射掉。当太阳在天空中的位置较低，阳光穿过了大量的火山灰大气时，这种作用最明显。火山日落在所有的灰尘都散去之前会一直持续着。圣海伦斯火山爆发后，这种情况持续了几个月，并且在世界各地都能看到这种景象。

天气预报

电视里的天气预报主持人会告诉我们第二天的天气如何，但实际上这是由天气预报专家、陆地和空中的气象仪器以及现存最大的功能最齐全的计算机共同合作得出的结果。1869年，美国出现历史上最早的天气预报。当时是由各个气象站把观测到的情况通过电报传到气象中心，中心的工作人员进行汇总，用纸笔计算出结果，再进行播报。今天，已经有了一个预测天气的全球性网络，它由陆地和海上的气象站、时刻监视全球每个角落的气象卫星，以及即时传输信息的互联网组成。

气象站

图中所示的气象站位于美国的爱达荷州，全世界像这样的地面气象站有10 000多处。大部分在陆地上，也有一些是停泊在海洋中间的浮标站。气象站每天4次向气象中心传送气象报告，主要是关于云层类型、风速、气温、气压等信息。

环境监测同步卫星在36 000千米的高空环绕地球转动。

环境监测同步卫星

气象卫星围绕着地球旋转，不停地拍照、监测气温，甚至还测量海浪的高度。美国的气象卫星被称为环境监测同步卫星（GOES）。这种卫星与地球的旋转速度相同，总是待在地球上空的同一位置。而另一类卫星的轨道是环绕两极的，总是交替地越过南极和北极上空。

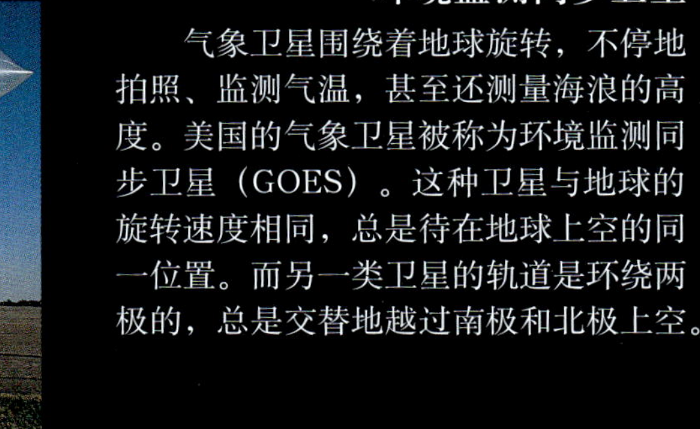

探空气球

在许多气象站，每天气象人员在格林尼治时间的正午或者午夜时都会施放气球。这些气球上升到20～30千米后便会爆炸，气球在空中的轨迹可以用来计算出空中各高度上的风向和风速。气球下方长长的绳子上系着一套仪器，用来测量气温、气压和湿度，并通过无线电信号把测量到的数据传回气象中心。当气球爆炸后，仪器会在降落伞的帮助下返回地面。

数值天气预报

气象站和气象卫星搜集到的数据会被输入进功能强大的超级计算机中。经过无数次的演算后，超级计算机可以预测出未来的天气会怎么变化。与纸笔相比，超级计算机是一个巨大的进步。但是天气情况是如此复杂，即使是超级计算机也不可能精确地预测若干天后的天气。

天空中的“间谍”

这是一张由环境监测同步卫星于2000年2月10日拍摄的北美气象云图，图中显示旋转云团的位置可能发生风暴或者大雨；在陆地和海岸线都十分清晰的无云区，比方说佛罗里达州，天气则会很好。环境监测同步卫星每隔30分钟将数据传递回地面的观测中心。照片被上传到因特网上，这样，世界各地的人们都可以得到最新的陆地天气概况。

天气图

天气图上的黑线是地图上气压相等的地点的连线，称为等压线。黑色封闭曲线，即黑圈，表示高气压或低气压（区）。带有蓝色三角形的蓝线是冷锋；画有红色半圆的红线是暖锋；同时画有三角形和半圆形的紫红色线是锢囚锋。

洋面风场卫星主要监测海洋表面风速。

科学研究

科学家也借助气象卫星来研究地球气候和天气如何变化。这张卫星气象云图显示的是太平洋上空气流的图形，通过研究这些图形，气象学家希望可以改善飓风和海上冰川运动的预报，以便及时向船舶和居住在海岸地区的居民发出危险来临的警告。

污染

1952年12月，伦敦笼罩在浓雾下长达4天。浓雾中混有从几千个烟囱和蒸汽机车里排出的煤烟粉尘等有毒物质。空气的能见度只有几米，即使在白天，也不得不打开街灯。公交车以近似爬行的速度缓缓地行进。人们行走时会咳嗽，呛鼻子，呼吸艰难，甚至感到窒息，大概有4 000人死于空气污染。之前，这种有毒的浓烟雾在工业城市很平常。从那时起，全球开始关注制定保持城市空气清洁的法律，但是即使到今天，汽车尾气和工业废气仍然污染大气，并对地球上的生命产生深刻的影响。

酸雨

上图中的这片针叶林因为酸雨而遭到毁坏。工厂和汽车排放的硫和氮的氧化物，在阳光和云层中水蒸气的相互作用下，形成硫酸和硝酸，于是便产生了酸雨。自天而降的酸雨污染了水源，剥夺了土壤中的养分，毁坏了森林和农作物，也能使生活在河流和湖泊中的鱼类和淡水动物丧命。酸雨问题在北美和西北欧尤其严重。

臭氧洞

在大气层中距离地球表面15～25千米的地方是地球大气中臭氧集中的地方，称为臭氧层。臭氧层能保护地球上的生物免受太阳紫外线的辐射。从20世纪80年代起，科学家就发现每年春天在南极洲的上空都会出现臭氧洞（指的是臭氧含量比正常值低了1/3以上）。他们认为灭火剂、制冷剂、发泡剂等释放的某些化学物质是产生臭氧洞的罪魁祸首。这些化学物质在寒冷空气和明亮阳光的共同作用下，破坏了臭氧层。

墨西哥的污染

墨西哥城深受光化学烟雾的危害。汽车尾气在较高温和强烈阳光的作用下发生化学反应，衍生出某种新的化学物质，这种物质既会降低能见度，又会使人们呼吸困难。墨西哥城由于四面环山，污染的空气无法发散出去，所以光化学烟雾污染的问题格外严重。

全球变暖

到2025年世界上会有超过十亿辆的汽车在路上行驶，每一辆车都会释放出二氧化碳和其他废气。科学家们担心大气中持续增加的二氧化碳会阻挡太阳热量的散发，最终引起全球气候变暖。不过，大气中二氧化碳含量增加恐怕并不仅仅会引起天气变暖，还可能引发一些极端天气。比方说某些地区降雨增加，风暴出现的机会变多，而在另一些地区，干旱天气可能更为常见。它最终会引起全球气候的显著变化。

科威特燃烧的石油探井中冒出浓烈的火焰和滚滚的浓烟。

海湾战争引发的大火

1990年多国部队和伊拉克之间发生海湾战争，波斯湾北端地区的炼油厂和贮油库被点燃，引发大火。它们冒出的黑烟被气象卫星清楚地看到，并在地面上投下了阴影。浓烟很快就散去了，尽管燃烧的景象令人害怕，但它事实上并没有给天气带来持续性的影响。

1995年10月拍摄到的南极洲上空的臭氧洞的范围。

让大气做贡献

太阳每天射到地球上的能量超过了地球上所有人一年所用的所有能量总和的20倍。这些能量的大部分都被大气吸收并且释放掉了。比方说，一场雷阵雨释放的能量和整个纽约市所有街灯一晚上的耗电量一样多。如果科学家能够想办法利用这个巨大的能源，那么困扰人类的能源短缺问题就可以永远地得以解决。如果我们能够让天气为我们做贡献，我们就可以节约煤、石油、天然气和原子能。但是不幸的是，实现这一梦想似乎远没有那么容易。

太阳能

人们在利用太阳能过程中遇到的问题是，太阳能的密度太小了。为了解决这个问题，太阳能站利用成千上万的宽镜子采集阳光，并尽可能地把阳光集中到一起。图中的这个太阳能站位于美国加利福尼亚州的莫加瓦沙漠，总共利用了650 000面反射镜，是一个利用太阳能的巨大工程的一部分。沙漠地区是利用太阳能的最佳选择，而在世界的其他地方，多云的天空会影响利用太阳能的效果。

风力发电场

这些是加利福尼亚一座风力发电场上的风机，人们利用风机把风能变成电能。风机之间的距离必须足够远，这样在收集电能时才不至于相互影响。大约要3 000个风机一起工作才能产生出和一座火电厂一样多的电能。风力发电场建在山顶和海岸等开阔地方以及能加大风速的山谷中效果才能好。尽管风力发电场并不会引起污染，但是有人认为风机会影响野外的自然景观。

风的游戏

风还能带来无穷无尽的乐趣。如果没有风，左图这些参加风筝节的巨大奇特的风筝就升不上天空。风帆冲浪运动、游艇比赛以及陆上游艇比赛都要借助于风力；还有热气球驾驶者及悬挂式滑翔机运动员也都要靠风带动他们升空；甚至就连冲浪运动员和冲浪爱好者也需要风，因为有风才有浪。

每一块计算机控制的镜子都追逐着太阳，将阳光反射到盛有油的管道里。然后用热油来产生水蒸气。水蒸气会驱动一种称作涡轮机的机器发电。

家用太阳能

形状如碗的太阳能镜被称为向日镜。向日镜可以把阳光聚集到中心的一个点上，产生很高的温度。向日镜的制作成本非常高，并且要求有充足的阳光照射，但是产生的能量却非常少。在一些阳光照射较多的国家里，人们通常会在自家的屋顶上安装太阳能收集器，利用太阳能烧水洗澡、洗衣服。形状如托盘的太阳能收集器中，有许多管道前后环绕。收集器是黑色的，这样可以更多地吸收阳光热量以加热管道内的水。然后管道进入室内的水箱，加热水箱中的水。

植物能源

阳光和雨水对于我们赖以生存的农作物的生长至关重要，比方说图中这些北美农场种植的小麦。不过我们也可以利用农作物来生产汽油的替代能源，这恐怕是利用太阳能最有效的方法了。在一些国家，人们把从玉米、甜菜和马铃薯中提取的糖分经过发酵转换成酒精，然后用这种酒精做燃料用于特殊改造过的汽车。许多生长较快的植物，比方说柳树也可以被用于燃料电站。

恐龙迷踪

本章通过对恐龙家族捕食、求偶、搏斗直至走向灭绝的全景式描绘，带你领略史前动物上演的一幕幕威武雄壮、精彩纷呈的大戏。

什么是恐龙

恐龙是有史以来最令人震惊的物种之一。它们的祖先还没有狗那么大，但是它们逐渐演化成了像大象那样庞大的巨型杀手、有好几辆巴士那样长的吃植物的动物，还有像鸡那样小的敏捷生物。当它们统治大地的时候，比家猫大的哺乳动物都无法在陆地上存活。恐龙最早出现在2.3亿年前，并且令人震惊地繁盛了1.65亿年。然后，在距今6500万年前，它们忽然神秘地消失了。和它们相比，现代人类在地球上只存在了大约400万年①。

发现恐龙

数千年来，人类一直在发掘恐龙化石。但是第一个被确认为已灭绝的巨型爬行动物遗迹的是一个斑龙（英文名含义为“巨型蜥蜴”）的带尖牙的下颌骨化石。这个名字是英国自然学家威廉 · 巴克兰在1824年取的。“恐龙”（英文名含义为“令人害怕的蜥蜴”）这个称呼则是1842年由英国科学家理查德 · 欧文提出的。

理查德 · 欧文

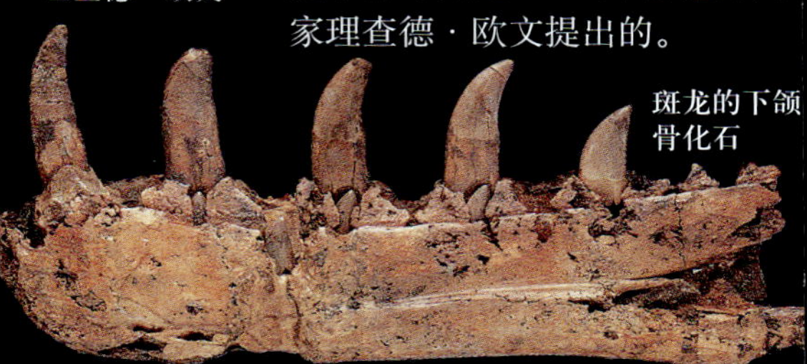

斑龙的下颌骨化石

大多数恐龙有裸露的、带鳞片的皮肤，皮肤上有很小的肿块。

大尾巴用来保持平衡。

主要特点

恐龙中大部分是巨大的陆地爬行动物。和现在的爬行动物一样，大多数恐龙拥有带鳞片的皮肤（也有些是有毛的）、长长的尾巴、牙齿，以及带爪的指和脚趾。但是，现代爬行动物行走时四脚向两侧横向展开，而恐龙却更像哺乳动物，它们靠身下的腿直立行走，这个特点让它们可以在陆地上敏捷地活动。

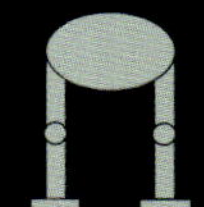

恐龙是直立的姿态，它们直立的腿垂直于身体下方。

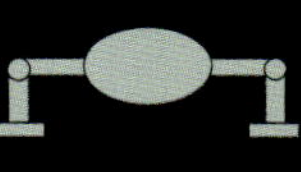

蜥蜴是四肢舒展的姿态。它的4条腿向两侧张开，肘关节和膝盖呈直角。

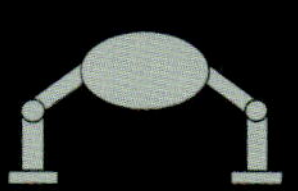

鳄鱼则是半舒展的姿态，它们的膝盖和肘关节弯曲的幅度不大。

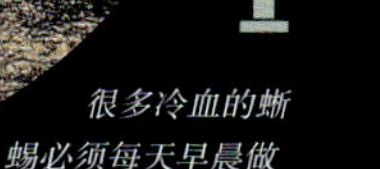

很多冷血的蜥蜴必须每天早晨做运动，使自己活跃起来。

肌肉型后腿

有些恐龙有向后突出的脚趾，有点儿像鸟类脚上后翻的脚趾。

像鸟一样的脚

保持体温

鸟类和哺乳动物是热血动物，它们的身体总是保持在同一温度。相反，爬行类动物是冷血动物，它们在温暖的环境中体温会升高，变得活跃；在寒冷的环境中体温则会下降，行动也会变得迟缓。那么，恐龙究竟是热血动物还是冷血动物呢？很多科学家认为，至少部分肉食类恐龙是热血动物，所有巨型恐龙的体温也是恒定的，因为它们体形太庞大了，在夜里降温并不容易。

①过去，人类学家推测最早的人类出现于二三百万年前。1994年，在埃塞俄比亚又发现了南方古猿始祖种化石，年代为440万年前。

非恐龙类

恐龙统治大地的时候，主宰天空的是像无齿翼龙那样会飞的爬行动物。很多人把它们误认为恐龙，其实它们是爬行动物大家族的另一个分支。同样，那些海里的巨型动物，比如鱼龙和蛇颈龙，它们也是爬行动物大家族的分支。跟恐龙一样，这些动物也已经进化到了最终形态。当它们灭绝后，鸟类和哺乳动物取代了它们的位置。

现代的恐龙

现在，大多数科学家认为，并非所有的恐龙都在6500万年前灭亡了，有些还是幸存了下来，比如鸟类，它们就是一些小型肉食恐龙的有羽毛的后裔。鸟类和恐龙的骨架有很多惊人的相似点，并且最近关于有羽毛的鸟型恐龙，比如尾羽龙的发现，更加证实了这一观点。如果这个理论是正确的，那么现存的恐龙要远远超过已灭绝的恐龙，其数量之比为10：1①。

①这是因为，现存鸟类有近10 000种，而恐龙（包括尚未发现的）约有1000种，二者之比为10：1。

史前地球

在恐龙繁盛的中生代，地球这个行星和现在大相径庭。那时的天气比现在热得多，大地上都是沙漠和奇异的史前植物，如今遍布地球的显花植物并不存在。没有青草，有的只是蕨类植物。没有阔叶树，有的只是松柏、和棕榈很像的苏铁，还有高大的树蕨。海岸线难以辨认。在中生代刚开始的时候，大陆都是连在一块的。数百万年后，它们开始分裂，并被从地壳深处涌出的岩浆带着向外漂移。

三叠纪的生命

最早的恐龙出现在大约2.3亿年前的三叠纪，它们和鳄鱼、蜥蜴、翼龙（飞行的爬行动物）及乌龟一起生活。蕨类植物和棕榈状拟苏铁植物、苏铁生长在溪流边，松柏长在干燥的陆地上。
但是大面积的热带沙漠占据了内陆。

侏罗纪的生命

当大陆开始分裂后，潮湿的海风为内陆带来了雨水。在内陆，苏铁、拟苏铁、蕨类和木贼生长在水边，松柏长在干燥的陆地上。大量植食恐龙、肉食恐龙及最早的鸟类、哺乳动物和鳄鱼、翼龙共同分享陆地。

今天的地球

这幅地球的卫星照片显示了如今地球的大陆形态。和中生代时一样，各块大陆还在移动，尽管我们用一生的时间都无法明显观察到这种移动。在数百万年后的未来，地球又会变成原先那种无法辨识的形态。

白垩纪的生命

这个时候恐龙的种类更丰富了。长着锐利牙齿的植食恐龙吞噬着取代了之前植物的显花植物。与现在植物比较接近的针叶树和阔叶树开始出现，同时与现代差不多的青蛙、蛇、鸟和哺乳动物也开始登上历史舞台。但是史前爬行动物依然统治着整个大地、海洋和天空。

地球的时间轴

中生代从2.48亿年前一直延伸到约6 500万年前。这段时间漫长得让我们难以想象。但是在地球的历史上，这不过是弹指一挥间而已。科学家把中生代又划分为3个不同的纪——三叠纪、侏罗纪和白垩纪。

46亿年前

地球形成。

3800百万年前地球生命开始形成。

前寒武纪

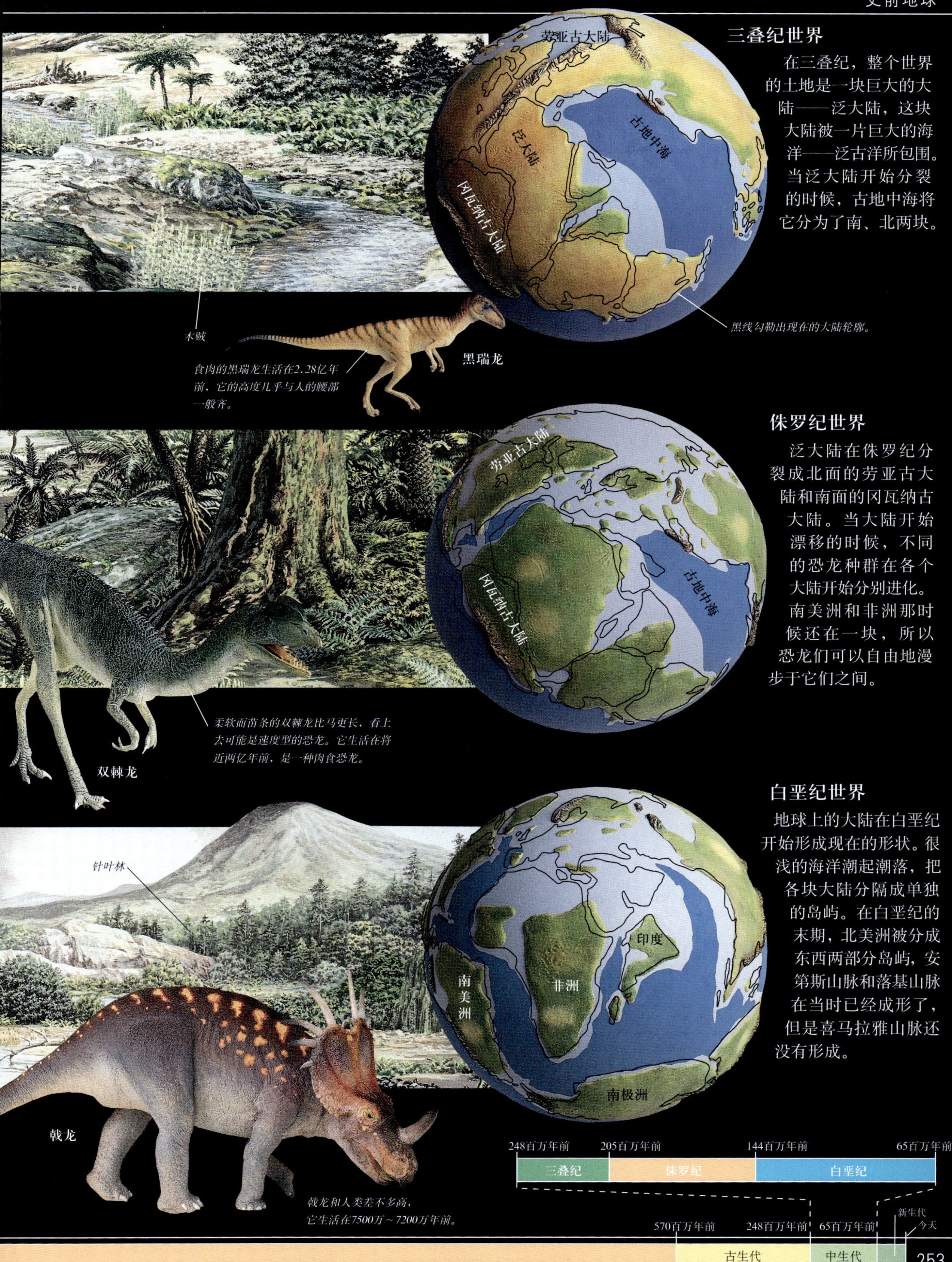

三叠纪世界

在三叠纪，整个世界的土地是一块巨大的大陆——泛大陆，这块大陆被一片巨大的海洋——泛古洋所包围。当泛大陆开始分裂的时候，古地中海将它分为了南、北两块。

侏罗纪世界

泛大陆在侏罗纪分裂成北面的劳亚古大陆和南面的冈瓦纳古大陆。当大陆开始漂移的时候，不同的恐龙种群在各个大陆开始分别进化。南美洲和非洲那时候还在一块，所以恐龙们可以自由地漫步于它们之间。

白垩纪世界

地球上的大陆在白垩纪开始形成现在的形状。很浅的海洋潮起潮落，把各块大陆分隔成单独的岛屿。在白垩纪的末期，北美洲被分成东西两部分岛屿，安第斯山脉和落基山脉在当时已经成形了，但是喜马拉雅山脉还没有形成。

体形和身材

恐龙这个词语会让我们联想到庞然大物。实际上恐龙的体形是多种多样的，多得让人吃惊。最常见的恐龙大概还没有一匹马重，很多甚至会更小，只有很小一部分恐龙会像史前哺乳动物那样超过一吨（在人类开始射杀这些大型哺乳动物以前）。不过，相关化石告诉我们，很多恐龙还是很庞大的。其中最大的一种——长脖子蜥脚类恐龙，是最重、最长也是最高的陆地动物，只有海里大鲸的分量超过它。

大头恐龙

头上有角的五角龙是所有恐龙中头最大的（也有说牛角龙的头最大）。这种恐龙的头骨可以长到近3米长，其中很大的一部分是后倾的头盾。雄性五角龙争斗时，大多会先垂一下头炫耀头盾，然后用它们的鼻子和角来相互争顶。

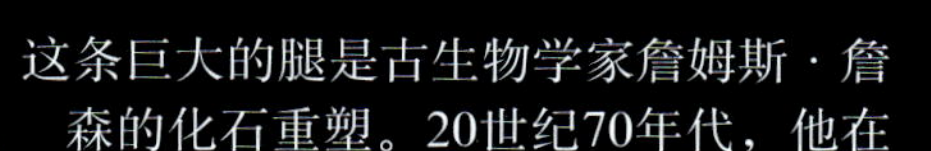

这条巨大的腿是古生物学家詹姆斯·詹森的化石重塑。20世纪70年代，他在美国科罗拉多州找到了一头巨型恐龙的碎骨。詹森觉得他发现了迄今为止最重的恐龙，所以把它命名为“极龙”。但后来发现，这些碎骨属于好几种不同的恐龙：肩胛骨是腕龙的，脊椎骨是超龙的。这种混淆说明，即便对于专家来说，破解化石的秘密也是一项很难的工作。

最庞大的杀手

当科学家在1995年描述恐龙时，从阿根廷来的巨龙击败了来自北美的暴龙（又名霸王龙），成为已知最大的肉食类恐龙。巨龙有12.5米长、8吨重，与12米长、6吨重的暴龙相比，更像是一头非洲的公象。

小型食兽龙

如果你见过美颌龙，你就会明白恐龙可以小到什么程度了。美颌龙完全成熟时，也只有一只火鸡那么大。1.5亿年前，这种瘦小的肉食动物游荡在沙漠和岛屿地带，用它有力的指尖来抓捕蜥蜴和小型哺乳动物，然后用锋利的牙齿将它们撕烂或者整个吞下。比美颌龙更小的是植食类微肿头龙，它只有50厘米长。这种最短的恐龙却拥有最长的名字[①]。

①微肿头龙的拉丁学名为*Micropachycephalosaurus*。

永远最大

如果重龙漫步在城市的街道，你会觉得它大得不可思议。但是，蜥脚类恐龙比图中这个23米长的巨物更庞大。腕龙重达40吨，足足有7头大象那么重；70吨的超龙有12头大象或者1000个人那么重。更大的是地震龙。50米长的地震龙可以横跨两个网球场，它的体重估计有50～150吨左右。一些不完整的骨架表明，有些蜥脚类恐龙可能比地震龙更庞大。也许另外一种神秘的生物——阿根廷龙或者双腔龙，才能真正被称为“史上最大的恐龙”。

重龙

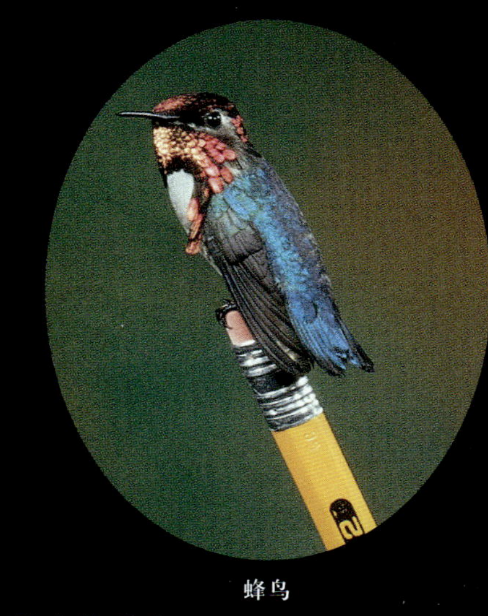

蜂鸟

最小的恐龙

如果古生物学家可以将鸟类归为恐龙的后裔，那么最小的恐龙应该是古巴的吸蜜蜂鸟，它只比一只黄蜂大了一丁点儿。这种“恐龙”是空中悬停的能手，它和黄蜂一样从花丛中采集花蜜。雄性体重仅为1.6克，从头至尾不会比人的一根小手指长。

漫步

人们曾经认为很多恐龙太重了，可能很难离开水。它们大概需要在湖中翻滚，而它们的长脖子起到了通气管的作用。但是更深入的研究表明，所有的恐龙都在陆地上生活、漫步。最大的恐龙的4条腿就像笨重的畸形足一样，所以它们可能像大象一样缓慢地移动；而体形较小、长着两条腿的恐龙却行走迅疾而敏捷。那些长腿的似鸟龙（英文名含义为“鸵鸟模仿者”）可能是速度最快的恐龙，它们可以持续快速地奔跑。

奔跑者

也许没有其他恐龙比似鸡龙（英文名含义为“像鸡一样”）跑得更快了，它们是最大的似鸟龙。这个高大的运动健将可以跑出每小时80千米的高速，比最快的赛马还快。似鸡龙通常缓慢地闲逛，食用种子、昆虫或者捕食小型哺乳动物。但是它们会时刻准备着在肉食动物出现的时候仓皇逃离。

像鸵鸟一样奔跑

似鸡龙可能像鸵鸟一样地奔跑，在长途跋涉中用它强有力的后足扑打地面。但是和鸵鸟不同，它有一根长长的尾巴，就像是方向舵，在遇上肉食动物需要急转弯时，可以保持身体的平衡。

似鸡龙的头骨

似鸡龙的头骨很像鸟的头骨。它有一个长而扁的喙，喙上没有牙齿。它也有很大的眼窝，由一圈小骨板保护着两个眼睛（这个特点在现代鸟类身上也可以看到）。眼睛长在头的两侧，这样敌人无论从哪个方向接近它，都会立即被发现。似鸡龙的脑壳里有一个乒乓球大小的大脑——比鸵鸟的大一点点。

群居

除了化石脚印，并没有直接的线索表明恐龙是群居的。但是，现在大多数动物都过着群体生活——从鱼群到自鸣得意的狮子，所以古生物学家（化石专家）认为有些恐龙也是群居的。群居时会有更多的眼睛和耳朵来保持警惕，这样在躲避肉食动物和觅食时会更加便利。似鸡龙住在沙漠中，可能需要跋涉很长的距离去寻找食物和水源。也许，它们会像非洲大草原上的那些动物一样，进行季节性的迁徙。

为速度而生

通过与现有动物的解剖结果比较，科学家们可以确定这种恐龙是为速度而生的。它那轻盈的身体及长长的腿和足是最有力的证据。似鸡龙的胫骨比股骨还长，这是赛跑健将（比如羚羊等）共有的特点。在身体内部，它可能有一个心脏、肺和像鸟一样的消化器官。我们这样推测是因为鸟类可能是似鸡龙幸存的最近的亲戚了。

足和足迹

不同种类的恐龙，其足和腿也有着很大的不同。大多数巨型的四足植食恐龙都有强劲的关节和像大象一样的宽足；而两条腿恐龙的足比较长，像鸟一样，它们有3个脚趾，带着尖利的或蹄状的爪子。4条腿的恐龙通常径自缓慢行走，而某些两条腿的恐龙可以像马一样奔跑。科学家可以通过把恐龙的骨架和现代哺乳动物或鸟类进行比较，或者通过研究恐龙的足迹，推算出恐龙究竟跑得有多快。那些留在泥土中的印迹后来渐渐变成了岩石，为人们研究这些动物的速度和动作提供了很多宝贵的线索。

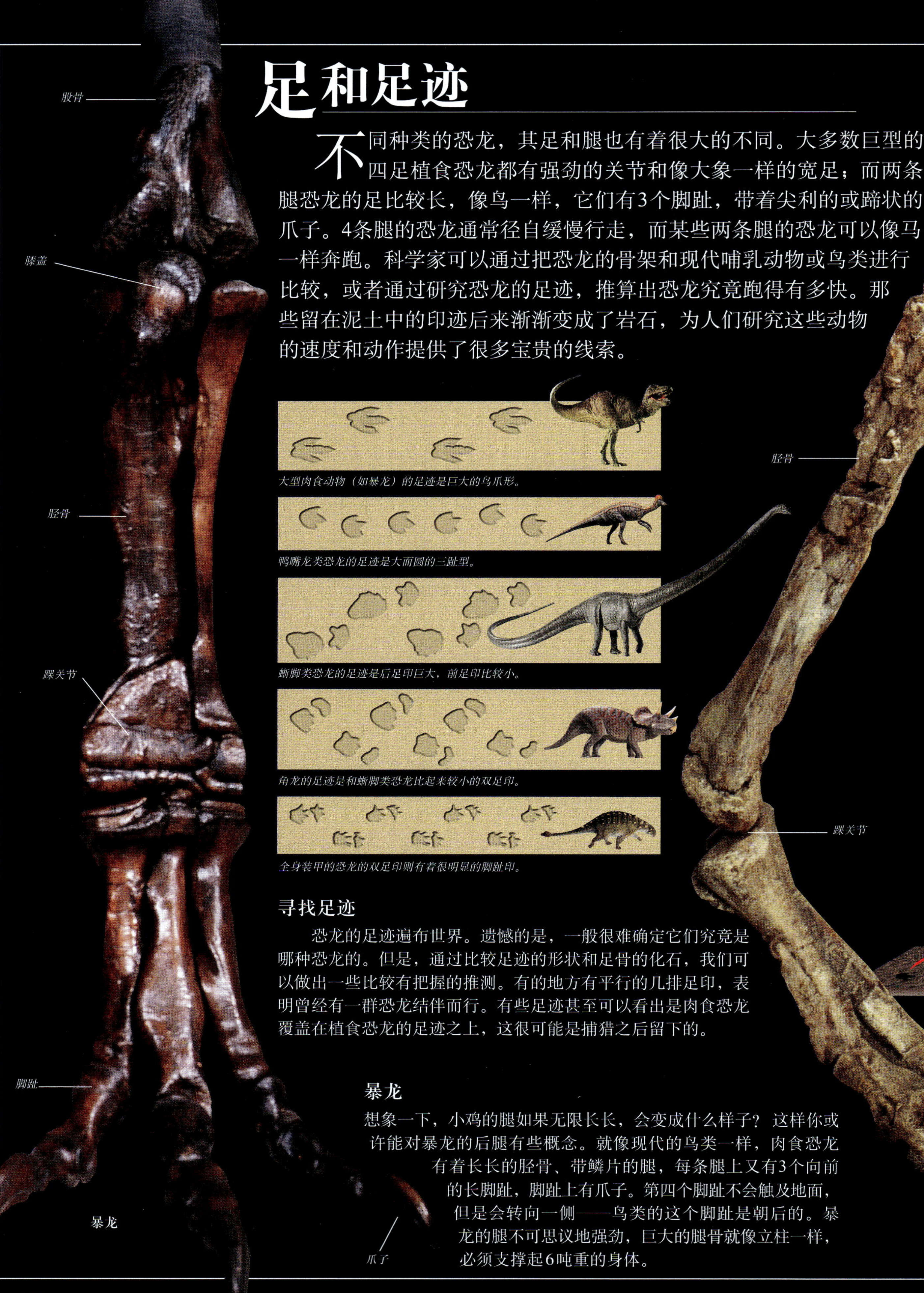

大型肉食动物（如暴龙）的足迹是巨大的鸟爪形。

鸭嘴龙类恐龙的足迹是大而圆的三趾型。

蜥脚类恐龙的足迹是后足印巨大，前足印比较小。

角龙的足迹是和蜥脚类恐龙比起来较小的双足印。

全身装甲的恐龙的双足印则有着很明显的脚趾印。

寻找足迹

恐龙的足迹遍布世界。遗憾的是，一般很难确定它们究竟是哪种恐龙的。但是，通过比较足迹的形状和足骨的化石，我们可以做出一些比较有把握的推测。有的地方有平行的几排足印，表明曾经有一群恐龙结伴而行。有些足迹甚至可以看出是肉食恐龙覆盖在植食恐龙的足迹之上，这很可能是捕猎之后留下的。

暴龙

想象一下，小鸡的腿如果无限长长，会变成什么样子？这样你或许能对暴龙的后腿有些概念。就像现代的鸟类一样，肉食恐龙有着长长的胫骨、带鳞片的腿，每条腿上又有3个向前的长脚趾，脚趾上有爪子。第四个脚趾不会触及地面，但是会转向一侧——鸟类的这个脚趾是朝后的。暴龙的腿不可思议地强劲，巨大的腿骨就像立柱一样，必须支撑起6吨重的身体。

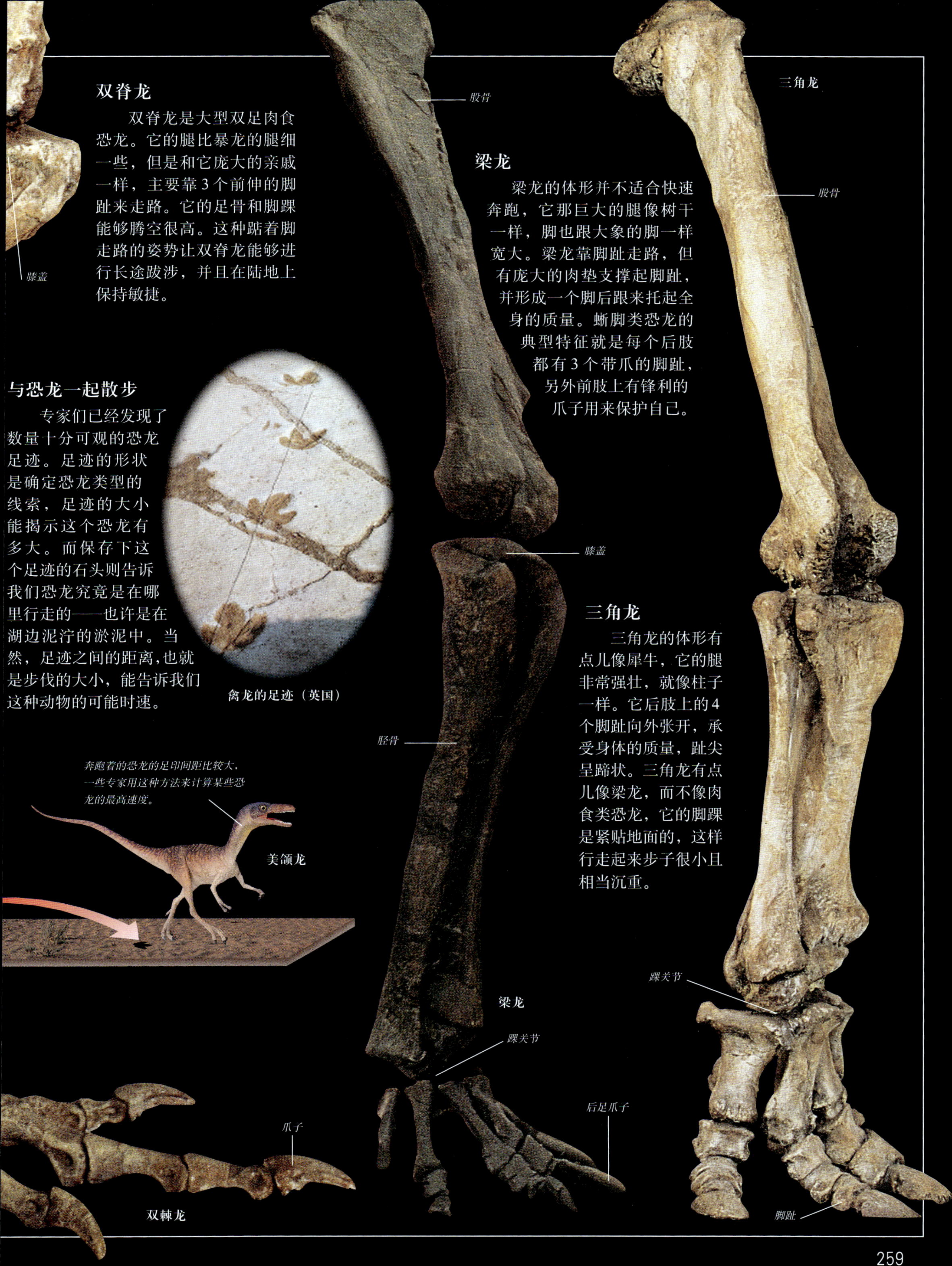

双脊龙

双脊龙是大型双足肉食恐龙。它的腿比暴龙的腿细一些，但是和它庞大的亲戚一样，主要靠3个前伸的脚趾来走路。它的足骨和脚踝能够腾空很高。这种踮着脚走路的姿势让双脊龙能够进行长途跋涉，并且在陆地上保持敏捷。

梁龙

梁龙的体形并不适合快速奔跑，它那巨大的腿像树干一样，脚也跟大象的脚一样宽大。梁龙靠脚趾走路，但有庞大的肉垫支撑起脚趾，并形成一个脚后跟来托起全身的质量。蜥脚类恐龙的典型特征就是每个后肢都有3个带爪的脚趾，另外前肢上有锋利的爪子用来保护自己。

与恐龙一起散步

专家们已经发现了数量十分可观的恐龙足迹。足迹的形状是确定恐龙类型的线索，足迹的大小能揭示这个恐龙有多大。而保存下这个足迹的石头则告诉我们恐龙究竟是在哪里行走的——也许是在湖边泥泞的淤泥中。当然，足迹之间的距离，也就是步伐的大小，能告诉我们这种动物的可能时速。

禽龙的足迹（英国）

三角龙

三角龙的体形有点儿像犀牛，它的腿非常强壮，就像柱子一样。它后肢上的4个脚趾向外张开，承受身体的质量，趾尖呈蹄状。三角龙有点儿像梁龙，而不像肉食类恐龙，它的脚踝是紧贴地面的，这样行走起来步子很小且相当沉重。

在空中

在恐龙的头顶上，像蝙蝠一样的爬行动物翼龙不停扑动着翅膀，发出独特的叫声。有些翼龙长得很小，就像麻雀一样，而其他翼龙展开双翼时可以有一架轻型飞机的机翼那么大。所有的翼龙都有细小而中空的骨头，翅膀是由连接着长指骨和腿的皮肤构成的。跟今天的蝙蝠和鸟类相似，翼龙可能是温血的，还可能有羽毛。很多翼龙是吃鱼的，和某些海鸟（比如燕鸥和军舰鸟）比较像。也有一些翼龙会像燕子那样在飞行中捕捉昆虫，或像兀鹫那样吃腐肉。翼龙算是恐龙的亲戚，但不能算恐龙。

双型齿翼龙的头和喙可能是很轻的，不然它在栖息的时候就会向前倾。

如果翼龙是温血动物，它们就需要一层皮毛来保存热量和维持身体的温度。

双型齿翼龙短小的钉状牙表明它可能以鱼类为食。

着陆时，双型齿翼龙会折起它的翅膀。每个翅膀的前段由长度惊人的指骨构成。

尾巴末端的水平翼（舵）帮助它在飞行中控制平衡。

双型齿翼龙

双型齿翼龙看上去是海鹦和果蝠的综合体。它有巨大的头、一个深而窄的类似海鹦喙的嘴，但是嘴的边缘有牙齿。双型齿翼龙能长到1米那么长，其中一半是像舵一样掌控方向的坚硬尾巴。它的翅膀和整体尺寸比起来算是比较短的。一些专家推测，双型齿翼龙依靠长长的后腿来行走。但最新的化石发现证明，它是四脚着地，用爪子来攀岩和爬树的。

滑翔

双型齿翼龙的翅膀由皮肤组成，因为纤维作用显得非常硬。它能像鸟类一样运用飞行肌来拍动翅膀。翅膀的大小和宽度决定了双型齿翼龙可以飞得多快，转弯时能有多迅捷。它可能掠过大海，用尖利的牙齿来攫取小鱼。如果降落到水面上，它能通过扑打翅膀、向后踢它那有蹼的脚，再次起飞。

埋葬在岩石中

纹理清晰的岩石将这块翼手龙化石的细枝末节都保存了下来。翼手龙身手敏捷、翅膀窄小，大小和一只海鸥差不多，飞行在侏罗纪晚期的湖面上捕食小鱼。翼手龙跟早期的翼龙一样都有牙齿，但没有尾巴——翼龙在不断进化过程中，牙齿和尾巴都在缩小，这样可以减轻体重，有助于飞翔。

槌喙龙

翼展可以达到5米。

迷人的手指

槌喙龙的翅膀全部伸展开来后，足足有一个羽毛球场那么大。它就像一只巨大的信天翁，在海面上呼啸而过。在它的吻端有一个冠，使它在捕捉小鱼时可以非常容易地在水面上滑行。像槌喙龙这样巨大的滑行类翼龙，在白垩纪时活跃于现在的英格兰地区。

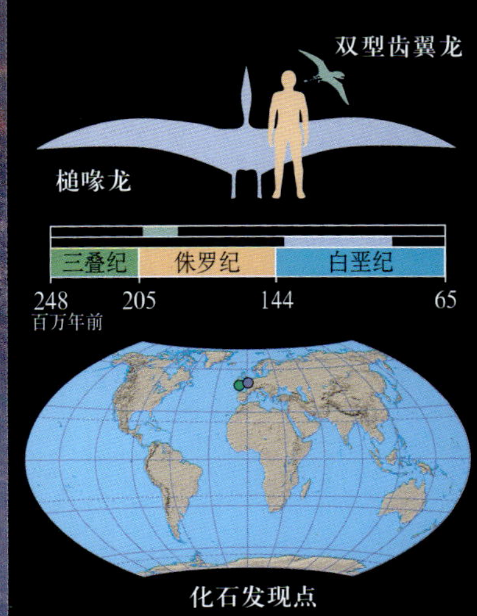

波浪之下

如果你去白垩纪潜泳一下，就会发现，当时的水底世界看上去和现在很像。大海里到处都是我们熟悉的生物——水母、珊瑚虫、牡蛎、螃蟹、蜗牛，还有大量的鱼类，包括鲨鱼。但是你也会在那儿看到一些古怪而奇妙的爬行动物。这些海洋爬行动物像海豚和鲸一样，是从那些重新回到海中的陆生动物演变而来的。这些深海中的怪物统治海洋长达一亿多年。这其中，最奇怪的也许就要数蛇颈龙了。蛇颈龙有两对鳍，推动着它们在水中优雅地前行。它们在那场恐龙大灭绝中也灭亡了，虽然有些人一直坚称它们依然活着，而传说中的尼斯湖水怪就是它们的后代。

薄片龙需要上升到水面上呼吸，就像今天的鲸一样。

巨鲨

蛇颈龙的一个主要天敌应该是史前巨鲨，它和大白鲨差不多大。

蛇颈

蛇颈龙有着像船的桨板一样的鳍。很多蛇颈龙的头很小，但是脖子却很长并且相当灵活。薄片龙是蛇颈龙的一种，可以长到14米长，而它身体的二分之一以上是头颈。可能这种奇异的动物在游泳时是将头保持在海面上的，然后不时地探入水中抓鱼。还有一种可能就是，它一直待在海洋底部休息，偶尔仰起头来捕捉那些路过的鱼。

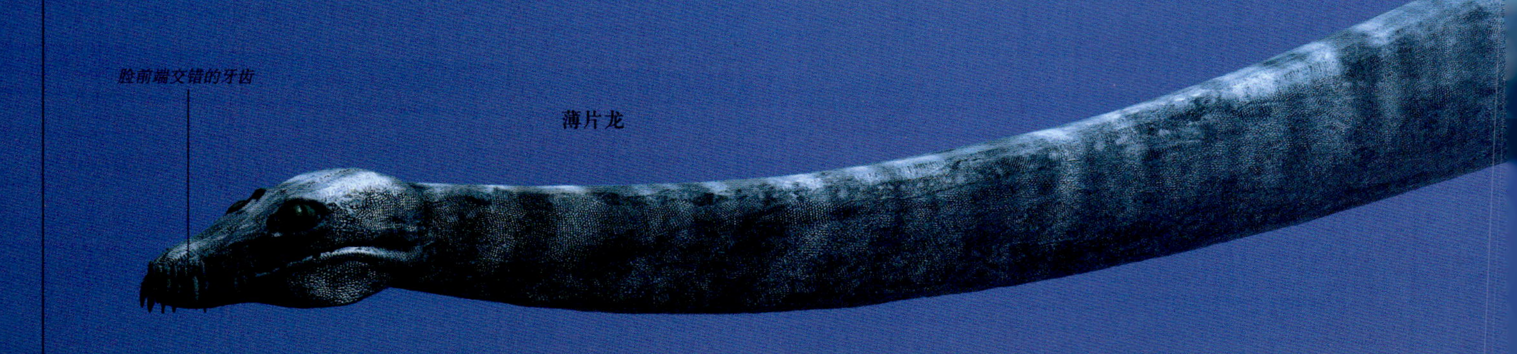

脸前端交错的牙齿

薄片龙

齿网

当棱长颈龙闭上嘴巴时，它长长的细齿会相互啮合，网住虾和小鱼。和其他的蛇颈龙一样，这种海洋爬行动物的四肢进化成了鳍，并增加了趾骨和指骨。在英国晚侏罗世岩层中发现的棱长颈龙的骨架有4米长，不到薄片龙长度的三分之一。棱长颈龙吞下石头来减轻它的自然浮力，使自己可以在捕食时深潜。

每个鳍都是由5根加长的指或趾组成的。

棱长颈龙

繁殖

薄片龙很有可能在水底交配，但是它们呼吸空气。因此，几乎可以肯定的是，雌薄片龙会到陆地上产卵。当它的4片鳍笨拙地将巨大的身体拖向岸边时，腹部特别扩大了的肋骨能保护雌性薄片龙柔软的内部组织。雌薄片龙会用后鳍在沙滩上挖一个坑，然后把它的蛋放在坑里埋好。薄片龙妈妈和之后孵化出的薄片龙宝宝在笨拙地回到海洋里之前，可能会遭到其他恐龙的攻击。

薄片龙的脖子非常长，有科学家称它为"海龟身体蛇脖子"。

薄片龙挥动着它的前后鳍，就像挥动翅膀在水中飞翔一样。

海洋巡游舰

鱼龙（英文名含义为“像鱼一样的蜥蜴”）是海里的爬行动物，其流线型的身躯使其能够捕食那些快速游过的猎物。庞大的身躯于两端逐渐变细，身上除鳍状肢外，背上和尾巴上也都有鳍，在这些鳍的帮助下，它们可以尽情地浮在海面上、保持方向或者急停。和蛇颈龙类似，鱼龙必须到海面上呼吸，也同样可能有曾经生活在陆地上的像蜥蜴那样的祖先，但是它们一旦到了陆地上就完全手足无措。为了在海中快速移动，鱼龙付出了无法离开海洋的代价。它们在海中出生、成长，也在海里死去。

跳跃

海豚是海洋哺乳动物，鱼龙和它非常相似。和海豚一样，鱼龙也许会常常跃出水面。但是似乎这些并不聪明的爬行动物并不会因为玩乐而跃起。一旦它们跳跃起来，那么最大的可能是，它们正在躲避向它们攻击的鲨鱼，或是为了甩掉寄生虫。

鱼龙

一只鱼龙和它的孩子们生活在一片浅海中，两亿年后，这里变成了现今的西欧。这条鱼龙有两米长，虽然有些鱼龙能长到它的5倍长，但是没有一条能像它这样保存得如此完好。继第一条鱼龙在英格兰被发现后，德国南部的页岩中也发现了数百条成年和幼年鱼龙的骨架，使得鱼龙成为了恐龙时代最著名的动物。

食谱

移动迅速的乌贼、它们的史前亲戚箭石和菊石，以及一些小鱼，是鱼龙喜欢的食物。鱼龙游得既快又敏捷，可以游出每小时40千米的速度，完全超越了它的大多数猎物。我们从鱼龙的胃和粪便中发现了鱼鳞和箭石的小钩子，从而知晓了鱼龙的大致食谱。

鱼龙宝宝

鱼龙无法在陆地上产卵，它们也像现今的鲸一样在水下产卵。科学家们获知这一点，是因为他们在已发现的某些鱼龙化石体内，找到了部分已成形的幼卵。这些幼仔的骨架还没有完全破碎——不过倘若被捕食者吞下肚子并且消化，那就不会出现这样的结果了。

狭翼龙

骨架化石

上图这头狭翼龙这样完好保存的鱼龙化石包括了身体的外形轮廓。它显示出有些鱼龙的鳍没有支撑的骨架。比如说，脊柱弯曲的末端只是支撑了尾巴的底部。在一些化石里，甚至保存了一些色素细胞，这暗示了鱼龙的皮肤有可能是深红棕色的。

眼眶

鼻孔

牙齿

头骨

鱼龙的头骨有长而窄的双颌，上面挤满了锋利的牙齿，可以咬住滑溜的猎物。这种生物会浮到海面通过眼睛前方的鼻孔呼吸。大眼窝表明它们的眼睛是很大的，可以在海洋的暗层捕食。两只眼睛周围各有一圈骨板，可以帮助肌肉调节眼睛的形状，从而瞄准猎物。

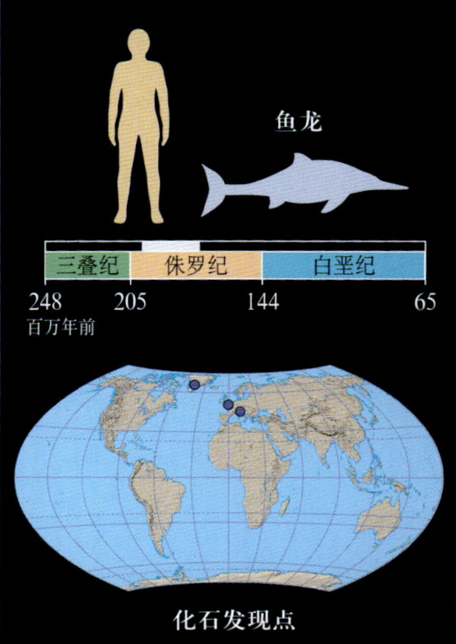

迁徙

每年，很多动物会开始一段很长的旅行，来寻找食物或者繁殖的地方。它们的旅行被称为“迁徙”。北美的驯鹿每年春天会向北跋涉数千千米，到北极地区觅食。到了秋天，它们会向南进发，躲避北方严酷的寒冬。鸟类会飞行更长的距离——北极燕鸥在一年中可以飞两万千米之远。恐龙可能也会因为同样的原因迁徙。恐龙会迁徙的最有力证据，是在美国阿拉斯加的北部发现了某种恐龙的化石，而同种恐龙的化石又在数千千米外的南部被发现。

红虚线是恐龙迁徙到北极圈的具体路线。在白垩纪晚期，地球上的大陆又重组了。

落基山脉

迁徙路线

非洲

南美

追求极地

来自北美的北极恐龙，可能是沿着落基山脉和西部内陆海道（又名奈厄布拉勒海）西岸之间的滨海平原向北迁移的。在白垩纪晚期，这个浅海从北冰洋流向墨西哥湾，将北美大陆分成了东西两个岛屿。其中一个迁徙者可能是有角的肿鼻龙，人们在加拿大的阿尔伯塔、同时又在3 500千米外的美国阿拉斯加北海岸发现了它的化石。

迁徙途中的恐龙可能是成群结队的，这样可以抵御肉食恐龙的袭击。现存的化石证明，一群肿鼻龙可能有好几万头。

奇特的头骨

肿鼻龙（英文名含义为“鼻子很厚的蜥蜴”）是因为鼻子上有一个骨质的肿块而得名的。其他有角的恐龙在这个部位长的都是锐利的角。雄性肿鼻龙有6.5米长，当它们互相攻击时，会面对对方，用头上奇怪的肿块（“大隆鼻”）头对头地进行推挤。

肿鼻龙

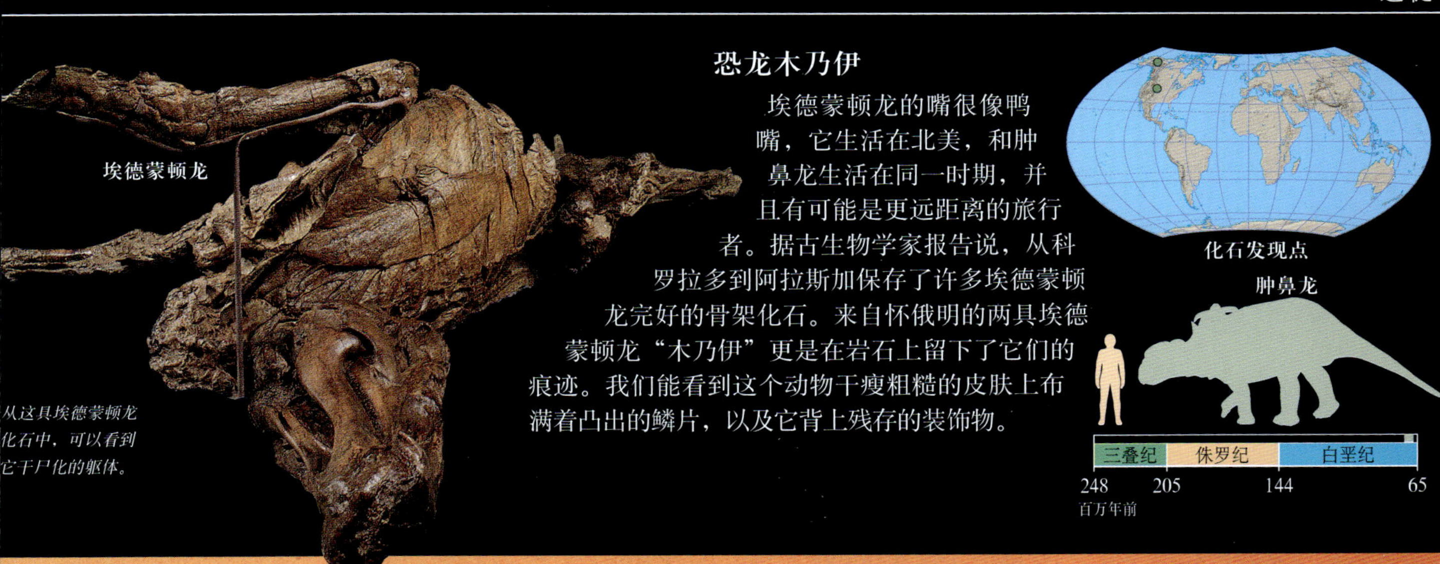

从这具埃德蒙顿龙化石中，可以看到它干尸化的躯体。

恐龙木乃伊

埃德蒙顿龙的嘴很像鸭嘴，它生活在北美，和肿鼻龙生活在同一时期，并且有可能是更远距离的旅行者。据古生物学家报告说，从科罗拉多到阿拉斯加保存了许多埃德蒙顿龙完好的骨架化石。来自怀俄明的两具埃德蒙顿龙“木乃伊”更是在岩石上留下了它们的痕迹。我们能看到这个动物干瘦粗糙的皮肤上布满着凸出的鳞片，以及它背上残存的装饰物。

大规模的跋涉

7 000万年前，成群的肿鼻龙在每个春天会从现在加拿大的阿尔伯塔地区向北迁徙。这些笨重的植食恐龙可能是被阿拉斯加繁茂的阔叶植物吸引而北去的。那个地方离北极只有10个纬度，夏天太阳不会落山，气候也比现在温暖些。肿鼻龙的前进速度大概是每天50千米，一群肿鼻龙需要花费两个多月才能到达目的地。当阿拉斯加的树叶都枯萎凋零的时候，肿鼻龙们就开始返程了。

冒险之旅

迁徙的动物在旅途中会面临严重的危险。非洲牛羚在越过河流到达多雨的草地前，会受到来自鳄鱼的攻击。恐龙也会遇到类似危险，也许同样会成为鳄鱼的受害者。阿尔伯塔龙会跟踪肿鼻龙群，把那些年幼或者体弱的肿鼻龙给叼走。在阿尔伯塔地区，成千上万的肿鼻龙曾经群葬在一起——可能当时它们正涉水过河，而雨水泛滥导致了河水上涨。

侏罗纪的长颈鹿

蜥脚类恐龙可能是在地球漫步的最高、最长也是最重的动物了。发育完全的话，一些蜥脚类恐龙可以有15只非洲象那么重。这种庞大的体形是它们保护自己的主要武器——它们长得真是太大了，大得没有其他动物会去攻击它们。而且，这还不是这种巨型动物的唯一优势。高高地站在陆地上，蜥脚类恐龙可以吃到其他植食恐龙难以够到的茂盛嫩枝。蜥脚类恐龙是严格的素食主义者，就像今天的食叶动物一样，它们为了生存几乎把一生的时间都耗费在了吃树叶上。

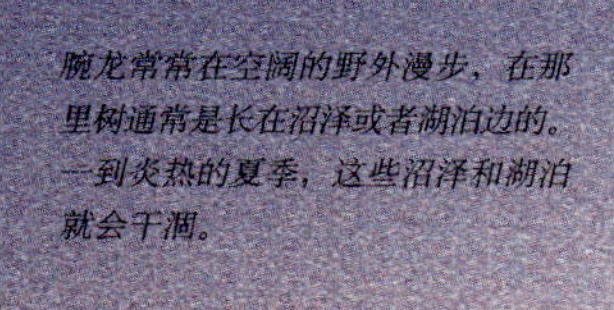

腕龙常常在空阔的野外漫步，在那里树通常是长在沼泽或者湖泊边的。一到炎热的夏季，这些沼泽和湖泊就会干涸。

重龙

重龙有结实的四肢、长长的脖子和修长的尾巴。和它们更出名的亲戚梁龙一样，它们大概有一个很小的脑袋和便于把树叶剥下来的钉状牙齿。如果它们后腿直立，也许能吃到4层楼高的树顶上的叶子。但是，专家们现在怀疑，比起高层食叶者，它们更可能是一群“树篱破坏者”。

重龙

移动的时候，重龙用它的长尾巴来保持身体平衡。

和大多数蜥脚类恐龙一样，重龙可能无法把它的长脖子抬得很高，虽然它可以在进食的时候把脖子向两侧摇摆。

重龙脊椎骨的圆形末端正好能嵌入下一段脊椎骨的孔中。

不可思议的头颈

除非你知道它们的构成，不然一定觉得蜥脚类恐龙的头颈长得简直不可思议。它们的头颈包含一排交替啮合的骨头（椎骨），这些骨头由下面许多细小的颈骨支撑着，颈骨相互交错，使头颈更加强硬。在椎骨上面有肌肉、韧带和肌腱，它们环绕整个头颈并且控制着它的运动。

腕龙

腕龙就像巨大的长颈鹿，在眼睛上方鼓起了鼻孔。它那强健的牙齿像凿子一样，可以把木质嫩枝砍下来。它们可能从树顶摘叶子吃。但是，有些科学家认为，它的肌肉可能无法让头颈仰至过高的角度，即使可以，它的心脏也不太可能强壮到能把血液输送到那么高的脑袋里。

蜥脚类恐龙会把一棵树上某个高度以上的嫩芽和叶子都吃光。被长颈鹿咬过的非洲胶树也会有一道这样的界线。

蜥脚类恐龙体内

蜥脚类吃的那些粗糙的植物必须碾碎了才能释放出营养。但是蜥脚类恐龙的牙齿太简单了，并不适于磨碎食物。在它们的化石中发现了很多打磨过的石头，说明它们可能有一个砂囊（强健的能够搅动的胃），里面有一个由吞下的石头组成的“研磨机”，可以把食物捣成浆。今天，很多鸟类和爬行动物，包括鳄鱼，都有一个这样的砂囊。

白垩纪的母牛

鸭嘴龙有点儿类似白垩纪的母牛，它们一直生存到恐龙时代的末期。它们成群结队地徜徉在北美的森林和沼泽地带，不停地大口咀嚼着蕨类植物、松柏针叶和阔叶，还有花。它们没有爪子，但是指尖像蹄子一样，可以让它们在水中跋涉，或者在柔软的土地上四脚着地。它们可能一生都生活在空旷的土地上，这样它们可以靠后腿疾跑来躲避像暴龙这样的食肉恐龙。

坚硬的尾巴可能无法向两侧摆动。

冠龙

冠龙

除了冠，副栉龙看上去很像冠龙。

副栉龙

长号一样的头

鸭嘴龙类的副栉（zhì）龙有着比亚冠龙更加奇怪的冠。科学家们提出了各种各样的理论来阐释这个冠。比如说，有的科学家认为它应该是一个通气管，用来在水下呼吸；也有科学家认为这是它鼻子的延续，对于一些特别的味道比较敏感。目前的理论认为，副栉龙可以通过这个冠来呼叫，就像长号一样，发出如雁鸣一般的声音。

死亡的姿势

冠龙是典型的鸭嘴龙。这副冠龙的骨骼揭示了这只恐龙在大约7 000万年前倒下后被泥土和沙子掩埋的确切位置。保存完好的化石显示了一个由细骨和脊椎交叉而成的“格子架”，这让冠龙在行走的时候，尾巴可以翘在空中。

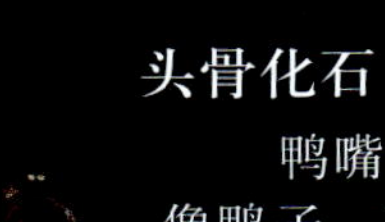

头骨化石

鸭嘴龙的喙很像鸭子，可以用来剥去植物的枝叶。它们的牙齿排列得很整齐，能够碾碎食物。很多鸭嘴龙的头上有清晰的冠，比如亚冠龙。科学家并不确定这些冠是用来干什么的，但是看上去雄性的冠似乎更大一些。大概这些雄恐龙用它们的冠来吸引雌恐龙，就像现在的雄鹿用鹿角来吸引雌鹿一样。

沼泽地

很多鸭嘴龙生活在落基山和将北美分为东西两半的巨大内陆海（西部内陆海道）之间，那里是一片温暖的平原。和柏树沼泽地一样，平原上到处都是松树林、蕨类植物和海岸沼泽地。最早期的显花植物那时还刚刚出现，而现在它们已经主宰了整个地球。

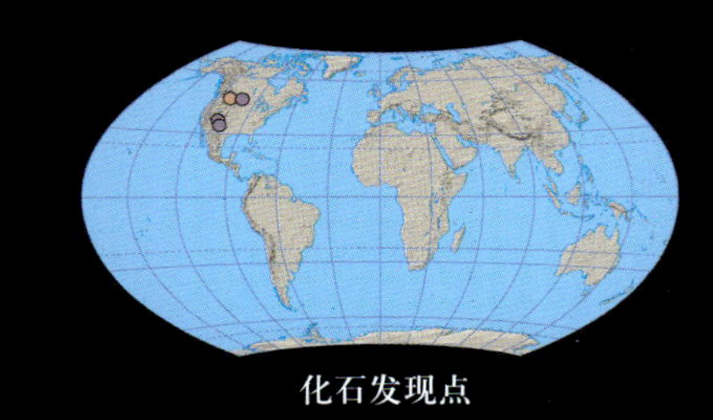

化石发现点

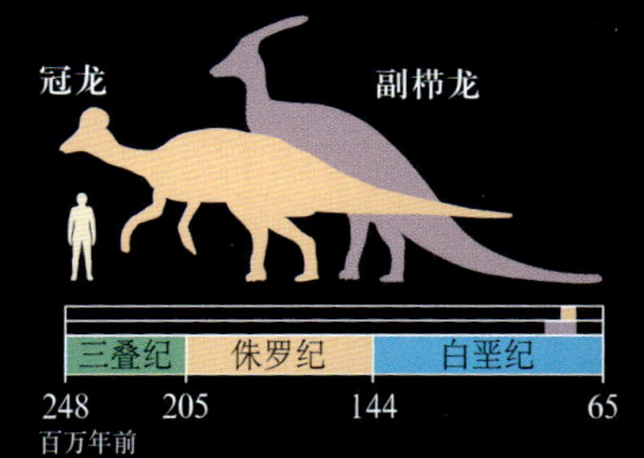

群猎

并不是所有的恐龙都是温顺的素食者。吃肉的恐龙——肉食恐龙必须杀死别的动物来维持生存。这些恐龙都装备了致命“武器”来适应凶猛的生活：像剃刀一样的尖牙、像抓钩一样的利爪、强有力的下颌（用来撕烂肉块）和健硕的四肢（用来消灭幼小的猎物）。很多恐龙甚至还会吃小恐龙、蜥蜴，或者是恐龙蛋。另外，有些恐龙可能会聚集成一群，用诡计来诱捕大型猎物，靠团队的力量制服对方。这些群体狩猎的恐龙中，最野蛮的可能是迅掠龙。

疾速杀手

迅掠龙（英文名含义为“快速的掠夺者”）是两条腿的恐龙，就像一只柔软而敏捷的猫科动物。这种肉食恐龙并没有猎豹那么快，智力也只和鸟差不多，但是它拥有比任何其他同质量的生物更强劲的杀伤力。它的武器是长而窄的颌骨、像刀锋般锐利的尖牙，以及带爪的指和脚趾。锋利的爪子弯曲着，能像匕首一样刺入对手的身体。

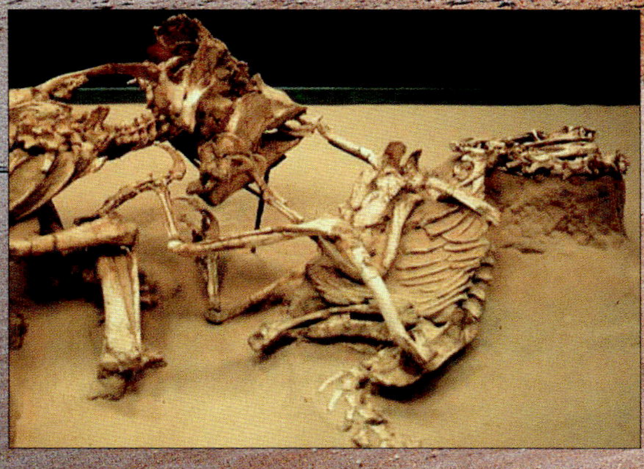

拼死决斗

一只迅掠龙和一只原角龙在距今7000万年前的一场决斗中被当场埋葬。它们的化石暗示了它们当时的作战手法。两米长的迅掠龙跟和猪差不多大小的原角龙进行格斗。肉食恐龙尝试着用带爪的前肢撕开猎物的鼻子，同时野蛮地猛踢猎物的喉咙。原角龙死去的刹那，用它强有力的“鹦鹉喙”钳住了进攻者的右肢。迅掠龙还未来得及逃脱，风吹来的沙尘就让它们两个都窒息了。

迅掠龙

迅掠龙的主要武器是它第二根脚趾上的镰刀状爪子。争斗中，爪子向前挥舞，发起猛烈的攻击。

迅掠龙长长的前肢向身后折起。当它扑向猎物时，腕关节会转动，展开前肢，像鸟类展开翅膀一样。前肢伸出去后，爪子会像钩子一样钩住隐藏的猎物。

原角龙

原角龙（英文名含义为“第一个有角的脸”）有一个巨大的骨质颈盾，但是并不像那些更高级的角龙一样真的有角。这种4条腿的植食恐龙可能主要用它的鹦鹉喙来切割硬质植物，然后用锋利的颊齿像剪刀一样将它们剪碎。由于头部过重，它跑起来应该不快。如果它被攻击了，最有效的防御方法就是咬对方。

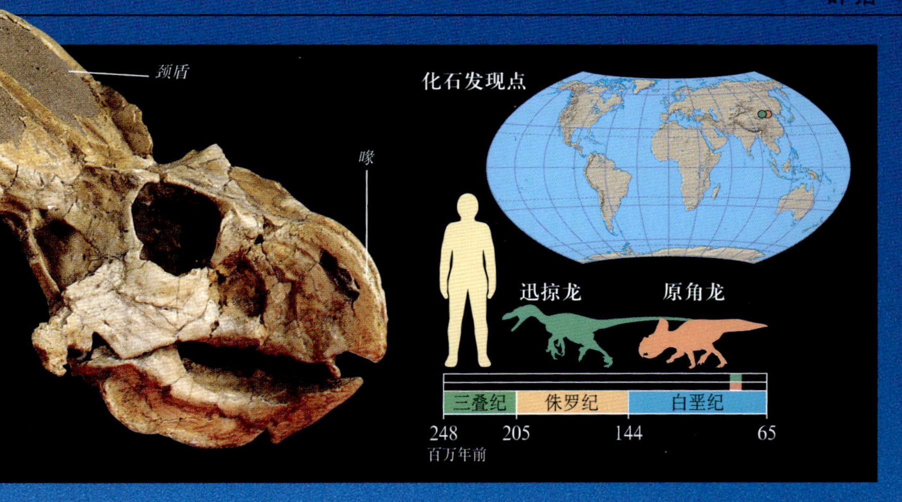

前肢和爪子

恐龙的前肢应该比后肢短，因为它们是从双腿奔跑的祖先进化而来的，而它们的祖先只用前肢来抢夺食物。大多数肉食恐龙都保持了这个造型，它们短肢的末端有3根带爪的指，也有些恐龙是2个爪子或者5个爪子的。四足植食恐龙的前肢进化成了结实的支柱，用来支撑起身体，但是它们通常比后肢短。大多数植食动物都有4根或5根蹄子状的手指，指尖有肉掌，爪子也不锋利。但是，有些植食恐龙的拇指末端有一个长而尖的爪子。

恐手龙的前肢

有爪子的长前肢

现在唯一知道的一种前肢比一个人还长，每个前肢都有尖锐爪子的恐龙是恐手龙（英文名含义为“恐怖的手”）。根据它前肢的化石判断，这种恐龙可能非常巨大，但是它真实的大小和形状仍然是个谜——也许它是一种小型恐龙，但是有着超乎寻常的前肢。一些科学家认为它主要猎捕大型动物；另一些科学家则认为，它像树懒一样将自己挂在树上，或者用前肢袭击白蚁的巢穴。

恐手龙的可能大小与人类相比较

恐爪龙的坚硬尾巴基底是很灵活的。

骨质眼环

恐爪龙

尖牙

3指的手

趾爪

趾爪

迅掠龙的表亲

恐爪龙比其表亲迅掠龙大两倍，是一个强悍而敏捷的猎手。它在掠食时可能又跑又跳，急停时靠摆动尾巴来保持平衡。这副骨骼标本显示了恐爪龙突袭时的状态：带爪子的手已经准备好了去攫取食物，而趾爪也已经准备好在捕食时把食物撕碎。它的猎物可能是腱龙，一种像马一样大小的植食恐龙。在一个化石点发现了一只腱龙和4只恐爪龙，这些恐爪龙可能是在跟腱龙搏斗时死去的。

致命武器

恐爪龙（英文名含义为“恐怖的爪子”）得名于它脚上巨大的镰刀状趾爪。特殊的肌肉能够把爪子向后拖，然后快速弹出，迅速地刺透鳞状皮肤和肌肉。为了避免这些像弹簧刀一样的爪子变钝，恐爪龙在走路时会把它们悬在空中。

短小的前肢

暴龙是陆地上最大的食肉动物之一，但是它的前肢却非常短小，几乎只能够到它的嘴。以前人们认为暴龙的前肢力量很弱，就像模型显示的那样。但是1989年，科学家发现了它完整的前肢骨，上面的伤痕显示了其肌肉依附的部位。这次发现证明了暴龙的前肢强壮得足以举起一个人。暴龙可能用它的短前肢来与猎物搏斗，同时用下颌残忍地置对方于死地。

相对的拇指

伤齿龙（以及很多其他恐龙）有可与其他手指相对的拇指。像人类一样，它们可以将自己的拇指移向不同的方向，这种能力帮助它们在捕食时可以抓住一些小的东西，比如说蜥蜴。面向前方的大眼睛可以帮助它们在黄昏捕猎，并且侦察快速移动的动物。就身形而言，伤齿龙有一个不同寻常的大脑袋，这也是为什么它们有时会被形容为最聪明的恐龙的缘故。

从前肢到翅膀

肉食恐龙通常都有短小的前肢，但是有一群恐龙的前肢却特别长——手盗龙。这群恐龙包括恐爪龙和迅掠龙这样凶猛的猎手，还有史前鸟类始祖鸟。大多数古生物学家认为，鸟类是从一种比恐爪龙和迅掠龙更小的手盗龙进化而来的，其长长的前肢逐渐演化成了翅膀。

多功能的手

就像瑞士军刀一样，禽龙的拇指和其他手指都是为了执行各种任务而设计的。当禽龙四肢着地时，3根蹄状中指形成了一只脚。它的小指可以折叠起来，采摘带叶的嫩枝，然后将它们送到嘴里。如果被逼实施防御，禽龙可以用它那尖锐的拇指钉刺穿对手。

杀手本性

想象一下，一个怪兽从楼上的窗户向你袭来，并用匕首般的牙齿刺向你。刺中你之后，它用巨大的下颌衔住你，然后将你整个吞下。在恐龙时代，这样的生物并不仅仅是噩梦，而是真实恐怖的存在。为了和庞大的猎物搏斗，肉食恐龙逐渐进化成巨兽。但结果是，它们的猎物为了自保，也逐渐变得越来越大。这就像植食动物和肉食动物都被封闭在了一场军备竞赛中一样，促使双方不断地强大。

硕大的巨龙

巨龙可能是陆地上最大的爬行类肉食动物，它有125个人那么重，比暴龙更加高大，但是它的脑袋却较小。这种怪物在9 500万年前统治着南美的恐龙群。它的猎物之中，可能有重达100吨的庞大的蜥脚类恐龙阿根廷龙。巨龙可能是从一侧向阿根廷龙发起进攻的，然后在对手侧腹部狠狠咬下。就算猎物仓皇逃脱，还是有可能因巨龙尖牙边的腐肉感染了伤口而死去。

快还是慢

在电影《侏罗纪公园》里，暴龙在追逐一辆轿车。但是这种巨大的肉食动物真的可以跑那么快吗？一位科学家猜想，暴龙的腿骨太过瘦弱，加速奔跑时无法负荷重达6吨的身体的剧烈摇晃，所以它的最高时速会被限制在25千米以内。还有的科学家认为，暴龙腿部的减震组织可以使它达到一个比较快的速度，即有可能达到36千米/时。

强有力的双颌是暴龙最主要的武器。

暴龙君主

暴龙的攻击方式与巨龙不同。其猎物骨头上的洞说明，这种食肉动物用弯曲的尖牙深深地刺入猎物的肉和骨头中。然后它们把尖牙拖回，这样就可以顺便拉出填满整张大嘴的肉。暴龙的下颌和脖子是极度强健的，它可以举起猎物，猛烈地摇动直至杀死它们，之后饱餐一顿。

捕食者还是腐食者

很多专家认为暴龙是腐食者，只吃已经死去的动物。他们认为，暴龙跑得太慢了，没办法抓到活的猎物，而它脑中巨大的嗅觉中枢则可以探测到几千米外的腐肉。暴龙可能的确吃已经腐烂的尸体，但是大部分科学家相信它也是捕食者。

暴龙

在饱餐一顿之后，暴龙有好几天不需要再捕猎。

特殊的食谱

科学家曾经认为所有大型肉食恐龙只吃庞大的植食恐龙。后来，化石搜寻者发现了棘背龙，这群庞大的肉食者的下颌和牙齿是专门吃相当大的鱼类的。除此之外，可能还有一些恐龙有着特殊的食谱。比如说，一些大嘴巴的恐龙可能就不太讲究吃些什么，反而是小嘴巴的植食恐龙很可能非常挑食。

似鳄龙用卷曲的拇指爪来捕食猎物，它可以抓起不设防的鱼类。

非洲以外

1997年，古生物学家在撒哈拉发现了似鳄龙的化石。该团队发现，这些化石部分裸露在沙漠的狂风中。但是要发掘这些化石，需要移走25吨的岩石和其他物体。

似鳄龙就是像鳄鱼一样的恐龙，这来自于它那长而细的头骨。

嘴里塞满食物的时候，似鳄龙还可以呼吸，因为它的鼻孔长在嘴的下方。

似鳄龙

这种奇怪的食鱼恐龙可以长到暴龙那么大。它的头和鳄鱼比较像，前肢比大多数肉食动物要长一些，后肢也很粗壮。在它的头后面，高耸的脊骨支撑着皮肤上的鳍状物（或者说是一个从背部开始的高而窄的驼峰）。似鳄龙可能常在河湖中出没，它或站或躺卧在水中，用有力的双颌或者带有利爪的前肢抓捕大鱼。

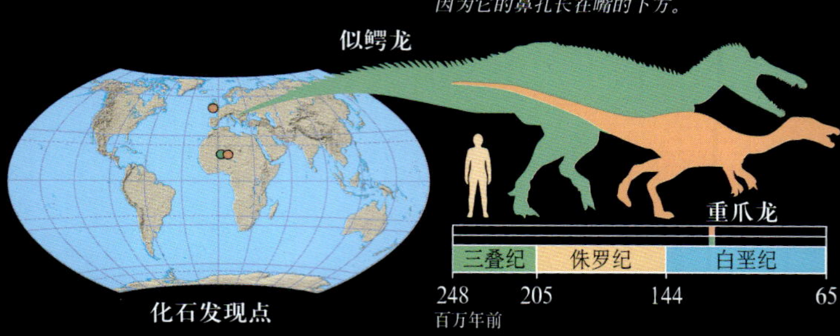

重爪龙

近亲?

尼日尔的似鳄龙和重爪龙的关系很近。重爪龙是来自英格兰的一种食鱼恐龙。当欧、非两大洲仍连为一体的时候，这些重爪龙从欧洲迁徙到了非洲。似鳄龙可能就是从这些亲戚演化而来的。但是科学家现在认为，似鳄龙可能就是一种大型重爪龙。

空棘鱼

鱼类食物

对似鳄龙胃口的鱼类大概需要有4米长，可能的猎物包括一种史前肺鱼，或者是一种被称为“莫索尼亚”的鱼。莫索尼亚鱼的亲戚空棘鱼堪称“活化石”，至今在东非和东南亚的海里仍有发现。

朋友还是敌人

现代鳄鱼的祖先曾经潜藏在似鳄龙狩猎的河里。这种巨鳄有15米长，比非洲似鳄龙更大——这两种爬行动物都有着很窄的头以及能用来对付光滑对手的细而锋利的牙齿。可能有些时候，恐龙和鳄鱼会为了一条鱼而发生争斗，结果演变成一场嗜血的战斗。

从史前时代到现在，鳄鱼只是略微变了一点点。

分享猎物

腔骨龙有轿车那么长，却只有8岁儿童那样轻。在晚三叠世，这种嗜血的似鸟恐龙群居在半沙漠地带和河畔的丛林中，抢食小型猎物。这群恐龙喜欢一起活动，这样可以更轻松地捕食比它们大的猎物。一种被称为艾吐龙的史前爬行动物对腔骨龙而言很难下手，因为它们全副武装。但是如果一群腔骨龙发现了一只死去的艾吐龙，它们就会为这个尸体互相争斗。尖利的牙齿会迅速将尸体撕烂，最后只剩下一个骨架。

敏捷的掠夺者

苗条而敏捷的腔骨龙生来就能快速追逐猎物。从很多方面来说，它和现代的长脚水鸟（比如鹳和苍鹭）很相像。它窄小的头、S形的头颈、苗条的身体、细长的腿、中空的骨骼，都很像鸟类。因此，它的骨架肯定也有部分特征和鸟类很相似。但是腔骨龙没有翅膀和喙，有的只是带爪的前肢和尖利的牙齿，以及一条骨质的尾巴。

三叠纪景观

在腔骨龙生活的时代，干燥的季节之后常常会跟随着丰盈的雨水。当时最大的植物是高耸的智利南美杉。蕨类植物、巨大的木贼以及短小的棕榈状苏铁，形成了茂密的河滨灌木丛。这些湿润的地区到处都是昆虫、蜥蜴、恐龙，以及笨重的艾吐龙。在水中，居住着鱼、大型两栖动物蒙托龙（巨型蝾螈），以及3米长的像鳄鱼一样的植龙——它是最大的淡水类肉食动物。

社会生活

来自美国新墨西哥州的化石证据显示腔骨龙是群居的，很多个体的化石被发现时常常堆叠在一起。这样的恐龙墓地标志着此处曾经浅溪泛滥，淹没埋藏了数百只这种苗条的像鸟一样的动物。一些科学家认为，那些较大的个体是雄性恐龙，而那些更小、更苗条的是雌性。另一些科学家则认为，雌性腔骨龙比雄性腔骨龙大，就像现代鸟类那样。

吃同类的动物

这具腔骨龙化石胸腔内的小骨头显示了这头腔骨龙最后的晚餐是一只小腔骨龙。其他某些成年腔骨龙的化石中，同样可以找到被它们吞噬的幼体的残骸：可能这些成年腔骨龙在找不到其他食物的情况下会对同类下手——更可能的情况是，它们总会抢夺任何能够吞下的幼小生物。现存的爬行动物中，比如鳄鱼，还保留着这样的习性。

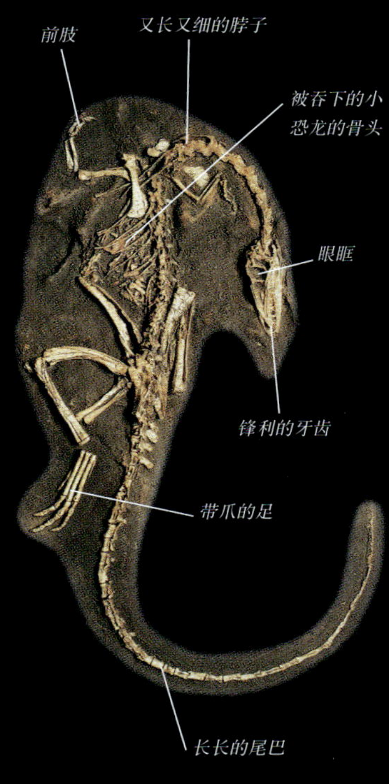

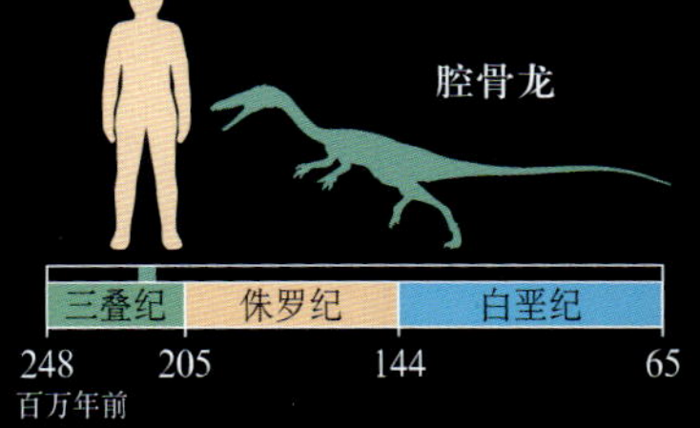

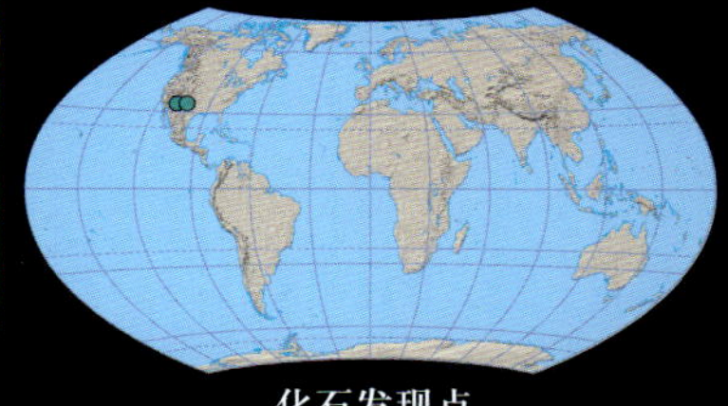

防御之利器

恐龙的生活环境是非常危险的。肉食恐龙、天敌、寄生虫、疾病和伤口都有可能令它们在成年之前就夭折。最致命的威胁是那些大型肉食恐龙（如暴龙）的尖牙和利爪。大多数恐龙都太大了，无法挖洞或者爬树，所以它们在面对这些袭击者时，常常依靠其他的自我保护办法。恐龙蛋可能会在厚实的枝叶堆里，伪装起来。鸵鸟式的恐龙会把袭击者远远抛在身后，而甲龙则用全身的甲胄来保护自己。很多植食恐龙靠生活在一起来维持安全。地球上最大的爬行动物——蜥脚类恐龙主要依靠它们庞大的质量和体形来进行防御，这已经可以使它们很难被袭击了。当这些防御方法都不起作用的时候，有些恐龙还会运用一种秘密武器——像鞭子一样的尾巴。

鞭子

像其他蜥脚类恐龙一样，重龙有庞大的肉质尾巴，可以像鞭子那样挥动。尾巴里骨骼的结合点可以移动，使得尾巴可以任意向左右甩动。如果一头巨大的肉食恐龙从后面接近它，重龙可以用它鞭子一样的尾巴猛抽对方的脸。一些科学家认为，雄性蜥脚类恐龙可能在同性争斗中也热衷于用鞭尾来决战。

蜥脚类恐龙群

足迹化石为我们提供了蜥脚类恐龙群居的强有力证据。在美国得克萨斯州一座农场发现的足迹，可能是23头恐龙一起留下的，较小的足迹覆盖了较大的那些，暗示了最大的恐龙带领整个族群。另外一些足迹则显示了蜥脚类恐龙群是排成一列纵队行进的，或者是并肩排成壮观的一排。

如果重龙抽动它的尾巴，尾巴末端摆动的速度会比声速更快，这样可以发出穿越声障的巨大声响。

保护性的父母？

年幼的、年长的，还有生病的蜥脚类恐龙是最可能被攻击的。很多专家认为，最年幼的蜥脚类恐龙会待在种群最当中的安全位置。另一些专家则认为，蜥脚类恐龙妈妈生完蛋后会抛弃它们，让年幼的蜥脚类恐龙自立。在孵化之后，弱小的幼年蜥脚类恐龙会在浓密的森林中生活，这样可以躲避大型的肉食恐龙。只有当它们长大以后，才会融入种群。

异特龙

重龙面对的最凶险的敌人就是兽脚类的异特龙。这种巨型的肉食动物会聚集在一起，击倒大家伙。当一群这样的怪兽从各个方向袭来时，即便是成年的重龙，也会被击垮。

重锤猛击

蜥脚类恐龙另外一项防御的技能就是用前肢像锤子一样猛击。在面对袭击者时，重龙后腿直立，可以把它的前肢高高举过兽脚类恐龙的头。如果肉食恐龙靠近它的腹部，重龙就会用这些粗壮有力的“手”击打兽脚类恐龙的背部，并且把它全身的质量都压上去。蜥脚类恐龙同样会用拇指上锋利的爪子在敌人的厚皮上挖出血腥的伤口。

从头到尾

就像人类一样，恐龙也属于脊椎动物的种群。脊椎动物的共性就是有脊椎——一条从头到尾由小骨骼组成的硬棒。恐龙的脊椎揭示了很多它们如何移动的秘密。有些恐龙的脊椎骨是由灵活的关节连接在一起的，这让它们的脖子和尾巴能够根据自己的意愿来摆动。而对于其他的恐龙来说，像棒子一样的加固材料使得脊椎的一部分非常坚硬；脊椎后面的部分形成了尾巴，起到重要的平衡作用，有时在防御的时候也是特殊的自卫武器。

植食者的脖子

把植食恐龙副栉龙的脖子和现代动物的脖子做一个比较，我们可以推测出它们是如何进食的。副栉龙的脖子弯曲得很厉害，就像一头北美野牛。北美野牛把脖子弯下来吃地上的草，所以副栉龙可能也是吃地上的植物的。因为在恐龙时代并没有草，所以它们大概吃蕨类和早期的显花植物。

副栉龙

副栉龙的脖子弯曲得很厉害。

肉食恐龙的脖子通常呈S形

驰龙

敏捷的尾巴

不寻常的尾巴帮助驰龙和它的近亲迅掠龙急速转弯，使得它们的迅猛袭击更加致命。大多数尾骨都被特殊的骨质棒状物封闭住，形成一道硬质的“栅栏”；只有在尾巴与髋连接的地方，它们才可以自由移动。这种坚硬与灵敏的结合，使得这些肉食恐龙可以朝任意方向举起或摆动它们的尾巴。它们能像空中飞人一样保持平衡，以极快的速度转弯，或者在半空中扭转身体来压向猎物。

驰龙有1.8米长，基本上和迅掠龙差不多大。跟迅掠龙一样，这种动物是贪婪的肉食动物。

捕杀猎物时，巨大的后爪向前高举。

镰刀一样的爪子是用来刺穿皮肤的。

保持平衡的尾巴

长长的锥形尾巴常常拖曳在地，帮助那些鸵鸟式的恐龙（比如似鸟龙）在奔跑时保持身体前端的平衡。它们的尾巴可以包含40节骨头，后部的那些骨棘排列在一起，组成了硬挺的支杆。通过摆动尾巴，一只疾跑的似鸟龙可以忽然转弯来愚弄它的敌人。

剑龙

剑龙的骨钉和骨板并不是连接在脊椎上，而是镶嵌在皮肤上的。每种剑龙都有特殊的骨钉或者骨板，这些结构可能是帮助它们区分彼此的。扁平的骨板可能也用于调节体温，钉状龙尖耸的骨钉构成了满是针刺的形态，可能正为它提供了一套自卫的装备。

重锤出击的尾巴

包头龙的秘密武器是尾巴末端沉重的骨锤。如果肉食恐龙试图攻击它，包头龙可以转身用骨锤抽打对手的腿部，这也许会让对方骨折或者直接把对方放倒。如果骨锤无法阻止对手的攻击，包头龙全身武装的皮肤则是第二道防线。

多少块骨头

蜥脚类恐龙拥有陆地动物最长的脊柱。从头下方的后背开始一直到尾尖，梁龙的脊柱超过26米长。它的脖子由15块骨头组成，而人类或者长颈鹿的脖子只有7块骨头。但是，这一纪录的保持者却是另外一种蜥脚类恐龙——马门溪龙①，它光脖子就有15米长——比长颈鹿的整个身体都长——由19块颈骨组成。

①马门溪龙，1952年于中国四川宜宾出土，身长22米、高3.5米。

全身盔甲

罐头食品只有在你有开罐器的时候才能变成食物。对于一头肉食恐龙来说，有盔甲的猎物很难捕获，因为那些骨盖、骨板还有骨钉都在保护它们。这些盔甲让这些植食恐龙智胜肉食恐龙长达数千万年之久。在这段时间内，有盔甲的恐龙从只有背上几排背扣的小型轻量级物种，演化成了大而笨重的动物，像大象那样重，如坦克那样全副武装。

全套背钉

加斯顿龙（见右图）是一个像壁球场那么大的移动堡垒。其短小的腿和矮矮的体形使它的身体可以贴近地面，在攻击中保护自己的腹部。它那些庞大的骨钉由肩部开始，延伸到背部和尾巴，保护着身体上部。但这么多防备都只是被动防御，加斯顿龙也可以摆动外覆甲胄的尾巴向对手发动猛烈的反击。这种防御对于这种植食动物来说是至关重要的，因为它和犹他龙是同时代的——这是一种凶猛的肉食动物，构造和迅掠龙差不多，但体形却是迅掠龙的两倍。

蕨类在加斯顿龙生活的时代很繁茂，但是它们的茎太硬了，很难消化。

最钟爱的食物

加斯顿龙把它的头压得很低，这样可以吃到地面上或高出地面一点点的食物。它们可能主要采食某些种子蕨柔软的肉质“花朵”。种子蕨是一种史前植物，矮小的树干上长着蕨类那样的叶子。当时木贼和蕨类可能很茂盛，但对于加斯顿龙来说，它们的茎或许太硬了。

埃德蒙顿甲龙

埃德蒙顿甲龙长得很像巨大的多刺的犰狳。角质骨板的镶边从它背部一直贯穿到尾巴，巨大的骨钉保护着脖子和肩膀。它的脑袋被较小的像锯尺一样整齐排列的骨板保护着。巨型肉食动物常常会试图翻转埃德蒙顿甲龙，来袭击它柔软的下腹。但是埃德蒙顿甲龙可以回击对手，并将肩上的骨钉刺入对手的肉里。

锁甲

右边两幅照片分别从上面和下面展示了遁甲龙的化石形态。遁甲龙的背部（右上图）覆盖着骨质的锥体和小型的骨扣，形成了一副灵活的盔甲，让它可以自由活动，就像穿着盔甲的骑士一样。但是它柔软的腹部（右下图）保护却很少，所以它有可能会在攻击中蜷缩起来。

迷彩伪装

没有人知道恐龙是什么颜色的。它皮肤中的色素很少会在化石中保存至今。但是至少我们可以做出理智的推测。最好的线索来自现今存活的恐龙的近亲——鸟类和鳄鱼，以及那些与它们拥有相同体形和生活方式的动物，比如大型哺乳动物。从这些看来，很多恐龙可能会伪装，用不同的形态和色彩来帮助自己躲避敌人。鲜亮的皮肤或者冠饰可以帮助部分恐龙吓倒对手或者赢得配偶。或许只有最大的恐龙才像大象那样是淡褐色的，它庞大的体形会让任何的伪装都失效。

调色

像绿色的鸟类和蜥蜴一样，大型恐龙如果有绿色的鳞状皮肤，那么它们站在一簇蕨类丛中保持不动的时候，就可以不被发现。如果禽龙是绿色的，它们一整群在咀嚼叶子的时候就可以避开肉食恐龙的窥探，顺利地逛回它们位于沼泽林中的家。幼小的禽龙有可能拥有最明亮的颜色，直到它们成年后才渐渐褪去，就像现在某些蜥蜴那样。

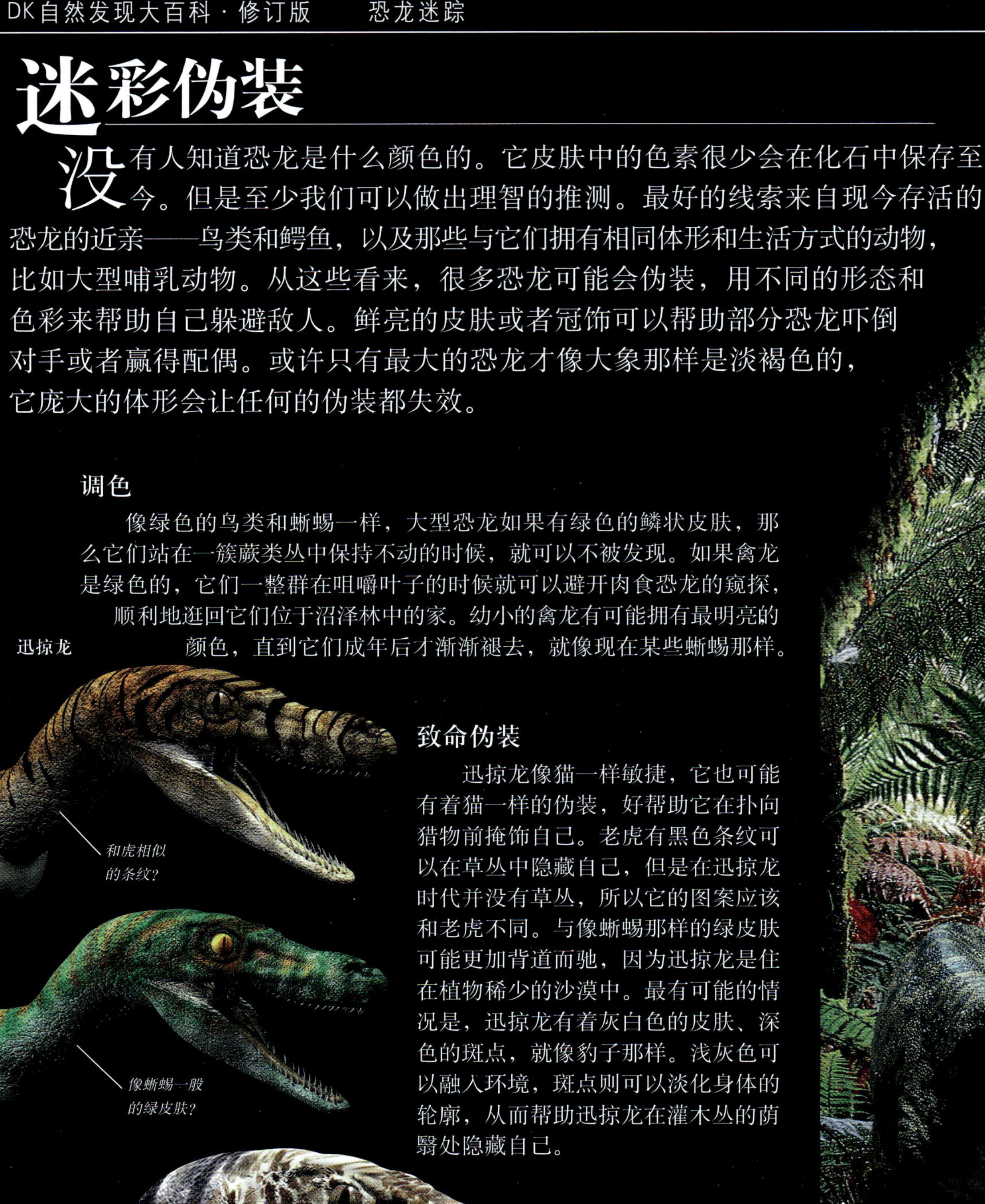

致命伪装

迅掠龙像猫一样敏捷，它也可能有着猫一样的伪装，好帮助它在扑向猎物前掩饰自己。老虎有黑色条纹可以在草丛中隐藏自己，但是在迅掠龙时代并没有草丛，所以它的图案应该和老虎不同。与像蜥蜴那样的绿皮肤可能更加背道而驰，因为迅掠龙是住在植物稀少的沙漠中。最有可能的情况是，迅掠龙有着灰白色的皮肤、深色的斑点，就像豹子那样。浅灰色可以融入环境，斑点则可以淡化身体的轮廓，从而帮助迅掠龙在灌木丛的荫翳处隐藏自己。

遍地生长着枝叶繁茂的蕨类，这是恐龙时代的典型景观。然而时至今日，这些史前植物仅存于少数人迹罕至的偏远地带。

安静的素食主义者

禽龙是一种安静的植食恐龙，它有一个跟马一样长的头，双手可以把叶质的茎拉下来送入嘴中。禽龙和一头雌象差不多重，靠后腿来奔跑和走路，也可以用四肢慢行。除了伪装，它对付兽脚类恐龙最好的防御就是疾速逃脱或者用钉子般的拇指刺向攻击者。

求偶

在鸟类、哺乳动物和爬行动物中，最大、最强或者最漂亮的雄性通常最能得到异性青睐，因此这种情况可能也存在于恐龙的生活中。在交配季节，雄性恐龙会和别的雄恐龙较量，展示自己的冠、角和漂亮的颜色——可能有些还会进行激烈的殊死搏斗。那些最强壮或者最会做秀的雄恐龙将赢得与雌恐龙交配的机会。雌恐龙通过选择获胜的雄恐龙，把最好的基因传递给它们的下一代。

格斗比赛

雄性五角龙之间的决斗一定非常夺人眼球。面对竞争对手，它们可能会低下头炫耀自己令人惊恐的角，显摆它们雄壮的褶边。也许它们会紧锁着角，不断争斗。最终，失败者会垂头丧气地偷偷溜走；胜利者则呼哧着用爪子抓地，以庆祝胜利。

天堂鸟

美丽的色彩

五角龙可能使用它的褶边来吸引异性，就像孔雀开屏或者天堂鸟展示其鲜亮的羽毛一样。这些雄鸟明亮的色彩以及充满活力的求爱方式是在告诉雌鸟它们都很健康，而且有着很好的发情状态。五角龙褶边的颜色还是一个谜，但可能也是修饰一新来吸引雌性五角龙；或者可能是像孔雀那样，用装饰有眼状斑点的尾巴来吸引异性。

雄鹿决斗。

争斗的雄恐龙

关于雄恐龙如何使用它们的褶边和角来决斗的情况，很多是从雄鹿的发情动作想象而来的。雄鹿长着庞大的鹿角来吸引雌鹿。敌对的雄鹿用角抵住对方，努力把对方向后推挤。失败的雄鹿会逃走，而胜利的雄鹿则赢得一大群的雌鹿。

迷人的褶边

五角龙的褶边几乎有1米长。为了减轻质量，在皮下骨头中有巨大而中空的骨孔，这些骨孔使得褶边无法再像原先那样起到保护或支撑肌肉的作用。

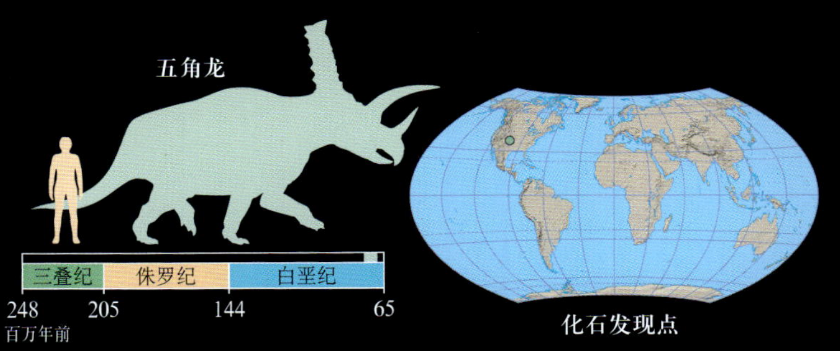

5个角的脸

五角龙英文名的意思是"长着5个角的脸"，但是这种恐龙实际上只有3个角：眼睛上两个长角和一只短的鼻角。另外的"角"则是突出的颊骨。所有有角的恐龙都有颊骨，但是五角龙的颊骨特别长。它的"鹦鹉喙"是用来攫取大口的嫩枝和树叶并把它们嚼碎的。嘴中一组自发锐化的牙齿说明它们可以非常轻易地对付最坚硬的植物。

头和头骨

和人一样，恐龙的头骨保护着它的大脑，并且容纳着视觉、嗅觉和听觉等器官，以及呼吸道、颌和牙齿。大多数恐龙的头骨有骨孔，用以减轻质量或者容纳颌部肌肉。但是每种恐龙头骨的形状和大小却不尽相同。蜥脚类这种最大的恐龙，头还没有马的头大；但是那些比较小的有角恐龙，它们的头骨却可以长达3米——是陆地动物中脑袋最大的。但是，即使是最大的恐龙，其头骨也只包容着很小的大脑。

肉食恐龙的头

巨大的骨孔使得异特龙1米长的头骨轻了不少，也为眼睛、耳朵、鼻孔和颌肌保留了位置。敏锐的听觉和嗅觉能帮助这种庞大的肉食动物寻找猎物。就像别的大型肉食动物一样，它有着由强大肌肉控制的巨大的颌。为了吞下大口的食物，头骨间特殊的关节使得上下颌之间能够张得特别大。

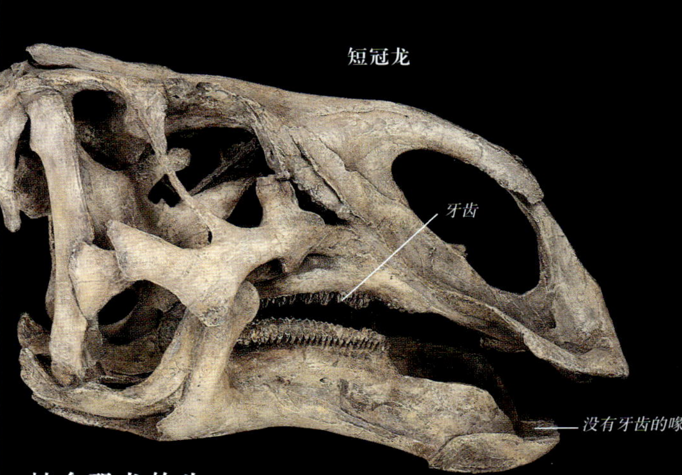

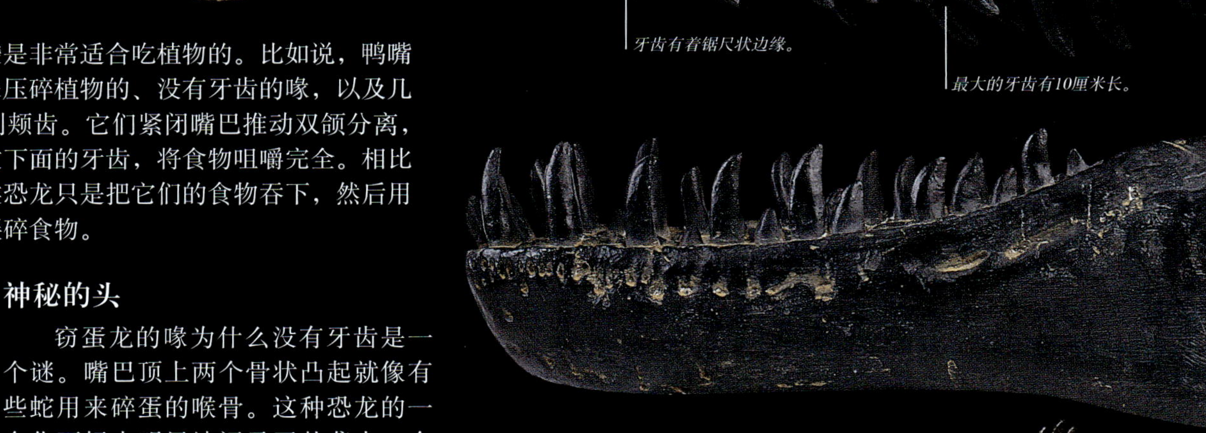

植食恐龙的头

植食恐龙的脑袋是非常适合吃植物的。比如说，鸭嘴龙属的短冠龙有用来压碎植物的、没有牙齿的喙，以及几百颗排列紧密的锋利颊齿。它们紧闭嘴巴推动双颌分离，使得上面的牙齿滑过下面的牙齿，将食物咀嚼完全。相比之下，高大的蜥脚类恐龙只是把它们的食物吞下，然后用它们胃里的石头来碾碎食物。

神秘的头

窃蛋龙的喙为什么没有牙齿是一个谜。嘴巴顶上两个骨状凸起就像有些蛇用来碎蛋的喉骨。这种恐龙的一个化石标本明显地记录了其袭击一个巢时的瞬间。窃蛋龙（英文名含义为“偷蛋的小偷”）这个名字由此得来。但是后来的发现证明，那些蛋实际上是它自己的。

鳄鱼的牙齿

似鳄龙有着像鳄鱼一样长而窄的脑袋，还有与之相配的牙齿。其他肉食动物的牙齿都是尖锐的、平整的刀锋状，似鳄龙的牙齿则更像耙子的尖叉。这种非洲恐龙的牙齿有如此造型是为了抓住滑溜的猎物——可能是鱼。

弯曲的双颌

尖利的牙齿像鳄鱼一样。

似鳄龙

褶边包围

戟龙（英文名含义为“有长矛的蜥蜴”）那带尖刺的脑袋比人还高，这让它看起来很可怕。从喙和它长长的鼻角开始，戟龙的头渐渐变宽，颈上突立着骨质褶边，褶边边缘是6条长戟。长戟和鼻角的用途至今还是一个谜——可能雄戟龙用它来和敌人搏斗，或者是吸引潜在的配偶。

戟龙的头骨

戟龙的头部

戟龙鼻角的长度有人类的手臂那么长。

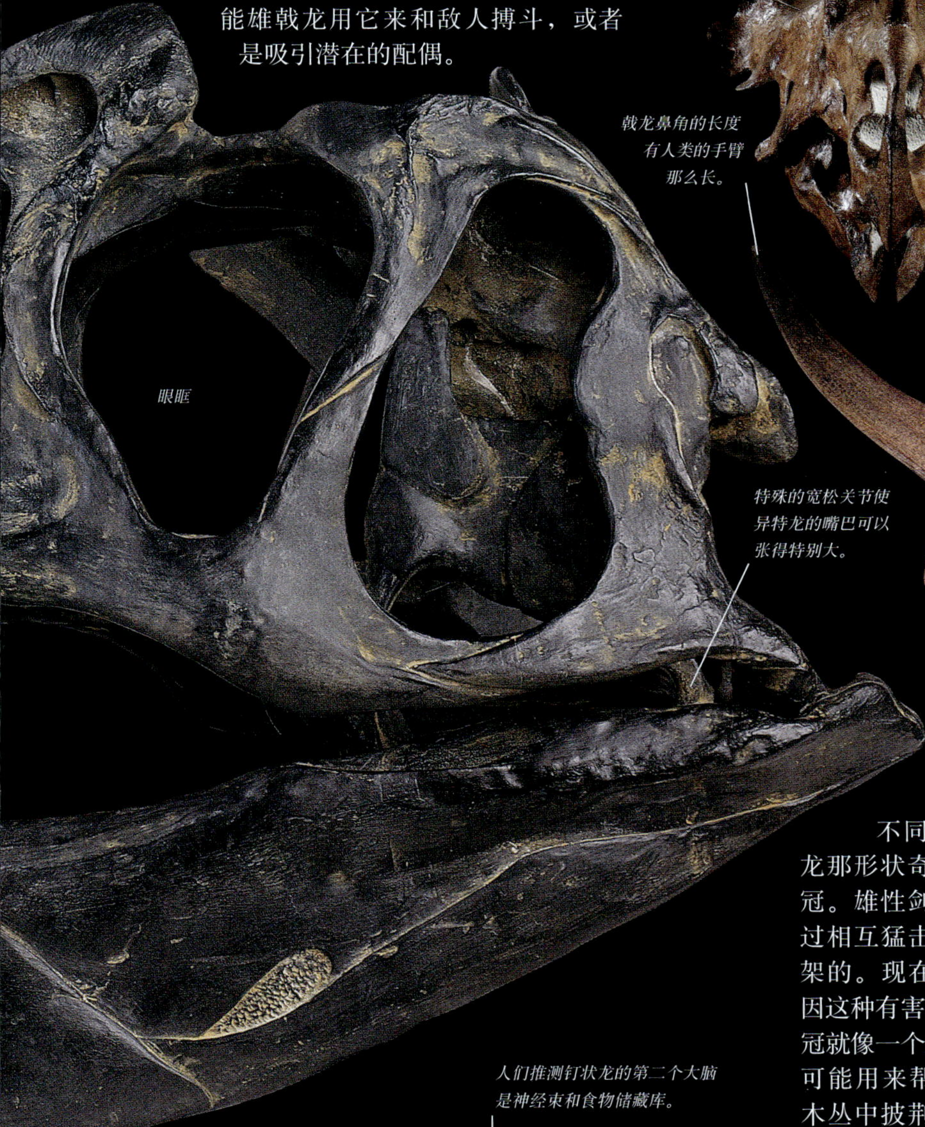

眼眶

特殊的宽松关节使异特龙的嘴巴可以张得特别大。

双棘龙

形形色色的冠

不同的理论都试图阐释恐龙那形状奇怪的脑袋和脑袋上的冠。雄性剑角龙曾经被认为是通过相互猛击它们厚重的头骨来打架的。现在看来，它们有可能会因这种有害的冲击而受伤。骨质的冠就像一个盘子分布在头部边缘，可能用来帮助双棘龙和冠龙在灌木丛中披荆斩棘。食火鸡，这种来自澳大利亚和新几内亚雨林的不能飞的大型鸟类就是这样做的。但更有可能的是，高大的冠帮助雄性恐龙来吓唬对手和吸引异性。

剑角龙

冠龙

人们推测钉状龙的第二个大脑是神经束和食物储藏库。

大小不一的大脑

人们通常认为恐龙的脑袋很小。钉状龙曾被认为有一个胡桃大小的大脑，另一个大脑则位于它的臀部，负责指挥尾巴。实际上，它的尾部“大脑”只是一个神经束和食物储藏库。与身体相比，脑袋比例最小的是长颈的蜥脚类恐龙。迷惑龙的脑袋只有它身体质量的十万分之一。相反，暴龙的脑袋比人类的还要大。

钉状龙真正的大脑比它的尾部“大脑”要小。

食火鸡用它的头冠在植物丛中披荆斩棘。

食火鸡

奇异的蛋

世界各地都发现了恐龙蛋的化石，有时候还数量巨大。在一个西班牙化石点发现了30万枚恐龙蛋。这些蛋可能是在一个大型繁殖地产下的，恐龙可能每年都会返回那里一次。恐龙蛋约有40个不同的种类，从炮弹形、长面包形，直到可以握在手中的小蛋。像鸟蛋一样，它们都有着坚硬的壳。一些恐龙蛋化石里还包含有小恐龙的骨头，可以为它们的恐龙类型提供线索。在有些发现于泥巢的化石里有孵化的痕迹，可以帮助我们解答另一个谜团：恐龙妈妈是像蜥蜴和海龟那样遗弃它们的蛋，还是像鸟类和鳄鱼一样养育后代的呢？

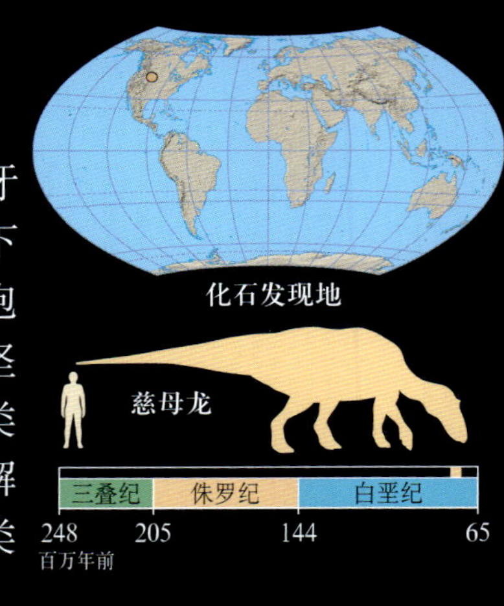

孵蛋

大约8 000万年前，这只窃蛋龙死在它位于目前蒙古沙漠所在地的巢里。在它身下有22枚又长又窄的蛋，细心地被摆放成一圈。恐龙妈妈倒下的时候前肢张开，好像正在沙尘暴或者洪水之中保护自己的孩子。这个惊人的发现证明了，至少某些恐龙是和鸟类一样孵蛋的。

枯枝败叶和阳光有助于维持恐龙蛋孵化前所需要的温度。

幼年恐龙长得很快，一年可以长3米长，然后在5~12年里长成型。

慈母龙的巢是由泥土筑起来的，有2米宽，中间挖了一个空心。慈母龙妈妈会在空心处产下12枚或者更多的恐龙蛋。

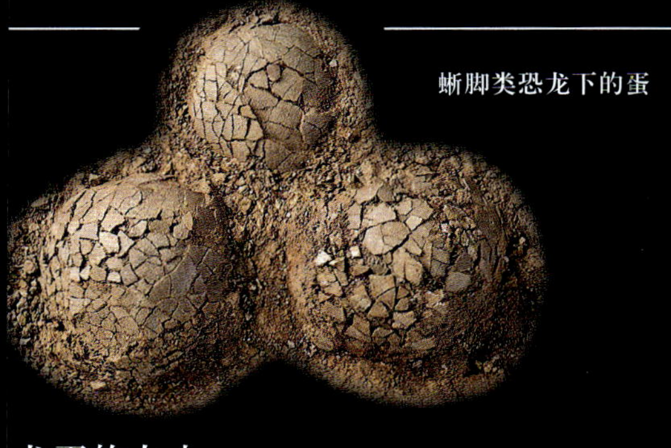
蜥脚类恐龙下的蛋

孵化

这些恐龙的孵化模式都是根据蛋山上挖掘出来的小骨头和蛋建立起来的。蛋山是位于美国蒙大拿州的一处恐龙遗址。专家们曾经认为那些巢是奔山龙（一种小型的植食恐龙）的，但是更细致的研究显示这些胚胎和蛋都是伤齿龙（一种肉食恐龙）的。伤齿龙似乎是一群一群筑巢的，妈妈们在一起孵化恐龙蛋。在巢中发现的奔山龙的骨骼有可能是伤齿龙的食物残留。

小宝宝第一次观望外面的世界。

伤齿龙宝宝几乎只有沙鼠那么大。

龙蛋的大小

蜥脚类这种最大的恐龙所产的蛋却出奇地小。头30吨重的雌恐龙产下的蛋甚至不超过5千克，相于自身体重的1/6000。母鸡产下的蛋通常是其体的1/30，所以相比之下母鸡产的蛋比较大。

恐龙蛋内部

在一个恐龙蛋内部找到了未孵化胚胎的小骨头，这是相当珍奇的发现。这枚恐龙蛋只有7厘米长，但是蛋里的小恐龙会长成2米长的成年窃蛋龙。在同一个巢里还发现了另一种恐龙的头骨，估计是恐龙妈妈的食物。

窃蛋龙的蛋

好妈妈恐龙

慈母龙（英文名含义为“好妈妈蜥蜴”）是因为美国蒙大拿泥巢里的发现而得名的，这种鸭嘴恐龙在那里产卵并且照顾它的宝宝。很多泥巢都很接近，表明慈母龙群居来抵挡肉食恐龙的袭击，就像现在的海鸟一样。有一个巢里有很多小恐龙宝宝，它们的腿都太羸弱，还不能走出去。科学家们猜测，这些无助的恐龙宝宝有可能是依靠它们的父母来喂食的。

新孵化的慈母龙宝宝几乎和人的脚一样大小。它们会在巢中长到至少1米长。

时代终结

在7 500万年前，曾经有史上最多的恐龙种类。但是1 000万年后，所有的恐龙（除了鸟类）都消失了。同样，翼龙和很多海洋生物也灭绝了。至少有80种理论曾经试图解释为什么那么多的生命从地球表面消失。其中大部分很荒谬，比如说是因为恐龙变得越来越大，以致难以吃饱和生存下去——当然，如今已经没有人会这样认为了。但是专家们至今依然在争论当时究竟发生了什么。虽然借助化石证据仍然无法说明这一大灭绝是如何发生的，但很多科学家推测这是因为一场突如其来的大灾难，比如说一个巨大的彗星或者小行星碰撞地球所导致的。

最后一只恐龙

这只埃德蒙顿龙的化石证明它在晚白垩世死去时很明显地蜷缩着。埃德蒙顿龙是存活到白垩纪末的恐龙种类之一，但是后来它们神秘地消失了。对于化石记录的研究表明，就在埃德蒙顿龙和其他恐龙消失之后，蕨类植物忽然变得很繁盛。也许是那些植物繁衍开来，再度占领了遭受大灾难的陆地。

那个撞出希克苏鲁伯陨石坑的小行星或者彗星，在撞击地球时所发出的能量相当于将现在地球上所有的核弹放在一起所能产生的能量的1万倍。

美国
墨西哥湾
墨西哥
希克苏鲁伯陨石坑
太平洋

该陨石坑现深藏于1100米深的岩石下，那是数百万年来海洋沉积物所积淀形成的岩层。只是在其表面很难找到陨石坑存在的线索。

陨石坑形成后不久，看上去可能像是一座巨大的环形山。由于6 500万年来的风化作用，当年隆起的大山被夷平，而海洋沉积物把陨石坑都给填满了。

深度影响

20世纪90年代早期，地质学家在墨西哥发现了一个180千米宽的陨石坑。它似乎是6 500万年前彗星或者小行星冲撞地球时留下的，而恐龙也恰恰在那个时候消失。冲撞的影响是非常显著的。由于岩石和灰尘构成的巨大云块布满天空，遮住了太阳，恐龙可能就在这场大灾难所导致的黑暗、冰冷的年月里灭绝了。

海洋里的死亡

那场在6 500万年前摧毁了恐龙的大灾难，同样造成了海洋物种的大灭绝。这场灾难波及蛇颈龙、菊石和箭石（这两个都是章鱼的亲戚）、某些鱼类以及管状单细胞生物。鱼龙和海里的鳄鱼也都消亡了，最终成功存活下来的可能是鲨鱼。

火山

当希克苏鲁伯陨石坑的影响发生时，恐龙可能已经受到了来自印度火山喷发的巨大影响。数千年里，从地表裂缝不断喷涌出的熔岩在相当于阿拉斯加和得克萨斯相加的广阔地域内堆积了几千米厚。尘土和灰烬被抛向空中，把太阳都遮住了，使得地球上的气候发生了巨大的变化。

灰岩厚板完全由菊壳组成。菊石是像鱼一样的动物，住盘卷的壳里。它们通过触须的伸卷来捉食物。

菊石

火山喷发把大量的灰烬、尘埃和岩石碎片喷向天空。

这次喷发的冲击波可能给陨石坑带来了两个边。

艺术家关于希克苏鲁伯陨石坑的构想

恐鸟

1861年，一个令人震惊的化石在德国一处采石场被发现。它是一副非常完美的生物骨架，几乎和小型恐龙美颌龙差不多，但是却有一个惊人的不同：它有羽毛。这种动物被称为始祖鸟。始祖鸟被认为是从小型肉食恐龙演化到鸟类的中间类型。所以，可能恐龙并没有最终消亡，而仍然活在我们的身边。一些科学家并不同意这样的观点，但是古生物学家最近发现了更多有羽毛的“恐鸟”，使得恐龙和鸟类之间的界线更加模糊。

尾羽龙

像火鸡大小的尾羽龙（见右图）是在1998年被发现的。看上去它既像一只鸟又像一只恐龙。毛茸茸的长长的羽毛覆盖在它的身体上，长在前肢和像扇子一样的尾巴上。但是它的“翅膀”太短了，并不能飞。它的头骨、屁股和脚就像肉食恐龙一样，而并不像现代鸟类。此外，它还有牙齿和带爪子的手。尾羽龙比起始祖鸟来，更不像鸟，但是它存在的年代却比始祖鸟晚得多。这说明，与其说尾羽龙是一种正在转变为鸟类的恐龙，不如说它是早期恐鸟的不会飞的后裔。

始祖鸟

像现代鸟类一样，始祖鸟有着向后突出的大脚趾，用来在树上歇息。

始祖鸟

尽管有牙齿和骨质的尾巴，始祖鸟依然是一只鸟，因为它的尾巴上有长长的可以飞行的羽毛，就像现代鸟类一样。它羽毛的羽杆是朝四周分散的，这是一种可以帮助提升飞行速度的特征。但是薄薄的胸骨却说明，始祖鸟拍打羽翼的肌肉很羸弱，它可能只能在所居住的沙漠岛上进行很短的低空滑翔。

扇动羽翼

虽然不能飞行，但是尾羽龙的翅膀却可能另有他用。可能这些翅膀可以帮助它们从树上扑到地面；或者它们可能靠扇动翅膀、拍动尾巴来威胁对手或者吸引异性。尾羽龙可能啄食各种植物，然后用胃里的石头来碾磨它们。长长的腿会让它成为跑步健将。

麝雉生活在南美雨林中。

从地面跃起还是从树上落下

麝雉是一种不寻常的鸟类，因为它们年幼的时候翅膀上长着爪子，小麝雉用这些爪子来爬树。有些人认为最早的鸟类就是这样用爪子扣住树干来爬树，然后飘落的。另外一些科学家则认为，飞行源于它们需要追逐猎物，于是扇动它们带羽毛的前肢来提高速度。

迅掠龙是恐鸟吗

迅掠龙的很多特征都和始祖鸟一样。它的手指和长长的前肢非常接近始祖鸟，同时它的腕关节有一根月牙形的骨头，就像现在很多鸟类一样，这说明迅掠龙可能可以把前肢像翅膀一样向两侧展开。它甚至可能有羽毛，就像这个复原模型所显示的那样。但遗憾的是，我们可能永远不会知道确切答案了，因为羽毛只在那些保存完好的化石里幸存。

迅掠龙

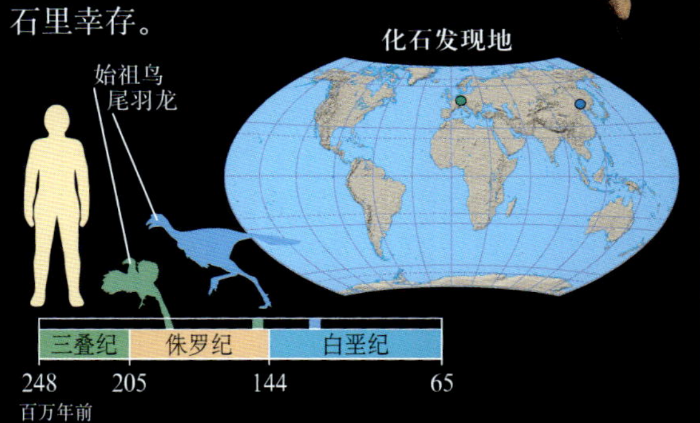

化石

我们现在能知道这么多关于恐龙的故事，是因为它们的身体、足迹和残留物被保存在了曾经是沙子或者泥土的岩石中，最后变为了化石。化石包括牙齿、矿化的骨头，以及由脚印和分散的骨头形成的坑穴。可能100万年里只有一只恐龙变成了化石，而可以留下完整骨架的恐龙更少。剩下的那些恐龙则完完全全地消失了——被吃了、腐烂了，或者是被风雨侵蚀了。但是一些发现确实令人瞩目，其中包括恐龙在战斗中遇到沙尘暴后留下的化石，以及整群恐龙被洪水淹没后的化石。

恐龙尸体

这个保存在博物馆里的重爪龙的模型，可以告诉我们这只恐龙死亡时的姿势。大约1.24亿年前，这个巨大的动物沉入湖床，在那里它的尸骨没有受到任何打扰。虽然肉腐烂了，但是起保护作用的泥土覆盖了整具尸骨。一位模型制作者和科学家一起，还原了当这只重爪龙有血有肉的时候是一副什么模样。

手

美颌龙

这两只恐龙住在1.5亿年前的河边。

一只死了，它的肉已经腐烂，骨架沉入了干涸的河床。

这个骨架被泥土和河流沉积物掩埋，数百万年后变得像岩石一样硬。

今天，这块藏有恐龙化石的岩石暴露出来，并且被侵蚀，使科学家们找到了这只动物的遗体。

化石的形成

尸体要在分解前变成化石的话，它必须迅速被掩埋，比如被风吹来的沙覆盖，或者被泥土冲入河中。数百万年后，沙子或者泥土渐渐变成了岩石。地上的小水流会使矿物质渗入骨头上的小孔里，使得它们变硬。但是如果水或者食腐动物在骨头掩埋前把骨头弄散了的话，专家们要把骨头拼起来就很困难了。

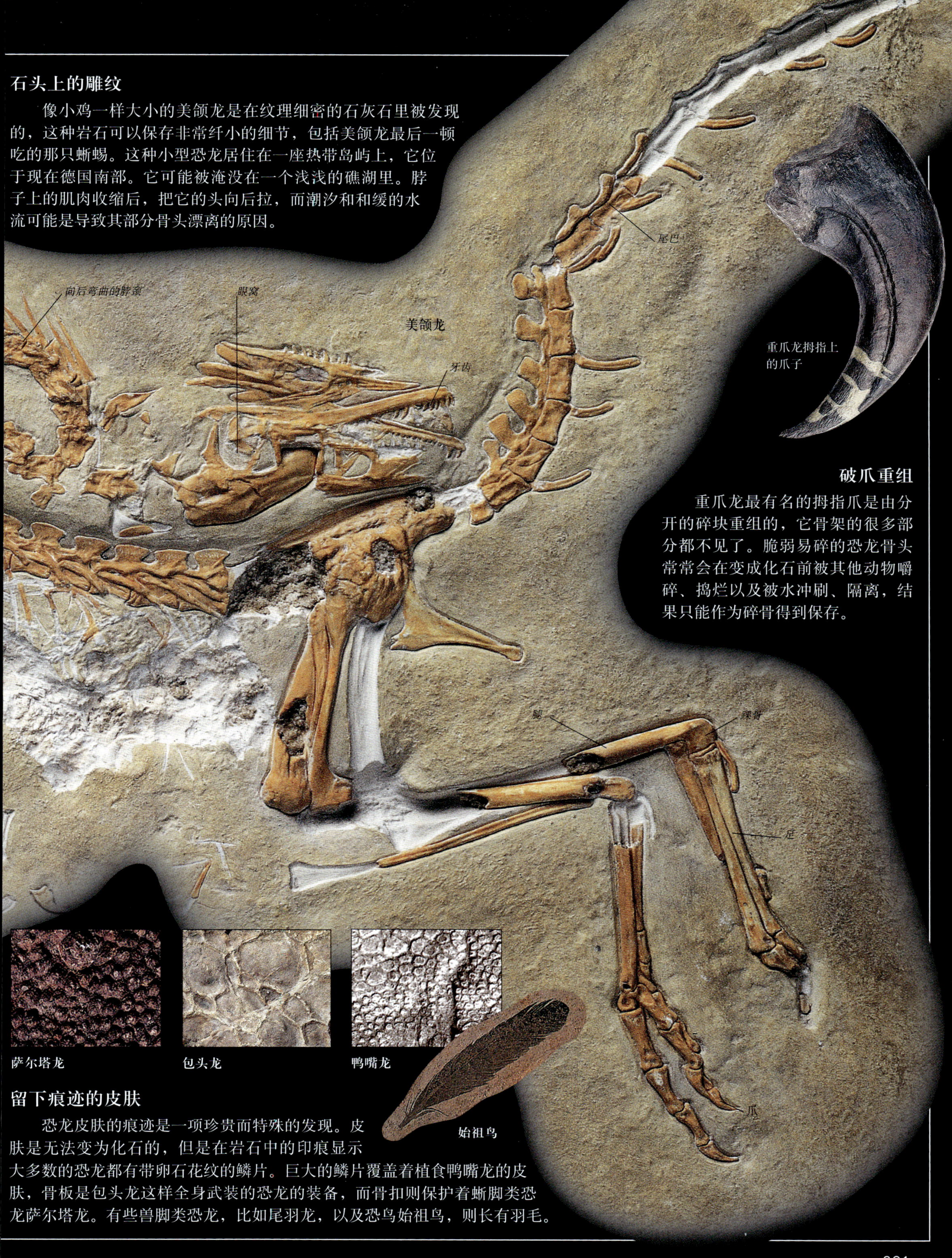

石头上的雕纹

像小鸡一样大小的美颌龙是在纹理细密的石灰石里被发现的，这种岩石可以保存非常纤小的细节，包括美颌龙最后一顿吃的那只蜥蜴。这种小型恐龙居住在一座热带岛屿上，它位于现在德国南部。它可能被淹没在一个浅浅的礁湖里。脖子上的肌肉收缩后，把它的头向后拉，而潮汐和和缓的水流可能是导致其部分骨头漂离的原因。

重爪龙拇指上的爪子

破爪重组

重爪龙最有名的拇指爪是由分开的碎块重组的，它骨架的很多部分都不见了。脆弱易碎的恐龙骨头常常会在变成化石前被其他动物嚼碎、捣烂以及被水冲刷、隔离，结果只能作为碎骨得到保存。

萨尔塔龙

包头龙

鸭嘴龙

始祖鸟

留下痕迹的皮肤

恐龙皮肤的痕迹是一项珍贵而特殊的发现。皮肤是无法变为化石的，但是在岩石中的印痕显示大多数的恐龙都有带卵石花纹的鳞片。巨大的鳞片覆盖着植食鸭嘴龙的皮肤，骨板是包头龙这样全身武装的恐龙的装备，而骨扣则保护着蜥脚类恐龙萨尔塔龙。有些兽脚类恐龙，比如尾羽龙，以及恐鸟始祖鸟，则长有羽毛。

恐龙侦探

就像警察会在犯罪现场寻找线索来破案一样，古生物学家也会从数百万年之久的岩石中寻找线索，来解释恐龙的秘密以及它们是如何生活的。牙齿化石、足迹、残留物以及骨头都可以带来惊人的发现。但是，最令人激动的发掘莫过于完整的骨架。挖出整副恐龙骨架需要花费好几个星期的时间。而回到实验室，科学家团队需要分析骨头的每一个裂缝和隐秘处来寻找线索。骨伤专家可以告诉我们这只恐龙是否曾被凶猛的对手所伤或者是否被疾病所困扰。植物专家则寻找岩石中叶子和花粉的痕迹，这些也许能揭示出这只恐龙生活在何种环境下。

骨骼"金矿"

这些古生物学家正在研究一只幼年剑龙的骨骼。这副骨骼被掩埋在正对着美国犹他州国家恐龙纪念碑的岩石中。1909—1924年间，科学家们从这里发掘出了350吨重的恐龙骨骼——在地球上没有别的地方可以发掘出这么多种侏罗纪晚期的恐龙。至今，大约有1 500块骨头依然嵌在岩石中供游人参观。

剑龙

古生物学家小心翼翼地工作，以免踩到这些易碎的发现物，也避免进行不必要的碰触。

清洗骨头

一位古生物学家为易碎的蜥脚类恐龙骨骼清理灰尘，然后为它涂上硬化的液体。这会让恐龙骨骼在搬运到地面的过程中不会碎掉。这里是撒哈拉，很多骨骼化石都被埋在沙子中；而在另外一些地方，化石则常常需要从坚硬的岩石中撬出。

石膏模型

在上面的照片里，人们在恐龙骨骼周围和下方挖了一条壕沟。古生物学家开始用绷带和液态石膏来包裹骨骼。石膏会马上变硬，从而保护骨头的外表面，这时候化石才可以被移动。

工作人员缓慢而小心地举起珍贵的骨头。如果不小心滑落，那这个骨头就会摔得粉碎。

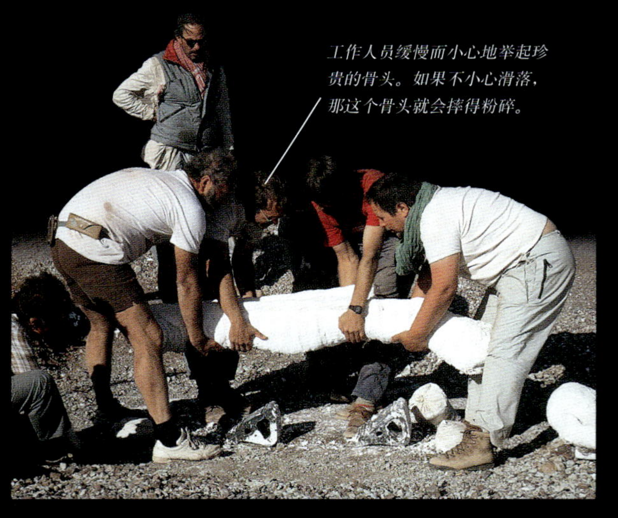

加油！

这个发掘小队已经翻转了骨头，并且结束了它底部石膏的涂抹。很快，一件厚厚的石膏外套会完全覆盖这个骨头，然后把它隐藏起来。一队人需要把这个重物拖到一辆卡车上。这个外套可以在这个又长又颠的旅行中保护骨头，让骨头安然回到博物馆的实验室里，以供进一步的研究。

作业工具

古生物学家用日常的工具来挖掘化石。地质锤和凿子用来钻开岩石，泥铲用来刮掉泥土。油漆刷对除去灰尘很有用处。那些最小的工具，比如小凿子和牙刷，则用来刮掉或拂去最小的岩石微粒和灰尘。

回到实验室

在博物馆的实验室里，技师用特殊的钻子来清理挖掘出来的每一块骨骼化石。首先，用电锯将外面包裹着的绷带和石膏锯开。然后，用小的电钻和凿子清除掉依然黏附于化石表面的石膏、泥土和岩石。在一些博物馆，骨骼化石被运来的时候常常完全被包裹在岩石中，这时候就需要一位雕塑家来把上面的岩石凿掉，清理出里面的恐龙。

恐龙粪便

这个恐龙粪便化石（下图）几乎有人的手臂那么长，而质量近似于一个6个月大的婴儿。它可能是暴龙留下的。粪便里可能提供了这个肉食动物最后一顿晚餐的线索，例如少量的嚼过的骨头——来自一头像牛那么大的植食恐龙。对于粪便化石的研究，是古生物学家探寻恐龙生活的一种重要方式。

石化的粪便被称为粪化石。

重构历史

把在地上找到的骨头拼成一副巨大的骨架，需要耗费专业人士数年的时间。首先，需要各种工具——从溶岩酸到牙医工具——来把这些骨头从岩石中清理出来。接下来，古生物学家和模型制作师会模拟出那个动物当时的站姿。技师会塑造出一副比较轻的骨架复制品，然后工程师将这个复制品树立成生活化的姿态。最近一段时间内，人们关于恐龙是如何站立及移动的想法有了惊人的变化。恐龙是蹒跚、摇摆着尾巴行进的旧观念已经落伍了。在近期的展览中，它们身躯挺直，大步前进，尾巴高高向上。在纽约的博物馆里，一头重龙现在甚至正令人满意地用后腿直立着。

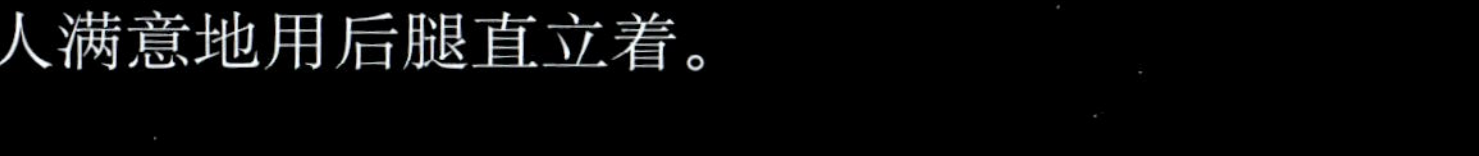

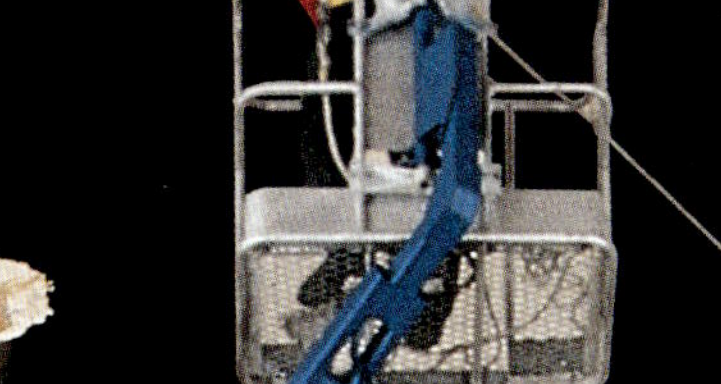

1. 恐龙拼图

在制作骨架标本前，重龙的化石在纽约的美国自然历史博物馆已经被保存了60年。就像一个巨大的拼图玩具，每块骨头都被标了号，以表明它在整副骨架上所处的位置。

2. 制作模型

在开始制作骨架标本时，技师们首先把每块骨化石都涂上液体橡胶。这些橡胶干了之后，会被剥除，形成一个活灵活现的模型。模型的外面会用棉纱一层层包起来进行加固，并用塑料外套来让模型定型。

3. 完成模型

每一根肢骨模型都是由两半构成的。在每一半的内侧涂上液体塑胶，以形成骨骼标本的外层。塑胶可以用玻璃纤维来加固。模型的两半最后将黏合在一起。

4. 填充模型

液体塑胶会被灌入中空的模型中。也可以用轻柔的泡沫塑料来填充空间。外层的模型此时可以被移开，而泡沫塑料骨架标本会被涂上与这个骨化石相配的颜色。

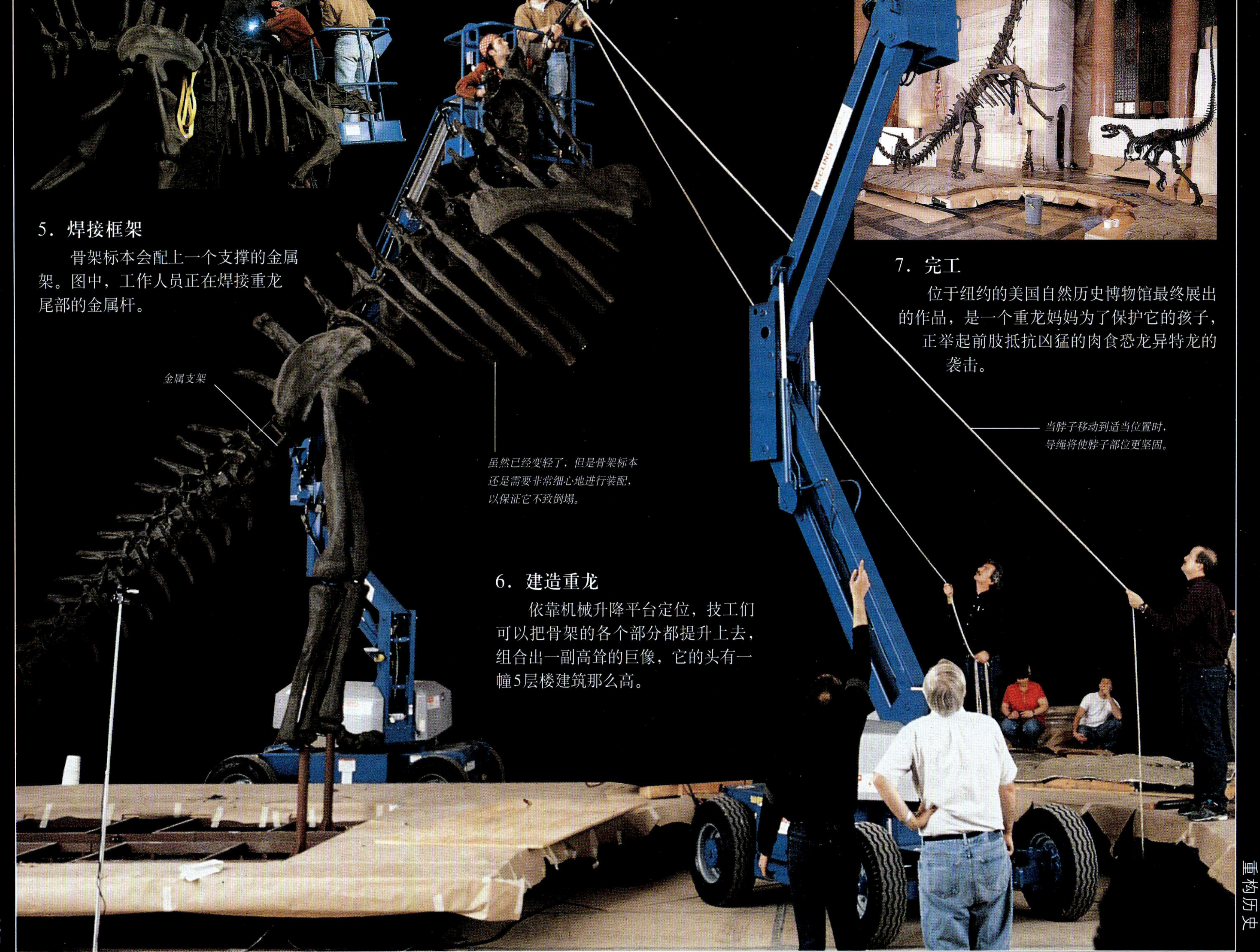

5. 焊接框架

骨架标本会配上一个支撑的金属架。图中，工作人员正在焊接重龙尾部的金属杆。

6. 建造重龙

依靠机械升降平台定位，技工们可以把骨架的各个部分都提升上去，组合出一副高耸的巨像，它的头有一幢5层楼建筑那么高。

7. 完工

位于纽约的美国自然历史博物馆最终展出的作品，是一个重龙妈妈为了保护它的孩子，正举起前肢抵抗凶猛的肉食恐龙异特龙的袭击。

恐龙的种类

恐龙的形状和大小各异，有腿像棍子般细的小个子，也有笨重得超过大象的巨兽。凶猛的肉食动物用它的利爪和尖牙逞威，扑向软弱温顺的植食动物。大多数恐龙的体表都被有花纹的鳞片所覆盖，但是有些恐龙在皮肤上却有甲胄般的骨板，另一些恐龙则有绒毛或者羽毛形成的隔热“外套”，甚至有带羽毛的翅膀。上千种的恐龙可能是一种接一种相继登上地球这个舞台的。科学家们根据谱系树来将它们进行分类，这样可以显示出它们是如何从最早的恐龙进化而来的。

三叠纪

恐龙

鸟臀目恐龙

蜥臀目恐龙

最早的恐龙在三叠纪中期进化成了两种类型——鸟臀目恐龙和蜥臀目恐龙。

臀骨决定一切

科学家通过恐龙骨盆的形态将恐龙分为两大类——蜥臀目和鸟臀目。所有的鸟臀目恐龙都是植食动物，但是蜥臀目的恐龙中既有植食恐龙，也有肉食恐龙。令人不解的是，鸟类却是从蜥臀目演化而来的。

黑瑞龙科

兽脚亚目

黑瑞龙

黑瑞龙是生活在三叠纪时期的中小型肉食动物。

棱齿龙

鸟臀目恐龙的臀部包含两对向后突出的骨头。

似鸡龙

大多数蜥臀目恐龙的一对臀骨向前或向下突出。

法布龙亚目，如莱索托龙，是体积小、质量轻的双足植食动物。

莱索托龙

法布龙亚目

剑龙的背上有多排高耸的骨板和钉状凸起。

剑龙

原蜥脚类亚目

近蜥龙

原蜥脚类亚目，比如近蜥龙，是长脖子、有指爪的植食动物。

双棘龙

角鼻龙下目，比如双棘龙，是原始的兽脚亚目。

角鼻龙下目

猛龙下目

侏罗纪
白垩纪
剑龙亚目
鸟脚亚目，如禽龙，是一大群两条腿或4条腿的植食恐龙。
甲龙亚目
禽龙
鸟脚亚目
肿头龙
肿头龙亚目
重龙
角龙亚目
蜥脚类恐龙，比如重龙，是最大的恐龙，它拥有像蛇一样的长脖子和尾巴。
蜥脚类
甲龙亚目是皮肤上披有厚厚甲胄的植食恐龙。
包头龙
肿头龙有带圆盖或厚顶的脑袋。
三角龙是典型的角龙，即有大角的恐龙。它的脖子有褶边，有鹦鹉嘴。
三角龙
恐爪龙
恐爪龙是典型的驰龙，是凶猛的双足肉食恐龙，拥有锋利的爪子和尖牙。
驰龙科
始祖鸟
鸟类
巨龙
暴龙类
异特龙包括巨大的肉食动物（比如巨龙），它们的头通常有骨质的脊状物和小角。
异特龙科
重爪龙
棘背龙科
棘背龙，比如重爪龙，用像鳄鱼一样的双颌来捕捉鱼类。有些棘背龙背上的皮肤有庞大的“帆”。
暴龙（又称霸王龙）
暴龙是体形庞大的肉食动物，它用强有力的上下颌来把猎物撕碎。
茶色雕
大多数恐龙在6500万年前消失了，只有一个族群有幸活到了现在，那就是鸟类。

美丽的鸟

让本章带着你飞上天空去看看那些神奇的有翼生物吧。你将看到地球上各种各样的鸟，聆听它们的鸣唱，观察它们的行动以及独特的个性。

什么是鸟

鸟是地球上存在的最善于飞翔的动物。它们在科学分类上被划为鸟纲，其区别于其他生物的明显特征是羽毛。现在基本上已经可以确定，鸟类是由1.5亿年前一种兽脚亚目的小型肉食恐龙进化而来的。随着时间的推移，兽脚亚目恐龙身上的鳞片逐渐进化成了羽毛，前肢伸展开变成了翅膀，细长的尾巴退化，原来的口鼻部和牙齿则被质量更轻的喙所取代。神奇的进化让它们成为了天空的主人，随后迅速地扩张到世界各地定居。

羽毛外套

鸟类是唯一拥有羽毛的动物。羽毛不仅能让它们飞行，还可以成为温暖的外套来保持身体的热度。鸟是温血动物，这就意味着它们的体温是恒定的，而不像爬行动物那样，体温随着环境的变化而升高或者降低。

最早的鸟

最古老的鸟类化石是始祖鸟化石。始祖鸟生活在1.5亿年前，其外形像恐龙和鸟类的混合体。它有着如同现代鸟类一样的羽毛，但是牙齿、尾骨和前爪依然与迅猛龙有些相像。

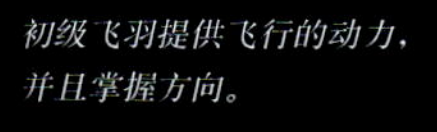

初级飞羽提供飞行的动力，并且掌握方向。

次级飞羽控制在空中升起的动作。

三级飞羽使翅膀定形。

合适的喙

喙，也就是鸟类的嘴，之所以会进化成现在的样子，是因为这比带齿的下颌更轻，也更利于飞行。喙的组成也比下颌骨简单，主要由坚硬的角蛋白包裹的薄骨构成，成分类似人类的指甲。大自然的进化能够改变每个物种的样子，以便它们能有一个适应其生活方式的身体结构。比如说，肉食鸟类有着钩状的喙，以用来撕开生肉。

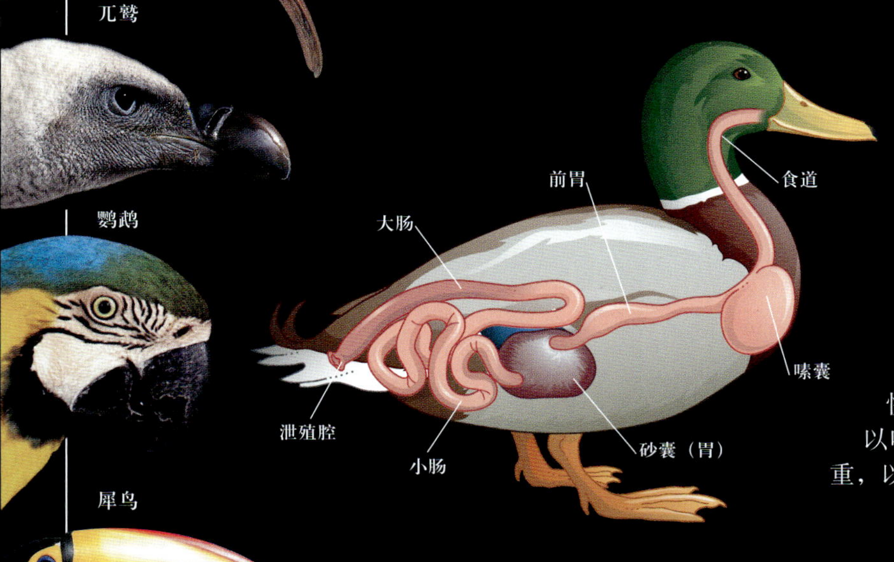

消化系统

因为没有牙齿，所以鸟类需要在身体里把食物弄碎。它们有一个特殊的胃腔叫砂囊，其内部有力的肌肉壁会挤压揉碎食物。少部分飞鸟会吃下沙粒和石子来帮助砂囊磨碎食物。许多鸟在喉部还有一个储藏食物的嗉囊。这可以让它们快速吞下食物，然后再吐出，以喂养雏鸟，或者以此减轻体重，以便在危险来临时迅速逃走。

无骨的尾部

恒温：鸟类的体温恒定在41℃～44℃。

感官

鸟类最重要的感官是视觉。许多鸟类能看到我们感觉不到的颜色，以及人类必须用望远镜才能发现的微小细节。当鸟类入睡时，它们也能半眯着眼睛，大脑有一半清醒，好对危险保持警觉。大部分鸟的味觉很差，但听觉极其灵敏。在我们听起来像一个简单音节的鸟鸣声，在鸟儿们听来可能就是10个单独的音节。

用来操纵翅膀的胸肌十分有力。

没有突出的耳朵或鼻子。

大大的眼睛，敏锐的视觉。

轻便的喙，没有牙齿。

简洁流畅的外形

毛茸茸的羽毛包裹着皮肤。

有鳞状皮肤的纤细的脚

绝大部分鸟类有着3个向前的脚趾和一个向后的脚趾。

繁殖

哺乳动物是在自己身体里孕育宝宝的，鸟类则像其爬行类祖先一样下蛋。不过，绝大部分爬行类动物产后会轻易离开自己的宝宝。鸟儿们则不会如此，它们会把蛋和雏鸟都照顾好。通常，雌鸟和雄鸟会合作孵化雏鸟，并共同喂养和保护它们。

世界分布

从沙漠、城市到遥远的群岛、高山的顶端，甚至南极洲的冻土荒原，飞行让鸟类几乎能在任何环境下繁衍生息。鸟类比其他任何动物都更能忍受寒冷和稀薄的空气。它们唯一没法占领的栖息地是深海。

雨林

湿地

沙漠

山巅

极地

城镇

鸣禽

燕雀类，或者说栖木类鸟，在全世界9700种鸟类里占了5700种。几乎所有我们能在家附近看到的鸟都属于这一类。

燕雀类都长有纤细而适宜抓握的爪子，以便栖息在树枝上，比如这只蓝山雀。

适于飞行的身体结构

鸟类身体的每一个部分几乎都在进化中形成了适宜飞行的结构。翅膀和羽毛是最明显的特征——它们提供了可以克服地心引力的上升力。绝大部分鸟类有着流线型的外形，质量集中在身体中部，这样能够很好地保持平衡。鸟类的骨骼上有许多下凹的小洞，用来减轻体重，而且许多块骨头坚实地咬合在一起，这样就减少了沉重的关节组织和不必要的肌肉组织。鸟类的飞行肌巨大而有力，但它们运动时需要充足的氧气供应，因此鸟类长有特殊的肺囊，以便在空气中尽可能多地吸取氧气。

轻羽毛

羽毛是由优质的、分量极轻的角蛋白纤维构成的，也就是包裹在鸟喙外面那种角蛋白。飞羽有着坚硬的中心杆，学名叫翮（hé）。翮的两侧斜生着数百条分叉，名叫羽支。每条羽支上还排列着数千条更微小的羽小支，它们相互钩连，形成了平滑而流畅的羽毛表面。

这张放大的图片显示了羽毛的中心杆，杆上分叉出羽支，羽支上又分叉出羽小支。

中空的骨骼

鸟类的骨骼结构在最基本的组成上与人类的类似，但细节上却大为不同。鸟类只有3根“手指”（指骨），它们形成了一个支架，支撑起翅膀。翅膀的轴心在肩膀上，肘关节和腕关节只能在水平程度上弯曲，以便开合双翼。尾骨退化成了残肢，肋骨则交叠成为坚固的胸腔。一块巨大的胸骨为强而有力的飞行肌提供了稳固的支撑。

翅膀

鸟类身上最重要的羽毛就是飞羽了。这些羽毛分别生长在翅膀和尾部。鸟的每扇翅膀外侧通常有9～12根初级飞羽和次级飞羽，它们提供了鸟儿腾空时大部分的动力。鸟儿身体的其他部分则被一种叫“正羽”的小羽毛所覆盖，这种羽毛使鸟儿身体表面呈流线型。正羽底部还有层绒羽，为鸟儿保持体温。

翅膀如何工作

鸟的翅膀有两种运作方式。在水平飞行时，它们向后下方推动空气，这样身体就可以上升并前进。当鸟儿需要加快速度时，双翅则像船帆一样拢住风力，翅膀下部产生更强的浮力，把鸟儿托起。

鸟儿收缩飞行肌拉下翅膀运动。

拍打翅膀的一系列动作可以推动鸟儿身后的空气，这样鸟儿就可以向前飞行。

展翅翱翔

当气流快速经过翅膀时，最适宜高飞。如果空气流动太慢，汹涌的旋涡在翅膀周围产生，升空就会产生阻碍，结果导致鸟儿“失速”——完全失去平衡，从空中跌落。翅膀扇动频率慢的鸟类，比如鹰，则可以展开翅膀尖上所有的羽毛，滑翔于上升气流之上。这种情况下，每一根羽毛都如同一个细小的翅膀，产生特殊动力，从而在气流中保持稳定。

白头海雕大约长有7000根羽毛。

贯穿于肺部和气囊的气流能帮助鸟儿在飞行时降低体温。

氧气供应

鸟类的肺比我们的要高效得多。当我们呼吸时，空气从两个方向流入和流出肺部。我们的肺并没有完全清空，每次呼吸过后还是会有陈腐的废气留在肺里。而对于鸟类而言，由于有一组气囊排列在肺周围，空气在肺中是沿一个方向循环的。新鲜空气持续流入肺部，废气则不断排出，这样就为鸟类提供了充足的氧气。

保持清洁

羽毛需要悉心地呵护，保持羽小支的平整，让它们不会轻易被扯开。鸟儿们用自己的喙穿过羽毛，把羽小支整理到一起。许多鸟类还会在羽毛上涂上尾部腺体分泌的油脂，达到防水的效果。为了保持羽毛的形状，有些鸟儿甚至会在水沼或泥浆中洗澡。

疏松的骨质

如果你拿起过死鸟的骨架，就会知道一只鸟的骨头有多么轻。实际上，鸟儿身上羽毛的质量是其骨骼质量的3倍。鸟骨之所以轻，是因为其内部包含着蜂巢状的空腔以及纵横交错的坚固支柱，这些支柱能使骨头更强硬。

这张放大图显示了鸟骨的截面，表明其内部含有充满气体的小室。

朝前飞

鸟儿在空中优雅的姿态让我们觉得，飞行似乎是件容易的事。但实际上，要想对抗地心引力，并在空无一物的空气中行进是需要付出巨大努力的。对绝大多数鸟类来说，飞离地面的时候是最困难的。因为只有当空气拂过翅膀时才最适宜飞行，鸟儿在离开地面之前，依靠的只是肌肉的力量。一旦它们已经腾空，就能通过掌握风向，在气流中滑翔和短暂的休息来保存体力了。

作为鹰的一种，𫛭(kuáng)在热气流上滑翔，它的翅膀伸展着捕捉上升气流。

免费搭车

肉食鸟类和兀鹫类可以乘着一种名叫上升热气流的热空气翱翔于万米高空。要赶上这种热气流，就必须不断地改变方向，这就是为什么它们看起来总是在空中盘旋。到达热气流的顶端后，无须拍打翅膀，它们也可以滑翔数千米。

海鹦短小的翅膀显然更适于游泳，但它们可以从悬崖边起跳来帮助起飞。

起跳

海鹦通过跳下悬崖来升空。在下降的过程中，它们开始加速，短小的翅膀产生出向上的动力。然而，它们在潜入水中捕鱼后，则很难从海面上直接起飞。它们必须在水面上跑动，同时尽可能快地拍动粗短的翅膀来加速。

成群结队

编队飞行对于鸟儿来说有许多优势。领队的鸟儿翅膀下方会形成一股气流，如果每只鸟飞行时都稍微朝前面鸟儿的方向倾斜一些的话，它就能借此获得上升的动力。这也是为什么野鸭和大雁会排成“人”字形飞行。群体行动也容易觅食以及防御天敌。椋（liáng）鸟有时会集结上千只，鸟儿们完美协作，有序飞行，形成一团盘旋跃动的黑云。

腾空而起

天鹅如果想腾空而起，需要付出巨大的努力。它的翅膀与飞机的两翼很相像，只有当气流快速通过时，才能产生足够的牵引力。所以，为了克服地心引力，天鹅必须把水面当作跑道，拼尽全力快速奔跑。在宁静的空气中，一只疣鼻天鹅需要达到每小时48千米的速度才能借助风力起飞。

飞行方式

鸟类飞行的方式各自不同。小型的鸟儿倾向于间歇性拍打翅膀，并在翅膀合拢时稍作休息，这样一来它们的飞行路线就上下起伏。雁鸭类总是不停地拍打翅膀，它们速度快、耐力强，但很快便精疲力竭。兀鹫和信天翁等宽翼鸟则是“滑翔机”，它们可以在顺风滑翔或乘上热气流时保存能量。

雀类的飞行方式

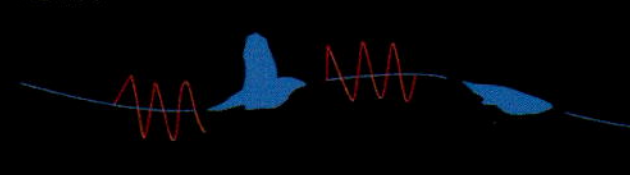

诸如雀类的小型鸟类，它们的飞行轨迹上下起伏，这是因为它们会间歇性合上翅膀。

水鸟的飞行方式

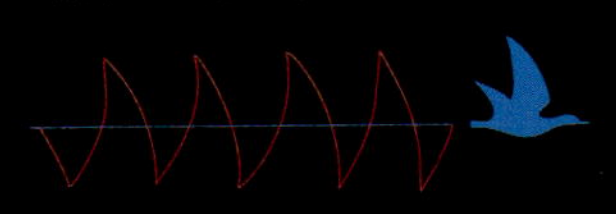

雁鸭类都是持续拍打双翅，所以它们的飞行轨迹是条直线。

白尾鹰（肉食鸟类）的飞行方式

肉食鸟类在上升的热气流上盘旋滑翔，上升时不用浪费体力。

着陆

着陆比起飞容易许多，但需要技巧——特别是那些准备降落在细枝上的鸟儿。为了降低速度，鸟儿们会把翅膀垂直竖起，压低尾部。许多鸟类在翅膀打弯处长有一小撮特殊的羽毛（小翼羽），这些羽毛可以帮助它们在下降时控制气流，保持身体的平衡。

空中杂技员

雨燕和蜂鸟都长有一种特殊的翅膀，令它们成为鸟类中的特技大师。它们的“腕关节”和“肘关节”连接得非常紧密，整个翅膀是在肩部旋转。这令它们非常灵活，拍打翅膀速度极快。雨燕是水平飞行速度最快的鸟类之一，它们可以长年停留在空中。蜂鸟则可以悬停不动、倒退着飞，甚至上下左右飞行。为了使出这些空中绝活，鸟儿们需要吃下大量的食物。雨燕飞行时大张着嘴巴，捕食小昆虫；蜂鸟则用长长的尖喙去吮吸花蜜。

欧洲雨燕

欧洲雨燕是世界上最接近于“生活在空中”的动物了，它们可以一次在空中停留两年之久：在飞行中吃喝休息，求偶交配，搜集筑巢材料。它们的腿细小纤弱，甚至无法走动，不过可以附着在垂直的表面上。

雨燕流线型的外表有助于其捕捉半空中的昆虫。

瀑布后面

南美大型黑雨燕在瀑布后面筑巢，它们可以垂直飞过肆虐湍急的水流抵达巢内。雨燕不能着陆收集筑巢材料，所以它们利用在空中收集到的毛绒物质和着自己黏稠的唾液筑巢。雨燕中的金丝燕所筑的巢在中国被认作是珍馐，可以用来炖汤。

飞行中的生活

燕科鸟类与雨燕科鸟类在亲缘关系上相距甚远，但它们外形相似，也同样都在飞行中捕食。它们那尖角形的翅膀与剪刀状的尾巴令它们在捕食一只只飞虫时能以惊人的敏捷盘旋转向。它们也在飞行中喝水。它们会俯冲到湖面上，嘴里装满湖水再飞起。

迷你小巢

蜂鸟用苔藓和蜘蛛丝筑起小而深的杯状鸟巢。鸟巢的表面还会装饰着地衣做伪装，内部则铺满柔软的纤维。吸蜜蜂鸟的巢只有顶针般大小。

最小的鸟

古巴的雄性吸蜜蜂鸟从喙到尾巴只有5.7厘米长，是世界上最小的鸟类。为了停留在空中，它们每秒钟需拍打翅膀约200次，这使得它们在飞行时会像蜜蜂一样发出“嗡嗡”的声响。

蜂鸟是如此小巧，它们经常会因被蛛网困住而死。

蜂鸟的翅膀拍打频率如此之高，以至于人们常常只能看到一团模糊不清的东西。

长长的喙可以伸入花蕊深处吸取花蜜。

嗡嗡盘旋

蜂鸟的飞行方式不同于其他鸟类，它们不是上下振翅，而是以“8”字形轨迹前后旋转着拍打翅膀。这种姿势可使蜂鸟在吸食花蜜的同时也能完美地悬停。但蜂鸟的翅膀很短，必须非常迅速地拍打才行，这就需要消耗很多的能量。

每只蜂鸟身上只有大概1000根羽毛，这个数目比其他任何鸟类的都要少。

剑喙蜂鸟喙的长度几乎是它身体长度的两倍。

花蜜供能

蜂鸟的体能消耗很快，以至于它们每天必须在两千朵花旁停留觅食。它们这样做的同时，无意中也在花间传播了花粉，有助于植物的生长繁殖。在夜间，蜂鸟则进入一种类似冬眠的状态来保存能量。

肉食鸟类

肉是最富有营养的一类食物，但同时也是最难获得的。尽管如此，肉食鸟类（猛禽）终其一生都在进行着捕杀与食腐。这类鸟大概共有300多种，几乎都有同一种便于捕猎和进行杀戮的特定外形、绝佳的视力、能置猎物于死地的残忍利爪；至于像猫头鹰那样不能把猎物直接吞下去的猛禽，还有一个钩状的喙用来撕扯肉食。

带晚餐回家的爸爸

像绝大多数肉食鸟类一样，雌性红尾鹰在家里看护蛋和幼鸟，身形小些的父亲则进行大部分的捕猎活动。幼鸟们在巢里大概要待上48天。在最后一周里，它们会站在巢的边缘，迎风拍打翅膀，学习飞翔。

鹰眼

肉食鸟类眼睛后部长着的特殊凹洞，使它们拥有着能看到极远处的视觉，其灵敏度之高，甚至连2000米以外的兔子抽动一下耳朵都能分辨出来。人类的眼睛一次只能聚焦到一个点上，所以我们必须转动眼球才能看到四周的情况。而肉食鸟类却可以同时聚焦观察3个地方——两侧的地平线及正前方一个单独的、被放大了的地点。

巨大的眼睛让苍鹰有着犀利的视觉。眼睛上部的隆起保护着眼球，也使得其表情显得凶狠好斗。

巨大而向内弯曲的双爪用来抓住猎物。许多肉食鸟类后部那根爪子都是最强壮也最致命的。

白头海雕

鹰是最大、也是最有力量的肉食鸟类之一，它们可以杀死绵羊甚至是驯鹿。像猫头鹰一样，鹰在肢解动物前都要先撕下这些牺牲品的脑袋。白头海雕是一种体形庞大的鸟类，双翼展开后比一个人的身高还要长。不过，它们主要的食物来源则是鱼类，比如鲑鱼。

王者的娱乐

在亚洲中部的部分地区，饲养猎鹰是为了将其训练成替人类获取食物的捕猎工具，而不像在西方仅仅是为了娱乐。驯鹰人会训练鸟儿降落在垫好皮手套的胳膊上。

五大科

专家们在肉食鸟类的分类问题上一直无法达成共识。但绝大多数权威人士都把这307种猛禽分成下面列出的五大科目。鸮类通常不被归为肉食鸟类，但兀鹫则被包括进去了。

康多海鹫

美洲的兀鹫和秃鹰由7个不同的种类（美洲鹫科）组成，其中也包括了一些最大型的飞鸟。

蛇鹫

非洲特有的蛇鹫单独被分为一科——鹭鹰科。它们的外形看起来很像踩着高跷的老鹰。

白头海雕

鹰、雕、鹞、鸢和旧大陆兀鹫组成了这个含有200多种鸟类的科（鹰科）。

鹗

鹗自成一科（鹗科），因为它们都长着一种不同寻常的外脚趾骨，可以来回翻转。

隼

大约60种鸟类属于这一科（隼科）。它们的喙上长有一种牙齿，身上还长着尖尖的翅膀。

嗜血欲望

想成为一个熟练的杀手需要进行不断的练习，因此绝大多数肉食鸟类都练就了一种独特的捕食方法。对于老鹰家族的成员来说，最重要的武器就是爪子，它们可以用它来刺穿猎物的身体，给猎物造成致命伤害。与此不同的是，隼则会用爪子抓起小型的猎物，用喙咬断它们的脊椎使其瘫痪。但是，无论技巧如何，所有的肉食鸟类都是投机取巧者，必要时它们会窃取其他鸟儿的劳动成果，甚至食腐。

俯冲征服

游隼能以让人目眩的速度俯冲。它们把身体保持成标枪的形状向下冲去，速度可达每小时200千米。这点使得它们成为地球上速度最快的鸟类。当快接近猎物时，游隼会停止俯冲，向前挥动双脚，用一只张开的后爪撕开猎物的背部，这只爪子也被称为“杀手爪”。

在10次俯冲中，游隼至多会成功1次。

威吓战术

白头海雕的捕鱼之旅常常以失败告终，所以有时它们会从其他猛禽那里偷取食物，也包括从其他白头海雕那里。追逐通常能迫使另一只鸟儿丢下猎物，但偶尔白头海雕之间也会寻衅滋事，就像下图中这两只年幼的小鸟一样。

幼年的白头海雕有着棕色的羽毛。当它们成年以后，头上的羽毛就会变白，而身上的羽毛会变成黑色。

鱼类爱好者

鹗擅长捕鱼。它们以一个很低的角度接近水面，向前挥动双腿，然后冲入水中用爪子抓起鱼。为了便于更好地抓握，它们将一根趾骨向后旋转，这样就有了两根向前的趾骨、两根向后的趾骨。它们的爪子上覆盖着一层尖锐的鳞片，可以钩在鱼身上，让它们更好地抓住猎物。但是，当猎物太过沉重的时候，它们也会被拖下河淹死。

从水面飞出时，鹗会把猎物翻转到面向飞行的方向，以便于携带。

踩踏致死

蛇鹫作为肉食鸟类很不寻常的一点是，它们并不擅长飞行。它们通常一边行走一边寻找猎物，找到以后就使劲踏它，直到将其踩死。它们可以杀掉蛇类，但是平时也吃昆虫、蜥蜴、老鼠等小动物，或者是小鸟和蛋。

蛇鹫是唯一可以把猎物整个吞下去的猛禽。

食猴者

热带雨林鹰有着短小的翅膀，所以可以偷偷潜过森林里浓密的树冠去偷袭猴子。冕雕用自己沉重如木棒般的爪子敲打猎物，其击打力度之狠，可以刺穿并击倒对方。图中的这只黑长尾猴几乎没有任何机会去反抗攻击者。如果它在第一下被击打时没有马上毙命，那么过一段时间也会因大量内出血而死去。

冕雕可以杀死与自己体重相当的猴子。

拔毛是很必要的，因为雀鹰的胃无法消化羽毛。

拔毛木桩

秘密行动是雀鹰捕食技巧之精华所在。它们会沿着灌木丛飞行，在目标的另一端隐藏起来；当时机正好时，便敏捷地拍打着翅膀，越过灌木丛，一下把毫无防备的鸣禽从栖息的枝头抓起。有些鹰类为了征服猎物，也有着自己的窍门：它们把强有力的后爪伸入猎物的头骨，刺穿其大脑，导致其即刻死亡。猎物死后经常被带到一根用来拔毛的木桩上，被拔下所有的羽毛。

食腐动物

许多鸟类喜欢在尸体上大快朵颐。不过，鸟类世界中最著名的食腐动物还是兀鹫。它们一边在热空气上层盘旋，一边扫视着地面，寻找死亡的迹象。兀鹫会被疾病、伤害或其他动物捕猎时引起的骚动所吸引。同时它们也偷偷地互相监视——所以，每当一只兀鹫发现了一具动物尸体后，周围数千米以外的其他兀鹫都会蜂拥而至。

太撑飞不动

白背兀鹫是非洲最常见的一种兀鹫，它总能最先寻找到动物尸体。它们会吞下数量极大的食物填满嗉囊，以至于几乎无法飞行。吃完以后，白背兀鹫会笨拙地拍打着翅膀踱到树下，一直休息到这顿饭消化完毕。

非洲秃鹳

非洲秃鹳是一种食腐的涉水鸟。它们会强行入兀鹫群，与其争食腐肉，也常在火堆旁游荡，捉那些躲避炙热火焰的小动物。它们腿上经常沾白色的排泄物污迹，这是秃鹳为了保持凉爽而自己上去的。其尾部有一排漂亮的白色羽毛，经常被来制成帽子上的装饰物。

疯狂饕餮

非洲秃鹫群最快可以在20分钟之内把一只羚羊尸体身上的肉撕扯干净，只剩骨架。小兀鹫和白背兀鹫总是最先抵达现场，然后成群地迅速扑在尸体上，吵闹地互相推挤着。体形大一些的非洲秃鹳和肉垂秃鹫则随后到达，但因其更为强壮，所以反而会获得优先权。在这之后，留下的全部骨架会被土狼嚼碎吃掉。

强健的胃

比起肉类，胡兀鹫更喜欢吃骨头。它们胃中的强酸可以溶解掉骨头外层坚硬的部分，露出里面营养丰富的骨髓。如果骨头太大吞不下去，胡兀鹫会将骨头扔向岩石砸碎它。如果第一次努力失败的话，它们会一直摔打这根骨头，进行多次的尝试。

不祥的寂静

红头美洲鹫寻找食物的方法很特殊：它们不是依靠视力，而是靠嗅觉觅食。在浓密的亚马孙丛林里，这是一项得天独厚的优势，因为许多动物的尸体非常隐蔽，很难被直接看到。红头美洲鹫属于极少数几种没有鸣管（喉咙）的鸟类之一，所以它们不能够鸣唱。在捕食的间歇，它们会成群地栖息在枯树上，周围一片不祥的死寂。

像其他肉食鸟类一样，绝大多数秃鹰都长着可以撕开鲜肉的钩状喙。

贪婪的渡鸦

渡鸦在冬天主要以腐肉为食，那时许多其他种类的动物都已死于严寒或食物缺乏。人们总是把渡鸦和它们的亲戚乌鸦和鹊鸟当作是不幸的象征，但实际上，它们是奇特而聪明的鸟儿。渡鸦和兀鹫不一样，它们总是合作觅食，而且似乎也会相互告知从哪里可以找到食物。

碎蛋鸟

白兀鹫称不上是食腐者，但却是个偷蛋贼。即使是鸵鸟的厚壳蛋，它们也有办法用嘴叼起一块重石头，用力砸在蛋上，打破蛋壳。而渡鸦和乌鸦则会使用不同的方法——它们把蛋带到高处，然后扔到地上摔碎。

又秃又丑

绝大多数兀鹫有着光秃秃的脑袋和脖子，这样它们可以将头伸进动物尸体深处，而不弄脏身上的羽毛。秃顶对于生活在热带地区的它们来说还有个好处，那就是可以把身上羽毛吸收的热量从裸露的皮肤表面散发出去。

互惠与寄生

有些时候，一种鸟类需要与其他的物种形成某种特殊的互惠共生关系。这种关系形成以后，它们能够找到各自单独时无法找到的食物，或是防备共同的天敌。不同种类的鸟儿有时会联合起来驱赶肉食鸟类，比如一群小鸟可以“围攻”一只猫头鹰。在非洲，响蜜䴕（liè）可以和人类协力寻找及搜捕蜂巢。这种使双方都能获益的协作关系就被称为“共生”。然而，并不是所有的合作关系都进行得如此公平，而往往是一方在利用另一方，这就成为了寄生关系。

以假乱真的蛋

鸟类偷偷把自己的蛋下到其他鸟的巢里，这种行为叫作“巢寄生”。最成功的巢寄生者总是会把自己的蛋生得很像宿主的蛋。如果寄生的蛋不是很相似，比如图上这些杜鹃鸟蛋，鸟巢的主人也许就会注意到区别，把它们丢出窝去。

响蜜䴕是已知唯一能消化蜂蜡的动物。

响蜜䴕

响蜜䴕喜好吃蜂蜡。它会飞飞停停，并发出特殊的叫声，把非洲部落的居民带到野蜂巢前。人们会焚烧树叶，用烟熏走野蜂，找到蜂巢，把巢中的蜜拿走，然后扔给响蜜䴕一大块蜂蜡作为报酬。

这只雏杜鹃比起它的养父母来说，简直像是一个巨人。虽然它已经长到无法住在巢里了，但它还是被小苇莺喂养着。

狡诈的杜鹃

我们平时常见的杜鹃鸟总是把自己的蛋产到其他鸟类的巢中。雏杜鹃常常最先被孵化出来。虽然它比其他雏鸟的体形都大，养父母还是将它视如己出。它那张着红色大嘴索求食物的景象，会引发养父母的哺育本能，让它们不得不喂食给它。

园丁之友？

欧亚鸲在园丁们的脚边跳来跳去并不是为了表示友好，它们是在从新翻出的泥土里寻找虫子。在非洲，欧亚鸲（即知更鸟）的近亲阿里斯鸟也有类似的行为。它们徘徊在到处猎食的行军蚁队伍旁，攫取路上逃走的昆虫作为食物。

蚂蚁浴

松鸦有种古怪的嗜好——它们喜欢躺在蚁丘上，让愤怒的蚂蚁在全身上下来回爬动。它们容许蚂蚁往自己羽毛上喷洒一种用于防卫的分泌物，这种分泌物可以帮助减少松鸦身上寄生虫的数量。

是敌是友

牛椋（liáng）鸟依靠诸如斑马这样的大型动物为生。它们会啄食这些动物们皮毛里寄生的扁虱和白虱，为它们提供看似有益的服务。但实际上，牛椋鸟自身也是寄生者——它们以动物的耳屎和血液为食，会不断啄咬宿主的伤口，使之血流不止。

牛椋鸟悄悄爬入宿主的鼻孔和耳朵，整理清洁其最隐秘的地方。

清洗站

在加拉帕戈斯群岛上，达尔文雀为巨龟们提供着清洗服务。当雀鸟碰触它们的腿部时，巨龟们会伸长脖子作为回应。然后鸟儿们会飞进龟壳里，从它布满褶皱的皮肤上啄下吸血寄生虫。

捕鱼王者

抓鱼的话，你需要有耐心、锐利的目光和闪电般的反应。但其中，最最重要的一点是，你必须出其不意，发动袭击。对于某些鸟儿来说，这就意味着要一动不动地站在水中，直到有鱼傻傻地进入其攻击范围。其他那些从空中发动进攻的鸟儿，则总是要先进行一场壮观的跳水表演，然后在猎物还没有反应过来时发起攻击。

捕鱼铲

棕鹈鹕（tí hú）捕鱼有两个窍门。首先，它从约10米的高空俯冲入水，在水面砸起巨大的水花。随后，它会用巨大的喉囊铲起鱼。由于嘴下的皮囊同时也会装入许多水，所以此后鹈鹕必须在水面上休息，排出喉咙里的水，然后才能咽下猎物。

掠过表面

剪嘴鸥在飞行时紧贴着河流湖泊和礁湖的表面，将它们那大张着的特别宽大的下喙伸入水中。如果有任何东西碰触到了它的喙——比如说一条鱼——它就会猛地咬住，自动合上嘴巴。

翠鸟

欧洲翠鸟像一个渔夫般耐心地守在河边，等候着猎物进入其攻击范围。如果看到小鱼的话，它会从栖息的枝头跃起，盘旋几秒钟，然后分秒不差地准确跳入水中攫住小鱼。咬紧猎物后，它会用一记有力的振翅让自己重新跃出水面。一只翠鸟每天大概需要捕捉约50条鱼来喂养自己的幼鸟。

蛇鹈的羽毛在水中浸满了水，使它们能沉到水面下捕鱼。

弹簧脖子

黑颈蛇鹈用它们尖利的喙来捕鱼。通常，它们的脖子会弯曲成一个“之”字形。但它们能以惊人的速度伸直脖子，用喙的尖端直直钉穿鱼的身体。随后，蛇鹈会轻轻摆动头部把鱼抛起，然后一口吞下。蛇鹈游泳时，从水面上只能看到一条细长的蛇形脖子，它们也因为这一习性而得名。

“渔夫的伞”

苍鹭也用弹簧状的脖子捕食，但它们是从水面发起攻击的。黑苍鹭会把自己的翅膀圈成伞状，在水面上投出一片阴影。随后，鱼自然而然地被阴影所吸引。而没有反光倒影干扰的环境也有利于苍鹭仔细往水里瞧，寻找到猎物。

耐心的“渔夫”

有种特殊的鲸头鹳在非洲泥泞的沼泽中捕食鱼类和青蛙。为了等待猎物进入视野，它可以站在一个地方一动不动地待上好几个小时。一旦发现猎物，它会激动地一下跃起，猛然冲向那只动物，巨大的喙就像一把大剪刀一般切开猎物。

“潜水轰炸机”

憨鲣（jiān）鸟像导弹般插入水中。它们从惊人的高空开始起跳，下落过程中不断加速，然后在最后一刹那将翅膀收拢到身后，形成流线般的鱼雷身形投入水中。它们到达水中的速度达到每小时95千米，经常会因此错过自己瞄准好的鱼群。当这种情况发生后，它们会毫不费力地转过身，向后游去，捕捉沿途的鱼。

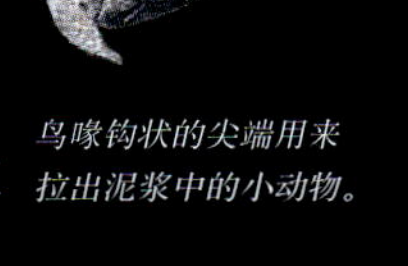

鸟喙钩状的尖端用来拉出泥浆中的小动物。

在海边

对于一只鸟儿来说，住在海边有着诸多的便利。在那里绝大部分陆地被水覆盖着，充满了丰富的资源。此外，崎岖的海岸线和众多的岛屿为鸟儿们躲避内陆常见的掠食者——人和动物——提供了安全的避风港。一些海鸟总是待在岸边，在浅水处和沙子里搜寻着虫子、贝类以及其他无脊椎小动物。其他的鸟儿则进行大规模的旅行，去空旷的海面捕捉鱼类。乘着强劲的海风，鸟儿们可以花上数月的时间飞行，中途只为交配或是哺育幼鸟而在陆地上做短暂的停留。

军舰鸟正试图从一只棕鲣鸟那里夺取食物。

空中"海盗"

军舰鸟是热带海洋地区的"海盗"。在空中，它们能像任何被其掠夺的鸟儿一样敏捷，但是其翅膀却不防水，无法游泳。所以，军舰鸟们不是自己潜入水中去捕鱼，而是去袭击其他刚从捕鱼路上归来的鸟儿，迫使它们吐出自己的猎物。

信天翁

飘泊信天翁的翼展可达3.5米，是普通人身高的两倍，比任何鸟儿都要长。当双翅展开捕捉到强风时，它们可以毫不费力地飞行数千米，甚至可以在飞翔时睡觉。飘泊信天翁可以在一次捕鱼之旅中环游全世界。

海鸟之城

许多海鸟会把巢筑在一起，形成一个气味熏天而又吵闹的大群落，比如这群南非鲣鸟。数千只鸟儿每年会飞到这里来交配繁殖，并且哺育雏鸟。当繁殖季节结束时，鲣鸟们就会散开，整个群落也会消失不见。

嗡嗡盘旋

海鸥有种离奇的本领——可以在一大片看似空无一物的海水中找到鱼类。它们的秘诀就是爱管闲事：当一只鸟儿找到鱼群并开始进餐时，好管闲事的邻居一定会随之而来。许多海鸥除了捕食也会吃腐食。在英国一些沿海城镇，当地的鸥鸟有时会对人类俯冲进行攻击，抢走他们手中的食物。

一群被水下捕食动物轰到水面上的鱼引发了一场疯狂的行动：周围几千米范围内的海鸥都聚拢过来捕食它们。

黑蛎鹬

三趾滨鹬

美洲反嘴鹬

翻石鹬

海滩生活

鸻鹬（héng yù）类水鸟通常都长着便于涉水的高跷似的双腿和方便寻找食物的长喙。但其中，不同种类的鸟儿却有着不同的觅食方法：蛎鹬翻出蚌类，用喙一个劲地啄，打碎或弄裂它们；三趾滨鹬在浪花后来回地跑动，挑选出搁浅在滩上的小生物；反嘴鹬在泥水中摆动它们弯曲的长喙摸索小虾；翻石鹬则翻开鹅卵石，寻找着小螃蟹。

大西洋海鹦

大西洋海鹦有一双忧伤的眼睛和看似描画过的面颊，这使它看上去有点像小丑。它们短而粗的翅膀拍打起来会发出像螺旋桨开动般的呼呼声，在空中的动作看起来很笨拙。但它们的翅膀到了水下则成了高效的鳍状肢，可以让这种两栖类鸟儿下潜到60米深的水中。到了交配季节，海鹦那宽大的喙会变得特别华丽。喙的边缘呈刺状，可以一次叼起约60条小鱼。

涉水鸟与漂浮者

去湖泊或湿地游览时，你肯定会见到许多鸟儿在浅滩闲逛，或是在水面上游泳。不同于哺乳动物，鸟类能非常成功地适应淡水环境。当海狸和水獭要完全潜入水中才能够旅行或捕猎时，鸟类则可以通过高跷状的长腿涉水、漂浮在水面，或是只用它们的长喙或脖子在水中搜寻猎物，来保持身体的温暖干燥。另外，当食物寻找起来很困难时，水鸟们还可以轻易地飞走，到其他地方安家落户。

火烈鸟从食物中摄取色素，转化成体表的颜色。

火烈鸟的假膝可以向后弯曲。

火烈鸟节

数百万只火烈鸟聚集在东非的盐湖旁，形成了一大片粉色的区域，从空中看上去特别显眼。到了交配季节，火烈鸟的求爱动作可以称得上是令人震惊的奇观：成千上万只鸟儿一齐点头鞠躬，动作协调一致。

过滤嘴

火烈鸟用它们特殊的喙来收集水中的微生物。它们把头歪着倒放入湖水中，用舌头当泵，把水抽过喙内长着的筛状物，这样虾、藻类和菌类就会从水里被滤出，被吞下肚去。这种进食方式令火烈鸟可以生活在其他动物都无法生存的盐水湖旁。

长腿

相较于其身体尺寸，长脚鹬算是腿最长的鸟儿了。比起其他的小型涉禽来，它们可以在更深的水域中寻找食物；但在浅滩中，它们只能笨拙地弯下身去才能够到泥浆。它们的腿太长了，以至于飞行中都无法折起，所以长脚鹬飞行时会在身后优雅地拖着双腿。

用触觉觅食

在黑暗的水中寻找食物的最好方法不是用眼睛看，而是触摸。琵鹭张开它们宽大的喙，在水中扫来扫去，一旦感觉到什么东西进入，就猛然合上嘴巴咬住。有时它们会成队前进，一直把鱼群赶至一个角落里。而朱鹮（huán）会将它们长长的喙插进泥里，去探索里面是否有虫子和蟹类。

食物色彩

美洲红鹮和粉色火烈鸟身上的颜色来自一种叫类胡萝卜素的化学物质，这种物质也可以从胡萝卜中找到。类胡萝卜素是由水中的藻类生成的。这些藻类会被鸟儿们直接吞下，或是经过那些食用此种藻类的小虾和虫子传递给鸟儿。

许多鸭子捕食时会倒立钻入水中——头扎进水里，尾巴则朝空中翘起。

防水皮毛

有些鸟儿以漂浮代替涉水，比如天鹅、鸭子和大雁，它们长着适宜游泳的船形身体和有蹼的双脚。为了保护自己的羽毛不被打湿，它们会在上面涂一层由臀部的某个腺体分泌出的防水油脂。这种“上妆油”可以使水从鸟儿身体上滑过，如同闪闪发亮的珍珠。

流畅的游泳行家

虽然在陆地上很笨拙，有些水鸟却能如水獭般敏捷地消失于水下。秋沙鸭可以捉到大麻哈鱼和鲑鱼——这也是为什么有些渔夫对其恨之入骨。潜鸟也能潜入水中捕鱼，而且能在水下维持数分钟的时间，并达到30米的深处。它们都非常适应水中的生活，却根本无法在陆地上行走。

鸟类的食物

营养丰富且易于消化的食物构成了绝大部分鸟类的日常饮食。因为它们需要大量的能量，又不得不保持身体轻便以利于飞行，所以极少有鸟儿会把诸如草或叶子那样大体积的植物当作食物。大多数鸟儿不会挑食，它们会混着吃下种子、果实，还有包括昆虫在内的小动物。由于没有牙齿去咬碎咀嚼食物，鸟类必须用自己的喙和强健的胃来完成这项工作。此外，它们还必须尽可能快地把食物消化完毕，以去除任何不必要的分量。

蓝山雀正在享用体贴的爱鸟人送来的美味。

无底的食欲

小鸟们以令人震惊的速度消耗着能量。仅仅为了保持体温它们都得吃下大量的食物，更不用说还得飞行了。在冬季，蓝山雀会把清醒时90%的时间都用来寻找维持生存所需要的食物。蜂鸟消耗能量的速度是人类的10倍。

银鸥把蚌壳扔向岩石嶙嶙的海滩。

高空坠物

当喙无力破开一个贝壳时，想吃到藏在里面的食物就会变得非常麻烦。解决的办法之一是，从空中将其抛下。银鸥会用这种办法来对付蚌类，胡兀鹫用此打碎骨头，而乌鸦则是用这种方法来摔碎蛋壳。

一只灰斑鸠的雏鸟正从母亲的喉咙中汲取鸽乳。

松鸦会在秋天把橡子埋起来，为冬季作食物储备。

松鸦不能把橡子整个吞下去。它们会把橡子嵌在一个洞里，然后猛啄它，把它的壳弄裂。

超强记忆力

食物在冬天是很难寻到的，所以有些鸟儿从秋天开始就会秘密地扩大自己的粮仓。松鸦会埋下上千颗橡子，把它们分别藏在森林里的不同地方，并且记住它们的方位。星鸦每年会埋下10万颗坚果和种子，并且能在之后的9个月里一直记住它们的位置。

鸽乳

鸽鸠类有种其他鸟儿都没有的独特能力：它们可以从嗉囊中分泌出一种奶来喂养自己的孩子。这种鸽乳是由蛋白质和脂肪构成的，一般供雏鸟们在成活后的3周内食用。随后，雏鸟会断奶，母亲则吞下种子，把它们储藏在嗉囊里。食物泡在鸽乳里慢慢会变得像麦片粥一样，然后母亲将这种颗粒状的食物喂给雏鸟。

一只金雕正在享用它捕到的山兔。

大型食客

在各种鸟类中，金雕捉到的猎物是最大的。在斯堪的纳维亚半岛，据说它们可以杀死重达35千克的驯鹿——几乎和一个10岁孩童的体形一样大。它们在捕猎时会用一只爪子抓住猎物的头，另一只爪子则刺穿其致命的器官。

伯劳的“食物储藏室”

鸟类不能像哺乳动物那样在身体里储藏许多脂肪，这是因为它们需要保持身体的轻捷以利于飞行。对于它们来说，储藏剩余食物更好的方式是把它们保存起来。而伯劳就是这么做的：它们会把已死的小动物尸体穿在荆棘或是带刺的电线上，保有一个可怕的“食物储藏室”。大多数伯劳收集昆虫尸体，但图中这种红背伯劳则捕食蜥蜴。另外，大灰伯劳的食物储藏处里还会出现老鼠甚至其他的小鸟。

迅捷的消化力

平常的一顿饭在鸟类体内完全消化需要半个小时（人类需要约24小时）。举例来说，一只红头美洲鹫可以在90分钟内消化掉整整一条蛇；如果反过来（一条蛇消化一只红头美洲鹫），这个过程则需要约数周时间。

鸟粪是一种由白色尿酸（尿液浓缩物）和黑色粪便形成的混合物。

吃土

小鸟在进食时会剥下种子的壳以避免吃下多余的重物；而大一点儿的食种鸟类，比如农场里的家鸡，则会把种子连同壳完全吞下。它们的胃非常强健，包含了为磨碎食物而吞下的沙和石子，鸟儿正是在这里碾磨它们的吃食。林鸳鸯的砂囊可以将胡桃磨成糊状；而绒鸭的砂囊则能碾碎贝壳；火鸡的这个器官据说可以挤断钢针。

鹦鹉家族

没有多少动物可以赌咒发誓或是让人类闭嘴，但鹦鹉可以——不过，它们是否能理解自己所说的话则是另外一回事。鹦鹉家族内的成员有300多种，包括金刚鹦鹉、吸蜜鹦鹉、虎皮鹦鹉和凤头鹦鹉等，它们绝大部分生活在热带地区茂密的森林中，在那里，叫声是与种群中其他鸟类保持联系的重要方式。鹦鹉天性友善，通过模仿它们的伙伴来将彼此联合到一起。野生鹦鹉从来不会模仿其他种族的生物，所以很有可能的情况是，驯化过的鹦鹉已经把人类视为其种群的一员了。

宠物鹦鹉

虎皮鹦鹉被人类当作宠物的历史已经有一百多年了。今天它们已培育出了多种颜色，并被训练得能够说话及停在主人的手指上。野生的虎皮鹦鹉是黄绿相间的。它们生活在澳大利亚的内陆地区，有时能聚集成一大群，飞行起来遮天蔽日的。

金刚鹦鹉

世界上最大型的鹦鹉是来自中南美洲雨林中的金刚鹦鹉。它们中的许多种类因其灿烂的羽毛而得名。比如说绯红金刚鹦鹉，它们身上长满令人惊艳的红色羽毛，并伴随有蓝色和黄色的闪光。金刚鹦鹉那漂亮的翅膀和模仿能力使其成为深受欢迎的宠物。但被关起来的生活会让它们感到孤单烦闷，从而导致攻击性的行为。

鹦鹉的身体

鹦鹉容貌中最与众不同的一点就是那钩状的喙。它们用它来捡拾水果或是啄开坚果和种子。鹦鹉能有力地咬住东西，并在攀爬时用喙来充当抓钩。它们的脚也很不同寻常，两趾向前，两趾向后。这种构造使得它们在用一只脚牢牢地栖稳后，另一只脚可以充当手来使用。

金刚鹦鹉的喙强壮到足以咬断人的手指。

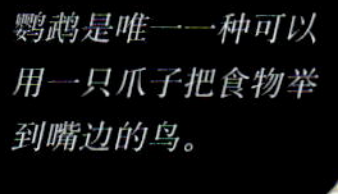

鹦鹉是唯一一种可以用一只爪子把食物举到嘴边的鸟。

不能飞的怪胎

新西兰的鸮（xiāo）鹦鹉已经失去了飞行能力，因为它们不用为了躲避天敌而飞行——在新西兰，几百万年以来都不存在哺乳动物，在那儿鸟儿们甚至能安全地生活在地洞里。但是现在，这种鸟几乎灭绝，它们已经成为殖民者所带来的肉食动物的牺牲品。

鸮鹦鹉在夜间从栖息的地洞出来，蹒跚地寻找新鲜草籽作为食物。

消化不良的治愈办法

几乎所有的鹦鹉都以吃植物为生——一般是种子、坚果、水果或者花蜜。在亚马孙热带雨林，金刚鹦鹉吃下的许多种子中含有毒素，于是它们就找到了一个聪明的办法，既可以消化种子又不被毒素所伤：进食之后，它们会飞到河堤上，啃咬并吃下黏土。这种黏土中含有一种可以吸收有毒化学元素的矿物质。

彩虹鹦鹉

这种令人目眩的小鸟是地球上色彩最丰富的动物。它们生活在澳大利亚丛林和太平洋地区，以水果、种子及热带花朵的花蜜为食。它们的舌头末梢呈刷子状，以方便吸取花蜜。

愤怒的凤头鹦鹉

凤头鹦鹉和鸡尾鹦鹉都长着鸟冠。它们会扬起冠羽来表达愤怒或是激动的情绪。美冠鹦鹉是一种很受欢迎的宠物，但有些会只跟某个人成为伙伴，而对其他的人则表现出攻击性。

森林中的鸟

在林地的鸟类可以从树木上找到任何它们需要的东西：躲避天敌的安全地带、坏天气时的遮蔽处、可以筑巢进去的树洞、无穷无尽的食物供应——只要它们知道到哪里去找。因此，许多鸟类把森林看作它们永远的家园也就不足为奇了。最独特的树居鸟类当属啄木鸟，它们的爪子可以攀住垂直的树干，而那令人惊异的凿子状的喙，可以反复敲打树木，钻进虫窝，捕食钻蛀性害虫，发出一声声“咔嗒、咔嗒”的啄木音，在树林间回荡。

旋木雀

欧洲旋木雀蹦蹦跳跳爬上树干，用喙当作镊子去攫取树皮缝隙中的小昆虫。为了停落在垂直的树干上，它们用自己的坚硬尾巴作为支撑，紧紧地攀住树皮——这点就像啄木鸟一样。旋木雀还可以从树枝的底部自下而上旋转着前进。

鞘状物紧紧环绕着头骨，将舌头伸出。

鞘状物松开，舌头缩回。

舌头的动作

啄木鸟用自己带黏性的舌头粘出树洞里的昆虫。它们的舌头伸直以后可达到喙的4倍长。舌头根部与一个环绕着头骨的柔韧的鞘状物相连。某些种类的啄木鸟这个部位会卷曲绕过整个头部并伸入鼻孔下方的定位点。有一块专门的肌肉会将鞘状物紧紧拉住抵住头骨，以推出舌头。

树木吸血鬼

吸汁啄木鸟对树木来说是一种吸血鬼。它们会在树皮表面啄出一个浅坑，然后把柔软的舌头伸进去吸食流出来的汁液。如果这些坑洞环绕树干一周，那么它们可能最终将隔断树木的营养通道，导致树木枯死。

以洞为家

树木上的洞穴是最完美的养育雏鸟的地方。洞穴里既温暖又干燥，还能够躲避天敌——它们因为太大没法钻进洞去。绿啄木鸟可以在同一个洞里居住10年以上。

榔头脑袋

啄木鸟的喙能以每小时40千米的速度啄击树木。这种击打换作其他鸟儿早就昏迷不醒了。但啄木鸟却能以每秒钟20次的频率反复敲打，一天就是10 000次。这是因为它们的大脑被非常厚的头骨和可以缓冲振动的肌肉保护着，刚硬的喙在啄击过程中紧紧地合着，以避免碎裂。

橡子储藏室

橡实啄木鸟会精确地在树干上啄出不同大小的洞，然后在每个洞内稳固地嵌入一颗橡子。一个鸟类家庭——由超过15位不同辈分的成员组成——可以在一棵树上造好一个总共嵌入了50 000颗橡子的储藏室，这为它们越冬提供了充足的食物储备。这个储藏室还要随时维修，因为有些橡子会慢慢变干、萎缩，为了防止它们掉出去，需要将其移到较小一些的树洞中去。

一只雄性黄嘴犀鸟为它处于"禁闭"中的家人带来了食物。

"禁闭"

雌性犀鸟会把自己关在巢穴里，入口处用泥巴和树叶封上，只留一道狭窄的缝隙好让雄犀鸟把食物递进去。在蛋孵化以前，雌犀鸟会在自己家中自愿闭关3个月，直到雏鸟出世才会出门去协助雄犀鸟采集食物。

巨嘴犀鸟

犀鸟是啄木鸟的近亲，但它们只生活在热带地区。它们那特大号的嘴看起来非常沉重，但实际上却是既轻又空。巨嘴犀鸟用它的大喙来摘取枝头的果实，或是把雏鸟拉出巢。为了把食物吃到口中，它们会向后仰头，用舌头来钩住食物。

羽毛和装饰

羽毛并不只用来飞翔——它们也用来吸引注意力。鸟儿们会炫耀自己灿烂的羽毛、巨大的尾翼以及身上所有其他的装饰，好给异性留下深刻印象。所有爱炫耀的鸟儿都是雄性的，并与很多伴侣交配。它们在照顾家庭方面几乎毫无贡献，而把全部的精力都用来卖弄自己。它们身上炫目的颜色和精心准备的展示都起着至关重要的作用，都是在为其优秀的基因做宣传。

不算那长长的尾巴的话，绿咬鹃的体形和大号的鸽子差不多。

野生鸟儿长着黑色的头和紫色的胸部，被驯化的七彩文鸟的体表则更加五彩斑斓。

七彩锦衣

七彩文鸟鲜艳的外表，使得这种澳大利亚鸟儿对于捕猎者和饲养者来说都难以抗拒。现在，世界上只剩下几千只野生的七彩文鸟了。

长尾摇曳

生活在美洲中部的华丽绿咬鹃有着一米多长的彩旗般的尾巴，并拥有金属绿色的绚丽外表。当地的阿兹特克人崇拜绿咬鹃，屠杀它们会被判以重罪。现在，绿咬鹃已经成为了危地马拉的国鸟。

每根尾羽的末端都有一个黑色的眼睛般的斑纹，周围有蓝色和棕色的环纹。眼睛状的斑纹能引起动物们的注意力，因为它们极为鲜亮。

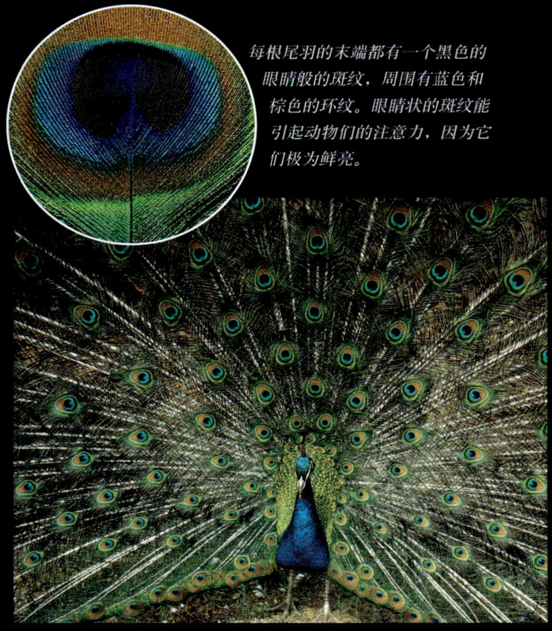

迷惑的尾羽

科学家们不知道孔雀那巨大而笨重的尾巴是如何进化来的。虽说雌孔雀非常喜欢这尾巴，但它实在太过笨重，既妨碍飞行，又使雄鸟容易被天敌发现。有一种解释说，那些光彩夺目的羽毛是健康的象征，因此也代表着良好的基因。另一种理论则认为，雌孔雀喜欢选择有巨大尾巴的雄鸟作为配偶，它们认为这样后代也相应会拥有很好的天赋。

孔雀

王霸鹟

美洲王鹫

一流的容貌

绝佳的翅膀和尾巴不一定总能给异性留下充分的印象。孔雀用一副蓝色头冠来映衬它的尾巴，而王霸鹟（weng）的头冠则在其需要躲藏时可以缩起收回。美洲王鹫虽然脑袋光秃秃的，但是却有着鲜明的血红色眼眶和喙上肥大的橙色组织。

诱人的歌声

澳大利亚的雄性华丽琴鸟把尾巴盖在头上形成一个遮棚，用来展示自己薄纱般的尾巴。然后它会开始唱起一首大杂烩般的歌曲，从笑翠鸟的叫声、汽车鸣笛声到移动电话铃声和电锯声，它能模仿任何的声音。

色彩斑斓的羽毛

像许多鸟儿一样，眼斑吐绶鸡有着闪闪发光的羽毛，在移动时还能变幻颜色。这些羽毛有“彩虹般的羽色”，可以反射并把白光分解成不同的色光，就像肥皂泡或是光盘表面那样。

雄性黄腹角雉正在进行充分的惊人展示。

好大的肉垂

图中这个多彩的肉垂——脖子上垂下的那条皮肤——通常是折叠着的。雄性黄腹角雉会打开肉垂，晃动脑袋，竖起两只蓝色的肉角，去吸引附近的雌性。

漂亮羽毛

在繁殖季节，雌雄大白鹭都长着装饰性的漂亮羽毛，好给彼此留下深刻的印象。19世纪，在帽子上装饰白鹭毛是最时兴的打扮，而白鹭也因此被捕杀到几乎灭绝。当这种帽子落伍之后，白鹭也重新在美国南部出现了。

求偶竞赛

鸟类和其他动物一样，也被繁殖的强烈欲望所驱使。寻找到一个合适的伴侣是极其重要的，所以鸟儿们进化出了各种仪式和炫耀行为来帮助自己评估异性。通常，雌性是做出选择的一方，而雄性会努力给其留下深刻印象。雌性必须从同一种类的生物中选择伴侣，这也就是为什么绝大多数的鸟儿，特别是雄性，都有着独一无二的叫声和标记。随后，雄鸟必须证明自己的优秀，所用的技巧就像有些恋爱书里提到的那样，从送礼物到唱情歌、跳舞，或者是和竞争者进行决斗。

舞伴

求爱中的苍鹭碰面后，它们会进行一种类似舞蹈的仪式，不停地弯曲、伸直长颈，并相互撞击喙。这种习俗在我们看来十分奇怪，实际上却充满了只有苍鹭间才能明白的信号。这有助于它们抛除陌生者间的戒心，增进彼此间的融合。像绝大多数鸟儿一样，苍鹭也是一夫一妻制，这就意味着夫妻俩将一直待在一起，共同哺育后代。

搭建凉亭

作为艳丽羽毛的替代，园丁鸟收集五颜六色的小东西，并将它们环绕着一堆垒好的小枝条排列起来。缎蓝园丁鸟尤其挑剔，只搜集蓝色的物品。雌性园丁鸟会选择建造出最艺术化展品的雄性作为伴侣。

一时之战

雄鸟并不能只靠长得漂亮来赢得配偶的芳心，它们还要证明自己比其他竞争对手更优越，即使有时这意味着一场殊死搏斗。雄性红腹锦鸡会用脚后的距[①]恶狠狠地劈砍对方，但是在这种争斗中，它们通常不会受到重伤。

看看我！

军舰鸟通过使脖子上猩红色的喉囊膨胀来吸引雌性的注意——喉囊能一直膨胀到人类的脑袋那般大，看起来像马上要炸开一般。在一些热带岛屿上，雄性鸟儿会在树上聚成一群，像极了许多巨大的成熟果实。当有雌性经过时，雄鸟的嘴会咔哒作响，同时拼命地舞动翅膀，还会发出一种奇怪的“咯咯”声。

①距：雄鸡、雉等鸟类腿后面突出的像脚趾的部分。

求爱锦衣

雄性红羽极乐鸟有着如喷泉般的红色纱质尾羽，当它沿着树枝翻转或倒悬在枝头上时，会抖开羽毛摇晃不止。但它在吸引谁呢？虽然雌性对它们这一展示活动有很大兴趣，但这实际上也可能是针对其他雄性的。当成群的雄性聚集在一起，在同一棵树上进行这样的表演时，看起来就像建立了一个等级系统一样。造访这里的雌鸟总是径直奔向最顶上的雄鸟。

在普通燕鸥的求爱期，以食物作为礼物是很关键的部分。如果求爱成功，两只鸟儿或许会就此厮守终生。

赠送礼物

一些雄鸟会送礼物给自己未来的配偶：雄性苍鹭会带着筑巢的材料，相当正式地鞠躬后送给雌鸟；雪鸮则会奉上刚捕到的旅鼠。食物作为礼物更具象征意义。这样雌鸟就可以评估它的伴侣以后能否喂养好未来的儿女，同时这也为它提供了产蛋所需要的宝贵的营养品。

像许多鸟儿一样，蓝颊蜂虎交配时会持续约数秒钟。

短暂韵事

求爱活动总是一件既漫长又复杂的事情，但交配本身通常非常短暂。雄鸟振翅跳到雌鸟的背上，两只鸟儿的生殖器打开后叠压在一起，从而让精子从雄鸟转移到雌鸟体内。

建筑大师

只凭本能的指引，仅用喙作为工具，鸟类就能筑出令人震惊的复杂巢穴。一座鸟巢可能会花上数周的时间来建造，其中还包括为了寻找合适材料而做的数千次飞行。有些鸟儿会用上身边的任何材料，甚至线绳、图钉、塑料袋或者旧衣服；而另一些鸟儿则比较挑剔。蜂鸟从蜘蛛网上一根根地弄下蛛丝来筑巢，而燕子则从水坑边收集某种特定的泥土。

苔藓用来做伪装。

稻草和硬纤维把整个巢穴支撑起来。

羽毛用来保持温暖。

杯状巢

大多数鸟类用一系列活动来建造一座中央有小洞的温暖杯状巢。首先，它们将材料粗略地组织起来，把诸如羽毛之类的柔软物品放在巢的内部。然后它们会坐在巢中来回转动，好压出一个大小合适的杯形。

集体生活

在南非的沙漠地区，合群的织巢鸟会建造出巨大的稻草巢穴，里面能住进100个小家庭。从远处看，这些鸟巢就像落在树上的干草堆；但从近处仔细观察，则可以看到下面有一条入口通道。这种巢穴可以保持上百年，在正午的热浪下，能成为凉爽的遮蔽所，而在寒冷的夜里又是温暖的港湾。

在沙漠的荒地上，电线杆提供了除树木以外的又一筑巢选择。

编织房屋

通常，雌鸟负责完成绝大部分的筑巢工作。但对于织巢鸟来说，却是由雄性来做这件事情的，雌鸟会通过检查它们的筑巢技术来选择伴侣。织巢鸟都是极好的巢穴建筑师，能喙脚并用地来打绳结。像所有的鸟类一样，它们完全遵循本能工作，这意味着它们不用学习就能明确地知道如何筑巢。

树屋

啄木鸟用它们那凿子状的嘴在树上钻洞建造自己的家。在实心的木头上钻孔是件很困难的事情，所以雄鸟和雌鸟会一同工作，用一个月的时间来完成这项工程。啄木鸟会细细地凿下内部的墙壁，并用木屑做成一个衬垫，而不是使用柔软的羽毛和叶子垫窝。

一只雄性大斑啄木鸟正在把食物递给它的家人。

聚群筑巢的鸟儿谨慎地与邻居保持着距离。

少即是多

对于许多海鸟来说，巢穴几乎就是地面上的坑洞或峭壁上的岩石突起。巴布亚企鹅用卵石、木棍和杂草堆成简陋的小垛。为了吸引配偶，雄鸟们会搜集相同颜色、同样大小的鹅卵石，整齐地在巢的外围摆成一圈。

入口边缘牢固编成的一圈卷边可以防止巢穴松开。

眼斑冢雉

家燕

蜂虎

避开伤害

大多数鸟类会竭尽全力去保护自己的巢穴不受天敌的侵害。眼斑冢雉会把自己的蛋埋在巨大的枯叶垛下，这样不仅能把蛋藏起来，还可以让它们保持温暖。家燕的巢高高地造在建筑物的屋檐下，由泥土和稻草筑成杯状，里面铺着草叶和羽毛。洋红蜂虎在砂质的河岸上挖洞筑巢，并且生活在一个大族群中，这样它们就可以有许多双眼睛和许多只耳朵同时保持着对危险的警惕。

泥质的巢由鸟儿一口口地衔泥筑成，之后会在太阳底下晒干。

泥巴小屋

如果要想住得干燥，泥巴肯定是绝佳的筑巢材料。橙顶灶鸫（dōng）用泥土、粪便和稻草的混合物筑巢，并把它放在太阳下晒得如同石头般坚硬，几乎可以挡住最厉害的偷蛋贼。它们那圆顶形状的小屋总是建在背风处，入口内部也有一道精致的屏障用来阻挡寒气。

蜡嘴织巢鸟正在把一根根从草叶上扯下来的硬纤维编成一个"柳条编织球"，并将其吊挂在两根植物的茎干上。

鸟蛋

鸟类是下蛋的，而不是像哺乳动物那样直接分娩产出幼仔。这是因为鸟类为了飞翔需要控制自己的体重，所以母亲们必须尽可能快地产下后代。因此，一颗蛋，就像一个长在外部的子宫一样，包含着雏鸟成长所需的所有营养物质。而双亲只要保持蛋的温暖，保护它们免受天敌的侵害，并等待着它们孵化就行了。我们总认为蛋是易碎的，但实际上它出奇地坚固：鸵鸟蛋坚硬到一个人站在上面也不会被压碎。

蜂鸟的蛋

尽管看上去非常小，但实际上这颗蛋的质量几乎等于一只成熟的蜂鸟。

特殊蛋类

蛋的种类出奇繁多，许多都和我们平时吃的鸡蛋有很大不同。它们按大小排列的话，可以从和你小指指甲一样大小的蜂鸟蛋，排到比菠萝还大的鸵鸟蛋；形状上则从锥形到球形不等（球形的蛋是最坚固的），而质地上也从粗糙、苍白到光滑发亮，各不相同。许多蛋是有色或者带斑点的，有的是为了伪装，有的则是为了让母亲能从其他冒名顶替者中挑出自己生的蛋来——因为其他鸟类可能会把所生的蛋偷偷放进它的巢中。

蛋的内部

一颗刚产下的蛋除了蛋白和蛋黄，几乎不包含其他物质。最开始，雏鸟只是蛋黄上一个微小的粉红色斑点，这被称作胚胎。胚胎吸收蛋黄上的养分和蛋白中的水分慢慢长大，一个可以辨认出来的雏鸟就开始成形了。

蛋壳是半透明的，这意味着空气和水分可以通过。

卵黄囊为胚胎提供养分。随着胚胎逐渐长大，它会渐渐收缩。

绒毛膜把成长中的雏鸟包围起来。

蛋白是胶状的流体，垫住胚胎，同时储藏所需的水分。

废液囊用来收集胚胎排出的尿液。

胚胎漂浮在含有流体的囊中，学名叫羊膜。

气室随着雏鸟的成熟会慢慢涨大。

胚胎也需要温暖的环境才能成长。

象鸟蛋

鹤鸵蛋　鹳鸟蛋　埃及秃鹫蛋　杜鹃鸟蛋　黑伯劳蛋

在地上筑巢的鸟类，比如几维鸟，它们的蛋会比那些在树上筑巢的鸟儿的蛋大许多。这样一来，它们的雏鸟能成长得更快，在孵化出来一会儿之后就可以来回跑动了。

困难的分娩

虽然说大鸟能生下比较大的蛋，但小的鸟儿却能产下相对于自身来说更大的鸟蛋。鸵鸟蛋的质量是鸵鸟体重的1%，而蜂鸟的蛋却大于其体重的1/10。几维鸟可以说产下的蛋“最大”，它的蛋是成年几维鸟体重的1/4

热“座位”

当鸟儿坐在它们的蛋上时，看似什么都没做，但实际上它们却在消耗着自身能量的25%用来保持蛋的温暖。对于寒冷地区的鸟类来说，孵蛋尤为重要。雪鸮就是一个很好的例子，它们的腹部有一小块特殊的、几乎裸露的皮肤，它们就以这个部位压住鸟蛋，保持蛋的温暖。

这个看起来很荒凉的崖壁其实是非常好的筑巢场地，许多鸟儿的天敌无法到达这里。

腹部“毛毯”

雄性帝企鹅把它们的蛋放在两脚背上立稳，用腹部耷拉着的袋状皮肤盖在蛋上，使之不会接触到冰冷的地面或空气。当母亲们外出觅食时，雄性帝企鹅会以这种姿势不吃不喝地坚持数个月的时间。

不倒蛋

海雀们把自己的蛋产在海边岩石嶙峋的悬崖上，并没有鸟巢来支撑这些蛋。鸟蛋是锥形的，这样在不小心被碰到时可以来回摆动，防止其掉落悬崖摔碎。其他水鸟，比如鸻科鸟，也会产下一堆尖尖的蛋。鸟蛋尖的那头整齐地排在一起朝向中间，这样鸻科鸟就能同时坐在所有蛋上进行孵化。

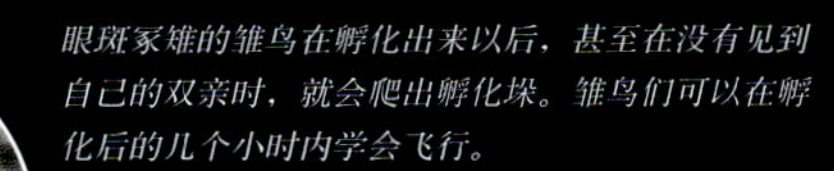

眼斑冢雉的雏鸟在孵化出来以后，甚至在没有见到自己的双亲时，就会爬出孵化垛。雏鸟们可以在孵化后的几个小时内学会飞行。

家，甜蜜的家

澳大利亚的眼斑冢雉可以建造一种类似孵卵器的结构体。它们会把蛋产在由腐烂植被形成的巨大孵化垛里，这些腐烂的植物可以像花园里的混合肥料一样产生热度。眼斑冢雉的双亲会通过增减孵化垛的组成物来调节热度，但是从此不会再接触它们的蛋或雏鸟了。

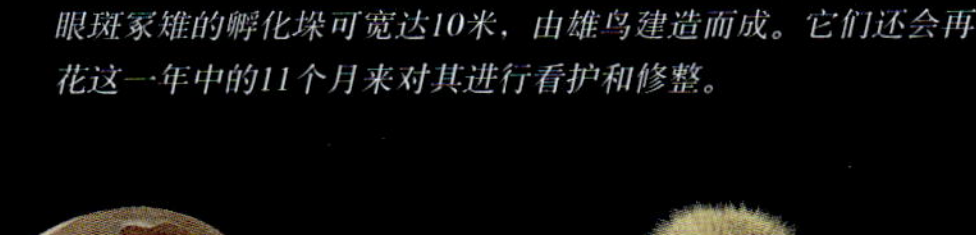

眼斑冢雉的孵化垛可宽达10米，由雄鸟建造而成。它们还会再花这一年中的11个月来对其进行看护和修整。

破壳而出

破壳而出对于雏鸟来说是非常辛苦的工作，常常要花上数小时甚至数天的时间。为了挤开第一道裂缝，雏鸟要用尽全力，用自己的“卵齿”（喙上长着的一种坚硬的钉状物，在孵化后会脱落）推挤着蛋壳。

雏鸟环绕着蛋壳把裂缝弄大，以便挤出一道窄门。

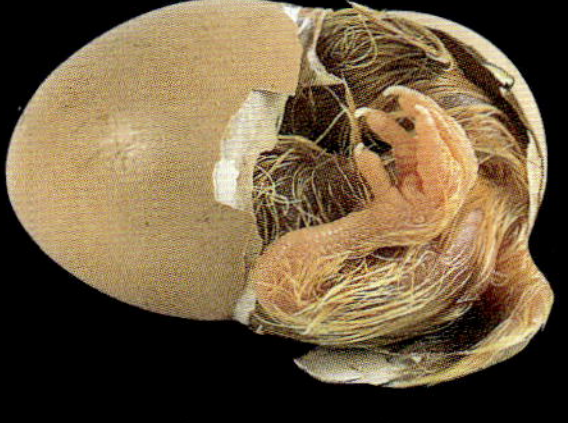

蛋壳钝的那头被挤掉，雏鸟跌了出来。

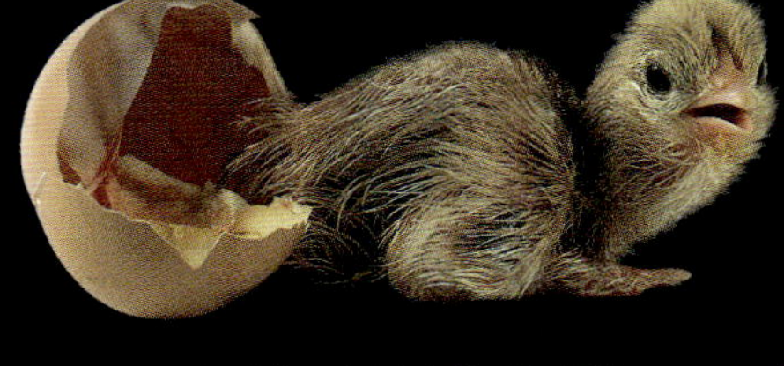

湿漉漉的羽毛迅速变得干燥而柔软。小鸡一般可以在出壳后的几分钟内学会走路。

雏鸟

家庭生活

从某些方面来说，鸟类的家庭生活与我们人类非常相像。90%以上的鸟儿是“一夫一妻制”，这就意味着雄鸟和雌鸟会结成稳定的伴侣，共同工作养育家庭。某些种类的鸟儿，比如天鹅，伴侣们会厮守终生。不过，鸟类的家庭生活尽管表面看起来稳定而融洽，却仍然充满了艰辛、背叛，甚至残酷。鸟类产下的蛋总是比实际成活的要多很多。当雏鸟们破壳而出的一刹那，它们就要面对生存的争斗，只有最强壮的鸟儿才能获胜。

离婚率

鸟类的家庭生活像人类一样复杂。天鹅被认为是完美家庭的典范，但DNA测试显示，它们经常会对伴侣不忠，生下“婚外恋”的蛋。而且，当一对天鹅的繁殖出现问题时，它们会“离婚”，然后各自去寻找其他的伴侣交配。

成长

幼鸟一般划分为两种类型。在地上筑巢的鸟儿，比如雁鸭类，有着早熟的幼鸟，它们长着绒毛，并且在孵化后几个小时内就可以行走和独自觅食。相反，在树上筑巢的鸟类则有着晚熟的幼鸟，它们体形微小，光溜溜的，没有自理能力。抚养它们到能独自离开巢穴，对于它们的双亲来说，面临的是极大的挑战。

新出壳的蓝山雀又盲又裸。

孵化5天以后，羽毛开始慢慢长成。

两周大的雏鸟看起来几乎快成年了。

深居简出的父亲

在水雉的家庭中，传统的性别角色被颠倒过来了。这3只雏鸟完全由父亲看护着，而它们的母亲（也许有3个以上“丈夫”）则在为了其领土的控制权与其他雌鸟争斗。如果一个水雉家庭误入了其他同类的地盘，在当地居住的那只雌鸟就会杀死它们的雏鸟，并产下新蛋让那家的父亲照料。

有计划的杀戮

幼鸟们会从双亲身上学到一些生存技能，但绝大多数知识是与生俱来的。杜鹃鸟从来没有见过自己的双亲，但它在孵化后几个小时内，就知道了要怎样杀死巢中的其他雏鸟。

铭记

刚孵出的小鸭子会跟随着它们的母亲，母亲的声音容貌将永远铭记在它们的脑海中。如果生母不在身边，那么小鸭子们会记住任何它们最初跟随的东西。

手足之争

肉食鸟类孵出的雏鸟总是比以后实际能存活下来的数量多。双亲会把大部分的食物喂给最强壮的雏鸟，而当它开始欺负其他幼鸟时也会睁一只眼闭一只眼。得到最好照顾的雏鸟最后常常会杀死自己的兄弟姐妹并吃下它们，但有时它的双亲自己也会吃掉最弱或者病重的雏鸟。

贪得无厌的胃

要喂养幼鸟的鸟儿们总是忙个不停。鹪鹩一天要进行1 000次喂养之旅，而雨燕为了采集足够的食物，每天要飞行1 000千米。黑浮鸥在3～4周内会一直从巢中飞入飞出，它们的巢藏在湖上许多漂浮着的植物中。

黑浮鸥给雏鸟们带回了一条小鱼。

猎鸟

猎鸟之所以被这样命名，是因为它们有时被人类捕猎是用于消遣。大部分猎鸟是长跑好手，长着强壮的双腿、丰满的身体以及强有力的飞行肌。它们不喜欢飞行，但一旦有危险降临，却能借助拍打翅膀产生的爆发力从地面上一跃而起。在所有鸟类中，猎鸟对人类最为有用。它们很容易被抓到并饲养，身上大块的肌肉则为人类提供大量的肉食，而且它们还能大批量地产蛋。

殷勤的艾草榛鸡

雄性艾草榛鸡会上演一场令人难忘的求爱行动。当尾巴展开成一幅奇特的“尖刺扇面”后，它会鼓起脖子，形成一道巨大的白色飞边①，遮盖住头部。与此同时，它还会发出深深的吐泡般的声音。在这场表演的高潮之后，伴随着一阵震耳欲聋的响鞭，它会突然间排出脖子内的全部气体。

“蓝美人”

鹫珠鸡身上的深蓝色大概是自然界最灿烂的色彩之一了。这种鸟儿群居在非洲的干燥地区，以从地下啄食种子和昆虫为生。它们是短跑健将，甚至能从狮子的爪下逃脱，但如果必需，它们也可以凭借飞行逃命。鹫珠鸡可以完全在没有水的情况下生存——它们可以从食物中摄取身体所需要的全部水分。

① 飞边，盛行于16和17世纪的轮状皱领。

原鸡

东南亚雨林中的红色原鸡是今天我们家养鸡类的野生祖先，它们在5 000年前就已经被人类驯养。和许多野生鸟类一样，原鸡有时会产下没有受精的蛋。后来，饲养者又把这一习性增强了，所以现在一只家鸡一年可以下数百枚蛋，全部都是没有受精的，不能孵出小鸡。

吞"针"

猎鸟会吞下石头和许多沙粒，帮助砂囊磨碎自己吃下的坚硬食物。松鸡可以消化那种最老、筋最多的植物原料。北欧雷鸟——一种大型松鸡——是少有的几种能吃下松针的鸟类之一。实际上，它只靠松针就可以撑过整个冬天。

随季节而变化

柳雷鸟为了方便伪装，不同季节会变换不同的颜色。冬天它是纯白色的，便于隐蔽在雪中；到了春天，它身上的颜色一块一块的；夏天，它全身都是棕色的；而在秋天，它身上又变成了一块块的"补丁"。直到冬天，一切周而复始。

在印度尼西亚巴厘岛上的一场斗鸡比赛

春

夏

秋

冬

以距相斗

原鸡是一夫多妻——一只雄鸟可以和许多雌鸟交配。雄鸟们因此非常好斗，当打斗起来时，它们会用脚上尖利的距猛击对方。野生的雄鸟很少会弄伤对方，但在有组织的斗鸡活动中，经过驯服的鸟儿会被关到一起，打斗至死。这种行为在加拿大和美国绝大部分州是被禁止的。

火鸡咯咯叫

雄性火鸡通过一种咯咯叫声给配偶留下印象，同时它们也会展示自己的肉垂——由头部周围裸露的皮肤形成的喉囊。肉垂膨胀泛红则是健康与身份的象征。

集体出游

像大多数猎鸟一样，鹌鹑也把巢筑在地面上，一窝下一打以上的蛋。在它们的孵化过程中，雏鸟们在壳内就开始互相交流，调节自身的成长。这样，它们就可以全部孵化，并且在同一时间离开巢穴。

美国西南部的黑腹翎鹑头上长着一束装饰性的羽毛。

鸣禽

世界上鸟儿种类的60%都属于一种叫雀鸟或者林鸟的集合。这种小而精致的鸟儿住在灌木丛或树上，它们的爪子使其能够安稳地攀住细枝或者灌木——也正是靠它们独特的爪子，可以将其区分出来。绝大部分林鸟属于鸣禽类，它们长有一个叫鸣管的特殊器官来产生高亢而复杂的歌声，通常用来向其他鸟儿宣告自己的领地，或是吸引配偶。一般来说都是雄鸟在唱歌，但对于其中某些种类来说，雌雄鸟儿也会一起上演二重奏。

黎明的合唱

对于鸣禽来说，黎明是最吵闹的时刻，特别是在春天欧洲和北美洲的森林里。知更鸟和红尾鸲一般首先开唱，随后金丝雀和麻雀会加入进来。但它们为什么会在破晓时歌唱呢？也许是因为早上寒冷清寂的空气能让声音传播得更远，歌声听起来更加有力。另外一个可能原因是，此时鸟儿们刚刚睡醒，身体还没有暖和到可以去捕食的地步，所以它们会全神贯注于歌唱。

洗澡

鸣禽们喜爱洗澡，即使在隆冬时节依然如此。它们洗澡的动作有着严格的顺序：首先，它们会进入水中，浸一浸头部；然后，它们蹲下身子，拍动翅膀打湿羽毛；沐浴结束后，它们会飞到一个安全的休息处，用喙整理身上的羽毛。

大苇莺的歌声由40种以上不同的音节组成。

立体声

鸟儿的鸣管能发出声音，这是由于空气经过时引起了里面膜的振动。鸣管的位置在鸟儿喉咙的最深处，在气管处分成两道支气管进入肺部。这种构造使得鸟儿的两个胸腔都能用来发声，也意味着它们能同时唱出两个截然不同的音符。

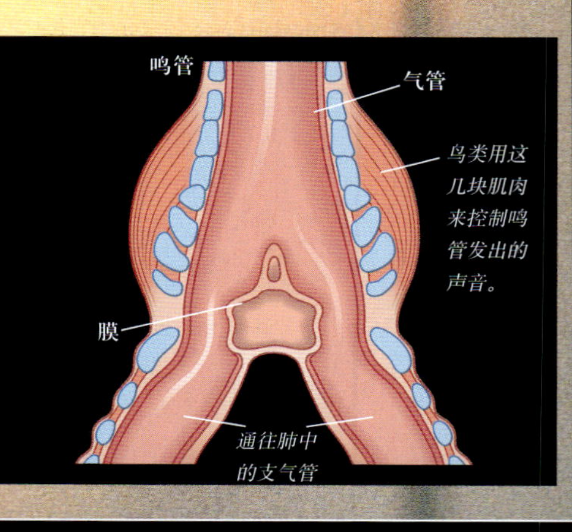

为了使叫声传播得更远，须钟雀通常栖息在树的顶端。

欧亚鸲全年都留在自己的领地上，当然，也整年都在不停地歌唱。

热带雨林的喧闹生活

并不是所有的鸟鸣听起来都十分美妙。巴西须钟雀的叫声尖厉刺耳，所以人们称它为“脑热鸟”。非洲补锅鸟那发狂的歌声听起来就像是一把锤子猛砸在金属上。相比于北方鸣禽那婉转动听的歌声，热带鸣禽发出的叫声则相对简单、洪亮而重复，因为这样才可以穿透茂密的热带雨林树丛，且不被吵闹的昆虫叫声所湮没。

聒噪的知更鸟

欧亚鸲是一种非常吵闹的小鸟。它们是早上第一个开始歌唱、夜里最后一个停止歌唱的鸟儿，而且绝大部分更是在午夜时也唱个不停，特别在那些有路灯或者照明设备把它们弄糊涂了的地方。雄鸟和雌鸟都会鸣叫，但是雄鸟更加聒噪。

从纤细的嫩枝到粗壮的枝干，鸣禽那长长的爪子全都可以握住。

便于栖木的爪子

鸣禽类都长着3根向前的脚趾和一根向后的脚趾，而且所有的脚趾都又细又长，便于它们抓握各种不同粗细的枝条。当它们的腿弯曲时，一种特殊的锁定机制会让爪子牢牢握紧，即便在鸟儿睡着时也是如此。

河乌的尾脂腺比其他任何鸣禽的都要大。

浸泡

林鸟的爪子有时不只用来抓握枝条。比如，河乌会用爪子紧握住河底的小鹅卵石，走进湍急的水流中，它们在那儿寻找水生昆虫时，会把身体完全浸泡在水中。它们这种潜水每次大概持续3秒钟。它们通过在身上涂满防水的油脂来保持身体的干燥。

家的呼唤

发现于美洲的莺鹪鹩会唱130多首歌曲。它们在筑巢时、捍卫自己的领地时，以及求爱期间都会歌唱。雄鸟可以一直鸣唱10分钟之久来吸引雌鸟，而找到伴侣的鸟儿则会低声吟唱，以免引来其他的雄性竞争对手。

采样与创新

许多鸣禽通过从其他种类的鸟儿那里抄袭曲子来提高自己的歌唱能力。湿地苇莺不仅模仿其他鸟儿的歌声，还会把它们结合起来创作出新的曲子。它们在非洲越冬，在欧洲繁殖，从这两处地方它们学到了上百种歌曲。雄鸟在歌唱时，会把许多歌的旋律交织在一起，创造出美妙而流畅的乐曲。

欧洲湿地苇莺可以模仿99种欧洲鸟类和113种非洲鸟类的歌声。

别靠近

当被袭击时，最好的自卫方式通常是赶快离开。对此，我们人类依靠的是双腿，而鸟儿则有飞翔的优势。一旦身在空中，除了其他鸟类，便没有什么敌人可以抓住它们了。但在某些情况下，迅速逃走也不是最好的办法。比如不可能把蛋或幼鸟驮在翅膀上带走，因此鸟儿必须把它们藏起来或者干脆把攻击者赶走。当然，如果鸟类的天敌能一直追到空中，那么鸟儿们就没有别的选择了，只好迎战。

蛙嘴夜鹰那张粉色的血盆大口，以及那黄色的眼睛，都会吓住天敌，并让其退却。

量多安全

对于许多鸟类来说，成群生活是它们的第一道防线，这可以减少它们被袭击的风险。天敌们主要依靠奇袭发动攻击，但在数百双眼睛的监视下，它们则几乎没有机会接近。在英国的某些河口，红腹滨鹬通常成群结队地栖息，数量达10 000只以上。鸟类观察者们会不远万里地赶来，观看巨大的鸟群如地毯般扑在泥沼上，而当鸟类全体飞行时，则盘旋着如同烟雾一般。

这些乌鸦联合起来击退了一只老鹰。

“暴民”集合

有些鸟儿会通过集体“暴动”对抗天敌，并且击退它们。鸟儿们会绕着入侵者飞行，同时愤怒地尖声叫着，一轮轮地俯冲下来，有时甚至会发生身体上的接触。肉食鸟类、猫和人类都会经常被围攻。

伪装

林鸱（chī）和蛙嘴夜鹰为了不被发现，会装扮成树木残枝的样子。它们笔直地栖息在树干上，仰起头，闭上眼睛，用羽毛伪装起自己以便休息。当有任何东西接近时，蛙嘴夜鹰就会张开巨穴般的大嘴，那突然闪现的耀眼色彩往往会吓住攻击者。

一只田鸫正把排泄物射向一只乌鸫。

死于排泄物

田鸫不仅可以反抗攻击者，还会以极其精确的准头在其身上排泄。一群田鸫可以在一只食肉鸟身上排泄出大量的粪便，以致那只鸟脏到不能飞行，落在地上。甚至有报告说，曾有鸟类在被田鸫粪便破坏了羽毛的绝缘性能后死亡。

喇叭形的入口通道使巢完全防蛇。

防蛇的巢

织布鸟必须从来劫掠的蛇类口中保护自己的巢。巢穴的开口是在下部，这使得蛇类很难够到。而且它们的巢经常悬挂在伸到水面上的枝条间，形成了一个对任何蛇类来说都无能为力的困境。

假装受伤

在地面筑巢的鸟类有被天敌袭击的很大风险。鸟类双亲唯一能选择的就是，确保天敌找不到自己的蛋。鸻科鸟会装作翅膀受伤来引诱狐狸远离它们的巢穴。它们会在地上以很慢的速度跑跳，确保狐狸刚好能跟上。一旦狐狸被引入歧途，鸻科鸟则马上会不可思议地痊愈，然后飞走。

在芦苇中藏身

当麻鳽 (jiān) 躲藏起来以后，它们几乎不可能被发现。在它们把头笔直仰起的时候，脖子上的斑点完美地融入周围的芦苇丛中。在微风吹过时，它们甚至会轻轻摇动脖子，与晃动的芦苇保持一致。麻鳽另一个显著的特征是雄鸟那特殊的急促叫声，听起来就像雾角[①]一样刺耳，据说在5000米以外都能听到。

认出这些蛋

鸻科鸟的蛋被巧妙地伪装起来，而且伪装的方式千姿百态，即使是同一种鸻科的蛋彼此也各不相同。那些在沙砾上筑巢的鸟儿常常会产下带斑点的蛋；在荒芜的地上筑巢的鸟儿则会生下杂色的蛋；而在高沼地筑巢的鸟儿生下的蛋却长着大块的黑斑。

①雾角，向雾中船只发送信号的警报。

漫长而艰辛的旅行

在20世纪50年代，研究人员在威尔士海岸线的某个岛屿上捕捉了一只普通鹱。他们将其带到了美国马萨诸塞州的波士顿市，然后放飞。12天以后，这只鸟又重新回到了威尔士。许多鸟儿都有着这种找到回家路线的特殊本领，即使它们要飞跃数千公里，要跨过没有标志物的茫茫海洋。近百亿只鸟类在每年两次进行大规模的迁徙时，都要运用到这种特殊能力。

北美洲

大西洋

墨西哥湾

南美洲

太平洋

路线索引

红喉蜂鸟
从美洲中部飞行3 000千米到加拿大去寻找食物。

北极燕鸥
所有鸟类中最长的路线：从北冰洋飞行15 000千米到南极洲。

灰鹤
年幼的灰鹤通过和父母一起迁徙而记住飞往亚洲和非洲过冬路线。

白鹳
穿越西班牙或中东的路线使得欧洲白鹳成功地避开了跨海的长途跋涉，因为在海上它们无法休息。

雪雁
在冰期结束后，这种鸟类就开始迁往加拿大。在那里，冰雪已经融化，大地能为它们提供充足的食物。

迁徙与导航

在每个春秋，鸟儿们都会进行长途旅行，这种行为叫做迁徙。大多数定期移栖的鸟类（候鸟）在寒冷与炎热的两个地区间来回搬迁，一定程度上是为了躲避严寒。它们的旅程既疲惫又危险——通常只有少于一半的候鸟能在第二年返回。小鸟们通常在夜间飞行，白天的时间用来休息和补充能量。肉食鸟类乘着热气流迁徙，所以它们必须待在陆地上空，并且在白天旅行。

加利福尼亚的加拿大雁在迁徙中利用太阳确定南方的方位。

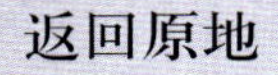

返回原地

对信鸽进行的试验显示，有些鸟类有着内置式的磁性罗盘。这使得鸽子即使眼睛被蒙住，也能从几百千米外找到回家的路。但是当有小块的磁铁被绑在头上的时候，它们就会被搞糊涂，迷失方向。

横渡海湾

小红喉蜂鸟在从北美洲到中美洲那充满了不确定因素的旅途中，要一刻不停地飞行20个小时才能横穿墨西哥湾。而如果坏天气半途中袭来，它就会死于海上。

北极燕鸥经历的白昼时间比任何生物都要多，这是因为它们的迁徙行为让其能享受到包括地球两极的超常夏季。

追随太阳

白天的时候，候鸟会把太阳当做指南针。它们体内还有生物钟，用来补偿太阳随时间流逝而移动时所产生的方向的偏差。雪雁准确地跟随着太阳迁徙；当白昼的时间变长时，雪雁体内的荷尔蒙会刺激着它们，使它们心潮澎湃，热切盼望着开始一次长途旅行。

沙丘鹤从阿拉斯加和东西伯利亚飞行6 400千米抵达美国南部。

地标

有些候鸟似乎有一幅遗传下来的地图，能告诉它们要去哪里。举例来说，杜鹃鸟不用指示就可以自己找到路。其他鸟类则通过跟随大部队，记下山川河流这样的地标来了解飞行路线。鸟类可以通过气味和声音来加深对地标的记忆：比如一片松木林的气味，或者是海浪的撞击声等等。

猫头鹰类

猫头鹰有着圆圆的脸庞和巨大的眼睛，看上去和人的脸很像。它们那娃娃脸大概是为了配合其与众不同的生活方式。它们绝大部分是夜行动物，在黄昏时分或者黑夜中捕猎。为了找到猎物，它们需要绝佳的听力和视力。宽大的脸庞就像一只巨大的耳朵，声波可通过其中的管道传入羽毛后的耳道。巨大的眼睛则可以充分捕捉微弱的光线。大多数鸟类的眼睛长在头部两侧，好用来看向左右两边。但是和人类一样，猫头鹰的两只眼睛全都朝向前方，这样，当两眼视野交叠时，就会得到一个立体影像。

猫头鹰家族

大多数鸟儿的雏鸟是同时孵化出来的。但猫头鹰则是按次序出壳的。这样一来，最先孵出的雏鸟就有了很大的优势。一旦食物短缺，它们就会吃掉自己的弟弟妹妹。

大口吞下

如同其他肉食鸟类，猫头鹰长着钩状的喙和尖利的爪子。但它们不是撕开猎物身上的肉，而是将其整个吞下。骨头和羽毛等不能消化的东西，稍后会作为唾余被咳出来。

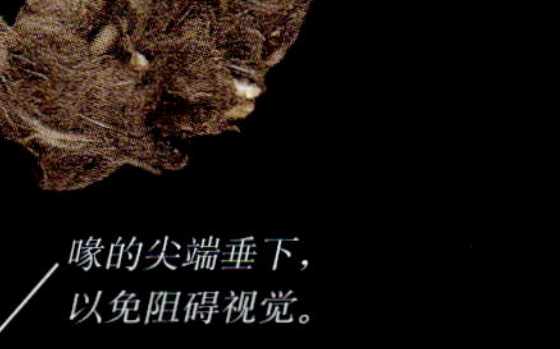

猫头鹰咳出的唾余中包含着它们吃下的猎物的小碎骨。

正当防卫

在白天，猫头鹰们通常会很好地躲藏起来。它一动不动地栖息在树上，看起来非常像一段树枝。如果有人接近的话，它会忽然胀起身来，张开翅膀，怒目而视。这种惊人的举动会让猫头鹰看起来比自己实际上要大许多，从而使入侵者受到惊吓。

喙的尖端垂下，以免阻碍视觉。

脸部周围一圈羽毛的末端可以反射高声调声音。

超级感知

仓鸮（xiāo）的脸被分成了两个圆盘，声波可以通过管道传入头骨两侧的耳道中。这样的构造使得猫头鹰能够分辨出微弱的嗑牙声，从而对深藏在积雪或落叶下的老鼠和野鼠所在位置进行精确定位。

扭头

猫头鹰不能转动眼睛观察四周，所以它们用极其灵活的脖子代替。它们可以来回地转动头部，仔细倾听周围，以定位声音的来源。

无声飞行

绝大部分猫头鹰从头到脚都覆盖着奢华而柔软的羽毛。飞羽柔软的边缘能抑制声音的产生，可以让猫头鹰静悄悄地扑向猎物。全身浓密的羽毛也能保持身体温暖，节省能量。所以，比起相同大小的其他鸟类来说，猫头鹰可以省下30%的食物。

穴鸮

北美洲大草原缺少树木，这就意味着穴鸮得在空的草原犬鼠（土拨鼠）洞中建造家园。与其他猫头鹰不同的是，它们白天觅食，蹒跚着四处寻找昆虫和蚯蚓。

企鹅

如果说鸟儿在水中飞行而不是在空中，会显得很不自然，那么企鹅正是这么做的。它们的祖先在3 000万年前就放弃了飞行，而改变进化成了海洋生物。翅膀变成鳍状肢，脚的位置移到了身体底下，轻盈的骨头变得密实，让它们能够沉入水中。在企鹅进入水中生活的同时，它们也适应了寒冷的气候。企鹅都生活在南半球，而且绝大多数住在冰雪覆盖的南极洲——地球上最冷的地方。

这块冰山被猛烈的海浪雕刻成了奇异的形状。

冰雪家园

有些企鹅从来没有踏上过坚实的地表。帽带企鹅通常住在冰山上，而帝企鹅永远在冰层上生活。但也不是所有的企鹅都生活在如此寒冷的地区：加岛环企鹅住在赤道地区的加拉帕戈斯热带岛屿上，而斑嘴环企鹅则生活在南非纳米布沙漠边缘的海洋中。

跳出来

返回陆地对于像企鹅这般笨拙的动物来说有些费劲。但是阿德利企鹅游泳的速度非常快，以至于它们可以直接跃出水面跳上冰架。有些企鹅在游泳时会跃出水面，随后再次潜入水中。这种方法似乎可以让它们游得更快一些。

企鹅黑白相间的体表是为了在水中做伪装。从水下往上看的话，它们的腹部与闪耀的水面融合在一起；而从水面上看，黑色的背部则可以对深水中的它们进行掩饰。

企鹅群

企鹅在繁殖时会聚集成一大群，繁殖地点被称作“群栖处”，例如这个位于南乔治亚岛的王企鹅群栖处。据说，在南三明治群岛上的一个帽带企鹅群栖处有超过1 000万只企鹅。尽管成群结队，但每只企鹅还是会靠发出叫喊和聆听回应来寻找自己的配偶或幼鸟。

乘雪橇

企鹅的脚长在身体后部，这是因为在这个位置脚最适宜做舵。这种构造也意味着它们要垂直地站在地上，并用滑稽的蹒跚姿态走路。不过，在光滑的冰面上，用肚皮当雪橇来滑行的移动速度显然要快得多。

抱作一团

企鹅的雏鸟并不需要光滑且防水的外表，因为它们不会游泳。但它们的确需要保持温暖，因此身上会长着厚实的绒毛，以挡住大部分的冷空气。帝企鹅的雏鸟们挤在一起，背朝风向，轮流站在最暖和的中心处取暖。

水中“飞行”

虽然企鹅在陆地上显得笨拙，在水中它们却是了不起的游泳健将。它们像鱼雷一样跃入水中，划动着翅膀，并在转弯时用蹼状的脚来掌握方向。速度最快的当属巴布亚企鹅，它们的时速能达到27千米。而潜水冠军则是帝企鹅，它们能潜至水下480米的深处，而且能屏住呼吸达18分钟之久。

不会飞的鸟

飞行是一项可以令鸟类逃离危险并寻找食物的伟大技能。但是，它也会迅速消耗掉鸟类的能量储备。所以，如果鸟儿可以找到食物，并且不用飞也能远离危险，它们更愿意待在陆地上。几千年以来，许多在陆地上生活的鸟类完全失去了飞行能力，它们的翅膀不是退化，就是已经改作他途了。由于没有了要保持小巧轻盈的必要，某些种类的鸟儿最终进化成了地球上最大的鸟类。

雄性母亲

鸸鹋（ér miáo）是澳大利亚一种类似鸵鸟的鸟类。像鸵鸟一样，雄性鸸鹋是最负责任的家长，它们不吃不喝地孵蛋，甚至连厕所也不去。当孵化结束后，它们还会独自照顾雏鸟长达数月的时间，不需要雌鸟的帮助。

羽毛乱蓬蓬的，这是因为上面的羽小支并不像其他飞鸟一般钩连在一起。

巨大的肌肉为长腿提供了动力。

打破纪录

非洲鸵鸟不需要飞行是因为它们依靠奔跑就可以逃离危险。它们是陆地上奔跑速度最快的鸟类，时速可达72千米，是最快的奥运会赛跑选手的两倍。它们同时也是世界上最大的鸟类，有着最重的蛋、最长的脖子、最大的眼睛，甚至连寿命也是最长的（68年以上）。而且，与我们通常想象的不同的是，它们从来不会把头埋进沙子里。

鸵鸟的眼睛比它们的大脑体积还要大。

鸵鸟如果想腾空，地面速度要达到每小时160千米。

鸵鸟是唯一只长有两根脚趾的鸟类，这项特征使得它们可以疾速奔跑。

一只不会飞的鸬鹚在潜水捕鱼之后，扬起自己短小的翅膀来晾干水分。

岛上的生活

在没有哺乳动物生活的偏僻小岛上，鸟类几乎没有天敌，于是许多鸟儿失去了飞行能力。当探险者们来到这些岛上后，这些鸟儿就成为了容易捕捉的猎物。毛里求斯的渡渡鸟、夏威夷黑雁以及新西兰的恐鸟都被捕杀到灭绝。加拉帕戈斯（位于厄瓜多尔）不能飞的鸬鹚是极少数幸存的鸟类之一。

古怪的几维鸟

随着时间的流逝，几维鸟的翅膀和尾巴几乎消失不见，羽毛也变成了皮毛。它们的生活方式很像獾，夜间在森林里嗅来嗅去，白天则躲在地洞里。它们的鼻孔长在喙末端，长长的喙则用来在地上面探寻蚯蚓。

用作他途的翅膀

企鹅那不会飞的翅膀，并没有因不使用而退化变弱，反而进化得能起一种特殊的作用：用翅膀来击打水流，而不是拍打空气。游泳时，有大翅膀的话速度会变慢，所以企鹅的翅膀进化成了短而平的桨状。这种改变使得企鹅成为所有鸟类中游泳速度最快也最灵活的健将。

鸟类的头脑

英文里用birdbrained（字面意思为“鸟脑袋瓜子”）来形容人愚笨。但鸟类可不一定像你认为的那么笨。英国牛津大学最近进行了一项研究，科学家们发现乌鸦有着一种曾被认为是人类所特有的能力——使用工具。被观测的乌鸦会想办法把金属丝弄弯成钩状，然后用它把瓶子里的食物掏出来。而且，乌鸦并不是唯一表现出奇特智慧的鸟类，其他的鸟儿有些也有着良好的记忆力，或是掌握语言的能力。但它们的这种能力到底是真正的智慧，还是仅仅只是本能呢?

探寻虫子

䴕（liè）形树雀会用仙人掌的刺作为工具来挖掘树内的甲虫幼虫。首先，这种雀鸟会把耳朵贴在枝头，寻找是否有可口的昆虫在里面爬动；然后，它们在树干上啄一个小洞，打入甲虫在树内的通道；最后，它们会把刺插到洞里，设法刺穿一只幼虫并将其拉出来。䴕形树雀最初是如何学到这项技巧的是一个谜，但对关在笼中的鸟儿进行的实验显示，其他种类的雀鸟通过模仿也可以学到相同的技能。

科学家们曾认为只有人类才有制造和使用工具的能力。

会说话的鹦鹉

鹦鹉有着绝佳的语言模仿能力。但它们究竟能真正理解多少呢？为此，美国亚利桑那州大学的科学家们花了几年的时间来训练一只名叫亚历克斯的灰鹦鹉。亚历克斯会数数，能说“是”和“不”，还能向别人索要东西，甚至能够指挥周围的人。亚历克斯的训练员声称它还可以思考；但怀疑论者指出，亚历克斯只是说出了自己看到的东西名称而已，并没有表现出任何的想象力。

一位大学研究员正在训练亚历克斯辨识羊毛。

装死

许多肉食动物不会注意死肉，因为腐烂的肉类可能会让它们食物中毒。有些鸟儿就利用这点，形成了一种独特的自卫方式——装死。鸽子装死时仅仅把头埋在一只翅膀下面。它们会一动不动地躺在地上，一直等到它们认为危险过去才起来。

油鸱（chī）

南美洲的油鸱生活在漆黑的洞穴中，只在夜间出来觅食。它们用特殊的感官而非智力来应付绝对黑暗中的生活。像蝙蝠一样，油鸱也可以发出高频的叫声，依据声音在物体上反射的回声，来达到“看”东西的效果（回声定位）。

怎样吃到蜜蜂

蜂虎掌握着一种聪明的方法对付自己的猎物。当捉到一只蜜蜂后，蜂虎会叼着它在硬物上来回摩擦，折断蜂针并扯破毒囊，这样蜜蜂就变得可以食用了。然后它们会一下将其丢入口中。所有的蜂虎都会这样做，所以这项技能很可能是本能所致，而不是通过思考得到的方法。

一只欧洲蜂虎每天需要捕捉大概225只昆虫来喂饱自己和幼鸟。

追逐火焰

许多鸟儿是投机取巧的，它们不会一味遵循古板的天性，而是会改变它们的行为方式去寻找最新的觅食机会，比如在城市和垃圾堆里。在非洲，马塞马拉野生动物保护区的欧洲白鹳能克服对火的天生恐惧，站在火旁捕食那些正慌乱躲避燃着的草地的小动物。

鸟类与人类

鸟类是如此寻常而又熟悉，以至于我们认为它们的存在是理所当然的。如果在家中后院发现了一只獾，你也许会被吓得大喊大叫，而如果一只乌鸦停在草坪上，可能没有人会抬一下眼皮。所以说，也许鸟类更能应付人类活动给予世界带来的影响和改变。它们已经适应了在城市中生活，也学会了在庭院、农场，甚至垃圾堆里寻找食物。但是，这种描述是容易产生误导的。因为实际上，许多鸟儿永远失去了自己的栖息地，只能在城市中挣扎求生。

手套玩偶

美洲鹤现在已经濒临灭绝。19世纪，有上千只美洲鹤生活在北美洲的大草原上，但是当它们所栖息的湿地干旱以后，它们的数量急剧下降至16只。现在，环保工作者正试图让其恢复到能正常繁殖的种群个数。人们将它们的雏鸟一手养大，并通过类似成年美洲鹤的手套玩偶来教它们如何觅食。

工作中的鸟儿

大概，人类最有创造性地利用鸟类的方式是，驯服它们为我们捕食。在亚洲，隼被训练来捕捉兔子。在中国漓江，每位渔夫都有8只以上的鸬鹚来协助捕鱼。训练这些鸟儿潜入水中捕鱼需要花费一年的时间。

这些鸬鹚已经完全被驯服，它们听到命令就会下水去捉鱼。

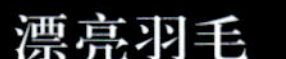

漂亮羽毛

在巴布亚新几内亚，极乐鸟的羽毛几个世纪以来都被用于制作礼仪场合佩戴的头饰。虽然如此，它们并没有灭绝的危险，而且政府也下令保护这些鸟类。

这个头饰是用红羽极乐鸟的羽毛制成的。

废品收藏家

垃圾堆为住在城市中的鸟儿提供了大量资源，但同时，从塑料袋、碎玻璃碴儿到缠在一起的金属丝，这里也处处充满着危险。尽管这里食物充足，但只有少部分鸟儿知道如何利用这一不可靠的环境。银鸥这类海鸟已经成为了垃圾堆上的统治者。

城市中的鸟儿

鸽子是世界上最成功的城市鸟类。那它们的秘诀是什么呢？它们的祖先是一种名叫原鸽的鸟类，生活在石崖上。过去，人类为原鸽建造小屋，鼓励它们搬进城里，以便驯养成一种肉食来源。后来，这些鸟儿在抛却了对人类的恐惧后发现，城里的建筑物和悬崖一样适宜筑巢。

屋顶的鸟巢

在欧洲部分地区，白鹳被视为幸运和可靠的象征，人们希望它们在房屋筑巢。鸟儿们受到鼓励，会在烟囱和屋顶搭建由树枝组成的巨大巢穴，并且在每个季节会回到原来的筑巢地。迁徙性的鹳类每年都会在仲夏之后抵达欧洲，并在那里生活9个月之久。那些关于白鹳送子的神话，大概就是由此产生的。

目前，海燕大家庭的幸存成员有海鹦、刀嘴海雀和海鸠。

再见，大海雀

大海雀是北大西洋上一种不会飞行的海鸟，它们的外形、游泳本领以及捕鱼方式都和南半球的企鹅一样。因为不会飞行，大海雀对于欧洲来的水手毫无抵抗能力，因而最终被捕杀灭绝。最后一只鸟儿是1844年6月被一个收藏家杀死的。

奇特但真实

鸟类有时会做出极为奇怪的事情。比如鹊类和松鸦，它们喜爱在巢中收集诸如硬币和宝石这样闪亮的小玩意儿。它们也因这奇怪的嗜好而闻名。但没有人知道它们为什么要这样做。有些鸟儿做事则单纯是为了娱乐。在冰岛，绒鸭会像白色的筏子一样从河流中滑下，然后蹒跚着踱回出发点，再这样反复漂流。而阿德利企鹅有时会仅为了寻求刺激而在冰上滑行。但鸟类的绝大部分行为方式还是能找出合理而完美的解释的，即便这些行为看起来新奇而古怪。

跑路者

一只飞鸟如果选择以跑步的方式到处奔走，看上去是一件非常奇怪的事情。但这正是走鹃平日里惯常的行为。它们在追赶猎物时，能以每小时24千米的速度飞奔，并在急转弯时把尾巴当作舵来控制方向，而不用降低速度，在需要停下来时则把尾巴轻轻弹起。

灰颈鸨（bǎo）

非洲的雄性灰颈鸨用几种方式来吸引雌鸟。首先，它们会胀起脖子，然后将翅膀拖向地面，跳上一支求爱舞，并不时地朝雌鸟行鞠躬礼。有些雄鸟还会蓬起全身的羽毛，让自己看起来像一个大白球。如果到了最后还是没有雌鸟注意到它，它就会发出一种巨大而深沉的声响，传遍整个非洲大草原。

灰颈鸨是世界上最大的飞鸟之一，雄鸟的体重可达19千克，是雌鸟体重的两倍。

麝雉雏鸟的肘部长着小小的爪子。

悬挂

麝雉的雏鸟在翅膀上长有奇特的爪子，可用来攀住枝条。这种爪子是漫长进化过程中产生的返祖现象——鸟类的恐龙祖先就长着带爪的前臂。

麝雉是一种树生鸟类，除了树叶几乎不吃任何其他的食物。

犀鸟

犀鸟长着壮观的大嘴，嘴上还有一个头盔状的突起，叫“盔突”。盔突一般是中空的，但有一种犀鸟的盔突却是坚硬实心的，质地与象牙相近。如此巨大而笨拙的喙是如何进化而来的，还是一个谜题，但那鲜艳的颜色说明，它有可能是一种用来吸引配偶的装饰。

蓝脚鲣鸟的蛋产在一圈鸟粪中央。鲣鸟们用鸟粪划分其各自的领地，这也是确定它们自己巢穴的唯一标记。

发射呕吐物

鸟类不会制造毒液，但有毒的呕吐物是第二好选择。当像老鹰或海鸥等不怀好意的访客接近时，管鼻鹱（hù）的雏鸟就会喷出呕吐物。它们能够射中半径1.5米以内的任何物体。呕吐物中包含强酸和鱼油，可以毁掉海鸟羽毛上的防水物质，使其面临坠入水中被淹死的危险。

鹤鸵

除了奇特的外表，鹤鸵还作为少数几种能杀死成年人的鸟类之一而闻名（另一种是鸵鸟）。它们那匕首状的爪子只要踢一下，就能让一个人开膛破肚。最近的一次惨案发生在1926年，当时一位澳大利亚男性被踢中了喉咙。

蓝脚鲣（jiān）鸟

这种鸟那可笑的双脚有着非常重要的功能。蓝脚鲣鸟的巢穴和红脚鲣鸟以及蓝脸鲣鸟的一样，都坐落在太平洋中的一座岛屿上。到了求爱季节，雌鸟们需要把它们区别开来。所以，当雄性蓝脚鲣鸟求爱时，它们会跺着自己的大脚来回地走动，以证明自己才是正确的种类。

哺乳动物

跟随本章来一场哺乳动物的探访之旅吧！去拜访世界上最大和叫得最响的动物，看猛兽如何捕食，读懂黑猩猩的表情，了解哺乳动物为什么是地球上最成功的一群动物。

什么是哺乳动物

6500万年前，一颗巨大的彗星撞上地球，全球气候遭到毁灭性的破坏。对于恐龙来说，这是一场灭顶之灾，整个种群都灭绝了，而对于另一类动物——哺乳动物来说却是好事一件：障碍一扫而空，轻而易举地登上恐龙空出来的宝座。当时，哺乳动物只不过是群个头小小、神经兮兮、夜间出行的生物，然而它们已进化出了一些能安然度过这次全球性灾难的生物特性，诸如毛发、温热的血液以及乳腺等。由于不再有恐龙作为拦路虎，哺乳动物的进化进入了一个全新的阶段。它们探究各种可能性，最终进化出成千上万个物种，占据了大地、海洋和天空，成为地球上种族数量最大、阵容最豪华的动物群体。

乳汁和母亲

哺乳动物还有个顾名思义的生物特性，那就是“哺乳”，它们用自身产生的乳汁哺育年幼的子女。英文单词mammal来源于拉丁词*mamma*，意思即为“乳房”。此外，很多哺乳动物都有一段让父母照顾的时期，即年幼的后代学习生存的基本技能的时期。最聪明的哺乳动物——比如人类和猩猩——所要学习的最多，因此它们由母亲陪伴的时间也最长。

哺乳动物中的“异类”

其实，人类也是哺乳动物。我们这个物种的学名称作“智人”。在生物学的分类上，智人和黑猩猩、猩猩及大猩猩都从属于“猿”这个大家庭。同其他家庭成员相比，我们某些地方非常特殊。我们的脑容量大得反常，大部分的体表毛发丧失了，也是唯一直立行走的哺乳动物。另外，我们大概是这个家族中唯一使用极为复杂语言的成员。

哺乳动物的皮下通常都有臭腺（体味腺体）和汗腺。

强壮的腿承载着身体的质量。

哺乳动物的血液永远保持着恒温，这是它们与鸟类共通的特性。

关键特性

哺乳动物的不少生物特性都非常独特，使之与其他动物类群区分开来，比如分泌乳汁的腺体、保暖的体表毛发（鲸除外，它的体表光溜溜的，没有任何毛发）。哺乳动物还在牙齿、下颌骨、耳朵、内脏器官及血液细胞等方面异于其他的动物。

气味和嗅觉

气味对哺乳动物至关重要，因为大多数的哺乳动物用体味来交流。图中的犀牛正往地上喷洒尿液，给这一小块土地留下一种独特的味道，以此告诉其他来这里的犀牛一些信息：自己的年龄、性别、社会地位，以及是否需要交配。

四海为家

第一只真正的哺乳动物很可能长有4条腿，像鼩鼱（qú jīng）一样能在地面上四处乱窜。恐龙灭亡之后，哺乳动物的物种开始多样化，出现了新的“四处乱窜”方式：它们有些长出翅膀，飞升到空中；有些四肢变成了鳍，以适应水下生活。尽管仍有数千种保留了四肢，今天它们已分化成很多种不同的物种，占据地球的各个角落，上至树枝顶端机敏的攀爬者，下至坚实大地上巡回奔跑的行者。

美洲虎

叶鼻蝠

宽吻海豚

卷尾猴

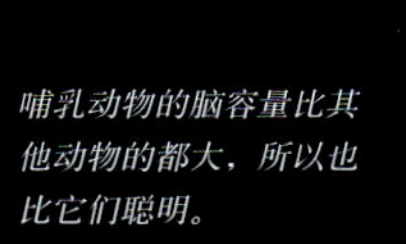

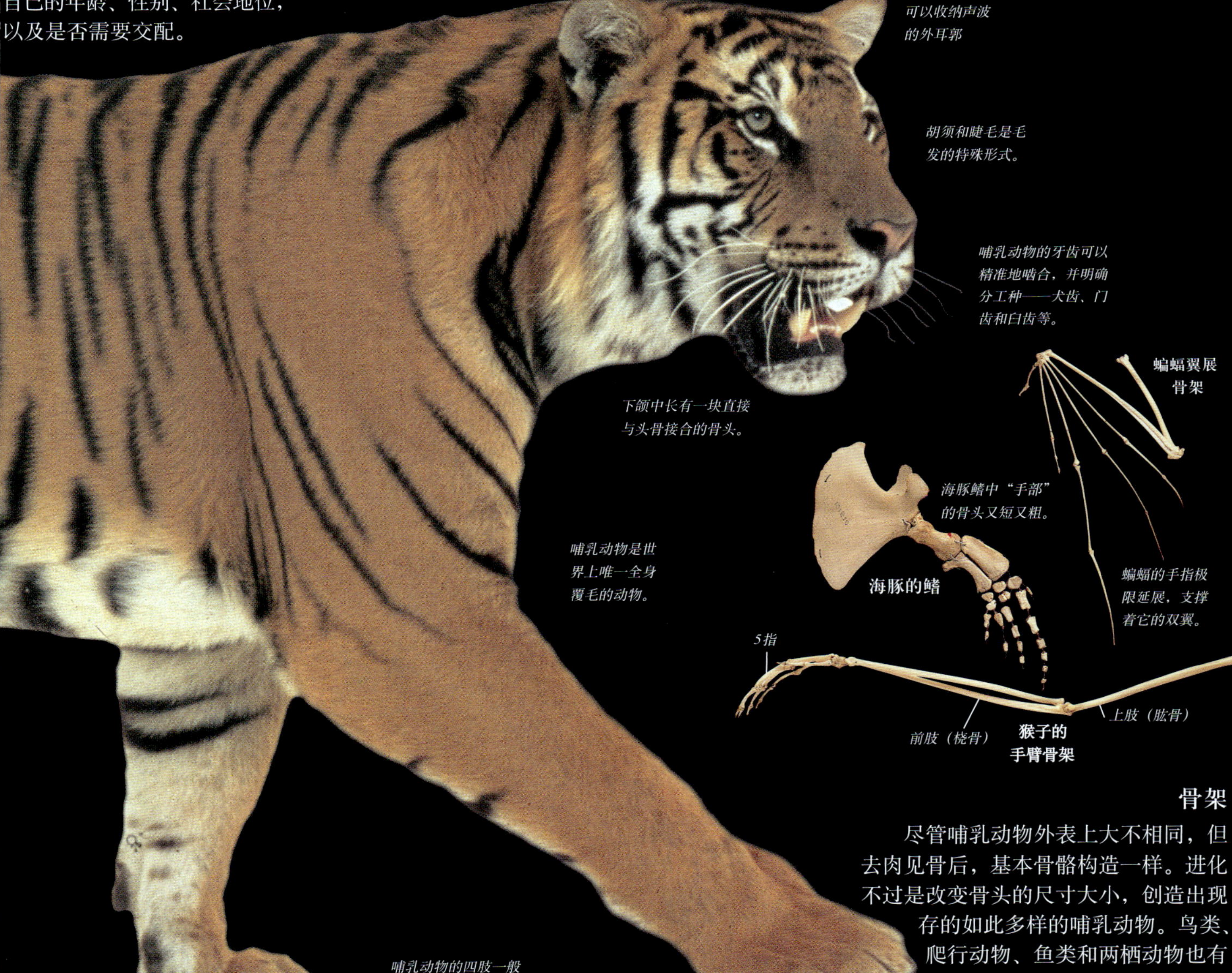

骨架

尽管哺乳动物外表上大不相同，但去肉见骨后，基本骨骼构造一样。进化不过是改变骨头的尺寸大小，创造出现存的如此多样的哺乳动物。鸟类、爬行动物、鱼类和两栖动物也有着同样的基本骨架。科学家称这些动物为“脊椎动物”。

体温控制

哺乳动物是“热血动物”（即恒温动物），也就是说，这些动物的体内会不断产生热量，使得自己的体温保持在恒久温暖的水平。与之相反，有些动物，比如蜥蜴或青蛙之类，血却很“冷”（变温动物），它们的体温随体外环境、气候条件上升或下降。大多数哺乳动物都有自己这个物种独有的体内温度，种类不同，温度有高有低。人类的体温是37°C（99°F），兔子和猫的体温则高一点，大概在39°C（102°F）左右。只要血是“热”的，即使夜幕降临，哺乳动物也能保持活力；在某些地方，当青蛙会因血液凝固而死，哺乳动物们却能够顽强地生存下去，不过它们却也得为调节体温付出高昂的代价。它们吃下肚的食物大概是冷血动物的10倍，其中，约90%被转化成用于维持体温恒定所需的能量。

冷却

酷热的天气里，冷血动物只要任由体温随着气温上升就行了，哺乳动物却得拼命保证体温恒定。河马们在泥坑和水塘里打滚，好让血液冷却。海象全身发红，以散发热量。狗狗们亮出舌头，不停地喘气。猫则选择排汗（只有脚底可以哦）。袋鼠不停地舔自己的手臂，让双臂保持湿润。大象拿耳朵作蒲扇，或者用鼻子给自己冲个凉水澡。

飞速前进的生命

对于小型哺乳动物，比如美国南方的飞鼠来说，保持体温确实是个难题。相对于体形大的哺乳动物，它们的热量散发得更快，原因在于体表皮肤的比例更大（同样分量的热豌豆比热土豆冷得快，也是这个道理）。所以，为了保持体温不变化，小动物们的生活节奏更快、更激烈。它们一生中大部分的时光，几乎都花在疯狂地找寻食物上——它们走完生老病死的生命历程，只需要几年时间。

睡眠中的蝙蝠能够进入蛰伏状态，体温也直线下降。

即使在最寒冷的夜晚，恒温动物也精神饱满。

它们的血是热的还是冷的

有一些蝙蝠，体形实在太过迷你，无法得到足够的食物来保持体温。它们只能在休息的时候，放弃浪费能量来产生热的常规办法，任由体温直线下降，直到与周围环境的温度一致。进入冬眠期的哺乳动物虽然也会这么做，但毕竟一年才这么一次，有些特别的蝙蝠却能够每天反复进入“冬眠期”。醒来之后则比较麻烦：它们必须好好做个热身早操，以便再度展翅飞翔。

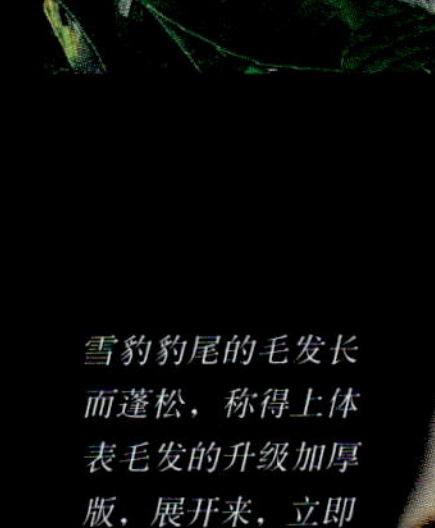

给身体“加油”

一些冷血动物每年只吃一餐，照样生龙活虎，而哺乳动物却无法做到这一点，它们必须每天进食。肉食动物，如北极熊，所需的能量全部依靠肉类供给；草食动物呢，如长鼻猴，光吃树叶就能够应付体内能量的需求。杂食动物，如鼩鼱，则以动植物为生。所有的哺乳动物都具有牙齿和消化系统——“特别”适合全力吸收食物中的营养。

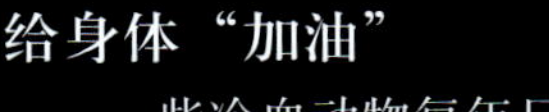

雪豹豹尾的毛发长而蓬松，称得上体表毛发的升级加厚版，展开来，立即变成能裹住身体的大号毛毯。

雪豹的毛厚达12厘米。

皮毛大衣

保持体温还需要必不可少的装备，那就是皮毛。只有最大的海洋哺乳动物没长皮毛，尽管如此，它们皮下也备有厚厚的脂肪层来保护自己。一般的皮毛大衣通常分为两层：外层是长且粗的“针毛”，功用在于保护；里层则轻软柔和，功用在于保暖。

繁殖

科学家根据哺乳动物的繁殖方式，将它们分为三大类别。单孔目哺乳动物与众不同，因为它们产卵——只有3种哺乳动物这么做。有袋目哺乳动物将自己的宝宝放入一个“袋子”。胎盘哺乳动物（最常见的哺乳动物）将宝宝放在自己体内，宝宝通过一种叫“胎盘”的器官得到营养，从而成长。一些哺乳动物一次只产一只幼仔，精心照料它，让它更好地生存下去。还有一些一次产幼仔很多，妈妈除了给孩子提供乳汁外，其他的什么都不给，大多数幼仔因此夭折，只有一些成功地渡过难关，挣扎着长大成熟。

繁殖季节，一对南美野生羊驼看起来像是在跳舞。实际上，它们正在打架。

孩子们的食物

尽管哺乳动物的雄性也有乳头，但不能分泌乳汁，只有雌性才可以（雄性棕榈果蝠的乳房也能够分泌乳汁，这是个特例）。乳汁其实是一种混合体，除了水，还包含各种营养成分，比如蛋白质、脂肪、糖（碳水化合物）及维生素，等等。它还含有抗体，这是一种保护小宝宝不受疾病侵袭的物质。乳汁中各种成分的比例，在不同物种之间存在着相当大的差异。海狮乳汁中有一半是脂肪，好让小海狮的体重能在十几天内实现翻番的目标；而人类乳汁中脂肪的含量只有4%。狮子的乳汁非常甜，因为幼仔们玩耍时需要很多的能量，而糖是一种最为方便快捷的能量来源。

狮子的幼仔出生后3个月，全靠母狮的乳汁生活，之后才断奶吃肉。

交配

繁殖的第一个阶段是求爱期，在此期间，哺乳动物会设法吸引到一个配偶。大多数动物由雌性来选择配偶，因此雄性们不得不努力给它们留下深刻的印象，以争取在决斗中胜出。雄性尽力证明自己的能力，比如打败其他雄性或者赢得一块疆域。交配可能发生在一年中一段特定的时期，好让幼仔在食物充足的时候来到这个世上。这段时期被称为“繁殖季”。

雌性马岛猬产下的后代数目全都上了两位数。小马岛猬大概1个月之后就能产仔了。

快速繁殖

在所有的哺乳动物当中，马岛猬（生活在马达加斯加的一种像刺猬的哺乳动物）的乳头数量最多，达29个；它们一胎所产下的幼仔也最多，可达32只。理论上，假如一只马岛猬所产下的后代都能成活，并且每只后代都能产32只幼仔，一年之后，这只马岛猬的后代数量可高达百万只。

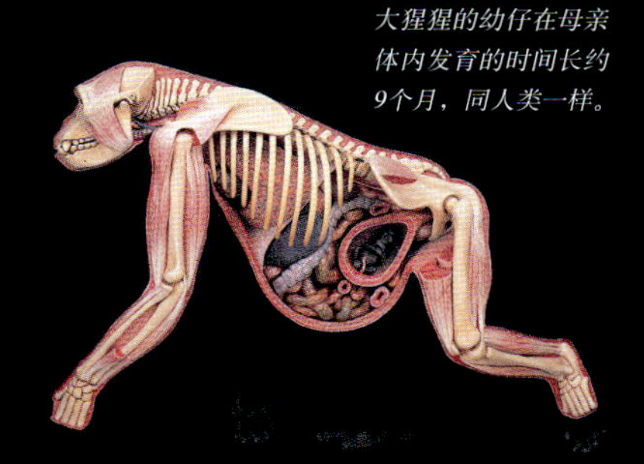

大猩猩的幼仔在母亲体内发育的时间长约9个月，同人类一样。

胎生哺乳动物

胎生哺乳动物让后代待在母亲的体内，直到发育到高级阶段才生产，从而使它们赢在起跑线上。幼象会在妈妈身体里待上20个月，发育得非常好，以至于刚出生几分钟就能奔跑了。胎盘，一个结构复杂的器官，让胎儿和母亲的血液能流动其中而毫不混淆，同时又能实现营养与废物的交换。胎生哺乳动物就是如此通过胎盘在母体内得以滋养，最后出生的。

单孔目哺乳动物

哺乳动物中只有3种产卵，其中包括针鼹和鸭嘴兽。针鼹产卵后，将卵放进育儿袋里孵化，而鸭嘴兽则直接在巢穴里产卵、孵化。单孔目哺乳动物没有乳头，它们腹部的毛下有两个“袋子”，能像出汗一样分泌乳汁。

针鼹有着多刺的外表，就像刺猬一样。

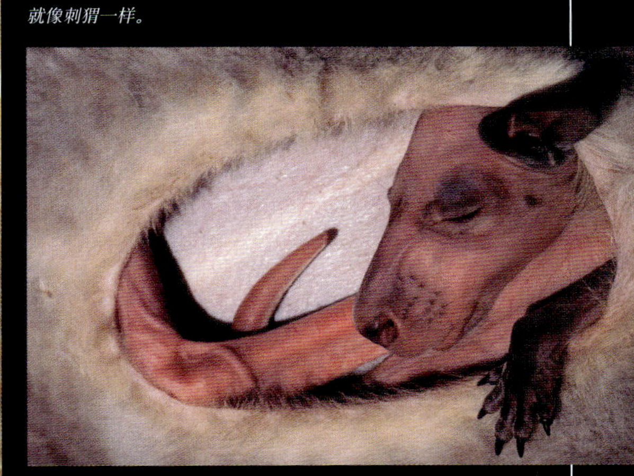

有袋目哺乳动物

有袋目哺乳动物的幼仔小如虫子，比胎盘哺乳动物的幼仔小得多。新生的小袋鼠只有豌豆那么大，甚至还没长出后腿。出生后，它们顺着妈妈的毛发攀爬，左抓右抓，艰难地爬进育儿袋，然后一直住在里面，时间可长达一年。

成长

大多数动物在产卵或者产下幼仔后，会把年幼的孩子抛给大自然，任其自己面对残酷的挑战。哺乳动物却不一样。它们喂养和照顾后代，帮助幼仔度过充满危机的生命早期。有了父母的照顾，幼仔从为自己谋生的艰难困境中解放出来，并得到充裕的时间来学习实用的生存技巧。小海龟孵化出壳之后，只能依靠直觉朝大海的方向爬去。年幼的哺乳动物却能自由活动，尽情地玩耍、探索周围的环境以及模仿父母的行为。这些都是学习中至关重要的部分。父母的照顾，加上很大的脑容量，都是哺乳动物重要的特征，使其能够成功地称霸动物界，并且具有很强的适应性。父母的照顾对于灵长类哺乳动物来说特别重要，对我们人类来说更是如此——我们的童年时间是哺乳动物中最长的。

体形的变化

一只刚出生的狐狸幼仔没有视力，也没有力量，但是母亲的乳汁能让它飞速成长，体形也很快发生变化。2个星期后，它的眼睛睁开了；等到第四个星期，它开始离开巢穴，四处探索。鼻子、耳朵和四肢以稳定的速度变得越来越长，圆滚滚的婴儿肥也逐渐消退。

10个星期后，狐狸幼仔的体毛颜色已经发育得跟成年狐狸一样了。

刚出生　2个星期　4个星期　8个星期　10个星期

搭妈妈的“顺风车”

幼年的小食蚁兽骑在母亲的背上，度过出生后的头一年时光。对于成天在树上爬来爬去的食蚁兽来说，这点尤为重要。比如，对于小食蚁兽（一种生活在中南美洲丛林里的食蚁兽）来说，母亲在孩子大到足以自己应付爬树的危险之前，会一直为孩子提供一个安全的平坦之地。

小食蚁兽正在“洗劫”树顶的蚂蚁窝。每只小食蚁兽一天能吃多达约9000只蚂蚁。

母象用两条前腿之间的乳房喂养幼象。

呵护备至的父母

一只小象要花17年的时间才能发育为成年象。幼象和妈妈们居住在一个强大的集体中，10岁之前它们亲密无间，彼此时不时地用长长的鼻子相互触碰、抚摸。母象聚集在一起，形成一个象群，保护所有的孩子——不仅仅是自己的。大象的保护欲非常强，假如有人或者动物太过靠近象群，领头的大象便会张开双耳，同时从鼻子里发出震耳欲聋的声响，警告危险的访客。

幼象躲藏在母象的大腿后，安全无忧。

捕食者的本能

有时，猫科动物会丢给幼仔一些还活着的猎物，任由它们将其玩弄至死。在我们看来，这也许有些残忍，对于它们来说，这却是练就捕猎本领非常重要的方法。猎豹的幼仔正在练习杀死瞪羚的幼仔，在实践中学会如何围成一个捕猎圈，并困住试图冲出圈子的猎物。

观察母亲

成年黑猩猩得掌握很多具有高技术含量的技能，其中之一就是用石头砸开坚果的外壳。小猩猩们花了好几年的时间，细细观察它们的母亲如何觅食，并耐心地不断尝试，经过数次错误和失败，最终掌握了这个技能。

丢雪球

年幼的哺乳动物天性好玩。玩耍教会它们认识周围的环境，磨练最基本的生存技巧，诸如如何打败对手、猎捕食物或是逃离猎捕。有时，它们似乎也只是为了获得乐趣而玩耍。

冬天，日本猕猴用白雪滚出大大的雪球，和孩子们堆雪人时做雪人头的方法一模一样。

原始灵长类

哺乳动物的进化分支图上，我们人类所在支线正下方的分支线上有很多种动物，它们被通称为“灵长目动物”。手掌能抓握、脑容量大、双眼的视线朝前，这3点是灵长类的显著标志。你能在全世界的热带雨林中看到灵长类的身影，它们大多数生活在树上。猿和猴子是最有名的灵长类动物，它们的体形和名声比其同类都大。猿和猴子白天活动，而它们的“小”亲戚则大多选择在夜晚秘密外出。它们的眼睛大大的，能看见黑暗中以及远距离的物体；鼻头湿湿的，能嗅出一条安全的路径。科学家称这些动物为原猴亚目（Prosimii），或者是原（始）灵长类动物。

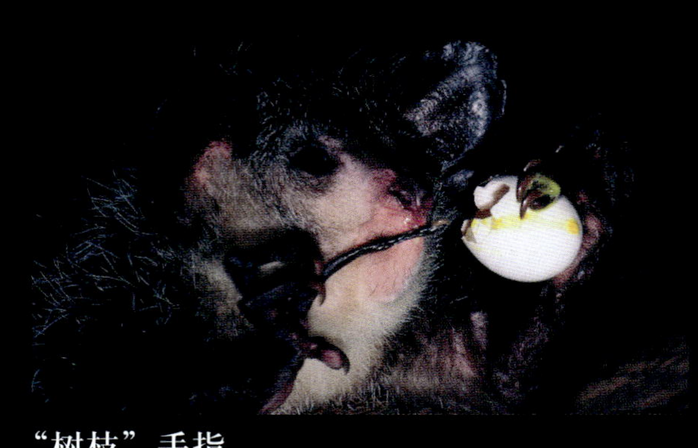

“树枝”手指

指猴是狐猴的一种，其中指看起来像一根细细的枯枝。指猴能在树上咬出一个洞，随后将手指伸进树洞，挖出藏在其中的甲虫卵。这根独特的手指还能变为一只汤匙，挖出可可以及蛋壳包裹住的美味。

跳跃的狐猴

非洲附近的马达加斯加岛是狐猴们唯一的家园，而它们也是这片岛屿上特有的物种。狐猴在地面上跳跃着前进，而不是行走。巨大的脚趾夹住水平的树枝，它直立着离开这根树枝，“走”到另一根树枝上去。它们的手臂非常短，以至于下地“蹦床跳”时，不得不高举手臂才能保持平衡而不摔倒。

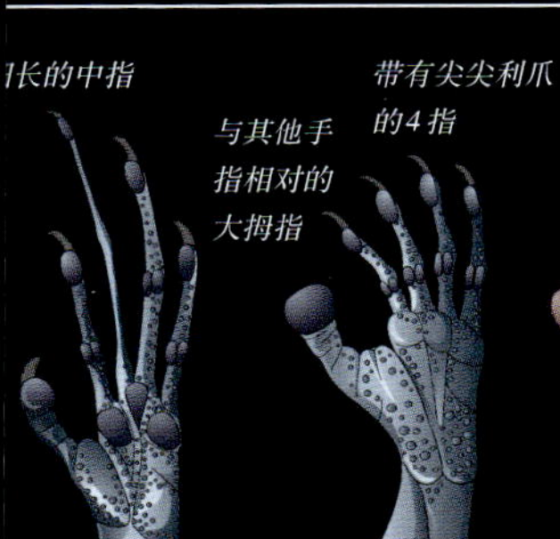

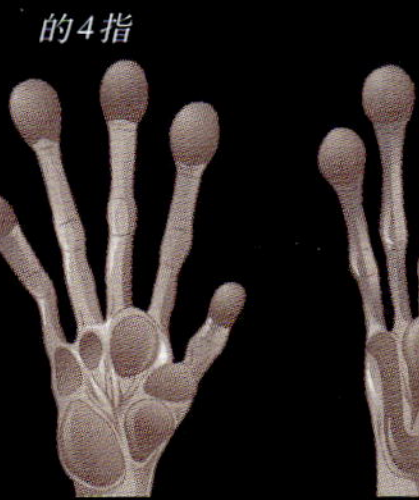

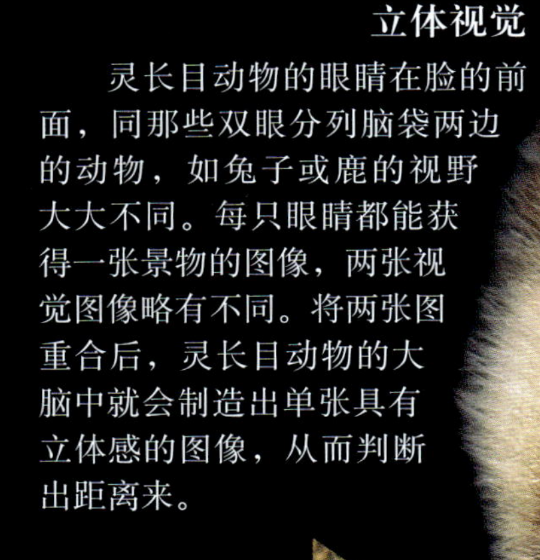

手和脚

看到原始灵长类动物的手脚，我们很难不想到自己的手和脚。它们的手脚都有一根指头很特殊，其运动方向正好同其他手指相反。如此一来，灵长目动物才能在上下攀爬时抓住枝条。相比较而言，灵长目动物对尾巴的喜爱胜过爪子，因为尾巴更善于抓握和探触。眼镜猴的指尖生有巨大的圆圆的肉垫，用途在于增强抓握的能力。

立体视觉

灵长目动物的眼睛在脸的前面，同那些双眼分列脑袋两边的动物，如兔子或鹿的视野大大不同。每只眼睛都能获得一张景物的图像，两张视觉图像略有不同。将两张图重合后，灵长目动物的大脑中就会制造出单张具有立体感的图像，从而判断出距离来。

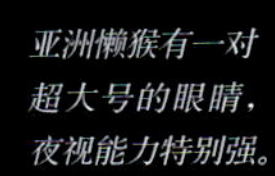

亚洲懒猴有一对超大号的眼睛，夜视能力特别强。

跳跃的“婴儿”

亚洲的婴猴可以连续跳跃，在十几秒的时间内走过相当宽的范围。同马达加斯加狐猴一样，它们蹬动强有力的后腿，从树上弹起，在空中保持身体不动，随后稳稳地着陆。这些体形迷你的夜行性动物反应快得惊人，甚至跳跃的间歇，都能抓住正在空中飞行的蛾子。

婴猴在自己脚上撒尿，行走时留下一串散发着气味的脚印，以此来划出自己的领地。

环尾狐猴喜欢日光浴。它们伸展双臂，坐下来享受阳光温暖的拥抱。

臭味大战

大多数原始灵长类动物喜欢夜间活动，独来独往，环尾狐猴却是个例外。它们白天集体活动。两个猴群发生冲突的时候，一场臭味大战就悄然展开。雄性拿尾巴在手腕处的臭腺摩擦，冲到对方面前，双方愤怒地抖动尾巴，将臭味扇向对手。用体味战斗，意味着它们不必群殴也能够解决争端。

杂耍猴

说到有趣又聪明，适合当自然界最伟大的杂耍演员，几乎没有动物竞选得过猴子。这些动物攀爬树木的身手十分敏捷，主要栖息在热带地区的森林中。和那些羞答答、在夜晚出动的灵长目动物不同，它们白天活动，组成生机勃勃的猴群，生活在一个喧嚣又多姿多彩的世界里。色觉是头等重要的感官，帮助它们只需瞥一眼水果和树叶，就能知道它们是否成熟或新鲜。猴子聪颖无比，适应力极强。它们的大脑袋不仅能帮助觅食，对于帮助它们理解猴群中错综复杂的关系来说，也必不可少。

清晨"练嗓"

每当太阳东升或者西沉，中美洲吼猴震耳欲聋的"多声部合唱"就开始响彻林间。陆生动物中，它们的吼叫声最大，几千米之外都能听见。它们的"合唱"同狼群的嚎叫有着同样的目的，即警告邻近的猴群：别靠近我们的领地！

獠狨有着夸张的发型，鬃毛怒气冲冲地四处发散，而头顶白色的毛发又形成特别的发型，看起来像莫希干部落的印第安人。

小如摆设的猴子

獠狨体形超级迷你。巴西丛林的树梢间，有它们飞来掠去的轻盈身影，沿着树叶最为稀少的树枝奔跑，寻找昆虫和水果，同时紧张兮兮地发出嘁嘁喳喳的声音。獠狨算得上是双胞胎专业户。獠狨幼仔喜欢骑在成年獠狨的背上，却不会安安分分地待在某只成年猴身上，总要换背跳。它们总有一只特别喜欢的成年猴，偶尔会和其他小猴子一起骑上它的后背，哪怕上面已猴满为患。

尾巴甚至能拾起食物。

尾巴上的“手掌”部分是一小片赤裸的、能吸住东西的皮肤，加上汗腺、触感和像指纹一样的花纹。

灵巧的尾巴

蜘蛛猴的尾巴被当作第五只手来使用，它们爬上爬下的时候，看起来就像一只巨大的蜘蛛，这就是它得名的原因。同长臂猿一样，蜘蛛猴也能用没有拇指的手钩住树干，在树上打秋千。

觅食

南美的松鼠猴经常瞭望远方，寻找新的食源。这些足智多谋的动物几乎什么都吃，从花草树叶、水果到昆虫、蜘蛛，有时还会尾随大猴子，偷偷摸摸地捡食它们的残羹剩饭。同几乎所有的猴子一样，松鼠猴利用灵巧的双手、良好的视力，觅得一切可用于果腹之物。

走出丛林

大部分猴子生活在树上，有一些却已适应了地面上的生活。狒狒同我们祖先一起，实现了这一从树上到地面的过渡。当时，非洲的雨林开始退变成今日的草原。和人类一样，它们通过猎捕其他动物，适应了草原环境。它们主要吃草和树根，用与我们相似的双手搜寻食物，但是它们也会杀死瞪羚的幼仔，饱餐一顿。

猴群的凝聚力

阿拉伯狒狒的群体规模非常大，有些成员数量高达千只以上。它们相互梳理毛发，让彼此紧紧地团结在一起。和所有的猴子一样，它们每天花上好几个小时，相互抚摸和梳理毛发。梳毛能刺激大脑释放一种叫“多肽（endorphin）”的化学物质，其中包含一种可以舒缓情绪的成分。猴子们梳理毛发时会非常放松，经常顺势倒在别的猴子身上，打起瞌睡。

猿≠猴

人们往往混淆猿和猴子，然而这两者之间存在着显著的差异。猿站得更直，没有尾巴，采用另外一种方式攀爬树木：它们用巨大的手臂抓住树枝，将自己拉离地面，悬挂在空中。猿的脑容量更大，也更聪明。它们能相互欺骗，认出镜子中的自己，并学会使用各类工具。

讨要食物

极度害怕或激动

惊恐时的咧嘴

沉思

扮鬼脸

尽管没有一种猿会使用精密复杂的语言交流，非洲黑猩猩吼出的叫声却至少可以被分成30种不同的类别。它们有时也踢打巨大的树根，发出的隆隆声能传很远。它们的脸部表情远比其他动物更为丰富，也可用于交流。有些表情刚好和我们人类的相反，例如黑猩猩的“露齿笑”传达的信息并非高兴，而是“我害怕”。

温柔的大块头

灵长目动物中，大猩猩体形最大，质量可达210千克。尽管它们块头庞大，外表可怕，实际上属于性情温和的素食动物，几乎每天都泡在中美洲的山脉和热带雨林中，不停地采摘、吞嚼树叶。它们巡回整个领域，在行走的路上搜寻树叶。每棵树通常只摘取少许树叶，以免损伤了这些“食物供应商”。

黑猩猩的工具箱

非洲黑猩猩使用工具的能力提醒我们：这些聪明的原猴亚目动物是我们亲近的堂兄弟。它们用棍子勾出白蚁，用石头敲开坚果坚硬的外壳，拿树叶当海绵和抹布用，生病了找来各式各样的植物治病。一只人类养的黑猩猩甚至学会了如何点燃烧烤炉，烤几根香肠给自己吃。

所有的大型猿都用后脚的大脚趾和前臂手指的指关节着地，行走于森林之中。

大猩猩群的首领是一只体形庞大、背部或颈下方长有银白色毛的雄性成年大猩猩，被称为“银背大猩猩”，有权和所有的雌性交配。

边“走”边唱

长臂猿钩住树干，在树林间晃荡着前进，身手敏捷，上演一场令观众胆战心惊的秋千杂技表演。长臂猿单手悬吊在树枝上时，腕关节和肩关节非常柔韧，能够360°旋转。它们实行单配偶制度，也就是说，一只雄性只有一个雌性的配偶。有几种长臂猿会用夫妻双双“歌唱”的方式，用萦绕林间的二重奏宣告它们的结合。

漫长的童年

黄猩猩的孩子和母亲一起生活的时间长达10年。和其他的猿亚目动物一样，小黄猩猩成长缓慢，不停学习很多复杂的生存技巧。这些温和的动物住在婆罗洲和苏门答腊，生活在烟水朦胧的雨林中，其生存环境正受到雨林滥伐的威胁。

大脑就是力量

为什么哺乳动物可以做最好的宠物？最佳答案是：它们比其他动物都聪明。宠物蛇和宠物鸟必须关在笼子里，以免它们出事；家养的猫猫狗狗却十分聪明，人们放心地给它们自由活动的空间。一般来说，哺乳动物的脑容量比其他动物的大（当然也有例外，某些哺乳动物的脑容量很小）。它们有敏锐的记忆力、快速学习的能力和调整习性来适应新环境的本领。最聪明的哺乳动物甚至表露出一度认为是人类特有习性的迹象，主要体现是工具的使用和语言的雏形。

走钢丝

用过喂鸟器的人都深知，松鼠如同一名优秀的杂技演员，时常会创造出新的绝活儿。一旦走上觅食的道路，没有什么障碍能阻挡它们前进，哪怕要倒挂着疾速爬过一条晾衣绳。它们的记忆力也令人惊叹不已。秋天来临，北美的灰松鼠得收集数千颗坚果，做好过冬的粮食储备工作。每一颗坚果都被单独埋起来，而每一颗的位置都清晰地记在松鼠的心中。

找路

和很多哺乳动物一样，老鼠边走边记地标，精确记下走过的路线。它们精通此道，穿越迷宫时能在快速爬行的同时记住走过的路，从而对整个迷宫的通道了如指掌。在野外，老鼠不仅依靠视觉，还会利用气味，在脑海中构建一幅带有无数标记的地图。它们平时重复同一条觅食路线，日复一日，最后地图深入“鼠”心。哪怕我们移走路线上某个地标性的障碍物，老鼠走到这里，依然会跳跃着越过这个已经不存在的障碍。

聪明的海豚

海豚的大脑几乎和我们的一样大和复杂。可是，它们是怎么用这个大脑的？和我们一样吗？科学家们至今还没弄清楚。海豚没有手，虽然有时觅食之前会捡些海绵保护自己的鼻子，但却没有制作工具的能力。海豚欢快地叫，相互拍打，以此进行交流。这些叫声是否意味着它们有自己的语言？驯养的海豚能够学会理解人类的手语，而每一只野生海豚都对应一种特殊的署名叫声，即它们各自的名字。不过，仍然没有明确的证据能够证明，海豚的叫声已能连接成串，形成句子——要知道，这是人类语言的一个最基本的特征。

宽吻海豚好学又好玩。它们有时候会和人类潜水员嬉戏，或者在海面上跳跃着玩耍。

海獭的食物包括海底的蚌、海胆、海蟹和鲍鱼。

使用工具

使用工具曾经被认为是我们人类独一无二的“专利”，但现在，我们知道很多其他的哺乳动物也会使用工具。海獭就能把岩石当砧子用。图中这只海獭潜入海底捉了一只贝壳，随后返回水面享用。仰浮于海面，它将一片扁平的岩石放在肚子上，拿贝壳往岩石上敲，最终打开贝壳，吃掉里面鲜美的肉。

制造工具

黄猩猩和黑猩猩不仅使用工具，还制作工具。两者都能把树枝弯成特别的形状，从蚁窝中钩钓蚂蚁和白蚁。另外，在制作窝巢方面，它们堪称专家：每晚爬上树顶，缠绕周围的树枝，铺好一片平坦的睡台。假如天下雨，黄猩猩还会再加盖屋顶，或者摘一片巨大的叶片，“打伞”避雨。

会说话的猿

猿永远不具备说出我们语言的能力，因为它们的喉咙发不出人类能发出的音节。但是，它们能不能以其他方式“说话”呢？科学家已经试着教我们血缘最近的亲戚——大猩猩和非洲黑猩猩，用手语和符号与人类交流。迄今为止，最出色的学生是一只年轻的黑猩猩，它的名字叫“看字（Kanzi）”。它能够观察饲养及训练它的人类母亲的口型，从单词盒中挑出好几百个单词。“看字”还能用单词组合出简单的句子，其造句水平相当于一个两岁大的孩子。

黑猩猩“看字”通过指出图表中的符号，和它的训练员交谈。

有蹄类动物

蹄其实就是脚趾甲，不过比一般的更大、更厚。许久以前，有蹄类哺乳动物的脚和我们人类的差不多。随着时间流逝，指甲的上缘逐渐上移，最终进化成了蹄。于是这些动物就变成如今的模样：踮着"脚尖"优雅地行走。某些动物的4个脚趾几乎都萎缩了，只剩下一根"擎天柱"——中趾。脚趾的变化赋予有蹄类动物性命攸关的能力——快速奔跑，否则它们根本无法逃离肉食动物的追捕。时至今日，在陆地上最大且最成功的哺乳动物群体中，这些"长跑运动员"最终站稳了脚跟。

好斗的雄性

有蹄类动物大部分吃草，却也能像吃肉的动物那般暴烈、充满挑衅。雄性之间的决斗早已司空见惯。假如胜利后能得到整群的雌性，那打斗更为频繁。非洲草原上的斑马群可称得上是一座"皇帝的后宫"：仅有一只雄性斑马，其余的斑马皆为雌性，且都是它的配偶。繁殖季节，斑马皇帝们面对众多对手发出的挑战，它们掠取的目标很明确，正是它的王冠和后宫。无论是狂乱的撕咬，还是一记有力的后腿蹬，都有可能导致任何一方的致命伤。

龇牙咧嘴，飞速冲向对方——斑马式的决斗方式。

吃草的动物

大部分有蹄类动物要么吃草，要么吃嫩树叶。吃草的动物低头吃比较低矮的植物，比如草；选择嫩叶作为食物的动物，得抬头啃食树和灌木的嫩叶，通常只吃某个特定高度的叶子。非洲瞪羚能够后腿“直立”，吃到别的羚羊够不着的树叶，却吃不到长颈鹿们能啃食的树叶。

角马妈妈们站着把小角马生出来，随后吃掉包裹着孩子的胞衣，细心地舔遍它身上每一处，让它睁开眼睛。此时危机四伏，角马妈妈的保护欲也最为强烈，任何一个“看热闹”的都将招致它愤怒的攻击。

脚踏实地地出生

小角马来到世间的那一刻，死神的威胁已然降临——它们极易沦为肉食动物利爪下的猎物。不过，新生儿出生后几分钟内，就能艰难地站立起来，蹒跚学步；一个小时后，它们就能奔跑在角马群中。角马群的妈妈们还会再买个额外险，把预产期集中在3个星期的时间里，从而保证肉食动物们发现，这一族群中幼儿太多，无从下手。

满满一口青草从进入反刍动物（比如苏格兰高原牛）的嘴巴，到最终穿越它的身体，被排泄出来，这段“长途旅程”耗时80个小时。

奇蹄目和偶蹄目

科学家们根据蹄趾的数目是奇数还是偶数，把有蹄类动物分为两大类：奇蹄目动物，比如犀牛和马，身体的质量依靠最中间或者单数的趾来支撑；偶蹄目动物，比如骆驼，则是让一对蹄趾来支撑身体大部分的质量。

马　骆驼　犀牛

只需要一次精确的后脚踢，就能导致对手一级残废。

细嚼慢咽

为了对付难以消化的植物，一些有蹄类哺乳动物分两次进食。第一次，它们大口大口地往嘴巴里塞青草，直接吞咽，使植物进入一个非常特别的胃室——瘤胃，进行部分消化；过一会儿，部分消化的草回流入口腔，进行第二次细细的咀嚼，然后再次被送往胃。这种消化方式叫“反刍”，虽然时间长，消化的效率却很高。

就算它们在拳击赛中疲惫不堪、摇摇晃晃，角的褶皱也能支撑它们的角不滑落。

黑斑羚是非洲最常见的食草“游牧民族”之一，只有雄性才长角。

角和茸

当有蹄类动物之间发生争执时，角和茸为它们提供了一个不流血的解决办法。两只动物低下头，角或者茸相互锁定，然后抵斗（有时候加上踢打动作）。如此一来，既能很快分出胜负，判断谁更为强壮，同时又避免了不必要的伤害。

重量级陆生动物

对某些哺乳动物来说，自卫的最佳方式莫过于借助庞大的体积。大象、犀牛、长颈鹿和河马全靠块头大得以保全性命，哪怕是最具有捕食经验的狮群也无法轻易打倒它们。不过，奸诈的捕食者们有时候会团伙作战，组织一次致命的围猎，逼迫一头长颈鹿跑入岩石地带，从而被地上的石头绊倒。这些巨型草食动物的幼仔非常容易抓捕，然而其父母给予的保护也强而有力。在非洲，每年有数百人死于“母亲们”的怒气之下，大象、犀牛以及河马为了保护幼仔，愤怒地冲向可疑的人类，用尖利的牙或角戳死他们。

长长的脖子好似云梯，能帮助长颈鹿吃到高处的树叶。

长颈鹿

现存物种中谁最高？此项荣誉理应颁给长颈鹿。这种动物能长到6米高，脖子和四肢十分长，哪怕跑动起来，看起来也像在做慢动作似的。

河马

白天，太阳热辣辣的，河马几乎不离开湖或河，除利用水的清凉降温消暑外，还利用水的浮力分担身体的质量。它们通过定时在水中各处大便，来标记各自领地的范围。晚上，它们会爬上陆地，吃草进食。

非洲象

雄性非洲象是地球上最大的陆生动物，质量高达6吨。最高纪录创立于1955年，创造者来自安哥拉。这头雄象高达4米，重达12.2吨，令人瞠目结舌——150名人类男性加起来才有这么重。

野象群的全部成员都是雌性。更为庞大的雄象通常独居。

前五强

质量排行榜上，排名前5的正是右图所示的5种成年雄性动物。其雄性的体形通常比雌性庞大，原因在于它们必须进行力量搏斗，以争取到与雌性交配的权利。即使是五强中最轻的长颈鹿，其成年雄性的质量也相当于30名人类男性。

黑犀牛

发起冲锋攻击的黑犀牛只给人一种感觉——胆颤心寒。它们跑得比奥林匹克的短跑种子选手还要快，同时非常敏捷，真是令人惊讶。犀牛的速度快，力气又大，子弹很少能打中它们。可惜它们双眼高度近视，看不见正面走来的偷猎者，最终还是被后者枪杀。地球上仅存的黑犀牛不超过3000头。物以稀为贵，用于制作中药和阿拉伯匕首鞘的黑犀牛角也就变得越来越值钱。

白犀牛

白犀牛其实不白，黑犀牛也不黑，它们都是灰色的。white rhino（白犀牛）来源于非洲土语“weit”，本意为“宽的”。白犀牛的嘴唇宽阔而扁平，适合吃青草；黑犀牛的嘴唇稍尖，像只小钩子，适合吃树的嫩枝条。

不可思议的长途旅行

哪怕离家千里之外，很多狗也能凭借蛛丝马迹找到回家的路。这一奇异的特殊本领早已名扬四海。哺乳动物界一些最伟大的“旅行家”和它们一样，也拥有这份上天赐予的礼物。野狗和长角羚羊好比不知疲倦的游牧民族，它们一生都在四处漂泊，寻觅食物。驯鹿和角马随着季节变化，集体出外环游。它们所进行的族群性长途跋涉叫作“迁徙”。这些动物似乎具有集体智能，告诉自己何时开始旅行，路在何方。究竟动物“旅行家们”如何确定旅行路线，至今都没有确切的理论解释，依然是动物学领域的未解之谜。可能是太阳和星星在为它们指引方向，也可能是地球磁场给它们出谋划策，抑或是来自遥远的气味或巨大的地标吸引了它们。

漫长的旅途中，埋在白雪下的地衣和苔藓是驯鹿们的食物。

塞伦盖蒂大草原巡回线

地球上最宏大的野生景观出现在东非的塞伦盖蒂大草原上，每年会有多达200万头的角马在这里来回转圈子，跟随季节性的雨水，寻找丰茂又鲜嫩的水草地。充满危险的旅程带着它们穿越鳄鱼群的大嘴，很多角马聚集在一起惊慌失措地横渡这条河流。

塞伦盖蒂草原的大迁徙季节到来之际，鳄鱼们聚集在马拉河流域，守在迁徙动物必经的河段，全身伏在水中，只露出一双眼睛，偷偷地接近着角马。一旦时机成熟，它们便一跃而起，得到可口的一餐。

即使与族群走失，也能通过脚印重回温暖的大家庭。

沙漠中的游牧民族

阿拉伯大羚羊在沙漠中毫无目的地游荡，寻找可下肚的植物。夜晚，令人窒息的阳光消失后，它们至少能够跋涉30千米。20世纪70年代，野生的阿拉伯大羚羊几乎被猎杀殆尽，只有少数残存于人类的动物园中。20世纪80年代，科学家们放生了一批驯养的大羚羊。现在，地球上仅有数百头阿拉伯大羚羊存活。

灰鲸沿着海岸线，利用“跳跃侦察”，不断修正前行的方向。

鲸头部垂直升出海面后，再慢慢地沉入水中。

拥抱海岸线

每年春天，灰鲸开始迁徙，其路线之长，位列哺乳动物之首。整个冬天，它们都待在繁殖区——位于亚热带的墨西哥巴哈。对于刚出生不久、皮下脂肪并不足以抵御寒冷海水的小灰鲸来说，理想的成长之地莫过于此。现在，它们离开巴哈，向北游动10000千米，抵达北冰洋——那儿有它们夏季的捕食区。它们一直待在那里，直到冬季再度来临，海面冻结成冰。

北极的探索者

几千年来，驯鹿（美国人和加拿大人称为“北美产驯鹿”）随着夏季的脚步，每年向北迁徙。它们迁徙时常伴有居住在北极地区的人类，比如斯堪的纳维亚的萨米人以及俄罗斯人。萨米人自认拥有驯鹿群，乘坐雪橇带引它们前进，事实上，驯鹿不过是出于自然本性。驯鹿是唯一雌性和雄性都长有角的鹿。而且，无论雌雄，其蹄子正中都有一道深深的“裂痕”，展开之后像是穿上了一双雪鞋。

奔跑

对于非洲野狗来说，狩猎等同于四处游走。野狗群每天都得进行长跑，只有广达2 000平方千米的狩猎区才能满足它们对食物的需求。野狗们不停地追赶大型动物，上演着一场消耗战。一旦猎物放慢脚步，它们就会立即冲上前去，狠命撕咬其腹部。

猫科动物

猫科动物是大自然中最“挑食”的肉食类动物，除了肉几乎什么都不吃。世界上共有37种猫科动物，全都是无情的猎杀机器。猫科动物从头到脚，无一处不是天然武器，它们在本能的指引下秘密行动，身手敏捷。家猫及其野生的兄弟姐妹之间的共同点，远比我们所能想象到的更多。它们有同样伸缩自如的利爪、敏锐的黑暗视觉和凶猛尖利的犬齿。和家猫一样，野猫也能无声地猛扑向猎物，摔落时四脚着地，心满意足之际喉咙间发出“咕噜咕噜”的声响。

攀爬的爪子

同所有猫科动物一样，豹子也有如剃刀般的利爪，既可以用来当武器，也可以用作攀爬的钩子。为了保持锋利，平常它们会收起爪子，藏在肉垫中。大多数猫科动物把家安置在森林中，攀爬树木的能力十分出色。树林中光影斑驳，穿着装饰有花纹或花斑的外衣，它们隐蔽得十分成功。

强大的力量

猫科动物作为肉食动物，采用埋伏的策略捕食。身体构造允许它无声潜行，突然爆发，然后进行攻击。猫不具备狗那么高大的身材，以及长跑运动员的天赋，但却拥有一副更为结实、更有力量的体格，同时很柔软和灵活。强健的后腿适宜猛扑和攀爬。鼻子比狗短，下颌非常有力，具有能够造成致命一咬的强劲的肌肉。

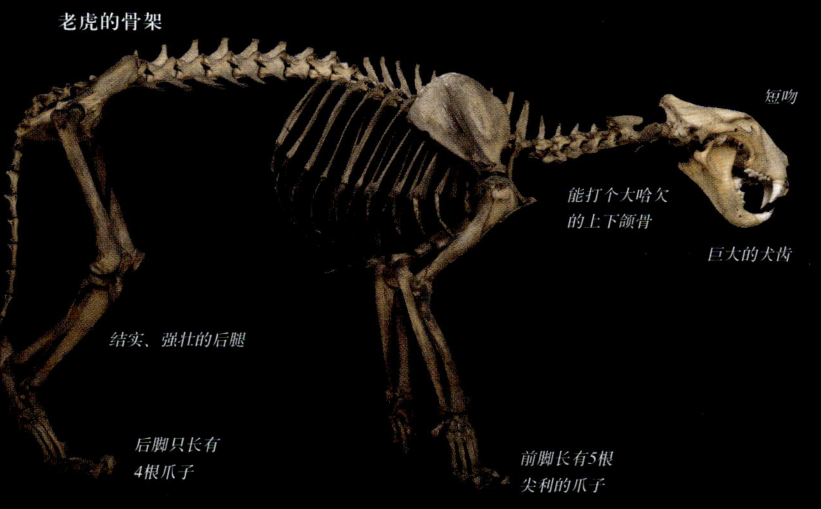

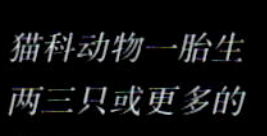

猫科动物一胎生两三只或更多的幼仔

照顾小宝贝

对待孩子，猫科动物妈妈们非常细腻。外出时，它们将孩子藏在温暖的窝里；回到家中，喵喵叫着，跟孩子们打招呼。假如有迹象表明窝里并不安全，母亲们就会迅速行动起来，找到安全的新窝，然后一一咬着幼仔的后颈皮，迁往新家。

夜晚

白天

晚上，这只狮子的双眼泛着红光，这正是眼睛中叫作“脉络膜毯”的薄膜存在的证据。

黑暗视觉

猫科动物属于夜行动物。尽管它们的“视”界不像我们人类这样五彩斑斓，但同处于黑暗之中时，猫双眼的灵敏度却是我们人类的6倍。原因在于，它们的眼球后面蒙有一层反射膜，能收集到更多的光线。它们的瞳孔白天会收缩成一点或一条裂缝（根据种族不同），晚上再扩展开来，看上去就像一张黑色光盘。

好群居的猫科动物

猫科动物甚为孤傲的个性早已声名在外。不过，有些猫科动物稍微友善些。雄性的猎豹经常拉些小帮派，集体活动可能是出于侵占其他单只猎豹领地的需要。狮子们聚居在一起，由此形成的大家庭叫“狮群”。流浪猫其实也喜好群居。它们有时会将小猫集中在一个窝里共同抚育，母猫们轮流给所有的小猫喂奶。

所有的猫舌头都很粗糙，以便清理毛发，保持毛发的蓬松柔软。相互舔刷毛也能帮助它们增进彼此之间的感情。

向前猛扑的美洲狮

猛扑时，猫科动物的腰臀部犹如弹簧，飞跃空中时身手敏捷、轻快平稳，姿态也十分优雅。作为一种惊吓猎物或者跳上树干的手段，猛扑既快捷又便利。家猫能够不费吹灰之力蹿上篱笆，轻巧得仿佛地心引力已消失。

软着陆

猫儿们的平衡感一流，即使从空中掉落，照样能四肢着地。脖子首先扭转，让头调整到水平位置。身体的其他部分随后也快速地旋转。着陆时前肢向前伸展，化解大部分冲击力。

头部率先扭转。

身体其他部分紧接着旋转。

前腿先于后腿着地。

猫科动物中的杀手

以捕猎为生，不仅要求强大的力量、致命的武器，还要求狡猾的天性、熟练的技巧和很强的适应性。猫科动物捕猎方式的特点在于：夜晚出动，单枪匹马，运用混杂着狡诈和耐心的技巧，偷偷溜到受害者身旁。它们对猎物十分痴迷，会花费好几个小时观察，寻找其弱点。猫科动物有时也玩死猎物，同时磨练猎杀的技巧。大多数猫科动物长大之后，只会捕食某一种类的动物，成为这方面的专家。它们同时奉行机会主义，只要可能，会杀死任何一种可以当作食物的动物，包括人类。

潜行

对于大部分猫科动物来说，猎杀从潜行开始。目的在于匍匐行进，接近猎物，直到足以发起一次突然袭击为止。老虎利用高高的草丛作为掩护，掩藏它们前行的踪迹。猫科动物眼睛死死地锁定猎物，只在猎物看往其他方向时前进，每次只前进两三厘米——无声无息地前踏至关重要。它们爪子先轻触地面，再慢慢转移重心，爪子上那些柔软的肉垫会减弱脚步声。

突袭

潜行通常以突袭作为结束。只需以听觉作导向，一些猫科动物能凭空腾跃4米远的距离，猛力地跳踏在猎物的背上。着陆的冲击力非常强，经常直接造成受害者的脊梁骨粉碎。

武装到牙齿

巨大的犬齿并非为了切割肉而存在，而是为了捕获和杀戮。大多数猫科动物会死死咬住猎物的喉咙，使其窒息、无法动弹。当一只狮子的犬齿深深刺入猎物的脖子时，只有最强壮的动物才有一丝挣脱的希望。如果猎物是小型动物，一次技巧性极强的噬咬就会直接深入其脊椎。脊髓一旦被咬断，猎物会立刻瘫痪。

猎豹起跑20秒后，即可达到全速。

陆地奔跑速度最高纪录

猫科动物中，猎豹的捕猎方式很不寻常——高速奔跑，追赶上猎物。猎豹是陆地上跑得最快的动物，当它飞速奔跑，追赶一只疾速奔跑的瞪羚时，时速可高达105千米。它追赶上瞪羚，轻轻拍击其后腿绊倒猎物，最后扑上去置其于死地。

藏食

对于一头豹来说，捕获猎物只算完成了战斗的上半场。为了确保战利品不被狮子和鬣狗偷取，豹必须完成一项令它疲惫不堪的挑战——将战利品拖上树。完全隐藏好猎物之后，这头豹才能在接下来好几天的时间里，安享美餐。

一只美洲山猫动作灵巧熟练地捕捉到一只麝鼠。

快速反应

快如闪电的反应，在捕获反应同样快速的小型动物时至关重要。美洲山猫捕捉麝鼠、野兔和穴兔的时候，动作就如闪电一般。它们的策略其实非常简单：控制猎物，不让它们逃出自己的五指山或者占据上风；随后用利如钩子的爪尖刺入其皮肤，牢牢钩住猎物。

团队合作

狮子利用团队合作，猎杀体形远超过自己的动物。通过协作，它们能够制服发育完全的成年角马、斑马或者水牛。狩猎过程中，它们会稍稍分散开，围成一个包围圈，将猎物困在其中。一旦狮群中的某个成员咬住了猎物的颈部，其他狮子就会蜂拥而上，利用集体的质量压跨这只动物。

熊的必需品

熊科是哺乳动物族谱中很小的一个分支，只有8种。但是，它们体形极为庞大，性格也值得玩味。它们的智力和好奇心与狗不相上下，身体又非常强壮。北极地区的熊体格十分魁梧，尤其在它们为冬眠做准备，猛吃猛喝，快速胖起来的时候——它们的冬眠可能长达半年。从某些角度来说，熊同人类非常相似：能用后腿直立，攀爬树木（尽管动作十分笨拙），且大部分还是杂食性动物。

什锦食谱

灰熊什么都吃，只要是能吃的——青草、树叶、树根、浆果、坚果、蜂蜜、昆虫、鱼、蛤蜊、老鼠、松鼠、绵羊，甚至驼鹿。只有充满好奇心加上极强的记忆力，才能找到这么多种可以入口的食物。只要是自己家里（面积超大）的食物，哪个季节、何处的果实最适宜采摘，灰熊都了如指掌。

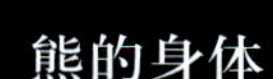

甜腻的食物，比如浆果和蜂蜜，能帮助灰熊迅速囤积脂肪以过冬。哺乳动物中，只有它们能不吃不喝超过6个月。

熊的身体

熊非常笨重，身体圆滚滚的，脚非常结实，几乎没有尾巴。吻部长长的，看起来有点像狗的鼻子，嗅觉的灵敏度也不输给狗狗们。尽管大多数的熊消化力并不强，它们依然能吃下很多植物的叶片和果实，有时候它们的大便中甚至会出现浆果，看上去很新鲜。

牙齿

熊的犬齿非常巨大，但比猫、狗的钝。

利爪

每只脚长有5个爪子，用于挖洞、攀爬和撕裂食物。

东南亚马来熊的舌头不是一般的长，能舔食蜂蜜，伸入树洞卷食昆虫。它们的爪子也非常长，便于攀爬。

浑水摸鱼

鲑鱼在繁殖季节逆流而上，跃过泛起水花的急流，洄游到河水溪流的源头。阿拉斯加的灰熊们此时踏入河水之中，捕捉它们。某些熊什么也不做，只是张开大嘴巴，等着鲑鱼自投罗网；其他的则熟练地挥舞着爪子，击中跃出水面的鱼儿，将其拍打上岸。极为奢侈的美食节期间，一头灰熊每天可能会浪费40千克的鱼，因为它们通常只吃鱼的脑袋和鱼子，其余部分则丢弃。

吃竹子的熊

大熊猫的主食是竹子，这是一种大型禾本植物。竹林用30～60年的时间长成，集体开花，随后凋零，整片的竹林也随之枯萎。过去，为了配合各片竹林的周期，熊猫们会定期搬家，然而今日，中国境内残存的少量竹林，却成了束缚它们的牢笼。1974年，岷山保护区内的竹林大面积枯萎，将近200头大熊猫因饥饿而死。

冰雪之王

熊科动物家族中，北极熊的体形最大，攻击最致命。它们专吃肉，极为罕见的情况下也吃人肉。北极熊悠闲漫步于北冰洋洋面的冰块上，跟踪、捕杀海豹和海象。它们是自信的游泳健将，能在冰块下的海水中划行，游上好几千米。

犬科动物

家养的狗狗可能是人类最好的朋友，然而，它们生活在野外的亲戚却是残忍又暴烈的肉食动物。狗、狐狸、豺狼智商高，适应性强，既能够群居，又能独自过活。不少犬科动物集体狩猎，群居社会规定了极为严苛的行为准则，以及极为森严的等级制度。还有些犬科动物更为孤傲，它们依靠敏锐的“五感”和狡猾的天性，捕捉任何可以捉到的东西。

狩猎和食腐

狗，极端的机会主义者，既可以自力更生去狩猎，也会抢夺腐烂的肉食，在两个极端之间自由切换。非洲的黑背豺以狮子和猎豹的残羹为食物，哪怕这意味着和一群秃鹰争斗。它们有时也会冒着生命危险，偷偷地靠近正在进食的狮子，飞快地抢走一口肉。

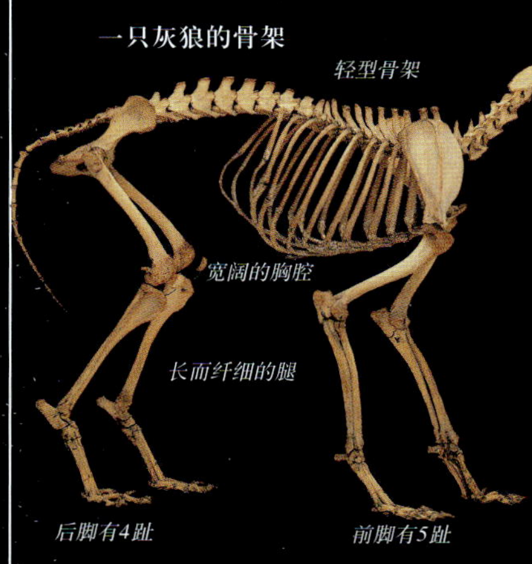

长跑运动员

狗天生就是搞田径的料，适合采用体力消耗战：将猎物追赶至精疲力竭的地步，随后猎捕。它们身材高大，四肢纤细，用脚尖奔跑，步幅也很大。它们的爪子并不锋利，不可伸缩，钩不住什么东西。胸膛宽阔，肺活量大，从而确保跑步时不会喘不过气来。

敏锐的感官

感官敏锐才能满足狩猎的要求。大多数狗的嗅觉比我们人类灵敏100万倍。非洲大耳狐的鼻子并不灵敏，它会用巨大的、旋转的耳朵来弥补这一不足。它的耳朵能听到白蚁及屎壳郎移动的沙沙声。

从嚎叫的音量和力度上，狼能够判断出竞争者的力量有多强，以及狼群的大小。

嗥叫的郊狼

郊狼发出的嗥叫听起来很哀伤，让人潸然泪下。其实，那是它对同类的警告：离我的地盘远一点儿！不过，如果有些同类并未被嗥叫“征服”，警告反面会招致一次攻击。较为安全的方法是，在边界四处撒尿，以此宣告领地范围。

追捕过程中，狗冲受害者的腹部猛咬下去，拖出其肠子，削弱猎物的体力。

暴饮暴食

非洲野犬协作狩猎，就能够扑倒10倍于自身体形的动物。它们像狼一样狡猾，对付不同的猎物采取不同的策略。面对小型动物，比如羚羊，捕获它们的瞬间，使用狂暴的利爪和利齿将其撕裂开来。面对大一点儿的猎物，比如角马，则仍旧采用车轮战，直至将对方累倒。它们不会耐心地等待猎物死亡再进餐。一旦猎物倒下，它们就会开始盛宴。

身体语言

对于灰狼社会来说，面部表情和身体语言起到了关键性的交流作用。狼群等级制度十分森严，首领是一头公狼和一头母狼，只有它们才有权产崽。这对夫妻领导着整个狼群，作出许多重大的决定。它们运用一系列具有权威感的体态和表情，来保证自己首领的地位受到尊重。等级低的狼在它们面前蹲伏，将尾巴夹在两腿之间，或者在地上打滚露出肚皮，以表示顺从之意。

露出牙齿，耳朵平放，低下头，这头灰狼同时发出了防御和进攻的信号。

灰狼是最大的野生犬科动物，其体形可达阿尔萨斯牧羊犬的两倍。

群居生活

对于很多哺乳动物来说，聚居能提高生活质量，同时也是不错的防御方式。肉食动物发现，一旦对方的警惕性提高，它们就很难掩藏行踪悄悄接近猎物。通过力量整合、协同作战，结伙狩猎的肉食动物，如狗、鬣狗和狮子，在面对体形大的动物时，也能占据优势地位。它们发现群居的好处还不仅限于此，让其他活动也变得更加容易，如偷取其他狩猎者的胜利果实、保卫自己的领地、抚育和保护幼仔等。一些哺乳动物群体的成员流动太快，没有凝聚力，很容易溃散；其他的一些群体则更为严密、紧凑。群体的核心通常由血缘关系非常近的雌性组成，它们团结紧密，共同面对生活的苦难。有时候，完全不同种的动物也会组成团队，比如郊狼和美洲獾，它们合力协作，把北美土拨鼠从地下洞穴中挖出来，共享美餐。

所有动物中，麝牛的毛发最长。

以量取胜

小型草食动物一旦接收到危险的信号，会第一时间“闪人”；体形较大的草食动物则往往站立不动。面对狼或者北极熊的攻击，麝牛们通常尾巴挤在一起，用头上的角形成一圈堡垒。麝牛生活在加拿大北部，除了防御肉食动物，它们还得勇敢地面对低温和凛冽的寒风。

母系社会

斑点鬣狗所生活的群体，其等级制度推崇雌性的地位，且十分严格。等级最高的雄鬣狗，地位甚至位于最低等的雌鬣狗之下。鬣狗以家族为单位，合作守护共同拥有的领地。然而，出外狩猎时，大家族往往会“分裂”成更小规模的团体，分头行动。夜晚，它们会发出“呜啊”的呼唤，恐怖得足以使听者的血液凝固。它们也会“呵呵”笑，以此进行交流，因此斑点鬣狗的外号又叫“笑狼”。

斑点鬣狗有一个公共幼儿园，大家一同抚育幼仔。小斑点鬣狗自打出生起，就一刻不停地相互嬉闹着，以此学习猎捕的技巧。

海岛猫鼬通常选择在白蚁窝土堆或者灌木上直立，警戒地张望放哨。

和很多群居动物一样，长鼻浣熊会相互整理毛发，以增进彼此间的感情。

集体狩猎

海豚也爱群居生活，它们的社会称作海豚群，结构非常松散，成员来去自由。有时候，几个海豚群聚集在一起，组成更大的群体，数量可达几百只。它们合作捕捉海面附近的鱼，比如凤尾鱼。它们在鱼群的下方不停地绕圈游动，鱼群因此越来越挤，最后不得不游向水面，从而更易于捕捉。

分居

科学家们一度认为，长鼻浣熊的雄性和雌性是两种完全不同的动物。雄性体形很大，实行独居；雌性体形小，聚居，社会结构严密。只有在繁殖季节，雌性才会容忍雄性迁入自己的领地，之后再无情地将其驱逐出境。

沼狸联合王国

沼狸群采用哨兵轮流制，一些成员站起来瞭望四周，其他成员则在地面上嗅来嗅去，找虫子吃。假若一个哨兵发现了老鹰的踪迹，它会立即发出警告的呼叫，听到警告声，所有的沼狸都会急忙蹿入离自己最近的洞穴。假如前来捕猎的是一种陆生动物，警告声的叫法会略有不同，沼狸逃窜得也不会那么紧急，它们只要就近找一个可以藏身之地即可。

兵不厌诈

说到肉食动物，人们脑海中通常浮现出的是狮子或者老虎的形象。然而，肉食哺乳动物的家族中，多达230种左右的动物体形都很小，而且老谋深算，比如黄鼠狼、臭鼬、猫鼬和浣熊。这些动物虽然小，却奸诈可怕，它们用层出不穷的诡计、灵活的身手以及坚强的意志来弥补体形小的缺点。它们非常聪明，足以智取10倍于自己大小的猎物；行动非常迅捷，足以摆平如眼镜蛇般的危险猎物。小型肉食动物中，不少动物的身体十分柔软、苗条，以便在树干上来回蹿动，或者在无情追捕猎物的过程中，能溜过最狭窄的空间。最小的黄鼠狼，也是最小的肉食动物，甚至可以深入老鼠和野鼠的地下洞穴中，追捕猎物。

豪猪杀手

北美的鱼貂是唯一能杀死豪猪的猎手。它从豪猪的正面攻击，不停地咬它的脸，留下一串深深的伤痕。每当豪猪偏转头部，想用坚硬的刚毛进行进攻时，鱼貂就会做出极为快速的反应，闪电般地跟着转动，再度正面攻击豪猪的脸部。半个小时后，受伤的豪猪筋疲力尽地倒下了，鱼貂此时将攻击的矛头转向豪猪毫无保护的腹部，开始饱餐豪猪肉。

狼獾的下颌极为有力，能咬断猎物的脊椎骨和咬动冻得僵硬的肉。它们宽宽的脚掌好像雪靴一样，能分散身体的质量，使之能站立在松软的雪上。

贪婪成性

狼獾的体形不过一只小狗般大小，却能猎杀驯鹿。它能特意将驯鹿追赶到雪堆，趁其掉落时，撕开猎物的喉咙。尽管这种凶残的动物胃口极大，但一只狼獾仍无法一次性解决一头完整的驯鹿。剩下的鹿肉将被藏在雪中，冷冻保存至以后食用。

鱼貂吃的鱼其实非常少。它更喜欢小型的哺乳动物、蛋和昆虫。

零食不过是獴庞大食谱中很小的一部分。它们主要吃微小的动物，比如昆虫和蜘蛛。

相对于其体形来说，白鼬的力量非常大。它们能捕杀10倍于自身体重的兔子，并拖着猎物的尸体回到自己的巢穴。

兔子魔法师

白鼬跳上蹦下，跳着令人心醉的舞，以此魅惑猎物。兔子呆若木鸡，不知不觉蹲坐下来，一动不动，观赏醉人的舞姿，完全没有意识到这只奸诈的白鼬正一寸寸地靠近自己。白鼬蹦至兔子的身边，忽然一跃而起，扑向受害者，直接朝其脖子咬下去。

令人着迷的马岛缟狸

如果你运气足够好，看到一只轻快飞奔下树的马岛缟狸，可能会认为这是一只外表古怪的猫：四肢似乎发生骨折，又被蹩脚的医生接起来。猫们倒退着爬下树得费好大的劲，马达加斯加的马岛缟狸却能轻松地直接爬下树，诀窍就在于它那能360°弯曲的后腿。它们行动灵敏，穿梭于树顶之间，“追捕”马达加斯加岛上另一种独特的动物——狐猴。

快速和敏捷

獴猎杀毒蛇，比如印度眼镜蛇。之所以能逃过致命的蛇咬，关键在于它的快速和灵活。獴在蛇的两边飞速地蹿来蹿去，不停地戏弄它，逮住一次绝佳机会，便凑近蛇身，实施偷袭。它死命地咬住蛇脖子，粉碎其脊椎。它对蛇毒并不免疫。但足以毒死其他动物的蛇毒剂量，却无法在它们身上造成同样的后果。它们还吃毒蝎子，捕猎手法大同小异：先是戏弄蝎子，迫使其释放尾巴上的毒针，之后再展开进攻。

化学武器

只有少数几种哺乳动物使用化学武器自卫，臭鼬就是其中之一。假如一只臭鼬使尽法宝，比如冲刺、跺脚或者倒立，都无法吓走攻击者，它就会抬起尾巴，肛门喷出一股带恶臭的液体。臭鼬算得上“神枪手”，有本事直接把液体喷到敌人的眼睛里，引起剧痛和暂时性失明。这股液体极臭，远在一千米之外都能闻到。

啮齿目动物和兔形目动物

一个特别简单的发明——磨牙，帮助啮齿目动物和兔形目动物成为地球上最成功的哺乳动物。啮齿目动物的种类繁多，数量高达2 000多种，几乎占了哺乳动物总数的一半——小至体形最迷你的老鼠，大到绵羊般的水豚（后者的体重相当于一个人类男性）。啮齿目动物能够奔跑、游泳、攀爬、潜行、蹦跳、挖洞和跳跃。陆地上所有可以想到的居住地，几乎都有它们的身影，如沙漠、雨林、冰冻的北极，当然还有人类的家园。穴兔和野兔，看起来同啮齿目动物很相似，除了牙齿上一些细微的区别，二者同样都有较短的尾巴、长长的耳朵和后腿。

没有水的生活

跳鼠已经完全适应了沙漠生活。它们能够通过体内的一种化学反应，利用食物制造、获取水分，所以从来不用喝水。白天，烈日炎炎，跳鼠藏在凉爽的地洞中；夜晚，它们蹦跳着四处觅食，看起来就像是缩小了的袋鼠。

一只野兔正试图摆脱追捕者，其奔跑的时速高达72千米。

奔跑

穴兔和野兔的身体为高速奔跑而构造，长长的后腿则适于蹦跳。由于在野外的空旷地带觅食，所以它们总是很警觉。头部两侧的眼睛形成近乎360°的视角，长长的耳朵能够听到最轻微的脚步声。野兔的后腿比穴兔更长，奔跑的速度也更快。穴兔与野兔还有一点不同：穴兔在洞穴中生育孩子，野兔则把孩子们藏在地面上。

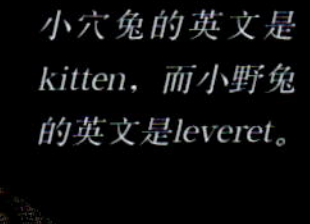

小穴兔的英文是kitten，而小野兔的英文是leveret。

强大的繁殖力

啮齿目动物、穴兔和野兔都有着极为强大的繁殖能力。一只母兔每年产6窝，每窝最多可有12只兔仔，因此一只兔子每年最大的繁殖数量是72只。当食物供应匮乏时，兔子能够自我消化未出世的兔仔，放缓繁殖的速度。

鼠兔站在岩石上，发出尖叫声，以此来保卫自己的领地。

干草机

鼠兔看起来更像天竺鼠，而不是兔子。但是科学家们把这种动物归到了和穴兔、野兔一个类别里。它们生活在高山上的草甸中，在寒冷的天气里如鱼得水。假如天气太热了，它们反而会痛苦地死去。秋季，鼠兔会收集很多青草，搭建草堆以便用于过冬。

啮齿动物中的巨人

说到啮齿动物中的巨人，非美洲的水豚莫属，它重达66千克，比最小的老鼠重1000倍。它生活在水中，身体浸没在水面下，双眼长在头顶，露出水面视物。和啮齿目动物中的草食动物以及兔子一样，水豚依赖共生细菌来消化食物。由于这些细菌存活于大肠中，水豚不得不吃掉自己的粪便，以便从中获得大部分的细菌。

巢鼠的手细小，能抓握东西；尾巴细长，也能夹握东西，有利于它的攀爬。球形的巢穴由禾本植物的叶片编织而成，悬挂在植物的茎秆上。

身手敏捷的攀爬者

欧亚大陆的巢鼠是最小的啮齿动物之一，长度不过5厘米左右（尾巴未计算在内）。它们生活在高高的青草上，攀上爬下，狩猎昆虫和种子，看起来极像一只超级小的猴子。和其他很多啮齿动物一样，巢鼠在食物紧缺的时候，会吃掉自己的孩子。

不停啮咬的牙齿

啮齿动物的嘴巴前方长着两对门牙，它们从未停止过啮咬东西。每颗牙齿的前方由耐磨的珐琅质构成，后面则是较为柔软的象牙质。于是，当牙齿在一起磨啊磨的时候，就能在食物边缘磨出像凿子般的刀锋，完美地突破最坚硬的坚果和种子的外壳。

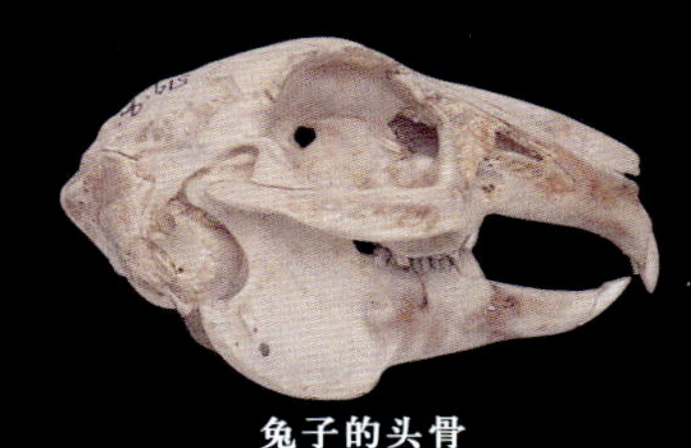

兔子门牙后多长了一对三角齿。

兔子的头骨

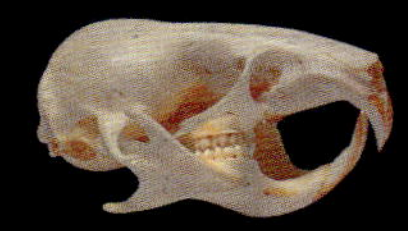

进食时，假如有削下的皮或其他东西，会通过上下门牙之间的裂缝掉落。

仓鼠的头骨

仓鼠往巨大的腮里塞满食物，带回巢穴。

仓鼠

家园和避风港

小型哺乳动物会面对很多挑战，其中最大的两个，一是保持体温的恒定，二是避免被捕食。建造一个安全、温暖、舒适的庇护所，白天藏身其中，夜晚睡眠休息，还能生育后代，真是个一举两得的好主意！最常见的建筑手法就是在地上挖个洞钻进去。也有些哺乳动物更富有创造性：竹蝠钻进空心的竹节中，北美的飞鼠则用苔藓作材料，做成一个可以吃的窝。冬天是觅食尤为困难的时期，一些哺乳动物会找一处隐秘的地方闭关睡觉，进入深度的睡眠状态，好几个月后才会出关。

海狸先生的小屋

海狸的家安设在一个“人工小岛”上，我们称之为“海狸窝室”。窝室由一堆泥巴和木条建成，外形很像水坝。内部空间高于水平面，宽敞透气，适宜居住。海狸通过一条水下通道，秘密进出窝室，让捕食者无法追踪，哪怕水面冻结，也无力阻止它的通行。冬季来临之前，海狸会收集带有绿叶的树枝，“冷冻”保存在池塘底部，作为度过严冬的储备粮。

海狸的窝室位于水坝的上游，周围环绕着“人工池塘”。

窝室是海狸远离捕猎者的天堂。

水坝工程师

海狸会建造一道横贯水面的水坝，创建“人工池塘”或“人工湖”。它们拿凿子般的牙齿把树咬切成木条和木块，堆积在水面上，用泥巴和碎石凝固。成千上万的木条木块，最终建成了一道密不漏水、长达90米的水坝。年复一年，海狸不停地扩建和修复着水坝。

假死

榛睡鼠冬眠时，身体冷冰冰的，一动不动，看起来就像死了一般。它们的体温骤降到1℃，心跳和呼吸的次数也减缓至平常的十分之一。榛睡鼠能够这样睡上7个多月之久。

漫长的冬眠过程中，榛睡鼠偶尔会醒来，几分钟后又沉沉睡去。

筑帐蝠白天睡觉，夜晚外出觅食。

筑帐蝠

筑帐蝠的家拆开来，就是一片叶子。这些蝙蝠咬断叶片的主叶脉，像我们搭帐篷那样，搭建自己的窝，随后从下方飞入窝里，倒吊在其中——叶子帐篷保护它不受雨淋之苦，不被捕食者发现。在中美洲和南美洲的雨林中，生活着好几种筑帐蝠，其中只有洪都拉斯白蝠长有毛发，其浑身洁白似雪。

“狗镇”

北美土拨鼠俗称“草原狗”，它们的家深入地下，占地广大，四通八达，好似我们的城镇，被称为“狗镇”。“狗镇”由很多错综复杂的通道组成，让外来的捕食者感觉好似走入了一座迷宫，草原狗则趁机逃之夭夭。新闻报道过的最大的“狗镇”拥有4000万居民，占据了美国得克萨斯州将近十分之一的面积。如今，美国草原上的北美土拨鼠已经基本灭绝，因为无数农场的马和牛曾被“狗镇”绊倒，摔断了腿，也因而破坏了它们的家。

捕食虫子

欧洲的鼹鼠每天挖掘地下隧道，匆忙地来回奔跑，寻觅食物。一旦发现掉进隧道里的虫子，它们会赶忙上前抓住，咬上一口，将毒液渗入其伤口，使其瘫痪。随后它们挤出虫子体内的泥土，美美地吃掉。鼹鼠能双向爬行，朝前或朝后都没有问题。身体前后两端皆有胡须，作为黑暗地下世界中的“眼睛”，感知各种事物。

地下食品库中，储存着吃不完的虫子。

鼹鼠会收集地面上的稻草，把小窝装修得温暖又舒适。

鼹鼠前爪巨大，以便挖掘洞穴；一双眼睛小得出奇，几乎看不见东西。

一只鼹鼠的寿命大概只有4年，一生中能够修建好几百米长的地下隧道。大多数隧道呈水平走向，偶尔会有垂直走向的，鼹鼠挖洞的泥土从这里被推向地面，形成鼹鼠丘。

忍耐力

高至最高的山峰，低至最深的海底，在地球上几乎所有的地区，都能看到哺乳动物的身影。对于高山上和极地地区的动物来说，除了0℃以下的寒冷，它们还得忍受其他恶劣的环境条件。它们必须想办法应对空气稀薄、呼吸难的问题，或者冬天大地一片荒凉、觅食难的问题。荒芜的沙漠里，几乎没有多少可吃的，加之热浪滚滚、水源紧缺，找到食物的难度再度提升。海洋中，哺乳动物不得不面临另一项对于忍耐力的测试——呼吸。它们和其他哺乳动物一样，必须呼吸空气才行，而这样的必需品只有浮出水面后才能获得。

雪地里的猴子

为了应对冬日的冰冻寒冷，日本猕猴浸泡在滚热的温泉水中，放松身心。不过，爬出温泉池时猕猴们就会非常难受，它们不得不颤抖着等待湿漉漉的毛发自然风干。所有的猴子中，日本猕猴最具有忍耐力，这多亏了它们身上那奢华的“厚皮大衣”。它们比其他猴子生活得更靠近北方，吃树皮和树芽艰难过冬。

稀薄的空气

高高的美洲安第斯山脉上，空气极其稀薄，人们假如没有携带氧气罐去登山，很可能会遭受一种叫“高空病”的致命危险。然而，羊驼却能舒适地生活在海拔4000米的山区。它们之所以不受稀薄空气的影响，原因在于其体内那些小小的、椭圆形的血红细胞能携带充足的氧气。

抹香鲸放缓心跳的次数，将氧气储存在肌肉中，潜入海底，并打破了人类的潜水纪录。

深海潜水员

众所周知，抹香鲸拥有哺乳动物界最大的大脑。此外，它们还保持着另外一项世界纪录——潜水。抹香鲸能屏住呼吸1个小时左右，下潜3.2千米到达能见度只有30厘米（1英尺）左右的区域，搜寻乌贼。

沙漠之舟

骆驼能够不喝水在沙漠中行走10个月。它们是如何做到这一点的呢？首先，骆驼能从食物或者驼峰储存的脂肪中获取水分。其次，一旦寻找到水源，它们能喝下136升（30加仑）的水，其体积几乎可以注满整整一浴缸，质量相当于骆驼本身体重的四分之一。第三，骆驼的汗液、尿液和粪便中几乎不含水。它们的粪便非常干燥，常被沙漠中的居民拿来当柴火用。

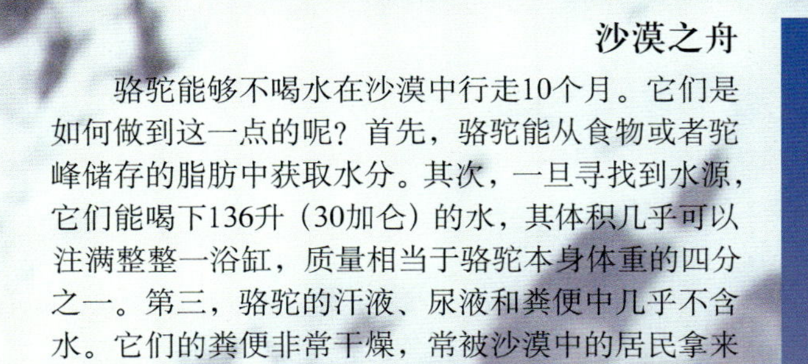

经过一段没有水、没有食物的长途跋涉，骆驼的体重减了一半。

保持凉爽

生活在撒哈拉沙漠，保持凉爽可不容易。大耳狐白天藏在地洞中躲避炎热，呼吸频率高达每分钟700次，以此散发热量。极为巨大的耳朵如同散热器，在它们的帮助下，大耳狐不需要流汗也能散发额外的热量。像很多其他沙漠动物一样，大耳狐从食物中获取水分，而且从来不需要喝水。

大耳狐的耳朵不仅可以帮助散热，还能帮助收音。夜晚捕猎时，它们能听到猎物发出的微弱的声音。

毛色和伪装

所有大型野生动物出生后，一直生活在死神的阴影中，哺乳动物也不例外。对于大多数哺乳动物来说，第一自卫守则就是避免被捕食者看到。因此，它们会利用毛发做伪装——五彩斑斓的“迷彩服”，或者长出斑纹，让自己融入环境。哺乳动物的毛色大多偏灰暗，不过也有的外表装饰着漂亮的条纹、斑点或者螺圈，与周围的青草或斑驳的树影融为一体；某些动物的毛色还随着四季的更替而改变。绝大多数的哺乳动物会尽力隐藏自己，而有一些却正好相反，它们颜色鲜艳，特别能引起外界的注意。

黑与白

北极熊皮肤黑，毛发却洁白如雪。完美的伪装让它们能偷偷接近海豹而不被发觉。其实，北极熊毛色雪白的秘密在于：其毛发中空且透明，散射着光。在阳光和煦的天气里，动物园里的北极熊可能会变绿毛熊，这是因为其毛发里长了海藻。

白化猿

哺乳动物毛发的颜色源自一种叫“黑色素”的化学物质，它存在于眼睛、皮肤和毛发中。少数罕见的个体体内，由于产生黑色素的基因无法正常工作，于是出现了“白化病”。所以我们看到一只动物从头到脚都是白色的。多数白化病动物的眼睛是看不见的。

巴塞罗那动物园里，住着一只白化大猩猩——雪花。

冬季白服

夏天，奔跑于草甸上的北极狐灰不溜秋的。冬天，白雪皑皑，它们又换上了银白色的大衣。像这样会换装的动物还包括黄鼠狼、旅鼠和美洲兔。白昼的变化触发了它们体内的机关，提醒它换装。白天变得越来越短之时，大脑会释放出一种激素，刺激毛发改变颜色。

黑豹

与白化病正好相反的现象是，体内黑色素太多。黑豹其实与一般的豹没什么区别，但是它们体内过多的黑色素将其毛皮大衣染成了黑色。在光线不足的森林中，这种黑豹最为常见。马来西亚的丛林中，有一半以上的豹是黑豹。

粉墨登场

雄性山魈（xiāo）有着哺乳动物界最多姿多彩的脸——猩红色的鼻子、鼻子旁蓝色的皱褶、白色的短须、橙色的胡须，再加上大大的、没有毛发的蓝色屁股，整个造型得以完成。山魈的毛色如此鲜明，仅仅是为了讨好雌性。经过好几百代的“投其所好”，雄山魈已经变得比祖先更为华丽。

寻求注目的动物

生命的头3个月中，银叶猴的毛色是橙色的，真令人吃惊。3个月后，它们的毛发才变成略带灰的黑色。关于这些猴子到底为什么要生下橙色的小猴至今还是一个谜。科学家们推测，明亮的颜色可能是对成年银叶猴的一种信号，触发其保护欲，特别是在幼仔们还处于易遭受攻击的时期。

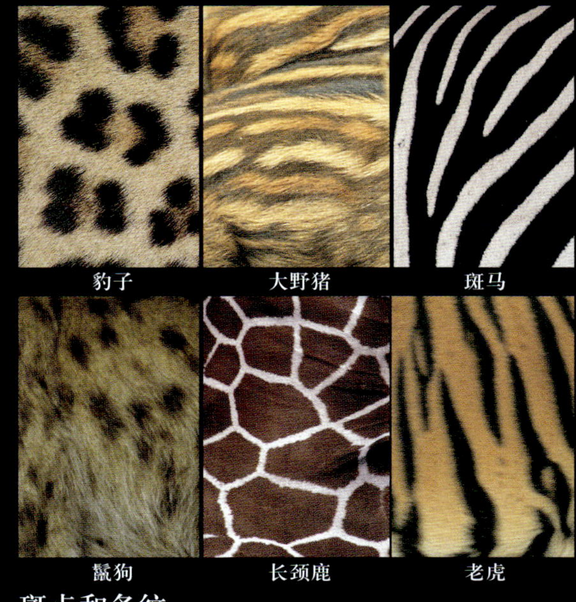

斑点和条纹

斑点和条纹能帮助动物伪装，以及打破这些动物的形体外廓。但这不是它们存在的唯一目的。斑马的条纹拿来当伪装，是毫无指望的——它们太过显眼了。但它们可以帮助斑马相互辨认，组合成斑马群。

食虫族

假如有捕捉大量昆虫的本领，就不用为吃什么发愁了。许多哺乳动物把昆虫当零食；但对另外一些哺乳动物来说，捕食昆虫已变为它们赖以为生的手段。它们虽来自哺乳动物的各个不同家族，习性却极为相似。最大的一个相似点就是：袭击蚂蚁窝和白蚁窝，并捕食蚁类。这些动物的爪子很有力，可以挖洞，舌头长长的、带有黏性。小型的昆虫食用动物，比如鼩鼱和眼镜猴，往往采用另外一种不同的策略。它们有着极为灵敏的反应，能在半空中截获它们的猎物。

巨型食蚁兽

对于北美洲的巨型食蚁兽来说，奇袭是最不可或缺的捕食技巧和策略。侵入蚁窝，会招致潮水般蜂拥而至的蚂蚁士兵。在工蚁发动可怕的叮咬总攻之前，巨型食蚁兽只能偷到大概100多只蚂蚁及其幼虫。食蚁兽先用爪子扒开蚁窝的入口，60厘米（2英尺）长、有黏性的舌头随后探入蚁窝，用带倒钩的舌刺钩住猎物，以每分钟150次的频率快速伸进伸出。巨型食蚁兽每天"拜访"大约200个蚁窝，每一窝的损失都不会太大。

巨型食蚁兽的手臂强健有力，曾因打碎美洲豹的骨头而名扬天下。

挖洞做晚饭

土豚的耳朵像兔子，拱嘴却像猪，是非洲最为古怪的动物之一。晚上，它们在草丛中拱来拱去，用鼻子吸入泥土，感知其中是否有蚂蚁或白蚁，同时发出“哼哼”的声音。探测到蚂蚁聚集的地方，它们开始往下挖洞，用捕蝇纸那样黏糊糊的舌头探入蚁窝，捕捉猎物。土豚挖洞的速度极快，能够在短短5分钟内消失在地表。

修建跑道

象鼩的长拱嘴柔软、可随意弯曲，如同大象鼻子的微缩模型。它们挖掘出一个犹如伦敦街道般复杂的地下跑道网，飞快跑过跑道时，拱嘴不停地吸食泥土中的昆虫。象鼩每天花三分之一的时间，一丝不苟地清扫跑道，移开树枝和树叶，为自己逃离危险扫清障碍物。

一只三带犰狳(qiú yú)蜷曲着身体，不留下任何入口给敌人侵入身体柔软部分的机会。

披上盔甲

穿山甲捕食蚂蚁和白蚁的方法，同食蚁兽如出一辙。有时候，它们展开盔甲的鳞片，任由愤怒的蚂蚁爬遍全身。那些它们自己抓挠不到的跳蚤，全被蚂蚁一扫而净。

眼镜猴的眼睛比它们的大脑还要大。从眼睛和身体的比例来讲，它们的眼睛是哺乳动物中最大的。

蛾和苍蝇飞在半空中被抓住。

蜷裹成球

犰狳四处翻箱倒柜地寻找昆虫的时候，会发出很大的声响，可能招来捕食者的注意，因此防御是头等大事。最常见的防卫技巧就是利用体表的盔甲，把身体蜷裹成一个坚硬的球。有时，某些幸运儿潜入河中，逃离危险。蚂蚁、白蚁和甲壳虫组成了犰狳的菜单主食。也有一种犰狳会在腐烂的动物尸体下面挖洞，用蛆来填饱肚子。

眼明手快

东南亚一带的眼镜猴拥有两大法宝——大大的手和快速的反应，空中飞行的昆虫通常难逃它们的魔掌。这些夜间活跃的捕食者不能转动眼珠，只得像猫头鹰那样，360°旋转头部。它们最爱蛾、蚱蜢、甲壳虫和蝉，也会捕食蜥蜴和雏鸟。有时候，它们还会飞越树荫，突袭猎物。

飞翔的翅翼

白天，鸟儿们统治天空；太阳落山后，权杖则交接给能够飞翔的哺乳动物。空中的哺乳动物种类繁多，其中最有名也最常见的就是蝙蝠。尽管很少被人看到，但它们的种类的确不少，占据了哺乳动物种类的四分之一，遍布全世界。它们拍打着翅翼，悬浮于空中，是正牌的“飞行员”。其他“飞行”哺乳动物只能算得上是滑翔者：跳离树枝，伸展脚部皮肤，形成滑翔翼，进行滑行飞翔。

飞鼠

美洲的飞鼠滑翔于树林间，最远距离可达100米。双腿间的皮肤为翼，双脚和尾巴做舵，以垂直旋转身体来实现刹车。滑翔中，它们会降低飞行高度，因此再度滑翔之前，必须蹦跳着爬到高处。

活风筝

东南亚的猫猴滑翔的样子非常像一只风筝：毛茸茸的飞行皮膜从手指开始，一直延展到尾巴。它们的身体巨大，皮膜松软，行走于地面时笨拙无比，几乎无力反抗任何的攻击。

孩子紧紧地贴附在母亲腹部，躺在母亲毛茸茸的皮膜“吊床”中。

猫猴的毛发也有伪装，颜色与覆盖有地衣的枝条十分相似，是躲避捕食者的额外保险。

猫猴也叫飞猴，然而它既不是猴子，又无法飞翔。

果蝠

水果和花蜜是生活在非洲、亚洲和澳大利亚雨林的大型蝙蝠——果蝠的主食。它们同样在夜晚觅食，但是方法与食用昆虫的同类不同：它们利用大大的眼睛搜寻食物。果蝠一晚上最多可飞65千米，或者在宽阔的印度洋上盘旋，辗转于各小岛之间。

由于那张狐狸似的脸，果蝠也被叫作飞狐。

果蝠集体栖息在树顶，发出嘈杂的尖叫声，通过扇动翅翼散热。

用声音“看”东西

很多蝙蝠有用声音“看”东西（回声定位）的神奇能力。它们一阵阵地拍打翅巢，次数高达每秒200次。随后大脑分析传回来的声波，画出一种特殊的图。多亏了回声定位，蝙蝠才能够在完全黑暗的夜晚，捕捉空中的昆虫。

菊头蝠（蹄头蝙蝠）正在捕捉一只蛾子。

蝙蝠能够仔细倾听自己发出叫声的回声，“看见”飞行中的昆虫。

一只蝙蝠在发射超声波脉冲。

超声波脉冲遇到蛾子，反弹回来，被蝙蝠所接收。

猪鼻蝙蝠

世界上最小的哺乳动物是泰国的猪鼻蝙蝠，其质量不超过1.5克，大小不超过一只大黄蜂。这只超迷你动物是在泰国的雨林中被发现的，吃极小的蚊蚋和蜘蛛。

吸血蝙蝠

吸血蝙蝠不仅攻击家畜，还从熟睡的人类身上吸食血液，附带传播狂犬病。为了避免惊醒受害人，它们在人身边着陆，无声地爬上身体。吸血蝙蝠的尖牙薄如剃刀，切开皮肤轻而易举；唾液具有镇痛作用，因此受害者感受不到它的吸咬。

鼻子和耳朵

很多蝙蝠有着丑陋的鼻骨，长在脸外边，好集中接收它们叫声的回声以进行定位。声音的频率对我们的耳朵来说是如此之高以至于根本听不到，但对于它们来说，可能会是震耳欲聋的。所以，为了保护自己，有些蝙蝠会关闭耳朵。其他蝙蝠则是“轻言细语”的——它们微弱的叫声也不会惊扰到猎物。

鼻骨好似外设天线，密切注意接收声波。

大耳朵感觉敏锐，也接收回声，甚至能听到一只昆虫行走时的声音。

与水相伴

有些哺乳动物只是为了觅食而下水游泳，而对于另一些哺乳动物来说，下水则更为频繁，甚至是必需的行程。这些两栖类哺乳动物过着双重生活，水和陆地都是它们的家园。比如河马，它们只在吃饭时才上岸，休息时则回到水中。海豹和海狮却正好相反。几千年的岁月过去了，这些哺乳动物在水中生活得太久，最终进化成适应水生生活的动物：身体趋于流线型，体表变得光滑，四肢也变为了鳍手。

海狮追捕鱼类或者玩耍时身手灵活，能够轻而易举地在水中扭曲和旋转身体。

水獭

水獭只部分进化为水生动物。柔软而纤长的身体显然是鼬科动物的典型特征，并使得它们在入水后身手灵活得惊人。同时，它们依然能够在陆地上四处奔跑，捕食猎物。水獭的毛发非常密，形成防水的空气膜，可以保证下水后身体温暖依旧。

水獭每平方厘米的皮肤上就长有7万根毛发。

海狮

海狮在进化道路上比水獭走得更远。它们的腿仍然可以用于支撑身体的质量，以及行走于地面上。和水獭一样，海狮有着起保护作用的光滑如绸缎般的毛发，另外还拥有一层隔绝层——皮下脂肪。

海狮的胡须灵敏度高，在黑暗的水中全靠它们来指引前路。

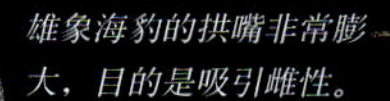

雄象海豹的拱嘴非常膨大，目的是吸引雌性。

象海豹

海豹比海狮更接近水生动物。它们的外耳郭已然消失，好让形体线条更为流畅。一旦上岸，鳍手则几乎毫无用处。它们无法行走，只能用腹部拍打地面，蹭着向前走。所有的海豹中，象海豹是潜水冠军。它们能够屏住呼吸长达两个小时，下潜至水下1.5千米深的地方。

水鼩（qú）

水鼩下水捕捉昆虫、青蛙和鱼时，能憋气约30秒。它们的脚趾很长，上面长有一簇簇的硬毛。踢蹬水的时候，脚趾能给予额外的推进力。依靠这样的脚趾，水鼩甚至能够跨河而行，在水面上奔跑好几米却不会掉落水中。它的皮毛“大衣”质地优良，同河獭的一样，在体表形成薄薄的空气层，防水保温。

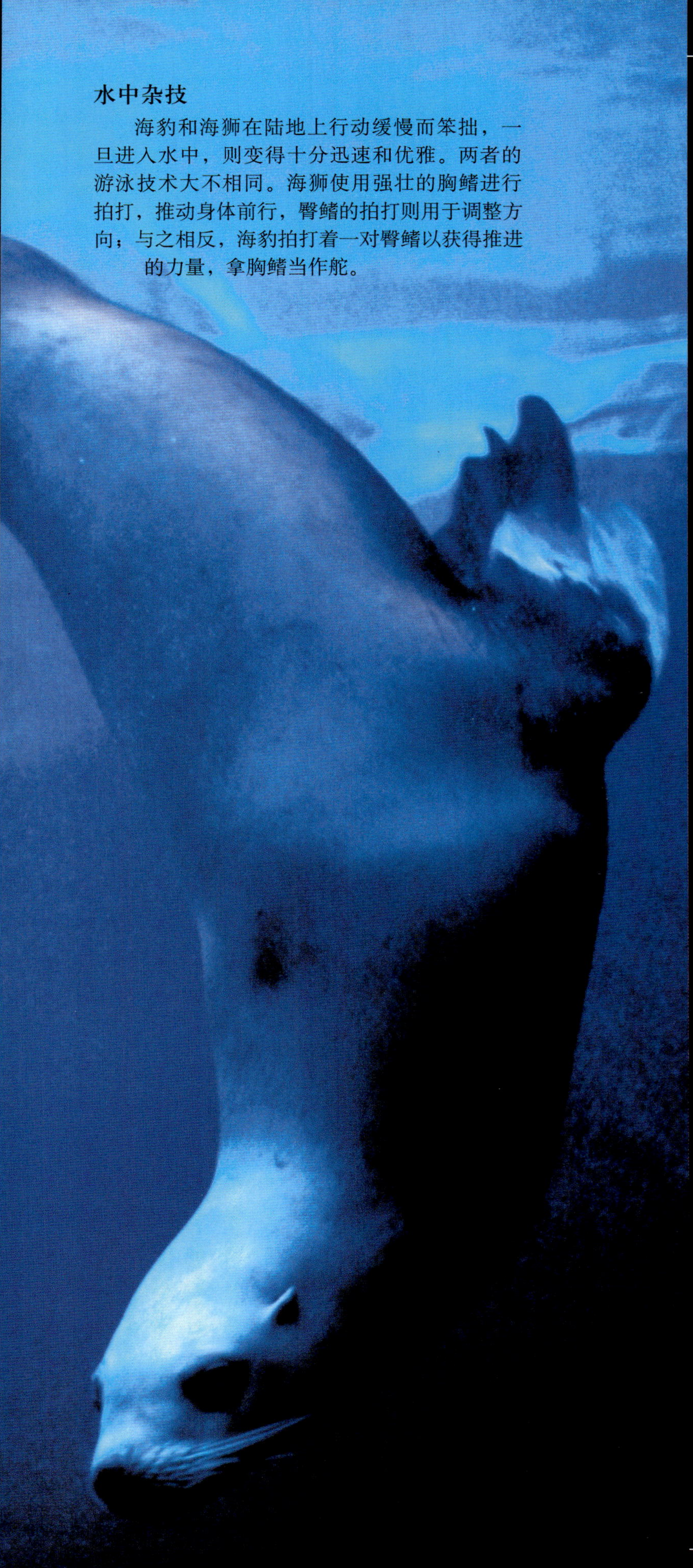

水中杂技

海豹和海狮在陆地上行动缓慢而笨拙，一旦进入水中，则变得十分迅速和优雅。两者的游泳技术大不相同。海狮使用强壮的胸鳍进行拍打，推动身体前行，臀鳍的拍打则用于调整方向；与之相反，海豹拍打着一对臀鳍以获得推进的力量，拿胸鳍当作舵。

水面上的象鼻子

用鼻子呼吸通气，大象也能够变成游泳好手，有些科学家甚至认为，大象肯定经历过水生阶段的进化道路。非洲象只在洗澡时才浸泡在水中；亚洲象则不同，它们更有雄心征服各种水域。在印度洋的安达曼群岛，大象背着驯象人，能游过好几千米宽的海面，穿梭于各岛之间。一只驯养大象从前往美国动物园的船上掉入海中后，游了64千米。

充血的海象

离开水域上岸休息时，海象很可能会热死，因为它们的皮下脂肪太厚了。因此，为了散发过多的热量，它们会主动让身体发红。血液急速涌向皮肤表层，使其呈现粉红色。海象在北极圈的边缘地区生活，身躯庞大且肥硕，如此才能抵御寒冷的海水。海象觅食的方式和猪差不多：四处翻拱海底的泥土，吃掉躲藏于其中的海蟹和水母。

海中霸王

哺乳动物中，鲸、海豚和海牛的身体构造最接近水生动物。约5000万年前，它们长有四肢的祖先离开了陆地，进入水中生活，身体剧变的过程也随之开始。随着时间的流逝，进化使得它们的前腿变成了胸鳍，尾巴上出现一个分叉（鲸尾叶突），后腿和皮毛萎缩，最终消失得无影无踪。由于水的浮力极有力地托撑着身体，某些动物放心大胆地生长，最终成为体形庞大的海霸王。如今，鲸、海豚和海牛一生都离不开水，但它们需要浮上水面呼吸空气。吃喝拉撒、睡觉休息、交配生子以及哺乳抚育后代，所有的活动都在水中进行。假如离开了水来到陆地上，它们的质量很可能会把自己累死。

蓝鲸发出轰隆隆的噪声，大陆和海底将声音反弹回来。通过分析回声，它们能在水中找到前行的道路。

座头鲸

跃出水面，然后任由重达30吨的身体砸向水中，这是座头鲸交流的方式之一。对于耳朵高度灵敏的其他同类来说，它们的说话声太大，如同一次又一次震耳欲聋的爆炸。听力是鲸和海豚最重要的感知方式，它们也使用声音来寻找食物，确定行进路线，对远方的同类歌唱和说话。

雄性座头鲸跃出水面，再落入水中。这华丽壮观的表演叫"鲸跃"。

蓝鲸

长27米、重150吨，蓝鲸是迄今为止所有动物中最大的。一只蓝鲸的体重是一只大象体重的33倍，比最大的恐龙还要重1.5倍。单单它的舌头，体积就相当于一辆轿车。蓝鲸光凭体积，哪怕在最冷的海域，都能保持体温的恒定。

齿鲸

科学家将鲸和海豚分作两大亚目——齿鲸和须鲸。齿鲸亚目包括海豚、鼠海豚、虎鲸和其他几种鲸。它们全都是高智商猎杀者，牙齿像钉子似的，十分尖利，有助于猎取皮光水滑的鱼类。下图中的虎鲸正冲上沙滩猎捕海狮。

须鲸

须鲸的体形比齿鲸更大。它们的嘴巴里没有牙齿，而是一道由成百上千根硬毛组成的鲸须板。鲸须由上颌垂下，好似一幅巨大的窗帘。须鲸进食时，吸入一大口的海水，放下鲸须板，再用舌头把海水排出去。每次吸吐后，大概会有上百万的小型生物（比如磷虾等）被鲸须筛下来。

磷虾

海豚

体表光滑、体形流畅，让海豚得以在水中快速地游动。海豚好玩又善良，但偶尔也会暴露出其残暴的一面——雄海豚尤为喜欢滋事打架，身上布满战斗过的伤痕。和其他齿鲸亚目动物一样，海豚捕猎时也用回声定位。它们发出一波又一波高频率的声音，大脑通过破译回声信息，创造出图像。

海豚群体生活，它们经常列队一起游泳，并一同跃出海面。

海牛

儒艮和海牛有时被称作“海里的牛”，因为它们是体积庞大、性格温顺的草食动物。海牛生活在大西洋海岸线一带的河流中，儒艮则在印度洋和太平洋海岸线附近出没——都在热带的浅水水域。科学家认为，儒艮和海牛的祖先与大象有亲缘关系；而鲸和海豚的祖先，则可能与河马有些血缘关系。

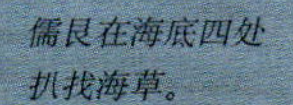

儒艮在海底四处扒找海草。

有袋目哺乳动物

16世纪，冒险家将一只袋貂带回欧洲，敬献给西班牙国王。国王惊奇地将自己的手指伸进它的小袋子里——学者称呼这个小袋子叫marsupium，意思是“袋子，小钱包”，因此这种动物以“有袋动物”的身份名闻天下。实际上，并非所有的有袋动物都长有袋子，不过它们中大多数产下极小的后代，在母亲体外发育。大多数有袋动物生活在澳大利亚、新几内亚及其周围的小岛以及塔斯马尼亚岛上，大概有70种袋貂生活在美洲。

大小孩儿

袋貂一胎能产十几只幼仔。它们没有育儿袋，所以它的孩子不得不用尾巴缠住母亲，紧紧地攀附在它们身上。刚出世时，它们跟谷粒一般大，飞速地含住母亲的乳头。乳头大小正好适合它们嘴巴的大小，咬住后就很难分离开来。如果幼仔的数量超过乳头的个数，没有抢到乳头的小袋貂就无法跟随母亲，最后会夭折。

小小恐怖分子

袋鼬外表小小巧巧，可爱极了，实际上却是残暴的肉食动物。它们吃家鼠就像我们吃香蕉一样，从头开始吃，不断剥开皮，吃到果肉。它们也喜欢吃昆虫、蜈蚣、蜥蜴和鸟类。

“拳击手”——袋鼠

交配季节，雄性袋鼠相互搏斗，争取与雌性袋鼠交配的权利。直直地站立起来，相互搭好手臂，然后尽力推倒对方，或者踢打对方的肚子。很多袋鼠会拼命搏斗，因为赢家可与这个地区内所有的雌性交配，而输家则不得不耐心等待上至少一年，才能重新获得交配的机会。

搏斗中，袋鼠用强劲的后腿狠狠地踢打对方的肚子。

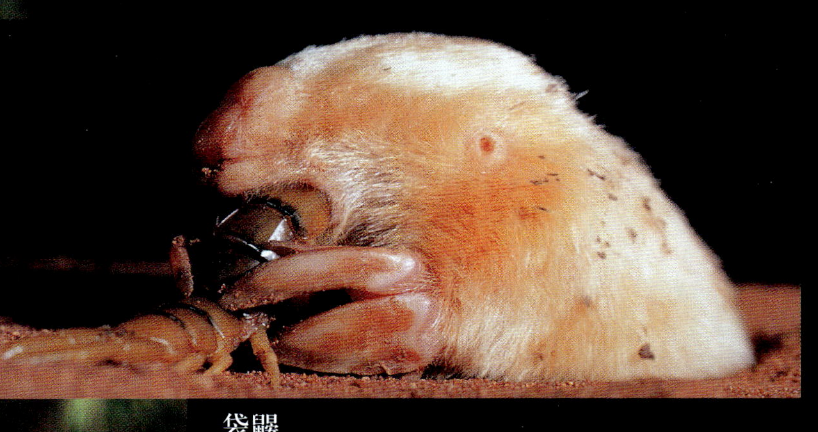

袋鼹

经过趋同进化，一些有袋动物看起来与它们没袋子的近亲非常相似。袋鼹外表就像一只普通的鼹鼠，长有挖洞的巨爪、铲子状的头、细小而无用的眼睛。但是袋鼹挖不出真正的地洞，它们只能"游"过松散的泥土，然后在后面形成洞穴，这与真正的鼹鼠大为不同。它们的育儿袋开口向后，可以避免塞满泥土。

繁殖

生育方式的不同，成为了区分有袋哺乳动物和胎生哺乳动物的主要特征。有袋动物生产幼仔，但幼仔出生时非常小，发育也不完全——通常在育儿袋中完成发育；而胎生哺乳动物的宝宝待在母体中（子宫）的时间更长，通过胎盘与母体相连。胎生哺乳动物只有一个子宫和一个阴道，而有袋哺乳动物却有一对。

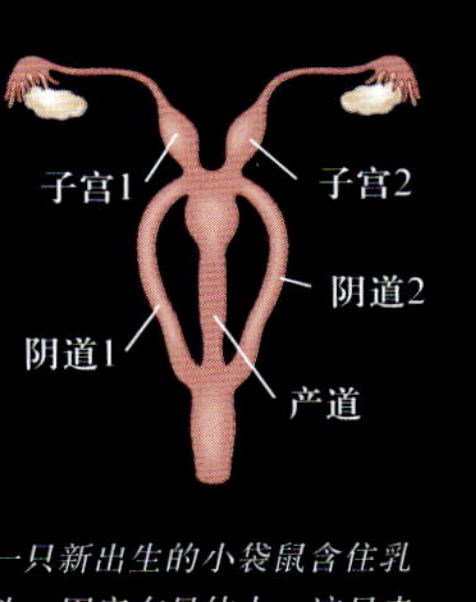

一只新出生的小袋鼠含住乳头，固定在母体上。这只赤大袋鼠的幼仔大概4个月大。

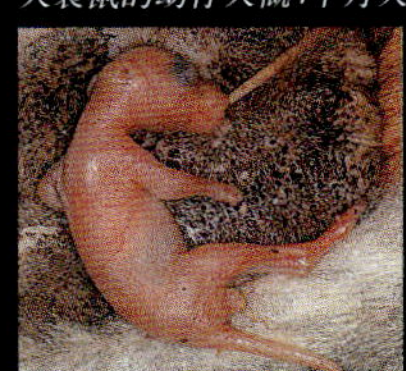

赤大袋鼠

假如育儿袋已满员，袋鼠和沙袋鼠通常会将受精胚胎"保留"在子宫内。

红颈袋鼠

奇怪的食物

小考拉断奶后的第一餐来自妈妈的肛门，那是满满的一口粪便。考拉的粪便中包含一种特殊的细菌，这种细菌生活在考拉的肠道中，能帮助它们消化正常的食物——桉树的树叶。考拉是唯一能够依靠桉树生活的哺乳动物。由于桉树树叶营养非常低，而且难以消化，因而考拉不得不每天花上19个小时睡觉和休息。

袋獾血红的耳朵表示"我生气了!"

袋獾有着非常敏锐的嗅觉，能嗅出哪里有腐肉。

袋獾

尽管比家猫稍微大一些，袋獾仍然是食肉的有袋动物中最大的动物。它们有着非常强大的、能够咬碎骨头的下颌。袋獾吃动物尸体上的每一部分，包括骨头、毛发和脚。它们也攻击农场里的动物，因而被塔斯马尼亚岛的农场主们所痛恨。

驯养野兽

动物既聪明又喜好群居，就像许多哺乳动物那样，它们很容易学会如何与人类共同生活。几千年来，人们已经对所有的哺乳动物进行了驯化的尝试，细心地饲养它们，让它们更为温顺和有用：比起其野生祖先，马变得更高、更快；狗的体形缩小，变得更友善；至于猪、牛和羊，则变得更肥大、更温顺。家养动物同时也改变了人类的习性，揭开了农业、城市生活和文明的序幕。今天，驯养的哺乳动物对人类来说有数不清的好处：我们吃它们的肉，喝它们的乳汁，骑在它们身上，用它们的毛发制作衣服，训练它们帮助狩猎以及为我们工作，还有，让它们成为陪伴我们的宠物。

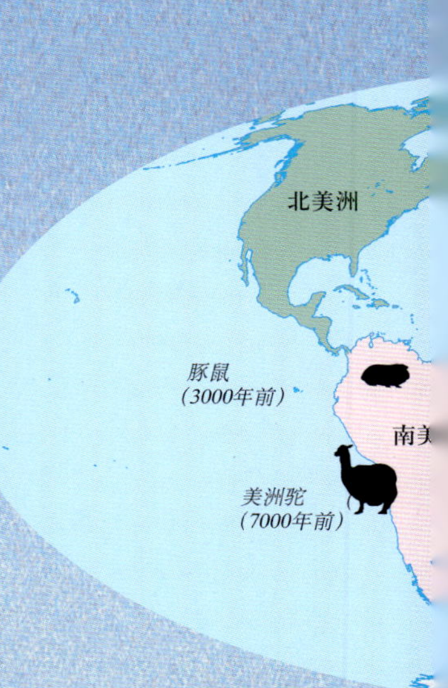

人类最好的朋友

灰狼是家狗的祖先。今天，大多数品种的狗狗看起来和狼并不相同，但其行为举止却出卖了它们。就像狼一样，狗狗过着非常亲密的群居生活。受过良好训练的狗对人类非常友善和温顺，真正的原因在于，它视人类为狗群的头领。狗的用处多种多样：作为宠物、狩猎伙伴、守卫、缉毒以及拉雪橇。

哈士奇狗保留了强烈的种族印记。

热带草原上，放牧对维持生活来说非常重要。那里气候太过恶劣，不适宜种庄稼。

肉、乳汁和血液

牛是欧洲野牛的后代，这种野生动物现在早已灭绝。很久很久以前，人们开始猎捕欧洲的野牛。后来，我们逐渐学会了饲养动物，驱使动物干活。如今，人们养牛的目的是为了获取牛奶以及牛肉。非洲的马赛人也喝牛血，一次只从牛脖子上的静脉取用少量几滴。

地图显示出，不同种类的家养哺乳动物的驯养历史和地区（很多日期和地区并不准确）。

驯养历史

第一种被人类驯养的哺乳动物很有可能是狗，早在1.5万年前的中国。9000年前到6000年前之间，西亚人开始了耕种，并驯养了很多动物——至今我们还在农场里喂养它们。南美人单独开始农耕文明后，驯养的却是另外的哺乳动物。

工象

大象是少数几种能拔起整棵树木的大力士之一，对于东南亚的伐木业来说，这种大力士是无价之宝。最近十几年，伐木业有所衰退，但工象并没有失业，它们携带观光客在自然保护区里转悠，或者参加宗教庆典。

动物拖拉机

在亚洲，人们不用拖拉机而使用水牛来翻耕水田、播种水稻。就像它们野生的、跋涉在沼泽里的祖先一样，驯养的水牛腿结实有力，能在泥土中行进。炎热的白天，它们经常在水中打滚。等这些动物的工作年限一到，它们的主人就会吃掉它们。

负重的牲畜

美洲驼和南美羊驼是生活在南美安第斯山脉的原驼和小羊驼的家养版本。对于一头牲畜来说，它们的毛发少有的坚韧，因此也成为了它们价值的体现。它们是骆驼的近亲，和这些非洲亲戚一样，能够忍受极端残酷的环境，比如沙漠和高山。

工象用象鼻来运输沉重的圆木。象奴（大象的主人及驱赶者）正坐在它的脖子上。

城市生活

许多哺乳动物——小到家鼠，大到城市驼鹿——已经适应了城里的生活，它们就躲在我们的花园里，藏在我们的地板下。这些动物已经发现，人类这种生物拥有永不断绝的食物，奢侈浪费且不爱整洁。某些城市哺乳动物不过是偶尔的过客——它们搜寻我们的垃圾箱，吃花园里的东西，闯入我们的家，偷取宠物食品和厨房废料。其他的则是长期的住客，跟我们一样享受中央空调，以及可以遮风避雨的屋檐。这些不请自来的客人和小偷，和我们一样喜爱各种食物，都是适应性强的杂食动物。

城市驼鹿

不管你信不信，美国阿拉斯加州的安克雷奇市有超过1000头的城市驼鹿。这些大型的鹿成天晃悠在城镇中的绿化地带，比如私人花园，吃灌木或者树木的叶子。和生活在森林中的驼鹿一样，它们喜欢水，有时候泡在池塘或者浅水池中休息。

蒙面大盗

浣熊的绰号叫“蒙面大盗”，可谓家喻户晓。它们不仅推倒我们的垃圾箱，钻进去找东西吃，还翻爬窗子溜进房间，像猫一样悄声走动，四处翻箱倒柜。它们灵巧的小手，原本用于感知河水中的水母，因此对于打开塑料袋和纸袋来说，实在是件完美的工具。浣熊还会掀开新铺的草皮，扯虫子吃。

城市里的狐狸

一座枝繁叶茂的花园，或者一道天花板上的裂缝，都能成为赤狐舒适的窝。赤狐狡猾成性，适应力极强，足迹几乎遍及全世界。城市中的狐狸生活在北美、欧洲和澳大利亚的各个城市，白天躲在窝中，因此很少有人看到它们。田园里的狐狸吃小动物、虫子和浆果，而它们城里的亲戚却四处翻垃圾箱，靠人类丢弃的东西生活。它们最喜欢的食物是肉，但是也喜欢面包、土豆皮、鸟食和蛋类。

赤狐不用打开垃圾箱，就能闻出里面装了些什么。和浣熊一样，它们推倒垃圾箱，让垃圾倾倒出来。它们也用牙齿解开塑料垃圾袋。

人类最坏的朋友

褐鼠在下水道中繁荣昌盛，依靠街道上的垃圾桶或者排水沟里的“杂烩”为生。它们才是真正的杂食动物，几乎什么都吃，从植物的茎叶到种子，再到腐烂的肉、蛞蝓、蜡烛、昆虫、肥皂、纸板、头发、剪下的指甲，以及任何小到无法反击的动物。它们还会迅速传播疾病，其中包括中世纪杀死了欧洲2500万人的黑死病（淋巴腺鼠疫）。

无酒不欢

黑长尾猴原产于非洲。17世纪，它们发现了一条通往加勒比群岛的捷径——搭乘运送奴隶的海船。朗姆酒制造是这个地区的支柱产业，因此这些猴子很快就掌握了喝酒的诀窍。今天，它们会在海滩酒吧和观光客留下的旅游垃圾中翻找酒瓶。

哈努曼神庙中的长尾叶猴得到了免费的花瓣祝福和水果布施。

圣猴

在印度，印度教的信奉者将某些动物视为神圣的，允许它们在城镇和寺庙中来去自如。长尾叶猴的英文原名为Hanuman langur monkey，是用神猴哈努曼（Hanuman）的名字来命名的。在很多印度城市中，圣牛闲庭信步般走在街道上，没有人伤害它。在印度的神庙中，信徒除了参拜，还要喂饱一群披着神圣外衣、实则贪婪如鼠的猴子。

怪诞和奇异的动物

英国科学家第一次看见的鸭嘴兽并非活物，而是一张从澳大利亚带回的皮标本，他们断言这是假造的。这种动物的外表实在是怪诞，似乎是用几种动物拼凑而成的，不可能存在。然而事实表明，鸭嘴兽的确存在，而且其生活方式比它的身体构造还要古怪。200年后的我们，已经知道地球上充满了怪诞和奇异的哺乳动物。现存的4 600种哺乳动物中，没有哪两种完全相同。每种哺乳动物为了解决不同的生存挑战，都走向了独一无二的进化道路。

疣猪上犬牙向上顶而不是向下生长，长成了上獠牙。

疣猪

东南亚疣猪的上獠牙贯穿了拱嘴和脸皮，“怒气冲天”，看起来似乎很让疣猪吃了点苦头。只有雄性长有这种獠牙，因此它们的目的很可能在于吸引雌性。雄疣猪打架时，头部会相互大力撞击，试图撞断或者折断对方的獠牙。

异形喙和有蹼的大脚，让鸭嘴兽的外形像是从海狸到鸭子的过渡动物。

鸭嘴兽

在极少数产卵的哺乳动物中，鸭嘴兽是唯一拥有毒刺的。更古怪的是，它们形似鸭嘴的喙能感觉到电流。游泳时，鸭嘴兽会闭上眼睛，用突出的喙像金属探测环那样在河床上方扫描，探测猎物发出的电场。

是狮子还是老虎？

相近的物种交配，有时会生产下罕见又奇特的孩子，被叫作杂种。狮虎的父亲是狮子，母亲是老虎，它的特征混合了父母双方的一些特点，但比它们更大、更强壮，却不具备生育能力。人类曾经人工繁育过一只狮虎，它比两头雄狮还要重，成为世界上最大的猫科动物。

秃猴的脸呈猩红色，脑袋与毛发“绝缘”。

秃猴

这种红脸秃头的动物为何具有这样醒目的外表？科学家们仍不能解答。也许，脸色红润是健康的象征。脸色最为猩红的雄性秃猴对疟疾具有最强的抵抗力，雌性秃猴似乎也更喜欢和脸红些的公猴交配。雌性选择最聪明的雄性，可能是下意识地选择最好的基因，让自己的后代得益最多。

倭狨

世界上最小的猴子是亚马孙热带雨林中的倭狨。它和沙鼠差不多大，沿着树枝跑，而不像其他猴子一样抱着枝条攀爬。它在树上啃洞，吸吮树液，进食完毕后就原地撒点尿，以警告其他的同类别靠近。

倭狨小到足以栖息在最细的枝条上。

一出维吉尼亚负鼠的假死戏可长达6小时。

假死

一只维吉尼亚负鼠要是被捕食者盯上了，它能即刻上演一出“我挂掉了”的戏码，侧身倒地，进入一种昏迷状态。为了增加真实感，它的肛门还会释放出一种散发着恶臭的黏液，仿佛是一具正在腐烂的尸体。

树懒用钩子似的爪子把自己悬挂在较低的位置，而不是紧抓住树干。

星鼻鼹

下图的这只鼹鼠，鼻子上长有两组由22根须组成的触须。挥动着的触须是哺乳动物界中最奇特的感觉器官。星鼻鼹鼻子的触觉异常灵敏，能感知得到泥土和水面下的小动物。和大多数鼹鼠不同，它还是个游泳高手。无论在泥土还是水中，星鼻鼹都能利用巨大的前腿向前行进。

树懒

南美洲的树懒行动缓慢得像是在做慢动作。它们纯吃素，得到的营养极少，所以尽量不消耗能量，以保存体力。树懒一天当中大部分时间在睡觉，每周大便一次，而且选择爬下树的时候进行。一只树懒的身上存在着一个完整的生态系统。它们水密性不高的毛发里住着藻类植物，以及跳蚤、蛾子和甲壳虫，所以泛着绿光，污点斑斑。

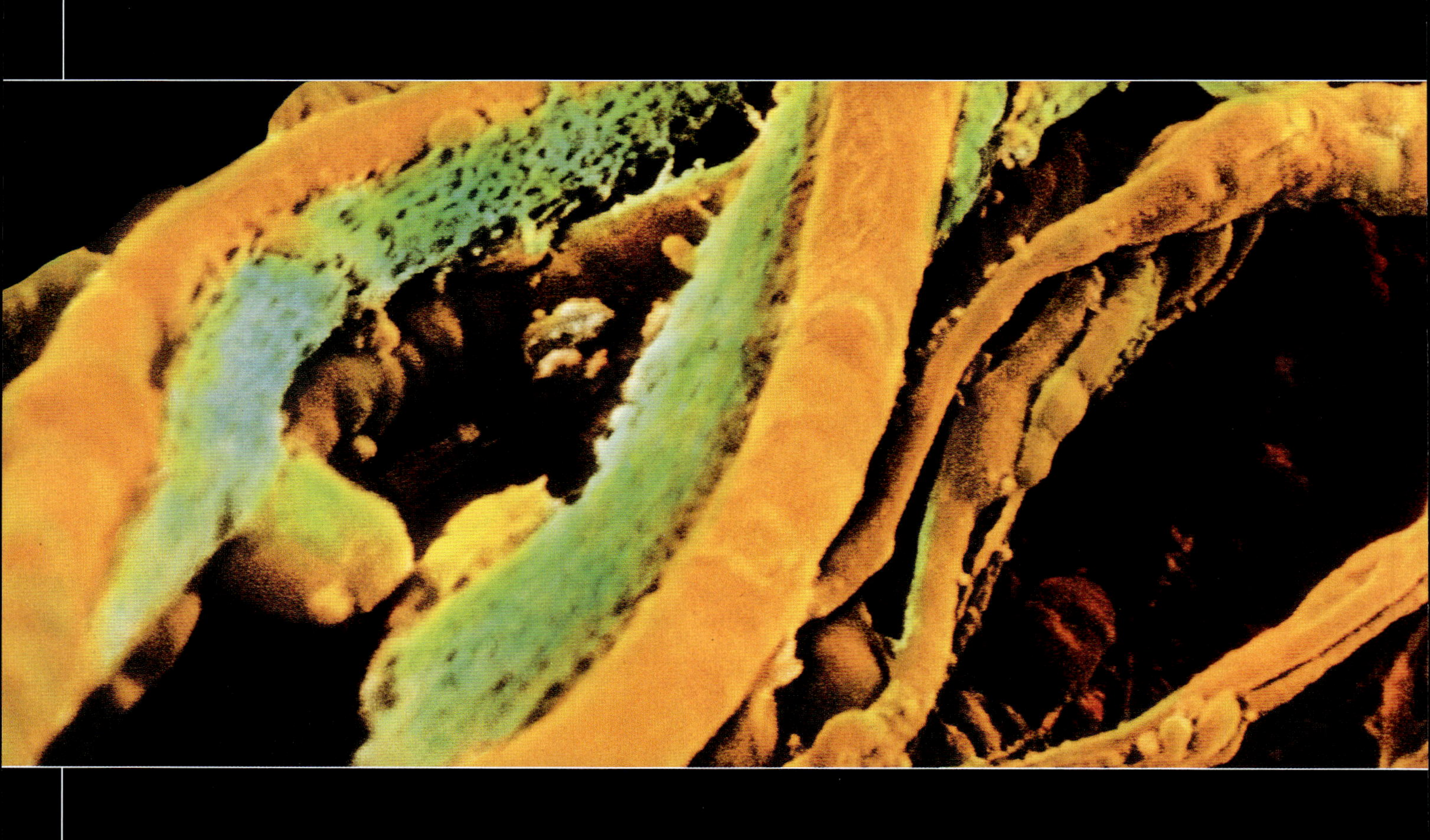

人体奇航

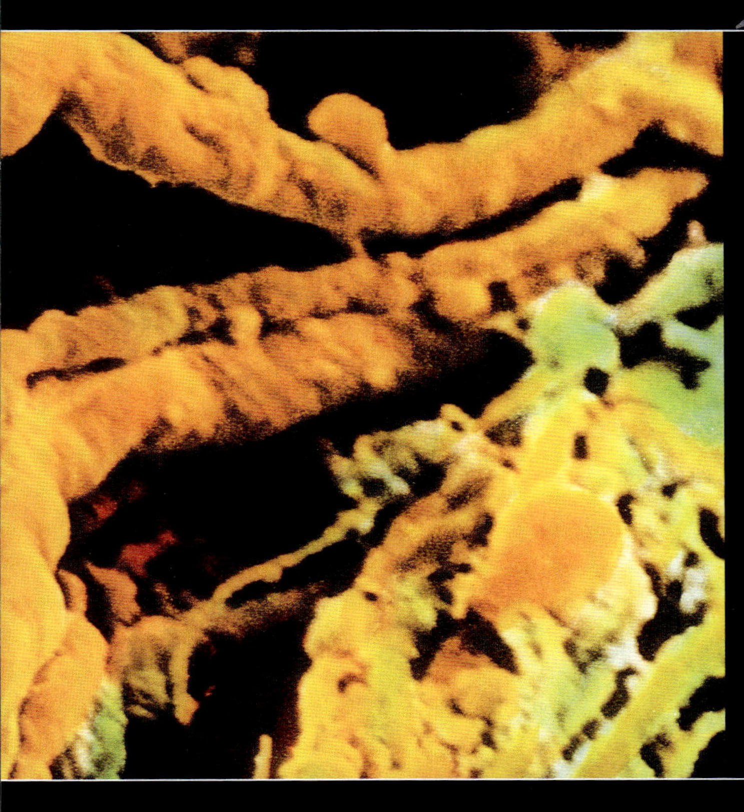

通过微距照片与尖端计算机技术，带你赴一场震撼人心的人体之旅。从最小的细胞到最大的器官，你将会以前所未有的眼光欣赏似乎习已为常的人体。

人体概况

世界上的每一个人都长得各有特色，但是所有人的人体内部构造其实都是一样的。构成人体的最小单位是数以十亿计的微小细胞。性质相似、功能相同的细胞会组成人体组织，完成自己特殊的任务：表皮组织形成皮肤和链状中空结构，构成嘴这样的器官；骨头和脂肪属于结缔组织，连接和支持整个身体；神经组织运载脉冲信号，传达大脑的指令；肌肉组织让人们能够做各种运动。各种组织共同组合形成了人体的器官，比如胃等。这些器官进而又构成了人体的十二大系统：皮肤、骨骼、肌肉、神经、内分泌、血液、淋巴、免疫、呼吸、消化、泌尿和生殖系统。每一个系统都有各自的分工，对人体来说都是必不可少的，它们组合在一起就构成了人体。

男性身体图

大脑是神经系统的控制中心，控制人们的思想、感觉和一举一动。

人的身体由几十万亿个细胞组成

肾

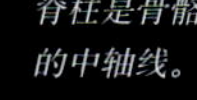

脊柱是骨骼的中轴线。

有丝分裂过程中两个细胞分离。

细胞分裂

如果没有细胞分裂，人们就不会长大。人的生命开始于单细胞的分裂（这个过程叫作有丝分裂），此后细胞不断分裂达到数十亿个，就形成了人体。一个细胞分裂，会形成两个一模一样的细胞。人到十几岁就长大成人，但是细胞的分裂会伴随你一生，分裂出来的新细胞会不断代替那些老化死亡的细胞。

人体每分钟有30亿个细胞完成新陈代谢的过程

大腿骨，也称股骨，在人们行走和跑步的时候起支撑身体的作用。

液体组织

具有相似性质的细胞组合在一起就形成了人体组织。组织细胞会制造一种细胞间质，将它们连接在一起。在软骨里面，这种物质是弯曲的；在骨头里面，它是坚硬的；而在血液中，它以一种液体血浆的形式存在，几十亿的细胞在其中漂浮。这种液体组织不仅帮助人们运输营养物质，而且还能同传染病做斗争。

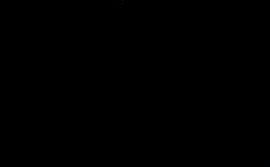

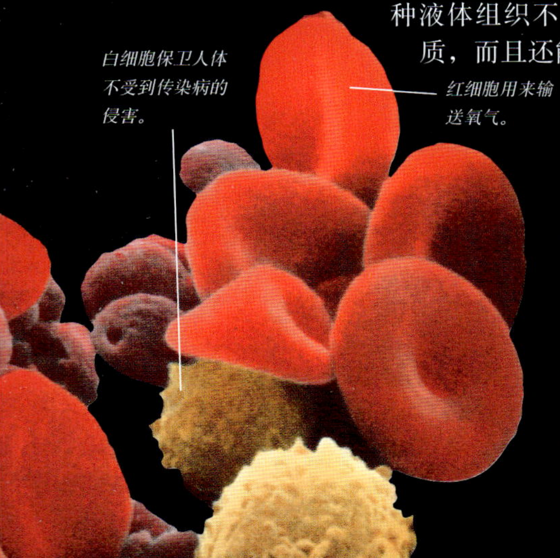

白细胞保卫人体不受到传染病的侵害。

红细胞用来输送氧气。

主要器官

这是两幅神奇的磁共振成像图片，展示了男人和女人的身体结构。现代高科技让医生们不动一刀一剪，就可以“看”穿人体。身体各个系统的主要器官在这幅图里一目了然，比如：骨骼中一些较长的骨头、主要的肌肉群、大脑（神经系统）、肺（呼吸系统）、肝脏（消化系统）、肾和膀胱（泌尿系统）等。

双脚负担人体的全部质量，并且保持身体的平衡。

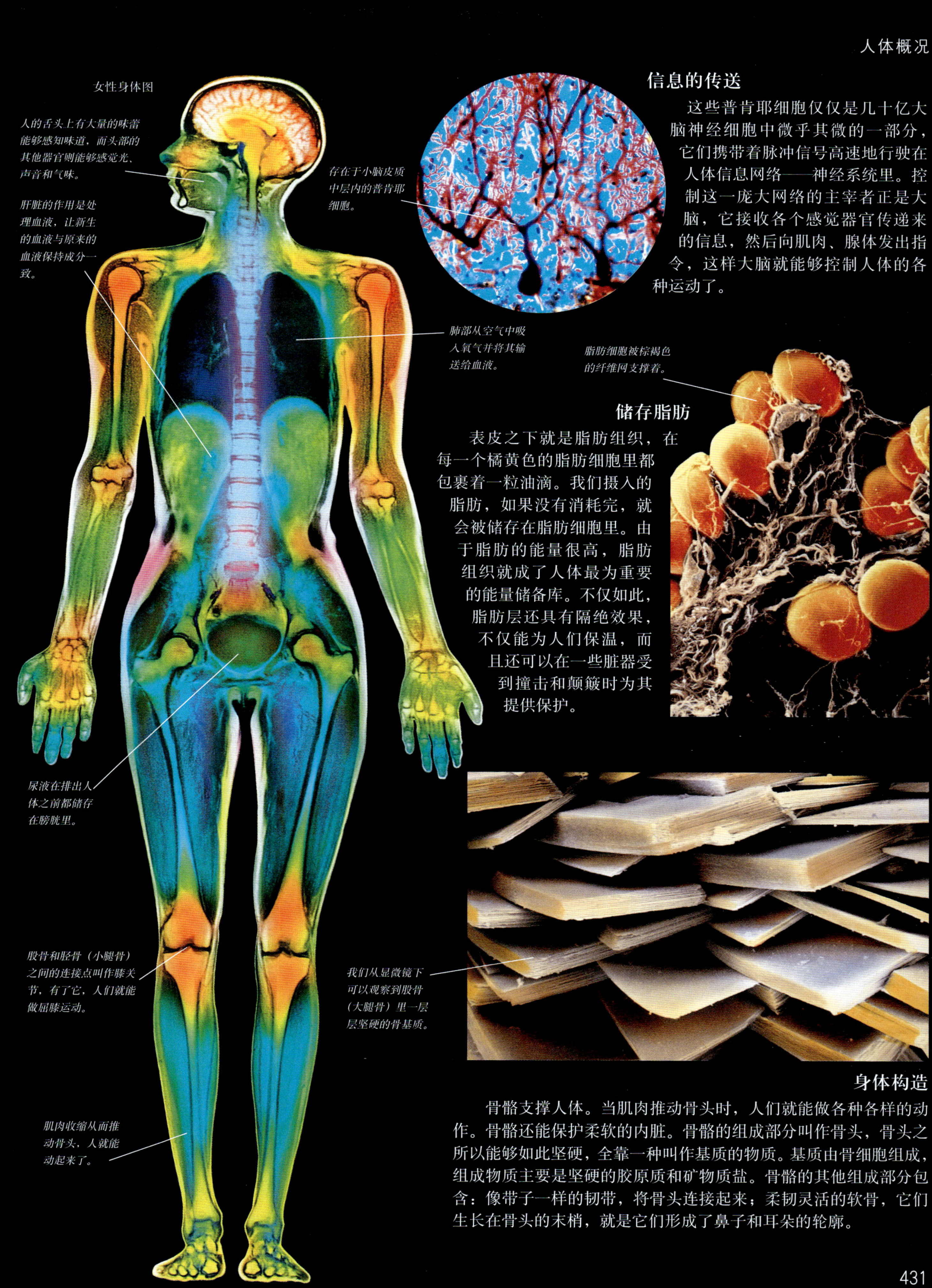

女性身体图

人的舌头上有大量的味蕾能够感知味道，而头部的其他器官则能够感觉光、声音和气味。

肝脏的作用是处理血液，让新生的血液与原来的血液保持成分一致。

存在于小脑皮质中层内的普肯耶细胞。

肺部从空气中吸入氧气并将其输送给血液。

脂肪细胞被棕褐色的纤维网支撑着。

尿液在排出人体之前都储存在膀胱里。

股骨和胫骨（小腿骨）之间的连接点叫作膝关节，有了它，人们就能做屈膝运动。

我们从显微镜下可以观察到股骨（大腿骨）里一层层坚硬的骨基质。

肌肉收缩从而推动骨头，人就能动起来了。

信息的传送

这些普肯耶细胞仅仅是几十亿大脑神经细胞中微乎其微的一部分，它们携带着脉冲信号高速地行驶在人体信息网络——神经系统里。控制这一庞大网络的主宰者正是大脑，它接收各个感觉器官传递来的信息，然后向肌肉、腺体发出指令，这样大脑就能够控制人体的各种运动了。

储存脂肪

表皮之下就是脂肪组织，在每一个橘黄色的脂肪细胞里都包裹着一粒油滴。我们摄入的脂肪，如果没有消耗完，就会被储存在脂肪细胞里。由于脂肪的能量很高，脂肪组织就成了人体最为重要的能量储备库。不仅如此，脂肪层还具有隔绝效果，不仅能为人们保温，而且还可以在一些脏器受到撞击和颠簸时为其提供保护。

身体构造

骨骼支撑人体。当肌肉推动骨头时，人们就能做各种各样的动作。骨骼还能保护柔软的内脏。骨骼的组成部分叫作骨头，骨头之所以能够如此坚硬，全靠一种叫作基质的物质。基质由骨细胞组成，组成物质主要是坚硬的胶原质和矿物质盐。骨骼的其他组成部分包含：像带子一样的韧带，将骨头连接起来；柔韧灵活的软骨，它们生长在骨头的末梢，就是它们形成了鼻子和耳朵的轮廓。

皮肤、毛发和指甲

人的身体也有一层有生命的外衣，它的名字就叫皮肤。作为人体的防护层和防水层，皮肤阻挡了细菌的长驱直入。棕色的黑色素不仅给我们的皮肤染上了不同的颜色，还阻挡了阳光中对人体健康有害的紫外线。皮肤上有上百万个感受器，它们可以向大脑传递许多不同的感觉，比如：触摸皮毛的柔软，重物的压力，针刺的疼痛，火焰的灼痛或冰块的沁凉。毛发和指甲都是皮肤的延伸。数百万根毛发几乎覆盖了全部人体。最粗的毛发——头发，长在我们的头顶，它们的主要功能就是防止热量从头顶散发和阳光直接照射头部。其他的毛发则比较纤细，并不能为身体保温（我们现在主要靠穿衣服来保温）。

皮肤、毛发和指甲都是由一种坚硬的蛋白质——角蛋白组成的。

出汗的手留下的指纹。

指纹

当人们用指尖触摸物体，尤其是触摸玻璃或者金属制作的坚硬物体时，就会留下指纹。指纹是指尖皮肤细纹里积存的油脂及汗渍留下的印记。这些细纹以及细纹里带有黏性的汗液能够帮助人们抓握住东西。因为每一个指纹上的旋形、圆形和弓形纹路不同，所以每一个指纹都是世界上独一无二的。

坚硬的指甲

这些坚硬的小板子主要用来保护我们的手指和脚趾末端。它们还有能捡起细小东西的功能。指甲根部的活细胞不停地分裂，指甲就长长了。指甲在向指尖的方向生长的过程中，根部不断长出坚硬的角质素，然后细胞就死去了。指甲平均每个月能长5毫米，当然，夏天时它的生长速度要比冬天快得多。

指甲呈现粉红色是因为指甲的下边有血液在流动。

显微镜观察下的指甲表面扁平的死亡细胞。

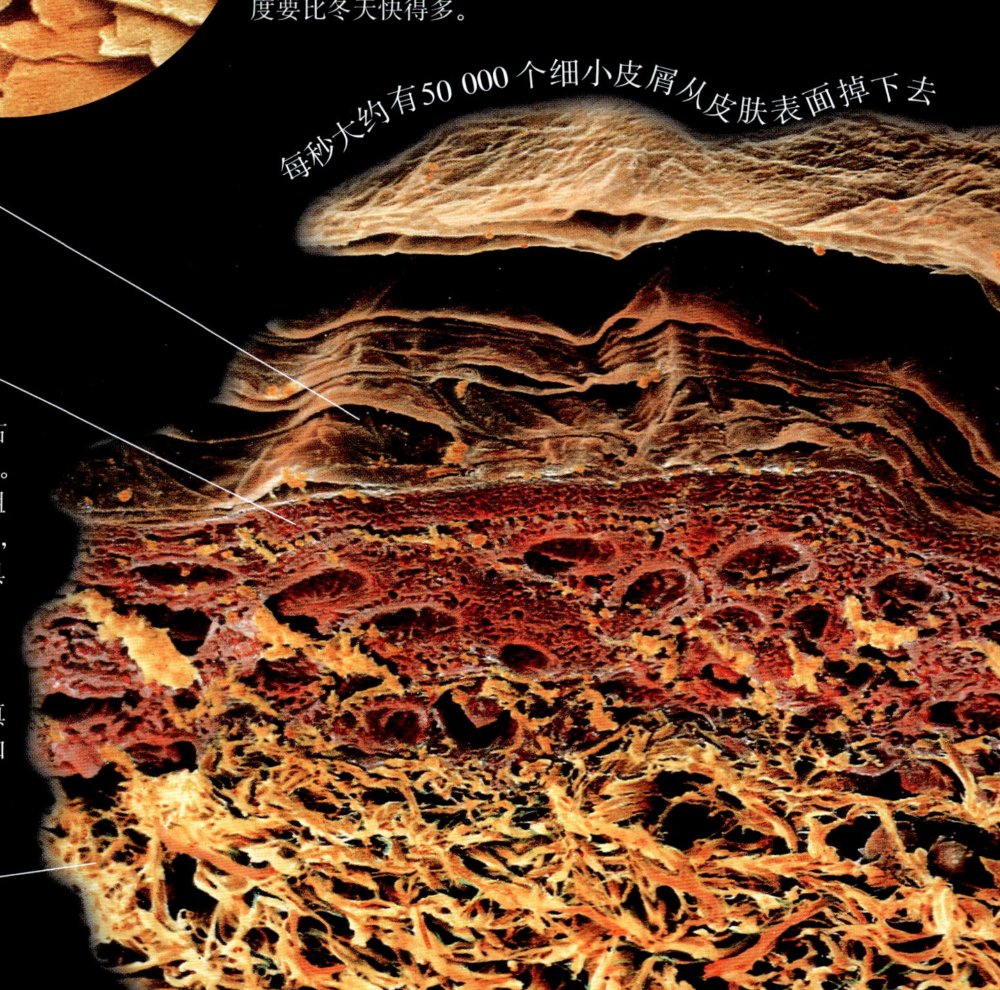

每秒大约有50 000个细小皮屑从皮肤表面掉下去

表皮坚硬平滑的细胞保护着下层皮肤。

下层表皮的细胞不断地分裂替代了上层老化的细胞。

保护层

我们的皮肤仅仅有2毫米厚，如右图所示，它由截然不同的两层组织构成。上边一层由粉红色和红色物质组成的组织叫作表皮。表皮的上部分是粉红色的，由扁平的相互连接的死亡细胞组成，具有坚韧和防水的特性。这些死亡的细胞会变成皮屑，被红色的下层表皮不断长出来的新细胞所取代。表皮下边的一层较厚的黄色组织叫作真皮层，真皮层里有感受器、神经、血管、汗腺和发根。

真皮层中的感受器能让人感觉到触摸、压力、疼痛和冷热。

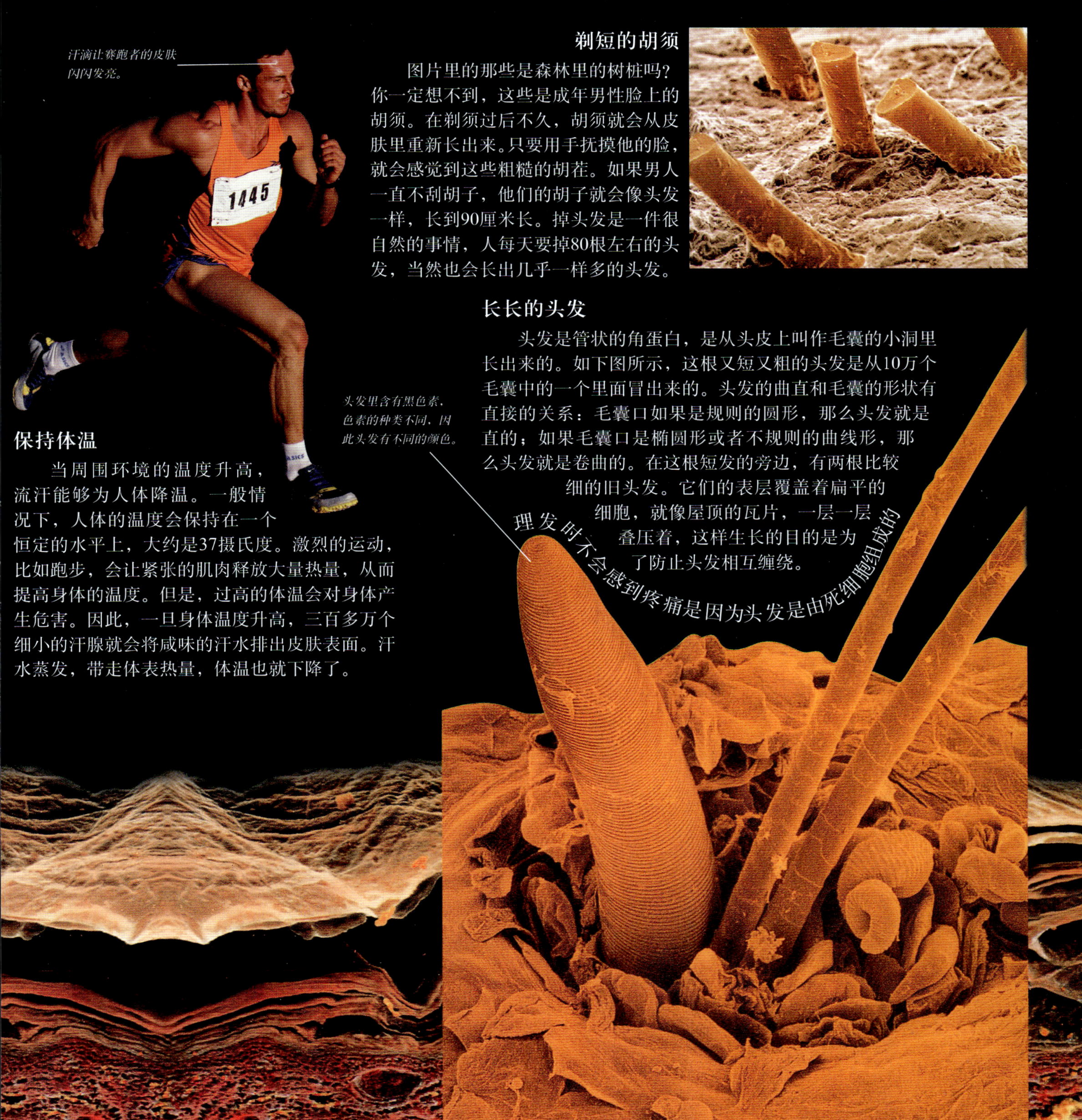

汗滴让赛跑者的皮肤闪闪发亮。

剃短的胡须

图片里的那些是森林里的树桩吗？你一定想不到，这些是成年男性脸上的胡须。在剃须过后不久，胡须就会从皮肤里重新长出来。只要用手抚摸他的脸，就会感觉到这些粗糙的胡茬。如果男人一直不刮胡子，他们的胡子就会像头发一样，长到90厘米长。掉头发是一件很自然的事情，人每天要掉80根左右的头发，当然也会长出几乎一样多的头发。

长长的头发

头发是管状的角蛋白，是从头皮上叫作毛囊的小洞里长出来的。如下图所示，这根又短又粗的头发是从10万个毛囊中的一个里面冒出来的。头发的曲直和毛囊的形状有直接的关系：毛囊口如果是规则的圆形，那么头发就是直的；如果毛囊口是椭圆形或者不规则的曲线形，那么头发就是卷曲的。在这根短发的旁边，有两根比较细的旧头发。它们的表层覆盖着扁平的细胞，就像屋顶的瓦片，一层一层叠压着，这样生长的目的是为了防止头发相互缠绕。

头发里含有黑色素，色素的种类不同，因此头发有不同的颜色。

理发时不会感到疼痛是因为头发是由死细胞组成的

保持体温

当周围环境的温度升高，流汗能够为人体降温。一般情况下，人体的温度会保持在一个恒定的水平上，大约是37摄氏度。激烈的运动，比如跑步，会让紧张的肌肉释放大量热量，从而提高身体的温度。但是，过高的体温会对身体产生危害。因此，一旦身体温度升高，三百多万个细小的汗腺就会将咸味的汗水排出皮肤表面。汗水蒸发，带走体表热量，体温也就下降了。

骨骼

没有骨骼，人体就是一堆肉。骨骼很强壮，但出人意料的是，骨骼的质量只有成年人体重的1/6。骨骼有很多功能。坚硬的骨头、柔韧的软骨和强韧的韧带支撑着身体，勾勒出了人体的轮廓。骨骼的一部分包裹着柔软的内脏，保护它们不受伤害。此外，它还为肌肉提供依靠，并且与肌肉相配合，在肌肉的推动之下让身体运动起来。骨骼一般被分为两部分，每一部分各有各的职责。中轴上的骨骼由头骨、脊柱、肋骨和胸骨组成，是身体核心部分的重要支柱，同时它还肩负着保护大脑、眼睛、心脏和肺的重要任务。四肢部分包括手臂和腿部，还有肩部和臀部以及将它们与中轴部分相连接的部分骨头，是身体活动的主要动力。

一只手握住鼠标进行各种操作。

移动的双手

移动鼠标对于手来说真的是小菜一碟，因为手是人体最灵活、用途最多的部位。在X光片里你可以看到，手是由腕、手掌和手指等总共27根骨头组成的，因此它才能够如此灵活。有30块肌肉（大多数是位于手臂上的）推动这些骨头，二者天衣无缝的配合让手能够随意做各种动作。

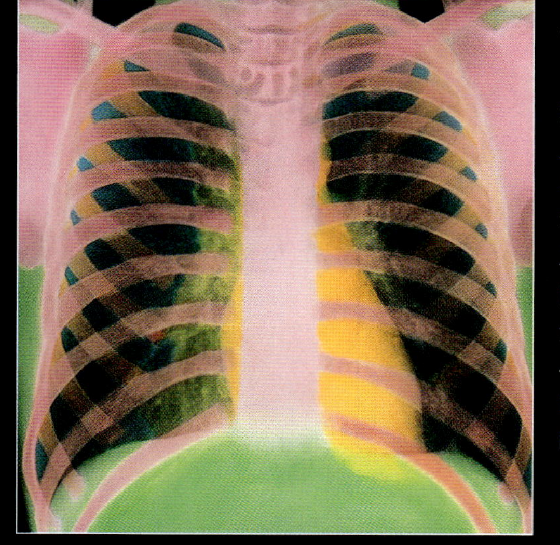

11岁孩子的胸部X光片

保护罩

人体中12根从脊柱延伸到前胸的骨头被称为肋骨。上边的10根通过柔韧的软骨与胸骨相连接。肋骨、脊柱和胸骨组成了一个骨质保护罩，保护位于胸腔和上腹部的脆弱的脏器。左图中的X光片显示出了肺（深蓝色）、心脏（黄色）和起保护作用的骨质保护罩（粉红色弯曲的骨头）。

肘

灵活的骨架

将所有的骨头都固定在一起，肯定能非常好地支撑起身体，但是不利于人体的运动。所幸在大部分骨头相连的地方都有可以随意活动的关节，让骨骼能够自由活动。如右图所示，身体的活动往往牵动脚、腿、背部、手臂、双手和颈部的许多骨头和关节。

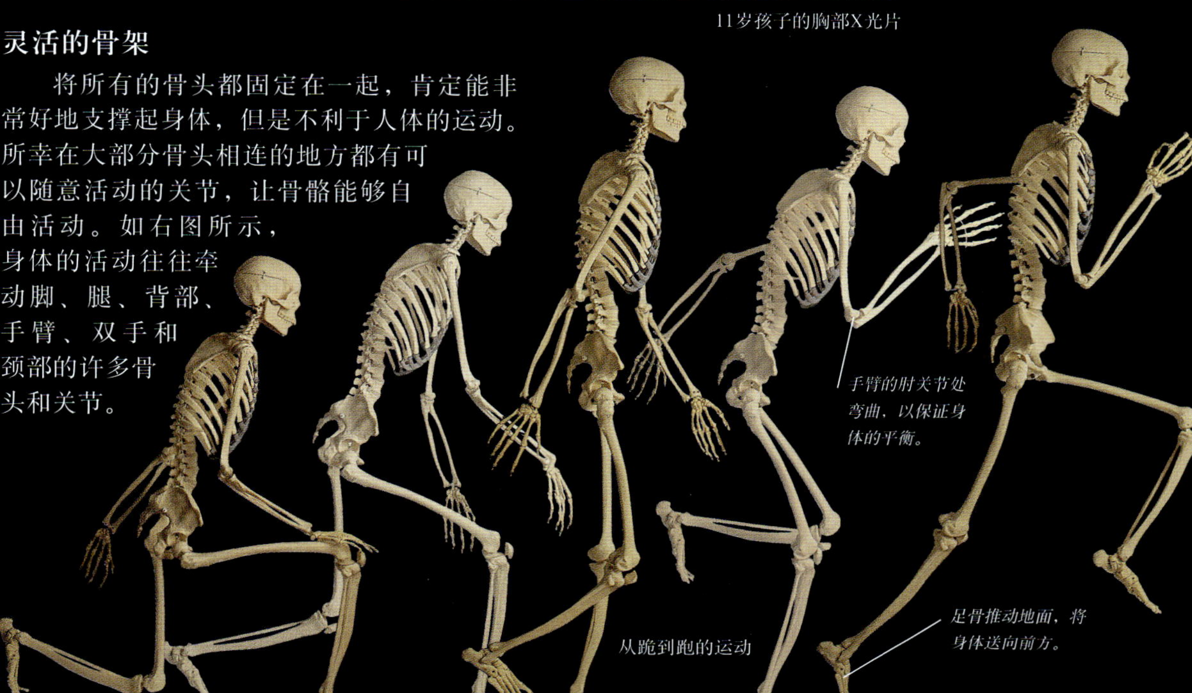

从跪到跑的运动

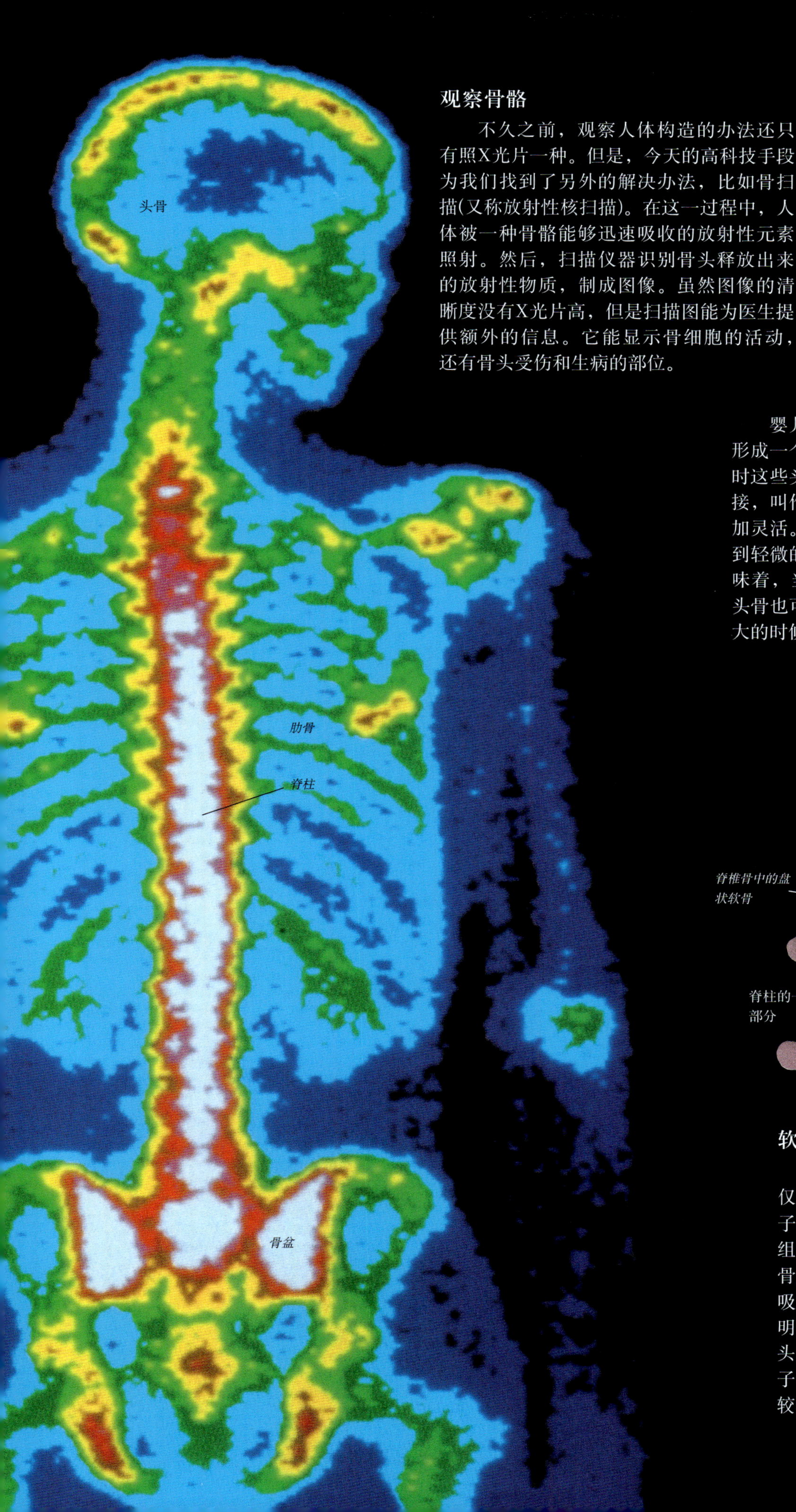

观察骨骼

不久之前，观察人体构造的办法还只有照X光片一种。但是，今天的高科技手段为我们找到了另外的解决办法，比如骨扫描(又称放射性核扫描)。在这一过程中，人体被一种骨骼能够迅速吸收的放射性元素照射。然后，扫描仪器识别骨头释放出来的放射性物质，制成图像。虽然图像的清晰度没有X光片高，但是扫描图能为医生提供额外的信息。它能显示骨细胞的活动，还有骨头受伤和生病的部位。

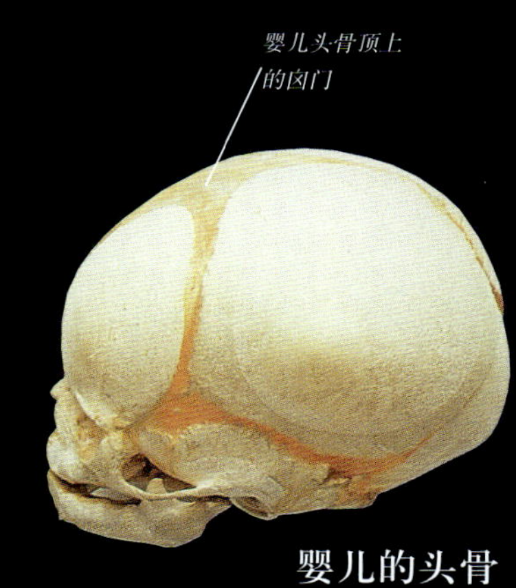

婴儿的头骨

婴儿的头骨由数片骨头连接在一起，形成一个坚硬的结构。但是，当婴儿出生时这些头骨之间的缝隙由隔膜填充物质连接，叫作囟门。囟门使头骨的伸缩变得更加灵活。因此在婴儿出生时，头部即使受到轻微的挤压也不会出现危险。这同时意味着，当婴儿脑部经发育变得更大之后，头骨也可以随之变大。当婴儿长到18个月大的时候，囟门就会被坚硬的骨头所取代。

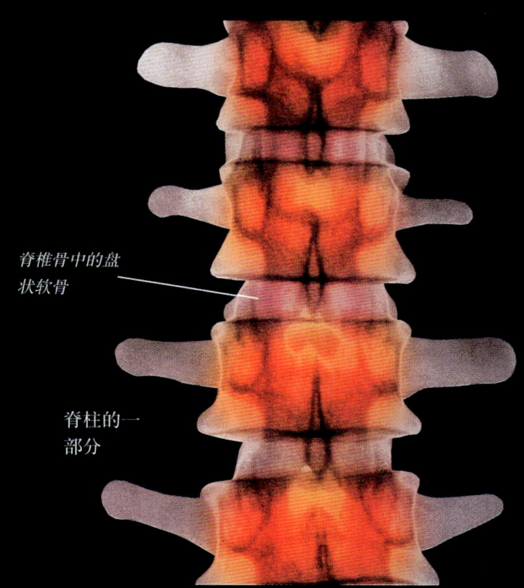

软骨

在脊椎骨之间的盘状物，仅仅是软骨在整个骨骼中的一个例子。这种强韧、灵活、易弯曲的组织可以分为 3 种：纤维状的软骨盘让脊柱灵活自如，并且能够吸收奔跑给脊柱带来的冲击；透明的玻璃质软骨覆盖在关节处骨头的末端（即骨骺），还形成了鼻子弯曲的部分；弹性软骨则以它较轻的质量支撑了外耳这类器官。

骨头

大多数人都知道，人死亡相当长一段时间以后，骨头会死亡而且变得干燥。但是一个活人体内的骨头却全然不是这么回事。它们是潮湿的，有十分发达的血管和神经系统。骨头中包含大量活体细胞，不断地复制和改造自己，在骨头受到伤害的时候，还能自我修复。骨组织，或者称骨基质含有两种主要成分：其中一种是矿物质盐，尤其是钙磷酸盐，能使骨骼变得坚硬；另一种是叫作胶原质的蛋白，它让骨骼具有灵活、强韧，能够抵抗伸拉和扭动的特点。骨基质上密布的小洞是骨头的维护者——骨细胞。骨基质也能被分为两种：密集且较重的骨密质和呈海绵状质量较轻的骨松质。两者合二为一，使骨头具有强韧和质量适中的特点。骨松质和一些中空的骨头里有一种像果冻一样的填充物质，它们是骨髓。黄色的骨髓储存脂肪，红色的骨髓制造血细胞。

股骨的切面图

有强大支撑力的骨小梁。

骨头内部构造

一根骨头由很多层组织构成。骨头的外层是密实的骨密质，内层是像海绵一样的骨松质。在一根长骨里，例如股骨（大腿骨），骨密质较薄，一般位于骨干部位（长骨中间的部分），骨松质则多位于骨骺（骨头的两端）。在活体的股骨里，骨头中空的部分填满了骨髓。

质量较重的骨头的承重量是钢的5倍

骨松质

我们在显微镜下观察骨松质可以发现，它是一个充满空洞和支柱的海绵状结构。这些小柱子的学名叫骨小梁，它们非常短，有利于减轻骨松质的质量。骨小梁和空洞的这种组合结构能够最大限度地减轻骨松质承受的压力和质量。因此，骨松质具备了质量轻和强韧这两大优点。

戴着外科橡胶手套的手中正握着从巨大的牡蛎中提取出的珍珠母碎片。

骨头的修复工具

一般情况下，骨头都能自我修复。但是，骨头如果在意外事故中粉碎性骨折或者因为疾病严重损伤，就有可能需要借助外力恢复。牡蛎的贝壳里一条银色的里衬，学名叫作珍珠母，可以刺激骨头的再生。人们将珍珠母碾碎，与血细胞或者骨细胞混合，培养成需要的形状，然后植入人体。植入的骨细胞开始重建基质，骨头又开始了新生，用不了多久，它就会像以前一样强壮了。

骨细胞

骨细胞的作用是保持骨头处于健康、良好的状态。上图中，我们可以看到一个骨基质（蓝色的）的横切面图，其中绿色的部分就是一个骨细胞。骨细胞通过一种存在于骨基质里叫作小管（粉色的）的线状物体，与其他的骨细胞连接在一起。除了骨细胞外，骨头里还有其他两种细胞，一种叫成骨细胞，另一种叫破骨细胞。成骨细胞可以建造骨基质，而破骨细胞的作用与之相反，是破坏骨基质的。

骨密质

骨密质的密度要大于骨松质，用显微镜观察就会发现，骨密质由一种叫作骨单位的小圆筒组成。每个骨单位从里到外是一层层的圆筒状骨板，中心有一条管道，里面充满了为骨头输送骨细胞的血管。骨单位是骨密质坚强的后盾，使它可以抵抗弯折这样强烈的冲击。

修复断骨

虽然骨头十分强韧，但是在极度压力下，它还是有可能被折断的。右图中的X光片展示的是骨折的小腿骨（胫骨）和较细的腓骨。当破碎的骨头两端相接的时候，就能重新弥合在一起。这一过程需要通过医生的辅助，才能确保骨头正常愈合。X光片中黄色的骨针被固定在碎骨的两边帮助愈合。

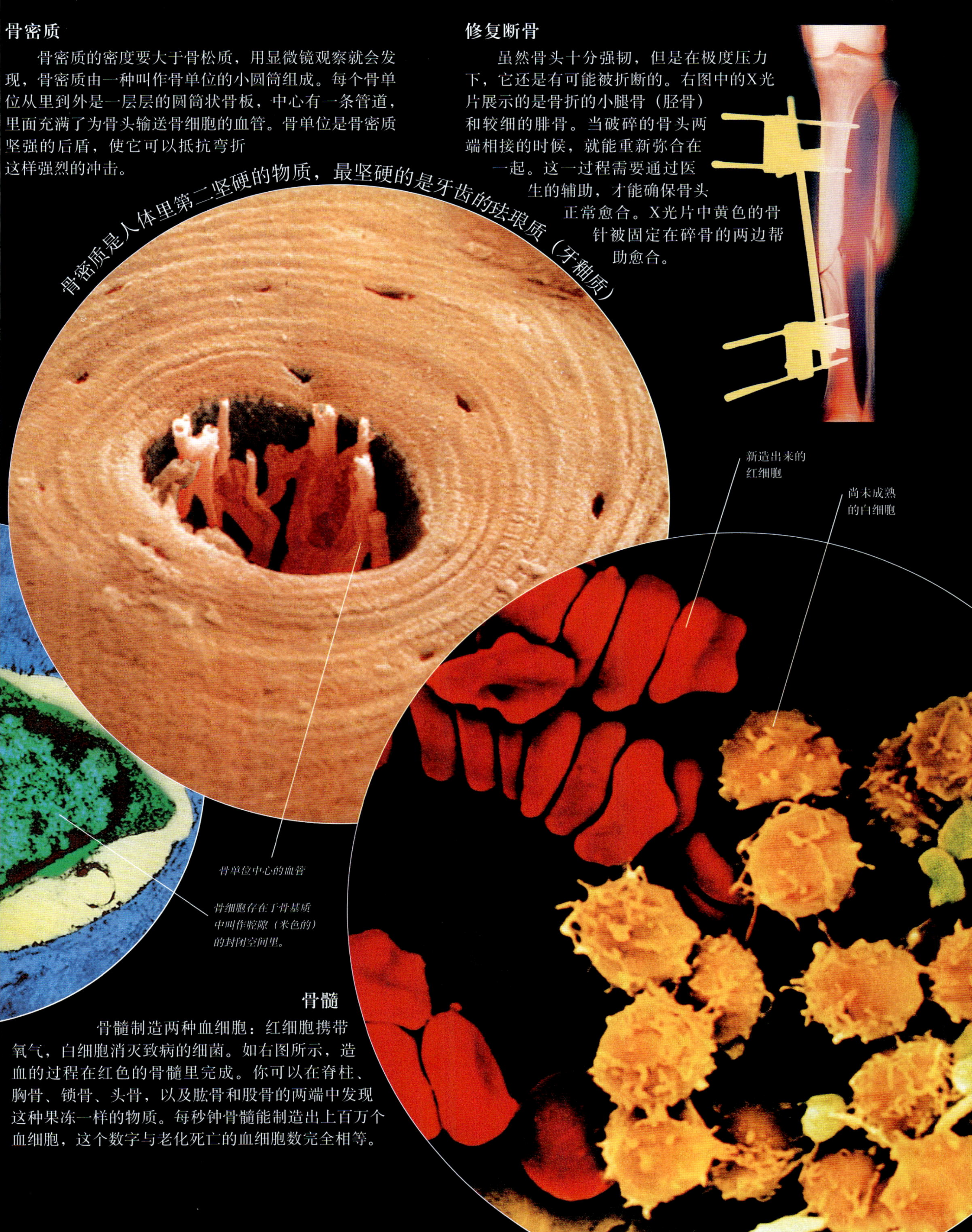

骨髓

骨髓制造两种血细胞：红细胞携带氧气，白细胞消灭致病的细菌。如右图所示，造血的过程在红色的骨髓里完成。你可以在脊柱、胸骨、锁骨、头骨，以及肱骨和股骨的两端中发现这种果冻一样的物质。每秒钟骨髓能制造出上百万个血细胞，这个数字与老化死亡的血细胞数完全相等。

关节

如果说骨骼构成了人体的框架，肌肉给运动带来了动力，那么关节的重要作用就是让骨头变得灵活，让人能够动起来。骨头和骨头紧密连接的地方，必然会出现关节。有了关节，这些连接在一起的骨头才能够灵活地运动。一个人如果想要吃饭，就不得不弯曲他的手臂，当他要跑步的时候也必须弯曲他的膝盖。没有关节，这一切都做不到。大多数关节，如滑膜关节，都能够自由地活动。人体中有6种滑膜关节，包括杵臼关节、屈戌关节和滑动关节等。每一种关节都有自己的活动范围，这是由骨头末端的形状，以及它们是如何在关节里相互连接所决定的。部分可活动的关节，例如那些在脊柱上的关节，只能够稍稍转动。而固定的关节，比如人头骨上的关节，则完全不能活动。

杵臼关节

股骨，或称大腿骨

英文“Double-jointed”（直译是“双重关节”）的意思并不是一个人有额外的关节，而是说一个人的关节非常灵活，可以前后左右自由活动

股骨和胫骨之间的屈戌关节。

跗骨间的滑动关节。

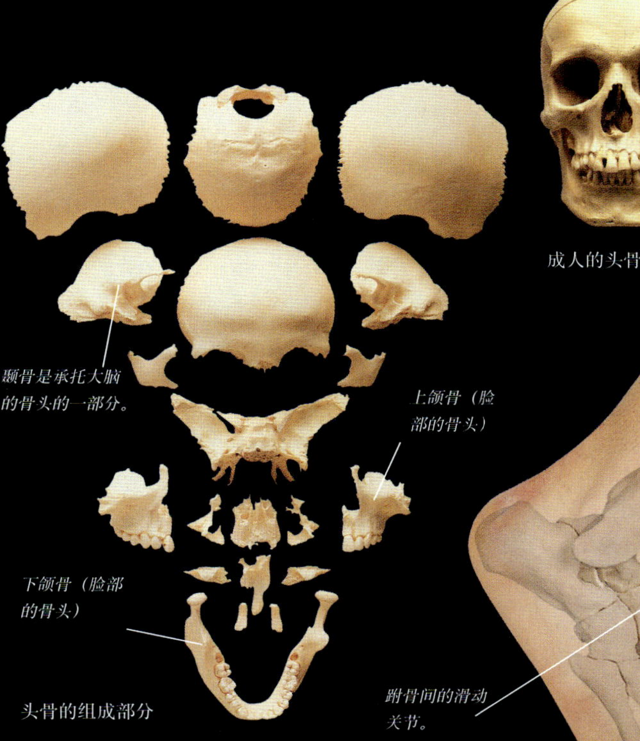

成人的头骨

颞骨是承托大脑的骨头的一部分。

上颌骨（脸部的骨头）

下颌骨（脸部的骨头）

头骨的组成部分

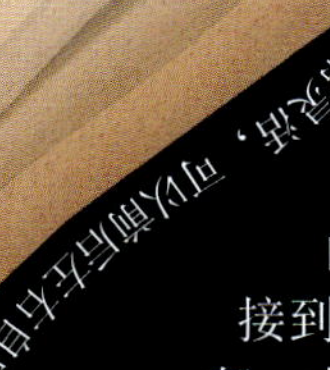

当膝盖弯曲的时候膝盖骨上的韧带会起到支撑和维持的作用。

膝关节

坚韧的带子

韧带的作用就是固定关节。这些坚韧的带子是由纤维组织构成的，它们把连接到一个关节处的几块骨头固定在一起。在膝关节里（如右图所示），当人们做屈膝运动的时候，内部和外部的韧带会共同作用稳定关节，防止骨头左右晃动。有的时候，当骨头扭伤、韧带撕裂，关节就有可能错位。

强韧的头骨

人的头骨是非常坚硬的。它的排列非常整齐，这样就能支撑整个大脑并为它提供保护，并且可容纳眼睛和其他感觉器官。除此之外，头骨还造就了我们的脸型。头骨上的关节叫作骨缝。骨缝把21～22块有锯齿边的骨头拼接在一起，让整个头骨变得更加强韧。头骨中只有下颚骨（下颌骨）可以自由地移动，以便人们呼吸、进食和讲话。

滑动关节（脚部）

运动的腿

上面这一组动作告诉我们，各种关节是如何共同作用让我们抬起腿的。股骨圆形的顶端嵌合在骨盆上像一个茶杯形状的小槽里，就形成了一个杵臼关节。杵臼关节使得人们能够任意挪动双腿做出各种动作，比如向上抬腿或者舞蹈动作中的劈叉。膝关节处的屈戌关节的灵活程度要小一些，只允许人们伸直或向后抬起小腿。在脚踝处，就有一个屈戌关节，在它的作用下，人们可以上下活动脚掌。跗骨和踝骨之间的滑动关节能让骨头之间有轻微的滑动，因此脚不仅强壮而且灵活。

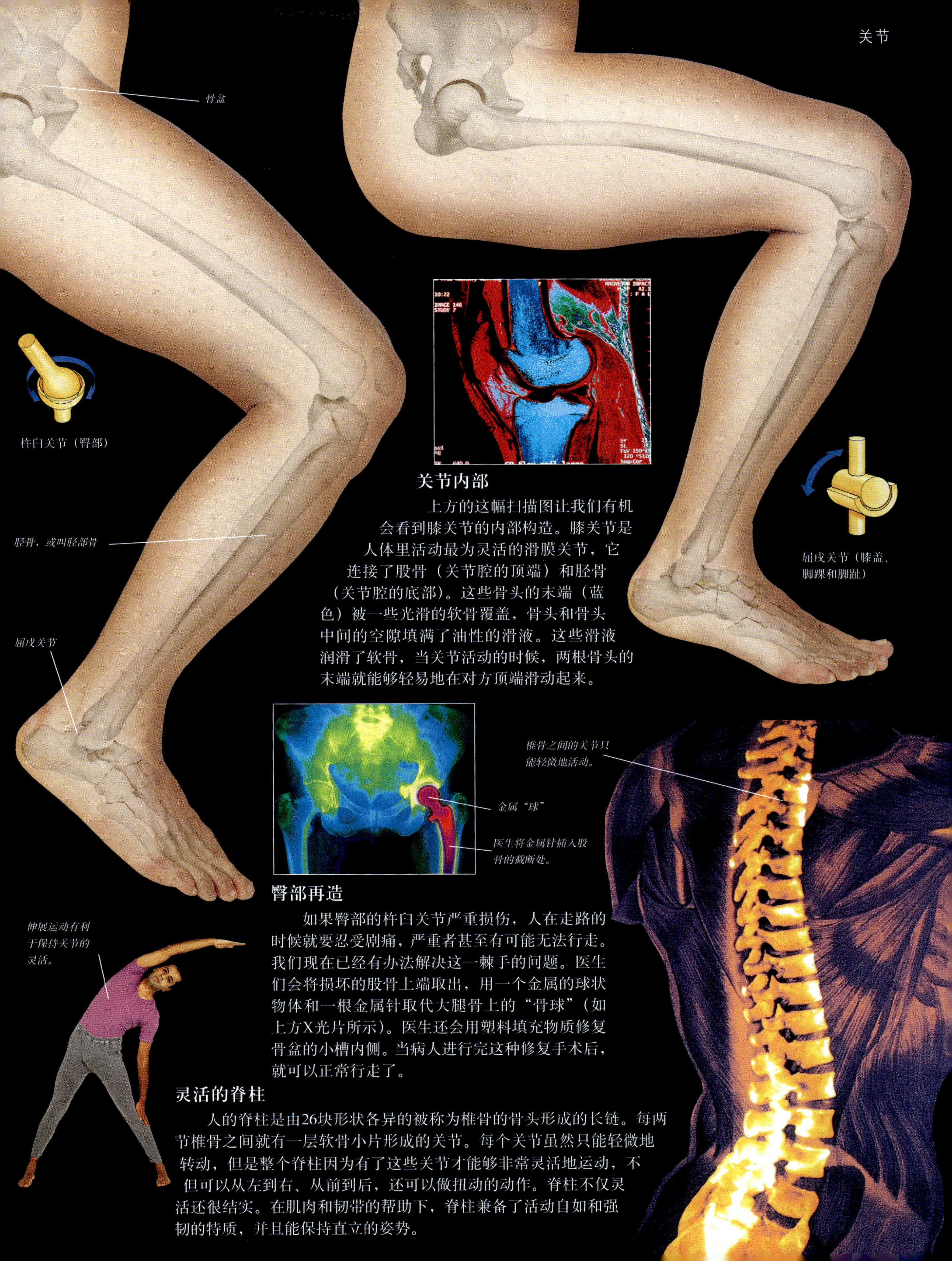

关节内部

上方的这幅扫描图让我们有机会看到膝关节的内部构造。膝关节是人体里活动最为灵活的滑膜关节，它连接了股骨（关节腔的顶端）和胫骨（关节腔的底部）。这些骨头的末端（蓝色）被一些光滑的软骨覆盖，骨头和骨头中间的空隙填满了油性的滑液。这些滑液润滑了软骨，当关节活动的时候，两根骨头的末端就能够轻易地在对方顶端滑动起来。

臀部再造

如果臀部的杵臼关节严重损伤，人在走路的时候就要忍受剧痛，严重者甚至有可能无法行走。我们现在已经有办法解决这一棘手的问题。医生们会将损坏的股骨上端取出，用一个金属的球状物体和一根金属针取代大腿骨上的“骨球”（如上方X光片所示）。医生还会用塑料填充物质修复骨盆的小槽内侧。当病人进行完这种修复手术后，就可以正常行走了。

灵活的脊柱

人的脊柱是由26块形状各异的被称为椎骨的骨头形成的长链。每两节椎骨之间就有一层软骨小片形成的关节。每个关节虽然只能轻微地转动，但是整个脊柱因为有了这些关节才能够非常灵活地运动，不但可以从左到右、从前到后，还可以做扭动的动作。脊柱不仅灵活还很结实。在肌肉和韧带的帮助下，脊柱兼备了活动自如和强韧的特质，并且能保持直立的姿势。

肌肉

所有的运动，比如跑步追赶公共汽车或者将尿液挤压出膀胱，都需要肌肉。肌肉由具有独特收缩功能的细胞组成。引发肌肉收缩的信号来自骨髓和大脑发出的神经冲动。在人的身体里有3种肌肉：骨骼肌，顾名思义是用来推动骨骼的，它们跨过关节，被强韧的肌腱系在骨骼上；平滑肌，一般生长在内部中空的器官壁上，例如小肠、膀胱和血管；心肌，只生长在心脏上，在人的一生中，它不停地收缩，血液才能够在全身循环。心肌一般能够自动收缩，在身体有特殊需要的时候，大脑才会通过传递神经冲动，刺激心肌加快或者放慢收缩的频率。

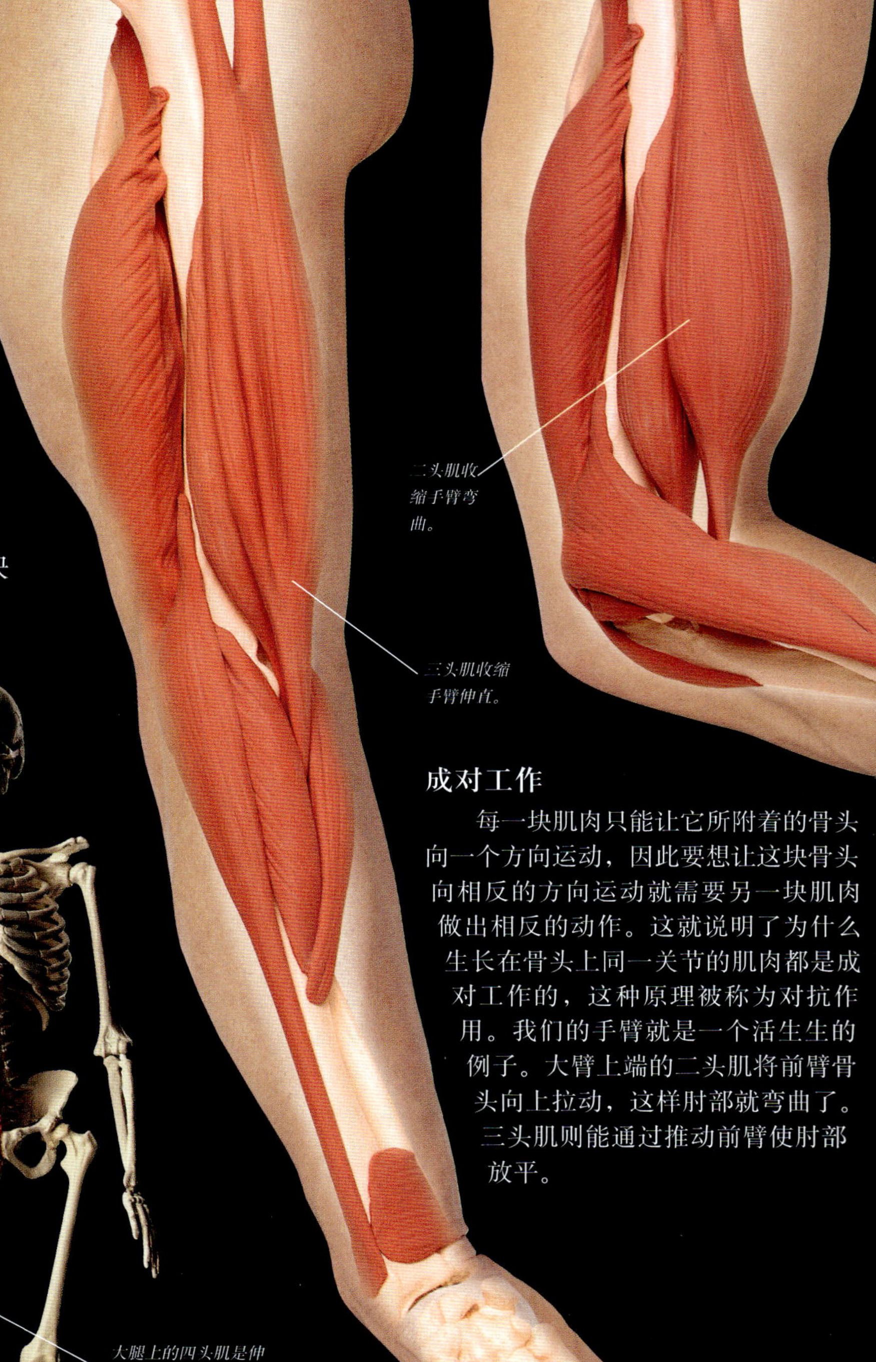

让前臂抬起、放下的肌肉

成对工作

每一块肌肉只能让它所附着的骨头向一个方向运动，因此要想让这块骨头向相反的方向运动就需要另一块肌肉做出相反的动作。这就说明了为什么生长在骨头上同一关节的肌肉都是成对工作的，这种原理被称为对抗作用。我们的手臂就是一个活生生的例子。大臂上端的二头肌将前臂骨头向上拉动，这样肘部就弯曲了。三头肌则能通过推动前臂使肘部放平。

胸锁乳突肌：我们伸头或者转头的时候用得着它。

胸肌主要是将手臂向前或者向着身体的方向推动。

身体驾驶员

肌肉差不多占据了身体组织的40%。它覆盖着骨骼，形成了人体的形状。肌肉可以分成很多层，尤其是在躯干的部位。紧挨着皮肤的肌肉通常覆盖着下边的一层或者多层肌肉组织。有些肌肉像带子；有些中间的部分凸起；还有一些面积很大，像一张薄片。大多数肌肉都有根据它们的形状、位置或者是动作命名的拉丁文名称。

大腿上的四头肌是伸直膝盖时要用到的一个肌肉群。

小腿前面的肌肉在人们走动的时候抬起脚部。

骨骼和身体前部的主要骨骼肌

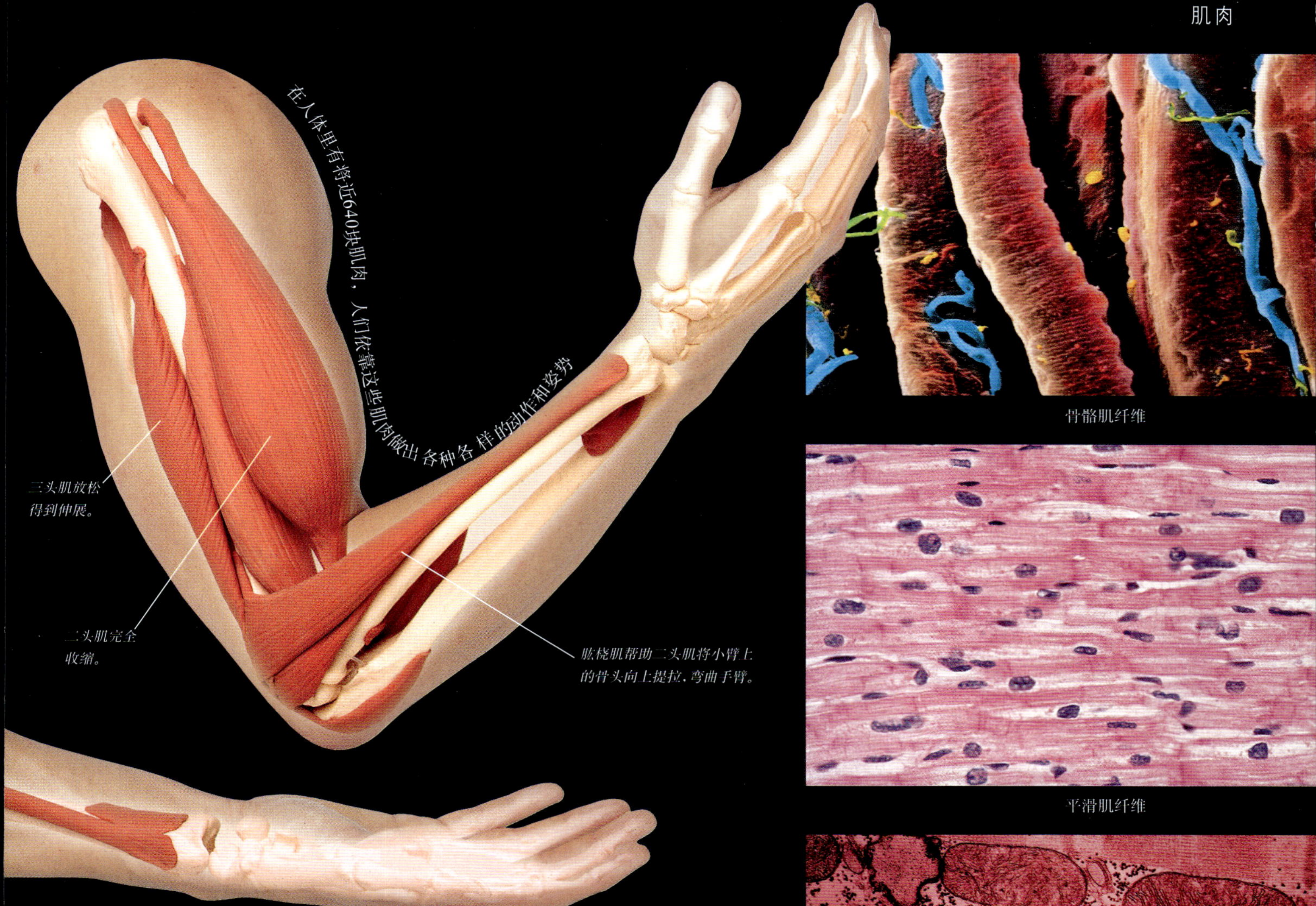

骨骼肌纤维

平滑肌纤维

心肌纤维

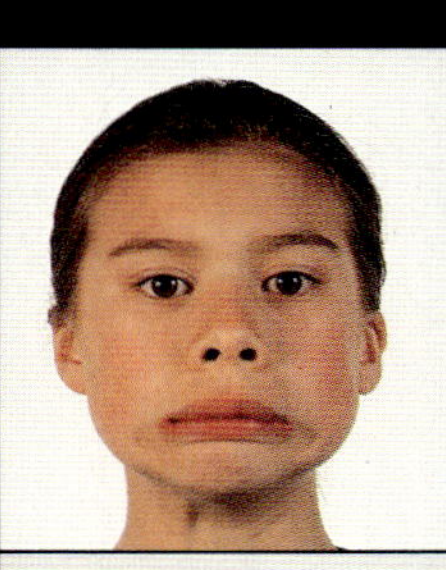

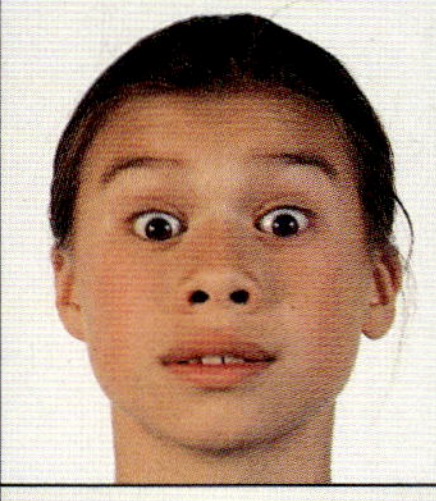

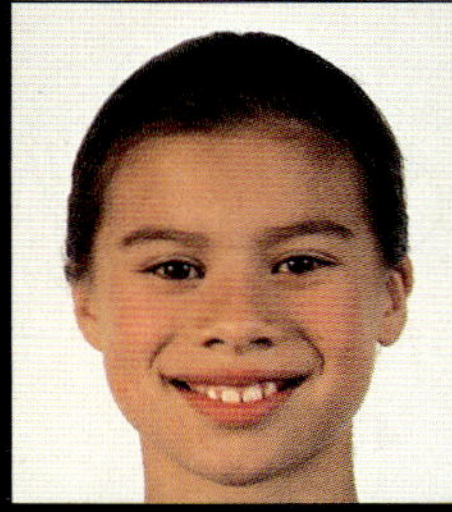

面部表情

每个国家的人都会说不同的语言，同理，人的表情千变万化、各不相同。人们通过眼睛、鼻子、嘴唇和脸上其他部分呈现出的不同形状来表达不同的感情，恶心、惊讶和高兴只是其中的 3 种。面部表情由面部和颈部的30多块肌肉控制。这些肌肉与其余骨骼肌的区别就在于它们牵动的是皮肤，而不是骨头。

身体生热

在这幅红外线照片中，颜色较浅的部位是人们在进行锻炼时身体最容易散发热量的部位。肌肉收缩时消耗富含能量的葡萄糖，它所释放的热量通过血液的流动温暖全身，并且让体温保持在37摄氏度。肌肉运动得越激烈，释放的热量也就越多。为了防止身体过热，多余的热量会通过皮肤的血管释放出来。

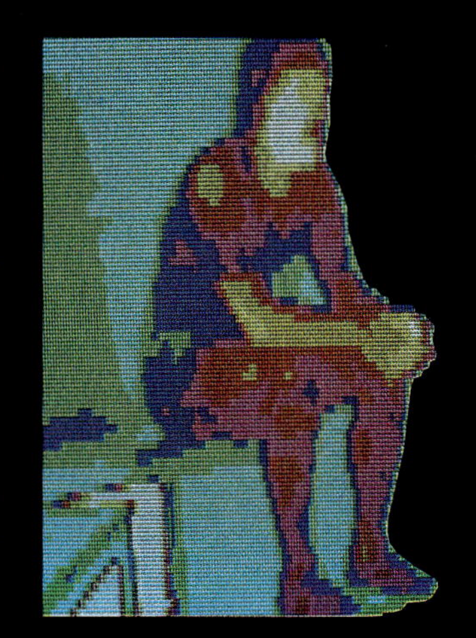

肌肉纤维

肌肉由肌纤维细胞组成。纤维的数量和形状依肌肉的种类而定。圆柱状的骨骼肌纤维最长可以达到30厘米。平滑肌纤维的尖端又短又细，它能缓慢收缩，可不断推动消化道里的食物向前运动。心肌纤维只存在于心壁上，它们的收缩具有自动节律性，每天不停歇地收缩10万次，可将血液输送到全身各处。

脑部

大脑是躯体和神经系统的控制中枢。有了大脑我们才能有一切生命活力，例如：记住别人的长相，有痛觉，能解开一道难题，或者冲别人发火。脑部是浅粉红色的，表面布满了崎岖的沟壑，它本身就像鸡蛋一样脆弱，被小心翼翼地包裹在头骨内。脑部的重要性使得尽管它只占身体质量的2%，但却消耗了20%的能量。脑中最大的一个部分叫作大脑，它赋予人们思想意识和个性特征。大脑外薄薄的一层物质叫作大脑皮层，它上面的感觉区域不断接收来自感觉器官（如眼睛）的信号。大脑皮层的运动区域向肌肉和身体器官下达运动指令，联想区域通过分析和储存信息帮助人们思考、理解和记忆。脑部的其他两个主要部分分别是小脑和脑干。小脑的作用是保持身体平衡和协调各种动作，脑干则具有调节心律和呼吸节奏等生命活动的基本功能。

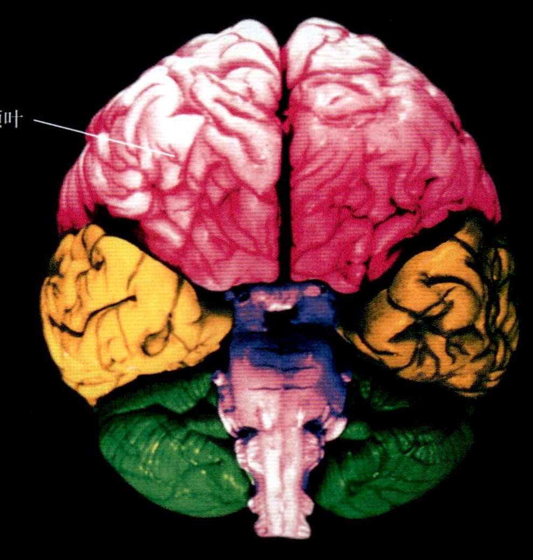

脑部构造

从头顶部位看脑部，可分为3大部分。面积最大的区域是大脑，分为左右两半，或者左右半球（深粉红和黄色部位）。小脑（绿色部分）位于脑部靠后的位置，表面充满了皱纹，也可以分为两个对称的部分。脑干（浅粉红色部分）连接脑部和脊髓。

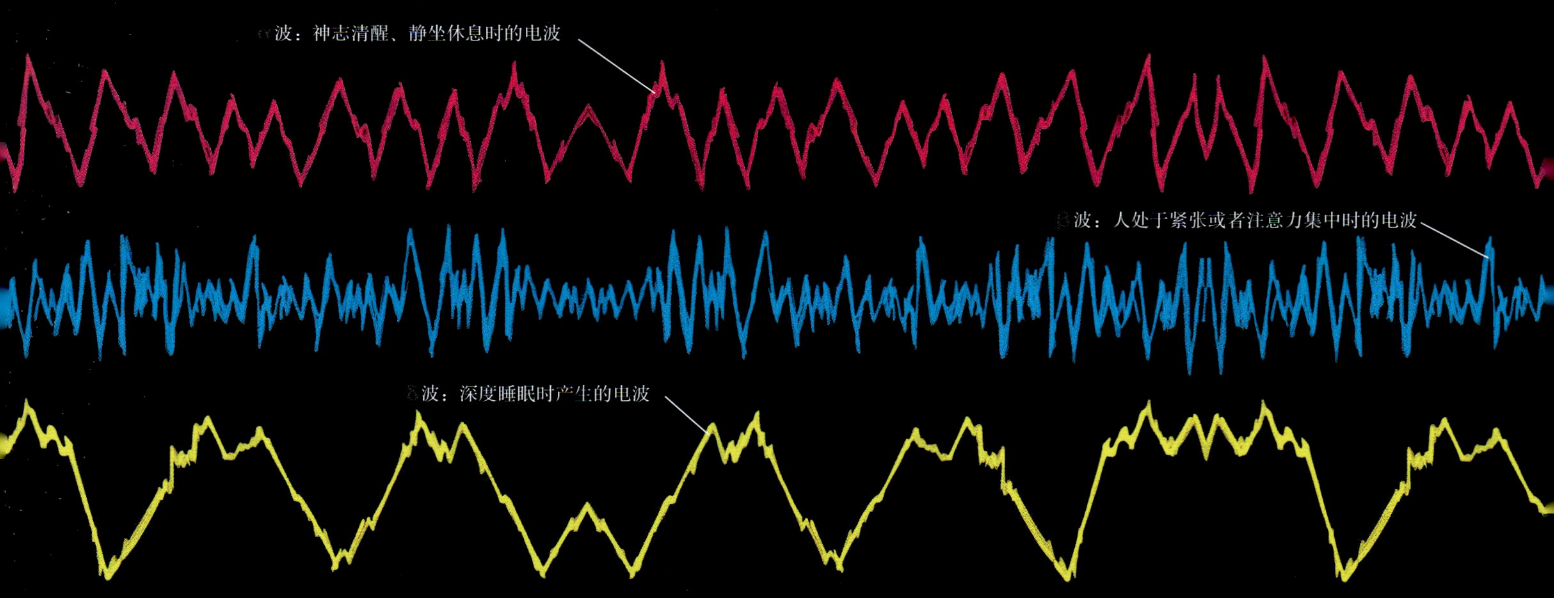

脑电波

在我们的大脑中，每秒钟有上百万的神经冲动沿着脑神经元的神经细胞迅速传送。这股极其微弱的电流信号，只有通过脑电图描记器（EEG）记录下来的脑电波才能展现在我们面前。脑电波总是随着人行为的变化而不断变化。当人们神智清醒、静坐休息时，就能测量到α（阿尔法）脑电波；当人们处于警惕和注意力高度集中的状态时，就能测量到β（贝塔）脑电波；当人们转入深度睡眠状态的时候，就会产生δ（得尔塔）脑电波。医生通过脑电图结果来诊断脑部是否正常运作。

睡眠

如图所示，这位处于睡眠状态的女士脸上贴满了片状的金属电极，它们将头部发出的电信号传送到脑电图描记器，通过仪器显示的脑电波图形能够知道睡眠时脑部活跃的变化。一般睡眠开始时都有一个深度睡眠阶段，此时大脑的活动比较缓慢；当进入浅睡眠阶段的时候，脑部就开始活跃起来，这时眼睛会快速地转动，人也开始做梦。一夜间，深度睡眠和浅睡眠不断交替出现。睡眠让脑部有时间休息放松，补充能量，整理前一天发生的事情。

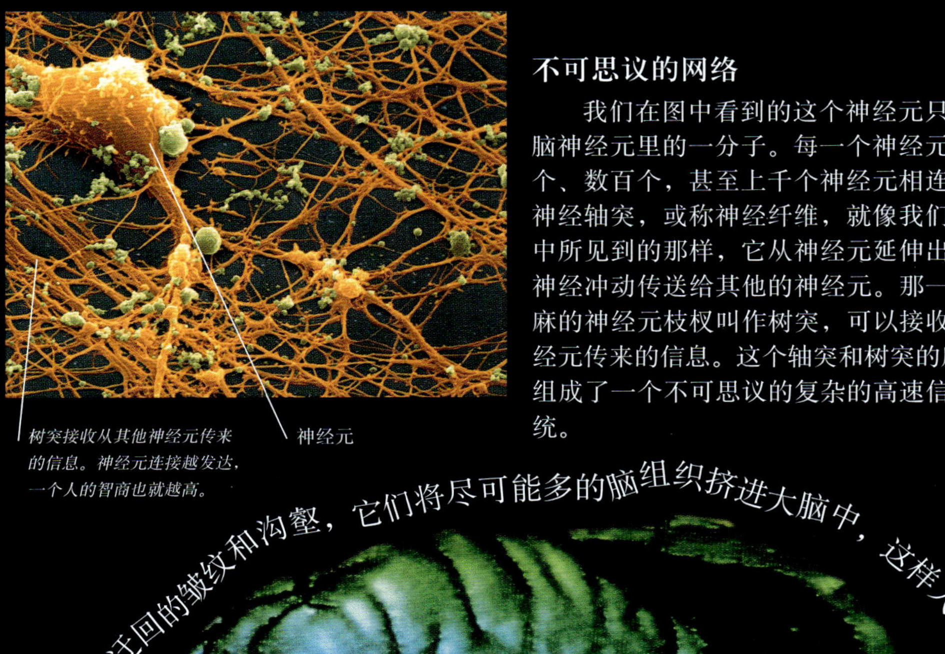

树突接收从其他神经元传来的信息。神经元连接越发达，一个人的智商也就越高。

神经元

不可思议的网络

我们在图中看到的这个神经元只是数十亿脑神经元里的一分子。每一个神经元都与几十个、数百个，甚至上千个神经元相连接。一个神经轴突，或称神经纤维，就像我们在这幅图中所见到的那样，它从神经元延伸出去，会将神经冲动传送给其他的神经元。那一团密密麻麻的神经元枝杈叫作树突，可以接收从其他神经元传来的信息。这个轴突和树突的庞大网络，组成了一个不可思议的复杂的高速信息交流系统。

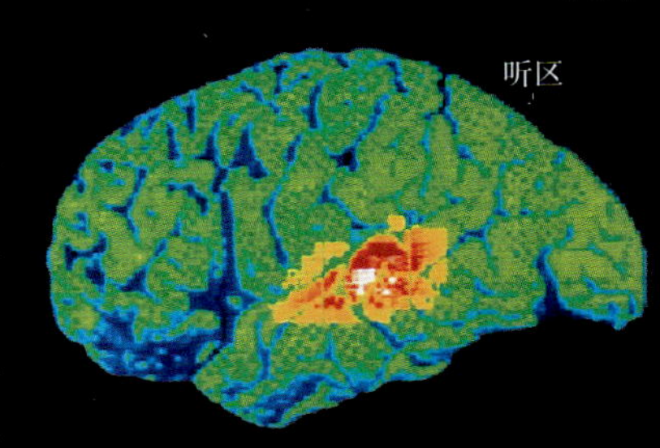

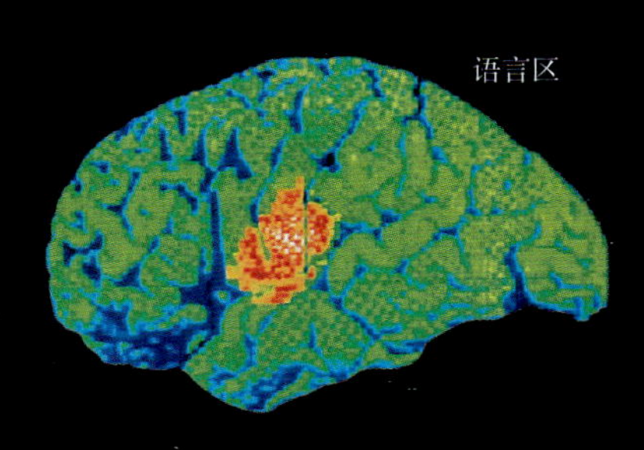

听说和思考的区域

活跃区域

大脑皮层的不同区域有不同的功能。上面的PET扫描图中就显示了脑部的哪些区域比较活跃。根据最上方的图显示，听区是大脑皮层中接收听到的东西并把它们转化成神经冲动的区域。中间的图显示，语言区位于大脑更加靠前的部位，它发出神经冲动引起发声。思考和说话可刺激大脑皮层中具有听、说和思考理解功能的区域。

大脑上充满迂回的皱纹和沟壑，它们将尽可能多的脑组织挤进大脑中，这样人就会变得更聪明

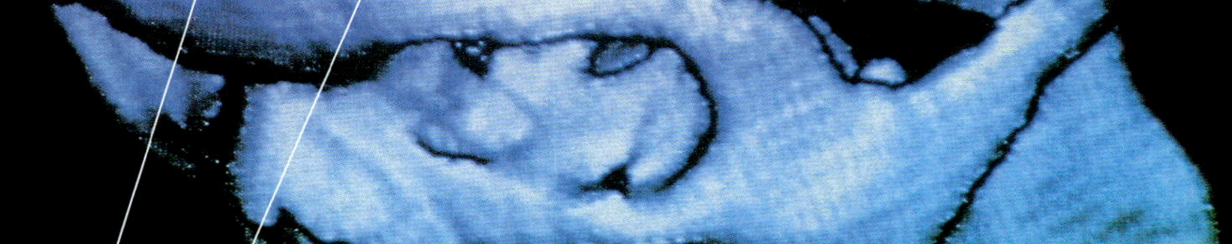

大脑右半球的内层表面

丘脑和脑边缘系统

头部扫描图展示了脑部的内部结构

头骨内部

如左图所示，这是一幅活人的头部CT扫描图，起到保护作用的头骨的上部和大脑的左半球已经被去掉了。我们往里面看，就可以发现脑部的下方就是丘脑和脑边缘系统的结构。丘脑担任的是信息传递员的角色，它将眼睛这类感觉器官的信息传递到大脑，再将指令从大脑传回感觉器官。脑边缘系统负责控制感情，比如生气、恐惧、高兴和失望，它和大脑一起操纵人的行为。

神经和神经细胞

神经系统是一个内部统筹网络，它操纵着人的思想和躯体及内脏的运动。这个系统的核心是中枢神经系统（CNS），由脑和脊髓组成。中枢神经系统分析处理由身体其他部分传送过来的信息，并把它们储存起来，然后发出指令。在这个系统的外围是一个由无数条分支纤维组成的庞大神经网络，它的最高指挥部是我们刚刚提到的脑和脊髓，终端就是身体的各个部分。整个神经系统由数十亿个相互联系的神经细胞，即神经元组成，它们的作用是高速运输电信号，即所谓的神经冲动。感知神经元将感受器监控到的身体内部和外部的变化通过神经冲动的方式输送到中枢神经系统。运动神经将中枢神经系统的指令传达下去引起骨骼肌收缩。联合神经，也是人体中数量最多的神经，只存在于中枢神经系统。它们与感受器和运动神经相联系，建成了一个复杂的信息处理中心。

神经系统

纤维网络

与身体中其他细胞相比较，神经细胞有两处不同：它们的主要作用是传送电信号，另外它们之中有一部分细胞很长。感觉和运动神经细胞的细胞体一般位于中枢神经系统的内部或附近，它们的轴突，也可以叫神经纤维，可以延展到相当长的长度。例如，从骨髓到脚部，神经纤维的长度甚至能达到1米。所有的轴突都由纤维组织绑在一起组成神经，看起来就像白色的发出光亮的缆线。大多数神经都有双重任务——装载感觉和运动神经元。

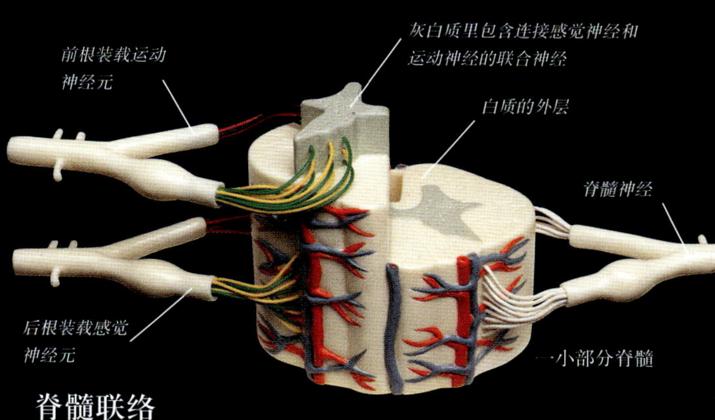

脊髓联络

脊髓仅有一个指头粗，它由31对脊髓神经组成，主要作用是在脑部和身体其他部分之间架起沟通的桥梁。每个脊髓神经在与脊髓连接之前都会分出两个根。后根将身体里的信号传递到脊髓的灰白质里，前根将神经冲动的指令从灰白质传达到肌肉里。在白质外层的神经元将脑部的信息由上向下在脊髓中传递，然后再收集信息返回脑部，如此不断重复。

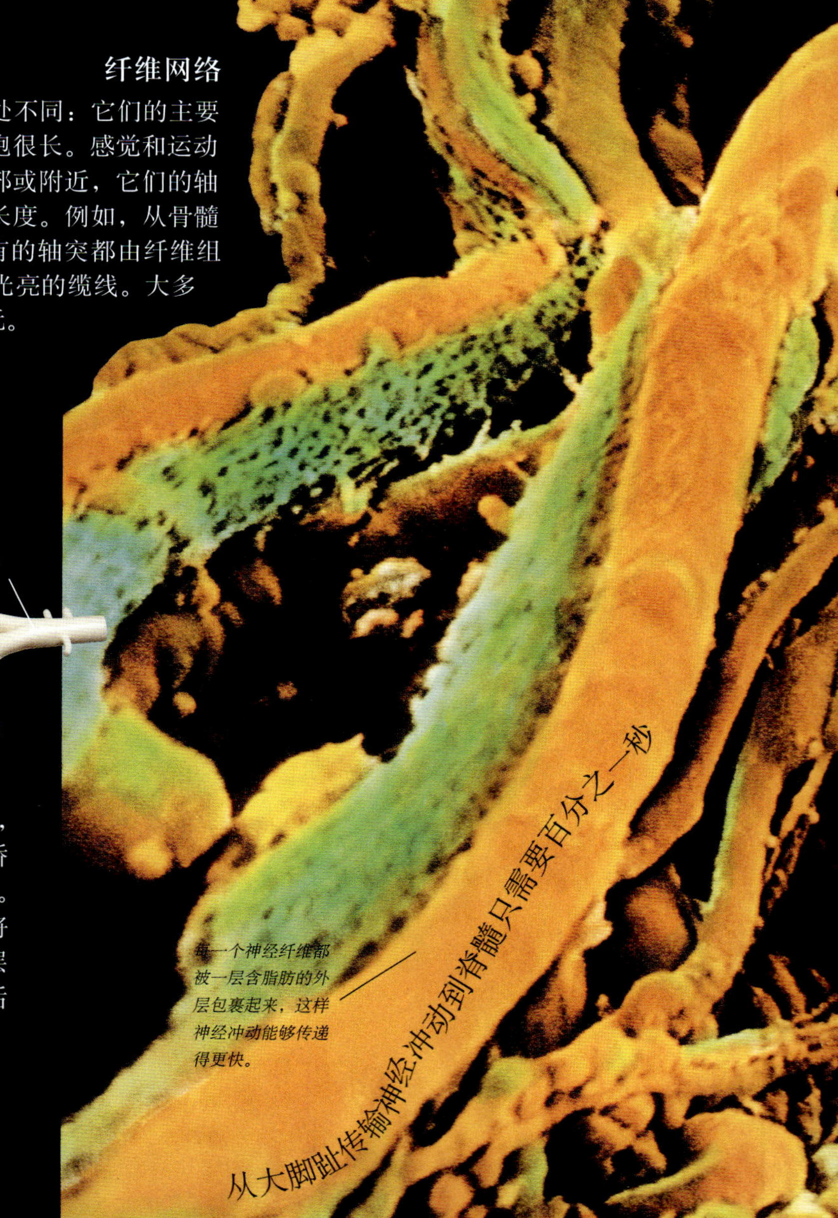

每一个神经纤维都被一层含脂肪的外层包裹起来，这样神经冲动能够传递得更快。

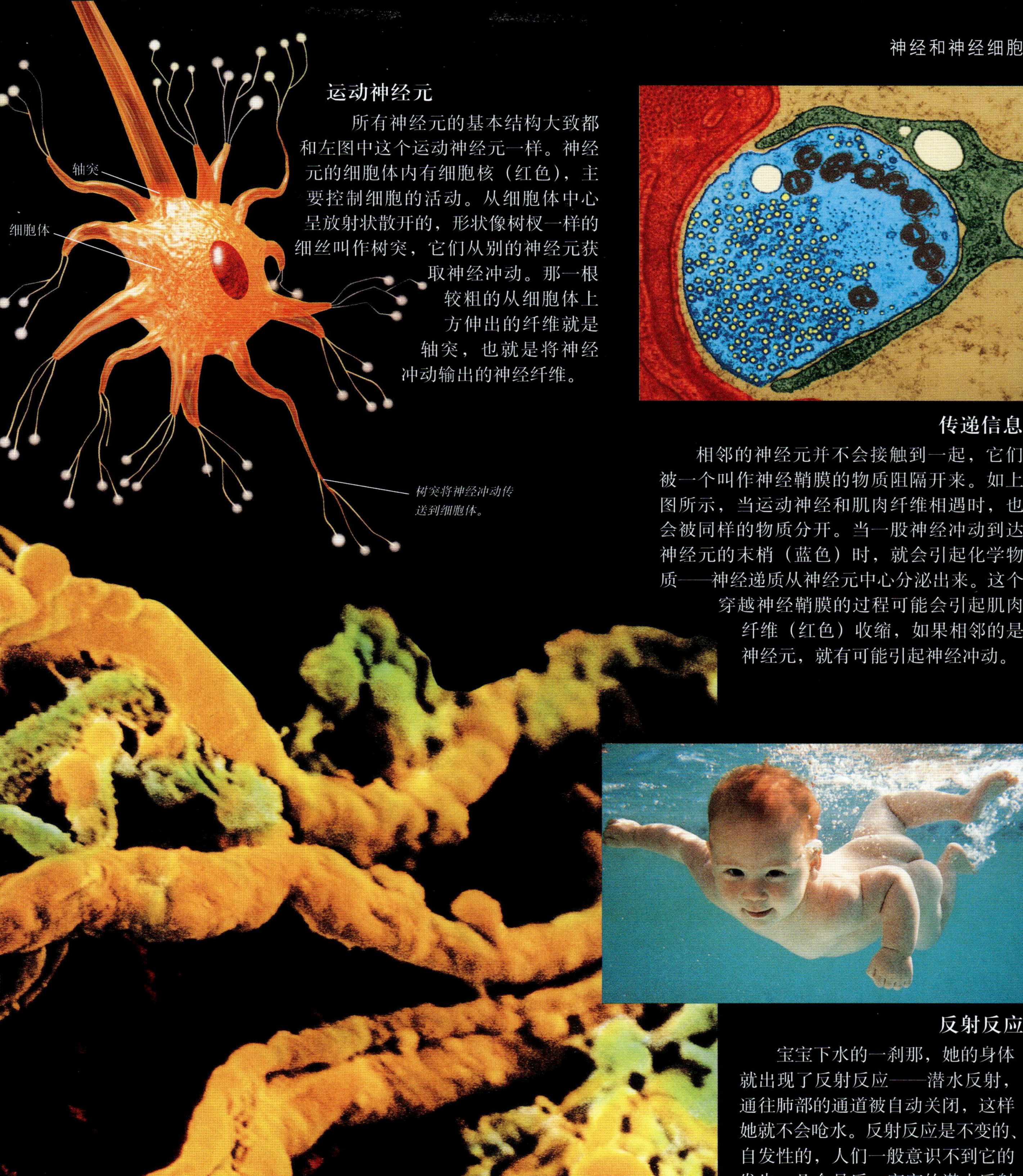

运动神经元

所有神经元的基本结构大致都和左图中这个运动神经元一样。神经元的细胞体内有细胞核（红色），主要控制细胞的活动。从细胞体中心呈放射状散开的，形状像树杈一样的细丝叫作树突，它们从别的神经元获取神经冲动。那一根较粗的从细胞体上方伸出的纤维就是轴突，也就是将神经冲动输出的神经纤维。

传递信息

相邻的神经元并不会接触到一起，它们被一个叫作神经鞘膜的物质阻隔开来。如上图所示，当运动神经和肌肉纤维相遇时，也会被同样的物质分开。当一股神经冲动到达神经元的末梢（蓝色）时，就会引起化学物质——神经递质从神经元中心分泌出来。这个穿越神经鞘膜的过程可能会引起肌肉纤维（红色）收缩，如果相邻的是神经元，就有可能引起神经冲动。

反射反应

宝宝下水的一刹那，她的身体就出现了反射反应——潜水反射，通往肺部的通道被自动关闭，这样她就不会呛水。反射反应是不变的、自发性的，人们一般意识不到它的发生。几个月后，宝宝的潜水反射反应就会消失。但是，有些反射反应会跟随人们一辈子，比如把手抽离滚烫的或者尖锐的东西。这种抽离反应非常迅速，因为神经冲动是直接被传送到距离较近的脊髓，而不用被传送到距离比较遥远的脑部。

眼睛

虽然眼睛在视觉成像中起到了核心作用，但是光靠眼睛，这一过程是无法完成的。眼睛为脑部提供着外部世界不断更新的景象。因此，人眼睛里的感受器超过了全身感受器总数的70%。这些对光十分敏感的感受器接收到光刺激后，会将一股神经冲动信号沿着视神经传送到脑部。当神经冲动到达大脑时，视觉起作用了，因而我们看到了真实世界中具体的、多彩的三维图像。人的眼睛敏感程度很高，它们可以分辨将近10 000种颜色，可以发现1.6千米以外的一根点燃的蜡烛。

眼睛的自我保护

眼睛将近80%的部分都隐藏在头骨的骨槽里面，但是眼睛前部暴露在外的部分，尤其是位于眼睛前面的像窗户一样的组织——角膜，就需要额外的保护。眉毛防止汗液滴落到眼睛里，并在阳光强烈的时候为它们提供阴凉。睫毛则为眼睛遮挡刺激性的灰尘。眼泪不仅能滋润眼睛暴露在外面的部分，它的成分里还含有可杀死细菌的化学物质。眼睑每2秒到10秒钟就眨一下，它就像汽车前挡风玻璃上的雨刷，主要作用是把眼泪铺开并冲走灰尘。如果有什么异物飞溅到眼睛上，眼睑会立刻闭起来。

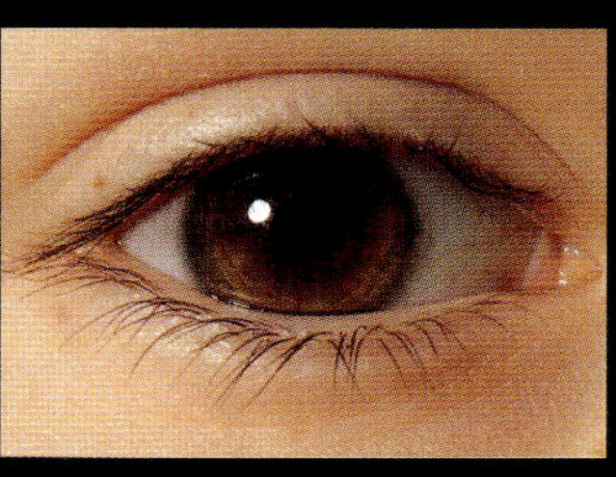

在光源较强的时候，瞳孔缩小，防止过多的光线进入眼睛。

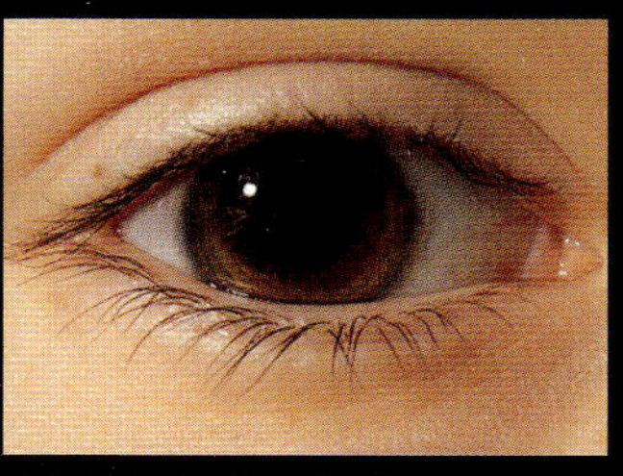

在光源较弱的时候，瞳孔扩大，让更多的光线进入眼睛。

瞳孔的收缩

瞳孔是虹膜中心的圆孔，它就是进入眼睛深黑色内部的大门。虹膜的形状就像一个扁平的甜面包圈，由两套不同的肌肉纤维组成。一套环绕瞳孔的周围，可以收缩瞳孔，这时瞳孔看起来比较小；另一套穿过瞳孔，作用是扩张瞳孔，也就是让瞳孔变大。光源的明暗不同，虹膜上的肌肉就会反射性地调整瞳孔的尺寸。

虹膜

虹膜，它的英文名取自希腊神话里彩虹之神的名字。虹膜的颜色从最浅的绿色到最深的棕色，千变万化。这种颜色的差别是由于黑色素的作用造成的，这种成分在皮肤里也可以找到。黑色素较多的虹膜就会呈现棕色。黑色素较少的虹膜颜色就会变浅，眼睛由此呈现出绿色、灰色或蓝色。

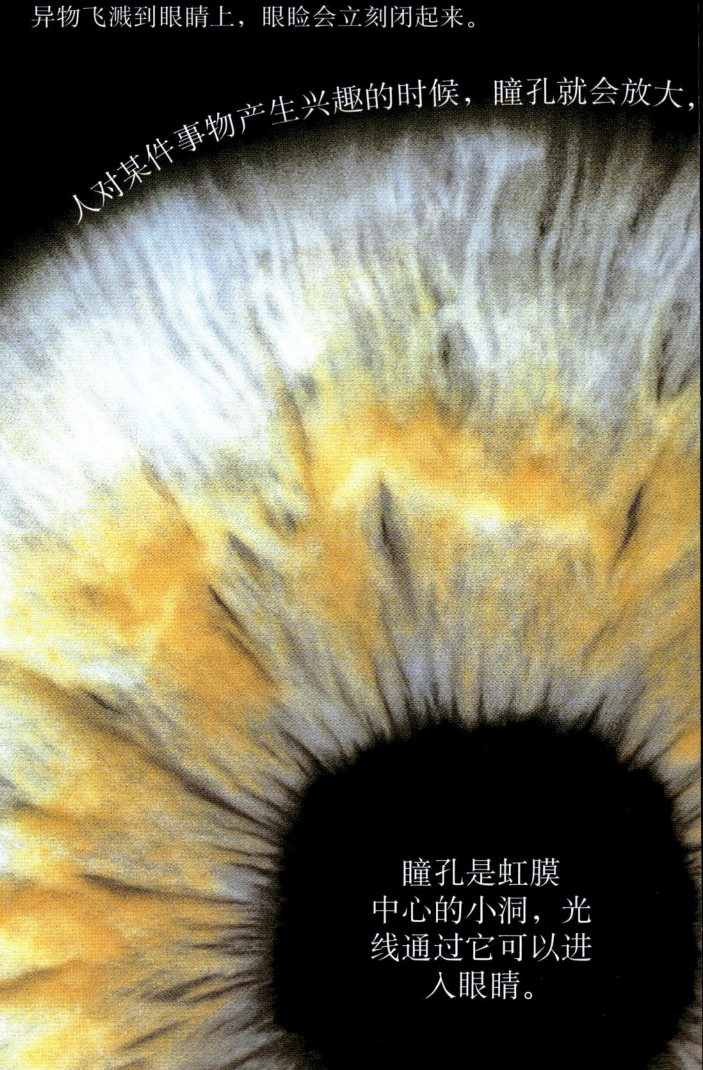

人在兴奋的时候瞳孔会扩大，感到无聊的时候瞳孔会缩小。

从眼睛到大脑

一种特殊的X光扫描技术——CT扫描帮助我们获取了这样一张活体头部的切面图。眼球（粉色）和鼻子在左侧，头的后半部分在右侧。头部大部分的空间都被脑组织占据。视觉神经（黄色）形成于眼球的后端，它含有100多万根神经纤维，可以将神经冲动以极快的速度传递到脑部。视神经在到达大脑末端之前，其中一部分会交叉在一起。

大脑的视觉区域接收到视网膜发出的神经信息，将这些信息颠倒过来形成可见的图像。

角膜聚焦进入眼睛的光线。

视网膜

晶状体聚焦光线然后投射在视网膜上，形成了颠倒的图像。

树木反射的光线进入眼睛。

富有弹性的晶状体根据物体的远近改变自身形状，让聚焦到视网膜上的光线更加清楚。

晶状体周围的环状肌肉

一个颠倒的世界

角膜和晶状体将光源聚焦进眼睛后部的感受器。晶状体周围有一圈肌肉，当物体距离眼睛比较近的时候，它就会变厚；当物体距离较远的时候，它就会变薄。视网膜上形成的图像是颠倒的，大脑一旦收集到视网膜发出的信号，就会把图像放正。

相反地，如果人们感到无聊，瞳孔就会缩小

光感受器

数百万的光敏感细胞都压缩在视网膜里。它们中的大多数都被称为视杆细胞（如左图）。它们在光线昏暗的状态下就能达到最佳工作状态，并传送出黑白图像。还有其他一些叫作视锥细胞，人们依靠它在明亮的环境下感知色彩。

灵活的晶状体

从显微镜里我们可以看到，眼睛的晶状体有纤长的纤维，它的结构就像洋葱一样一层层地排列着。晶状体的纤维里含有特殊的蛋白质，因此纤维本身和晶状体都是透明的。它们还富有弹性，这样晶状体就能任意改变形状。

耳朵和听力

人们有了听觉，才能讲话交流，才能聆听优美的音乐，才能感觉到临近的危险。声源振动，在空气中通过压力传送波动，即产生音波，音波经过漏斗状的耳廓，到达内耳的耳蜗。耳蜗里有极其微小的绒毛，当这些小绒毛因周围液体颤动而受到推拉和挤压时，绒毛细胞已经将神经信号传送到脑部并转变成声音。当声音从一只耳朵传到另一只耳朵时，人们不仅能够从中分辨出声音的大小和音调，还能发现声音的来源。耳朵在人体平衡上也起到了重要的作用。绒毛细胞位于内耳，它时时监控着人体的方位和动作。

看不见的内耳

人们通常看到的耳朵，就是耳廓，仅仅是整个耳朵的一小部分。耳朵的大部分都隐藏在头骨内人们看不到的地方。它主要由3个部分组成。在外耳里有外耳道，它分泌耳蜡清除耳垢，保持外耳的清洁。中耳通过耳咽管与喉连接，从而使耳内气压和耳外气压保持一致。充满液体的内耳有声音和平衡感受器。

耳迷路内的半规管、椭圆囊和球囊中含有平衡感受器。

神经传递收集到的信息。

外耳道

中耳

耳蜗神经

鼓膜将外耳和中耳分开。

耳蜗里有声音感受器。

耳咽管

耳鼓

通过耳镜（医生通过这种器械观察人耳内部的情况）我们可以观察到耳鼓的情况。耳鼓非常薄，几近透明，紧紧地绷在外耳道的底端，将外耳和中耳分开。声音通过外耳道到达耳鼓，使耳鼓产生震动。

从几乎透明的鼓膜可以看见中耳小骨的外部轮廓。

中耳小骨

镫骨还没有一粒米长，它是人体中最小的骨头，也是中耳3块链状延伸的小骨中的最后一块。另两块小骨一块叫作锤骨，一块叫作砧骨。小骨将耳鼓的声音震动传导到形似椭圆形的由隔膜覆盖的内耳通道，然后将波动传送到充满液体的耳蜗里。

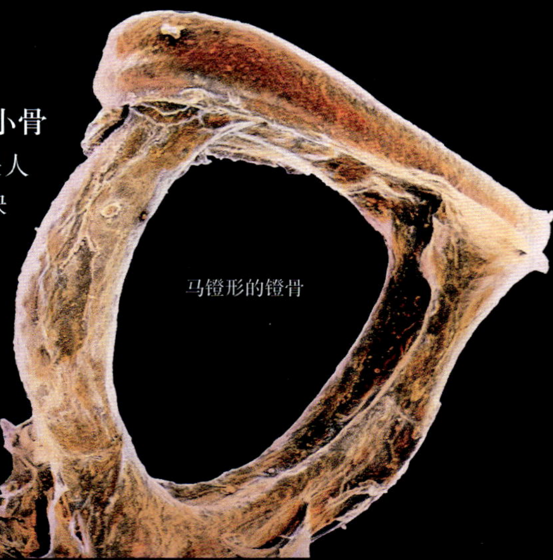

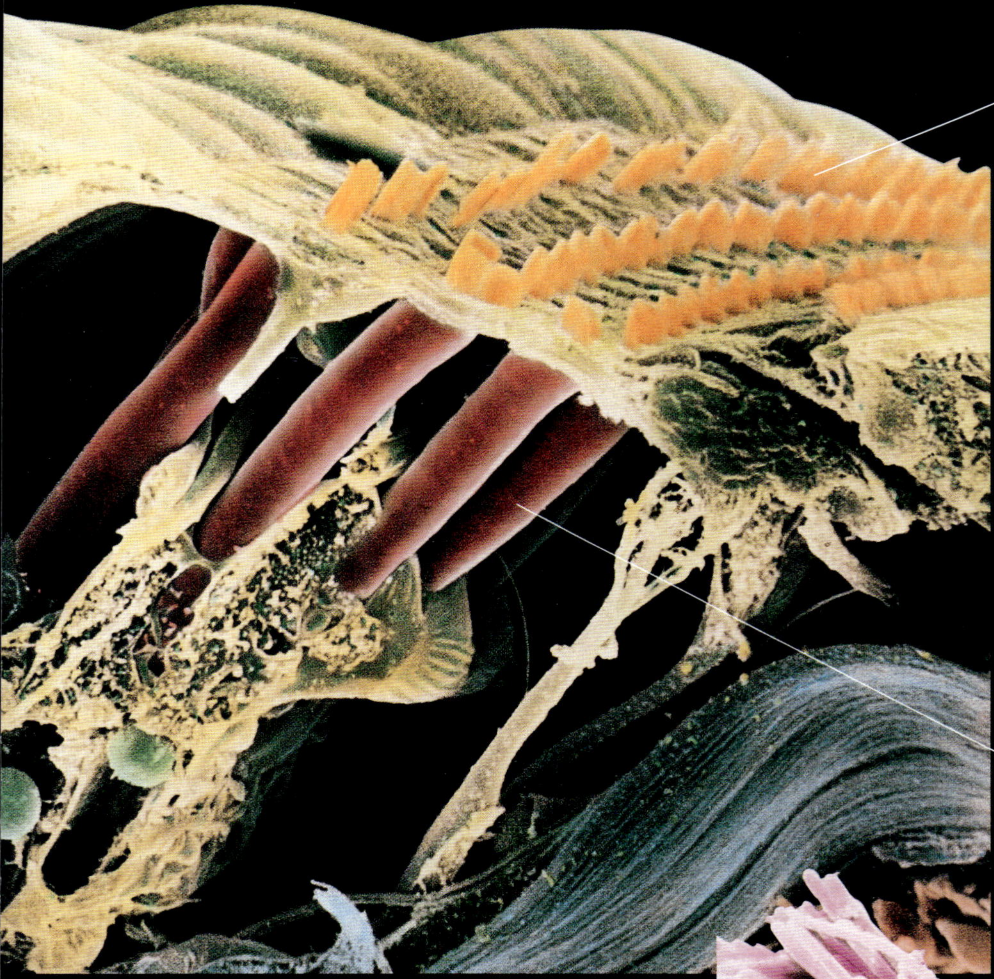

绒毛细胞上突出的V字形感觉绒毛。

声音感受器

耳朵在螺旋器里探测声音。螺旋器依附在充满液体的蜗牛形的耳蜗的中心。在螺旋器的内部（如左图）有4列像柱子一样的绒毛细胞组，每一个都有大约15 000个细胞，在每一个细胞组的顶端有多达100个感觉绒毛。声音从中耳到达充满液体的耳蜗，波动的液体导致绒毛弯曲，绒毛弯曲使绒毛细胞沿着耳蜗神经向脑部接收声音的区域发出神经冲动。

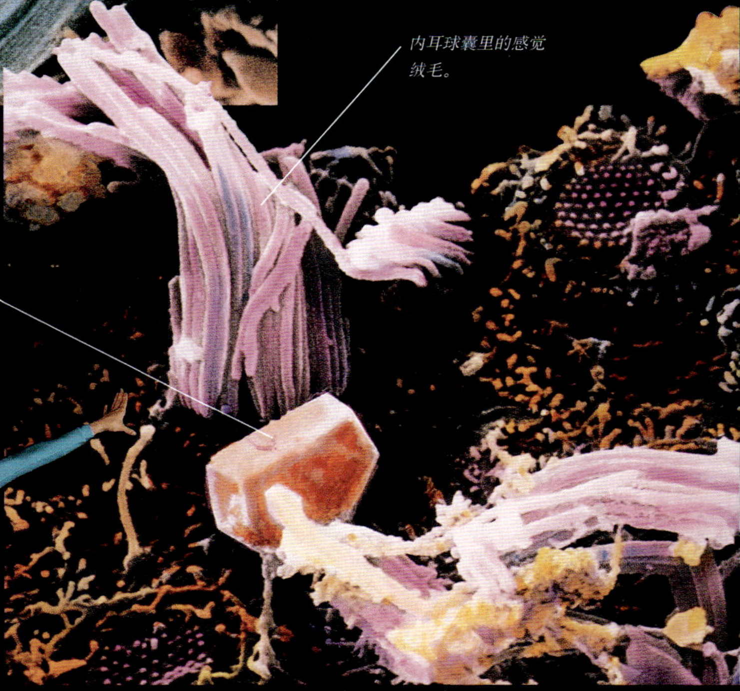

绒毛细胞将信息传送到脑部。

内耳球囊里的感觉绒毛。

根据身体所处的不同位置，碳酸钙（白垩）晶体推动或拉动绒毛。

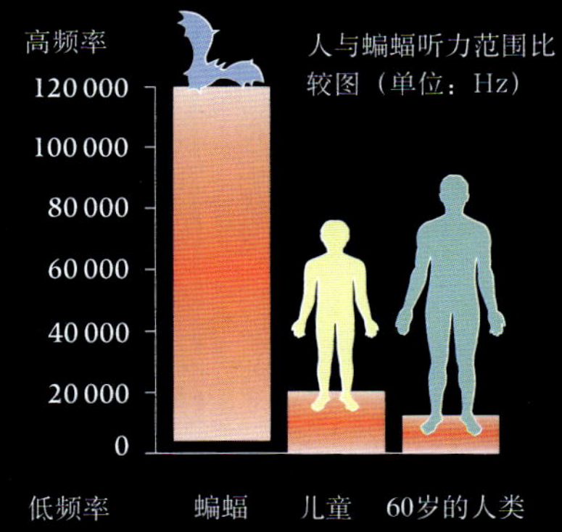

人与蝙蝠听力范围比较图（单位：Hz）

	蝙蝠	儿童	60岁的人类
高频率	120 000	20 000	12 000
低频率			

(纵轴刻度：0、20 000、40 000、60 000、80 000、100 000、120 000)

听力范围

人们的听力范围很广，包括从最低沉的咆哮到最高声的尖叫。音调的高低与声音的频率有关，也就是每秒钟接收的音波量，计量单位是赫兹（Hz）。儿童的可听范围在20～20 000Hz，可听范围的上限会随着年龄的增长而减退。有些动物，例如蝙蝠可以听到频率极高的音调，这种音调被称为超频率音响。

体操运动员依靠耳朵里和脚上的感受器保持平衡。

平衡功能

人类具有平衡功能，因此他们能够直立行走，不会随便摔倒。内耳里的平衡感受器传送的信息，以及眼部神经、肌肉、关节及皮肤所传达的感觉信息，都会被传送到脑部。这样我们的脑部就知道身体所处的位置，然后向肌肉传送神经信息，告诉它们要做出怎样的姿势保持身体平衡。在内耳里，椭圆囊和球囊（如上图所示）内的感觉绒毛细胞可以监控身体的位置，半规管里的感觉绒毛细胞则用来感知人们的动作。

鼻子和舌头

嗅觉感受器位于鼻子内，味觉感受器长在舌头上。嗅觉感受器将信息传送到大脑负责感情和记忆的区域，因此人们常说的“这是充满回忆和感情的味道”是有一定的道理的。味觉感受器将信息传送到大脑中的味觉区域和控制食欲及分泌唾液的区域。通过嗅觉和味觉两项功能，人们就能感知许多物质，并且可辨别上百种不同的食物。在两种功能之中，嗅觉功能起主导作用，这是因为人的舌头只能区分4 种味道，鼻子却能嗅出上万种不同的气味。所以，如果一个人得了重感冒，严重影响了嗅觉，那他一定食欲不振，吃什么都没有味道。嗅觉和味觉也能够对人体起到保护作用。比如，人们一闻到烟的味道，就会马上意识到环境危险，应该立刻逃生；有毒的物质一般都有苦涩的味道，所以在它的毒性还没发挥作用之前就会被人们吐出来。

味觉

舌头的表面覆盖着一层细小的颗粒，这种小颗粒叫作乳突。有些乳突上长有被称为味蕾的味觉感受器。如下方的图片展示，舌头不同区域上的味蕾对于4 种不同味道——甜、咸、酸和苦的敏感程度不同。其他区域上的味蕾会感知食物的温度和质地。

舌头的味觉分区图

对类似咖啡的苦味食品敏感的区域。

对类似食糖的甜味食品敏感的区域。

对类似醋的酸味食品敏感的区域。

对类似薯片的咸味食品敏感的区域。

用鼻子闻，用舌头尝

头部的内部解剖图为我们展示了味觉和嗅觉器官的位置。嗅觉感应器长在两侧鼻腔内靠近上部的嗅觉上皮中。味觉感受器也就是味蕾，就长在我们的舌头上。舌头肌肉发达，它的一个主要作用是在我们咀嚼食物的时候，搅拌口腔中的食物。

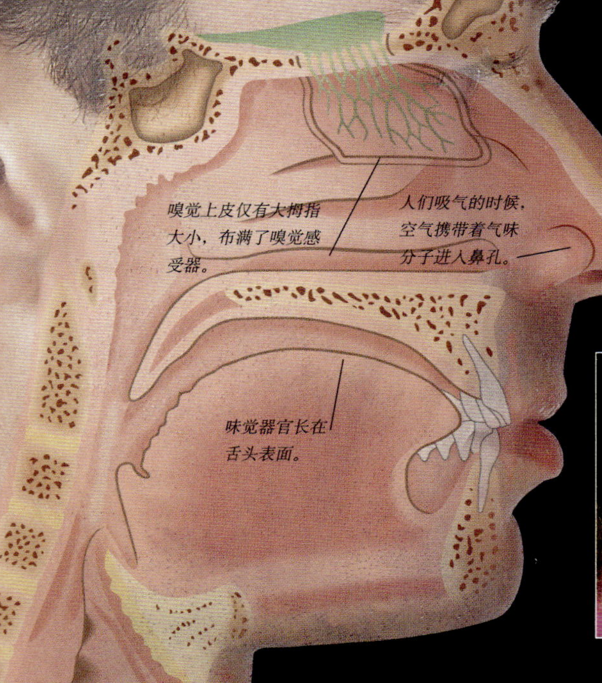

嗅觉感受器

在鼻腔的上部有超过2 500万个嗅觉感受器（如右图所示）。在每个感受器的顶端，有20多根像汗毛一样的纤毛，这些纤毛外都覆盖着一层水样黏液。人们吸进空气的时候，气味分子就被黏液分解，然后粘在了纤毛上。粘在纤毛上的气味分子会激发神经冲动，将这一信号迅速传送到脑部。吸气的动作有利于嗅觉，因为这样就能吸进更多的空气，从而捕获更多的气味分子。

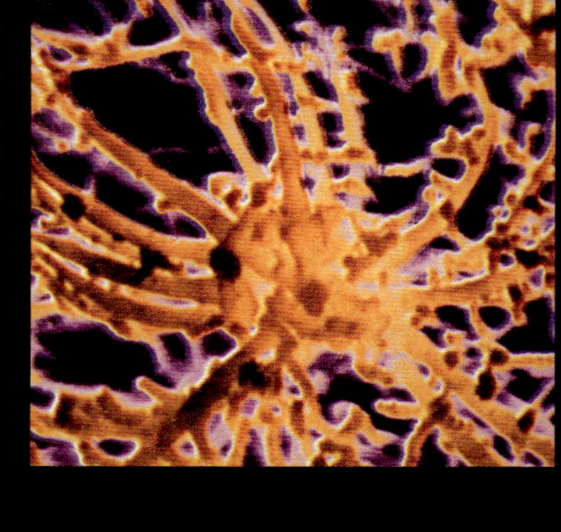

清洁鼻子

人在打喷嚏的时候，会以时速160千米的速度从鼻孔中喷出一股含有大量小黏液滴的气流。这个反射动作通常是由普通的感冒或者是刺激性的灰尘微粒引起的。这股突然从鼻腔里喷出的气流，能把刺激性物质都清理出来。

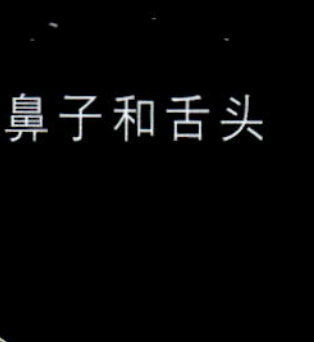

在显微镜下可以观察到，人们咀嚼的时候舌头乳突上的味觉感受器与味道分子密切接触。

一排排的丝状乳突在舌头表面平行排列。

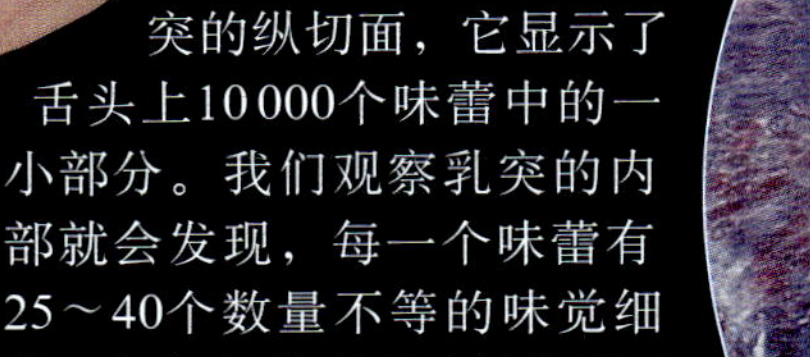

乳突的纵切面

味蕾

右图是舌头乳突的纵切面，它显示了舌头上10 000个味蕾中的一小部分。我们观察乳突的内部就会发现，每一个味蕾有25～40个数量不等的味觉细胞，它们的排列形状就像橙子的切面。味觉细胞上长有突出的绒毛，我们吃东西的时候会分泌大量唾液，这些绒毛就会插入味觉孔并浸泡在唾液之中。食物中的化学物质在唾液中分解，味觉绒毛就能感觉到味道了。

锥形乳突

舌头表面的大多数乳突是锥形的丝状乳突，它们之中只有极少数含有味蕾。而大部分乳突具有的都是触觉感受器，人们有了它，就可以知道食物的软硬。不仅如此，这种乳突使舌头表面粗糙，方便人们舔食像冰激凌那样光滑的食物，或者在咀嚼的时候卷起和移动食物。丝状乳突的尖端有指甲中的坚硬物质——角蛋白，所以它很强韧。

绒毛从小孔中伸出并插入乳突间的空隙中。

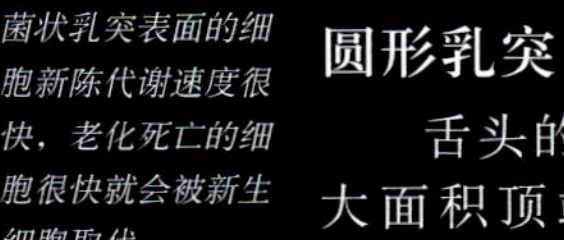

菌状乳突表面的细胞新陈代谢速度很快，老化死亡的细胞很快就会被新生细胞取代。

圆形乳突

舌头的丝状乳突旁散布着大面积顶端扁平的圆形乳突（如左图所示）。因为它们的形状非常像蘑菇，因而我们称它为菌状乳突。味蕾生长在这些菌状乳突的表面和四周。此外，你抬起舌头的时候会发现舌头背面有许多V字形的突起，它们比菌状乳突大10～12倍，叫轮廓乳突，在轮廓乳突上也有味蕾。菌状乳突一般呈现红颜色，因为它们的组织中含有大量血管。

人体激素

人类的身体中有两个系统协调和控制人体活动。一个是反应活跃的神经系统；另一个是起效缓慢、作用持久的内分泌系统。内分泌系统在人类的生长和发育中必不可少，可协助控制身体的功能。内分泌系统由许多可分泌化学激素的腺体组成。激素被血液输送到目的地，也就是身体中不同的组织，然后依附在细胞上，从而改变细胞的化学作用过程。主要的内分泌腺体有脑垂体、甲状腺、甲状旁腺和肾上腺等。其他能够分泌激素的器官还有胰脏，它除制造胰岛素外还能生成消化酶；睾丸和卵巢除分泌雄性激素和雌性激素、孕激素外，还能生成精子和卵子。

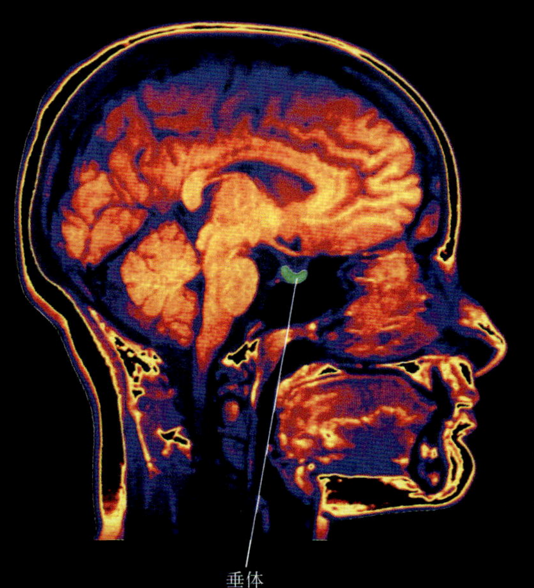

激素的主管

在脑部下方有一个腰果大小的腺体叫作垂体，它是内分泌系统中最重要的部分，可对大部分腺体进行调节。身体中有9种激素从这里分泌出来。其中有一些激素，例如生长激素和催产素会直接作用于人体。另外一些，比如促甲状腺激素（TSH），主要作用是刺激相应的腺体让它们分泌自己的激素。

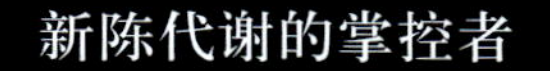

新陈代谢的掌控者

这是一幅甲状腺内部结构图（见左图）。甲状腺位于颈部前边咽喉下方，形状像一只蝴蝶。红色的区域叫作腺胞，能够制造甲状腺素。这种激素可加快细胞新陈代谢的速度（细胞中发生化学反应的速度）。垂体分泌的促甲状腺激素刺激甲状腺素的产生。

生长激素

儿童和青少年的正常生长和发育离不开生长激素。生长激素是从垂体的前叶分泌出来的，对全身的细胞均有影响，对骨骼和肌肉的作用尤其明显。它刺激细胞分裂，促使骨头和肌肉的生长。如果一个人在幼年的时候缺乏生长激素，那就意味着他长大以后身高要比常人矮小。但是如果一个人生长激素分泌过多，就有可能导致他成年以后身高超常。

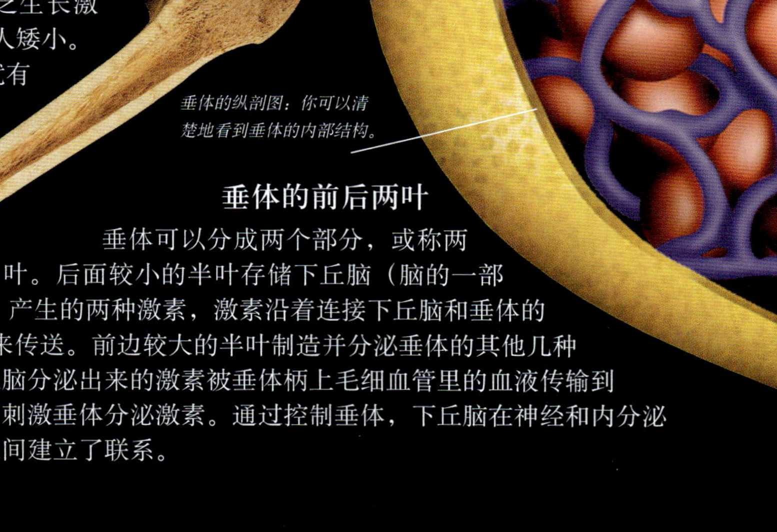

垂体的前后两叶

垂体可以分成两个部分，或称两叶。后面较小的半叶存储下丘脑（脑的一部分）产生的两种激素，激素沿着连接下丘脑和垂体的漏斗柄来传送。前边较大的半叶制造并分泌垂体的其他几种激素。下丘脑分泌出来的激素被垂体柄上毛细血管里的血液传输到垂体前叶，刺激垂体分泌激素。通过控制垂体，下丘脑在神经和内分泌两大系统之间建立了联系。

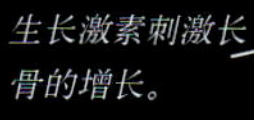

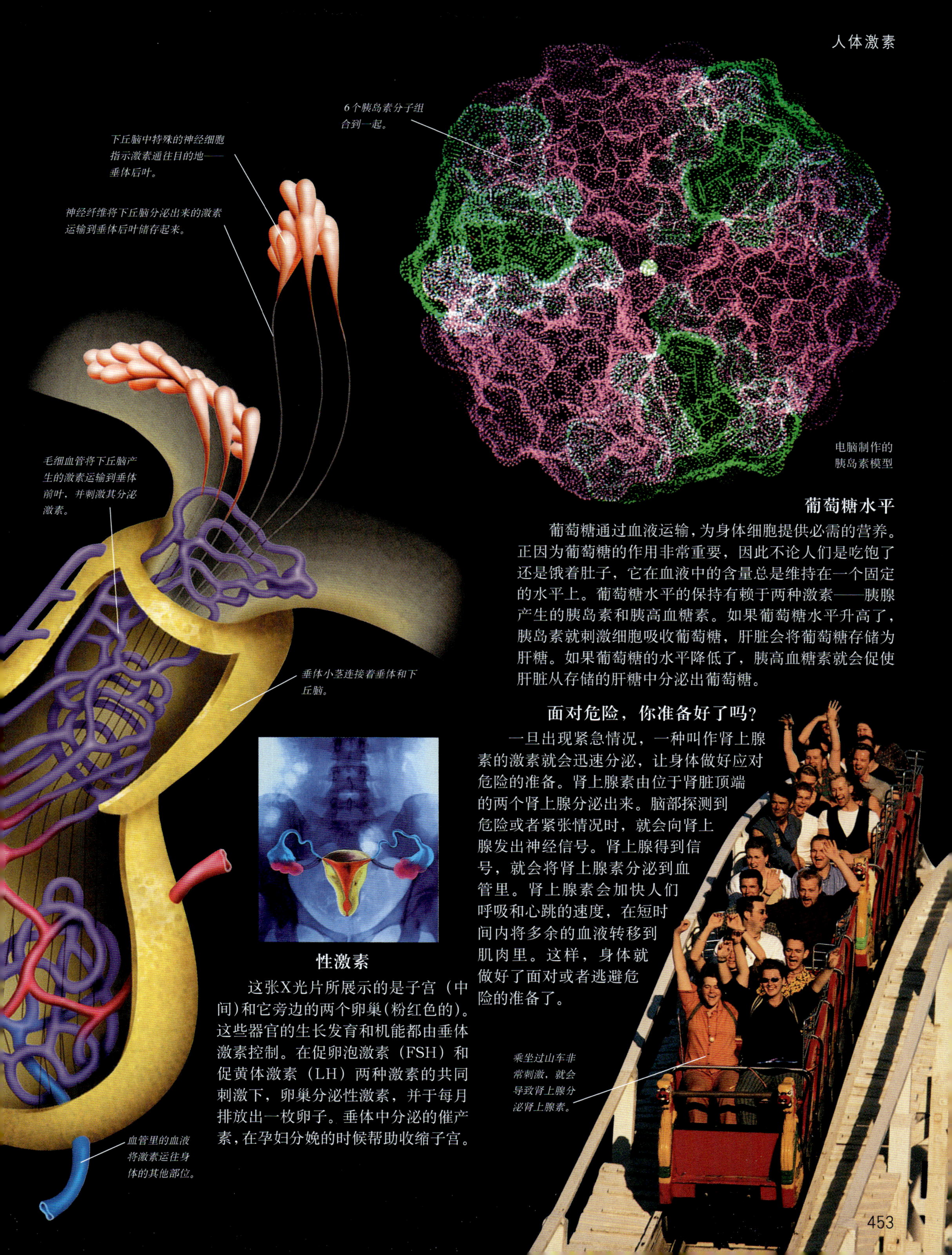

电脑制作的胰岛素模型

葡萄糖水平

葡萄糖通过血液运输，为身体细胞提供必需的营养。正因为葡萄糖的作用非常重要，因此不论人们是吃饱了还是饿着肚子，它在血液中的含量总是维持在一个固定的水平上。葡萄糖水平的保持有赖于两种激素——胰腺产生的胰岛素和胰高血糖素。如果葡萄糖水平升高了，胰岛素就刺激细胞吸收葡萄糖，肝脏会将葡萄糖存储为肝糖。如果葡萄糖的水平降低了，胰高血糖素就会促使肝脏从存储的肝糖中分泌出葡萄糖。

面对危险，你准备好了吗？

一旦出现紧急情况，一种叫作肾上腺素的激素就会迅速分泌，让身体做好应对危险的准备。肾上腺素由位于肾脏顶端的两个肾上腺分泌出来。脑部探测到危险或者紧张情况时，就会向肾上腺发出神经信号。肾上腺得到信号，就会将肾上腺素分泌到血管里。肾上腺素会加快人们呼吸和心跳的速度，在短时间内将多余的血液转移到肌肉里。这样，身体就做好了面对或者逃避危险的准备了。

乘坐过山车非常刺激，就会导致肾上腺分泌肾上腺素。

性激素

这张X光片所展示的是子宫（中间）和它旁边的两个卵巢（粉红色的）。这些器官的生长发育和机能都由垂体激素控制。在促卵泡激素（FSH）和促黄体激素（LH）两种激素的共同刺激下，卵巢分泌性激素，并于每月排放出一枚卵子。垂体中分泌的催产素，在孕妇分娩的时候帮助收缩子宫。

心脏

人们一度认为心脏是感受爱的中心，但事实上，心脏是推动血液流动的主要力量。心脏位于胸部，陪伴在它左右的是肺部，保护它的是胸腔。心脏的外壁是心肌，心肌无需外界刺激就能自动发生节律性收缩。心脏的右边负责将血液推动到肺部重新注入氧气，心脏的左边将更新的血液推动到全身的细胞里去。每次心跳包含不同的阶段。一开始，心脏先舒张，将血液吸入。然后，心脏下部的左右两个心室同时收缩，将血液输送到肺部或者全身。心脏的瓣膜确保血液的单向流动，我们用听诊器就可以听到它怦怦的跳动声。人处于静态时，心脏每分钟大约跳动70次。人们在运动时，心跳就必须加快以便为肌肉输送更多的血液。

人的一生中，心脏要一刻不停地跳动30亿次左右

左边的冠状动脉分成了两支。

右边的冠状动脉

心脏位于胸腔中稍稍偏左的位置，也倾向于身体的左侧。

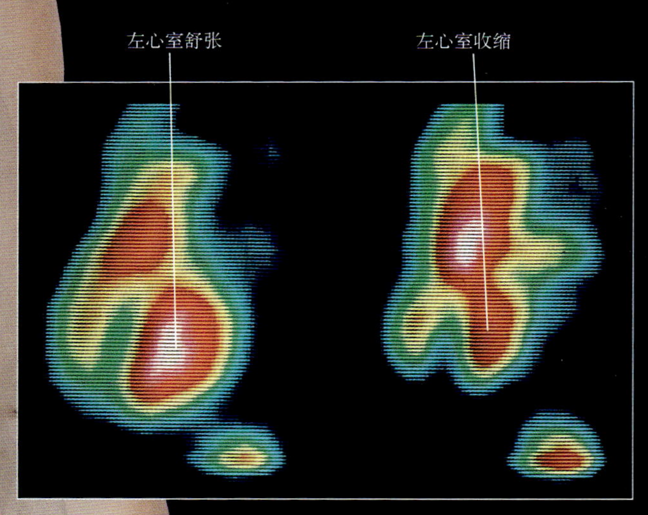

跳动的心

上图展示的是一张γ(伽马)射线扫描图，利用这种技术医生能够观察心脏的跳动。扫描仪捕获了标记着放射性示踪元素的红细胞，展示了在血液循环中血液是如何进行交换的。在左边这幅图里，左心室舒张，血液注入。在右边的扫描图中我们可以看到，左心室收缩，里面几乎没有血液。

血液供给

就如同其他器官一样，心脏壁上的心肌细胞也需要不断供给氧气。但是，流经左右心室的血液无法渗入心脏表面的心肌并为心肌细胞提供它所必需的氧气。因此，心脏为了维持自身的运转，创造了一套独特的血液供给系统，就是所谓的冠状循环。上图所示的血管造影片展示了冠状动脉起于主动脉，分左右两条，为心脏的前后壁提供营养。然后，血液汇集到一根比较粗的血管中进入右心房。

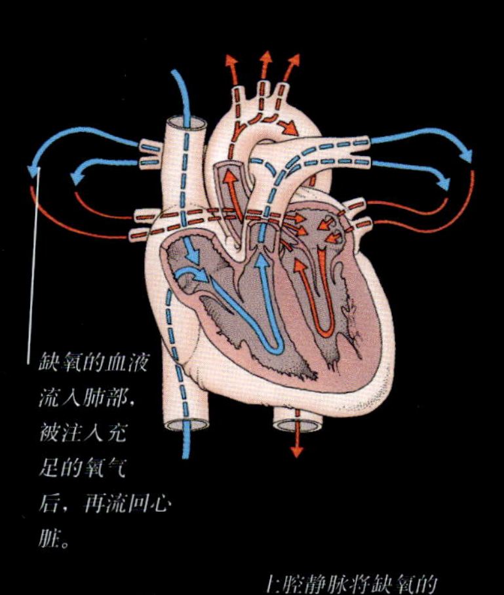

缺氧的血液流入肺部，被注入充足的氧气后，再流回心脏。

心脏内部

如左图和下图所示，心脏的左右两侧有相互连接的两个空腔，位于上面较小的是心房，位于下方空间较大的是心室。氧气稀薄的血液（蓝色的）进入并流过右心房，受到右心室的推动，经过肺动脉到达肺部吸收氧气，富含氧气的血液（红色的）沿肺静脉流回左心房，然后在左心室强有力的推动下流遍全身。

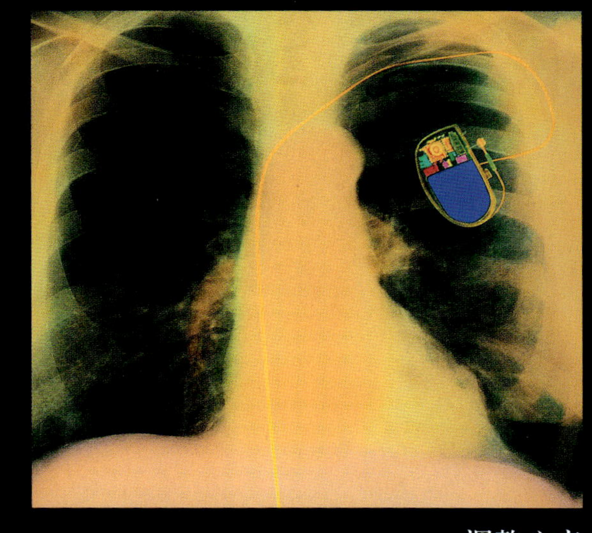

调整心率

心脏有自己的起搏器，它的位置就在右心房壁上，它不断地放出电流脉冲，刺激每一次心跳。如果起搏器失灵，医生会用一个人工起搏器来替代它。这种人工起搏器通常由一块超长寿命电池供电，手术完成后，它就会被植入胸部的皮肤下，就如我们在上面的X光片中所看到的，一根电线会将电子脉冲传送到心脏。有些起搏器传送固定频率的脉冲，有些只在心脏停跳或者心跳过慢的时候传送电子脉冲。

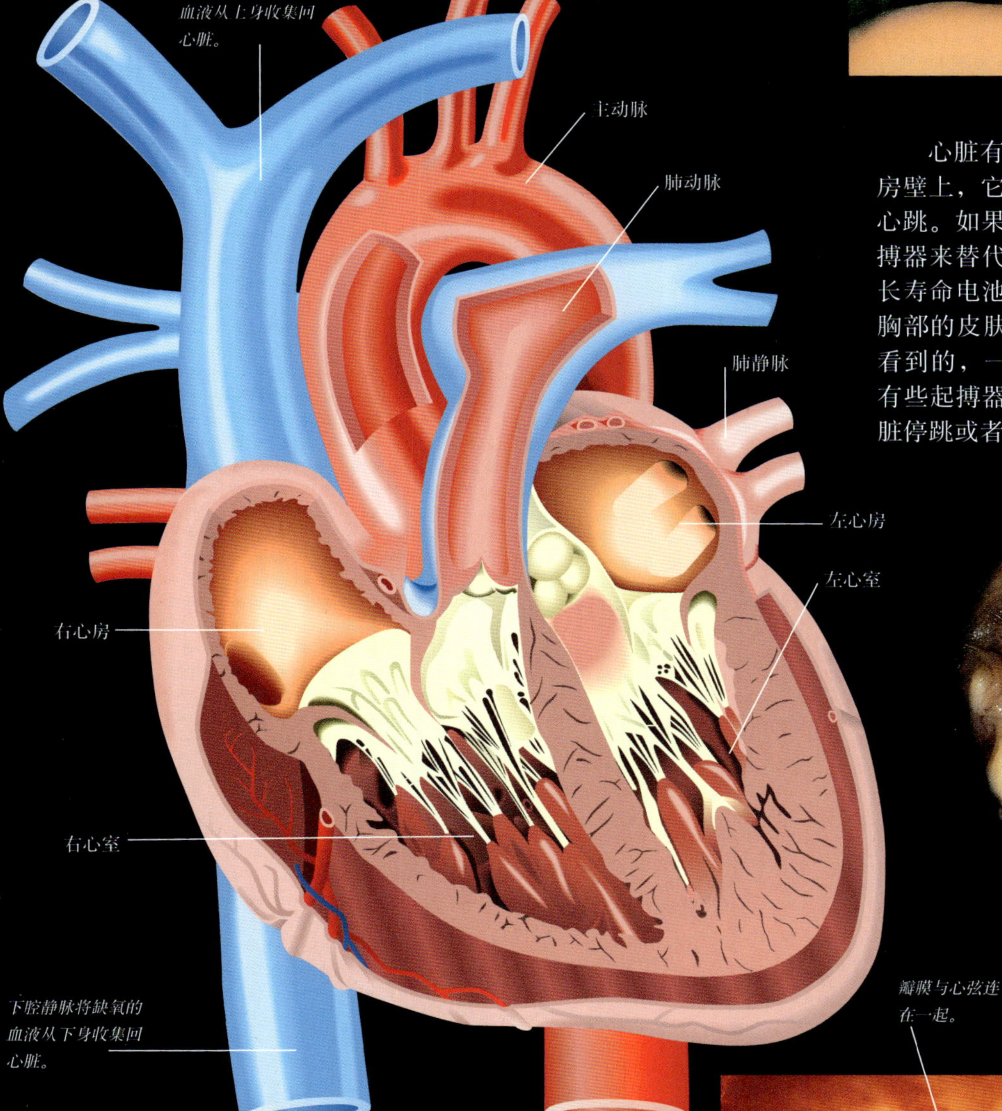

放出血液的瓣膜

血液可以从右心室经过上图中这个半月形瓣膜流向肺动脉。主动脉也有一个一模一样的半月形瓣膜，血液经此流出左心室。半月形瓣膜和其他心脏瓣膜一样，都只允许血液单向流动。当心室收缩时，瓣膜就张开放出血液。当心室舒张时，心室的3个阀瓣充满血液，瓣膜关闭以阻止血液回流到心室。

心弦

在左右心房和心室之间，都有一个单向的瓣膜让血液能够流入舒张的心室，也能在心室收缩的时候关闭。这些细细的线（如右图所示），叫作心弦，用来将瓣膜的阀瓣固定到心室壁的突出部分上。它们确保心室收缩的时候瓣膜不会像大风中的雨伞，由里向外翻开。

瓣膜与心弦连在一起。

在一滴血里，有2.5亿个红细胞、1 600万个血小板和37.5万个白细胞。

血液

大多数人只有在不小心磕破摔伤的时候才会想起血这个东西。但是，这种赋予人生命的液体，正一刻不停地流经身体的每一个细胞。只要血液细胞处于温暖、稳定的环境中，血液就能保证身体的正常运转。血液有3项使命：作为一个运输工，它输送氧气、养分和其他必需的营养物质；作为一个管理者，它分配热量，让身体的温度始终保持在恒定的37摄氏度的水平上；作为一个卫士，它帮助身体战胜疾病。血液的主要成分有两种：血浆和血细胞。3种血细胞即红细胞、白细胞和血小板都由骨髓制造。

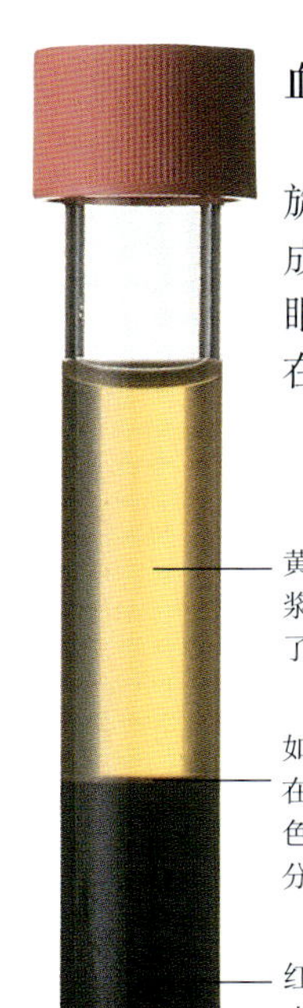

血液成分

这个血液样本在高速旋转的情况下已经被分离成两种主要物质。我们一眼就能看出血浆和血细胞在其中所占的比例。

黄色的血浆占血液总量的55%。血浆的主要组成部分是水，水中溶解了多种物质。

如图所示，白细胞和血小板，即夹在红细胞和血浆之间薄薄的一层灰色的物质，它的含量不足血液总成分的1%。

红细胞的数量远远多于白细胞和血小板，占血液成分的44%。

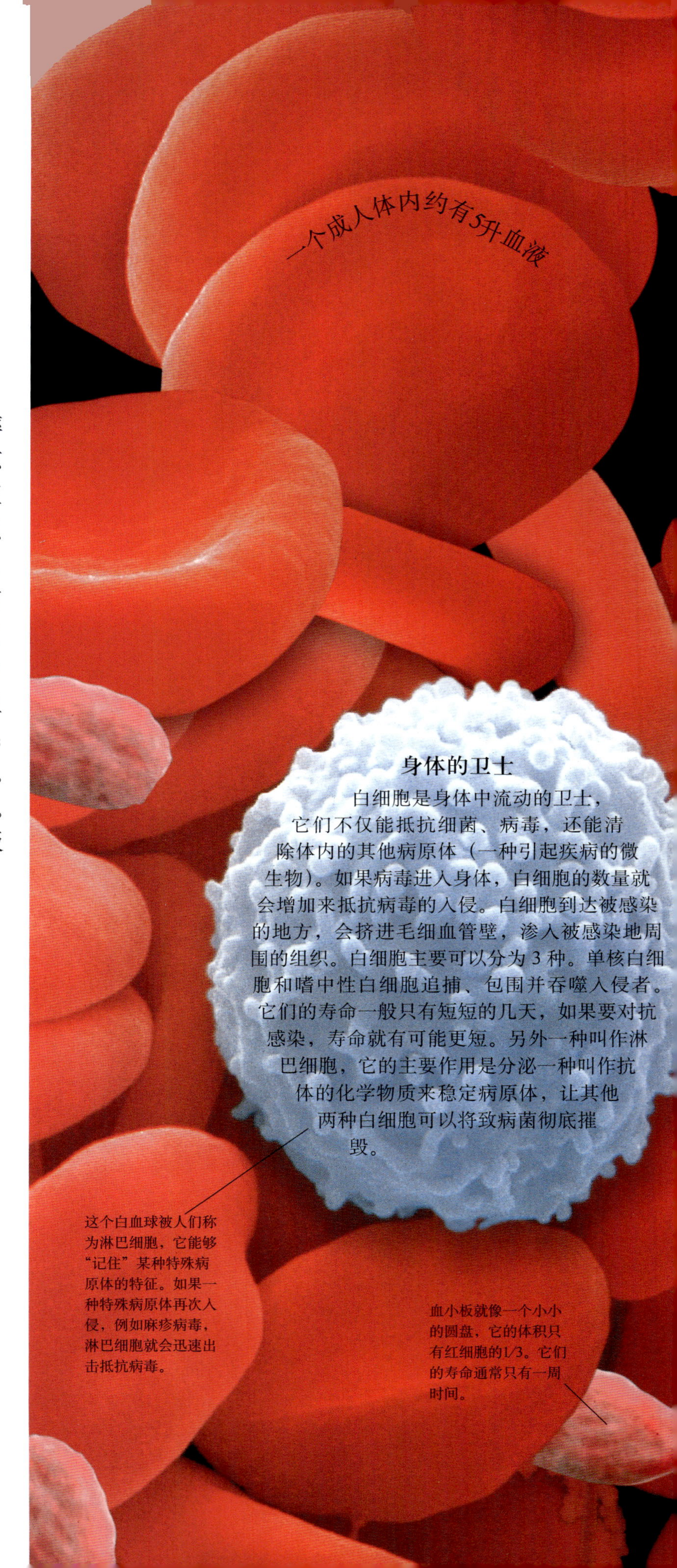

一个成人体内约有5升血液

身体的卫士

白细胞是身体中流动的卫士，它们不仅能抵抗细菌、病毒，还能清除体内的其他病原体（一种引起疾病的微生物）。如果病毒进入身体，白细胞的数量就会增加来抵抗病毒的入侵。白细胞到达被感染的地方，会挤进毛细血管壁，渗入被感染地周围的组织。白细胞主要可以分为3种。单核白细胞和嗜中性白细胞追捕、包围并吞噬入侵者。它们的寿命一般只有短短的几天，如果要对抗感染，寿命就有可能更短。另外一种叫作淋巴细胞，它的主要作用是分泌一种叫作抗体的化学物质来稳定病原体，让其他两种白细胞可以将致病菌彻底摧毁。

这个白血球被人们称为淋巴细胞，它能够“记住”某种特殊病原体的特征。如果一种特殊病原体再次入侵，例如麻疹病毒，淋巴细胞就会迅速出击抵抗病毒。

血小板就像一个小小的圆盘，它的体积只有红细胞的1/3。它们的寿命通常只有一周时间。

液态载运工

液体状的血浆是血液的组成部分，其中溶解了将近一百种物质。因此，血浆成为了血液中所含物质24小时长流不息、不断更新、不能缺少的载体。血浆能够把糖（提供能量）和氨基酸（用于生长和修复）运输到每一个细胞。它也可以将细胞里的二氧化碳这类有毒废物带走。此外，血浆还携带调节细胞功能的化学物质——激素。血浆蛋白质包括能够杀死微生物的抗体和凝固血液的纤维蛋白原。

红细胞的形状就像甜面包圈，这是因为其他人体细胞都有细胞核，而它们没有。这样，红细胞就有更多空间容纳血红蛋白（携带氧气和给细胞染上红色的物质）。

氧气携带者

红细胞非常适合携带氧气。红细胞中含有的血红蛋白具有一项非同凡响的能力：当红细胞每分钟在人体内循环一周时，血红蛋白就会在含氧量最充足的肺部“装货”，到了氧含量稀薄的身体细胞那儿就会“卸货”。这些细胞会贪婪地消耗氧气，并要求血红蛋白带来更多的氧气。同时，红细胞的凹槽结构也帮了大忙，它们的表面积非常大，所以不论装载或者卸下氧气都非常迅速。经历短短120天的生命历程，环绕身体整整17万次之后，红细胞会渐渐走向衰老，效率低下，成为身体的负担。这时，它就会在脾脏和肝脏中结束自己的生命，有用的部分则会被循环利用。

每秒钟身体能够制造200万个新红细胞，同时也要销毁同样数量的老化的红细胞

小塞子

血小板只是细胞的碎片，并不是完整的血细胞。它们的主要作用是在血管破损的时候防止血液过多地流出来，造成身体的损伤。如果血管上破了一个小洞，血小板就会结合到一起像小塞子一样堵住它。它们还会引起伤口附近的血液凝结或者变稠，这样血就不会流出来了。

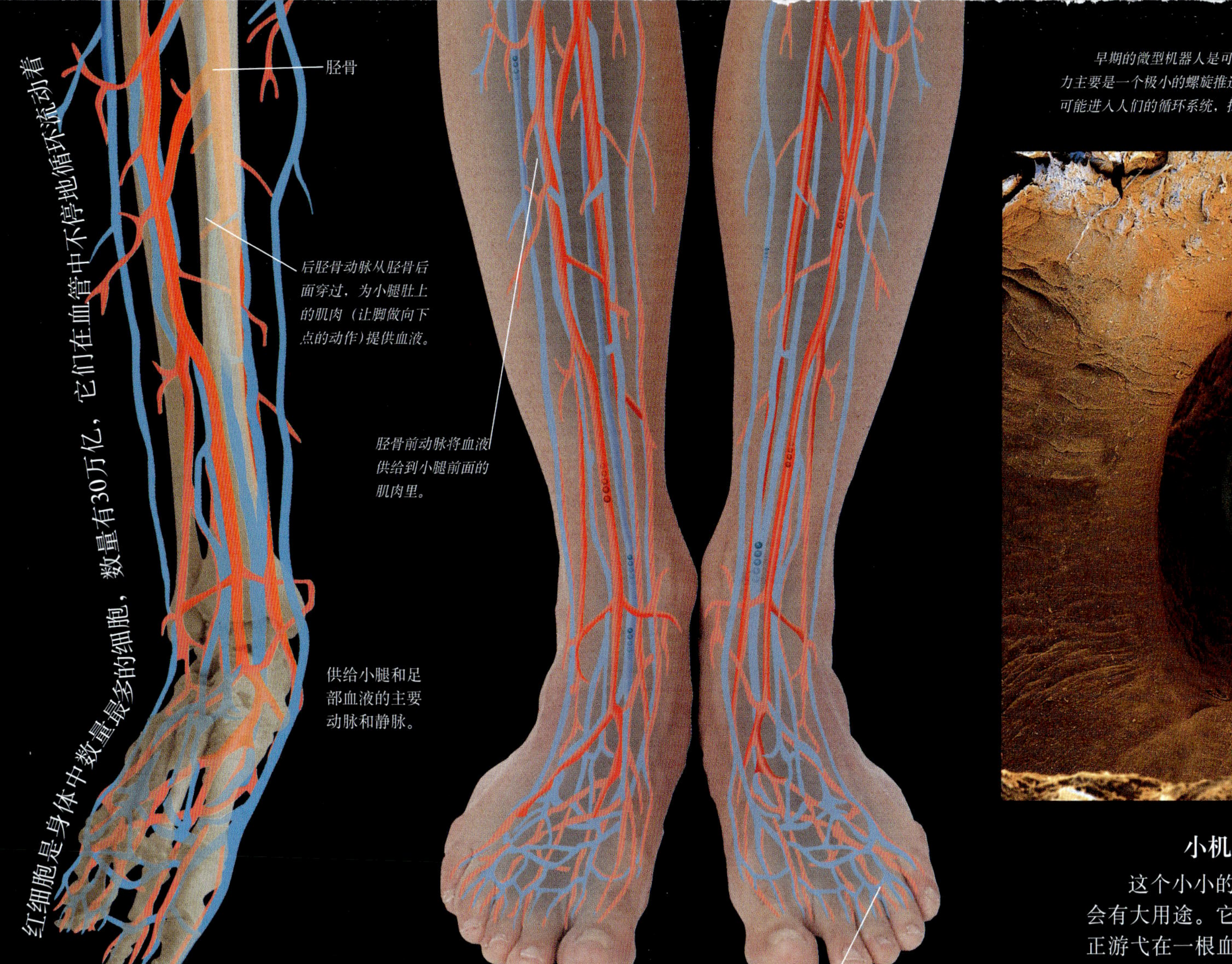

红细胞是身体中数量最多的细胞，数量有30万亿，它们在血管中不停地循环流动着

早期的微型机器人是可以用肉眼观察到的，它的动力主要是一个极小的螺旋推进器。在将来的某一天，它有可能进入人们的循环系统，探测损伤。

血管的深浅

循环系统的血管在皮肤下的深度有所不同，有的深、有的浅。我们在上边这幅图中可以观察到，在人的小腿里，血管和血管的分支在骨骼之间穿插达到目的地。其中有一些血管，尤其是主要的动脉或者静脉，往往埋藏得比较深，隐藏在肌肉的下边或肌肉的中间，和骨头紧紧地贴着。其他的一些血管比如大隐静脉，就比较浅，基本贴着皮肤。

小机器人的大用途

这个小小的东西在未来的医学界可能会有大用途。它是一个微缩的“潜水艇”，正游弋在一根血管里。随着科学技术的发展，在这种微型小艇上装载探测器、感受器和修复手术工具将成为可能，这样它就变成一个微型机器人了。微型机器人将被用于探测和修复循环系统的损伤。假如一根血管堵塞了，人们将会把这种微型机器人注射到血流中，那么它就会找到堵塞的血管并且把障碍清除掉，从而恢复血液的正常流动。

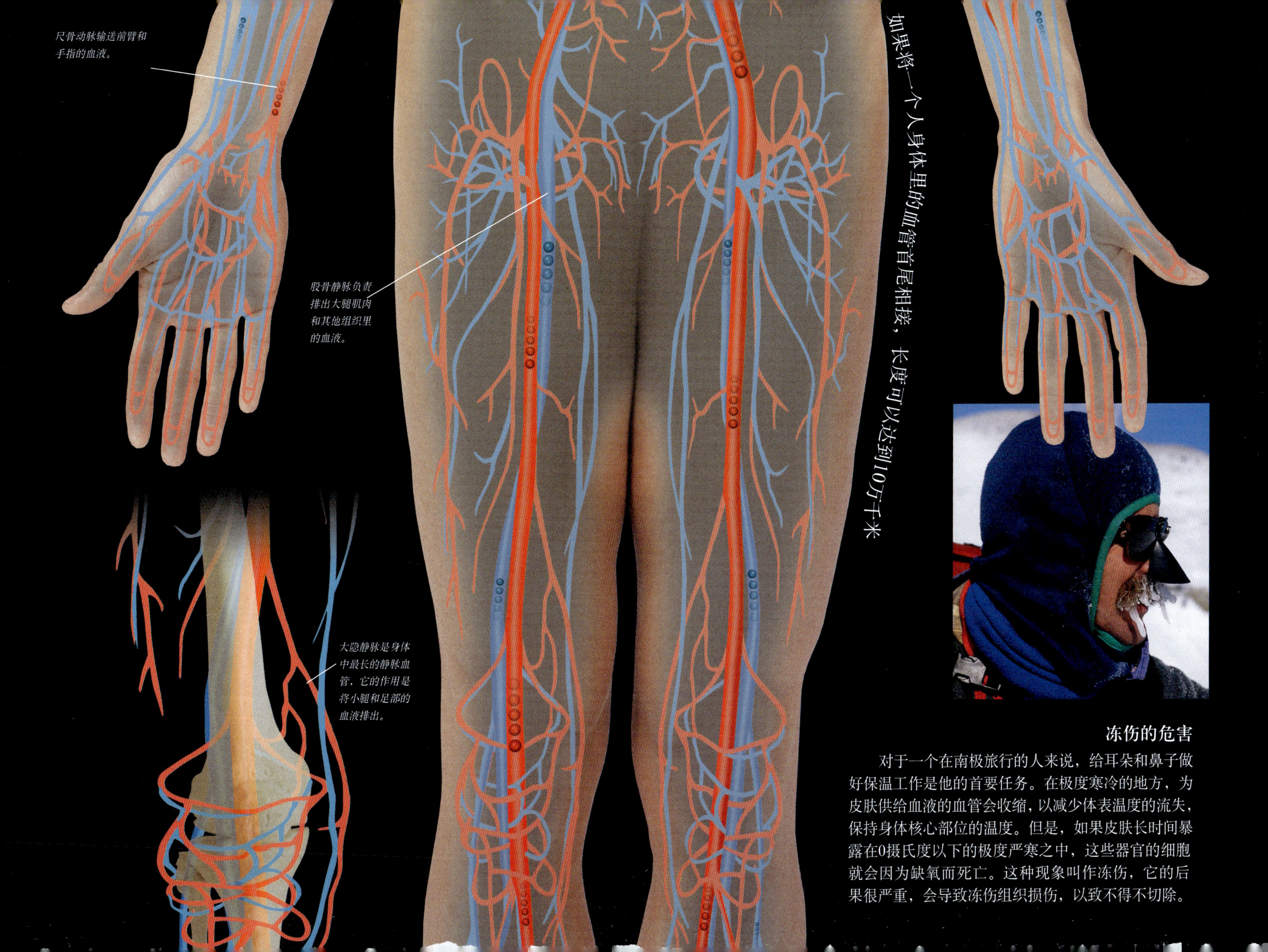

冻伤的危害

对于一个在南极旅行的人来说，给耳朵和鼻子做好保温工作是他的首要任务。在极度寒冷的地方，为皮肤供给血液的血管会收缩，以减少体表温度的流失，保持身体核心部位的温度。但是，如果皮肤长时间暴露在0摄氏度以下的极度严寒之中，这些器官的细胞就会因为缺氧而死亡。这种现象叫作冻伤，它的后果很严重，会导致冻伤组织损伤，以致不得不切除。

血管

身体细胞是由血液给养的。人体中的血管有粗有细，粗的像手指，细的要用显微镜才能观察到。它们在人体之中像一张庞大的网，遍及身体的各个角落。血管主要有3种：第一种叫作动脉，它将富含氧气的新鲜血液从心脏运输到身体其他部分。动脉血管壁厚而且有弹性，因此当心脏推动高压血液流经动脉的时候，它们能够随压力的变化收缩或者扩张。凡是距离皮肤表层很近，位于骨头之上的动脉血管都能让人们清楚地感觉到血液的搏动，这就是我们常说的脉搏。第二种是毛细血管，它是人体中数量最多的血管，它们是动脉最细的分支。它们在组织中散射开来，为细胞提供营养和氧气。第三种血管就是静脉，它的作用是将缺氧的血液运回心脏。它们的血管壁通常较薄，因为它们运输的血液属于低压血液。

流动的红细胞

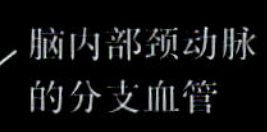

脑内部颈动脉的分支血管

透视动脉

我们在X光片里一般看不见血管，但是利用血管造影这种透视技术，即将某种特殊的化学物质注入血管，然后人们很容易就能得到血管的影像。这幅头部纵切面血管造影图，展示了颅内的颈动脉和它的分支血管，它们为脑部供给血液。医生用这种造影技术可寻找血栓和疾病的性征。

臂部和手部的血液循环

桡动脉和头静脉是手部和臂部的动脉和静脉血管。桡动脉从肘关节开始，沿着桡骨一直向前直到腕关节处，然后它分出许多细微的分支血管将血液供给到手指上。静脉血管从手掌根部开始，将血液送回到头静脉，头静脉缠绕着桡骨一路延伸到肘关节，然后向上直到肩部。

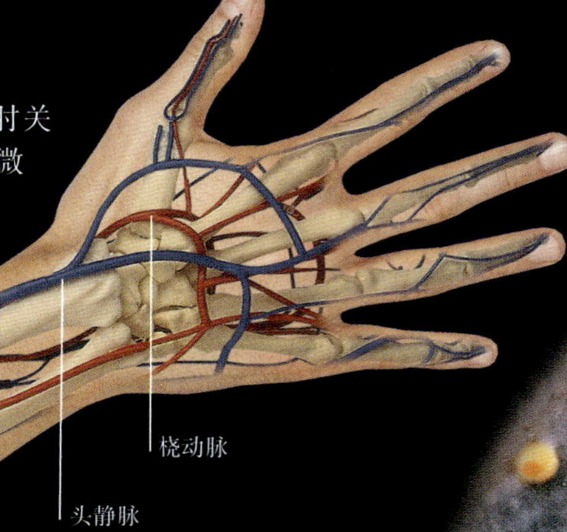

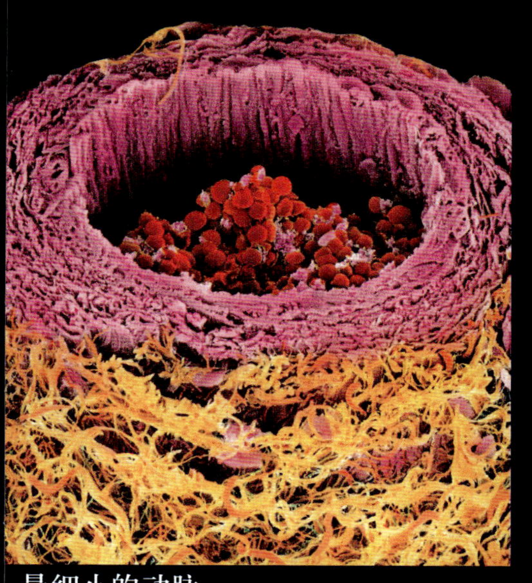

运输服务

如果我们把静脉和动脉比喻成循环系统的高速公路，那么毛细血管就是它们的辅路。毛细血管为体内所有细胞提供运输服务，它们之中大多数都十分狭窄，所以红细胞不得不常常弓着身子排队挤过这狭小的通道。毛细血管壁只有一个细胞那么厚，营养物质和氧气通过这层薄薄的毛细血管壁从血液中渗出，毛细血管包围住细胞并给它们提供养分，然后，将细胞的废物带走返回静脉。

红细胞排成纵队穿过狭窄的毛细血管。

最细小的动脉

以上的这幅横截面图展示的是身体里最细小的动脉——细动脉的结构。如图，血管的内腔里面充满了红细胞，血管有一层光滑的内膜，血液在里面可以自如地流动。在这一层内膜之外是一层较厚的肌肉（粉红色的），它能让细动脉变粗或变细，这样就可以控制流进组织的血液的速度。外膜（黄色的）起到的是保护细动脉的作用。细动脉的分支是更加细小的毛细血管。

分支血管

富含氧气的血液从主动脉离开心脏的左半边。主动脉是一根手指粗细的动脉。主动脉的分支延伸到身体的各个器官，例如：脑部、肾脏。随后，这些分支会再生出更多的分支，它们会随着每一次分流而不断变细，最终到达器官中所有的细胞。如下图所示，我们会发现运载着氧气的红细胞正进入左边的细动脉，也就是动脉最细小的分支。每天，这些红细胞都要不断地重复从心脏→动脉→毛细血管→静脉，再流回心脏的15千米的长途跋涉。

免疫系统

我们的身体每时每刻都处于致病微生物的威胁中。这些病原体，也可以叫病原微生物，包括细菌和病毒。幸运的是，我们的身体里有一套防御系统。最外层的皮肤形成第一道天然屏障，让病原体无法进入血液和组织。如果病原体确实通过了这第一道关卡，它们会受到来自白细胞中巨噬细胞和淋巴细胞的猛烈攻击。这种战斗常常在血液、淋巴系统和脾脏中展开。巨噬细胞对入侵者穷追不舍直到把它们一一抓获，然后把它们吞噬掉。淋巴细胞的寿命很长，是人体免疫系统的组成成分。它们能够记住某些特殊的病原体，然后分泌一种叫作抗体的化学物质，让人体对这种病原体产生免疫或者抵抗能力。

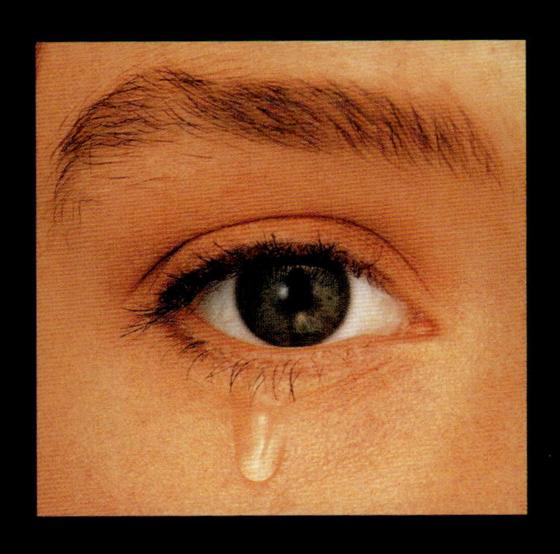

眼泪的冲洗作用

人的两只眼睛都有泪腺，泪腺能够在人们眨眼的时候，不断地分泌眼泪来冲洗眼球的表面。悲伤或大笑会增加眼泪的分泌，多余的眼泪自然就会从眼眶中溢出。眼泪可以冲走眼球表面的灰尘和病原体，此外，眼泪中还包含一种叫作溶菌酶的物质，可以杀死细菌。眼泪的作用同皮肤一样，都在人体的外围筑起了一道防线，防止病原体的入侵。

巨噬细胞穷追不舍，终于捕获了一个入侵的病原体。

病原体过滤

当血液流经毛细血管的时候，有液体会从毛细血管里渗出来为细胞提供养分和氧气，并把细胞的代谢废物带走。但是，这个过程会留下多余的液体，淋巴系统就必须带走这些多余的液体。单向循环的淋巴管网收集这些多余液体——淋巴，然后把它们排放到两个大输送管中，再运回血流中。一路上，淋巴流过形状酷似豆子的淋巴结，病原体将被它完全过滤掉，并被白细胞摧毁。

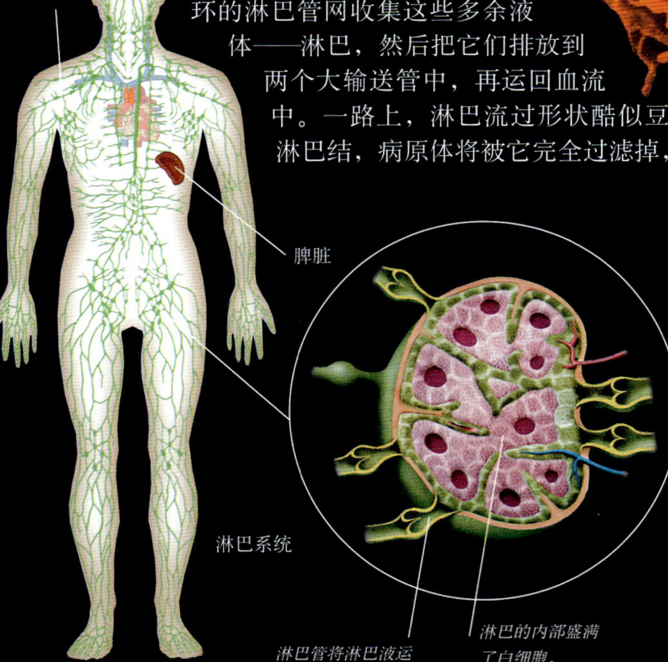

大食客

巨噬细胞是个大食客，拥有大得惊人的胃口，当它漫步在组织之间时，会无情地吃掉所有的入侵者。右图中这个具有净化作用的巨噬细胞，已经发现并吞噬了一个叫作墨西哥利什曼原虫的病原体，现在正在慢慢地消化它。在热带，这种细菌由一种叫作白蛉的昆虫携带传播，它可以引起皮肤溃烂、发热，甚至有可能危及人们的生命。巨噬细胞还会把死亡的病原体细胞的残骸当作“礼物”送给免疫系统的淋巴细胞，这样淋巴细胞就能辨认出入侵者并采取行动。

癌症杀手

并不是所有威胁都来自于身体以外。癌细胞是人体自身的变异细胞，它们的分裂完全失控，会长成一种叫肿瘤的增生组织。肿瘤不断增大，就会逐渐妨碍器官的正常功能，如果没有及时治疗就有可能导致死亡。大多数的癌细胞都会被一种叫作“T细胞杀手”的淋巴细胞识别出来并杀死。这些在人体中四处流浪的细胞利用化学物质把自己粘到癌细胞上，并把它们一网打尽。当然，这些淋巴细胞也会杀死被感染了的人体正常细胞。

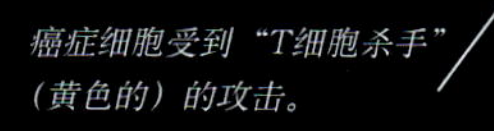

癌症细胞受到“T细胞杀手”（黄色的）的攻击。

受到攻击的防御系统

HIV是人体免疫缺陷病毒，也就是艾滋病病毒，这是一种针对免疫系统的病原体。它攻击T辅助淋巴细胞。淋巴细胞因为受到它的攻击数量不断减少，因此人体防御系统就会越来越弱。感染上这种病原体的人随时都会受到在健康的状况下不会被感染的病毒的威胁，最终，感染的病毒会传遍全身，导致艾滋病（AIDS，获得性免疫缺陷综合征），感染的人很快就会死亡。

T辅助淋巴细胞表面的HIV微粒

额外的保护

在第一次遇到某种病原体时，免疫系统要花上好几天才能制造出对抗它的抗体。在这段很短的时间内，一些病原体可以引起很严重的疾病。人们注射疫苗后，就可以免于受到这种情况的困扰（见右图）。注射一支减毒的或者是死亡的病原体疫苗对人体并没有害处，但是足以引起免疫系统制造抗体来“记住”这种特殊的病原体。如果“真正的”病原体入侵，免疫系统就会迅速反应并将它摧毁。

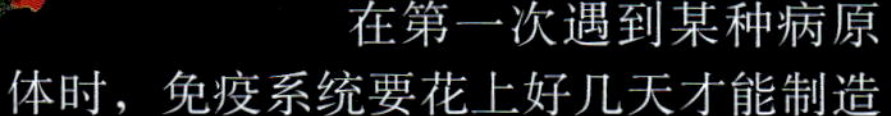

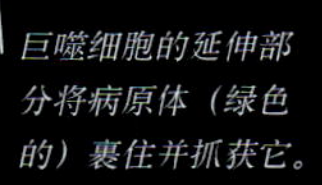

巨噬细胞的延伸部分将病原体（绿色的）裹住并抓获它。

在皮屑上的尘螨

过敏反应

当人体的免疫系统对人们触摸、呼吸或食用在一般情况下无害的物质发生过度反应的时候，就出现了过敏反应。一种常见的过敏源就是尘螨，这是一种靠食用人体皮屑和室内灰尘维持生命的小虫子(见右图)。它们寄居在你家的床铺和家具上，如果一个容易过敏的人把它们吸入，那么尘螨的粪便或者尸体残骸就有可能引起他呼吸困难和发生哮喘等病症。

呼吸系统

人们活着离不开氧气的不断供给。所有的身体细胞只能通过氧气获得能量，但是氧气无法被贮存。另外，尽管空气中氧气的成分占21%，人们却无法通过皮肤来直接吸收氧气。将氧气带进身体的工作是由呼吸系统负责的。呼吸系统的通道将空气引入肺部再从其中排出，氧气就在这里被转移到血液里，然后传遍全身的细胞。肋骨和膈的起伏，也就是我们所说的呼吸，迫使空气从肺部进出，不断进行气体交换。呼吸系统还负责处理二氧化碳。二氧化碳是人体中的一种废气，如果含量过高会对身体造成伤害。

额窦

鼻腔

在这幅头部扫描图中我们可以看见鼻腔和鼻窦

鼻腔和鼻窦

上边的这幅扫描图展示的是人的正面图，正中间位置上的是眼窝（黑色），下面的左右两侧是面颊（黄色和绿色的）。鼻腔将新鲜空气从鼻孔传送到肺部。位于鼻腔前部的鼻窦是头骨连接鼻腔的空间结构的一部分。有了鼻窦，头骨的质量就更轻。有了鼻腔，吸入空气的时候就能被预热和加湿。

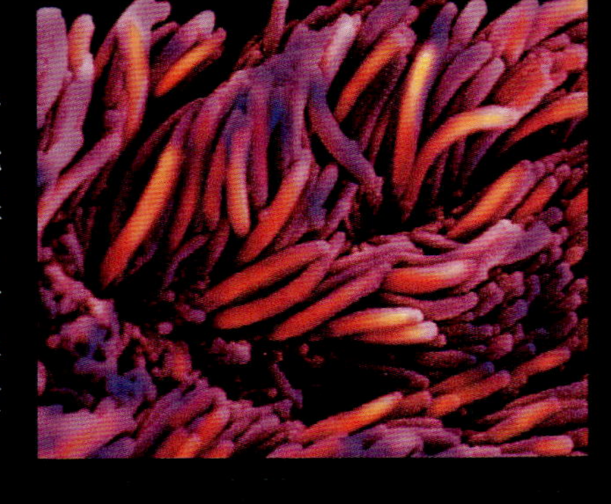

灰尘过滤器

在人的鼻腔内排列着一层用显微镜才能观察到的绒毛状纤毛，纤毛上都覆盖着潮湿的带有黏性的黏液。当人们吸进空气的时候，黏液就会把灰尘、细菌和其他会对脆弱的肺组织造成伤害的微粒粘住。纤毛像海浪一样不停地互相拍打，于是纤毛粘住的物质就被不断地推向喉头然后被吞咽下去。

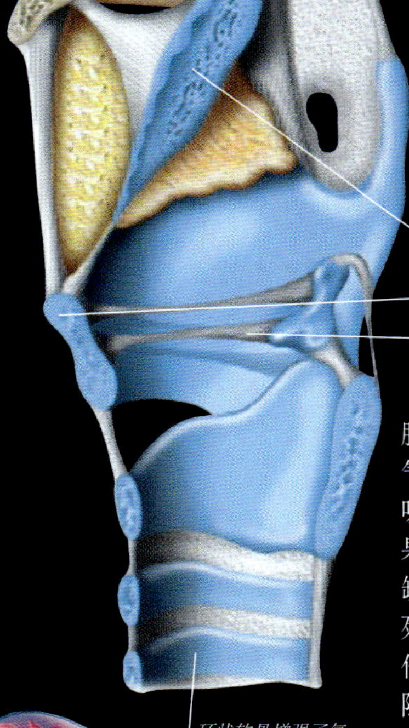

环状软骨增强了气管的硬度。

喉部

喉部在英语里有“发声匣”的意思，这主要是因为它能发出声音。喉部连接咽部和气管。在左边这幅喉部内部结构图中我们可以看到，喉部的主要组成物质是板形的软骨（蓝色）。其中有一片突出的软骨只有男性才有，它就是喉结。当人们吞咽食物的时候，会厌软骨就向下闭合，这样是为了防止食物流进气管发生呛咳。

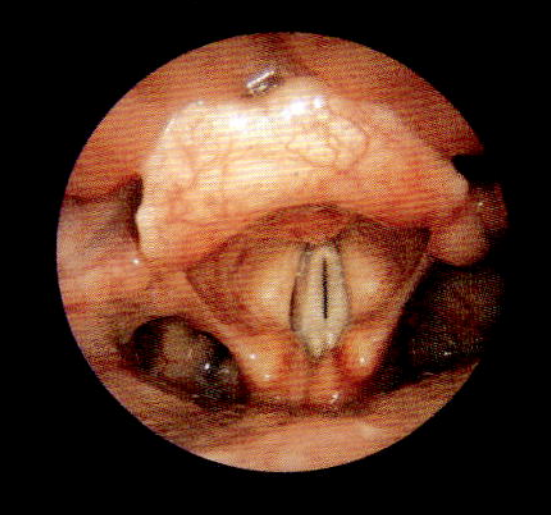

声带闭合

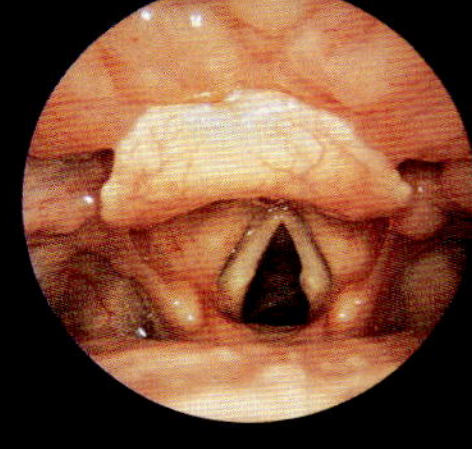

声带张开

人体发电站

线粒体（如下图所示）存在于人体的所有细胞里，它们是细胞的微型发电站。线粒体消耗氧气，分解葡萄糖，释放能量。这个过程就叫作呼吸作用，它为细胞提供能量保持它们的活力。如果缺乏氧气，那么细胞就会缺少能量，失去活力甚至死亡。二氧化碳是呼吸作用产生的废物，它会随着血流被排出体外。

人体音响师

将镜头探进人们的咽喉根部就会看到这样的画面，声带紧绷着，两端分别固定在喉部的上下两边。在人们正常呼吸的时候，声带是张开的。但是如果声带是闭合的，从肺部发出的气体就会冲过声带，声带震动就会产生声音了。声带比较紧张的时候，发出的音调高；而声带比较放松的时候，发出的就是比较低沉的声音。声带在嘴唇、牙齿和舌头的配合下，将声音变成了我们可以听得懂的语言。

线粒体是氧气的最终消耗者。

气管和肺

呼吸系统由多条空气管道组成，它的终端是肺部大量的支气管。空气从鼻孔进入人体，进入左右两个鼻腔。然后，空气一路向下首先进入咽部，接着到达喉部——人们进行交流、制造声音的器官，然后是气管。C形软骨组织支撑着气管，防止呼吸时脆弱的气管破裂。气管末端分出两个支气管插入肺部。

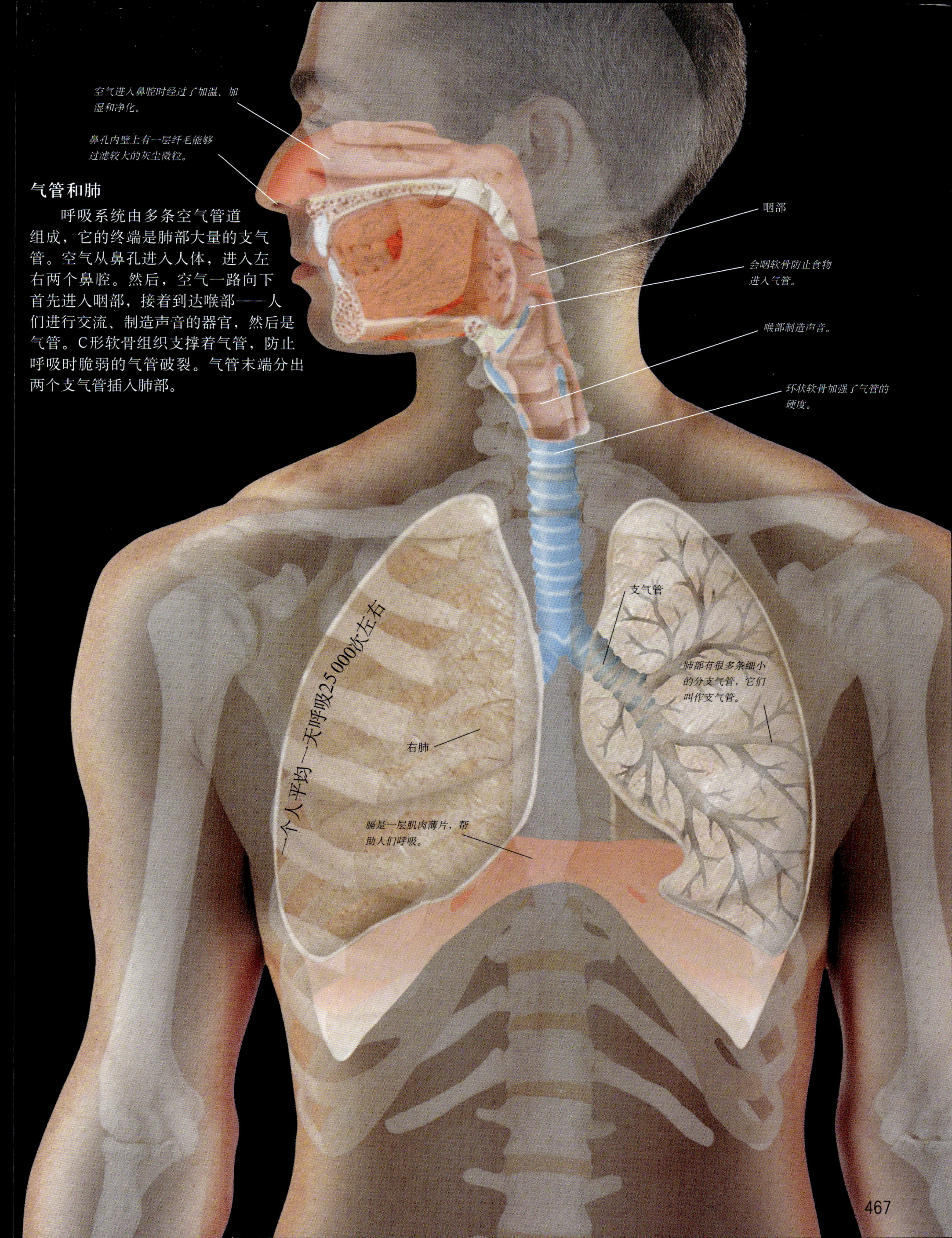

肺

血液是在流经肺部的过程中完成吸收氧气和排出二氧化碳的过程的。肺的形状就像两个半圆锥，它占据了胸腔中的大部分空间。胸腔的周围环绕着肋骨，下方中间隆起的穹隆形的肌肉就是分割胸腔和腹腔的膈。肺具有软和轻两大特点，这主要是因为在它的内部有一个密布着通风管的网络，在这些通风管的末端有无数个微小的肺泡。这些肺泡聚集在一起能够形成非常大的表面积，这能让最大量的氧气以最短的时间进入血液。人们一刻不停地呼吸，把新鲜的空气吸入肺脏，释放出废气二氧化碳。

支气管树

肺部的通风管被人们叫作支气管树，这是因为它的生长形状就像一棵颠倒过来的大树。这棵“大树”的“树干”叫作气管。气管向下会分出左右两个支气管，它们的作用是将空气送进或者排出肺部。这两条主要的支气管还会有许多分支，也就是大树的“树枝”——支气管，和“小树杈”——细支气管。

肺内部通气管的结构图

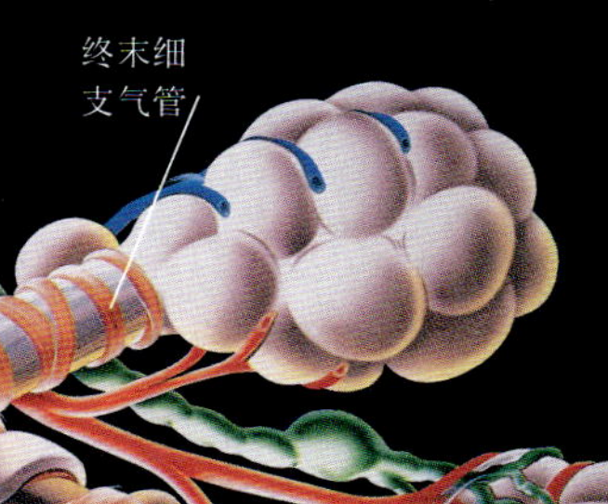

肺泡

支气管树最细小的分支叫作终末细支气管，它比一根头发还要细些。在这种最小支气管的顶端生长着一束束的肺泡（小气囊），看起来就像一串串的葡萄。肺泡的周围有毛细血管网围绕着，它们为肺泡提供充足的养分。血液在肺的肺泡里完成了气体交换的过程——注入氧气并排出二氧化碳，缺氧的血液进入肺部然后变成富含氧气的血液流出。肺里大约有3亿个肺泡。

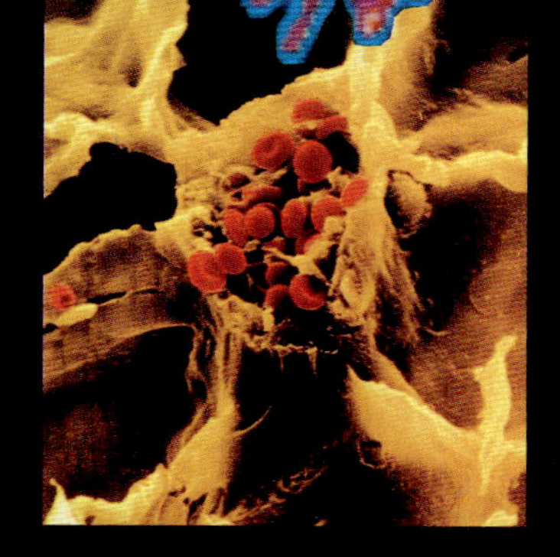

气体交换

左图显示的是我们透过显微镜观察到的肺泡，它被一根盛满了红细胞的毛细血管包围着。肺泡与毛细血管之间的隔膜很薄：一方面，氧气很容易就可以从肺泡转移到红细胞里，被血液输送到全身需要的地方；另一方面，废气二氧化碳向相反的方向排出，人们很快就会通过呼吸把它们排出体外。

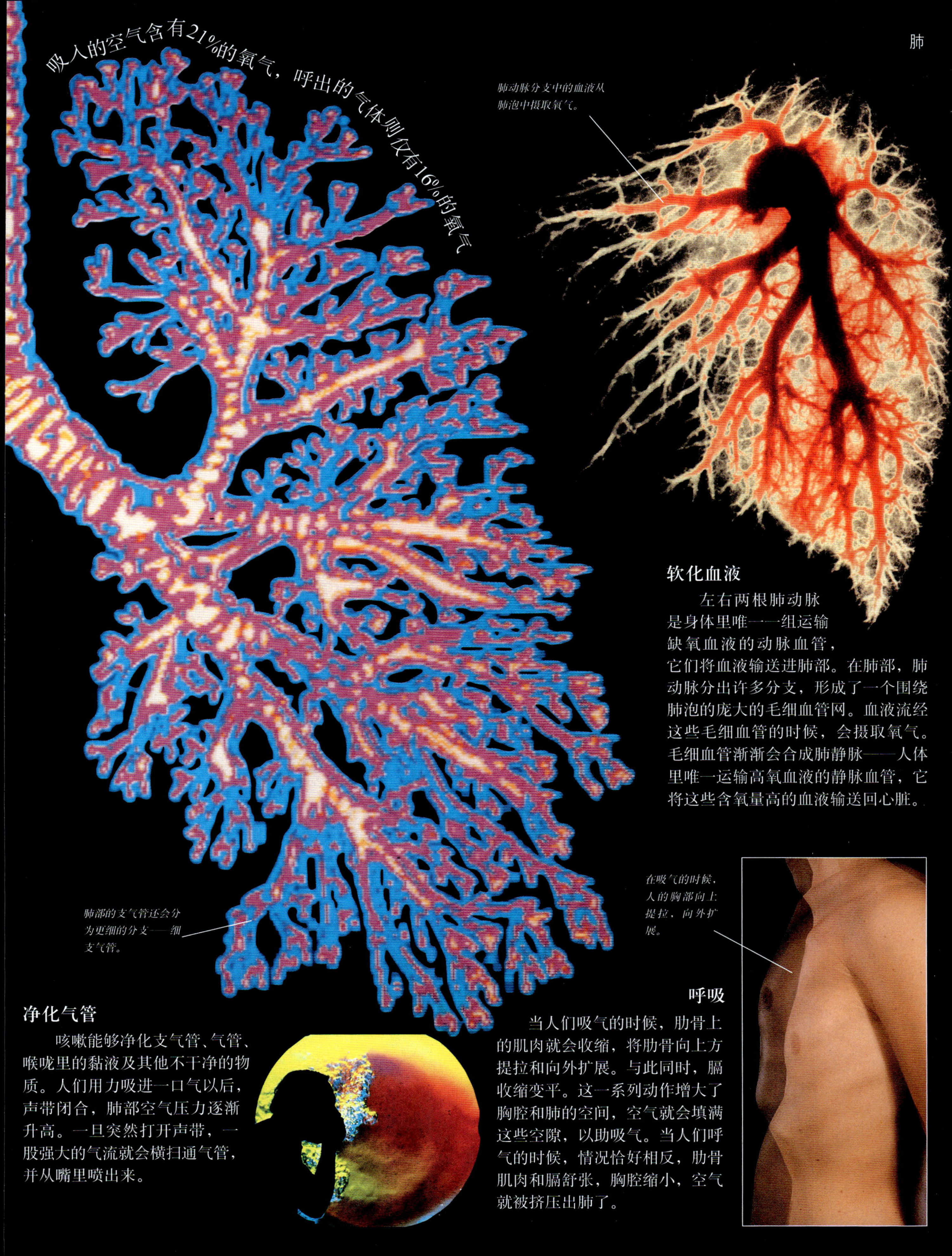

吸入的空气含有21%的氧气，呼出的气体则仅有16%的氧气

肺动脉分支中的血液从肺泡中摄取氧气。

肺部的支气管还会分为更细的分支——细支气管。

软化血液

左右两根肺动脉是身体里唯一一组运输缺氧血液的动脉血管，它们将血液输送进肺部。在肺部，肺动脉分出许多分支，形成了一个围绕肺泡的庞大的毛细血管网。血液流经这些毛细血管的时候，会摄取氧气。毛细血管渐渐会合成肺静脉——人体里唯一运输高氧血液的静脉血管，它将这些含氧量高的血液输送回心脏。

在吸气的时候，人的胸部向上提拉，向外扩展。

呼吸

当人们吸气的时候，肋骨上的肌肉就会收缩，将肋骨向上方提拉和向外扩展。与此同时，膈收缩变平。这一系列动作增大了胸腔和肺的空间，空气就会填满这些空隙，以助吸气。当人们呼气的时候，情况恰好相反，肋骨肌肉和膈舒张，胸腔缩小，空气就被挤压出肺了。

净化气管

咳嗽能够净化支气管、气管、喉咙里的黏液及其他不干净的物质。人们用力吸进一口气以后，声带闭合，肺部空气压力逐渐升高。一旦突然打开声带，一股强大的气流就会横扫通气管，并从嘴里喷出来。

牙齿和口腔

口腔是消化系统的大门。口腔的前齿紧紧地嵌合在上下颌骨上，它的作用是在双唇的配合下咬下食物并把食物推进口腔内部。然后，唾液腺在口腔中分泌出一股唾液。强劲有力的颌部肌肉用力将下颌骨向上拉动，这样臼齿就能够将混合着唾液的食物咀嚼成黏稠的食浆。颌部肌肉不停收缩，牙齿才有力气不停地咀嚼食物。肌肉发达的舌头同样也没闲着，它不停地搅拌口腔中的食物和唾液，同时还品尝食物的各种味道。食物经过完全的咀嚼之后会变成一团，因为其中充分混合了唾液所以看起来是光滑发亮的。此时，舌头会把这一团食物推向喉咙，等待人们把它吞下去。

粉红色的牙龈紧紧地包裹着颌骨和牙齿。

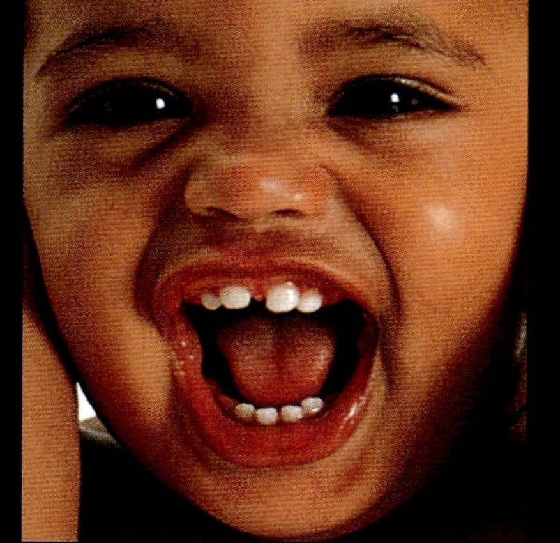

第一副牙

图片里可爱的宝宝正在炫耀她的新牙齿，这是她一生中要长的两副牙中的第一副牙。这些牙齿被人们称为“乳牙”，通常在婴儿6个月大的时候会长出第一对。长到两岁的时候，牙齿数目会达到20颗。在6到12岁之间，乳牙会逐渐被第二副牙替换掉，这些新生的牙齿将会陪伴我们一生。

牙釉质

牙本质

牙髓

臼齿的纵切面

牙根管

牙根

牙齿内部

左图显示的是臼齿的内部结构。臼齿的冠部（顶端）覆盖着一层耐磨且能够起到保护作用的牙釉质。牙釉质下边是牙本质，它一直向下延伸到牙齿的两条根部，塑造了牙齿的轮廓。牙齿中心是充满浆液的空间，其中含有大量的血管和神经纤维，这些成分被人们叫作牙髓。牙髓从纤细的牙根管进入牙齿，它的作用不仅是为牙齿提供养分，还让牙齿有感觉能力。

牙龈上白色部分是门牙的齿冠，它的形状适于切割食物。

牙本质

牙本质是牙齿最重要的组成部分，它虽然和骨头相似，但是坚硬程度远远超过骨头。在显微镜下，我们可以发现，牙本质中均匀排列着许多小管（如右图）。这些小管里都有神经末梢纤维，对极冷、极热和坚硬的物体感觉十分灵敏，只要吃到这样的食物，牙齿就会立刻感到疼痛。

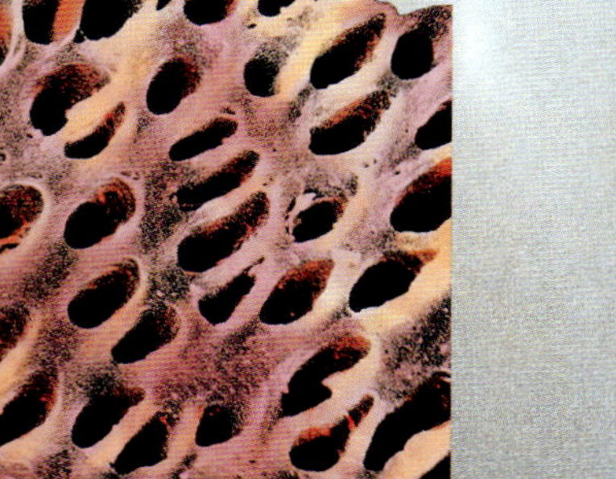

牙齿的种类

当人们长到十几岁的时候，大多数人的恒牙都会长齐，总共有32颗，上下颌各16颗，且一一对应生长。牙齿可以分成4类：首先是8颗像凿子一样的门牙，4颗尖锐的犬齿，这12颗牙的作用是咬断和撕裂食物；接下来是8颗顶端平坦的前臼齿，最后是位于颌骨末端的12颗较大的臼齿，两者互相配合才能将食物碾磨成浆。

人的唾液腺每天可分泌将近一升的唾液

唾液腺的细胞分工不同，有的分泌黏液，有的分泌水，还有的分泌消化酶。

牙釉质是人体中最坚硬的物质

牙釉质里没有细胞，一旦因为蛀牙被侵蚀，人们只能用其他的填充物质来替代它。

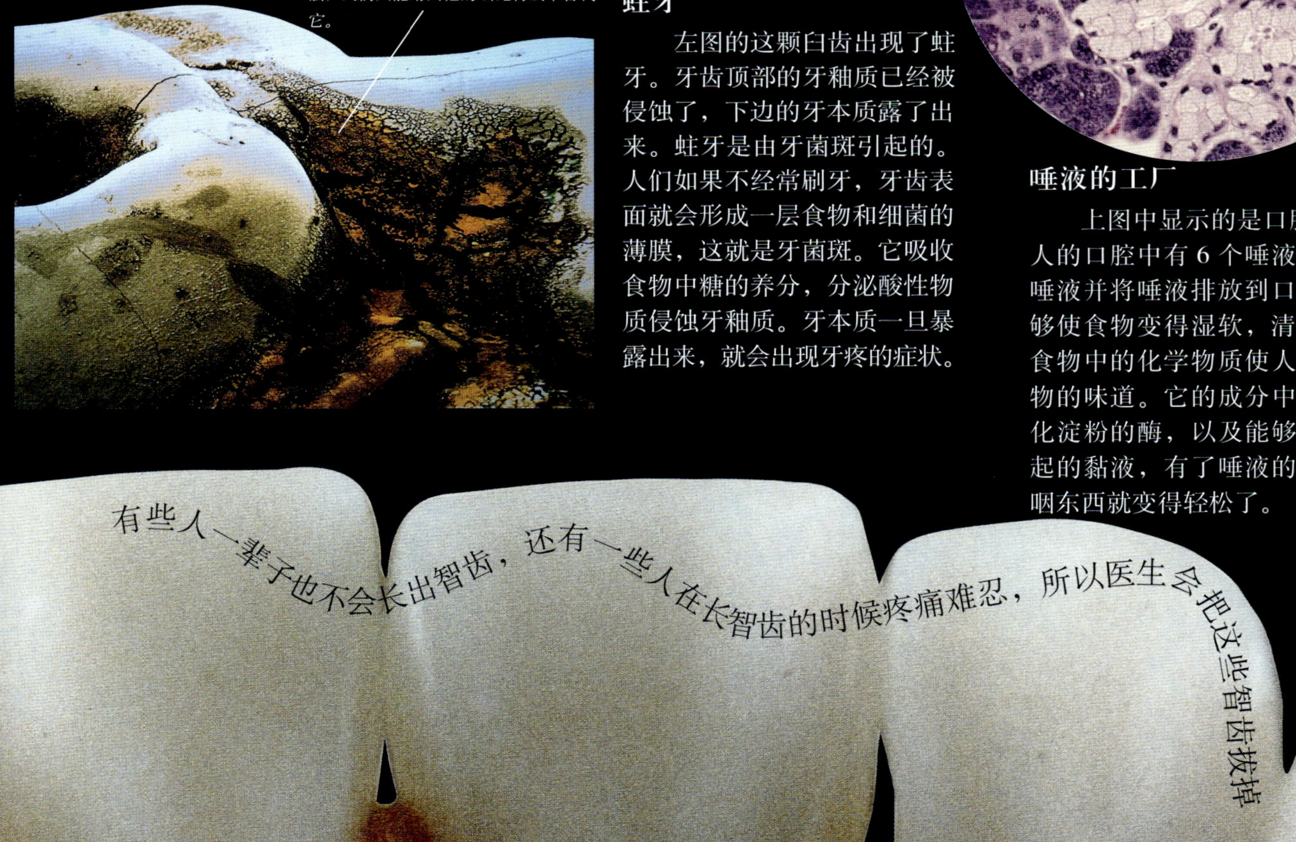

蛀牙

左图的这颗臼齿出现了蛀牙。牙齿顶部的牙釉质已经被侵蚀了，下边的牙本质露了出来。蛀牙是由牙菌斑引起的。人们如果不经常刷牙，牙齿表面就会形成一层食物和细菌的薄膜，这就是牙菌斑。它吸收食物中糖的养分，分泌酸性物质侵蚀牙釉质。牙本质一旦暴露出来，就会出现牙疼的症状。

唾液的工厂

上图中显示的是口腔中的唾液腺。人的口腔中有 6 个唾液腺，它们分泌唾液并将唾液排放到口腔里。唾液能够使食物变得湿软，清洁口腔，降解食物中的化学物质使人们能够品尝食物的味道。它的成分中还含有可以消化淀粉的酶，以及能够将食物粘在一起的黏液，有了唾液的帮助，人们吞咽东西就变得轻松了。

有些人一辈子也不会长出智齿，还有一些人在长智齿的时候疼痛难忍，所以医生会把这些智齿拔掉

犬齿用它尖锐的顶端撕咬食物。

消化系统

人的生命离不开食物，食物为人体提供能量以及生长、修复所必需的元素；但是，大多数食物都是由体积巨大、结构复杂的分子组成的，只有通过消化系统的加工处理，这些食物才能被人体吸收。食物被人们吃下去以后，会被分解成细小简单的分子，比如葡萄糖和氨基酸。人们只有将食物碾碎，通过酶（一种加速食物分解的化学物质）的作用才能完成消化过程。食物消化后，其中的养分会被血管吸收。最后，人们会把没有被消化的食物排出体外。

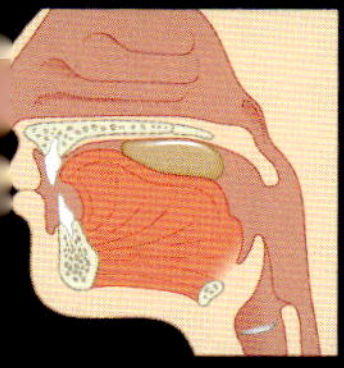

吞咽的第一个阶段

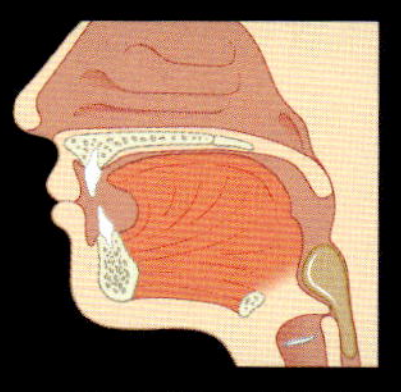

吞咽的第二个阶段

吞咽

通过吞咽动作可以将口腔中的食物送到胃里。首先，舌头把充分咀嚼的食物推向咽部的末端。然后，食物进入咽部会反射性地引起肌肉收缩从而将食物送进食管。

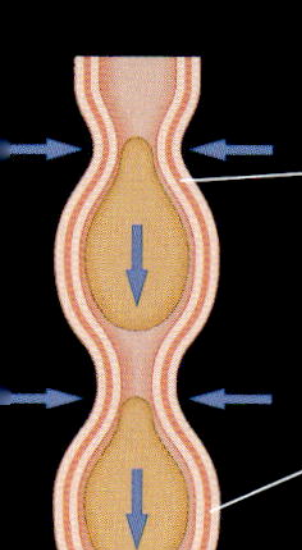

蠕动

食物沿食管或是其他消化道前进的过程，被人们称作蠕动。在食管内壁中有一层括约肌，它们在一团食物的末端收缩，这样就把食物推进了胃里。

唾液腺

人的一生中，平均要消化30吨的食物

肝脏

胃

大肠

小肠

食物加工厂

消化系统由一根9米长的管道组成，这就是消化道。消化道从口腔开始，经过咽、食管、胃、小肠、大肠，最后到达肛门。在消化过程中牙齿、舌头、唾液腺、胰腺、肝脏和胆囊也起到了重要的作用。

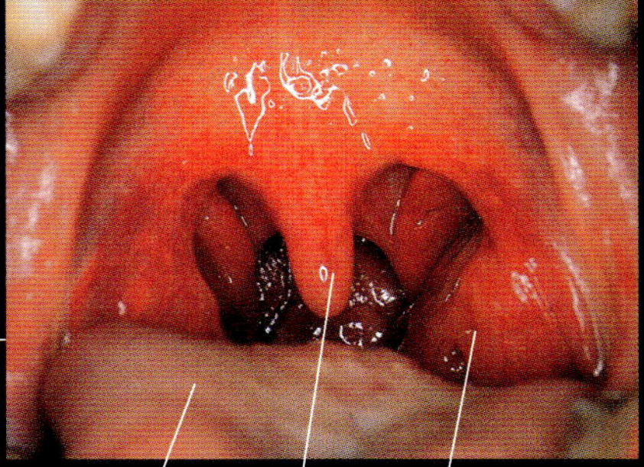

舌头　腭垂　扁桃体

喉咙内部

左边这幅图拍摄的是食物被吞咽前的必经之路。我们在其中还能看见肌肉发达的舌头，它把充分咀嚼过的食物推向口腔末端的咽部。中间悬吊着的是腭垂，它是软颚的一部分，当人们吞咽的时候，它向上方移动能够阻挡食物进入鼻腔。两边凸起的部分叫作扁桃体，是淋巴系统的成员，其作用是消灭随食物一起进入的细菌。

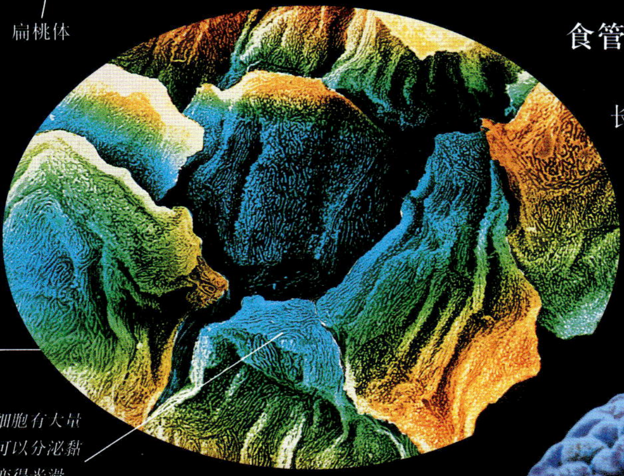

食管

食管并不能消化食物，然而这根25厘米长的长管却在将食物从咽部运送到胃部的过程中起了重要的作用。在黏液的润滑作用下，食管通过肌肉蠕动，将食物向下运送。食物从口腔到达胃部总共只需要10秒钟。

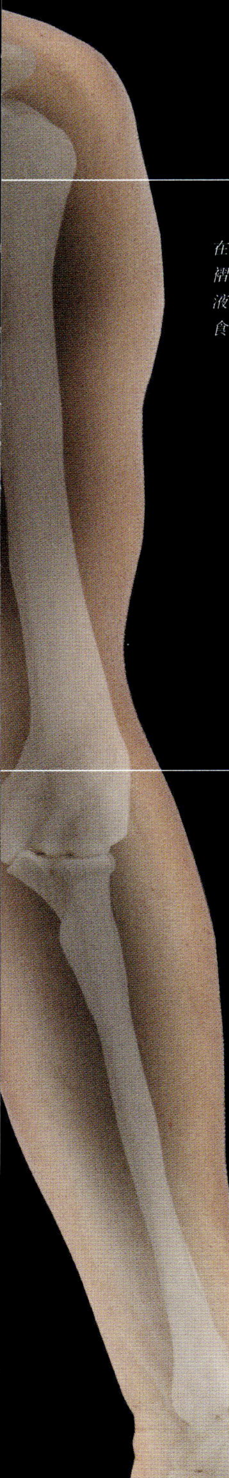

在食管内壁上的细胞有大量褶皱，这些褶皱可以分泌黏液，黏液使食管变得光滑，食物就能轻松地向胃滑动。

胃分泌物

食物到达胃部以后，胃部内壁上的肌肉就会收缩，搅拌碾磨这些食物。此外，胃黏膜内腺体（右图）会分泌出一些胃消化液，与食物混合在一起。这种消化液含有高浓度的盐酸和一种胃蛋白酶。胃内壁上的细胞（蓝色的）还可以分泌黏液。黏液覆盖了内壁，阻止具有腐蚀性的胃液侵蚀胃壁。

胃蛋白酶分子模型

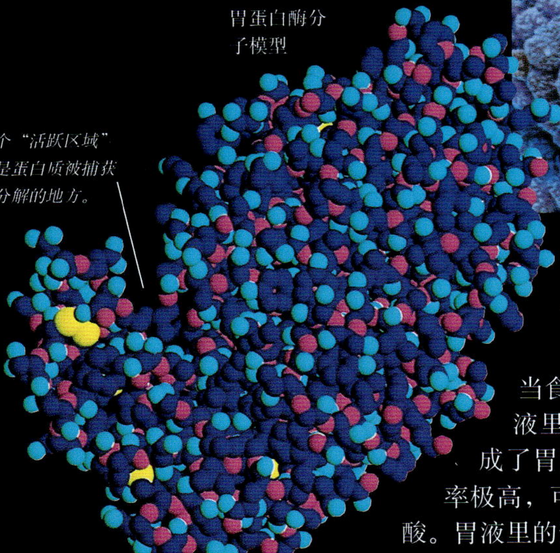

这个“活跃区域”就是蛋白质被捕获和分解的地方。

化学消化器

胃蛋白酶（左图）是一种化学的消化器。当食物到达胃部的时候，人们就会分泌胃液，胃液里就含有胃蛋白酶这种物质。胃液中的盐酸构成了胃的强酸环境。胃蛋白酶在这种环境中工作效率极高，可以迅速将蛋白质分解成更小的分子——氨基酸。胃液里的盐酸还可以杀死随食物进入人体的细菌。

肠道系统

食物离开胃部，紧接着就会来到小肠和大肠。小肠有3个部分：第一个部分是较短的十二指肠，它收到从胃部运输来的半消化状的食糜(食物经胃液消化后变成的浆状物)、从肝脏来的胆汁和从胰腺来的消化液；在十二指肠的下一个部分即空肠中，食物被酶消化；第三个部分，也是小肠里最长的一截——回肠，在这里食物的营养被吸收进血液里。没有被完全消化的食物下一步就会被运输到结肠——大肠里最长的部分，血液会从这里吸收食物中的水分。剩下的食物残渣和死亡的细胞，以及细菌一起形成粪便，被储存在直肠中，不久后会被排出人体。

食物被人们吞下，仅需要大概10秒的时间就会到达胃部

星期一中午12点 食物经过充分的咀嚼，进入胃以后就好像被剁碎了一样。

幽门括约肌（小肠的开端）

星期一下午3点 2～4个小时以后，食物离开胃部进入小肠，这时候它看起来就像很稠的汤。

十二指肠里的酶分解食物中的脂肪、碳水化合物和蛋白质。

幽门括约肌控制从胃部排出的食物流。

食物停留在小肠里的时间大约是3～6小时

小肠

在这幅X光片中我们可以看到小肠的全貌。小肠占据了腹腔的许多空间，上至胃部（蓝色，右上部），下接大肠(左下部)，在腹腔中迂回弯曲。小肠得名是因为它的直径仅有2.5厘米，比大肠6.5厘米的直径要小得多。

养分的吸收者

小肠的内壁布满了非常细小的、形状像手指一样的肠绒毛，所以它的触感就像天鹅绒一样柔软。当流质的食物打着旋冲过这些小肠的时候，绒毛上的酶就会迅速将食物消化为营养素。很快地，绒毛就会将营养素全部吸收，当血液从此经过的时候营养素就被带走了。

食物流动控制

括约肌控制着流经消化系统的食物流。当食物被肌肉异常发达的胃壁搅拌成糨糊一样的食糜，幽门括约肌（胃部的出口）放松并张开，把食糜喷进十二指肠。

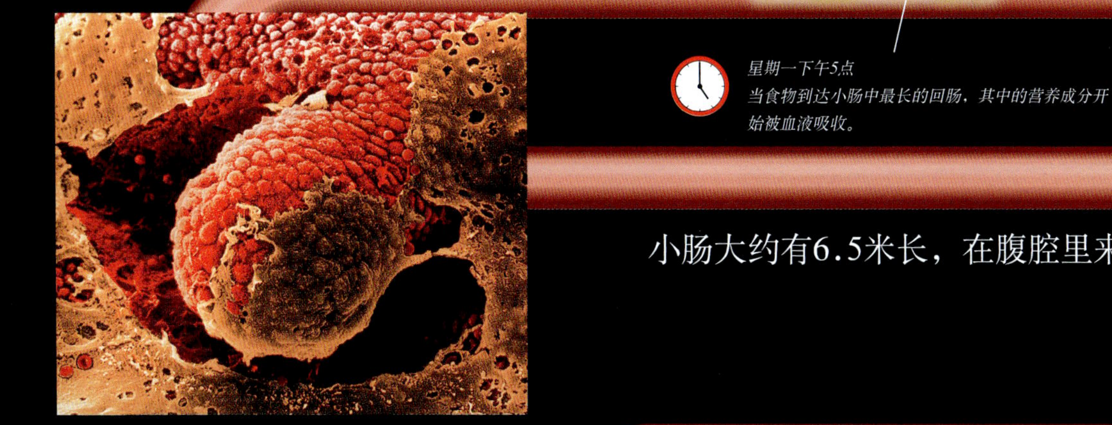

小肠大约有6.5米长，在腹腔里来回环绕

星期一下午5点
当食物到达小肠中最长的回肠，其中的营养成分开始被血液吸收。

星期一下午7点半
未消化的食物到达小肠的末端，现在它看起来像一个稀面团。

大肠杆菌

回盲括约肌（大肠的起始点）

结肠内部

上图展示的是结肠内的一个折痕（红色）。结肠是大肠中最长的部分，它的部分表面被未消化的残余物（棕色的）覆盖着。这里虽然不能消化食物，但是能够吸收水分并输送到血液中。随后剩下的物质就是半干的粪便。结肠上的腺体会分泌光滑的黏液，这样当结肠的肌肉收缩时，黏液就能帮助粪便顺利通过。

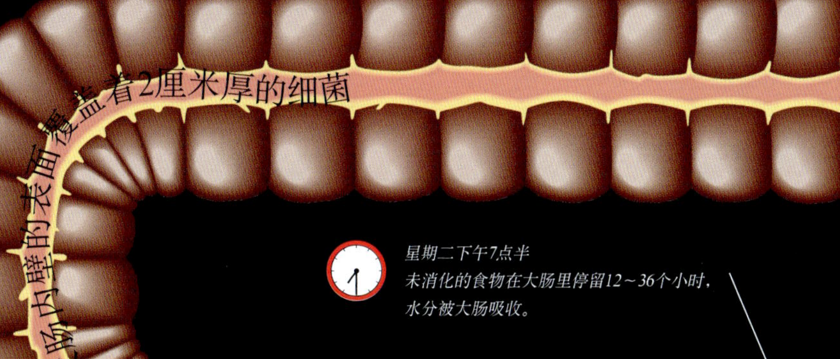

星期二下午7点半
未消化的食物在大肠里停留12～36个小时，水分被大肠吸收。

粪便到达大肠的最末端——直肠，这时距离食物被吞咽下来已经有17～46个小时了

细菌聚集地

大肠是数十亿种细菌的聚集地。它们靠小肠未消化的食物生活，它们会释放各种气体，其中有些很臭，我们通过肛门把这些气体排到体外。细菌还会分解其他的物质，制造出让大便具有独特气味和颜色的化学物质。大肠中多数细菌都是无害的，但是其中也有一些例外，例如大肠杆菌（如上图），偶尔会引起腹泻（拉肚子）之类的疾病。

肝脏

肝脏几乎填满了腹腔右上半部分的所有空间，它不仅是人体的化工厂，还是体内最大的器官。它的上百万个细胞不停地处理血液，保证血液的化学成分保持不变。肝脏具有大约500项功能，其中大多数都与消化有关。小肠吸收食物中的养分并将这些养分直接传送到血液里。然后，肝脏对血液中的营养成分进行调整，比如储存或释放葡萄糖和脂肪，或者通过化学手段调整氨基酸(蛋白质组成部分)，确保血液能够投入正常的循环。另外，肝脏不仅能储存维生素、铁等微量元素，还能分泌一种叫胆汁的液体帮助消化脂肪。肝脏的其他功能还包括分解毒素、处理由身体分泌的已经使用过的激素。

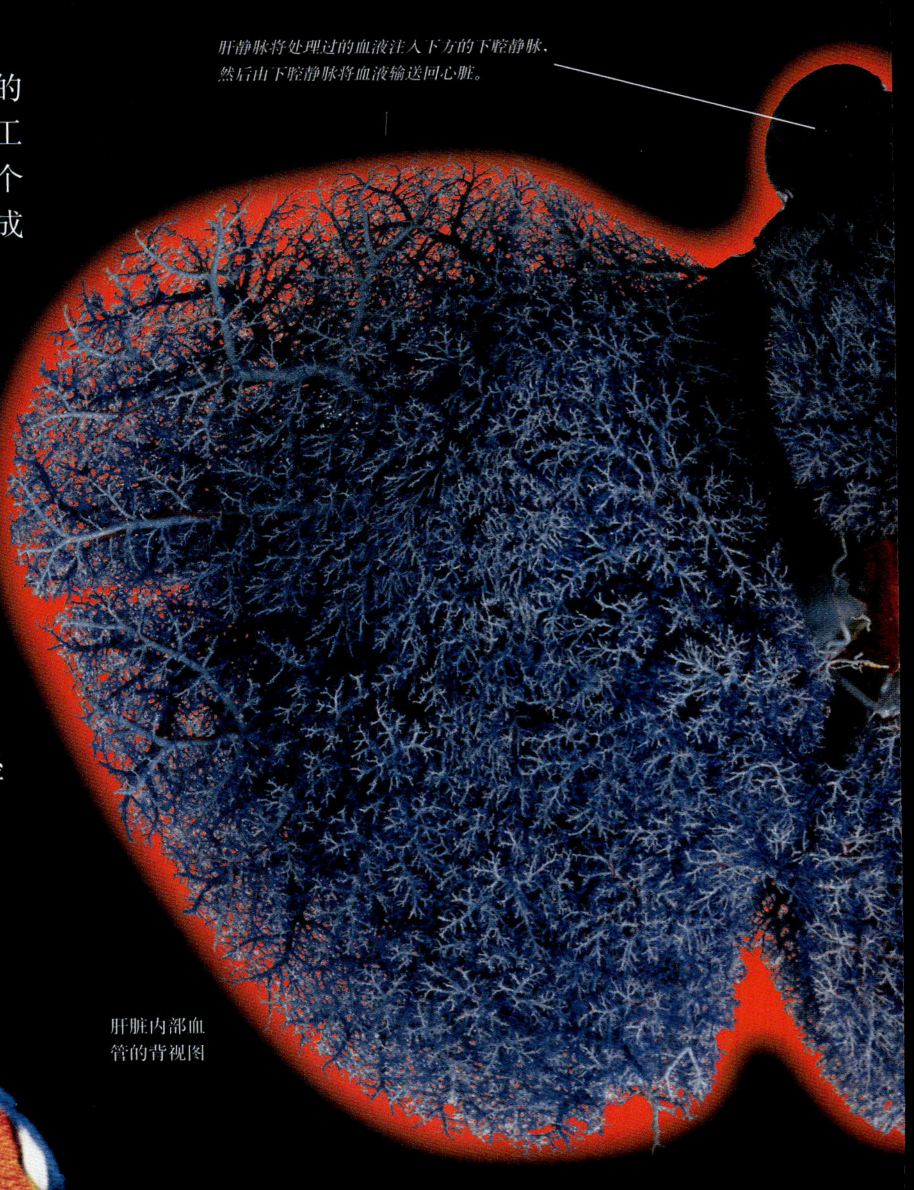

肝脏内部血管的背视图

肝脏血管

这个模型展示了肝脏血管的庞大的网络，它们将血液不断地运进运出。从小肠流出的载满营养的血液由肝静脉（灰蓝色）运输，而从心脏流出的富含氧气的血液则由肝动脉（中心红色的）运输。两股供血汇合在一个叫作窦状隙的管道里。血液离开肝脏以后就注入下腔静脉——把血从身体的下部运回心脏的静脉。

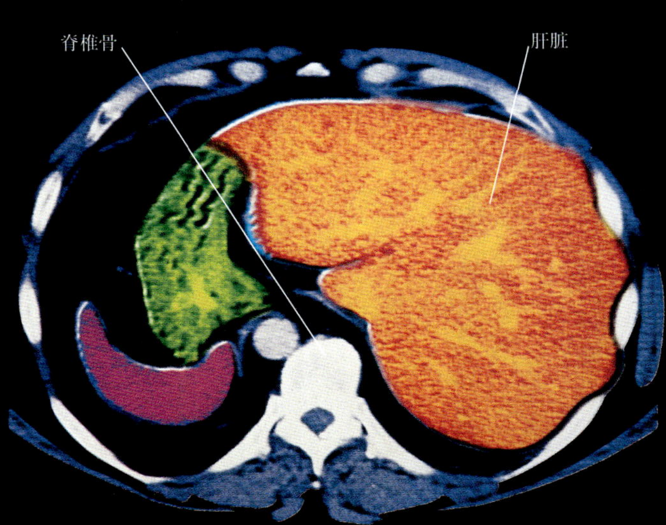

身体切片

上边的CT扫描图是人体腹腔上部的横截面，我们在这幅图中可以清楚地看到，肝脏的确非常庞大。肝脏旁边就是胃（绿色）和脾脏（粉色）。脾脏属于淋巴系统，它含有抵御疾病的白细胞，还可以过滤血液中的死亡细胞。

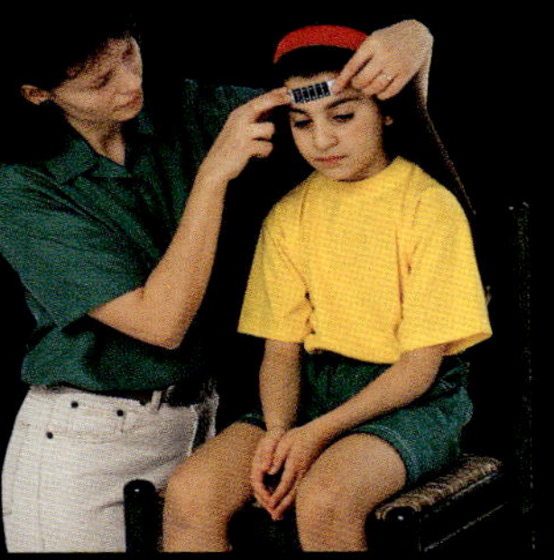

人体发热器

肝脏内部发生数千种化学反应产生了大量的热量，流经肝脏的血管也由此得到了热量。因此，身体内部体温能够保持在一个恒定的水平——大约37摄氏度，我们可以用温度计来测量体温。体温如果太高或者太低都有可能是生病的表现。

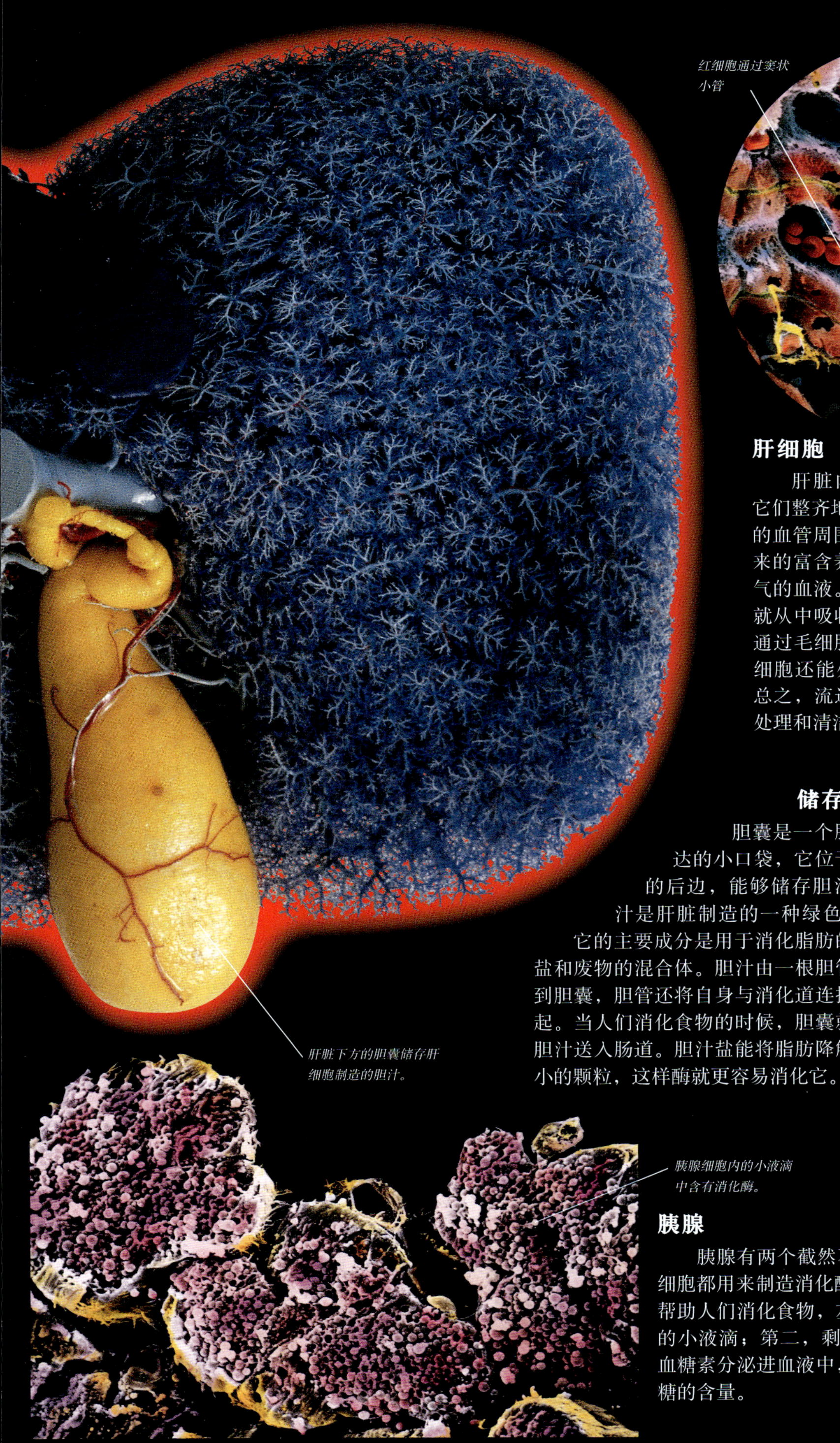

肝脏下方的胆囊储存肝细胞制造的胆汁。

红细胞通过窦状小管

肝细胞

肝脏内部有数百万个肝细胞（棕色），它们整齐地排列在一种叫作窦状小管（蓝色）的血管周围。窦状小管运载从小肠直接流过来的富含养分的血液和从心脏而来的富含氧气的血液。当血液流经窦状小管时，肝细胞就从中吸收或者释放物质。此外，肝细胞还通过毛细胆管（绿色）分泌胆汁。其他的肝细胞还能处理伤残、死亡的细胞和病原体。总之，流过肝脏的血液已经经过了最彻底的处理和清洁。

储存胆汁

胆囊是一个肌肉发达的小口袋，它位于肝脏的后边，能够储存胆汁。胆汁是肝脏制造的一种绿色液体，它的主要成分是用于消化脂肪的胆汁盐和废物的混合体。胆汁由一根胆管输送到胆囊，胆管还将自身与消化道连接在一起。当人们消化食物的时候，胆囊就会把胆汁送入肠道。胆汁盐能将脂肪降解成细小的颗粒，这样酶就更容易消化它。

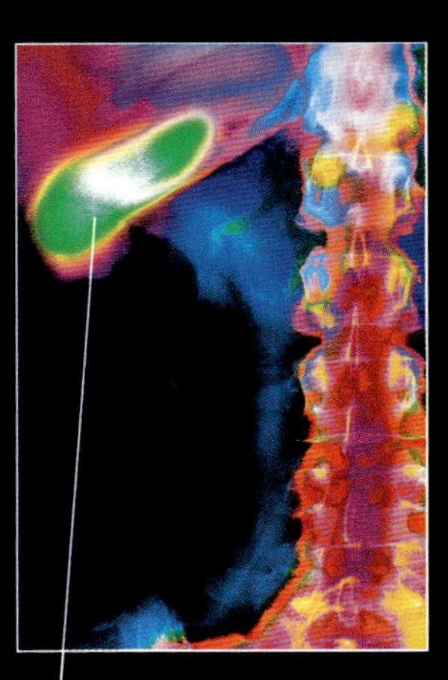

在X光片中我们可以看到在脊椎骨一侧的胆囊。

胰腺细胞内的小液滴中含有消化酶。

胰腺

胰腺有两个截然不同的功能：第一，胰腺99%的细胞都用来制造消化酶，这些酶通过胰腺管注入肠道，帮助人们消化食物，左边的这幅图就是细胞上含有酶的小液滴；第二，剩下的1%的细胞将胰岛素和胰高血糖素分泌进血液中，它们的作用是控制血液中葡萄糖的含量。

泌尿系统

血液在身体内循环的时候，肾脏会经常检查它并对它进行清洁。首先，肾脏会清除血液中多余的水分，保持血容量的稳定。这也保证了水分在人体中所占的比例相对稳定：年轻女子是52%，年轻男性则为60%。其次，肾脏可排泄血液中的废物，尤其是尿素，因为这些成分的含量一旦升高将有害于人体健康。肾脏滤过的95%水和代谢的废物混合起来就是尿液。尿液通过输尿管、膀胱、尿道排出体外，这三者再加上肾脏就组成了泌尿系统。每4分钟，身体里所有的血液就会经过左右肾脏一次，这足以说明肾脏在人体中的重要性。

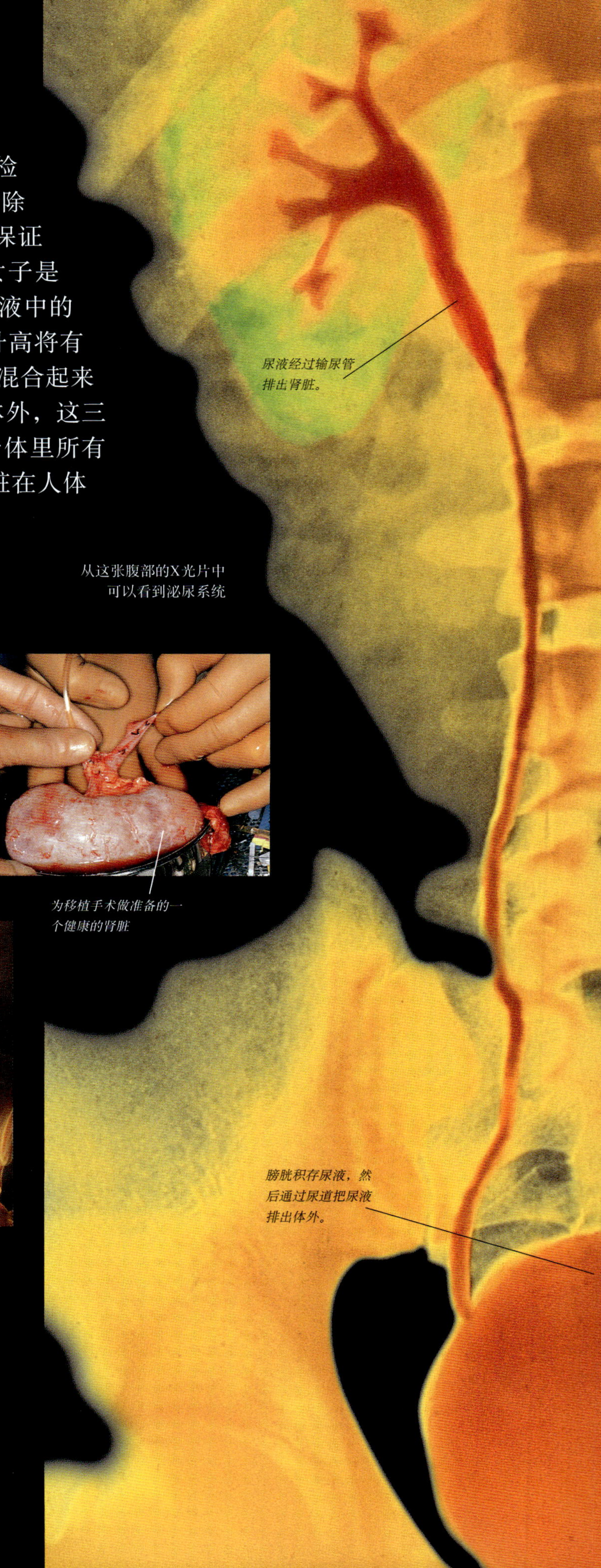

尿液经过输尿管排出肾脏。

从这张腹部的X光片中可以看到泌尿系统

膀胱积存尿液，然后通过尿道把尿液排出体外。

肾脏移植

有时候，肾脏无法正常工作，有可能是外伤、疾病导致的，也有可能是因为血液里的毒素过高。如果遇到这种情况，医生就可以将一个健康的肾脏（肾源既可以来自活体，也可以是由刚刚死亡的人捐献的）连接到肾病患者的肾脏供血系统上。这种手术叫作肾脏移植，只要一个健康的肾脏就能保证身体正常运转。

为移植手术做准备的一个健康的肾脏

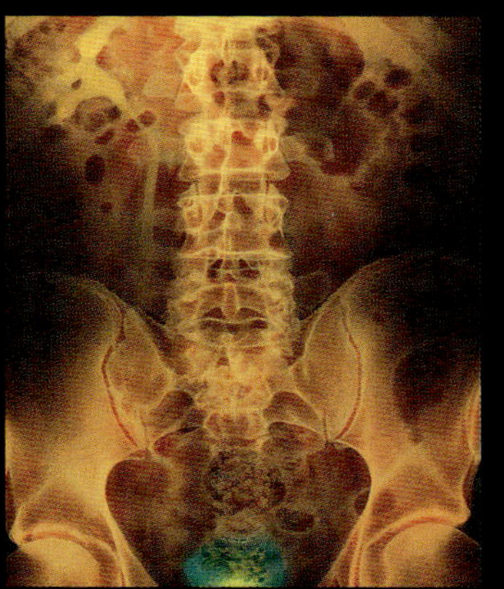

膀胱处于空的状态

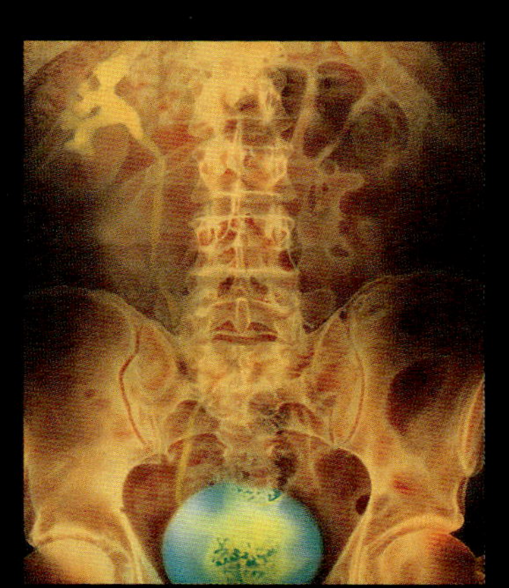

膀胱充满尿液的状态

废物处理

正如上面的X光片所示，膀胱（绿色）储存尿液时可以膨胀得很大。当尿液充满膀胱的时候，膀胱内壁上的弹性感受器就会向大脑发出信号，人们就会有想要小便的感觉。膀胱的出口被括约肌，或称环状肌肉封闭着。当人们小便的时候，括约肌就会舒张，尿液被膀胱内壁上收缩的肌肉挤压出来，经过尿道排出体外。

肾脏每天要过滤180升来自血液的液体，其中1.5升变成尿液，其余的会被重新输送到血液里

右肾的肾盂

肾脏内部

我们在右边的这幅CT扫描图中可以看见，肾脏的形状像一个大豆子，它的长度是12厘米，可以分成 3 个主要部分。外皮层（蓝黄两色）包裹着髓质；髓质里包含着的锥状部分叫作肾锥体（橘黄和黄色）；肾锥体再往里就是肾盂（红色）。肾动脉把血液送进肾脏，它的许多条分支血管又把血液送到细小的叫作肾单位的毒素过滤单元。这些长管从皮层到肾锥体再回到皮层，经历了一个环线，然后注入肾盂。它们将多余液体从血液里过滤出来，形成尿液。

肾盂

肾动脉

肾脏的纵截面

肾脏髓质里的肾锥体

许多毛细血管构成肾小球，过滤血液。

肾小球

移动的尿液

尿液在肾脏被过滤出来之后，会集中到肾脏内部的肾盂里。从肾盂往外有一根25～30厘米长的细管——输尿管，它一直延伸到腹腔的最下端，从后面进入膀胱。尿液在输尿管壁肌肉收缩和舒张的交替作用下，沿着管壁不断地滴进膀胱。膀胱会定期将尿液通过尿道排出体外。

过滤单元

肾脏的每个肾单位（过滤单元），都由一个毛细血管球（肾小球）和一根非常细的小管（肾小管）组成。较高的血压迫使血液中的液体流经肾小球，通过毛细血管壁过滤到肾小管。液体流过肾小管的时候，有用的物质（葡萄糖和水分）会被重新吸收回血液中；没有用的废物和多余的水分就会被当作尿液排出体外。

生殖系统

在通过繁育后代来延续生命这一点上，人和地球上的其他物种没有区别。婴儿是通过性繁殖诞生的，这个过程中涉及特殊生殖细胞的结合。生殖细胞是由生殖系统制造出来的。生殖系统是人体中唯一带有性别特征的系统。女性生殖系统的主要组成部分有卵巢（两个）、子宫及阴道。女孩生出来的时候，卵巢里就具有了她一生所排出的生殖细胞——卵子。在男性的生殖系统里，两个睾丸制造生殖细胞——精子，通过阴茎将精子排出体外。卵子的直径是精子直径的50倍。男女的生殖系统到青春期才发育成熟，这时候男女生只有十几岁。女性的卵巢每月排出一粒卵子，排卵期就相当于女性的一个生理周期。男性的睾丸每天都能产生上百万个精子，并且这项功能会伴随他们一生。

发育成熟的卵子

女性的卵巢里有许多小“袋子”，叫作卵泡，里面装着尚未发育成熟的卵子（如上图）。每个月，一些卵泡就开始涨大。卵泡里的卵子在它周围的卵泡细胞（蓝色）的滋养和保护下日渐成熟，与此同时，卵泡里还产生了一种液体。最终，其中一个充满液体的最大的卵泡就会破裂，释放出一粒成熟的卵子。

女性的生殖系统

女性的两个卵巢生成并释放卵子。卵子沿着输卵管到达内壁较厚、肌肉发达的子宫，这是母亲在怀孕阶段时胎儿生长发育的地方。子宫通过阴道与外界连接，同时阴道也是精子进入女性生殖系统的必经之路。

卵巢
输卵管
阴道
子宫

男性的生殖系统

两个蛋形的睾丸是男性生成精子的地方。它们通过输精管与尿道连接，将尿液和精子由阴茎内的细管排到体外。生成精子的温度环境要低于人体正常的温度，因此睾丸悬垂于男性体外。

前列腺
阴茎
睾丸

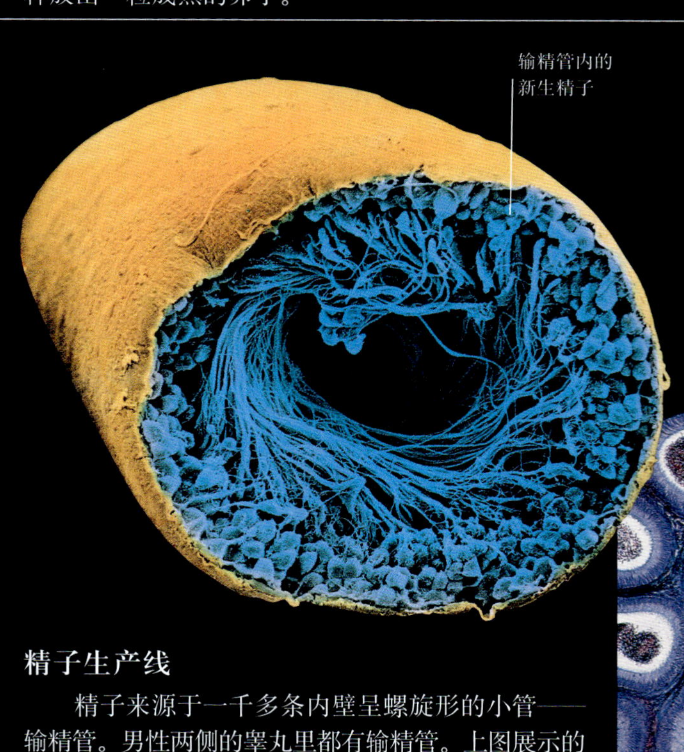

精子生产线

精子来源于一千多条内壁呈螺旋形的小管——输精管。男性两侧的睾丸里都有输精管。上图展示的就是输精管内部的结构，新生的精子在输精管里的排列呈漩涡状，它们靠管内壁上的细胞供给的养分生存。两个睾丸每天一共能生产大约3亿多个精子。

卵子的推动力

破巢而出的新生卵子从卵巢出发到达子宫，途中必然经过两条输卵管中的一条。输卵管粗细相当于一根意大利面条，它的内壁上布满了纤细的绒毛。卵子和精子不同，不能通过自己的力量游动。因此，输卵管内壁上的绒毛取代了精子小尾巴的作用，它们向着子宫的方向有节奏地摆动，轻柔地把卵子输送到目的地。

纤毛将卵子慢慢扫向子宫。

吸附在卵泡壁上的细胞均有很高的营养。

卵子的破壳

如左图所示，卵巢表面的凸起是由一个含有成熟卵子的卵泡引起的。我们可以看到，有些卵泡内的卵泡液已经流出来了，这就是卵泡即将破裂、卵子就要破茧而出的信号，这种生理现象每月都会发生一次，人们把它称为排卵。此后，卵子会进入漏斗形的输卵管末端，然后由这里进入子宫。

精子在行动

精子是天生的游泳健将，因此它们能够完成找到卵子并与它结合产生下一代的艰巨任务。精子的质量极轻，并且是流线型的。它的头部是扁平的椭圆形，含有一套遗传基因指令。它的尾巴就像一条线，这条不停挥动的小鞭子把精子向前推进，速度最快时可以达到每分钟 4 毫米。

精子的颈部为它的活动提供了能量。

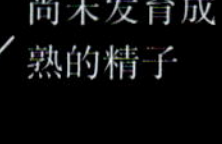

尚未发育成熟的精子

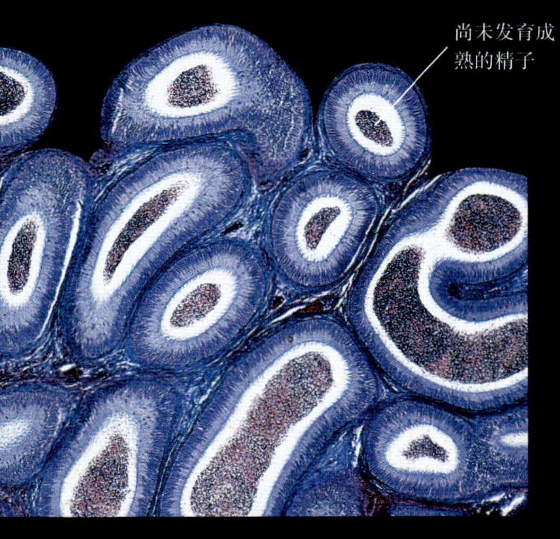

储藏精子

贴在睾丸后部，形状像逗号一样的器官就是附睾。这样一个长而窄并紧紧缠绕在一起的管子（如左图中的附睾横切面图），伸直的时候总长度能达到6米。尚未成熟的精子（粉色）会从睾丸到达附睾内部，它们沿着这根管子向前移动，历经20天的旅程，直到成熟并且能够自由移动。

受精和怀孕

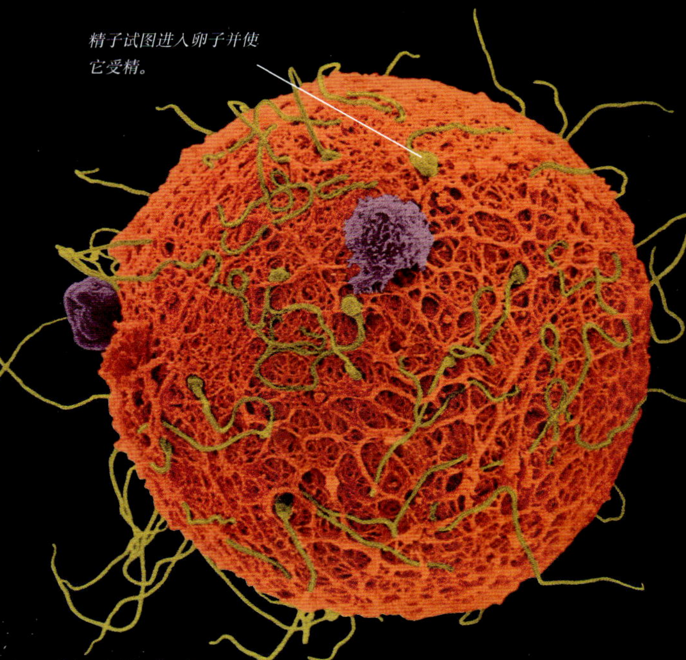

婴儿的出生预示着怀孕的结束。通常，当父母发生性行为后的第38周左右，婴儿就会来到这个世界上。性交是男女之间非常亲密的行为，男性会将阴茎插入女性的阴道并将几亿个精子释放到女性的体内。精子游进女性的子宫，朝着输卵管的方向前进，最终只有几百个精子能够顺利到达目的地。如果这些存活的精子能够遇见刚刚从卵巢释放出来的那一颗卵子，它们当中的一颗就会进入卵子，使卵子受精。受精卵中包含着父亲和母亲双方的遗传基因，这是人类出生所必需的条件。受精卵经过一周的长途跋涉才从输卵管来到子宫，这时它就把自己贴到子宫内膜上，然后不断发育最后变成新生儿。

精子的竞争

我们在上面的这幅图中可以看到，卵子（红色）周围有上百个精子（绿色），正挥动着它们像小鞭子一样的尾巴，争先恐后地要钻破卵子的外壁。最终，只有一个精子能够冲破这层外壁，但是它在这个过程中会失去它的小尾巴。一旦有精子成功进入卵子体内，卵子内部就会发生化学反应关闭所有的入口，阻止其他的精子再冲进来。卵子核和精子核结合在一起的这一刻，卵子就成为了一颗受精卵。

胚球

卵子受精后的第五天，就来到了输卵管的末端。在这个地方，它会进行几次分裂进而形成一个中空的细胞球——胚球。当胚球到达子宫的时候，胚球上原来卵子离开卵巢时的那层外皮就会脱落。一天之后，胚球就来到柔软的子宫内壁，它的外层细胞壁形成胎盘（胎儿和母亲之间的供血系统）的一部分，而它的内层细胞则发育成一个胎儿。

胚球

胚球正褪去它的外壳

正在发育的眼睛

胚胎靠脐带与母亲子宫上的胎盘连接。

胚胎的第一周

卵子受精 4 周后，经过剧烈的细胞分裂已经形成了一个苹果核大小的胚胎，它由数百万个细胞组成。这些细胞正不断发育成肝脏、肺等器官。此时，胚胎已经有了心跳，它的血管正在不断延伸到身体各处。它的大脑已经有了雏形，神经系统也在日臻完善。从外观上，我们已经可以看出手和脚的大致模样，尽管我们现在只能管它叫胚芽。

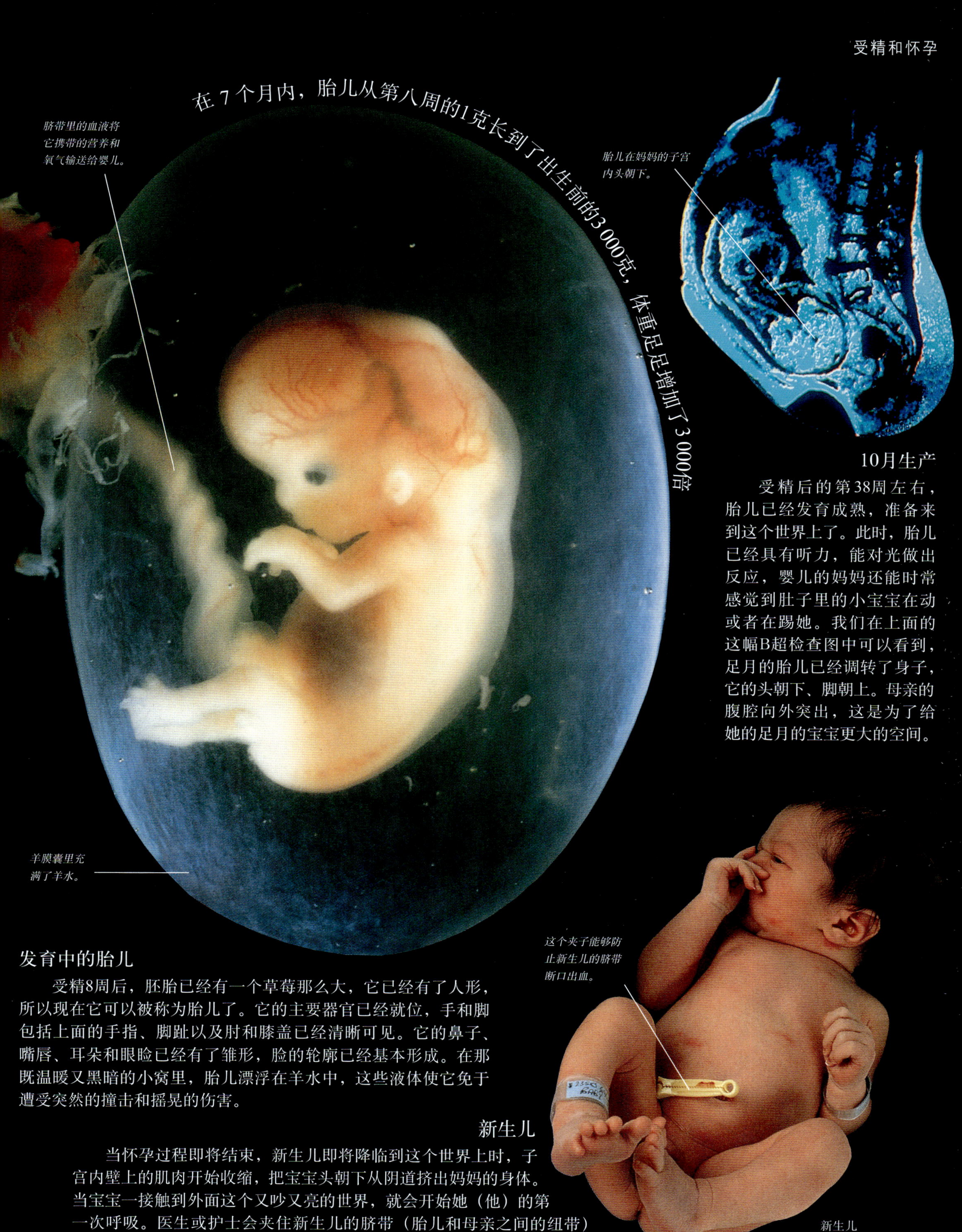

新生儿

10月生产

受精后的第38周左右，胎儿已经发育成熟，准备来到这个世界上了。此时，胎儿已经具有听力，能对光做出反应，婴儿的妈妈还能时常感觉到肚子里的小宝宝在动或者在踢她。我们在上面的这幅B超检查图中可以看到，足月的胎儿已经调转了身子，它的头朝下、脚朝上。母亲的腹腔向外突出，这是为了给她的足月的宝宝更大的空间。

发育中的胎儿

受精8周后，胚胎已经有一个草莓那么大，它已经有了人形，所以现在它可以被称为胎儿了。它的主要器官已经就位，手和脚包括上面的手指、脚趾以及肘和膝盖已经清晰可见。它的鼻子、嘴唇、耳朵和眼睑已经有了雏形，脸的轮廓已经基本形成。在那既温暖又黑暗的小窝里，胎儿漂浮在羊水中，这些液体使它免于遭受突然的撞击和摇晃的伤害。

新生儿

当怀孕过程即将结束，新生儿即将降临到这个世界上时，子宫内壁上的肌肉开始收缩，把宝宝头朝下从阴道挤出妈妈的身体。当宝宝一接触到外面这个又吵又亮的世界，就会开始她（他）的第一次呼吸。医生或护士会夹住新生儿的脐带（胎儿和母亲之间的纽带）并把它剪断，还会检查她（他）是否健康。

基因和染色体

每个体细胞核里都有一套遗传指令，这套指令不仅能控制单个细胞的活动，还能对身体的活动和外观产生影响。这套指令像一个图书馆，以一种叫作脱氧核糖核酸（DNA）的形式存在于细胞核中。而图书馆里的每本“书”则是DNA的片断——基因，每一个基因都含有一种信息代码可以控制某一项人体特性。单个细胞的DNA可以分成许多个简单片断——23对染色体。在每对染色体中，一个染色体来自母亲，另一个则来自父亲。虽然每对染色体中基因排列都相同，但是可能携带不同的基因类型，这些基因类型中有些是隐性基因。比如，一个人既有母亲的蓝眼睛的基因，也有从父亲那里得到的一个棕眼睛的基因，如果只有“棕色”的基因是显性的，那么这个人的眼睛就会是棕色的。

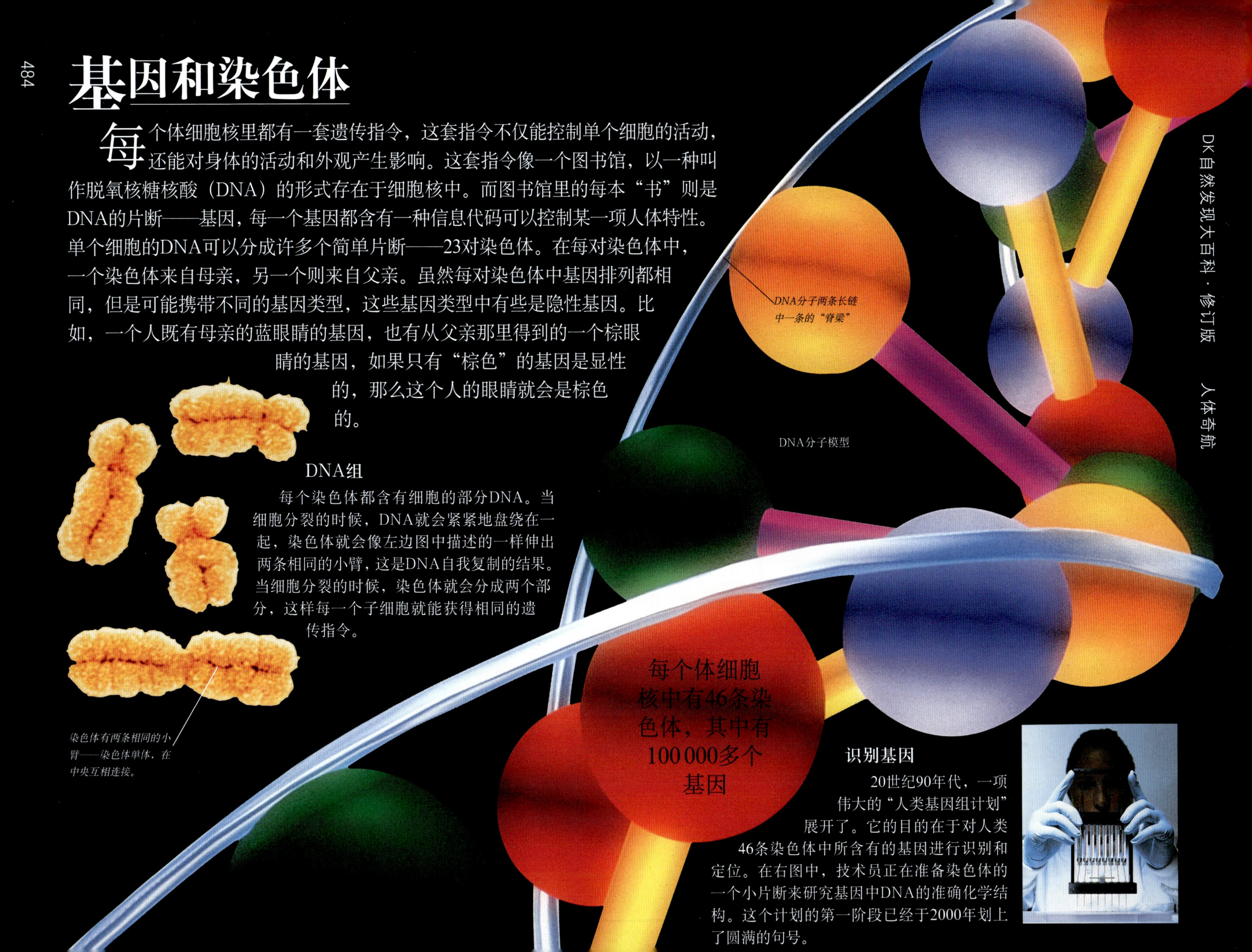

DNA分子模型

DNA组

每个染色体都含有细胞的部分DNA。当细胞分裂的时候，DNA就会紧紧地盘绕在一起，染色体就会像左边图中描述的一样伸出两条相同的小臂，这是DNA自我复制的结果。当细胞分裂的时候，染色体就会分成两个部分，这样每一个子细胞就能获得相同的遗传指令。

染色体有两条相同的小臂——染色体单体，在中央互相连接。

识别基因

20世纪90年代，一项伟大的“人类基因组计划”展开了。它的目的在于对人类46条染色体中所含有的基因进行识别和定位。在右图中，技术员正在准备染色体的一个小片断来研究基因中DNA的准确化学结构。这个计划的第一阶段已经于2000年划上了圆满的句号。

生命的分子

DNA，也称脱氧核糖核酸，是细胞的信息仓库。每个DNA分子都有两条长长的链，它们互相缠绕形成的结构叫作双螺旋体。长链的“脊梁”由糖和磷酸盐分子（浅蓝色）组成。长链上向内突出的是碱基，它们与另一条长链上相对的碱基配对，造型就像梯子上的一级阶梯。DNA一个片断上的碱基对的精确排列，即一个基因，只能为一个细胞提供它所必需的建造和活动的一条指令。

在这段DNA序列上有8个碱基对，每个人体细胞里包含30亿个碱基对

DNA上不同长链上相对碱基对之间的纽带

双胞胎

双胞胎第一个胎儿的头部

双胞胎第二个胎儿的头部

超声波扫描使人们能够用最安全的方法观察母亲子宫内胎儿的发育状况。在上边的这幅扫描图中，我们可以看见双胞胎胎儿。如果受精卵分裂成两个独立的细胞，就会产生双胞胎。她（他）们的基因完全相同，并且一定是相同的性别。异卵双生的双胞胎，也就是同时有两个卵子受精而产生的双胞胎，并不具有完全相同的基因，所以也不一定是相同的性别。

X和Y性染色体

全套染色体

下图中展示的是从男性身体上提取的一个体细胞的全套染色体，它由46条染色体组成。人们通过拍照的手段把这些染色体记录下来，按照从大到小的顺序进行排列，并对每一对进行从1到22的标号。第23对是男性的XY染色体和女性的XX染色体，它决定了一个人的性别。

基因的遗传

孩子不仅具有母亲的基因也具有父亲的基因，这是因为在受精的过程中，精子和卵子的染色体混合在一起了。这两套染色体中可能包含相同基因的不同类型。父亲和母亲基因的结合意味着孩子可能具有父母一方或双方的某些特征，例如眼睛的颜色可能和一方相同或是父母混合的结果，但是她（他）们也有可能拥有自己独特的特性。

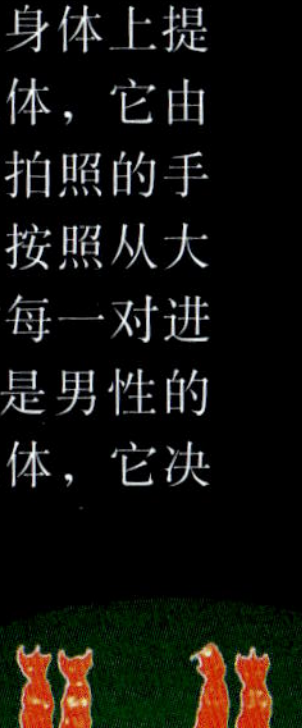
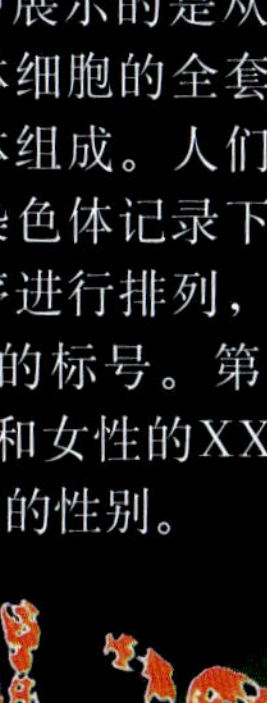
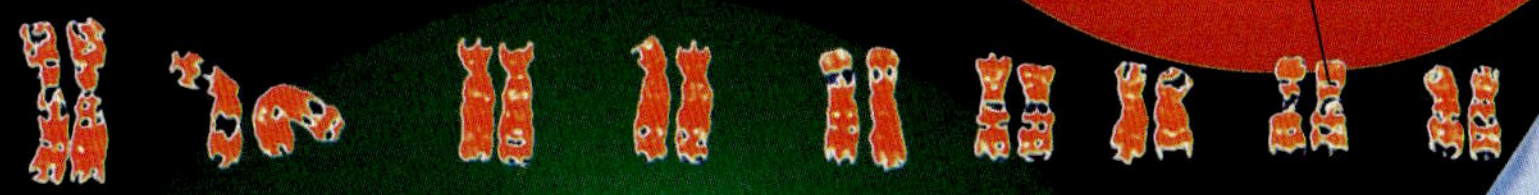
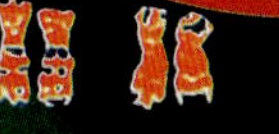

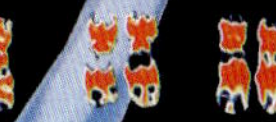
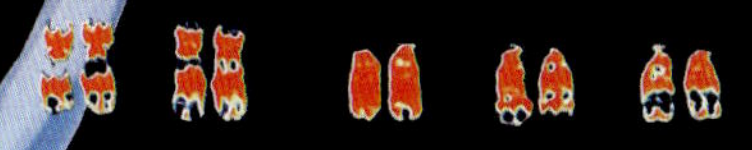
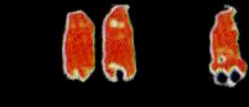
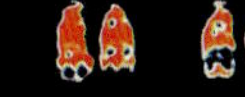
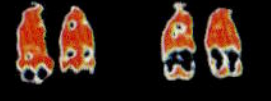
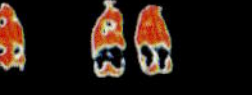

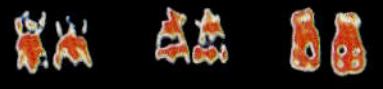

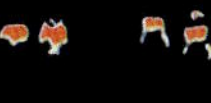

第九对染色体

第二十对染色体

成长和衰老

人的一生中，人体在幼年时期的成长和老年时期的衰老都会遵循一个固定的规律。人在1岁左右的时候生长发育的速度极快，并且在童年的整段时期内都保持在一个稳定的速度上。到了青春期，也就是人们十几岁的时候，这个速度再次加快，青春期一过人们就会停止生长。当人们长到六七岁的时候，头部与身体的比例会明显地缩小，脸的形状也会发生变化，四肢明显增长。在9到14岁之间青春期开始了，这是儿童变成成人的门槛。在这段时间里，男孩和女孩的思维和感觉都在悄悄地发生转变，他们的生殖系统逐渐发育成熟，并且逐渐具有一些成人的特征，比如女孩的胸部隆起，男孩开始长胡子。十八九岁的时候，人们就会停止成长过程，这时他们就已经是成人了。在人们进入晚年的时候，身体细胞的代谢效率降低，人们就开始衰老，衰老的特征开始显现，比如你会发现他们脸上的皱纹和头上的白发。

成长中的女孩

女孩的青春期一般开始于9到13岁之间，持续大约3年。女孩的成长速度突然加快，女孩的身高在一定时间内要高于同龄的男孩。她们的胸部隆起，臀部变宽，体态越来越像成年女性。她们的生殖系统开始正常运作，出现经期和排卵期（每月会排放出一个卵子）。

骨骼的发育

宝宝还在妈妈体内发育的时候，它的骨骼是由柔韧的软骨组成的。软骨逐渐会被骨头取代，这个过程叫作骨化，一般会持续到人们十几岁的时候。在下面的X光片中我们可以看到骨头（蓝色/白色），但是我们无法看见软骨，在婴儿和儿童的手部X光片中会发现，骨头与骨头之间有“空隙”，这是因为骨骼中的一部分仍然是软骨。人们长到13岁的时候，骨化的程度已经很高了。但是，手部仍然存在一部分还没有骨化的软骨组织，最明显的例子为手掌长骨的末端和手指的骨头。等到20岁时，手部的骨骼就完全发育成形了。

成长中的男孩

男孩的青春期开始于10到14岁之间。在这期间他们的成长速度极快，他们的脸上、身上、腋下和生殖器周围都会长出毛发。一旦他们的生殖系统发育成熟，睾丸就会开始生成精子。他们的喉结变大，因此他们的声音变得低沉。另外，他们的肌肉增多，肩膀也变得宽厚起来。

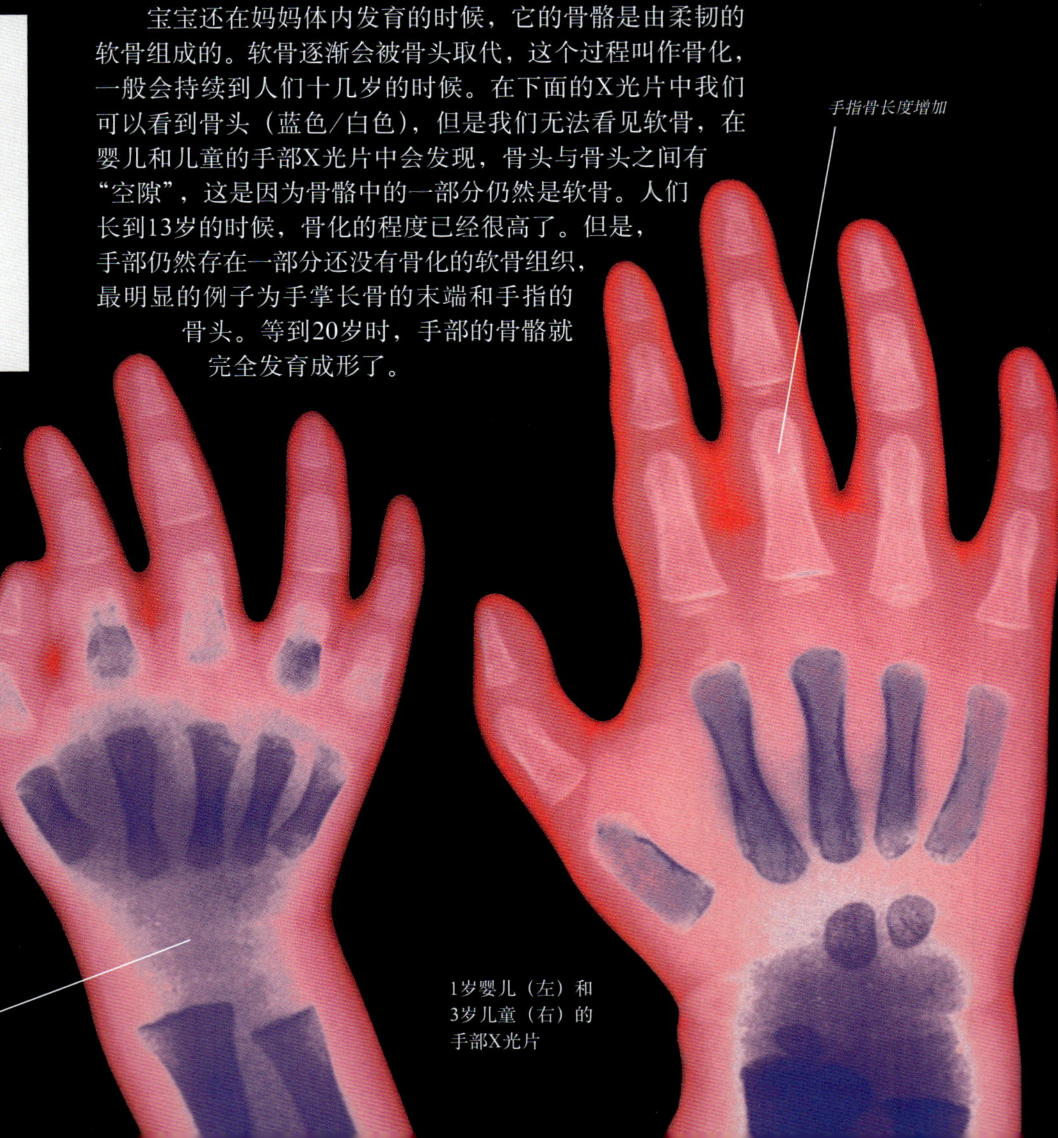

1岁婴儿（左）和3岁儿童（右）的手部X光片

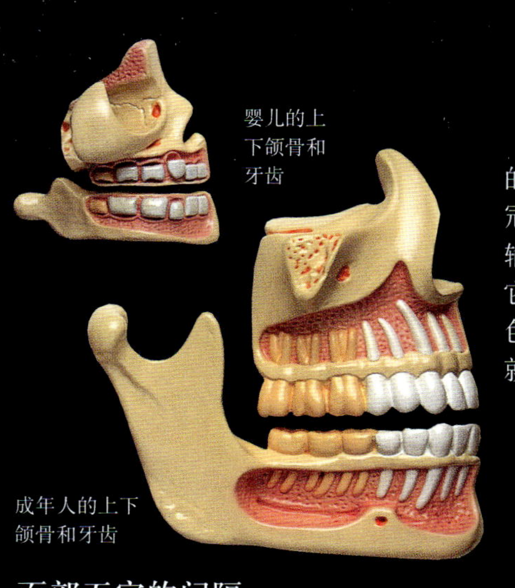

动脉的栓塞

衰老的一个结果就是动脉中陈年积累的脂肪，它们可能导致血栓的形成。这根冠状动脉（如右图）主要的作用是将血液输送到心脏内壁的肌肉上，我们可以看见它有一个相当于血管横截面30%的血栓（红色）。如果血栓妨碍了血液的供应，心脏肌肉就会出现缺氧的症状，就有可能引起心脏病。

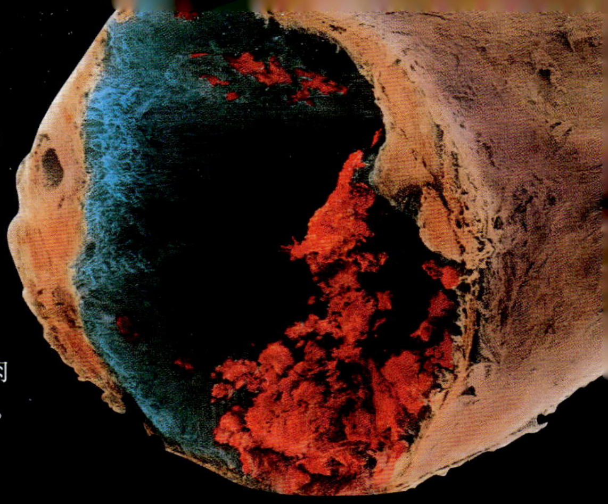

面部五官的间隔

婴儿出生的时候，他（她）的下颌骨比脸部其他的骨头都小，他（她）的第一副牙齿，即乳牙，仍然长在牙龈里。在儿童时期，下颌骨的体积逐渐增大，脸似乎从头骨突了出来。形状和外貌都发生了变化。与此同时，人的第二副永久性的牙齿开始替代乳牙，它们比乳牙大很多，嵌合在下颌骨中，也加宽了下颌骨。

椎骨被身体的体重压弯了。

脆弱的骨头

随着年龄逐渐增加，骨头的密度会逐渐减小，变得越来越脆弱，也越来越容易发生骨折。这种症状叫作骨质疏松，女性骨质疏松的程度往往要高于男性。这幅是患有骨质疏松症病人的X光片，在片中我们可以看到椎骨（橘红色）是V字形的，这是因为受到了身体下方体重的压迫。

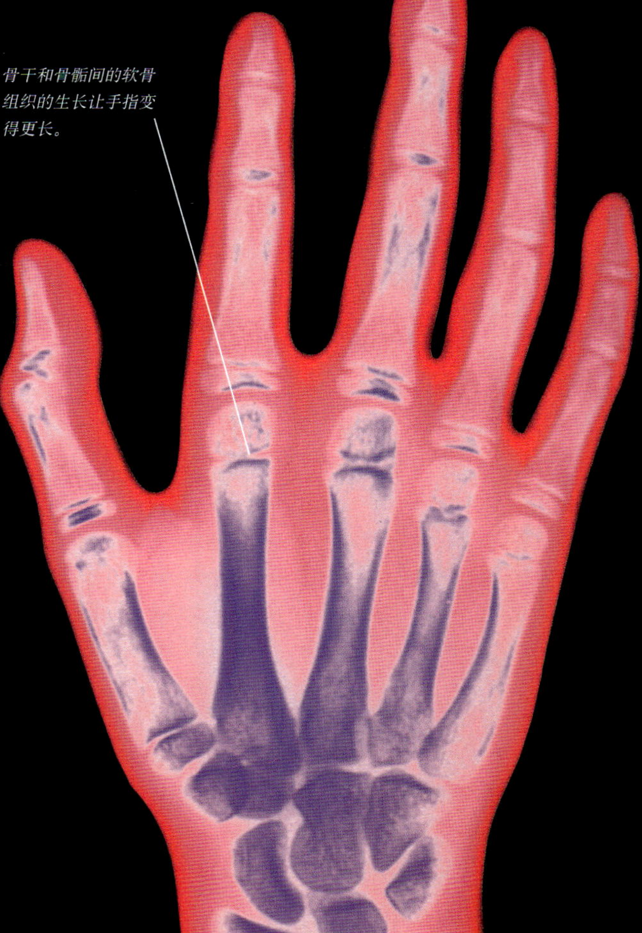

人们长到20岁的时候，手部的骨头已经完全发育成熟了

13岁少年（左）和20岁成年人（右）的手部X光片

太空数据

太阳系										
	太阳	水星	金星	地球	火星	木星	土星	天王星	海王星	冥王星
直径（千米）	1 392 000	4 878	12 103	12 756	6 786	142 984	120 536	51 118	49 528	2 370
体积（地球=1）	332 946	0.05	0.82	1	0.11	318	95.18	14.5	17.14	0.002
重力（地球=1）	27.9	0.38	0.91	1	0.38	2.36	0.92	0.89	1.12	0.07
平均表面温度（摄氏度）	5500	179	482	15	−63	−121	−180	−197	−215	−230
自转周期（小时）	610～864	1 408	5 832	24	25	10	10	18	19	153
公转周期（地球日）	–	88	225	365	687	4 333	10 760	30 685	60 190	90 800
距日平均距离（百万千米）	–	58	108	150	228	778	1 427	2 871	4 498	5 906
公转速度（千米/时）	–	172332	126072	107244	86868	47016	34812	24516	19548	17064
光环数量	0	0	0	0	0	3	7	10	6	0
已知卫星数量	–	0	0	1	2	67	62	27	14	5

至2035年*日全食	
日期	适合观测的地点
2016年3月9日	亚洲、澳大利亚、太平洋
2017年8月21日	北美洲、南美洲
2019年7月2日	南太平洋、南美洲
2020年12月14日	太平洋、南美洲、南极洲
2021年12月4日	南极洲、南非、大西洋
2024年4月8日	北美洲、中美洲
2026年8月12日	北美洲、非洲、欧洲
2027年8月2日	非洲、欧洲、中东、亚洲
2028年7月22日	东南亚、东印度群岛、澳大利亚、新西兰
2030年11月25日	非洲、印度洋、东印度群岛
2033年3月30日	澳大利亚、南极洲、北美洲
2034年3月20日	非洲、欧洲、亚洲
2035年9月2日	亚洲、太平洋

*另请参见：第15页的地图。

至2030年*月全食	
日期	适合观测的地点
2015年4月4日	亚洲、澳大利亚、太平洋、美洲
2015年9月28日	太平洋、美洲、欧洲、非洲、亚洲
2018年1月31日	亚洲、澳大利亚、太平洋、北美洲
2018年7月27日	南美洲、欧洲、非洲、亚洲、澳大利亚
2019年1月21日	太平洋、美洲、欧洲、非洲
2021年5月26日	亚洲、澳大利亚、太平洋、美洲
2022年5月16日	美洲、欧洲、非洲
2022年11月8日	亚洲、澳大利亚、太平洋、美洲
2025年3月14日	太平洋、美洲、欧洲、非洲
2025年9月7日	欧洲、非洲、亚洲、澳大利亚
2026年3月3日	亚洲、澳大利亚、太平洋、美洲
2028年12月31日	欧洲、非洲、亚洲、澳大利亚、太平洋
2029年6月26日	美洲、欧洲、非洲、中东
2029年12月20日	美洲、欧洲、非洲、亚洲

每年的流星雨时期表	
名称	高峰日期
象限仪座流星雨	1月3－4日
天琴座流星雨	4月20－22日
宝瓶座η流星雨	5月4日－6日
南宝瓶座△流星雨	7月28－29日
北宝瓶座△流星雨	8月6日
南宝瓶座Ｉ流星雨	8月6－7日
英仙座流星雨	8月12日
北宝瓶座Ｉ流星雨	8月25－26日
猎户座流星雨	10月21－22日
金牛座流星雨	11月3－5日
狮子座流星雨	11月17－18日
双子座流星雨	12月13－14日
小熊座流星雨	12月23日

相对大小

这些照片显示了太阳和八大行星以及冥王星之间关系的比例与图解。这页上橙色的背景就是太阳的相对大小。冥王星则只有针尖般大小。

水星

金星

地球

火星

木星

土星

与太阳的距离

下图的这条线显示了每颗行星到太阳的距离。水星离得最近。冥王星则是这段距离的100多倍远。

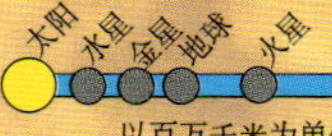

最近的恒星

名称	所在星座	距离（光年①）
太阳	—	0.000015
半人马座比邻星	半人马座	4.2
半人马座阿尔法A星	半人马座	4.3
半人马座阿尔法B星	半人马座	4.3
巴纳德星	蛇夫座	5.9
沃尔夫359	狮子座	7.6
拉兰德21185	大熊座	8.1
天狼星A	大犬座	8.6
天狼星B	大犬座	8.6
鲸鱼座UV型星	鲸鱼座	8.9

从地球上看最亮的恒星

名称	所在星座	距离（光年）
太阳	—	0.000015
天狼星A	大犬座	8.6
老人星	船底座	313
半人马座阿尔法A星	半人马座	4.3
大角星	牧夫座	36
织女星	天琴座	25
五车二	御夫座	42
参宿七	猎户座	773
南河三	小犬座	11
水委一	波江座	144
参宿四	猎户座	427

①天文学上的一种长度单位。1光年约等于94 607亿千米。

太空探索里程碑

1957年10月4日，斯普特尼克1号发射，成为世界上第一颗人造卫星。

1957年11月3日，苏联的一只名叫莱卡的狗成为第一个造访太空的生物。

莱伊卡

1958年1月31日，探险者1号发射升空，这是第一颗美国的人造卫星。

1959年10月10日，苏联的月球三号探测器传回了第一张月球背面的照片。

1961年4月12日，苏联宇航员尤里·加加林成为第一个登上太空的人类。

1962年2月20日，约翰·格林成为第一个环绕地球的美国航天员。

1962年7月10日，通信卫星1号发射升空，它是世界上第一颗商业通信卫星。

1963年6月16日，苏联宇航员瓦伦蒂娜·捷列什科娃成为第一个进入太空的女性。

1965年3月18日，人类第一次太空漫步（由苏联宇航员阿历克西·列昂诺夫完成）。

约翰·格林

1966年2月3日，苏联的月球9号飞船是第一个成功登陆月球的航天器。

1967年10月18日，苏联的金星4号成为第一个在金星上降落的航天器。

1968年12月24日，阿波罗8号成为第一个进入月球轨道的载人航天器。

1969年7月20日，美国航天员尼尔·阿姆斯特朗成为第一个在月球上行走的人类。

1970年11月17日，俄罗斯的月球车1号成为第一个在月球表面行动的漫步者。

1971年4月19，苏联的礼炮1号发射升空，它是世界上第一个空间站。

1972年12月19日，阿波罗17号落回海中，这是最后一次载人登月任务。

1973年12月5日，美国航天器先驱者10号第一次飞过木星。

1974年3月29日，美国航天器水手10号第一次飞过水星。

1975年7月17日，美国和苏联的航天器第一次对接（阿波罗—联盟）。宇航员们互相握手致意。

1976年7月20日，美国航天器海盗1号成为第一个成功降落在火星上的航天器。

无人驾驶月面自动车1号

1979年9月1日，美国航天器先驱者11号第一次飞过土星。

1981年4月12日，第一艘美国航天飞机哥伦比亚号发射升空。

1986年1月24日，美国航天器旅行者2号第一次飞过天王星。

1986年2月20日，苏联和平号宇宙空间站发射升空。

1986年3月14日，欧洲的乔托号探测器第一次近距离飞过彗星（哈雷彗星）。

1989年8月25日，旅行者2号第一次飞过海王星。

1990年4月24日，哈勃空间望远镜从发现者号航天飞机上发射升空。

1998年11月20日，国际空间站的第一部分发射升空。

2004年6月30日，“卡西尼号（Cassini）”成为第一艘进入土星轨道的太空探测器。

2005年1月14日，欧洲“惠更斯号（Huygens）”探测器登陆土星最大的卫星土卫六（Titan）。

2011年7月16日，“黎明号(Dawn)”是第一艘环绕小行星（灶神星）飞行的太空探测器。

2011年7月21日，航天飞机时代随着STS–135（亚特兰蒂斯号）在美国佛罗里达州着陆而宣告结束。

2012年8月6日，“好奇号（Curiosity）”探测车使用“空中吊车”成功降落在火星表面。

2012年5月22日，“天龙号（Dragon）”是第一艘与国际空间站对接的商用载货飞船。

哥伦比亚号航天飞机

2014年8月6日，“罗塞塔号（Rosetta）”是第一艘环绕彗星飞行的太空探测器。

2014年11月12日，“菲莱号（Philae）”完成了第一次彗星软着陆。

2015年3月6日，“黎明号（Dawn）”成为第一艘环绕矮行星（谷神星）飞行的太空探测器，并且是第一艘环绕小行星带中两个目标飞行的太空探测器。

2015年7月14日，“新视野号（New Horizons）”成为第一艘访问矮行星冥王星的太空探测器。

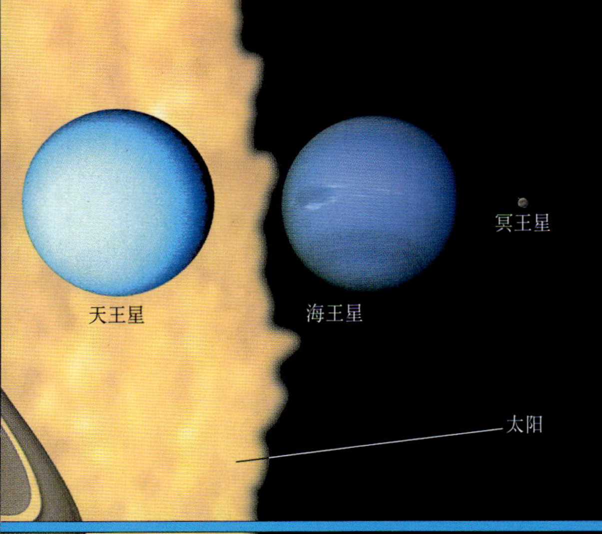

海王星 冥王星

3 500 4 000 4 500 5 000 5 500 5 900

地球数据

地球之最纪录

最大的火山爆发　约74 000年前，苏门答腊岛的多巴山喷发。留下长100千米（62英里）宽60千米（37英里）的火山口。
最大的洪水　1931年，中国的扬子江水位上涨30米（98英尺），引发洪水和饥荒。约350万人死亡。
最高的地震人口死亡数　1556年，中国发生大地震，80万人死亡。
最大的旱灾　1876～1879年间，约1 000万人在发生在中国北方的大饥荒中饿死。
最大的冰雹　1888年，印度的莫拉达巴德地区下起葡萄粒大小的冰雹，造成246人死亡。
最大的雪崩　第一次世界大战中，在欧洲阿尔卑斯山区作战的战士利用炸药引发雪崩吞噬敌军，造成至少40 000人丧生。
最严重的龙卷风　1925年3月，“三州龙卷风”袭卷了美国中部的3个州，造成689人死亡。
最高的海啸　1958年7月9日，在美国的阿拉斯加，一场山崩引发的海啸高达542米（1 720英尺）。
最大的闪电　1963年12月，闪电击中了美国马里兰州上空的一架喷气式飞机，造成81人死亡。
最大的雪崩和山崩　1970年，秘鲁瓦斯卡兰山的冰块和岩石崩塌杀害了20 000多人。
最大的旋风　1970年，孟加拉湾的一场旋风造成孟加拉国50万人死亡。
最强烈的暴风　1979年10月12日，位于西北太平洋上的台风泰培风速305千米/时（190英里/时）。

地球时间表

130亿年前　宇宙大爆炸创造了宇宙。
46亿年前　地球形成。
45亿年前　地球与火星大小的天体相撞。
40亿年前　地球冷却，形成地核、地幔和地壳。
35亿年前　现知最早的生命形式存在于岩石中。
29亿年前　出现了最早的光合细菌（它们吸收太阳光制造食物，释放氧气）。
25亿年前　大气中的氧气含量上升。
20亿年前　早期超大陆形成。
7亿年前　最早的多细胞生物出现在岩石中。
5.7亿年前　早期的超大陆分裂；多细胞海洋动物大量存在而且种类繁多。
5亿年前　出现以化石形式存在的早期鱼类。
4.5亿年前　加里东造山运动在苏格兰、挪威和美国东部开始。
3.5亿年前　树状的蕨类植物、石松、杉叶藻等开始出现。它们的遗体将形成主要的煤矿。出现了早期的爬行动物。
3.2亿年前　出现了最早的飞行类昆虫。
2.9亿年前　新的超大陆联合古陆形成。
2.25亿年前　超大陆联合古陆开始分裂形成劳亚古大陆和冈瓦纳大陆。
1.4亿年前　出现早期开花植物。
6500万年前　恐龙灭绝，或许是由于陨星带来的影响，以及随之而来的气候变化。
5500万年前　印度次大陆与亚洲大陆发生碰撞。
300万年前　类人猿开始使用石器。
200万年前　大多数近代主要的冰期开始。
15000年前　现在的间冰期的开始。
1850年　由于空气污染，大气中的二氧化碳含量显著增加。
20世纪90年代　历史上最热的10年。

地球纪实

- 日地平均距离149 600 000千米（92 960 000英里）。
- 地球并不是精确的圆形，而是在赤道上有些凸出，赤道的周长为40 024千米（24 870英里）。地球两极的直径是12 715千米（7 900英里），比赤道上的直径长43千米（27英里）。
- 一般认为地心温度大约是5 000°C（9 000°F），压强为350万个大气压强。
- 地球重约59.76万亿亿吨（65.74万亿亿英吨）。

地震类别

麦氏烈度	描述	影响	里氏震级
I	仪器感觉	地震仪有记录，人体无感觉。	少于4.3级
II	人有感觉	楼宇上层的人有感。	
III	微小	室内感觉像重卡车经过；悬物摇摆。	
IV	中等	室外行人有感；室内瓷器作响。	4.3～4.8
V	有些强烈	睡者惊醒，门窗摇动。	
VI	强烈	窗户破裂；悬挂的画坠落；行走艰难。	4.8～6.1
VII	非常强烈	石膏和瓦片掉落；行走艰难；大钟自鸣。	
VIII	中等破坏	烟囱倾倒；驾驶汽车困难。	6.1～6.9
IX	严重	人人惊慌；部分建筑物倾倒。	
X	破坏	房屋多有损坏。	6.9～7.3
XI	损失很惨重	大多房屋和桥梁倾倒；铁轨弯曲；公路崩裂。	7.3～8.1
XII	灾难性的	完全的毁坏，可见到地波；地形被扭曲。	8.1～8.9

火山爆发指数（VEI）

火山爆发指数（VEI）	形容	喷发柱高度 千米（英里）	喷发速度（吨/秒）
0	溢出的	0.1（0.06）以下	0.1～1
1	温和的	0.1～1（0.06～0.6）	1～10
2	爆发的	1～5（0.6～3）	10～100
3	严重的	3～15（2～9）	100～1 000
4	猛烈的	10～25（6～15）	1 000～10 000
5	剧烈的	25+（15+）	10 000～100 000
6	突发的	25+（15+）	100 000～1 000 000
7	巨大的	25+（15+）	1 000 000～10 000 000
8	令人恐怖的	25+（15+）	10 000 000以上

术语表

深海平原 海洋盆地底部辽阔而平坦的区域。

酸雨 因大气污染而造成的雨水酸化。

小行星 太阳系诞生以来残留在太空中绕太阳运动的小块岩石。

大气 环绕着地球的气层。

环礁 一种环形的珊瑚岛或珊瑚链，形成于沉没的火山岛处。

深海烟囱 分布在海底的烟囱，从这里有一股黑色且富含化学物质的高温海水涌出。

白垩 一种松软的方解石粉块，主要由一种叫作球石藻类的微小藻类的遗骸组成。

黏土 由风化岩石的细微颗粒组成的物体。

气候 某一特定地区30年或30年以上的平均天气情况。

彗星 大量的冰和岩石组成的物体。

地核 位于地球的最内部，由炽热的高密度液态铁组成。

地壳 地球表面的岩石表层，厚度为5～80千米（3～50英里）不等。

地震 当板块碰撞时引起的地壳震动。

震中 地震发生时，地震震源向上垂直投影到地面的位置。

侵蚀 岩石或土壤因为冰川运动、河水流动、风吹等原因而造成的腐蚀的过程。

断裂 岩石之间互相碰撞造成的地壳的破裂。

震源 地震时产生振荡波的地方，震中的正下方。

化石 存留在岩石中的古生物遗体或遗迹。

地理学家 研究地球的表面、岩石以及它们如何形成、变化、分解过程的科学家。

冰河 冰块和雪受重力作用形成的河流。

全球变暖 世界范围内的平均温度不断上升。

温室效应 由于排放大量的温室效应气体，大气层大量吸收地球表面反射的红外辐射，导致温度升高。

海底平顶山 位于海底的平顶山，成因是火山岩组成的岛被侵蚀后下沉到海面以下。

热点 地幔上具有强烈热量、辐射性或放射性的地区。

冰河时代 地质历史上的寒冷阶段，在这段时间内，冰面和冰河占地表大部分面积，间冰期时，它们消融。

岩浆岩 是由在地表或地下融化的岩石冷却形成的岩石。

火山岩 火山中流出的岩浆形成的岩石。

石灰石 主要由碳酸钙组成的沉积岩。

岩浆 地表以下的炽热、处于融化状态的岩石。

地幔 地壳以下，岩石的较深层，处于固态和半固态。

陨石 从外层空间坠落到地球表面的大块石头。

大洋中脊 由于板块碰撞在海底形成的曲折山脉。

矿物 岩石中自然形成的化学物质，包括单质和化合物。

冰碛 由冰川携带并最后沉积下来的石砾、石块及其他碎石的堆积。

臭氧层 大气层高处由氧元素组成的气体层，可以保护地球不受太阳紫外线辐射。

泛古陆 2.25亿年前存在的古代超大陆，后来分裂成了今天的大陆。

行星 轨道围绕恒星的巨大物体，太阳系八大行星，包括地球，围绕太阳运动。

板块构造 地球构造板块的运动。

岩石 出露在地球表面巨大并呈固态的物体，包括一种或几种矿物。

岩石周期 概述岩石的形成和变化的周期（岩浆岩、变质岩、沉积岩）。

沉积物 由岩石风化侵蚀沉积的固体碎片，在别处沉淀形成。

沉积岩 由沉积物形成的岩石。

地震仪 探测、记录由地震波产生的振动的仪器。

太阳系 太阳和围绕它旋转的物体，包括行星、月亮以及小行星。

钟乳石 主要由碳酸钙组成的悬挂在溶洞顶部、形状像冰柱的矿物沉积。

石笋 主要由碳酸钙组成的立在地上、形状像蜡烛的矿物沉积。

地层 沉积岩的分层。

潜没 指一个板块受力下降到另一板块之下的过程。

构造板块 大约20块由岩石组成的巨大的板块形成了地壳，它们在地表缓慢地移动。

沟渠 一个板块下降到另外一个板块下时形成的巨大的下陷。

海啸 由于地震、火山爆发，或者巨大物体冲击造成的在海上传播的巨大海浪。

火山 地壳上的裂缝，溢出火山岩的地方。

天气 影响某一区域短时间内的大气环境。

风化 指地球表面岩石崩解的物理变化、化学变化或者生物变化。

相关网站

www.bghrc.com
本菲尔德 · 格雷灾害研究发布的最前沿的自然灾害研究结果。

www.dsc.discovery.com/guides/planetearth/planetearth.html
Discovery频道的地球页面。

www.crustal.ucsb.edu/ics/imderstanding/
讲授地震知识的教育网站。

http://earthquake.usgs.gov/
USGS地震灾害研究项目。

www.geophys.washington.edu/tsunami/welcome.html
海啸！

http://volcano.und.nodak.edu/
了解最新的火山活动信息。

背景显示的是菊石化石

海洋数据

海洋状况：蒲福氏风级（简明）

风力	风速（海里/时）	描述	海上情况	大致浪高
0	＜1	平静	海平如镜。	0.0米
1	1～3	软风	海面微波荡漾，波光粼粼。	0.1米
2	4～6	轻风	微浪。	0.2米
3	7～10	微风	浪峰较大，可以听到波浪撞击声。	0.6米
4	11～16	和风	小浪开始变大，“白马”（白头浪）较频密。	1.0米
5	17～21	清风	有中浪；更多“白马”出现。	2.0米
6	22～27	强风	有大浪；“白马”广泛出现；还有浪花飞溅。	3.0米
7	28～33	疾风	海浪堆叠；浪头相击，白沫沿风向被吹成条纹。	4.0米
8	34～40	大风	中高浪，海浪更长；浪头相击，白沫形成的条纹更加显著。	5.5米
9	41～47	烈风	高浪汹涌；白沫被风吹成的条纹更加密集显著；巨浪翻滚，浪尖相击。	7.0米
10	48～55	狂风	非常大浪；巨浪滔天，波涛相击，白沫沿风向呈特密集条纹，整个海面白茫茫一片。	9.0米
11	56～63	暴风	巨浪；波涛撞击的白色泡沫被风吹成长长的片状，海面完全为其所覆盖；巨浪相击，飞沫四溅；视野受到明显影响。	11.5米
12	64+	飓风	到处是泡沫飞溅，有排山倒海之势；海面变成白色；视野受到严重影响。	14.0米

海洋之最纪录

最大暴风浪高　1933年，一艘从菲律宾的马尼拉驶往圣地亚哥的美国油轮“拉梅波”号遭遇强暴风，一个船员测量到当时浪高达34米。

最大浪高　历史上最大浪高是由阿拉斯加海湾一次大规模山体滑坡导致的（1958年7月9日）。跌落的石头击起波浪，在对岸形成巨浪，浪高530米。

海洋最深处　位于日本和巴布亚新几内亚之间的马里亚纳大海沟中的“挑战者海渊”，最深纪录为11 033米。

载人深海潜水器的最深纪录　1960年的1月23号，载有两名潜水员的“的里雅斯特”号潜水器，在“挑战者海渊”潜至水下10 918米深。这个纪录仍然未被打破。

最可怕的漩涡　强潮流经挪威西海岸“罗夫托敦”群岛之间的狭窄水道时，形成了著名的大漩涡。

最大的潮汐（潮差）加拿大的芬迪湾的潮差达16米。

潮汐最高潮位　中国的钱塘江潮的涌潮在海中击起急浪，有“乌龙”之称。浪高可达9米。

最高的海底山峰　太平洋海底的冒纳凯阿山高出海底10 203米，比陆地上的珠穆朗玛峰（约8 844米）还高。

海洋野生物纪录

最大的海洋动物　蓝鲸，最长的纪录为31米；最重的纪录为193吨。可能还有更大的。

最大的无脊椎动物　巨型章鱼，最长的纪录为16.8米。当然可能还有更大的。

最大的水母　狮鬃水母，身体直径达2.3米；触手伸展长度达36.5米。

最小的脊椎动物　小矮人虾虎鱼，成年鱼只有8.8毫米。

最高的海草　巨型海藻（巨藻属），长约60米。

最长的迁徙（洄游）　灰鲸，往返迁徙历程长达2万千米。

最危险的脊椎动物　大白鲨，身长至少可达6.5米。主要以海豹、海狮、海豚和大型鱼类为食。

最危险的无脊椎动物　箱水母（又称“海洋毒刺”或“海黄蜂”），它的叮咬可以致命。

潜水最深的动物　抹香鲸，至少可潜至3 000米深。

活化石　腔棘鱼，人们过去认为这种鱼类在白垩纪（1.35亿～7万年前）时期就已灭绝，但是1938年却捕获了一条腔棘鱼。

海洋生物最大的声音　有的须鲸发出的声音可以传遍整个大洋。

海洋传说

挪威海怪Kraken　这个传奇的海怪源于12世纪挪威的传说，传说它是一种像巨型章鱼一样能够打翻船只的生物。这个神话中的怪兽可能是以巨型章鱼为创作原形的（见左栏“海洋野生物纪录”）。

海底魔鬼　过去水手们相信海洋里到处都有夺命的魔鬼。可能是人们看到了巨型鲸鱼，才有了这样的传说吧。

美人鱼　早至公元前8世纪就有关于美人鱼的传说了，据说它们是一种上半身是女人，而下半身长着鳞片鱼尾的生物。海牛（又称“儒艮”）应该是这种传说的原形，但是它们下巴上长着胡须的脸并不怎么迷人。

大海蛇　皇带鱼，长着像鳝鱼一样的身体，可长至7米，背部长有红色的冠。这可能激起了人们对大海蛇的想象。

魔鬼鱼　蝠鲼，体形巨大却无害。据说可以拖着船只的船锚链子把它拖出海面。

海洋时间表和海洋探索的历史

海洋时间表：

- **46亿年前** 地球形成。
- **38亿年前** 水蒸气逐渐密集形成后来的海洋。
- **5亿年前** 海洋中出现生命体。
- **3亿年前** 进入鱼类时代。
- **2–1.8亿年前** 被称为“泛大陆”的原始大陆开始分裂。
- **1亿年前** 爬行动物、恐龙（陆生）和海洋生物鱼龙和蛇颈龙的时代到来。
- **6500万年前** 海洋里出现原始鲸鱼。
- **250万年前** 原始人类出现。

海洋探索的历史：

- **1831–1836年** 查尔斯·达尔文乘“小猎犬号”（Beagle）做环球旅行（观察野生动植物），后来形成了“物竞天择，适者生存”的革命性理论。
- **1872–1876年** “挑战者”号进行首次综合海洋考察远征。
- **1912年** “泰坦尼克”号沉没。
- **1920年** 首次使用回声探测装置。
- **20世纪40年代** 发明了水肺装置。
- **1960年** 深海潜水器“的里雅斯特”号潜至海洋最深处。
- **1977年** 在深海火山口发现奇异动物。
- **1985–1987年** “泰坦尼克”号残骸被一艘潜水艇发现并拍了下来。

海洋状况

大洋存水量 大约14亿立方千米。
五大洋 （从大到小排列）依次是：太平洋、大西洋、印度洋、南大洋和北冰洋。
太平洋 五大洋之首，面积达1.63亿平方千米。
大海 大海比大洋要小，海洋学家所公认的大海有54个。
内陆海 有些海四面环陆（比如死海和里海），没有通往大洋的通道。
海水含盐量 对海洋含盐量的测量以千分比（ppt）计算，即一千份水里有几份盐，大洋平均含盐量为35ppt，即1000份水里有35份盐。
化学元素 大洋里含有我们所知道的所有元素，虽然有些含量比较少。
温度 区别比较大，水温从北冰洋和南大洋的-2℃到阿拉伯海湾的36℃，各不相同。
声音传播速度 海水里声音传播速度是空气中的4.5倍。

术语表

深海平原 指海洋盆地底部宽阔平坦的区域，通常在洋面以下3 650米。
深海海沟 指深海海底狭长陡峭的沟壑，两边多有比较陡峭的峭壁。
海藻 植物群，包括海草和单细胞浮游生物。
环状珊瑚岛 环状珊瑚，环绕着沉入海中的火山岛上形成的潟湖。
深海潜水器 奥古斯特·皮卡德所发明的早期潜水艇。
二氧化碳 有机生物所呼出的气体，或者汽车里的汽油等矿物燃料燃烧的副产品。
桡足动物 非常小的、像虾一样的动物，属于浮游生物。
腰鞭毛虫 单细胞有机物，属于浮游生物。但是有些能够释放出有毒物质杀死海洋生物。
棘皮动物 指一个海洋生物群，其中包括：海星、蛇尾海星、海胆、海黄瓜和乳毛星。
光合作用带（透光层） 从海面到海面以下200米的顶层开阔水域。
热液喷口 海底裂缝，水被火山活动加热后，从这里喷出。
幼虫 指无脊椎动物的幼年时期，通常和成年期的个体相差很大，很多海洋动物都会产下浮游幼虫。
地壳岩石圈 指地球的表面，包括包裹在地球外面的一层硬壳。
荧光素 能够促使深海鱼等海底发光动物产生亮光的化学物质。
小型底栖生物 显微镜才能看得清的动物，身长不足0.5毫米，主要生活在沙子中间。
中层带（暮色带） 海洋中层深度地带，从水下200米至2 000米深的区域，这里也有光，但是很微弱。
海洋学 对海洋进行研究的科学领域，包括物理、化学和生物等方面。
氧气 任何有生命的生物呼吸所需要的一种气体。
光合作用 植物通过阳光把水和二氧化碳转化成碳水化合物和氧气，为自身提供养分的过程。
珊瑚虫 一种类似海葵的非常微小的动物。珊瑚就是由它们聚集在一起所形成的。
潮下带 从海岸以下至水深100米处。
浮游动物 非常微小的浮游动物。有的一生都漂浮在水里，而其他则是生活在海底的螺蛳和螃蟹等动物的幼虫。
虫黄藻 是一种单细胞植物，寄生在珊瑚虫和海葵的体内，并为它们提供食物。

相关网站

http://www.noaa.gov/
美国国家海洋大气管理局（NOAA）的网址，是美国政府官方网站。
http://www.jncc.gov.uk/mermaid/
在此可以找到海洋生命和它们的栖息地。最好有成年人指导。
http://www.bbc.co.uk/nature/blueplanet/
BBC在线向导，讲述海洋的自然历史。
http://mbgnet.mobot.org/salt/animals/
海洋动物。你想搜索自己想看的海洋动物吗？直接点击就可以看到！是完成家庭作业的好帮手哦。
http://fishbase.org/search.cfm
几乎所有鱼类信息都尽收于此，还有图片帮助辨认。
http://www.geo.nsf.gov/oce/ocekids.htm/
这个网站提供了许多与其他优秀的海洋探索网站的链接。
http://www.ocean.udel.edu/deepsea/
通向深海的航行。可以乘Alvin号深水潜水艇潜向神秘的海洋深处。
http://www.panda.org/endangeredseas/
新闻网站，主要关注与海洋相关的环境问题——由世界自然基金会赞助。
http://www.mcsuk.org/
本网站旨在告知个人如何去保护海洋。包括一些细节的措施及计划，如清洁海滩、收养海龟等。
http://www.sharktrust.org/index.html/
本站讲述了关于鲨鱼的很多有趣故事，以及过度捕捞给它们带来的问题。

气象数据

风的等级：蒲福风力等级

风力等级	风速（米/秒）	风级名称	陆地地面状态
0	0～0.2	无风	静，烟直上。
1	0.3～1.5	软风	烟能表示风向。
2	1.6～3.3	轻风	人能感觉有风，树叶有微响。
3	3.4～5.4	微风	树枝及微枝摇动不息，旌旗展开。
4	5.5～7.9	和风	能吹起地面灰尘和纸张，树的小枝摇动。
5	8.0～10.7	清风	有叶的小树摇摆，内陆水面有小波。
6	10.8～13.8	强风	大树枝摇动，电线呼呼有声，举伞困难。
7	13.9～17.1	疾风	全树摇动，大树枝弯下来，迎风步行感觉不便。
8	17.2～20.7	大风	可折毁树枝，人向前行感觉阻力甚大。
9	20.8～24.4	烈风	烟囱及平屋房顶受到损坏，小屋遭受破坏。
10	24.5～28.4	狂风	陆上少见，见时可使树木拔起或将建筑物摧毁。
11	28.5～32.6	暴风	陆上少见，有则必有重大损毁。
12	32.6以上	飓风	陆上绝少，其摧毁力极大。

飓风等级：萨菲尔/辛普森飓风强度等级

等级	风速（米/秒）	危害
1	33～42	树木和灌木的树叶和小树枝被吹掉，没有固定好的移动房屋会被毁坏。
2	43～49	小树木被吹倒，迎风的移动房屋遭受很大的损失，烟囱和瓦片被从房屋顶上吹掉。
3	50～58	树叶从树木上纷纷吹落，大树被吹倒，移动房屋被毁，小的建筑物结构遭受破坏。
4	59～69	窗户、屋顶、房门都被摧毁，移动房屋被完全毁坏，进入陆地的洪水有10千米。
5	69以上	所有的建筑物都被严重地损坏了，小的建筑物完全被毁。

龙卷风的等级：腾田等级

数目	风速（米/秒）	影响
F0	18～32	轻度损害。树枝会被折断。
F1	33～50	中等程度损害。树木折断，窗户破碎，一些屋顶受损。
F2	51～70	很大的损害。大的树木被连根拔起，结构不太牢固的建筑物被摧毁。
F3	71～92	严重损害。树木横躺在地上，汽车底部朝天，屋墙倒塌。
F4	93～116	毁灭性的损害。木屋被摧毁。
F5	117～142	难以估计的损害。汽车在风的吹动下，前行了90米。钢材加固的房屋受到破坏。

出现气象数值的分布图

1. 最冷的地方
南极洲的沃斯陶克站，1983年7月21日，该站观测到的最低气温是-89.2℃。

2. 最热的地方
利比亚的阿齐齐亚，1922年9月13日气温高达57.8℃。

3. 最大的极端温度差
西伯利亚的维尔霍扬斯克山脉，有记录的最低气温是-68℃，最高气温是37℃。

4. 最强的雪暴
美国加利福尼亚州的shasta ski bowl山，在一场从1955年12月13日到19日的风暴中，共有480厘米的降雪。

5. 最大的日降雪量
法国的贝尚。1969年4月5～6日的19个小时里降雪量多达173厘米。

6. 降雪量最多的地方
美国华盛顿州的贝克山，在跨越1998年和1999年的冬天里，降雪深度达29米。

7. 最大的冰雹
已证实过的最大的冰雹是1970年9月3日在美国堪萨斯州的科菲维尔地区被发现的，该冰雹宽约14.4厘米，重约0.77千克。还有报道称，1986年4月14日在孟加拉国的高珀甘芝地区，有重约1千克的冰雹，如同一包糖那么重。

8. 降雨量最多的地方
哥伦比亚的娄若，据估计该地区29年的年平均降雨量在1 330厘米。

9. 最多雨的一天
1952年3月15～16日，这一天印度洋上的留尼汪岛降雨量多达187厘米。

10. 最多雨的一年
从1860年8月到1861年7月，印度的乞拉朋齐总共的降雨量大约是26米。

11. 最干旱的地方
智利阿塔卡马沙漠的阿里卡地区，连续59年每年的平均降雨量少于0.75毫米。

12. 干旱时间最长的地方
从1246年到1305年，北美的西南部遭受了一次持续59年的干旱，其中从1276年到1299年，干旱的情况最严重。

13. 最强的阵风
1934年4月12日，美国新罕布什尔州的华盛顿山的风速高达每小时372千米。龙卷风的风速可能会更快。

14. 持久的最强风
1935年9月2日，风暴袭击了佛罗里达州的凯兹，当时短时间内的平均风速大约为每小时322千米。

15. 最强烈的飓风
1979年10月12日发生在西北太平洋地区的台风“提普”，风速持续达每小时305千米。

16. 最低的气压
台风“提普”风眼处的气压只有870百帕。

17. 最高的气压
1968年12月31日俄罗斯西伯利亚地区的阿嘎塔记录的气压是1083.8百帕。

18. 最强烈的龙卷风
1925年3月一连串的龙卷风（大约7个）穿越密苏里州、伊利诺伊州和印第安纳州（又称“席卷三州的龙卷风”），距离长达703千米，共有689人因此死亡。

19. 美国最强烈的飓风
1900年9月8日在得克萨斯州的加尔维斯顿地区，飓风致使6 000人死亡，5 000多人受伤，城中一半的房屋被毁。

20. 死人最多的热带气旋
1970年11月，一个热带气旋从孟加拉湾登陆，横穿孟加拉国，引起的洪水造成大约30万人死亡。

灾难天气的历史纪录

1697年10月，雷电击中了贮藏有260桶火药的房间，引起了火灾，致使这座位于爱尔兰阿斯隆城的城堡发生了爆炸。

1876～1879年，在中国北方，发生了历史上最严重的干旱，大约有900万～1 300万人死于由此引发的饥荒。

1879年12月28日，两个龙卷风同时袭击了位于苏格兰的泰伊大桥，整座大桥被毁，当天夜里一辆从爱丁堡驶向邓迪的邮政火车经过此处时坠入河中，致使75～90人死亡。

1887年9月和10月，中国黄河决堤，淹没了大约2.6万平方千米的土地。大约有90万～250万人死亡。

1888年，一场巨大的冰雹风暴袭击了印度的莫达巴德地区，冰雹大如葡萄柚，共有246人丧生，超过1 000多头的绵羊和山羊在冰雹袭击中死亡。

1925年，"席卷三州的龙卷风"——美国历史上最严重的一次龙卷风，横扫密苏里州、伊利诺伊州和印第安纳州，受灾区域宽达1.5千米，共有689人丧生。这次龙卷风很可能是由一连串的龙卷风组成的，数目大约有7个。因为龙卷风经过了一片煤矿居民区和农场并且速度非常快，人们根本来不及反应，所以死亡总数非常高。

20世纪30年代，北美的中西部地区连续5年几乎没有下雨，几千平方千米的农场成为沙漠，人们称之为"沙盆"，炎热的空气将枯焦的土壤卷入空中，引起令人窒息的沙尘暴。大约有5 000人死于中暑和呼吸道疾病。

1931年，连续的强降雨使中国长江的江面上升了30米，大约370万人死亡，其中一部分死于洪水，但大部分都是死于此后的饥荒。

1962年1月，一块体积巨大的冰从秘鲁华斯喀安冰川上脱落，冰块滑落了1千米，撞上了雪场，引发的雪崩和泥石流，毁坏了一个城镇和6个村庄，大约有4 000人死亡。

1963年12月，在美国马里兰的上空，闪电击中了一架波音707飞机的机翼，点燃了油箱，引起飞机在半空中爆炸，造成81人死亡。

1970年11月，热带风暴引起的巨浪淹没了孟加拉国的恒河三角洲，共有30万人丧生。

1974年的圣诞节，热带风暴"特蕾西"摧毁了90%的澳大利亚达尔文城，50多人死亡。

1976年10月1日，飓风"丽莎"袭击墨西哥的拉帕兹城，大雨冲毁了堤坝，如墙般的河水汹涌而来，淹没了地处下游地区的城镇，共有630人死亡。

1977年11月19日，热带风暴和风暴潮冲毁了印度安得拉邦地区的21个村庄，毁坏了44个。据估计大约有2万人死亡，200多万人无家可归。

1977年11月23日，斯里兰卡和印度的南部遭受热带风暴的袭击，至少有1 500人丧生，50多万栋房屋被毁掉。

1980年夏天，持续了一个多月的热浪席卷了美国绝大多数地区。在得克萨斯州，几乎每天的气温都超过38℃，灼热的天气引起森林大火，烤焦了庄稼，烤化了路面，并且使水库干涸。官方公布的死亡人数是1 265。

1982年9月，雨季的洪水使印度的奥瑞斯至少有1 000人死亡，500万人被困在洪水中的屋顶和高地上。

1983年2月，灼热的天气在澳大利亚南部引起了几百起森林火灾。大火失去了控制，燃烧的碎片飘到空中，扩大了火势的范围，大火吞没了主要是木结构建筑的马西登城，70多人丧生，几千英亩的土地被毁。

1984年7月12日，巨大的冰雹袭击了德国的慕尼黑，令人难以置信的是，短短20分钟造成的经济损失竟然有10亿美元，冰雹使400多人受伤，屋顶被砸出洞，车窗粉碎，花房被夷平，另外，慕尼黑的机场也有150多架飞机受损。

1985年5月25日，热带风暴和暴风雨袭击了孟加拉国海岸不远处的岛屿，据估计，因此而死亡的人数为2 540，但有可能多达11 000人。

1988年8月底到9月，雨季的降雨淹没了孟加拉国75%的国土，造成2 000多人死亡，至少3 000万人无家可归。

1988年9月12～17日，飓风"吉尔伯特"在加勒比海和墨西哥湾地区使至少260人死亡，在得克萨斯州引发了40起龙卷风。

1991年4月30日，一场热带风暴造成至少131 000名孟加拉国居民丧生。

1992年2月，严寒引发的雪崩造成土耳其201人死亡。

1992年8月，飓风"安德鲁"袭击巴哈马、美国佛罗里达州和路易斯安纳州，共有65人丧命，25 000幢房屋被毁，几乎完全地摧毁了佛州的霍姆斯特德城和佛罗里达城。这是美国历史上经济损失最严重的一个飓风，估计损失在200亿美元左右。

1993年3月12～15日，严寒造成美国东部地区238人死亡，加拿大地区4人死亡，古巴3人死亡。

1993年10月31日～11月2日，发生在洪都拉斯的泥石流使400人丧命，1 000多幢房屋被毁。

1995年3月27日，泥石流摧毁了阿富汗的一个村庄，致使354人死亡。

1996年3月13日，发生在孟加拉国的龙卷风在短短不到半个小时里摧毁了80个村庄，导致440人死亡，32 000多人受伤。

1997年3月26日，阿富汗北部发生雪崩，掩埋了至少100人，受害者必须步行很长一段路才能搭上汽车。

1997年9月11日，闪电使印度安得拉邦地区19人死亡，6人受伤。

1998年2月23日，龙卷风袭击佛罗里达州，至少42人死亡，260多人受伤，几百人无家可归。

1998年5月初，大雨引发的泥石流摧毁了意大利的萨诺城，至少135人死亡，黑色的泥石流冲走了树木、汽车，堵塞了道路，冲毁了房屋，使2 000人无家可归。

1998年5月和6月初，发生在印度的热浪使至少2 500人丧生。

1998年6～8月，中国的长江发生洪水，估计有2.3亿人受灾，3 656人死亡。

1998年7月17日，海啸袭击巴布亚新几内亚，造成至少2 500人死亡。

1998年9月到10月，苏丹境内的尼罗河发生洪灾，摧毁了120 000幢房屋，使至少200 000人无家可归，88人死亡。

1998年10月，风速为每小时240千米的飓风"米奇"给中美洲带来灾难性的后果。肆虐的洪水和泥石流使1 500万人无家可归，至少8 600人丧生，12 000人下落不明。

1999年12月，倾盆大雨引起的洪水和泥石流夺走了委内瑞拉至少10 000人的生命，政府称这是本世纪以来委内瑞拉最严重的自然灾害。

2000年2月14日午夜，龙卷风席卷了美国的佐治亚州，造成18人死亡，100人受伤。

2000年2月，非洲南部反常的倾盆大雨造成了莫桑比克50年来最严重的洪灾，超过100万人被迫离开家园。2月22日热带风暴"艾莲"袭击莫桑比克海岸，风力达257千米/时，进一步加剧了莫桑比克国内的灾难。

相关网站

http://www.discovery.com/guides/weather/weather.html
发现频道的极端天气指南。

http://www.hurricanehunters.com
飓风猎手——看穿越飓风飞行中拍摄的照片。

http://www.rsd.gsfc.nasa.gov/rsd/images
飓风的卫星图片目录。

http://www.meto.govt.uk/sec6/sec6.html
联系世界各国官方气象网址。

http://www.stormchaser.niu.edu/chaser/photo.html
龙卷风追逐者的照片展——龙卷风追逐者照的图片。

http://www.weather.yahoo.com
世界各地的天气预报。

恐龙数据

名字	意义
异特龙	奇怪的龙
近蜥龙	接近蜥蜴的龙
迷惑龙	欺骗性的龙
始祖鸟	长着古老翅膀的生物
阿根廷龙	阿根廷的龙
重龙	很重的龙
重爪龙	爪子很重的龙
腕龙	前肢之龙
雷龙	雷霆之龙
鲨齿龙	鲨鱼的牙齿的龙
尾羽龙	尾巴上的羽毛
腔骨龙	中空的形状
美颌龙	拥有漂亮下颌的龙
冠龙	戴头盔的龙
槌喙龙	嘴像槌子一样的龙
短尾龙	隐藏起来的合齿
恐手龙	恐怖的手
恐爪龙	恐怖的爪子
双棘龙	两个棘的龙
双形齿翼龙	两个形状的牙齿
梁龙	两个梁
驰龙	快速的龙
埃德蒙顿龙	从加拿大埃德蒙顿来的龙
薄片龙	板形的龙
包头龙	把头包裹得很好
似鸡龙	像鸡一样的龙
加斯顿龙	为纪念罗伯特·加斯顿而命名
巨龙	巨大的南部的龙
黑瑞龙	黑瑞的龙
亚冠龙	几乎最高的龙
棱齿龙	高起的牙齿
鱼龙	鱼形的龙
禽龙	鬣蜥的牙齿
莱索托龙	莱索托的龙
慈母龙	好妈妈的龙
马门溪龙	马门溪（中国）的龙
巨齿龙	巨大的龙
微肿头龙	小型厚头的龙
敏迷龙	来自敏迷（澳大利亚）的龙
奔山龙	山的奔跑者
窃蛋龙	偷蛋的龙
肿头龙	头很厚的龙
肿鼻龙	鼻子很厚的龙
副栉龙	和冠龙（有冠的龙）很像的龙
五角龙	有5个角的龙
蛇颈龙	脖子像蛇一样的龙
原角龙	第一个有角的脸
无齿翼龙	没有牙齿的翼龙
翼手龙	带翼的手指
披羽蛇翼龙	羽蛇神（阿兹特克神）
地震龙	地震的龙
棘背龙	背上有棘的龙
剑角龙	有屋顶的角
剑龙	有板的龙
戟龙	有长矛的龙
似鳄龙	像鳄鱼一样
牛角龙	公牛的龙
三角龙	3个角的脸
伤齿龙	刺穿牙齿的龙
暴龙（又名霸王龙）	暴君之龙
超龙	超级龙
迅掠龙	迅速的强盗

恐龙纪录	
最大的恐龙	**地震龙**：50米长，50～150吨重或阿根廷龙：长度和质量未知。
最大的肉食恐龙	**巨龙**：12.5米长，8吨重
第二名：	**暴龙**：12米长，6吨重 **鲨齿龙**：11米长，7吨重
最长的肉食恐龙：	**脊背龙**：17米长
最长的脖子：	**马门溪龙**：15米
最大的头：	**五角龙或牛角龙**：长达3米
最小的恐龙：	**古巴吸蜜蜂鸟**：1.95克
最短的非鸟类：	**微肿头龙**：50厘米长
最早的恐龙：	**黑瑞龙**：大约2.28亿年前
最聪明的恐龙：	**伤齿龙**：大脑占身体的比例最大。
最笨的恐龙：	**迷惑龙**：大脑占身体的比例最小。
最快的恐龙：	**似鸡龙**：80千米/小时
名字最长的龙：	**微肿头龙**（*Micropachycephalosaurus*）
名字最短的龙：	**敏迷龙**（*Minmi*）
最著名的龙：	**暴龙**
第一个进入太空的龙：	**腔骨龙**：1998年，腔骨龙化石被带入空间站。

双形齿翼龙

双形齿翼龙不是恐龙，而是会飞的爬行动物。

时间轴

这根时间轴表明了在三叠纪、侏罗纪和白垩纪时代出现的主要恐龙种类。因为它们都处于不同的时间段，而且常常是生活在不同的大陆，所以大多数恐龙并没有相互见过面。

术语表

菊石 一种史前海洋动物，有着盘卷的壳。

甲龙 一种有保护性甲胄的恐龙

两眼视觉 有两只眼睛可以向前看，可以制造三维图像。

吃嫩叶者 吃灌木和树叶的动物。

伪装 用颜色或者花纹来帮助动物躲藏或者适应环境。

角龙 一种脸上有角的龙。

泄殖腔 一个排泄粪便和产卵的地方。

冷血变温 身体温度随着外界环境的变化而变化。

针叶树 一种常青树，叶子呈锥形。

大陆漂移 地球表面大陆的缓慢移动。

粪化石 石化了的粪便。

求偶 雌性动物和雄性动物交配前导致双方结合的行为。

白垩纪 恐龙时代第三个，也是最后一个纪。

鳄鱼 一种爬行动物，包括现存的或者已经灭绝的鳄鱼。

苏铁 一种像棕榈一样的植物，在恐龙时代曾繁盛一时，现依然存在。

消化 把食物分解成身体可吸收的化学物质的过程。

进化 种族在漫长时间中的逐步变化。

蕨类植物 一种不开花的带叶的植物。

显花植物 一种靠花繁衍的植物。

化石 在岩石中保存的生命的遗物或遗迹。

鸭嘴龙 一种嘴巴很像鸭嘴的恐龙，也被称为鸭喙龙。

木贼 一种非显花植物，在恐龙时代很普遍。

鱼龙 一种史前海洋爬行动物，看上去和海豚很像。

孵蛋 供给温度使其孵化出后代。

侏罗纪 恐龙时代第二个纪。

蜥蜴 一种和蛇相近的爬行动物。恐龙不是蜥蜴。

哺乳动物 一种有毛的通过喂奶来哺育后代的动物。

猛犸 一种史前大象。

中生代 恐龙时代。

迁徙 一种为了寻找食物或者躲避坏天气的长途旅程。

杂食动物 既吃植物又吃肉的动物。

泛大陆 史前大陆，包含整个地球的陆地。

翼龙 一种史前爬行动物，皮肤上有翅膀，会飞。

爬行动物 一种有肺、有带鳞皮肤的脊椎动物。

蜥脚类 一种庞大的长脖子恐龙。

腐食者 吃腐肉的动物。

种族 一群可以一起繁衍后代的生物。

领地 某种动物生活的区域。

树蕨 有树干的蕨类植物。

三叠纪 恐龙时代第一个纪。

温血动物 体温能保持恒定的动物。鸟类和哺乳动物都是温血动物。

原角龙

相关网站

www.bbc.co.uk/dinosaur
由计算机制作的关于恐龙的魅力视频

www.dkonline.com/dino2/private/detect/index.html
恐龙侦探——在恐龙挖掘现场的幕后花絮

www.amnh.org
美国自然历史博物馆

dinosaurs.eb.com
发现恐龙——由大英百科全书创立的一个互动网站

www.online.discovery.com/exp/fossilzone/fossilzone.html
从探索频道化石地带的网站聆听恐龙的声音。

rexfiles.newscientist.com/nsplus/insight/rexfiles/rexfiles.html
《新科学家》杂志"君主档案"栏目关于恐龙争论的最新新闻

www.tyrrellmuseum.com/tour/dinohall.html
加拿大阿尔伯塔皇家第瑞尔博物馆恐龙厅的参观导览

www.ucmp.berkeley.edu/diapsids/dinolinks.html
电脑空间的恐龙——大量恐龙网站的链接

www.nhm.ac.uk/museum/galleries
大不列颠自然历史博物馆的恐龙网站

www.amnh.org/science/expeditions/gobi/index.html
戈壁来信——美国自然历史博物馆1998年戈壁沙漠探险的报告

www.ndirect.co.uk/~luisrey
令人震撼的恐鸟影像

注：随着时间的变化有些网站可能访问不了，特此说明！

始祖鸟

重龙

冠龙

重爪龙

三角龙

包头龙

禽龙

恐爪龙

144百万年前 白垩纪 65百万年前

鸟类数据

鸟的类型

鸟在分类上属于鸟纲，属于5种主要的脊椎动物之一。全世界一共大概有9 700种——血缘关系接近的种类已经被合在一起了；一共分为27目——有些专家的分类会有或多或少的偏差。常见的一些列举如下：

- **鸵鸟**（鸵形目）1种
- **美洲鸵**（美洲鸵鸟目）2种
- **鸸鹋**（鹤鸵目）4种
- **几维鸟**（无翼鸟目）3种
- **企鹅**（企鹅目）17～18种
- **潜鸟**（潜鸟目）5种
- **鸊鷉**（鸊鷉目）22种
- **信天翁和海燕**（鹱形目）108种
- **苍鹭**（鹳形目）65种
- **火烈鸟**（红鹳目）5种
- **水鸟**（雁形目）149种
- **肉食鸟**（隼形目）307种
- **猎鸟**（鸡形目）281种
- **鹤科**（鹤形目）204种
- **涉禽、鸥鸟、海雀**（鸻形目）343种
- **鸽子**（鸠鸽目）309种
- **沙鸡**（沙鸡亚目）16种
- **鹦鹉**（鹦形目）　353种
- **杜鹃和蕉鹃**（鹃形目）160种
- **猫头鹰**（鸮形目）205种
- **欧夜鹰和蛙嘴夜鹰**（夜鹰目）118种
- **蜂鸟和雨燕**（雨燕目）424种
- **鼠鸟**（鼠鸟目）6种
- **咬鹃**（咬鹃目）35种
- **翠鸟**（佛法僧目）191种
- **啄木鸟和巨嘴鸟**（䴕形目）380种
- **雀鸟**（雀形目）5200种以上

鸟类纪录

最高的鸟 雄性北非鸵鸟。最高纪录：2.74米。

最小的鸟 雄性吸蜜蜂鸟。体长：5.7厘米，其中一半是喙和尾。

最大的翼展 漂泊信天翁。最大翼展纪录：3.63米。

最大的鸟喙 澳大利亚鹈鹕。 最大纪录：43厘米。

最重的飞鸟 大鸨。最重纪录：21千克。

羽毛最多的鸟 小天鹅。平均羽毛数量：25 000根。

跑得最快的鸟 鸵鸟。速度：72千米/时。

俯冲速度最快的鸟 游隼。速度：200千米/时。

水平飞行速度最快的鸟 刺尾雨燕和红胸秋沙鸭。二者都有每小时161千米的飞行纪录。

飞得最慢的鸟 小丘鹬和丘鹬。速度：8千米/时。

飞得最高的鸟 黑白兀鹫。最高纪录：11 277米。

最大的巢 眼斑冢雉建造的孵蛋垛有4.57米高、10.6米宽。建造垛的材料总质量可达300吨。

最小的巢 小吸蜜蜂鸟的巢大约有半个胡桃壳那么大，而吸蜜蜂鸟的巢只有顶针般大小。

最大的蛋 鸵鸟蛋。平均大小：150～200毫米长，直径100～150毫米。平均质量：1～1.78千克。

最小的蛋 小吸蜜蜂鸟蛋。最小纪录：10毫米长。

歌唱最大声的鸟 雄性鸮鹦鹉。它们的歌声能传到7千米以外。

术语表

小翼羽 鸟类翅膀边缘的一层羽毛，鸟类在飞行中减缓速度时用来防止失速。

羽支 从羽毛中轴散发出去的细小分支，组成了羽毛的翼片。

繁殖 交配，然后下蛋。

伪装 鸟类羽毛上的颜色和图案可以与某种特殊环境相融合，使其难以被发现。

群体 在同一个地方共同栖息繁殖的大群鸟儿。

正羽 也叫作体羽。这些羽毛细小，重叠在鸟类头上，使身体形成流线的形状。

嗉囊 鸟儿咽喉部位袋状的附属物，用来储藏食物。常用于携带食物回巢。

绒羽 非常柔软、非常优质的羽毛，能防止冷空气接触鸟类身体，有助于它们保持体温。

卵齿 长在雏鸟上喙部的小组织，在它们孵化时用来弄裂蛋壳。在孵出壳后不久，卵齿就会脱落。

灭绝 指一种生物全部死去，再也不会存在的状态，例如渡渡鸟。

飞羽 组成鸟类翅膀的长羽毛，用于飞行。可以被分为初级飞羽(最外侧翅膀上的羽毛)和次级飞羽（内侧翅膀上的羽毛）。

鸟群 一群鸟儿。通常都是一个科类的，在一起飞行或是觅食。

砂囊 鸟类胃中强壮的消化腔，鸟儿吃下的食物会在这里被磨碎。

栖息地 一种通常可以找到某种鸟类的环境类型，比如湿地、森林或者草地。

孵化 雏鸟用自己嘴上长着的小小的卵齿弄碎蛋壳，爬出鸟蛋的过程。

无脊椎动物 一类没有脊椎骨的小动物，比如蚯蚓、昆虫、蜘蛛、螃蟹等。

彩虹般的羽色 在某些羽毛上闪耀着的光辉，通过反射光线并将其分解成不同的色光所产生，如同彩虹一般。

幼鸟 年幼的鸟儿，还没有发育成熟到可以进行交配。它们羽毛上的颜色和图案通常不同于成年鸟类。

候鸟 每年要来回迁徙于觅食地点和繁殖地点之间的鸟类。

迁徙 从一个地点到另一个地点的飞行，目的是为了寻找充足的食物供应 或是良好的繁殖地点。

花蜜 花朵产生的带有甜味的液体，能把鸟类和昆虫吸引过来，同时为自己传播花粉。

唾余 猫头鹰等鸟类咳出的不能消化的食物残渣所形成的硬块，包含着皮毛或骨头。

天敌 会杀死其他某种动物，并以之为食的动物。

梳理 鸟类保持自己羽毛处于良好状态下的一种方法。它们用自己的喙拉拽羽毛，使其保持干净、平整。

捕食 一种动物被另外某种动物捕捉并食用。

初级飞羽 鸟类半边翅膀外侧的长飞羽，作用是提供飞行用的动力。

食腐动物 某种以动物死尸为食的动物，比如兀鹫。

次级飞羽 翅膀内侧的羽毛，飞行时用于提供上升力。

科 一群特性类似并可以交配产下具有遗传性征后代的动物。

利爪 肉食鸟类尖利而弯曲的脚爪，用来捕捉猎物。

领地 某种或某只动物所占有的地方。鸟类会防卫自己的领地，避免被其同类侵占。

三级飞羽 鸟类身体最内侧的飞羽，连接翅膀和身体部分，以达到平稳的飞行。

热气流 上升的柱形热空气，常形成于悬崖边或山腹地区，翱翔的鸟儿在其上滑翔，使自己能在空中飞得更高。

湿地 包括沼泽、湿地，以及其他潮湿的陆地地区。

相关网站

http://www.rspb.org.uk
英国皇家鸟类保护协会的站点，此协会是欧洲最大的野生动物保护组织。

http://www.birdlife.net
鸟类生态保护组织是一个福利组织，为保护世界上的鸟类而成立。网站内容包括新闻消息和最新的保护方案。

http://www.math.sunysb.edu/~tony/birds/
点击网站上的鸟，你就可以听到它们的鸣唱，同时还可以通过地图来寻找更多世界各地的鸟儿。

http://birds.cornell.edu
康奈尔大学鸟类实验室的网站。主要内容是鸟类研究，还有在教育学部分很有用处的关于鸟类的全部知识。

http://www.earthlife.net/birds/intro.html
英国鸟类观察网站，包括鸟类指南、小测试和图鉴。

现今濒临灭绝的鸟类

2002年，IUCN（世界自然保护联盟）的《濒危物种红皮书》列出了正濒临灭绝的146种野生鸟类。导致鸟类灭绝的主要原因共有3种：失去栖息地（英文缩写为HL）、滥杀（英文缩写为HV）和外来物种入侵（英文缩写为AS）。下面是红皮书上列出的一些鸟类：

贝氏圆尾鹱 巴布亚新几内亚；森林和海边；AS
蓝额吸蜜鹦鹉 印度尼西亚；森林；HL
加州兀鹫 墨西哥、美国；森林、热带稀树草原、灌木地；HV
森林小鸮 印度；森林；HL
弗提斯鹦鹉 哥伦比亚；森林；HL
巨黑鹮 柬埔寨；森林、耕田、湿地；HL、HV
灰林鸽 印度尼西亚、马来西亚；森林；HL
夏威夷乌鸦 美国（夏威夷岛）；森林、灌木地；HL
喜马拉雅高山鹑 印度；灌木地、草地；HL
鸮鹦鹉 新西兰；森林；AS
小蓝金刚鹦鹉 巴西；森林；HL、AS、HV
红树林树雀 厄瓜多尔；森林；AS
冲绳啄木鸟 日本；森林；HL
橙腹长尾鹦鹉 澳大利亚；森林、海岸、湿地；HL、AS
拉德氏歌百灵 南非；草地；HL
白鹤 西亚；湿地；HL
尖嘴兀鹫 东亚；森林；环境污染

哺乳动物数据

哺乳动物的进化

科学家已经确认了超过4 680种哺乳动物，它们共同组成了“哺乳纲”。两亿多年前，哺乳纲分化出两大类别——产卵的单孔类和胎生的兽类。后来，兽类又进一步分化出有袋哺乳动物和胎生哺乳动物。

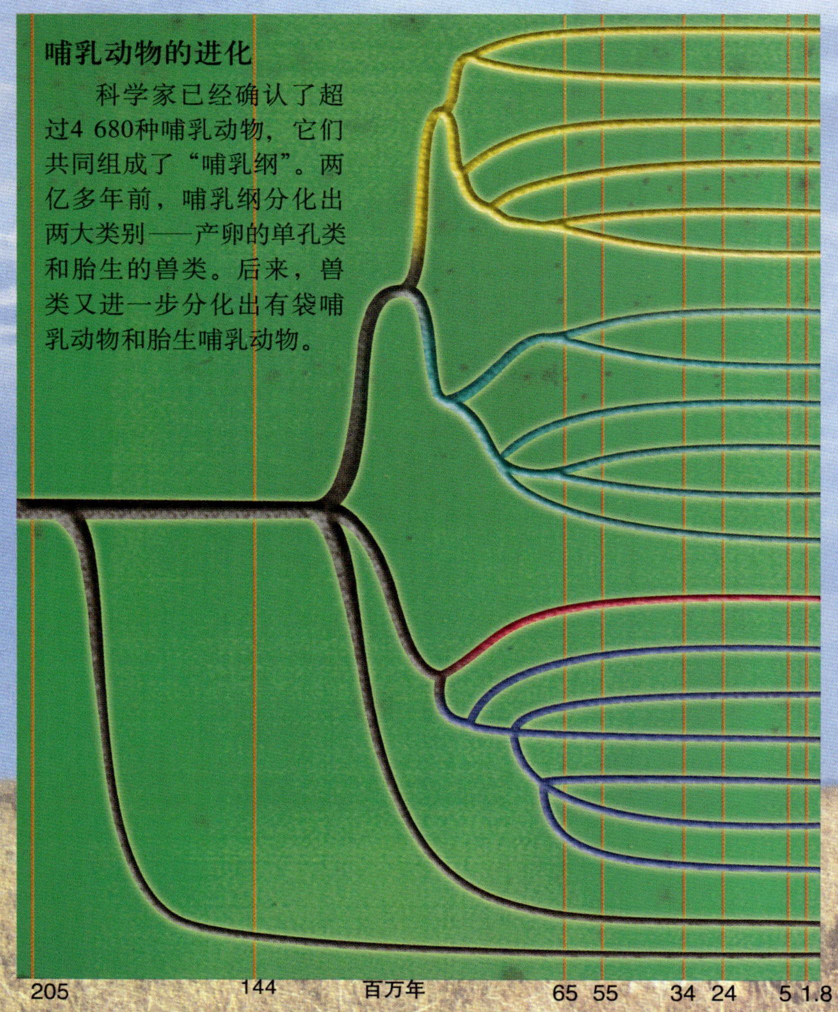

啮齿动物（啮齿目）1 999种
穴兔、野兔、鼠兔（兔形目）87种
树鼩（攀兽目）　18种
鼩鼱、鼹鼠、猬（食虫目）399种
猫猴（皮翼目）2种
灵长动物（灵长目）256种
穿山甲（鳞甲目）7种
肉食动物（食肉目和鳍脚目）264种
奇蹄动物（奇蹄目）16种
偶蹄动物（偶蹄目）196种
鲸鱼和海豚（鲸目）88种
蝙蝠（翼手目）977种
食蚁兽、树懒、犰狳（贫齿目）29种
马岛猬和金鼹（食虫目中的非洲目）　45种
象鼩（象鼩目）15种
土豚（管齿目）1种
蹄兔（蹄兔目）11种
儒艮和海牛（海牛目）4种
大象（长鼻目）3种
有袋动物（7个目）289种
单孔动物（单孔目）　3种

面临极度危机的哺乳动物

世界自然保护联盟（IUCN）2002年发表的《濒危物种红皮书》中，181种野生哺乳动物名列其中，种族生存面临极度危机。其中包括：
阿比西尼亚狼：现仅存于埃塞俄比亚境内。
白鳍豚（中华豚）：现仅存于中国长江流域。
黑脸狮猬：现仅存于巴西。
鼠海豚（加湾鼠海豚）：现仅存于加利福尼亚海湾。
加里硬毛鼠：现仅存于古巴。
林牛（柬埔寨野牛）：现仅存于柬埔寨。
伊比利亚猞猁：现仅存于葡萄牙和西班牙。
爪哇犀牛：现仅存于印度尼西亚和越南。
马拉巴尔灵猫：现仅存于印度。
地中海僧海豹：现仅存于大西洋、地中海和黑海。
澳洲毛鼻袋熊：现仅存于澳大利亚。
倭猪（或称微型猪）：现仅存于印度。
塞舌尔鞘尾蝠：现仅存于塞舌尔。
苏门答腊犀牛：现仅存于印度尼西亚、马来西亚、缅甸、泰国和越南。
棉兰老水牛（侏儒水牛）：现仅存于菲律宾。
越南仰鼻猴：现仅存于越南。
黄尾绒毛猴：现仅存于秘鲁。

寿命

生命旅程最短的哺乳动物是侏儒鼩鼱，最多只能存活13个月。人类则保持着最长的寿命纪录——120岁。寿命的长短取决于物种的生存方式，以及受捕食者威胁的程度。

各种动物的最长寿命

老鼠 6年	兔子 13年	狗 20年	老虎 26年	牛 30年	北极熊 38年	野牛 40年

术语表

两栖 既可以在陆地上生活，又可以在水中生活。

水生 生活在水中。

皮下脂肪 构成皮肤一部分的厚厚的脂肪层，用于隔绝水的侵入，常见于海洋哺乳动物和北极熊。

伪装 一种能够帮助动物与周围环境融合的花纹、颜色或者身体形态，便于动物隐藏自己。

肉食动物 以肉为主食的动物，属于哺乳纲食肉目。

趋同进化 一种独立的进化过程，使得不同物种的动物能具有相似的生物特征，比如蝙蝠的翅翼和鸟儿的翅膀。

回声定位 使用声音"看"的能力。蝙蝠和海豚发出特殊的声音，分析其回声，可定位物体。

植食动物 以植物为主食的动物。

冬眠 一种冬天里的特别的睡眠。动物冬眠时睡得很死，体内的各个系统几乎停止了运作，目的是为了帮助它保存能量。

有袋目哺乳动物 一种产仔的哺乳动物。幼仔出生时非常小，需要在母体腹部的育儿袋中继续发育。

迁徙 动物群体进行的长途旅行，目的在于寻找更好的食物和进行交配繁殖。许多动物每年在固定的季节迁徙。

单孔目动物 一种产卵的哺乳动物。

夜行性 夜晚活动的特性。

杂食动物：既吃肉又吃素的动物。

胎盘 一种体内器官，能让胎儿从母体得到营养和氧气。

灵长目动物 手能抓握、双眼视线向前、脑容量大的哺乳动物。

原始灵长类动物 猿、猴的远亲。大多数体形小，夜间活动。

雨林 森林的一种，拥有丰沛的降水。热带雨林分布在热带地区，温带雨林分布在稍冷的地区。

啮齿动物 一种长有尖利、形似凿子的门牙的动物。

反刍 食物从胃部倒流回嘴巴，并再次咀嚼的过程。反刍动物长有特殊的胃，其中含有帮助消化食物的细菌。

稀树草原 热带地区的大草原。

共生 两种动物间非常亲密的关系。

恒温 拥有稳定的体温。

排行榜

最大的海洋哺乳动物 蓝鲸。体长最高纪录33.5米（110英尺），体重最高纪录196吨（193英吨）。迄今为止最大的动物。

最大的陆生哺乳动物 非洲大象。体长最高纪录7.3米（24英尺），身高最高纪录4米（13英尺），体重最高纪录14.9吨（13.5英吨）。

最高的哺乳动物 长颈鹿。身高最高纪录6米（20英尺）。

最小的哺乳动物 泰国猪鼻蝙蝠。身体总长度（包含头部）为27.9~33毫米（1.1~1.3英寸）。

奔跑速度最快的哺乳动物 猎豹。速度最高纪录为105千米/时（65英里/时）。

最慢的哺乳动物 三趾树懒。前行速度最"高"纪录为0.27千米/时（0.17英里）/时。

最多产的哺乳动物 马岛猬。产仔数量最高纪录为32只（2只死亡），通常产仔量为15只。

妊娠期最长的哺乳动物 印度象。平均妊娠期为609天，最长妊娠期达760天。

妊娠期最短的哺乳动物 北美负鼠（弗吉尼亚负鼠）和水生负鼠（蹼足负鼠）。平均妊娠期为12~13天。

迁徙路线最长（游泳）的哺乳动物 灰鲸。来回旅行长达2万千米（1.24万英里）。

潜水最深的哺乳动物 抹香鲸。大概能潜至水下3.2千米（2英里）处。

生活纬度最高的哺乳动物 牦牛。能攀爬至海拔6 000米（2万英尺）的高原生活。

叫得最响的陆生哺乳动物 吼猴。它们的喊叫能传至4.8千米（3英里）外的地方。

叫得最响的海洋哺乳动物 某些须鲸发出的声音能传遍整片海域。蓝鲸和长须鲸保持着音量的世界纪录——188分贝。

最臭的哺乳动物 条纹臭鼬（加拿大臭鼬）。它的体味混合了7种味道的挥发物和具有腐烂气息的化学物质。

相关网站

http://www.bbc.co.uk/nature/animals
BBC开设的在线网站，可浏览哺乳动物的相关资料及其生物特性，还能玩游戏。

http://www.animaldiversity.ummz.umich.edu
让您找到每种哺乳动物的特性及其所在的纲目。

http://www.animalinfo.org
含有珍稀动物、濒危动物相关的详细资讯，概括了其生物特性、生存历史和面临的威胁，还包含与其他哺乳动物相关的网站和组织的链接。

http://www.worldwildlife.org
世界野生生物基金会官方网站，在这里能了解更多关于濒危物种及其保育方面的信息。

http://nmml.afsc.noaa.gov/education
美国国家海洋哺乳动物实验室的网站，能方便地查找到海洋哺乳动物的相关信息。

http://lynx.uio.no/catfolk/cat-spcl.htm
威斯康星地区灵长目动物研究中心的网站。在这里，能查找到许多种灵长目哺乳动物。

http://www.primate.wisc.edu/pin/factsheets
来这里增进对有蹄类哺乳动物的了解吧！

http://www.ultimateungulate.com
详细记录了食肉目的成员们的"犯罪行径"。

http://www.lioncrusher.com
关于哺乳动物群居社会的网站，还提供了有趣的活动和测验。

http://www.biosonar.bris.ac.uk
在这里，你会发现蝙蝠和海豚所使用的回声定位究竟是怎么回事，其中还包含了奇妙的知识。

人体常识数据

重大医学发现

公元前420年 希腊内科医生希波克拉底教育他的学生观察和诊断在医学中的作用胜过魔术和神话。
公元前190年 希腊名医伽林在他的作品中错误地描述了身体运作的原理，他的影响一直持续到16世纪。
公元前128年 阿拉伯医生伊本·阿一那菲斯证明了血流穿过肺部。
1543年 比利时的解剖学家安德里亚斯·维萨留斯出版了第一部精确的人类解剖学书籍。
1628年 英国医生威廉·哈维解释了心脏如何推动血液在全身循环。
1663年 意大利的外科医生马塞罗·马皮琴发现了毛细血管。
1674年 荷兰人安东尼·范·列文虎克用早期的显微镜观察并描述了精子。
1691年 英国医生克劳普顿·哈维斯最早描述了骨密质结构。
1796年 英国医生爱德华·詹纳发明了世界上第一支疫苗用来对抗天花。
1811年 英国解剖学家查尔斯·贝尔发现了神经是由神经细胞束组成的。
1816年 法国医生雷内·莱内克发明了听诊器。
1846年 美国牙科医生威廉·摩登首次将乙醚作为麻醉剂用于外科手术。
1851年 德国物理学家赫尔曼·赫姆霍茨发明了检查眼睛的仪器——检眼镜。
19世纪60年代 法国科学家路易·巴斯德解释了微生物如何导致传染疾病。
1865年 英国医生约瑟夫·里斯特首次在手术中进行消毒以减少手术中因感染而导致的死亡。
1882年 德国医生罗伯特·科赫发现了引起肺结核（TB）的细菌。
1895年 德国物理学家威廉·伦琴发现X射线。
1900年 美国出生的澳大利亚医生发现了血液的不同类型：A、B、AB和O型，这为日后的安全输血奠定了基础。
1903年 监控心脏活动的仪器心电图（ECG）问世，他的发明者是一名荷兰生理学家——威廉·爱因托文。
1906年 英国生物化学家弗雷德里克·葛兰德·霍普金斯向人们公布了维生素在食物中的重要地位。
1910年 德国科学家保罗·厄尔利克发明了撒尔佛散，这是人类首次研制出的针对某种病症的特效药。
1921年 加拿大人弗雷德里克·班廷和查尔斯·白斯特成功分离出胰岛素，从此人们可以人为地控制糖尿病病情了。
1928年 英国医生亚历山大·弗莱明发现了世界上第一种抗生素——盘尼西林。
1933年 德国电机工程师厄斯特·鲁斯卡发明了电子显微镜。
1943年 荷兰医生威廉·卡尔夫发明了血液透析机，帮助肾脏无法正常工作的病人透析血液。
1953年 美国生物学家詹姆斯·沃特森和英国物理学家弗朗西斯·克里克运用英国物理学家罗萨林德·福兰克林的研究结果，发现了脱氧核糖核酸（DNA）的结构。
1953年 美国外科医生约翰·吉鹏首度在心脏手术中使用他自己发明的心肺复苏器，为无法自主呼吸的病人提供血液中必需的氧气。
1954年 美国内科医生琼斯·索尔克发明并首次使用小儿麻痹症（急性脊髓灰白质炎）疫苗。
1954年 美国波士顿成功进行首例肾移植手术。
1958年 英国教授伊恩·唐纳德首次利用超声波检查母亲体内胎儿的健康状况。
1967年 南非外科医生克里斯蒂安·伯纳德成功进行首次心脏移植手术。
1972年 计算机化X射线轴向分层造影（CT）扫描首次应用于器官造影。
1978年 世界上第一个试管婴儿路易斯·布朗孕育成功，这例成功的手术是由英国医生帕特里克·斯戴普托伊和罗伯特·爱德华完成的。
1979年 疫苗终于彻底根除了天花。
1980年 小创面手术问世，医生只需割开很小的创口用内窥镜就可以为病人做手术。
1981年 获得性免疫缺陷综合征（AIDS）被人们发现。
1982年 第一个人工心脏被植入病人体内，他的发明人是美国科学家罗伯特·雅尔维科。
1983年 法国科学家鲁克·蒙田发现了导致艾滋病的艾滋病病毒——人体免疫缺陷病毒（HIV）。
1986年 人类基因组工程正式启动，主要任务是分析人类染色体中携带的遗传信息——脱氧核糖核酸（DNA）。
1999年 第22对染色体成为人类染色体中第一个被分析出DNA序列的染色体。
2000年 人类基因组计划第一阶段圆满完成。

身体小常识

- 人每天眨眼时把眼睛闭起来的时间总共有半个小时。
- 活体内的骨头中1/3都是水分。
- 大腿骨的长度是我们身高的1/4。
- 人的心脏一天要跳100 800次。
- 不论何时，我们身体中有75%的血液在静脉中，20%的血液在动脉中，剩下的5%在毛细血管里。
- 人类体表和体内有100 000亿到1 000 000亿个细菌。
- 世界上没有相同的指纹，即使双胞胎的指纹也有差别。
- 肺部通气管前后相连能达到2 400千米长。
- 人体内的神经头尾相连长度足有15 000千米。
- 一个普通成年人脑的质量大约有1.3千克。
- 脑部每天损失1 000个脑细胞，这些脑细胞不会再生。
- 人头部一共约有100 000个毛囊，每天大概掉80根头发。
- 人们走路的时候要动用200块不同的肌肉。
- 人们早晨的身高要比傍晚高1厘米，这是因为脊椎骨里的软骨受到了白天站立等动作的压力变薄了。
- 女性卵巢产生的卵子是人体中最大的细胞。
- 婴儿的头部长度是身体全长的1/4，相比之下，成人的比例是1:8。

T细胞杀手正在攻击癌细胞。

医学分支

名称	研究范围
病理学	疾病的各种影响
产科学	怀孕和生产
肠胃病学	胃和肠道系统
儿科学	儿童
妇科学	女性生殖系统
精神病学	精神疾病
老年病学	老年人
流行病学	疾病的起因和传播
免疫学	免疫系统
内分泌学	人体激素
皮肤病学	皮肤
神经病学	脑部和神经
心脏病学	心脏和动脉
血液病学	血液
眼科学	眼睛
医疗辐射学	放射性物质成像技术
整形外科学	骨头、关节和肌肉
肿瘤学	各种肿瘤和癌症

术语表

CT扫描 一种特殊的X光片，可以显示出人体的横切面图。

DNA（脱氧核糖核酸） 一种在染色体中发现的含有建造和指挥细胞活动的化学物质。

MRI扫描（磁共振成像） 利用磁场和无线电波制作身体内部的影像。

X射线 是一种无法用肉眼看见的射线，用以制造身体中坚硬部分（例如骨头）的影像。

病原体 能够引起疾病的微生物，例如病毒、细菌等。

超声波扫描 对身体内部施以发光的声波，制成图像。

大脑 脑部中最大的一部分，它赋予人们思考、感觉的能力，并且支配身体的行动。

反射作用 如吞咽、眨眼或把手从尖锐的物体旁抽离等本能的行为或反应。

肺泡 肺脏里微小的气囊，氧气从这里进入血液。

粪便 消化过程结束后剩余的物质，从肛门排出体外。

腹部 躯干的下部，身体的中央，位于胸部和腿部的中间。

关节 2块或3块骨头的连接点，是骨骼的一部分。

过敏 身体的免疫系统对某些一般情况下无害物质，如花粉的不正常反应。

汗水 从身体中排放出的多余的、略带咸味的液体，能够帮助身体降温。

黑色素 造成皮肤和毛发深浅区别的棕色染料。

膈 分隔胸腔和腹腔的一片肌肉，在呼吸过程中起到了重要作用。

呼吸作用 细胞中养分的能量得到释放。

肌肉 能够收缩的组织，是人体运动的动力。

激素（荷尔蒙） 血液中的内分泌腺分泌出来的化学物质。

腱 将肌肉连接在其骨骼关节处的粗硬的一束或一片组织。

角蛋白 在毛发、指甲和皮肤外层分布的坚韧防水的蛋白质。

抗体 免疫系统释放出的物质，能够对病原体进行标记以便摧毁。

酶 在消化过程中加速食物分解的化学物质。

尿液 肾脏里生成的多余的体液。

胚胎 受孕8周以后，处于成长初期的宝宝。

器官 身体的重要组成部分，由不同组织组成，在身体中有一项或多项功能，比如：心脏、脑等。

青春期 开始于人们十几岁左右，生殖系统发育成熟的时候。

染色体 每个体细胞里都含有46个遗传信息组，其中每个都含有脱氧核糖核酸（DNA）。

韧带 在关节处连接骨头的柔韧的带子。

蠕动 肌肉收缩的波动，作用是推动食物在消化道中前进。

软骨 一种坚韧、灵活的物质，构成骨骼的一部分，例如鼻子、喉结以及骨头的末端。

神经元 构成脑、脊髓、神经的高速传导脉冲波的神经细胞。

肾单位 肾脏里微小的单元，主要作用是过滤血液和提取尿液。

受精 精子和卵子结合的过程。

胎儿 从受孕的第八个星期到出生这一期间的发育中的宝宝。

腺体 能分泌化学物质的细胞。

温度记录图 显示身体各个部位温度的图表。

吸收 从消化了的食物中摄取营养，然后由小肠输送到血液中的过程。

系统 一组相互联系的器官，能够共同完成一项身体功能。

细胞 身体的最小组成单位，具有活性。

细胞核 细胞的控制中心，其中含有染色体。

纤毛 某些细胞上的毛发状的突出物。

线粒体 细胞中释放从食物中获得的能量的微小结构。

消化 消化系统将食物分解成身体可以吸收的简单的营养成分。

心房 心脏左、右上半部分。

心室 心脏左、右下半部分。

胸腔 位于躯干的上半部，身体的中央，颈部和腹部之间。

血管 身体里承载血液的管道。主要可以分为动脉、静脉和毛细血管。

血管造影照片 特殊的能够显示血管的X光片。

营养 食物中对身体有益的物质。

黏液 覆盖消化系统和呼吸系统内膜的稀薄、黏稠的液体。

组织 有相同性质的细胞的集合，共同行使身体一项特定功能。

巨噬细胞捕获一个病原体。

相关网站

http://www.bbc.co.uk/health/kids/

这个网站带你经历一个探索人体的神奇旅程，你可以了解许多关于人体的有趣的事实和信息，还有人体的不同部位的介绍。

http://www.brainpop.com/health/

网站色彩明快艳丽，可以学到有趣的知识，还可看到电影哦！

http://www.yucky.com/body/

让我们来这个网站看看身体的正常工作都需要哪些元素吧！在这里你可以展开互动，充分参与从呕吐到丘疹这样虽然有些恶心但十分有趣话题的讨论中。

http://www.kidshealth.org/kid/

在这里你可以学到更多的关于人体、保持健康和儿童健康的知识。

http://www.tlc.discovery.com/tlcpages/human/human.html

带你探索人体世界，发现更多有趣的事实。

背景显示了DNA分子链

感谢

太空奇景
特别向以下各位致谢：
Cheryl Gundy at the Space Telescope Science Institute, Baltimore, and Debbie Dodds at Johnson Space Flight Center.
Thanks also to Lynn Bresler for the index; Fran Jones, Amanda Rayner, and Sue Leonard for editorial assistance; Lester Cheeseman and Eun-A Goh for design assistance; Andrew O'Brien for DTP assistance; Chris Branfield for jacket design; and Robin Hunter for computer wizardry.

DK 出版社感谢以下各位许可使用他们的图片：
(a=above; b=below; c=centre; l=left; r=right; t=top)

Anglo Australian Observatory: 10r, 11bl, 48l, 48bl, 54c, 52cl, 53tr; David Malin 8tr, 46cl, 50cr, 50l, 55c; Caltech: Palomar Observatory 10bl; Corbis UK Ltd: Lowell Georgia 30c; NASA 61c; European Space Agency: 57cr; NASA 37tr;
Dr Alan Fitzsimmons, Iwan Williams, Donal O'Ceallaigh: 43bcr; Galaxy Picture Library: Gordon Garrad 10cl; ISAS: Y. Ogawara 24cl; Julian Cotton Photolibrary: Jason Hawkes Aerial Collection 54l; NASA: 1, 16tl, 16tr, 16crb, 18c, 22ca, 22b, 24tr, 24bl, 27ll, 41ca, 45br, 54cl, 54c, 57tl, 57cla, 58bl, 58c, 58cr, 61br, 61c, 61tl, 60b, 60tr, 61tc, 61bl, 63cl, 63tr, 63cr, 64cl, 64tr, 66ca, 67al, 67c, 67r, 67tr, 67tl, 63c (original work); Calvin J. Hamilton: 18c; COBE Project: 50bl, 54tr;
GSFC: 64cr; GSFC/TRACE: 14cl; Jet Propulsion Laboratory/Caltech: 2tl, 3tr, 12 all images, 13 all images, 18bl, 19br, 20t, 20l, 21r, 25rt, 28l, 28c, 29br, 29tr, 29cr, 30b, 30tr, 31b, 31b, 32bl, 32tl, 32c, 33r, 33tr, 34tr, 34bl, 34br, 35tr, 35l, 36c, 36bl, 36cl, 37r, 38br, 38tr, 38bl, 39c, 39tl, 40c, 40tl, 40bl, 41br, 42c, 42b, 43bl, 54cr, 62bl (original work), 62br (original work), 62bc (original work), 63bl (original work); Calvin J. Hamilton 41tr, 28bl; David Seal 352b, 37bl; Kennedy Space Center 2b; Lockheed Martin 56br; Johnson Space Flight Center: 14c, 60c, 60tr; Kennedy Space Flight Center: 2b, 24bl, 24c, 26c, 26tl, 63r (original work); Laboratory for Atmospheres/GSFC: 64cr; Lockheed: 59tr, Space Sciences Laboratory/Marshall Space Flight Center: 14t; Stanford Lockheed Institu-te/TRACE: 14bl; Natural History Musem, London: 23l; National Geographic Image Collection: Don Foley 31cr; Novosti London: 56tl, 56bl, 63t (original work); NSSDC/ GSFC/NASA: 3c, 21tr, 22tr, 23tc, 23tr, 23br, 25cra, 26tr, 27c, 27tl, 45b, 62tl, 63br; Michael Tuttle 26b;
Planet Earth Pictures: 11tr, 17br, 60r, B. Sidney 16tr, 17bl;
Royal Observatory Edinbur-gh: 10c, 48tc; David Malin 46bl, 46c, 51bl, 52b; Science Photo Library: Agence SPOT 65cl; David Nunuk 11tl, 11c, 45tl; David P. Anderson SMU/NASA 20b; David Parker 66c; Dr Fred Espenak 54bl; Earth Satellite Corp 65cr, 65tr; Francis Gohier 45cr; Frank Zullo 51; Fred Espenak 17c; Jerry Schad 44tl; Michael J. Ledlow 19tr; NASA 56c, 62c, 64b; Rev. Ronald Royer 16b; Siding Spring Observatory, Australia 44c; Simon Fraser/Mauna Loa Observatory 10tr; Smithsonian Institution 10bc; Stargazers Radio Telescope 66tr; Tony Hallas 51b; Courtesy of SOHO/EIT Consortium: 54cr, 62 (original work); ESA/NASA 14bl, 15c; STScI/AURA/NASA: 50cra;
A. Stern, (Southwest Research Institute); M. Buie, Lowell Observatory, ESA 42c; B. Balick (University of Washington), V. Icke (Leiden University), G. Mellema (Stockholm University) 49tr; Brad Whitmore (STScI) 53br; E. Karkoschka (University of Arizona) 38c; Hubble Heritage Team, J. Trauger (JPL) and collaborators 49c; B. Balick, J. Alexander (University of Washington) 49cr; J. Harrington, K. Borkowski (University of Maryland) 49br; J. Hester, P. Scowen, (Arizona State University) 46c; J. Morse (University of Colorado) 48bc; John Clarke, (University of Michigan) 33br; Jon Morse, (University of Colorado), NASA 5br; R. Williams, The HDF Team 55tr; Reta Beebe, (New Mexico State University) 33tr.

原版书封面制作感谢：
Anglo Australian Observato-ry：David Malin back l；NASA/ JPL/ Caltech：back flap b，back r，back c；Royal Observatory Edinburgh：D. Malin front c；Science Photo Library：Ronald Royer spine c；STScI/AURA/NASA：Erich Karkoschka（University of Arizona）front flap b；B. Balick，J. Alexander（University of Washington）back cl；
J. Hester，P. Scowen（Arizona State University）back cr.

狂野地球
DK 出版社衷心感谢以下各位对本书的帮助：
Kate Bradshaw for editorial assistance；Dawn Davies-Cook，Lisa Lanzarini，Carole Oliver，Robert Perry，and Joanna Pocock for design help；Chris Bernstein for the index.

摄影图片和插画：
by Max Alexander，Luciano Corbella，Mike Dunning，
Frank Greenaway，ColinKeates，John Lepine，Colin Rose，Colin Salmon，James Stevenson，Matthew Ward，Richard Ward，and Francesca York.

DK 出版社衷心感谢以下各位许可使用他们的图片：
c=centre；l=left；r=right；b=bottom；t=top

AKG London：97bl. Chris Bonington Picture Library：Doug Scott 83br. Bruce Coleman Ltd：116-117；Astrofoto 70bl，71cr；Atlantide Snc. 111bl；Davis Hughes 104-105；Derek Croucher 95tl；Granville Harris 95c；Hans Reinhard 99bl；Jules Cowan 94-95，109cr. Colorific!：Philippe Hays 117tl. Corbis：75c，89c，89t；Annie Griffiths Belt 96-97；Charles Mauzy 98cr；Charles O'Rear 2tl（original work），86cl；Craig Lovell 86r；Dan Guravich 98br；Dave G. Houser 121tr；David Muench 95crb，96br；Eric and David Hosking 97tr；Eye Ubiquitous 108tr；Galen Rowell 126cl；Gary Braasch 79t；Gunter Marx Photography 108cl；Historical Picture Archive 89b；Jeremy Horner 104cl；Jim Sugar 118-119；Lowell Georgia 118ca；Marc Muench 73bc；Michael S. Yamashita 77t，114crb；Owen Franken 87br；PH3 James Collins 119cr；Philip J. Corwin 79bl；Ralph White 90tr，93tl；Robert Estall 118cl；Roger Ressmeyer 76cl，77cr，79cr，80cl；Stephanie Maze 110bl；Tom Bean 100-101；Wild Country 82-83. Environmental Images：Steve Morgan 111tr. Robert Harding Picture Library：102bc；Dr. A. C. Waltham 103br；E. Simanor 105br；Gavin Hellier 100bc；Gene Moore 113br；Nigel Gomm 96cl；Simon Harris 105tr；Tomlinson 77bl. Hutchison Library：A. Eames 83tr；Robert Francis 78. The Image Bank：Joseph Devenney 118bl. Images Colour Library：88-89. FLPA - Images of nature：S. Jonasson 91t. Museo Archeologico Nazionale di Napoli：79cl. NASA：127br. Natural History Museum：110c. N.H.P.A.：A. N/ T. 106cl；Alberto Nardi 123bl；B. Jones & M. Shimlock 111br；Daniel Heuclin 120tr；David Woodfall 117tr；Laurie Campbell 91bl；R. Sorensen & J. Olsen 123c；Rod Planck 105tl；Trevor McDonald 120bl. NOAA / National Geophysical Data Center：90cl. Oxford Scientific Films：Alan Root 107bc；Andrea Ghisotti 72br；Caroline Brett 107br；Colin Monteath 100cl；David B. Fleetham 81c；Doug Allan 1（original work），106-107；Kent Wood 113t；Kynan Bazley/Hedgehog House 112-113；NASA 90br；Warren Faidley 112b. PA Photos：EPA European Press Agency 84-85，85tr. Chris and Helen Pellant：83cl. Rex Features：97br，102c，106bc，113cr，113bl，115；M. Leon/Medianews 103cr；Niko/Coret/Sipa Press 102cl；Oshihara 87t. San Francisco Public Library：86bl. Science Museum：87bl. Science Photo Library：A. Gragera，Latin Stock 124bl；Andrew Syred 93br；Bernhard Edmaier 80-81，80b，101tl；Celestial Image Co. 71tc；David Hardy 116tc；David Nunuk 105c；David Parker 75t，84t；Doug Allan 99t；Dr. Karl Lounatmaa 127bl；Dr. Morley Read 122tr，127tl；Dr. Peter Moore 101tr；George Holton 109tl；Institute of Oceanographic Sciences/NERC 92tr；J. G. Golden 118br；J. G. Paren 99br；JISAS 73tr；Juergen Berger，Max-Planck Institute 93cr；Julian Baum 72bl；Mark Garlick 72-73c；Martin Land 74br；Mehau Kulyk 70-71；MSSSO，ANU

125cb; NASA 71br, 76br, 110–111, 125cl, 125br; NOAA 107tc, 109tr; Novosti Press Agency 124tr; Pekka Pariainen 72tr; Pekka Perviainen 125t; Peter Menzel 2–3 (original work), 108–109; Simon Fraser 75bl, 94bl, 98bl, 123br; Sinclair Stammers 94cl, 62–63 (original work); Tom McHugh 126tr; UK Meteorological Office 111tl; William Ervin 122bc. Frank Spooner Pictures: Kaku Kurita 3tc (original work), 81cl. Still Pictures: Adrian Arbib 116bl; Dahlquist–UNEP 119bl; Daniel Dancer 121b; DERA 112cr; G. Griffiths – Christian Aid 114–115c, 126br; Julio Etchart/Reportage 120cr; Mark Edwards 121tl, 127cr; Patrick Bertrand 123tl; Roland Seitre 122bl. Getty Images: Paul Chesley 85tl. Woods Hole Oceanographic Institution: 93cl. Woodfall Wild Images: David Woodfall 114cl

原版书封面制作感谢：
Getty Images: Schafer and Hill front;
Oxford Scientific Films: Doug Allan inside front; Corbis: Charles O'Rear back cbr, Roger Ressmeyer back clb and inside back; PA Photos: European Press Agency back cbl; Rex Features: back crb.

海洋探秘

DK 出版社感谢以下各位对本书提供的帮助：Andrew O' Brien for original digital artworks; Chris Bernstein for compiling the index; Caroline Bingham and Lisa Magloff for editorial assistance and proof-reading; Janet Allis and Abbie Collinson for design assistance; Gemma Woodward for DK Picture Library research; the Sea Shepherd Organisation, California, USA, for supplying visual reference on Turtle Exclusion Devices (TEDs).

DK 出版社感谢以下各位许可使用他们的图片：
Key:
c = centre; l = left; r = right;
b = bottom; t = top

内文制作感谢：
Agence France Presse: 159br. Ardea London Ltd: Francois Gohier 132–133, 132–133, 164c, Adrian Warren 160clb. British Museum: 176bc. Bruce Coleman Ltd: Pacific Stock 181bc. Coral Planet Photography: Zafer Kizilkaya 181ca. Corbis: Tony Arruza 136clb; Lloyd Cluff 158bc; Amos Nachoum 1 (original work), 150bc; NASA / Corbis 143cr; Robert Pickett 137tr; Rick Price 162cl, 162clb; Paul A. Souders 160–161; Ralph White 155cr; Lawson Wood 137crb. Dr. Frances Dipper: 133clb, 147tr, 147cra, 176bl; 141tc; 160cra (turtle eggs). David Doubilet: 166–167. Ecoscene: Christine Osborne 179bl. FLPA – Images of nature: S. Jonasson 158c; M. Jones / Minden Pictures 171cr; Minden Pictures 134–135; Silvestris Fotoservice 135tc; Skylight/FLPA 134clb, 134cb; Winifried Wisniewski 178cla. Chris Gomersall Photography: 238bl, 137tl, 143tr. The Image Bank / Getty Images: Steven Hunt 171tr. Jamstec: 157tr. Jules ' Undersea Lodge: 175br. The Mary Rose Trust: 176cla, 176c. Dr. Mike Musyl: 182br, 183bl, 183bc. National Maritime Museum: 176cl. Natural History Museum: 163crb. Nature Picture Library: Doug Allan 163cr; Nigel Bean 161tc; Bristol City Museum 160cla; Dan Burton 140clb, 166tr; Sue Daly 141br; Georgette Douwma 144cb, 170–171, 171crb, 174–175; Florian Graner 144bl; Jurgen Freud 135tr, 141cr, 142br, 142–143, 158clb, 160ca; Tim Martin 165cla, 165cra; Pete Oxford 158–159, 161tr; Constantinos Petrinos 170tr; Michael Pitts 176cra; Jeff Rotman 176tr; Peter Scoones 171cra; Anup Shah 142bl; David Shale 151tr, 152c, 152c; 152clb; Sinclair Stammers 152br; 165cra; Tom Vezo 160ca. N.H.P.A.: Agence Nature 147bc; Laurie Campbell 179cb; Trevor Macdonald 133bl; B. Jones & M. Shimlock 144–145, 177, 178–179; Alan Williams 142cla; Norbert Wu 154cl,
162–163, 162–163tc, 163cra, 187clb. Oceanworks International Corporation: 175tc. Oxford Scientific Films: 186ca; Doug Allan 150cl; Ken Smith Laboratory / Scripps Inst. of Oceanography 157bc. Pacific Tsunami Museum: Cecilio Licos cr. Phil Rosenberg: 176tr. Science Photo Library: B. & C. Alexander 181tc; Martin Bond 185br; Bernhard Edmater 184–185; European Space Agency 182vla; Graham Ewens 136cla; Richard Folwell 175c; Simon Fraser 181br; Andrew J. Martinez 146bl; Douglas Faulkner 144c, 182–183; Dr. Ken Macdonald 131tr; Fred McConnaughey 165ca; B. Murion / Southampton Oceanography Centre 157br; Matthew Oldfield 7crb, 150–151; NASA 185ca; NOAA 182c; Nancy Sefton 2021; Andrew Syred 166bl. Sue Scott: 140cla. Seapics.

com: Mark Colin 156–157; Saul Gonor 155tr; Richard Herrmann 62–63 (original work) Mako Hirose 182bl; Steven Kazlowski 180bc Rudie Kuiter 152cl; Doug Perrine 145cr, 151bl, 164–165, 175cra, 186–187; G. Brad Lewis 2–3 (original work); Bruce Rasner 153; James D. Watt 156bl. Still Pictures: Kelvin Aitken 147bl; Fred Bavendam
130–131; Thomas Raupach 186bc; Norbert Wu 178cb. Telegraph Colour Library / Getty Images: Duncan Murrell 180–181.
Visuals Unlimited: David Wrobel 154bl, 154–155, 155br. Woodfall Wild Images: Nigel Bean 161tl; Inigo Everson 163br; Ted Mead 136–137; David Woodfall 136bl, 140–141.

原版书封面制作感谢：
Seapics.com: James D. Watt back flap/spine; Mark Cinlin back crb; Scripps Institution of Oceanography / Gregory Ochocki back cbl. FLPA – Images of nature: Silvestris back clb. N.H.P.A.: B. Jones & M. Shimlock back cb. Stone / Getty Images: Stuart Westmorland front.

所有其他图片：
Dorling Kindersley. For further information, see www.dkimages.com

气象奇观

DK 出版社感谢以下各位对本书提供的帮助：Caroline Greene, Amanda Rayner and Selina Wood for editorial assistance; Lester Cheeseman and Robin Hunter for design help; Mount Washington Observatory for their picture of rime frost; Bedrock Studios Ltd and Firelight Productions for computer graphics; Chris Bernstein for the index; and tornado-chaser Ian Wittmeyer for risking life and limb.

DK 出版社感谢以下各位许可使用他们的图片：

c=centre; l=left; r=right; b=bottom; t=top
Ardea London Ltd: Jean-Paul Ferrero 230br; Associated Press Ap: Agencia Estado 238bl; Johnny Autry: Johnny Autry 210tr; Bridgeman Art Library, London/ New York: 193cr; British Airways: 192br; Camera Press: Hoflinger 213br; Bruce Coleman Ltd: 203cra; Jeff Foott 203tr; Thomas Buchholz 247tr; Tore Hagman 202–203; Colorific!: Alon Reininger/Contact 239bl; Michael Melford 242bc; Raghub/R Singh 191tl; Rich Frishman/Picture Group 242cl; Corbis UK Ltd: 232bl; Bettmann/ CORBIS 223br; Ecoscene: 207br; Sally Morgan 207c; Fortean Picture Library: Werner Burger 210br; FLPA – Images of nature: C Carvalho 175cla; Catherine Y M Mullen 222–223; D Hoadley title page; Robin Chittenden 191crb; Tom and Pam Gardner 228cr; W Wisniewski 229 main image; Ian Wittmeyer: 212cl, 212bl,
213 tr, 214cl; Magnum: Steve McCurry 221l, 228b; Gene Moore: 226bl; Mount Washington Observatory: 222bl; N.A.S.A.: 192cra, 208bl, 216cl, 216–217, 238c, 242–243, 243br; NOAA: George E Marshall Album 232–233; Oxford Scientific Films: Alastair Shay 195ca; Bob Campbell, Survival Anglia 233br; Daniel Valla 199cr; David M Dennis 237tr; Ian West 197c; Joan Root 229tl; John Brown 242tr; Martyn Chillmaid 208tr; Muzz Murray 195tc; NASA 190–191; Richard Kolar/Earth Sciences 222br; Stan Osolinski 199tl; Warren Faidley 204b, 213cr, 226cb, 238–239; Palm Beach Post: C J Walker 218b; Panos Pictures: Dominic Harcourt-Webster 232br; Planet Earth Pictures: Adam Jones 203cr; Howard Platt 202–203; Jean Guichard 204t; Steve Bloom 210cl; Powerstock Photolibrary/Zefa: 228tr, 241crb; Rex Features: 241tl; Sipa 214bl; Science Photo Library: Jack Finch 236l; David Nunuk 234–235; David Parker 235ca; David Weintraub 240–241; Earth Satellite Corporation 220cl; ESA 244–245b; Europeab Space Agency 195bl; Frank Zollo 203tl; Fred K Smith 190bl; George Post 202c, 226–227; Hank Morgan 246–247; Jerry Mason 230cl; Jerry Schad 235br; John Mead 2–3 (original work), 203crb, 246–247t; Keith Kent 209, 215; Magrath/ Folsom 202tr; Michael Giannechi 237br; N.A.S.A. 192–193, 193br, 231bl, 236cr; National Center for Atmospheric Research 227bl; NCAR 227br; Pekka Parviainen 203br, 223tr, 235bl, 238cr, 237l, 237t, 62–63 (original work); Peter Menzel 210bl; Tom van Sant 196cl; W. Bacon 224bl; SOHO-EIT Consortium (ESA/NASA): 190cl; Frank Spooner Pictures: 241cr; Carlos Angel 221cr; L. Mayer/ Liaison 220tr; Noel Quidu 220b; Patrick Aventurier 242clb; Still Pictures: Anne Piantanida 196–197; Carl R Sang II 198tc; Denis

Bringard 197br; Dennis Bringard 197cr, 197crb, 197crb; Fred Bruemmer 204c; John Kiefler 247br; Julio Etcharit 5cra; Julio Etchert 244 - 245; M & C Denis-Huot 205; Luiz C Marigo 197cb; The Stock Market: 230t; Stock Shot: Tony Harrington 225tr; Tony Stone Images: Alan R Moller 212 - 213; Alan R. Moller 215; Cameron Davidson 218tr; David R Frazier 230 - 231; E D Pritchard 198 - 199; Ed Pritchard 219br; Gary Holscher 223cr; Gerben Oppermans 224tr; Graeme Norways 203br; Jake Evans 225tl; Johan Elzenga 249br; John Chard 196 - 197; Kennan Harvey 267; Marc Muench 206 - 207; Nadia Mackensie 247c; Oliver Strewe 244bl; Paul Kenward 194; Theo Allots 194br; Wayne Eastep 195bl; Sygma: 245br; Christian Simonpietri 231br;
J. Reed 214cr; Telegraph Colour Library: 224 - 225; Topham Picturepoint: Permdhai Vesmaporn 245tr; Weatherstock/Warren Faidley: 203cl; Ian Wittmeyer: 212cl, 212clb, 213tr, 214cl; Zefa Picture Library: 207tr.

恐龙迷踪

DK 出版社感谢以下各位对本书提供的帮助：Amanda Rayner and Sue Leonard for editorial assistance; Ella Butler for Photoshop work; Luis Rey and Charlie McGrady for the feathered Velociraptor model; Sue Malyan for proofreading; Chris Bernstein for the index; Arril Johnson for invaluable advice and a tour of Bristol City Museum. Special thanks also to the producers of dinosaur websites that feature the latest news.

DK 出版社感谢以下各位许可使用他们的图片：
(a=above; b=below; c=centre; l=left; r=right; t=top)

American Museum of Natural History: 294cl, 295cr; BBC Natural History Unit: 53tr; Bruce Coleman Ltd: 290 - 291; Dr Hermann Brehm 272 - 273; Eric Crichton 276 - 277; Geoff Dore 268 - 269; Gerald S. Cubitt 260 - 261; Jen and Des Bartlett 256bl, 268 - 269; Jules Cowan 298 - 299; DK Picture Library: 304 - 305; Centaur Studios 270cr, 271c, 275br; Luis Rey & Charlie McGrady 299cr; Natural History Museum 279cr, 274tc, 275c, 278 - 279t, 295tr, 300tr, 300 - 301, 233ca; Naturemuseum Senekenberg, Frankfurt 302cr; Roby Braun 283bl, 293cr, 300cla, 306bl, 306 - 307b, 306bc; Stadmuseum Nordlingen 292 - 293; Royal Tyrrell Museum 330 - 331, 275cl, 304 - 305c, 304 - 305t, 292cl; Mary Evans Picture Library: 250tc; Geoscience Features: 302 - 303; Image Bank: 270 - 271; Kobal Collection: 296cl; Nakasato Dinosaur Center: 316bl; The Natural History Museum, London: 259cl, 265tr, 281cr, 296 - 297, 298cb, 302cl, 302clb, 302bc; Humbolt Museum, Berlin 298bl; John Sibbick 252 - 253b, 252 - 253c, 252 - 253t; NHPA: 290cl; GI Bernard 308 - 309; John Shaw 288 - 289; Oxford Scientific Films: 267br; Matthias Breiter 290bc; Robert A. Tyrrell 255tr; Peabody Museum of Natural History, Yale University: 274b; Planet Earth Pictures: Gary Bell 280 - 281; John Eastcott/Yva Momatiuk 282 - 283; Keith Scholey 250bl; Lythgoe 286 - 287; M & C Denis-Huot 266 - 267, 266 - 267; Pete Atkinson 264 - 265; Peter Scoones 279tc; Richard Coomber 422 - 423; Reader's Digest: 294ca; Science Photo Library: 297br; D. Van Ravenswaay 296 - 297; Martin Dohrn/Stephen Winkworth 251tr; Philippe Plailly/Eureilos 303br; Tom Van Sant 307; Tony Stone Images: 254 - 255; Darryl Torckler 262 - 263; Topham Picturepoint: 327; USGS Western Region Geologic Survey: 303bl.

美丽的鸟

DK 出版社衷心感谢以下各位对本书的帮助：
Andrew O'Brien and Wildlife Art Ltd for original artworks; Chris Bernstein for compiling the index; Sarah Mills and Karl Stange for DK Picture Library research.

KD 出版社感谢以下各位许可使用他们的图片：
Key: t=top, b=bottom, r=right, l=left, c=centre

内文制作感谢：
Agency abbreviations key:
Alamy: Alamy Images, Ardea: Ardea London Ltd, BC Ltd: Bruce Coleman Ltd, DK: DK Images, FLPA: FLPA-Images of Nature, Getty: Getty Images, NPL: Nature Picture Library Ltd, OSF: Oxford Scientific Films, Zefa: Zefa Picture Library 1 (original work) Zefa: H. Spichtinger. 2-3 (original work) Masterfile UK: Daryl Benson. 310-311 Ardea: Brian Bevan; 311 Science Photo Library: Jim Amos 1 (original work); Alamy: Steve Bloom Images tcbb; Ardea: Andrey

Zvoznikov tl; Eric Dragesco trb; Ingrid van den Berg tr; J A Bailey trbb; John Daniels br; Roberto Bunge tc; FLPA: Frans Lanting/Minden Pictures tcb; N.H.P.A.: Jean-Louis Le Moigne bl. 312 Alamy: Dennis Kunkel/Phototake Inc c; 312-313Ardea: Brian Bevan. 313 Ardea: Francois Gohier br; M. Watson ca; P. Green bl; N.H.P.A.: Steve Dalton t. 314-315 Zefa: Krahmer. 314Alamy: Jan Baks t; Ardea:E. Mickleburgh cl.315 Alamy: Christopher Gomersall c; Ardea: John Daniels br; R. T. Smith tl; N.H.P.A.: Alan Williams ca; Manfred Danegger caa. 316-317 Masterfile UK: Scott Tysick. 316 N.H.P.A.: Eric Soder tl; Kevin Schafer tr, Stephen Calton bl; NPL: Jeff Foott br. 1317Ardea: J.S. Dunning bl; 317 OSF: Robert Tyrrell t. 318 Ardea: J. Cancalosi tl. 318-319 NPL: Klaus Nigge. 318 Getty: Benelux Press bl. 319 Alamy: Steve Allen bra; Corbis: D. Robert rc; Kennan Ward br; 319 NPL: Pete Oxford bc. 320-321Ardea: Peter Steyn. 320 Ardea: J. Swedberg bl; John Daniels c. 321 OSF: Eric Woods c. 321 Powerstock: t. 322-323 OSF: 322FLPA: David Hoskings tl; N.H.P.A.: Nigel J. Dennis tr. 323 Corbis: Joe Macdonald tr. 323 FLPA: R Tidman tl; Mark Newman br; NPL: Angelo Gandolfi cb; David Tipling c. 324 Ardea: John Daniels bl; FLPA: BR Young br; Peter Davey cl. 324 OSF: Ian Wyllie/SAL cr; Scott Camazine tr. 325 Alamy: Steve Bloom Photos; FLPA: Minden Pictures bl. 326 FLPA: Minden Pictures; 326 N.H.P.A.: Andy Rouse bl. 327 FLPA: Minden Pictures cr; Neil Bowman tr; Silvestris cl; N.H.P.A.: Bill Coster bl, bcl, bcr; OSF: Miriam Austerman br. 328-329 Alamy: Sami Sarkis. 328 NPL: Barrie Britton tl; Corbis: Keven Schafer c; OSF: William Gray bl; 329 Corbis: D. Robert & Lorri Franz tlb; Joe Macdonald trb; Peter Johnson tr; FLPA: David Hoskings tl; NPL: Pete Oxford br. 330-331 Masterfile UK: Greg Stott. 330 NPL: Thomas D. Mangelsen t. 331 Alamy: John Pickles tl; NPL: Tom Vezo cr; Tony Heald tr; OSF: Richard & Julia Kemp/SAL br; Getty: John Biustina c. 332-333 NPL: Dave Watts. 332 NPL: Bengt Lundberg bl; Bernard Castelein tl; Ardea: M. Watson br; N.H.P.A.: Roger Tidman c. 333 NPL: Hanne & Jens Eriksen bl. N.H.P.A.: G I Bernard br; Laurie Campbell tl. 334-335 Alamy: Steve Bloom Images. 334 BC Ltd: Gerald S Cubitt br; Corbis: Kevin Fleming c; FLPA: Frans Lanting/Minden Pictures bl. 335 Ardea: Jean-Michel Labat br; 335 BC Ltd: Gunter Ziesler tr; 335 Getty: John Giustina bl. 336-337 Getty: Gail Shumway; 336 Ardea: John Cancalosi cr; FLPA: Neil Bowman cl; NPL: George McCarthy tl; Mike Wilkes bl. 337 FLPA: Gerard Laci br; NPL: Jim Clare tr. 338-339 Zefa: T. Allofs. 338 Zefa: Rauschenbach bl; Alamy: Mike Lane br; Ardea: J.B & S Bottomley cr; BC Ltd: Jorg & Petra Wegner cl; NPL: Ashok Jain cra; Neil Lucas tl; N.H.P.A.: Haroldo Palo Jr bc; 339 Ardea: J. Cancalosi cr; Kenneth W. Fink br; N.H.P.A.: Dave Watts tr. 340-341 NPL: Tom Vezo, Staffan Widstrand tl. 340 Ardea: D. Parer & E.Parer-Cook bl; Bruce Coleman Inc: Norman Tomalin c. 341 BC Ltd: Tero Niemi c. NPL: Hanne & Jens Eriksen br; Phil Savoie tr. 342-343 Heather Angel/Natural Visions. 342 Ardea: bl; DK: Natural History Museum tl. 343 Ardea: Chris Harvey cr; Jean-Paul Ferrero tl; NPL: Andrew Cooper c; John Cancalosi cl; Pete Oxford br; William Osborn tr. 344 DK: Harry Taylor/Natural History Museum bc, bcl; Natural History Museum br, bcll, bcr; FLPA: Frans Lanting/Minden Pictures bl; Tui De Roy/Minden Pictures bra. 345 Alamy: Steve Bloom Images cl; Ardea: B.L. Sage tr; Hans & Judy Beste c; Hans Beste cr; Corbis: Steve Kaufman tl; DK: Harry Taylor/Natural History Museum cra; Jerry Young br. 346 Auscape: bla; FLPA: David Hoskings br; P.Perry t; Zefa: H. Reinhard bl. 347 FLPA: A R Hamblin cl; Getty: Benelux Press; 348 NPL: Jeff Foott l; Zefa: Winfried Wisniewski. 349 Ardea: Chris Knights tl; BC Ltd: Jane Burton tr; Corbis: W. Perry Conway crb. 349 FLPA: L Lee Rue cr; S. McCutcheon cr; Winfried Wisniewski cb; NPL: Colin Seddon br; Jeff Foott cl; John Downer bl. 350 Ardea: John De Meester c; OSF: Roland Mayr. 351 Alamy: Mike Lane cc; Ardea: Chris Knights bl; Masterfile UK: Tim Fitzharris br; NPL: Nick Gordon tl. N.H.P.A.: Stephen Dalton tr; OSF: Colin Milkins cl. 352-353 N.H.P.A.: Eric Soder. 352 Ardea: Chris Knights c; FLPA:

Foto Natura Stock t; William S. Clark bl. 353 BC Ltd: Christer Fredriksson tr; FLPA: Richard Brooks cr; NPL: Brian Lightfoot br; David Kjaer cl; N.H.P.A.: Manfred Danegger tl. 354–355 Getty: John Warden. 354 FLPA: S&D&K Maslowski br. 355 FLPA: D Kinzler br; OSF: Peter Hawkey/ SAL tr; Zefa: W. Wisniewski bl.356 FLPA: Minden Pictures cl; NPL: Dietmar Nill cr; Ingo Arnott t; Tom Vezo bl; N.H.P.A.: Rich Kirchner br. 357 BC Ltd: Kim Taylor. Corbis: W. Perry Conway cl. 358–359 Alamy: David Tipling/ Image State t. 358–359 FLPA: Minden Pictures b. 358 BC Ltd: Tom Schandy l; N.H.P.A.: B & C alexander t. 359 Ardea: Graham Robertson cr; FLPA: Terry Andrewartha t; Zefa: Wisniewski l. 360–361 NPL: Tony Heald. 360 Heather Angel/ Natural Visions: tr. 361 FLPA: Tui De Roy/ Minden Pictures tr; OSF: Daniel Cox br; Robin Bush cr. 362–363 OSF: Tui De Roy. 362 The Alex Foundation: b. 363 Corbis: Joe McDonald bl; NPL: John Downer tl; OSF: Alain Christof cr; Juan M Renjifo/AA cl. 364–365 Corbis: Jonathan Blair. 364 Ardea: Don Hadden bl; Jack A. Bailey br; N.H.P.A.: Martin Harvey tl; OSF: Hans Reinhard/ OKAPIA cr. 365 Ardea: Bob Gibbons bl; NPL: Bristol City Museum br. 366 Ardea: John Cancelossi l (original work); National Geographic Image Collection: Beverly Joubert. 367 Ardea: Kenneth W. Fink trb; FLPA: F De Noover/Foto Natura Stock tr; Masterfile UK: Greg Stott bc; NPL: John Downer cl; OSF: Alan Root/SAL tc; Getty: Andy Caulfield tl. 62–63 (original work) Getty: Joseph Van Os.

所有其他图片：

Dorling Kindersley.

For further information see: www.dkimages.com

哺乳动物

DK 出版社衷心感谢以下各位对本书的帮助：

Andrew O ' Brien for original digital artworks; Chris Bernstein for compiling the index; Simon Holland
for editorial assistance; Karl Stange for DK Picture Library research.

DK 出版社感谢以下各位许可使用他们的图片：

Key:

c = centre; l = left; r = right;

b = bottom; t = top

内文制作感谢：

alamy.com: Bryan & Cherry Alexander Photography 400tr, 410tl, 402c; Noella Ballenger 398cr; Steve Bloom Images 371ca, 382bl, 386c, 389c, 398bl, 400cl, 419cl; Bruce Coleman Brakefield 411bl; Mike Hill 404tr; ImageState 411bc; ImageState / D. Robert Franz 386br; ImageState / Mike Hill 373b; ImageState / Jan Tove Johansson 420r; Leo Keeler 396crb; Photos for Africa / Johan Jooste 389br; Pictures Colour Library 387br; Malie Rich–Griffith 373c; Royal Geographical Society / Martha Holmes 372c; Stock Connection Inc. / John W. Warden 397br; Worldwide Picture Library 423c; Ardea London Ltd: Ian Beames 407tl; J. Cancalosi 404bl; Jean–Paul Ferrero 373cr; M.W. Gillam 421tl; Pascal Goetgheluck 402b; Francois Gohier 398c; Nick Gordon 393cr; Clem Haagner 393tl; Chris Harvey 374c; Masahiro Iijina 403br; Chris Knights 404cl; Pat Morris 373tr; D.Parer and
E. Parer–Cook 419tr; Jagdeep Rajput 425br; Wolshead / Ben Osborne 423tr; Steve Bloom / stevebloom.com: 388b, 394r, 395t; Bruce Coleman Ltd: 421bl; Johnny Johnson 406bl, 407br; Luiz Claudio Marigo 426br; Rinie Van Meurs 63(original work)br; Kim Taylor 414tl; Jim Watt 416bl; Jorg and Petra Wegner 396bl; Bruce Coleman Inc: Wolfgang Bayer 372tr;
Corbis: Yann Arthus–Bertrand 387tl, 387tc, 387tr; Tom Brakefield 381cl, 403br, 412c, 426bl; W. Perry Conway 394cl, 421; Cordaiy Photo Library / John Farmer 395b; D. Robert and Lorri Franz 402tr;
Rose Hartman 406c; Gallo Images 394bl; Nigel J.Dennis 398cl; Clem Haagner 379c, Martin Harvey 421bc; Renee Lynn 382br; Gunter Marx Photography 396br; Kevin Schafer 319br; Ariel Skelley 64 (original work)cl; Paul A. Souders 408tr; Jim Zuckerman 391; FLPA – Images of nature: Lynwood Chase 427br; Michael Guinton 395cl, 395c, 395cr; Frans Lanting 403tr; Minden Pictures: Mitsuaki Iwago 375br, 377br, Frans Lanting 285br, 413br,
S. Maslowski 373tl, T De Roy 391tr;
Mark Newman 377tr; Eddie Schuiling 375c; Silvestris fotoservice 420cl; Getty Images: 390br; Thea Allats 414r; Daniel J. Cox 393tr, 421tr; Tim Davis 382tl; John

Dawner 425tr；Natalie Forbes 397c；David W. Hamilton 2(original work)c；G.K. and Vikki Hart 384b；National Geographic：Skip Brown 374tr，Chris Johns 384tl，Beverly Joubert 392br，Bates Littlehales 407cr；Mitch Reardon 386tr；Kevin Schafer 393c；Anup Shah 392bl；Manaj Shah 392tr，392b；Taxi 376r；Joseph Van Os 408c；Art Wolfe 392tr；ImageState / Pictor：Natural selection Inc 410br；Nature Picture Library：Juan Manuel Borrero 410bl；Wendy Darke 421r；Bruce Davidson 383c；John Downer 378c，413tr，424cr；Tony Heald 491br；Brian Lightfoot 403tc；Dietmar Nill 415tr；Mark Payne-Gill 414cl；TJ Rich 395ca；Jeff Rotman 384r；Anup Shah 381br，383bl，385cr，390bc；Mike Wilkes 405tr；N.H.P.A.：371c；
B and C Alexander 390c；Anthony Bannister 409bl；Joe Blossom 426tl；Stephen Dalton 424r；Manfred Danegger 407br；Nigel J Dennis 400b；Martin Harvey 370tr；Daniel Heuclin 373cr；Rich Kirchner 399c；T. Kitchin and V. Hurst 496cl，424bl；David and Irene Myers 419cr；Steve Robinson 409br；Kevin Schafer 407tr；James Warwick 371cra；Dave Watts 481tl，426c；Oxford Scientific Films：385cr，387cr，415cl；AA：Zig Leszczynski 481tr，Patti Murray 401tr；Kathie Atkinson 375cr，420bl；David W. Breed 388ca；Clive Bromhall 377cr；David Cayless 409c；Waina Cheng 414bl；David Haring 378tr；Chris Knights 404ca，404car；Lon E Lauber 414cl；Okapia：
B. Grizmek 481br；J.L. Klein and M.L. Hubert 405br；Herbert Schwind 409bc；Mike Powles 371tl；Alan Root 376bl；SAL / Mike Price 422bl；Keren Su 397cr；Steve Turner 421br；Powerstock：385tr；Mirko Stelzner 479tr；Seapics.com：409tc；Phillip Colla 418tr；Doug Perrine 401tr；Science Photo Library：Art Wolfe 411tr；Still Pictures：Klein / Hubert 410tr；Zefa Picture Library：T. Allofs 416r；
H. Heintges 416br；K. Schafer 480c.

原版书封面制作感谢：
Front：Alamy / Royal Geographical Society. Back：Alamy / Steve Bloom Images (cr)，Alamy / Bruce Coleman Brakefield (r)，Alamy / Worldwide Picture Library (cl)；Back and spine：Getty Images / Anup Shah (r).

所有其他图片：
Dorling Kindersley. For further information，see www.dkimages.com

人体奇航
DK 出版社向以下各位致以衷心的感谢：Joanna Pocock for design help；Lynn Bresler for proofreading and the index；Gary Ombler for special photography；Diane Legrande for DK picture research；Mark Gleed for modelling；and John Bell & Croyden for supplying the skeleton.

摄影图片：Geoff Brightling，Geoff Dann，Philip Dowell，Jo Foord，Steve Gorton，Alistair Hughes，Dave King，Ray Moller，Susanna Price，Dave Rudkin，
Colin Salmon，Mike Saunders.

作者向以下各位致谢：
Kitty，Jo，Lucy，Fran，Marcus，and Robin for the hard work，creative insights，and attention to detail that have made this book possible. Author's photograph by Tony Nandi.

DK 出版社衷心感谢以下各位许可使用他们的图片：
a = above，b = below，c = centre，l = left，r = right，t = top

3B Scientific：480bl；Art Directors & TRIP：H. Rogers 465cr；Corbis UK Ltd：Galen Rowell 460t；Olivier Prevosto 433tl；Denoyer-Geppert Int：2(original work)bc，444bl，462bl；Educational andScientific Products Limited：434b；gettyone stone：485tl；Paul Dance 364tl；Ron Boardman 444-445；Spike Walker 470cl；Robert Harding Picture Library：443cr；CNRI/ Phototake NYC 1，434-435；Michael Agliolo/ Int'l Stock 470-471；Phototake 482tl；R. Francis 453br；Image Bank：485tr；National Medical Slide Bank：448c；Oxford Scientific Films:G. W. Willis 471cr；Royal College of Surgeons：476-477；Science Photo Library：434c，435cr，454cl，455cr，469tr；Adam Hart-Davis 441bc；Alfred Pasieka 431tr，445tl，468-469，476cl，479tr，484-485，487ca，62-63(original work)；Andrew Syred 3ca，3c，3br(original work)，432cl，433tr，437c，456-457；Astrid & Hanns-Frieder Michler 441cra，451c，480-481b；Biophoto Associates 2tl(original work)，436-437，469br，475tc，484b，485bc，485l；Brad Nelson/ Custom Medical Stock Photo 478c；BSIP 474bl；BSIP VEM 453cb，458bc，466ca；Catherine Pouedras

436bl; CNRI 430cl, 437br, 462cl, 463tr, 468bc, 450bc, 478-479, 450br; D. Phillips 481br; Daudier, Jerrican 2-3(original work), 442b; David Parker 446tr, 446-447; David Scharf 431cr; Department of Clinical Radiology, Salisbury District Hospital 437tr, 455tr, 477cr, 478cl, 478clb; Don Fawcett 441cr, 445tr; Dr Gary Settles 469bc; Dr. G. Moscoso 483tl; Dr. G. Oran Bredberg 448-449t; Dr. K. F. R. Schiller 474tc; Dr. P. Marazzi 473tl; Dr. Yorgas Nikas 482bl; Eye of Science 443tl, 461t, 474br; GCa/CNRI 442tr; Geoff Tompkinson 439ac; GJLP 443c; GJLP/CNRI 439br; J. C. Revy 453tr, 465tr, 62(original work); James King-Homes 484tr; John Bavosi 468cl; Juergen Berger, Max-Planck Institute 464-467, 63(original work); K. H. Kjeldsen 465br; Ken Eward 466b, 475b; Manfred Kage 473cl; Matt Meadows, Peter Arnold Inc 450bc; Mehau Kulyk 439c, 444tl, 451tr, 466tr; National Cancer Institute 430bl, 456-457; NIBSC 465cl; Petit Format/Prof. E. Symonds 482tr; Philippe Plailly 454cr, 455bc; Prof. P. M. Motta, G. Macchiarelli, S.A Nottola 480-481t, 487tr; Prof. P. Motta/ A.Caggiati/ University La Sapienza, Rome 448br; Prof. P. Motta/Dept of Anatomy/ University "La Sapienza" Rome 431br, 436cra, 441tl, 447cr, 451tr, 451b, 462tr, 462-463, 466cr, 466cr, 477tr, 477b, 481tl, 481tr; Professors P. M. Motta and S. Makabe 482cr; Professors P.M. Motta & A. Gaggiati 449br; Quest 431cr, 432-433b, 447cr, 452ca, 463tl, 463ca, 463cr, 465bl, 479br; Salisbury District Hospital 486-487b; Scott Camazine 432tr, 452tl; Secchi-Lecaque/Roussel-UCLAF 450crb; Simon Fraser 467, 469lr; Stephen
Gerard 8tl; Wellcome Dept of Cognitive Neurology 443r.

原版图书封面制作感谢：
gettyone stone: back r; Paul Dance back cr; Spike Walker back l; Science Photo Library: CNRI back cl; Mehau Kulyk inside back, front; NIBSC inside front.